UG NX 10.0 中文版基础教程

附微课视频

陈霖 / 主编
耿慧莲 王哲 邱蓝 / 副主编

人 民 邮 电 出 版 社
北 京

图书在版编目（CIP）数据

边做边学 ：UG NX 10.0中文版基础教程 ：附微课视频 / 陈霖主编. -- 北京 ：人民邮电出版社，2020.11（2024.1重印）
职业院校机电类“十三五”微课版创新教材
ISBN 978-7-115-45222-1

Ⅰ. ①边… Ⅱ. ①陈… Ⅲ. ①计算机辅助设计－应用软件－高等职业教育－教材 Ⅳ. ①TP391.72

中国版本图书馆CIP数据核字(2017)第054715号

内 容 提 要

本书共 9 章，主要内容包括 UG NX 10.0 基础知识、曲线操作、草图功能、三维实体建模、曲面造型、三维建模综合训练、组件装配设计、工程图、铣削加工等内容。本书按照“边做边学”的理念设计教材框架结构，在介绍理论知识时辅以大量的典型实例进行练习，并且实例都有详细的操作步骤。通过这些实例练习，读者能够轻松自如地学习和掌握 UG NX 10.0 的基本知识。

本书内容翔实，实例丰富，特别适合作为高职院校机电一体化、数控技术、模具设计与制造、机械制造与自动化等专业的教材，也可以作为机械设计与制造工程技术人员的自学用书。

◆ 主　　编　陈　霖
副 主 编　耿慧莲　王　哲　邱　蓝
责任编辑　王丽美
责任印制　王　郁　马振武

◆ 人民邮电出版社出版发行　　北京市丰台区成寿寺路 11 号
邮编　100164　　电子邮件　315@ptpress.com.cn
网址　https://www.ptpress.com.cn
固安县铭成印刷有限公司印刷

◆ 开本：787×1092　1/16
印张：19.5　　2020 年 11 月第 1 版
字数：503 千字　　2024 年 1 月河北第 4 次印刷

定价：59.80 元

读者服务热线：(010)81055256　印装质量热线：(010)81055316
反盗版热线：(010)81055315
广告经营许可证：京东市监广登字 20170147 号

前言 FOREWORD

UG NX 10.0 是集 CAD/CAM 于一体的软件，广泛应用于机械制造、汽车、航空、造船、摩托车及家电等行业，是主流的 CAD/CAM 软件之一，在产品造型、模具设计及数控加工方面也有较好的表现。

本书面向初级用户，从基础入手，深入浅出地介绍了 UG NX 10.0 的主要功能和用法。本书结合实例对相关命令进行介绍，引导读者熟悉软件中各种工具的使用方法，并掌握其基本用法。书中包含了曲线、三维曲面、实体零件造型、工程图及数控加工等相关知识。全书案例丰富，且案例中涵盖了软件的绝大部分功能和命令，通过这些案例边做边学，大大提高了读者学习效率，达到事半功倍的效果。

全书共分 9 章，由易到难、循序渐进、全面系统地介绍了 UG NX 10.0 的常用功能。

- 第 1 章：介绍 UG NX 10.0 的基础知识。
- 第 2 章：介绍曲线设计的方法。
- 第 3 章：介绍创建草图的方法。
- 第 4 章：介绍三维实体的创建及编辑方法。
- 第 5 章：介绍曲面造型的一般方法。
- 第 6 章：结合实例介绍三维建模的基本方法与技巧。
- 第 7 章：介绍组件装配设计的基本方法。
- 第 8 章：介绍创建工程图的一般方法。
- 第 9 章：介绍铣削加工的一般流程。

本书所附相关素材，请到人邮教育社区（www.ryjiaoyu.com）上下载。书中用到的素材图形文件都按章收录在“素材”文件夹下，任课教师可以调用和参考这些设计文件。

本书由四川农业大学陈霖担任主编，安徽机电职业技术学院耿慧莲、河南工业职业技术学院王哲和四川农业大学邱蓝担任副主编。参加本书编写工作的还有沈精虎、黄业清、宋一兵、冯辉、计晓明、董彩霞、滕玲、管振起等。

编　者

2020 年 4 月

目录

CONTENTS

CONTENTS

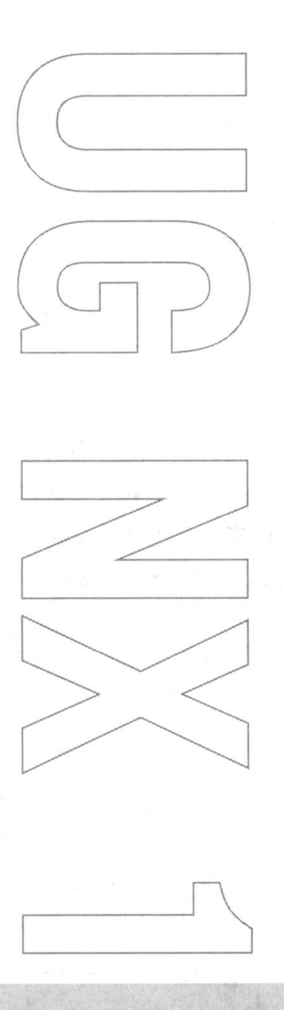

Chapter 1

第1章 UG NX 10.0基础知识

【学习目标】

- 了解UG NX 10.0的典型设计功能模块及其用途。
- 熟悉UG NX 10.0的设计环境。
- 熟悉UG NX 10.0的基本操作。
- 初步掌握使用UG NX 10.0进行设计的基本步骤。

UG NX 10.0是西门子公司于2014年12月正式发布的NX新版本。该版本在操作界面、CAD建模、验证、制图、仿真/CAE、工装设计、加工流程和流水线设计等方面新增或增强了很多实用功能，以提高整个产品开发过程中的生产效率。

1.1 UG NX 10.0 的模块

UG NX 是基于单一数据库管理能力的开放式结构，广泛应用于航天航空、汽车、医学、通用机械、家电、模具、金融等领域。它具有强大的实体造型、曲面造型、虚拟装配和工程图等设计功能。

1. 实体造型模块

参数化设计思想是 UG NX 的核心思想，使用 UG 软件进行产品设计时，为了充分发挥软件的优势，首先应当认真分析产品的结构，构思好产品的各个部分之间的关系，再充分利用 UG 提供的强大的设计及编辑工具把设计意图反映到产品的设计中去。UG 实体造型模块提供了草图设计、各种曲线生成、编辑、布尔运算、扫掠实体、旋转实体、沿导轨扫掠、尺寸驱动、定义、编辑变量及其表达式、非参数化模型后参数化等工具。

UG NX 提供的强力混合模块 UG/Solid Moding 可以把基于约束特征模块和基于参数的几何模块进行无损融合。

2. 特征模块

特征是设计者在一个设计阶段创建的全部图元的总和。特征可以是模型上的重要结构（如圆角），也可以是模型上切除的一段材料，还可以是用来辅助设计的一些点、线和面。使用 UG NX 可以创建孔、槽、型腔、凸垫等具有确定形状的特征，还可以进行抽壳及制作薄壁部件。使用特征建模思想创建的模型如图 1-1 所示。

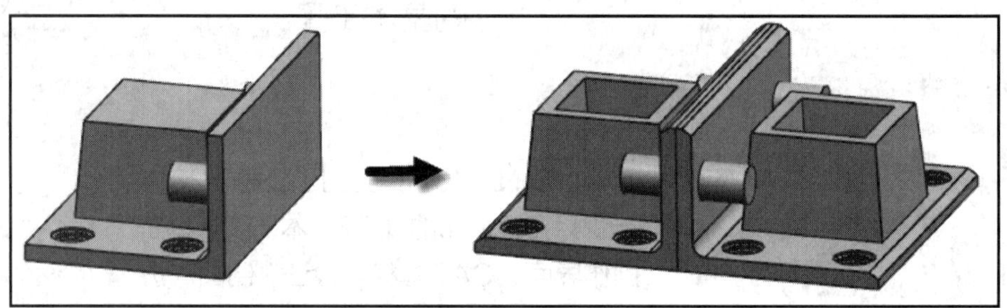

图 1-1 创建实体及特征的应用

3. 自由形状模块

自由形状模块是为了制作像机翼、汽车轮廓等形状复杂多样的产品而设计的基础模块，可将实体及建模方式整合成一种工具，模块效果如图 1-2 所示。

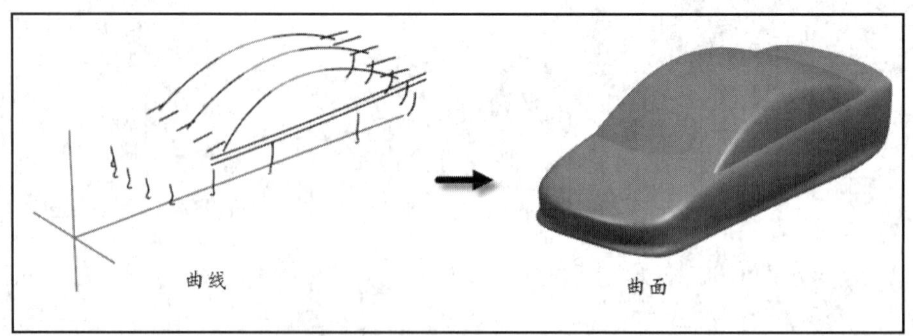

图 1-2 小汽车曲面造型

4．装配模块

此模块提供了自顶向下的产品开发方式。装配就是将多个零件按实际的生产流程组装成部件或完整产品的过程。用户还可以临时修改零件的尺寸参数，并使用分解图的方式显示所有零件相互之间的位置关系，非常直观。虎钳模型的装配效果如图 1–3 所示。

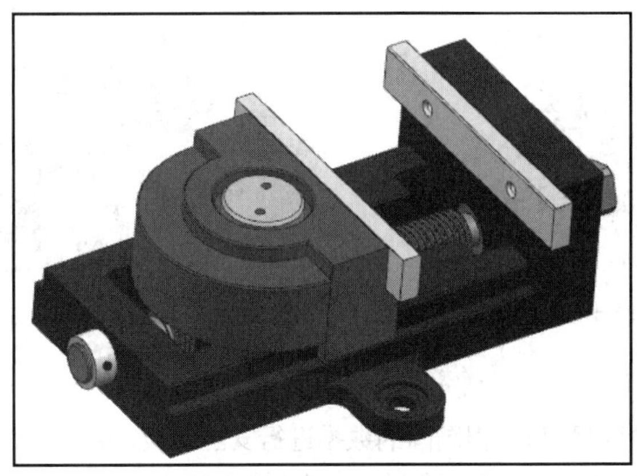

图 1–3　虎钳模型的装配效果

5．工程图模块

所有设计师、工程师及图面制作者都可以从实体模型构建完整的工程图。利用 UG 的复合模型方式，可设定几何图形相关的值。这些几何图形包含隐藏线、剖面图的投影视图。若改变其模型，则这些几何图形将自动更新，直接做成 2D 工程图，模块效果如图 1–4 所示。

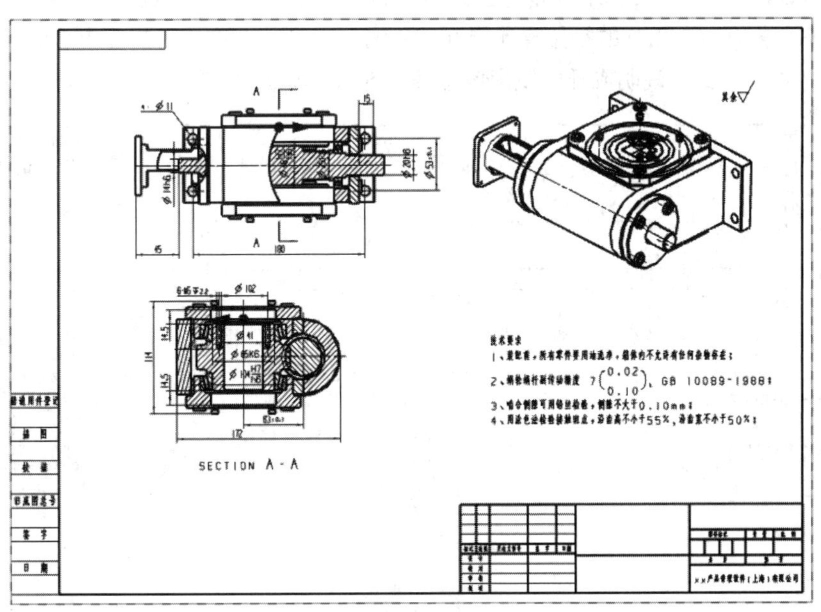

图 1–4　工程图设计

6．工装及模具模块

本模块包括普通用途工装和夹具设计，主要用于注塑模开发的知识驱动型注塑模设计向导、级进冲压模设计和模具工程向导等。本模块效果如图 1–5 所示。

7. 加工制造模块

本模块提供了行业领先的数控编程解决方案。它主要用于集成的刀具路径切削和机床运动仿真，车间工艺文档等后处理程序以及制造资源管理。本模块效果如图 1-6 所示。

图 1-5　模具工装成型

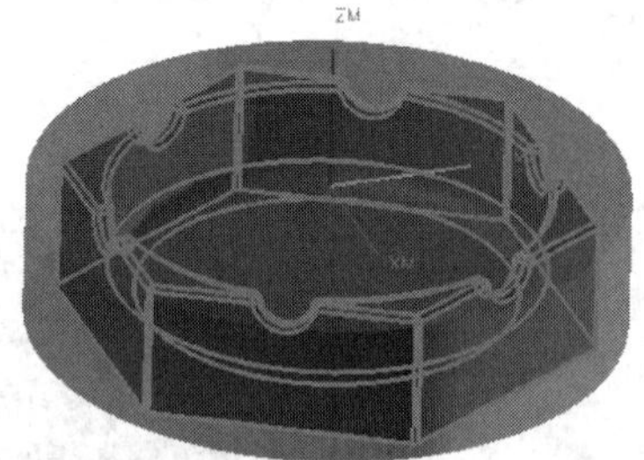

图 1-6　加工制造成型

8. 数据交换模块

数据交换制品可以将模型与工程图间的数据进行安全交换。导入到 UG 的所有的数据都可以直接使用。跟 IGES 及 STEP 等标准相同的 UG 基准模板制品，在数据交换领域处于世界领先地位。

1.2 UG NX 10.0 设计环境

掌握 UG NX 10.0 的设计环境和基本操作是使用 UG NX 10.0 进行设计的基础。本节主要介绍 UG NX 10.0 设计环境的组成和功能，重点说明程序界面上各主要设计工具的用法。

运行 UG，打开 NX 10.0 的初始操作界面，如图 1-7 所示。在初始操作界面的窗口中，可以查看一些基本概念、交互说明或开始使用信息等，这对初学者是有很大帮助的。

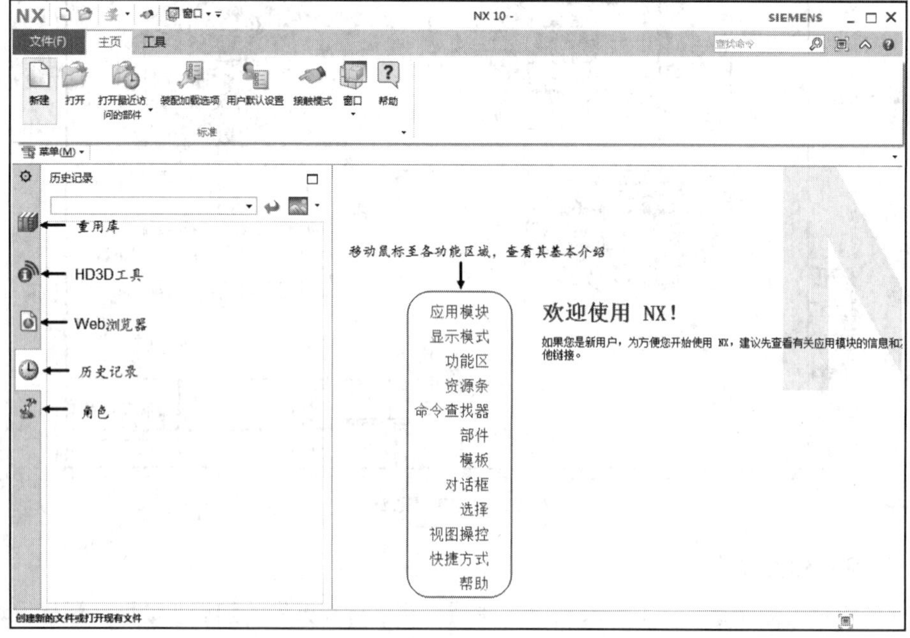

图 1-7　UG 的初始操作界面

在操作界面中，将鼠标指针移至窗口左部要查看的选项处。这些选项包括【应用模块】、【显示模式】、【功能区】、【资源条】、【命令查找器】、【部件】、【模板】、【对话框】、【选择】、【视图操控】、【快捷方式】和【帮助】(见图 1-7)，则在窗口的右部区域将显示所指选项的介绍信息。

图 1-8 所示为运行建模模块后的基本画面。

图 1-8　运行 UG 建模模块后的基本画面

1. 标题栏

标题栏显示现在运行的 UG 版本和模块类型，以及文件名称和文件类型 (图 1-9 中，文件名称为 model1，表示文件类型的后缀为 prt)。UG NX 10.0 一次只能打开一个工作窗口，故要关闭当前窗口后才能对另一个模型进行编辑。

NX 10 - 建模 - [_model1.prt（修改的）]

图 1-9　标题栏

2. 菜单栏和功能区

菜单栏显示应用程序可以使用的菜单。功能区在菜单栏下方，显示相关菜单的工具，在图 1-10 所示的菜单栏工具组有▾标志的，则表示其有下一级菜单，有标志【…】的，则表示其有可弹出的对话框。对于没有显示的工具可按 Ctrl + 1 组合键打开【定制】面板，然后将所需的工具拖到功能区中方便使用。

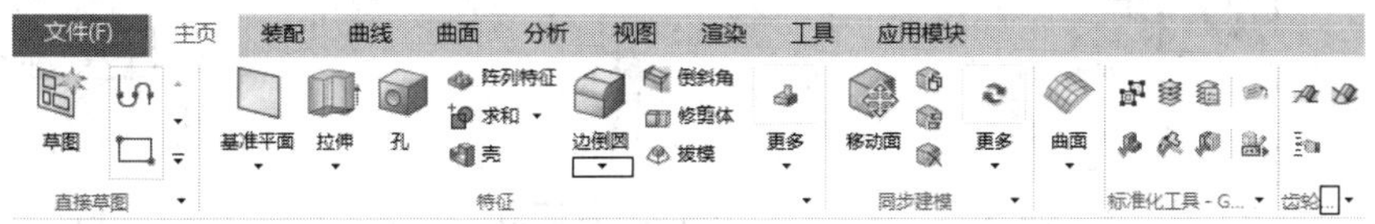

图 1-10　菜单栏和功能区

3. 绘图区域

绘图区域是完成绘制和编辑模型及其他设计工作的地方。

4. 部件导航器

部件导航器表示组成部件的实体和特征的树状关系图，模型树按照模型中特征创建的先后顺序展示了模型的特征构成，如图 1-11 所示。有了部件导航器，就有助于用户充分理解模型的结构，也为修改模型时选取特征提供了最直接的手段。

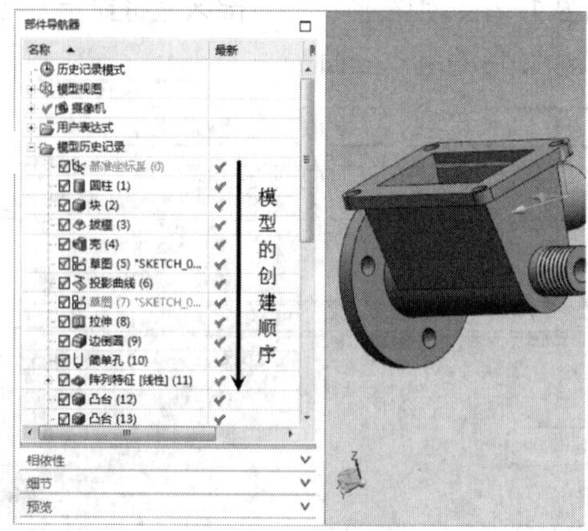

图 1-11　部件导航器

5. 状态栏

UG NX 10.0 的状态栏包括【提示行】、【状态行】、【切换全屏模式】3 个部分，如图 1-12 所示，状态栏是给用户反馈信息的重要工具。在设计过程中，系统通过状态栏向用户提示当前正在进行的操作及需要用户继续执行的操作。

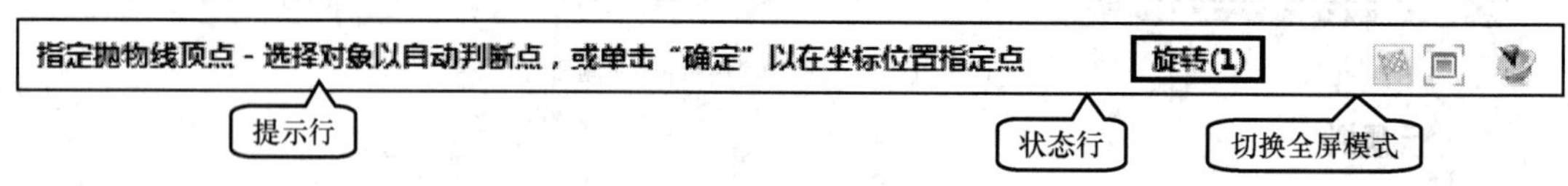

图 1-12　状态栏

6. 工具栏

工具栏分为固定工具栏和浮动工具栏，如图 1-13 所示。

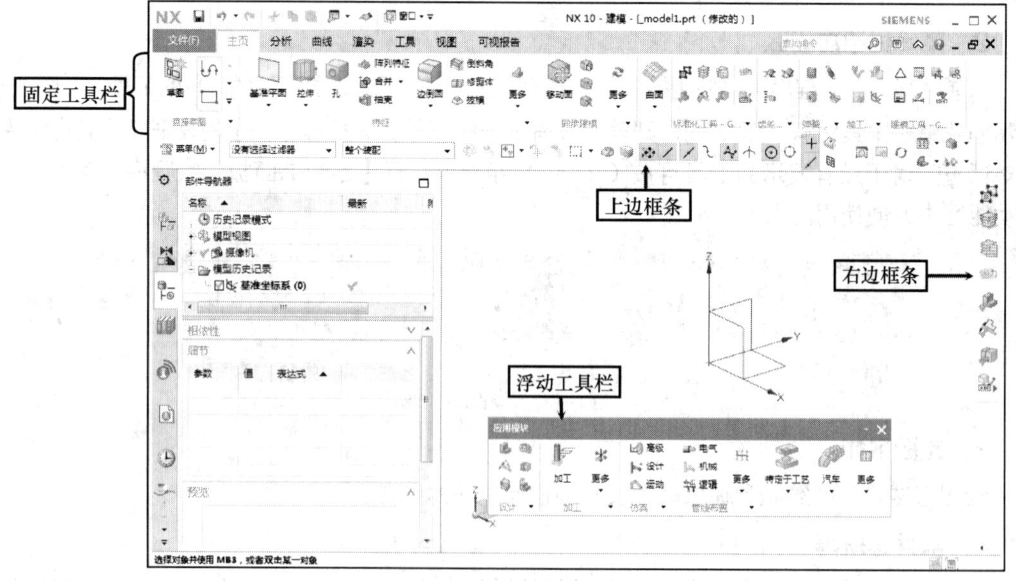

图 1-13　工具栏窗口

- 固定工具栏：可以横放于工作窗体内或竖放于工作区中，但是只能放在工作窗口内的固定位置。
- 浮动工具栏：在工作的过程中可以自由移动，可以放在工作窗口的任意位置。另外，浮动工具栏可以根据需要放在工作区外部。

1.3 UG NX 10.0 的基本操作

前面介绍了 UG NX 10.0 的基本界面、工具栏的使用等，下面来介绍一下使用 UG NX 10.0 的一些基本操作知识。

1.3.1 UG NX 10.0 的启动和退出

1. 启动 UG NX 10.0

在桌面上双击 UG NX 10.0 图标，进入 UG NX 10.0 操作环境。要进行 UG 操作，必须先打开已有的文件或新建一个文件。单击按钮（或按组合键 Ctrl + N），利用弹出的图 1–14 所示【新建】对话框来新建文件，或单击按钮（或按组合键 Ctrl + O），利用弹出的图 1–15 所示【打开】对话框来打开已经存在的文件。

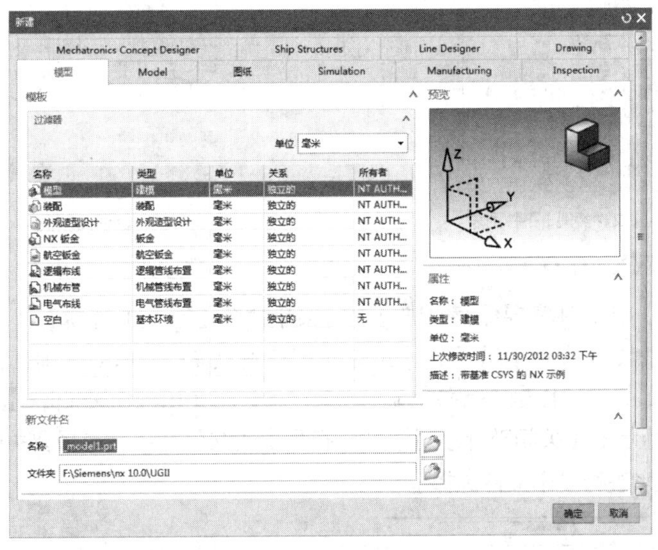

图 1–14 【新建】对话框

如图 1–14 所示，新建文件时，首先选择是建立模型还是建立图纸或者是进行其他设计。以最常用的建立模型为例，在【模型】选项卡的【名称】文本框中输入文件名称，在【文件夹】文本框中输入该文件存放的文件夹名称，或者单击文本框后面的按钮来选择存放的文件夹，最后单击 确定 按钮进入 UG 工作环境。UG NX 10.0 可以全面支持带有中文字符的路径和文件名称。

图 1–15 所示的【打开】对话框与其他应用软件的打开操作一样，选择要打开的文件，单击 OK 按钮进行打开。其中，在图 1–16 所示的【文件类型】下拉列表中，可以选择不同后缀的文件，用户可以根据需要对 UG 模块进行筛选过滤。同时，单击 选项... 按钮，在弹出的图 1–17 所示的【装配加载选项】对话框中进行加载选项的设置。这些设置包括选择部件版本、加载范围、引用集等，用户可以在实际应用中体会各个不同选项的区别。

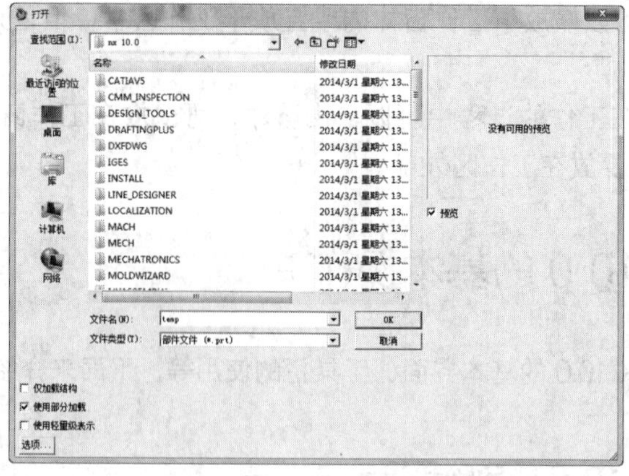

图 1-15 【打开】对话框

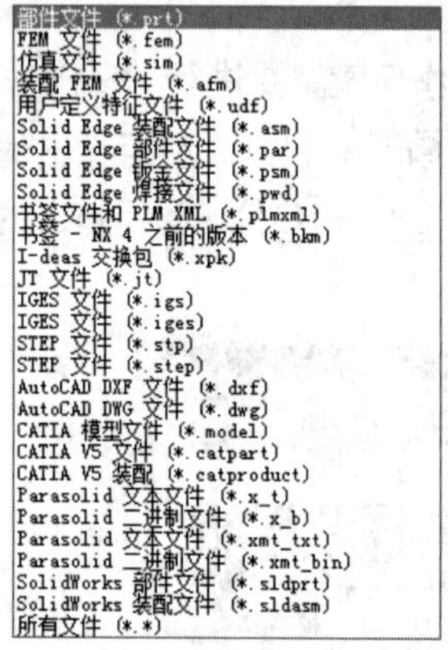

图 1-16 【文件类型】下拉列表

图 1-17 【装配加载选项】对话框

2. 退出 UG NX 10.0

在退出 UG 前，若文件需要保存，则可执行菜单命令【文件】/【保存】或单击 按钮。保存之后，执行菜单命令【文件】/【退出】或单击窗口右上角的 按钮来退出文件。用户也可以选择性地关闭文件，具体操作是执行菜单命令【文件】/【关闭】/【选定的部件】，如图 1-18 所示，然后弹出图 1-19 所示的【关闭部件】对话框，在列出的文件名中，选择要关闭的一个或多个文件（可按住 Ctrl 键来进行多个文件选择）。

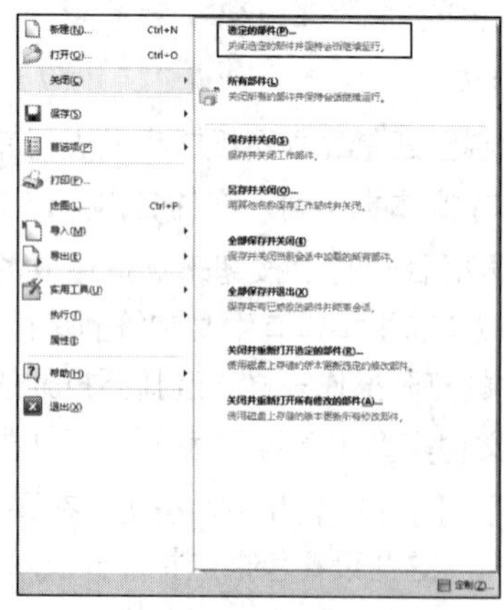

图 1-18 选择性关闭文件级联菜单

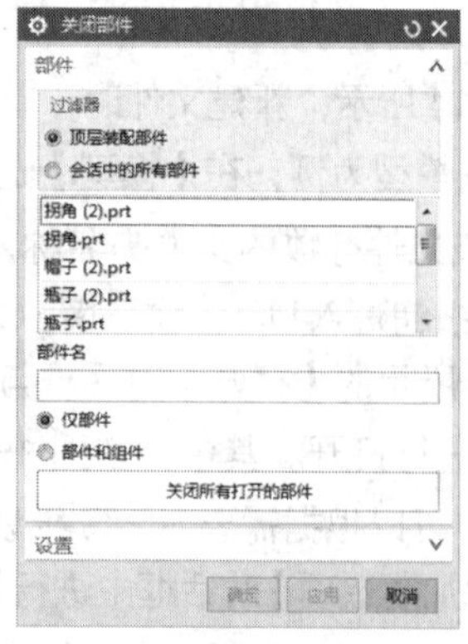

图 1-19 【关闭部件】对话框

1.3.2　鼠标在 UG NX 10.0 中的应用

熟练掌握鼠标的使用方法和技巧不但可以提高三维设计效率，同时还可以提高绘图质量。鼠标在 UG NX 10.0 中的应用如表 1–1 所示。

表 1–1　　鼠标在 UG NX 10.0 中的应用

鼠标按键	使用区域	功能
鼠标左键	绘图窗口	选取对象（Deselect）
Shift + 鼠标中键	绘图窗口	拖曳对象
Ctrl + Shift + 鼠标左键	绘图窗口	弹出快捷功能菜单
鼠标中键	绘图窗口	确定（OK）
Alt + 鼠标中键	绘图窗口	缩放模型
鼠标右键	绘图窗口	弹出快速视图菜单

1.3.3　视图操作

在绘图区域单击鼠标右键，则弹出图 1–20 所示的快捷菜单，或者在图 1–21 所示的【视图】工具栏中进行视图操作。图 1–20 所示快捷菜单中的子菜单命令意义如下。

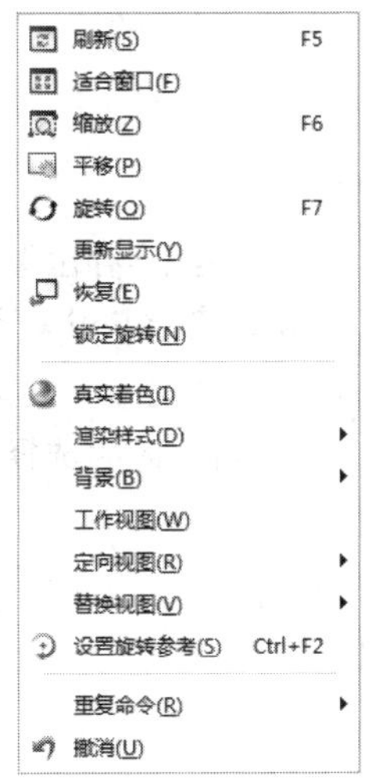

图 1–20　快捷菜单

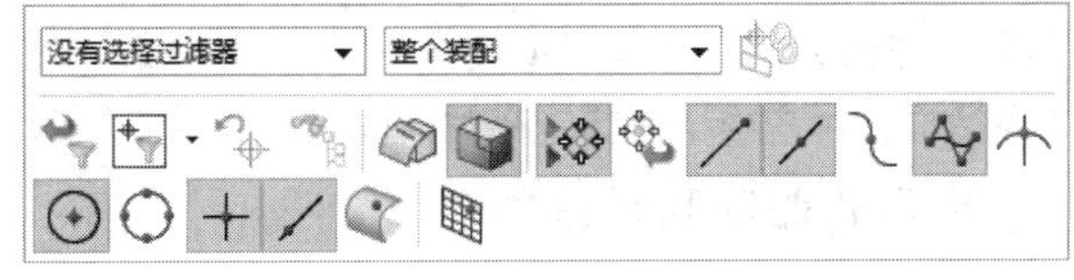

图 1–21 【视图】工具栏

- 【刷新】：用于刷新图形窗口。选择此项后，系统会消除由隐藏或删除对象在绘图区域中留下的孔，清理绘图区域并显示某些修改功能的结果，清除临时显示项目，如醒目指示符和星号等。该功能也可以通过快捷键 F5 实现。
- 【适合窗口】：用于调整视图中心和比例，使整个绘图区域图形在视图边界内。该功能也可以通过按组合键 Ctrl + F 来实现。
- 【缩放】：用于缩放视图。选择此项后，按着鼠标左键不放，拉出一个矩形框，再释放鼠标左键，即可实现缩放视图操作。该功能可以通过快捷键 F6 来实现。此功能可以通过再次选择此项或再次按 F6 键或单击鼠标中键来终止。
- 【平移】：用于平移视图。选择此项后，按住鼠标左键不放，拖动光标，即可实现平移视图操作。再次选择此项或单击鼠标中键可终止平移操作。
- 【旋转】：用于旋转视图。选择此项后，按住鼠标左键不放，拖动光标，即可实现旋转视图操作。该功能可以通过快捷键 F7 来实现。

• 【渲染样式】：用于更换视图的显示模式，选择此项后，会出现下一级菜单或下拉列表选项，包括如下选项：

带边着色——以带实体边线的方式着色显示对象的全部；

着色——不带实体边线着色显示对象的全部；

带有变暗边的线框——以线框方式显示对象，其中隐藏部分以暗边方式显示；

带有隐藏边的线框——以线框方式显示对象，其中隐藏部分不显示；

静态线框——以线框方式显示所有隐藏和非隐藏对象；

艺术外观——显示进行艺术效果操作后的对象；

面分析——显示经过面分析后的对象，将分析数据显示在表面上；

局部着色——着色显示对象的一部分。

• 【定向视图】：用于改变对象观察点的位置。选择此项后，会出现下一级菜单或下拉列表选项。下拉列表选项包括 8 个视图选项：正二测视图、正等测视图、俯视图、前视图、右视图、后视图、仰视图和左视图。选择任何一个视图选项后，系统会立即相应地改变对象观察点的位置。

• 【设置旋转参考】：用于设置一个旋转点。当用户采取旋转操作（F7）时，视图会绕着该点进行旋转。

• 【撤销】：取消前一次的操作。

1.3.4 类选择器

当用户使用某些功能需要选择对象时，可按住组合键 Ctrl + B，然后系统会弹出图 1-22 所示的【类选择】对话框，在该对话框中就可以选择对象。用户除了可以直接选取对象和直接利用系统过滤器设置选择对象外，也可以根据需要，通过设置【类选择】对话框中的类型过滤器、图层过滤器、颜色过滤器、属性过滤器来限制选择对象的范围，再选用合适的选择方法，如全选、反向选择、根据名称选择等来选择对象。

以类型过滤器为例，当单击【类型过滤器】后面的按钮时，会弹出图 1-23 所示的【按类型选择】对话框，用户根据需要，在对话框中选择相应的对象类型（按住Ctrl键可进行多项选取）。

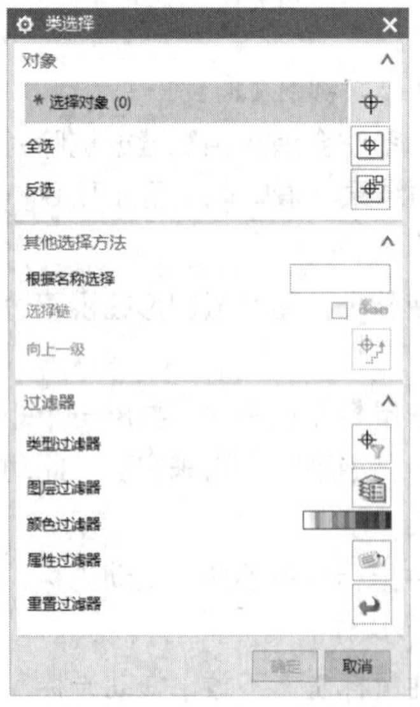

图 1-22 【类选择】对话框

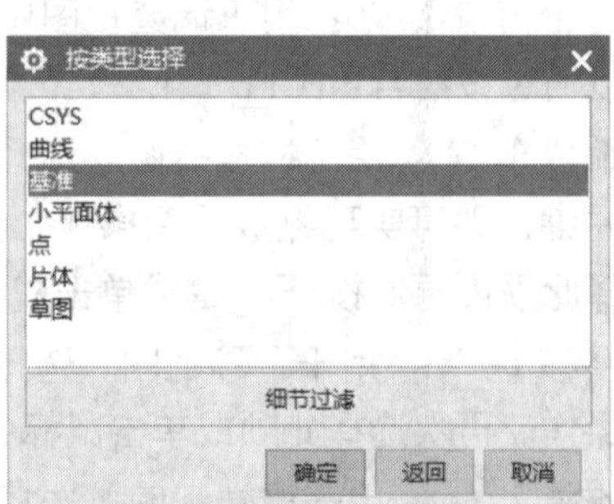

图 1-23 【按类型选择】对话框

1.3.5 坐标系构造器

在使用 UG 的某些功能时，会在对话框中出现坐标系方法或类似的选项，或者用户在绘制模型时，为了绘制方便，需要更换坐标系，这时就要运用坐标系构造器。选择对话框中出现的坐标系方法选项或者单击【实用】工具栏中的按钮，则弹出图 1-24 所示的【基准 CSYS】对话框。选择图 1-25 所示【类型】下拉列表中不同的选项，会出现不同的类型选择按钮。通过选择相应的方法，来定义用户需要的坐标系。

图 1-24 【基准 CSYS】对话框

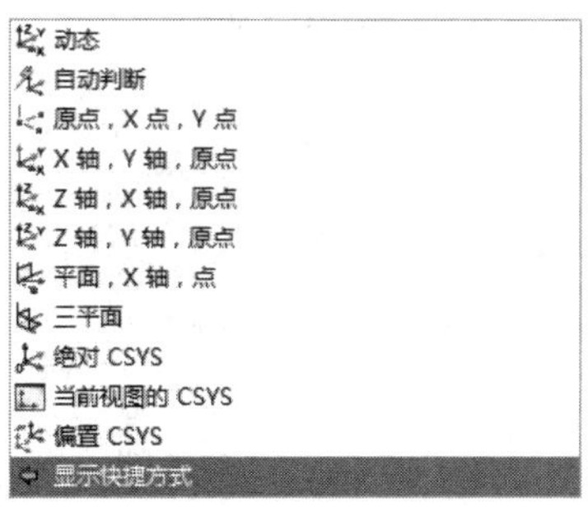

图 1-25 【类型】下拉列表

1.3.6 编辑对象显示

该命令选项是用来改变存在对象的显示状态的，如图层、颜色、线型、宽度、透明度和着色等。执行菜单命令【编辑】/【对象显示】，或按组合键 Ctrl + J 或单击【实用】工具栏中的按钮，则弹出图 1-22 所示的【类选择】对话框，选好对象后单击【类选择】对话框中的 确定 按钮，则弹出图 1-26 所示的【编辑对象显示】对话框。

图 1-26 【编辑对象显示】对话框

该对话框显示所选对象的当前设置，通过对话框中的选项，可编辑所选对象的图层、颜色、线型、宽度、透明度和着色等状态参数，编辑后单击确定或应用按钮，则按指定参数改变对象的显示状态。

1.3.7 隐藏 / 反隐藏

当绘图区域显示的对象过多时，利用隐藏 / 反隐藏命令选项可以将某些暂时不使用的对象隐藏，在需要的时候再将隐藏的对象重新显示。选择菜单命令【编辑】/【显示和隐藏】，则出现图 1-27 所示的级联菜单。选择【隐藏】选项或按组合键 Ctrl + B，就弹出图 1-22 所示的【类选择】对话框，选取要隐藏的对象，单击鼠标中键即可。

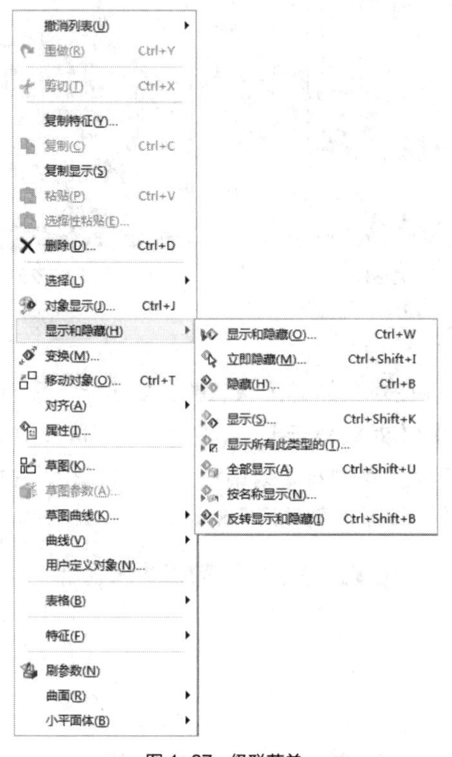

图 1-27 级联菜单

如果要显示隐藏的对象，则选择【显示】选项或按组合键 Ctrl + Shift + K，选择要重新显示的隐藏对象，单击鼠标中键即可。如果要显示所有隐藏对象，则只需选择【全部显示】选项或按组合键 Ctrl + Shift + U 即可。

1.3.8 删除操作

删除实体、特征、曲线或尺寸等单独对象可执行菜单命令【编辑】/【删除】，或按组合键 Ctrl + B 或单击【标准】工具栏中的 ✕ 按钮，则弹出图 1-22 所示的【类选择】对话框，选取要删除的对象，单击确定按钮或单击鼠标中键即可。

1.3.9 撤销操作

撤销已完成的操作可执行菜单命令【编辑】/【撤销列表】，在其按逆向排序的已做的操作名称的级联菜单中，选择从前面第几次开始撤销已做的操作，或单击【标准】工具栏中的 ↶ 按钮，撤销上一步的操作。

1.3.10　变换操作

执行菜单命令【菜单】/【编辑】/【变换】，则弹出图 1-28 所示的【变换】对话框。选取要变换的对象，单击 确定 按钮，弹出图 1-29 所示的【变换】对话框。系统提供了“比例”“通过一直线镜像”等 6 种变换操作，在此不做一一介绍。

图 1-28 【变换】对话框（1）

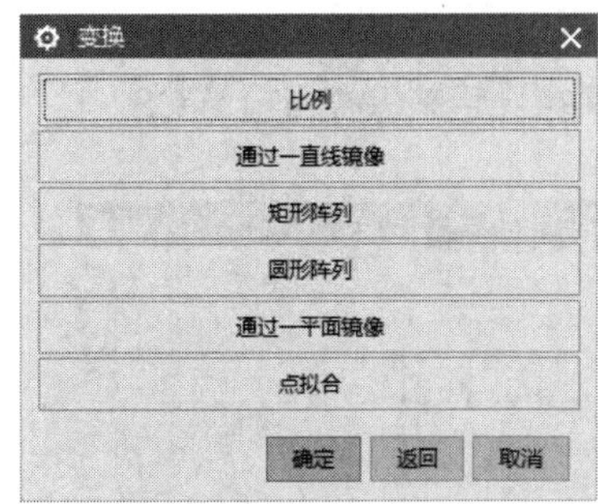

图 1-29 【变换】对话框（2）

1.3.11　设置工作坐标系

坐标系的轴总是正交的，并遵循右手定则。在实际操作时，既可以对当前坐标系进行操作，又可以选择任一存在的坐标系或规定新的坐标系为工作坐标系。执行菜单命令【菜单】/【格式】/【WCS】来进行工作坐标系的设定。图 1-30 所示的【WCS】级联菜单中各项意义如下。

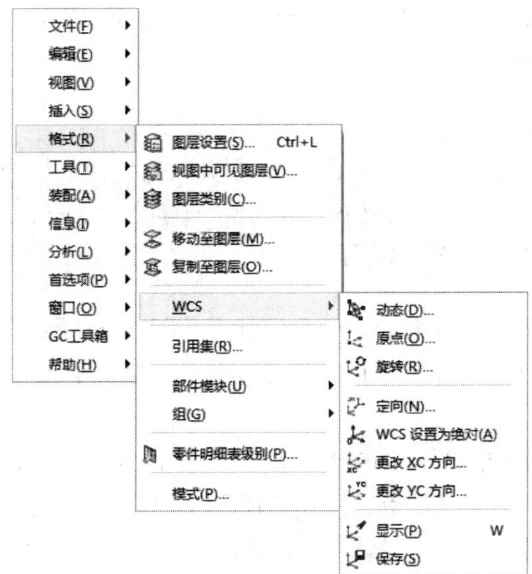

图 1-30 【WCS】级联菜单

- 动态：用于动态移动 WCS 来定义一个新的 WCS，此选项只移动 WCS，不改变各坐标轴的方向。
- 原点：用于移动 WCS 的原点来定义一个新的 WCS，此选项只移动 WCS，不改变各坐标轴的方向。
- 旋转：将当前的 WCS 绕其某个坐标轴旋转一个角度来定义一个新的 WCS，选择该选项将弹出图 1-31 所示的【旋转 WCS 绕 ...】对话框。该对话框用于确定旋转方向（用右手定则确定）和输入旋转角度。设定后单击 确定 或 应用 按钮来改变 WCS。
- 定向：用来定义一个新的 WCS。选择此项后，则进入图 1-32 所示的【CSYS】对话框，用来定义一个新的 WCS。
- 更改 XC 方向：用来改变 XC 轴的正方向。
- 更改 YC 方向：用来改变 YC 轴的正方向。
- 显示：用来显示或隐藏当前的 WCS。
- 保存：用来保存当前 WCS。

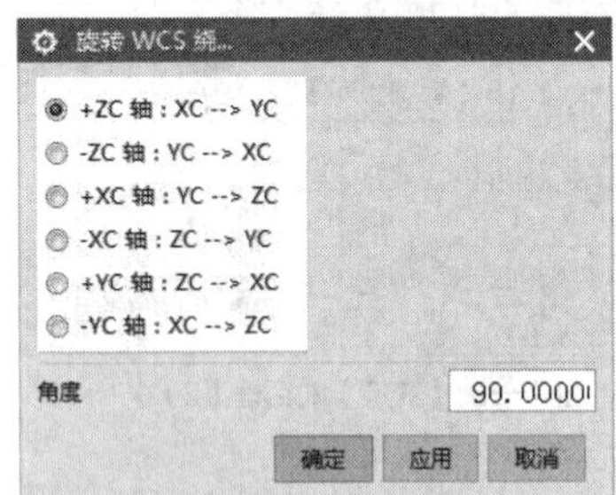

图 1-31 【旋转 WCS 绕 ...】对话框

图 1-32 【CSYS】对话框

1.3.12 图层操作

图层是用来辅助用户进行对象管理的工具。执行菜单命令【菜单】/【格式】/【图层设置】，弹出【图层设置】对话框，如图 1-33 所示。一个 UG 部件可以含有 1 ~ 256 个图层，每个图层上可以含有任意数量的对象。

要点提示

通过对图层操作，可以使该图层上的对象可选、不可见、只可见，或设定该图层为工作图层。同时，用户也可以由某个图层移动对象到另外一个图层。

系统默认对 CURVES（41 ~ 60 层）、DATUMS（61 ~ 80 层）、SHEETS（11 ~ 20 层）、SKETCHES（21 ~ 40 层）、SOLIDS（1 ~ 10 层）进行了默认的图层设置，用户可以根据自己的习惯进行图层设置。

执行菜单命令【菜单】/【格式】/【图层类别】，弹出图 1-34 所示的【图层类别】对话框，在【类别】文本框里面，输入自己创建的图层名称（LAYER1），单击【创建 / 编辑】按钮，弹出图 1-35 所示的【图层类别】对话框，在【图层】选项中，选择要添加至 LAYER1 的图层，如 101 ~ 110 层。

单击 添加 按钮，再单击 确定 按钮，则返回至图 1-34 所示的【图层类别】对话框，

再次单击 确定 按钮，层 LAYER1 已被创建添加至过滤器中。执行菜单命令【菜单】/【格式】/【图层设置】，弹出图 1-36 所示的【图层设置】对话框。从对话框中可看出，层 LAYER1 已被创建添加至过滤器中。

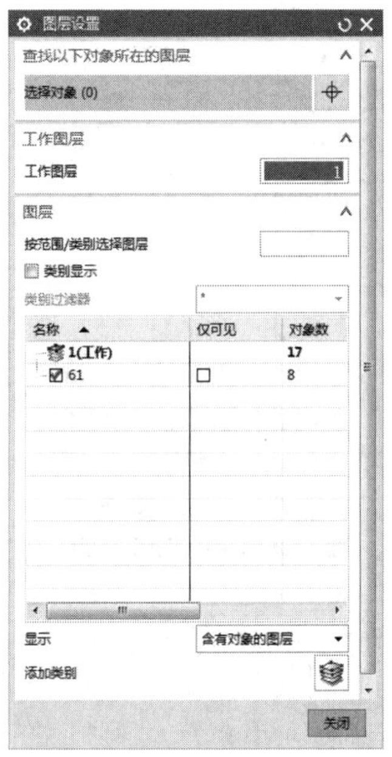

图 1-33 【图层设置】对话框（1）

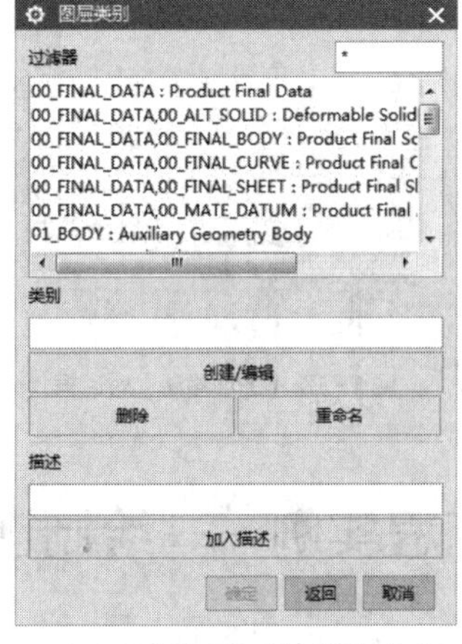

图 1-34 【图层类别】对话框（1）

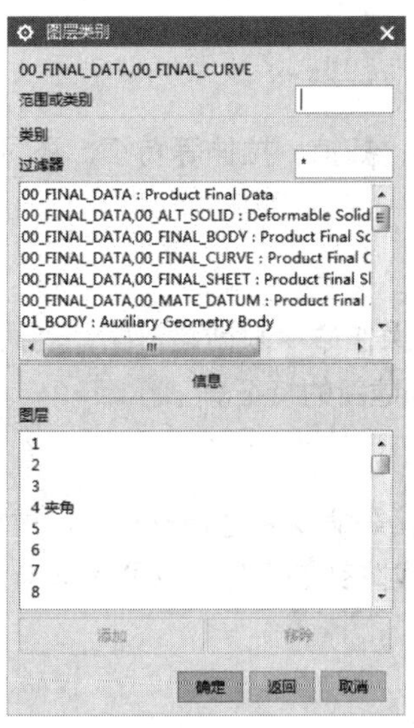

图 1-35 【图层类别】对话框（2）

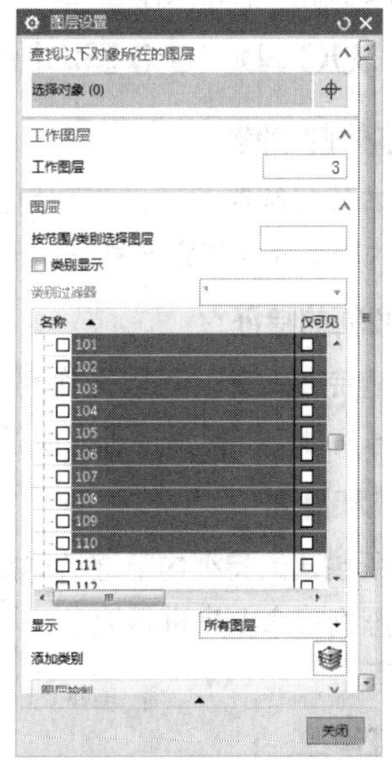

图 1-36 【图层设置】对话框（2）

执行菜单命令【菜单】/【格式】/【视图中可见图层】，在弹出的对话框中选择由布局格式创建的【视图窗口显示】类型，或从【视图窗口】中选择对象，并将其设置成显示或不显示图层的状态。

执行菜单命令【菜单】/【格式】/【移动至图层】，利用类选择器选择要移动的对象，接着在图 1-37 所示【图层移动】对话框中的【目标图层或类别】文本框里输入所要的图层值来进行移动。

执行菜单命令【菜单】/【格式】/【复制至图层】，利用类选择器选择要复制的对象，接着在图 1-38 所示【图层复制】对话框中的【目标图层或类别】文本框里输入所要的图层值来进行复制。

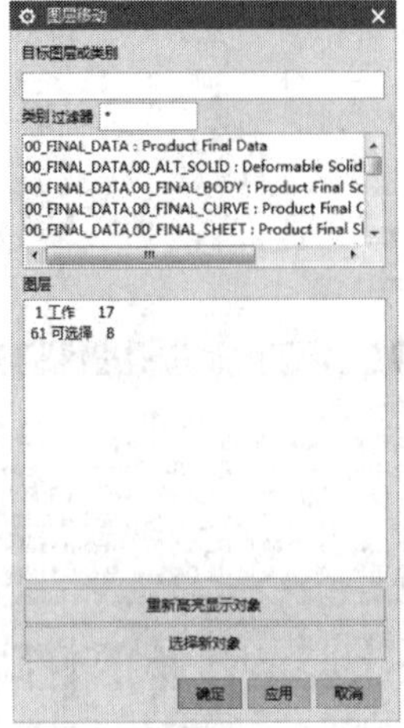

图 1-37 【图层移动】对话框

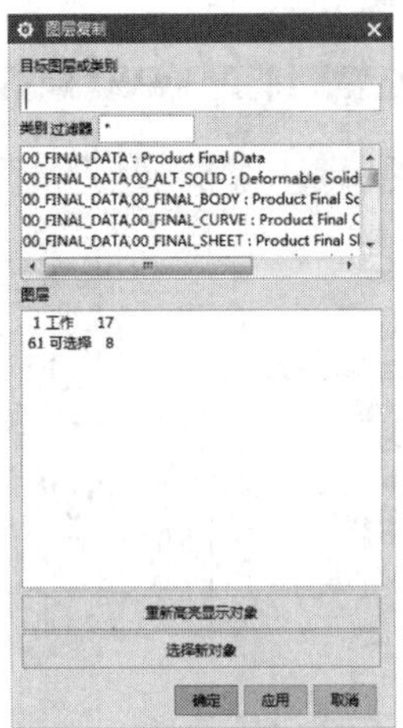

图 1-38 【图层复制】对话框

1.4 工程实例——绘制连杆

利用 UG 提供的各种命令可以进行部件创建、制图、装配等操作。在本节中，我们通过一个简单的例子来了解一下其操作过程。

1.4.1 UG NX 10.0 基本操作步骤

1. 基本体的绘制

创建基本体或绘制曲线，再利用该曲线来创建旋转、扫掠、拉伸等特征，还可以利用草图命令来定义约束条件并指定尺寸值来创建特征。

2. 添加新的特征

若已创建完基本体，可以再次利用成型特征、特征操作命令来创建草图，利用草图来创建拉伸、旋转等特征。同时，也可以以基本草图为基准再创建新的特征。

3. 挖孔和阵列

在前面所创建的特征内部继续添加新特征，利用挖孔等命令来进行打孔、创建键槽等操作，利用镜像或阵列等命令来进行以参考平面为基准的镜像或阵列等操作，这样可以避免命令重复，提高工作效率。

4. 特征修改

作为特征的最后创建阶段，通过创建孔特征或对边缘进行倒圆角等操作来完成特征创建，也可以对所创建的特征、草图等进行参数修改、草图更改等操作来更新图形。

5. 绘制工程图

执行工程图模块，进入工程图绘制。利用工程图模块里面的各种命令添加各向视图、轴测图等，还可以创建剖视图、半剖视图、局部视图等。

6. 向工程图添加尺寸

在前面所创建的各视图中添加中心线、尺寸值及注释，创建图纸轮廓及标题栏等来完成工程图的创建。

7. 组件装配

组件装配就是将所创建的各零件，以一定的几何关系和配合关系装配起来得到一个完整的部件或机器的操作方法，组件装配的方法有自下而上装配和自上而下装配，配合使用两种方法进行装配的效率更高。

8. 生成爆炸图

为了向别人更清晰、更直观地说明该装配是如何进行的，就需要创建爆炸图。利用装配中的爆炸命令，可以创建爆炸视图。

要点提示

需要说明的是，以上各个步骤有时候是交叉进行的，由于 UG 提供了多种模块操作，用户可以根据自己的习惯来选择，例如，有的喜欢先装配零件，检查是否干涉后再出工程图等。

1.4.2 操作实例

本例将创建图 1-39 所示连杆模型，帮助读者初步了解 UG NX 10.0 的基本操作。

该模型的具体设计过程如下。

1. 新建文件

创建连杆模型

① 执行菜单命令【文件】/【新建】，在弹出的【新建】对话框中选取【模型】类型。

② 在【新文件名】中的【名称】文本框中输入文件名"model 1"，单击 确定 按钮，进入三维模型设计界面。

2. 草绘曲线

① 执行菜单命令【菜单】/【插入】/【曲线】/【基本曲线】，打开图 1-40 所示的【基本曲线】对话框。

图 1-39　连杆模型

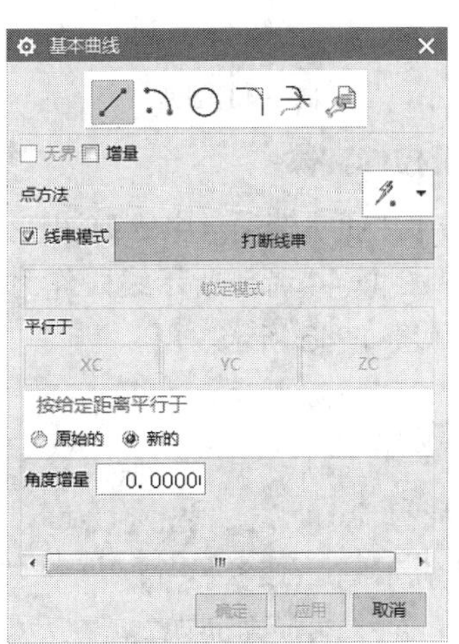

图 1-40 【基本曲线】对话框

② 执行菜单命令【菜单】/【首选项】/【用户界面】，弹出图 1-41 所示的【用户界面首选项】对话框。单击界面右下角的按钮，弹出图 1-42 所示的跟踪条。

图 1-41 【用户界面首选项】对话框

图 1-42 跟踪条

③ 单击【基本曲线】对话框中的○按钮，在坐标轴上确定一点后单击鼠标左键，在跟踪条中输入半径。绘制图 1-43 所示的两个圆，其中大圆直径为 200，小圆直径为 100，两圆距离为 300。

④ 单击【直线】按钮，绘制直线。选取圆上一点绘制两个圆的切线，再绘制两条竖直的直线连接两切线，最后绘制两垂直线间的直线段。效果如图 1-44 所示。

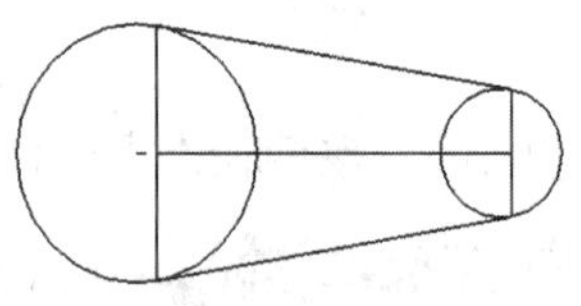

图 1-43 曲线

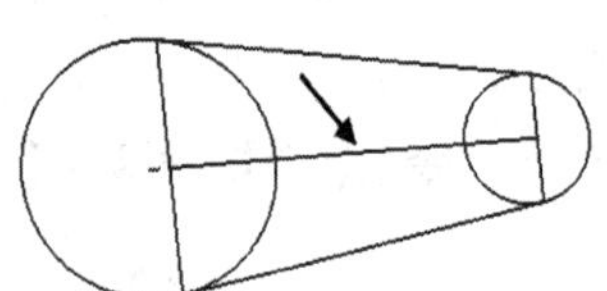

图 1-44 拉伸用直线

3. 创建拉伸实体

① 单击【主页】选项卡中的按钮，弹出图 1-44 所示的【拉伸】对话框。

② 选择图 1-44 箭头所示线段作为拉伸体，【指定矢量】为 +*z* 轴，设置图 1-45 所示的参数，结果如图 1-46 所示。

要点提示

添加【基本曲线】命令的方法：单击【曲线】工具栏，在功能区单击右键，打开快捷菜单，选择【定制】选项，打开【定制】对话框，在【搜索】文本框中输入“基本曲线”，将搜索到的【基本曲线】拖到曲线功能区，关闭【定制】对话框，【基本曲线】对话框如图 1-40 所示。添加其他工具的方法也是如此，在往后的学习中就不再赘述。

图 1-45 【拉伸】对话框

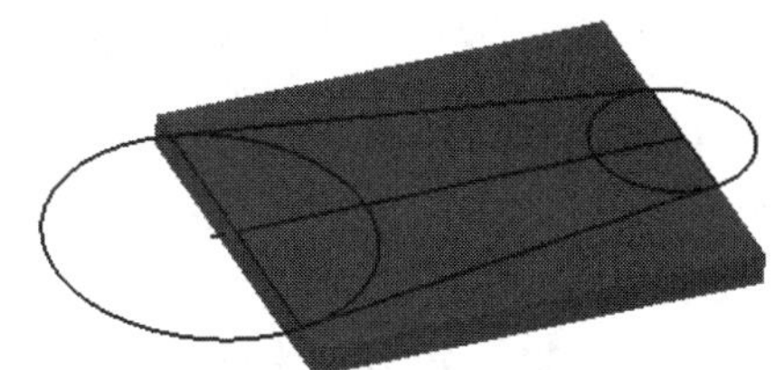

图 1-46　拉伸实体

4. 移动坐标

① 执行菜单命令【菜单】/【编辑】/【移动对象】，打开图 1-47 所示的【移动对象】对话框。

② 选取绘图区或部件导航器中的【基准坐标系】，在【移动对象】对话框中设置【运动】为“距离”，【指定矢量】为 y 轴，【距离】值为“-100”。单击 确定 按钮，结果如图 1-48 所示。

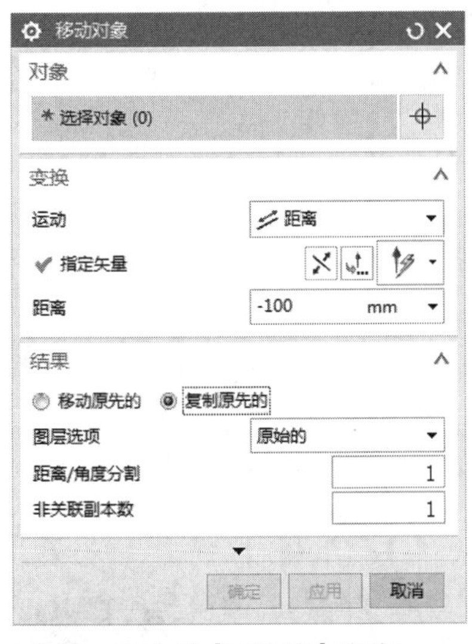

图 1-47 【移动对象】对话框

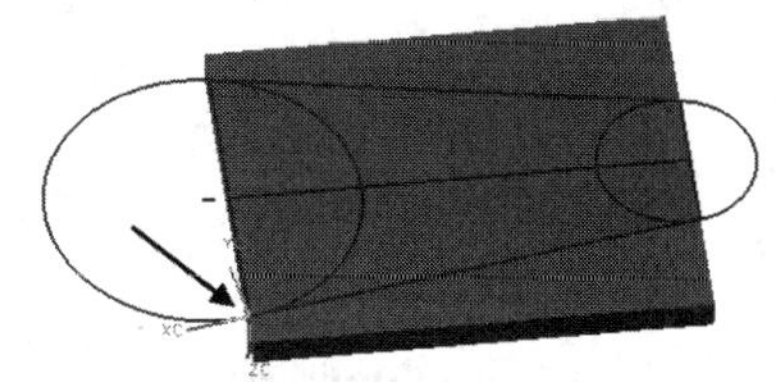

图 1-48　坐标位置

5. 修剪实体

① 在工具栏中单击【修剪体】按钮，弹出【修剪体】对话框，如图 1-49 所示。选择刚拉伸的实体作为要修剪的实体。

② 在【工具选项】选择【新建平面】，【指定平面】选择，方向如图 1-50 所示，最后得到的修剪结果如图 1-51 所示。

同理，修剪实体另外一侧，结果如图 1-52 所示。

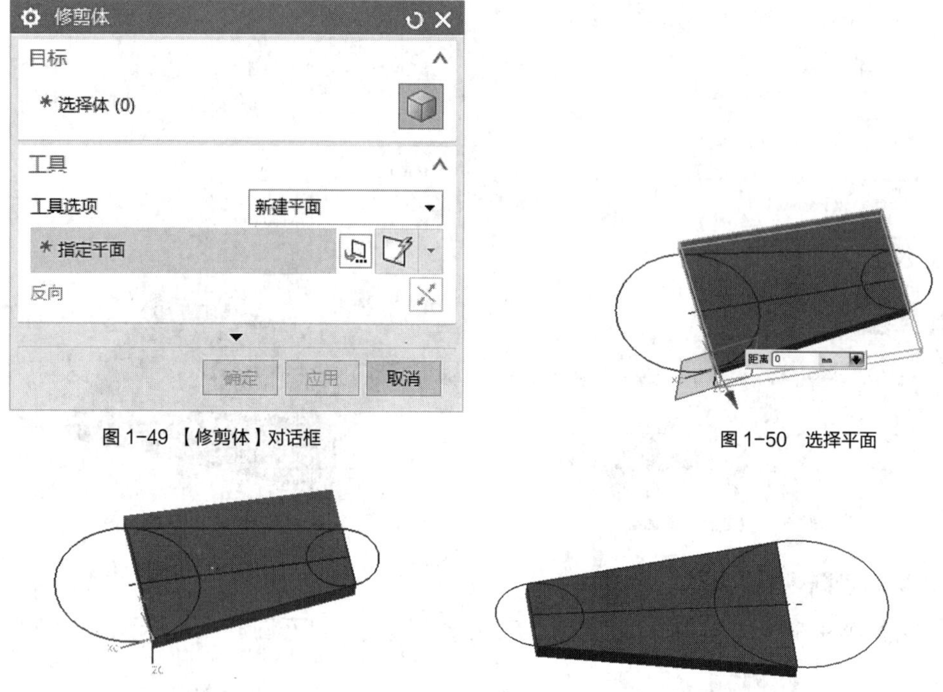

图 1-49 【修剪体】对话框

图 1-50 选择平面

图 1-51 修剪结果

图 1-52 修剪后实体

6. 创建圆柱体

单击【主页】选项卡中的按钮，弹出【圆柱】对话框。设置参数如图 1-53 所示，创建大端圆柱实体，结果如图 1-54 所示。

图 1-53 圆柱参数设置（1）

图 1-54 大端圆柱

同理，创建另外一边的小端圆柱，参数如图 1-55 所示，得到的结果如图 1-56 所示。

图 1-55 圆柱参数设置（2）

图 1-56 小端圆柱

7. 合并实体

单击工具栏中的按钮，弹出图 1-57 所示的【合并】对话框，选择刚刚创建的大端圆柱特征，再框选余下的所有实体，如图 1-58 所示，结果如图 1-59 所示。

图 1-57 【合并】对话框

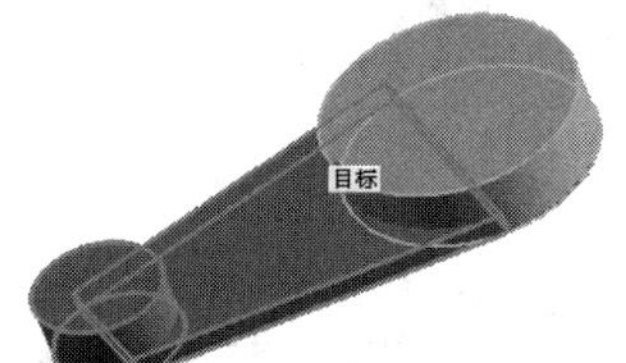

图 1-58 合并实体（1）

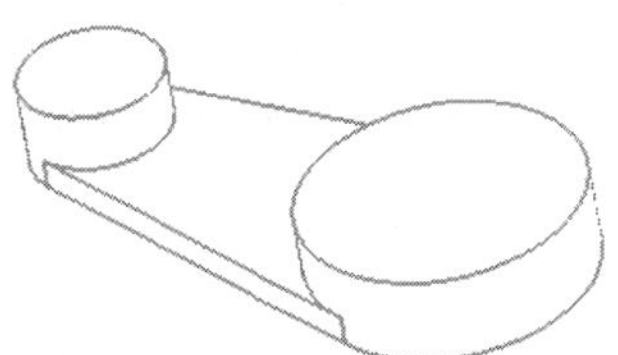

图 1-59 合并实体（2）

8. 创建孔特征

单击工具栏中的【孔】按钮，选择图 1-60 所示平面作为放置面，输入直径为 130，深度为 60，顶锥角为 0，定位在该圆柱中心，结果如图 1-61 所示。

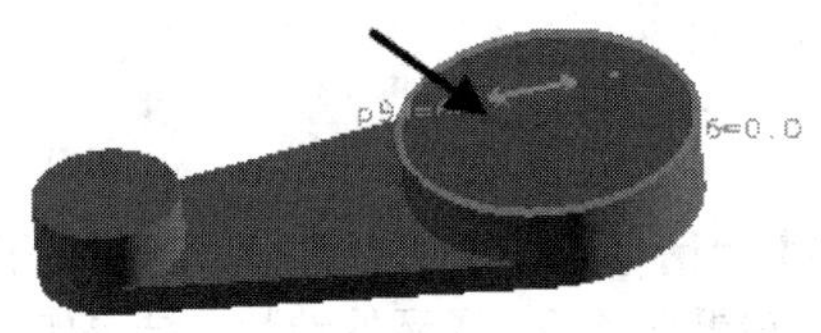

图 1-60 孔心

图 1-61 孔

同理创建小端圆柱的孔，输入直径为 60，深度为 60，顶锥角为 0，结果如图 1-62 所示。

图 1-62　最后效果

9．创建拔模特征

单击按钮，弹出图 1-63 所示【拔模】对话框，选择拔模方向为 +z 轴，固定平面为平板底面，拔模面为侧面，如图 1-64 所示。输入拔模角度为“0.5”，得到的结果如图 1-65 所示。

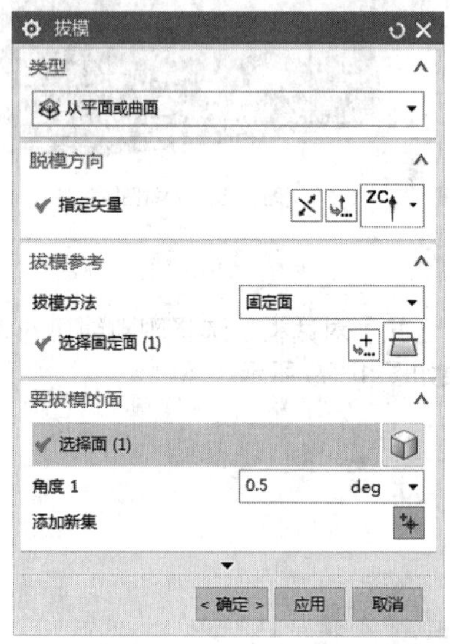

图 1-63 【拔模】对话框

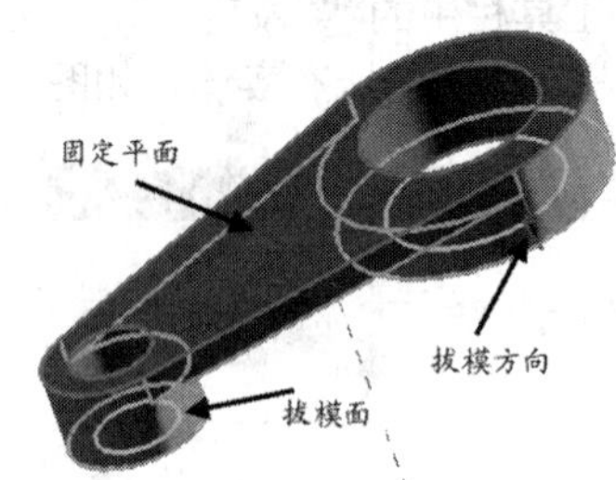

图 1-64　拔模面及方向

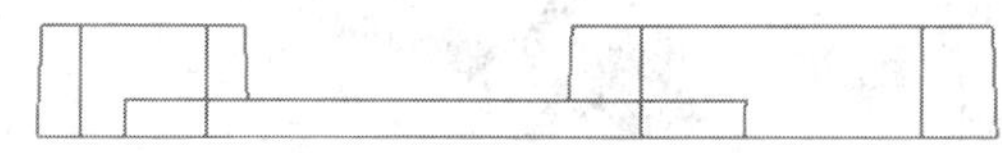

图 1-65　带拔模角度实体

同理，两个孔也拔模，角度为“-0.5”，结果如图 1-66 所示。

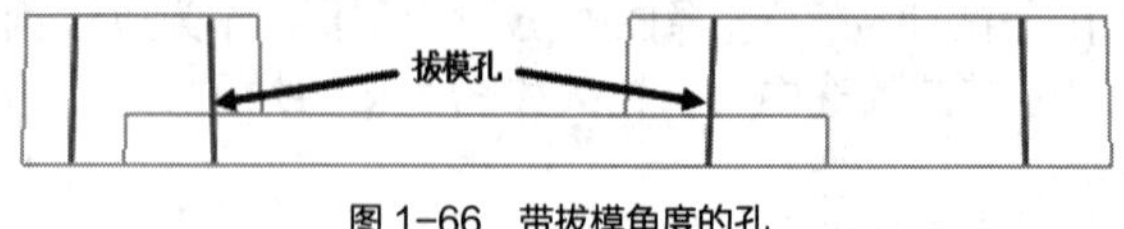

图 1-66　带拔模角度的孔

10．创建加强筋特征

单击按钮，打开图 1-67 所示【三角形加强筋】对话框。选择图 1-68 所示面作为第一组放置面，选择图 1-69 所示圆柱面作为第二组放置面，设置图 1-70 所示的参数，结果如图 1-71 所示。

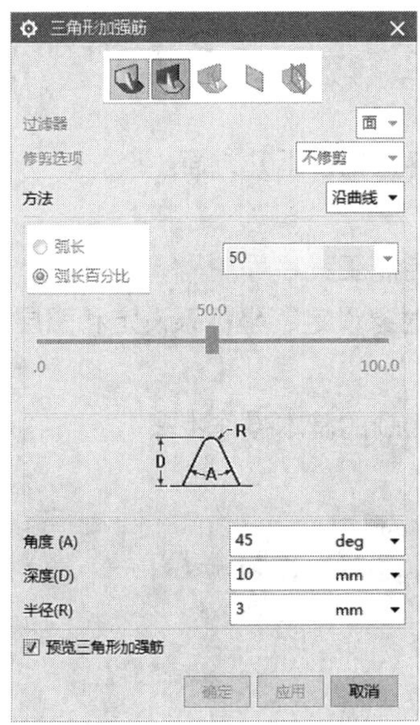

图 1-67 【三角形加强筋】对话框

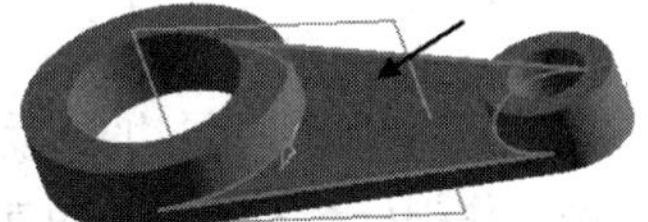

图 1-68　放置面一

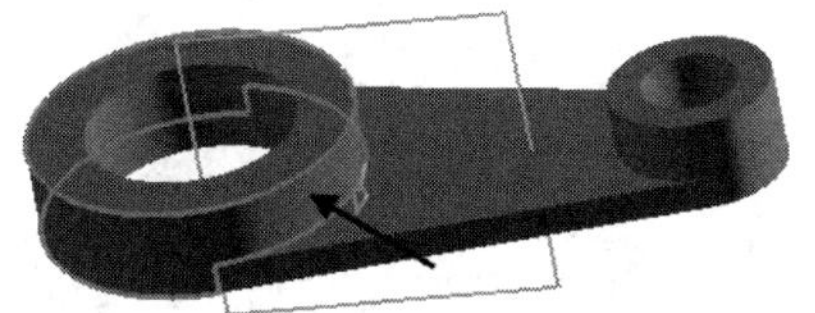

图 1-69　放置面二

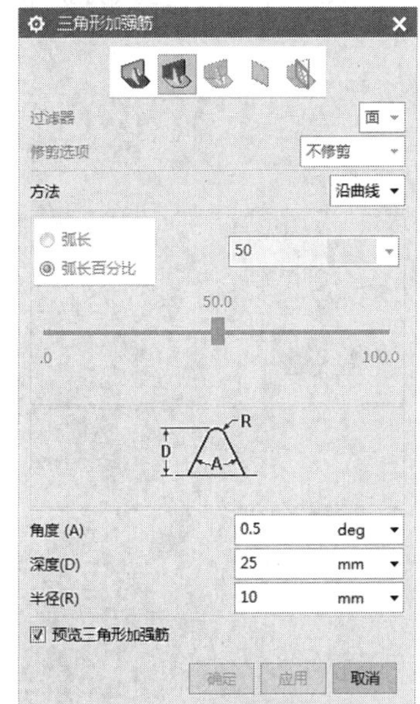

图 1-70　加强筋参数设置

同理创建另外一条加强筋，最终结果如图 1-72 所示。

图 1-71　大端筋

图 1-72　最终效果

小结

本章重点介绍了 UG NX 10.0 的基础知识，主要内容包括以下几方面。

（1）UG 的使用领域和 UG 的基本功能。

（2）启动和退出 UG 操作环境、UG 的界面组成、定制工具栏等。

（3）UG 基本工作环境的设定方法，如视图设定、对象设定、坐标系设定和图层设定等，另外还有首选项的设定、变换操作。

（4）结合具体的工程实例，大致了解使用 UG NX 10.0 的基本操作步骤。

习题

1. UG NX 10.0 有哪些主要功能模块？各有何用途？
2. 什么是工作坐标系？简要说明其设置方法。
3. 打开 UG NX 10.0 设计环境，熟悉其主要操作。
4. 自选题目，尝试在 UG NX 10.0 中创建一个实体模型。

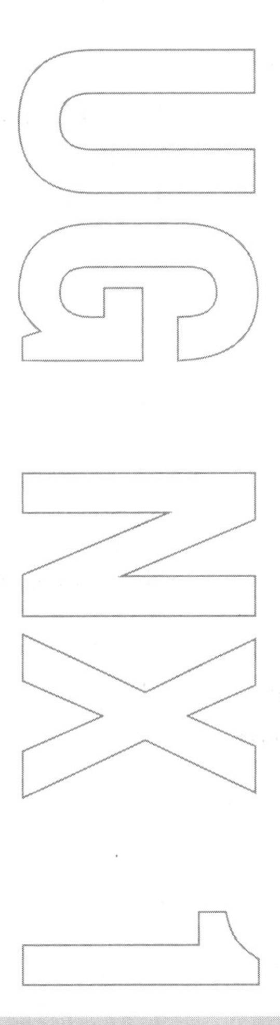

Chapter 2

第2章 曲线操作

【学习目标】

- 掌握基本曲线的创建方法。
- 掌握复杂曲线的创建方法。
- 掌握投影曲线、交线等的创建方法。
- 掌握曲线的编辑方法。

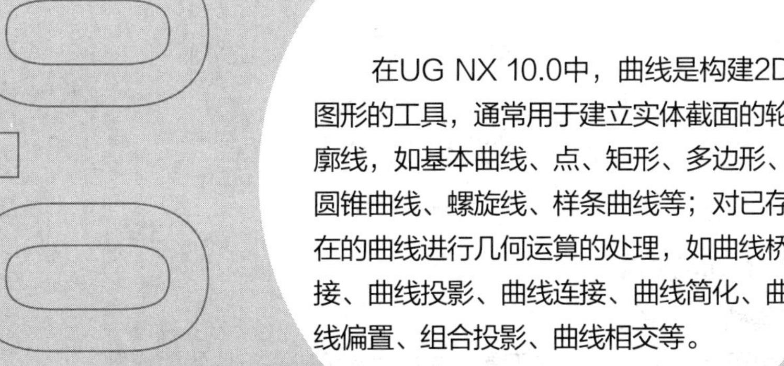

在UG NX 10.0中，曲线是构建2D图形的工具，通常用于建立实体截面的轮廓线，如基本曲线、点、矩形、多边形、圆锥曲线、螺旋线、样条曲线等；对已存在的曲线进行几何运算的处理，如曲线桥接、曲线投影、曲线连接、曲线简化、曲线偏置、组合投影、曲线相交等。

2.1 创建基本曲线

创建基本曲线

本例主要学习创建点和点集、直线、圆弧和圆、倒圆和倒角，通过综合应用这些基本曲线工具来介绍图 2-1 所示带有镂空区的轮毂的创建过程。

本例的基本设计思路如下。

① 创建圆。

② 创建点集及直线。

③ 倒圆角与修剪。

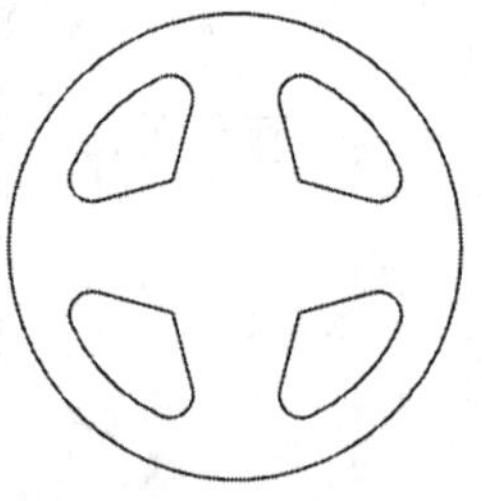

图 2-1　基本曲线实例

2.1.1 知识准备

绘制直线、圆弧、圆、圆角等基本曲线一般可以使用【基本曲线】对话框（见图 2-2）完成。为了编辑这些曲线，该对话框还配有修剪和编辑曲线参数等命令选项。

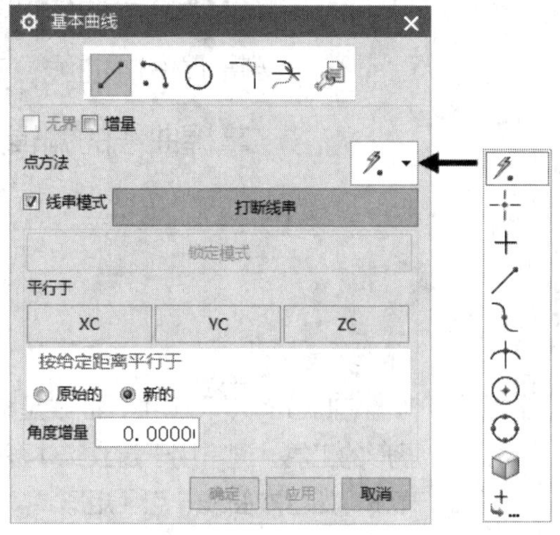

图 2-2 【基本曲线】对话框

1. UG NX 10.0 曲线工具

（1）【曲线】工具栏

【曲线】工具栏如图 2-3 所示。单击工具栏中的按钮可以进行曲线的绘制。

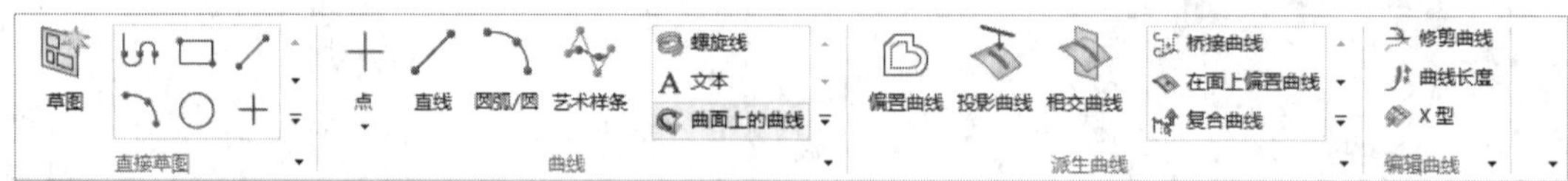

图 2-3 【曲线】工具栏

（2）曲线的编辑

各种曲线都有可被选取及修改的控制点，以此方便绘制及操作曲线，如表 2-1 所示。用鼠标左键单击曲线控制点可以选择此控制点，拖动控制点可对曲线进行编辑。对于没有控制点的曲线，如圆或椭圆可以拖动曲线或者圆心及椭圆中心进行编辑。

表 2-1 曲线类型及控制点

曲线类型	直线	圆弧	圆	样条曲线
控制点	中点 端点 端点	中点 端点 端点	中心点	节点

2. 创建点和点集

(1) 创建点

单击【曲线】工具栏中的[+]按钮，弹出图 2-4 所示的【点】对话框。

图 2-4 【点】对话框

系统提供图 2-4 所示的 13 种点类型。此外，用户也可以通过输入坐标来创建点。

要点提示

最初的 WCS 工作坐标系的原点与绝对坐标系的原点重合，用户也可以根据需要对 WCS 工作坐标系进行移动和旋转。

(2) 创建点集

单击【曲线】工具栏中的[点]按钮，弹出下拉菜单[+ 点集]，单击[点集]按钮，弹出图 2-5 所示的【点集】对话框，在该对话框中可进行点集的创建。

该命令可以在曲线或者面上创建点，而且还可以利用百分比、极点、结点等命令选项来创建点集。

点集的类项可以有以下几种。

- 曲线点：该方法是在所选曲线上利用百分比、参数、弦公差等命令选项来创建点。
- 样条点：该方法是选取已有的样条曲线上的点来创建点集。

图 2-5 【点集】对话框

- 面的点：该方法是在所选面的 U 与 V 方向输入点数以及定义起点位置与终点位置处的百分比来创建点集，设置参数如图 2-6 所示，创建示例如图 2-7 所示。
- 交点：该方法是在曲线、面或轴之间创建交点。

图 2-6　参数设置

图 2-7　创建面上的点

3. 创建直线

UG NX 10.0 提供输入坐标值和利用点两种方法来定义点，利用所定义的点来绘制线段。

单击图 2-2 所示的按钮，进入绘制线段操作。如果利用输入坐标值的方法来定义点，则只需在图 2-8 所示直线绘制相关参数值的【跟踪条】中的文本框内输入坐标值，创建图 2-9 所示的线段。

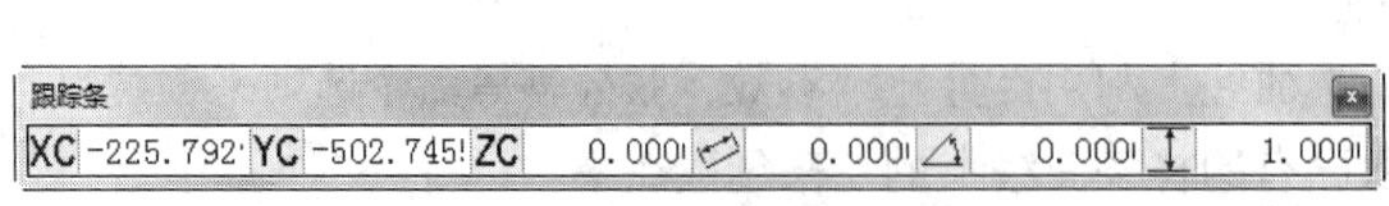

图 2-8　绘制直线相关参数值的【跟踪条】

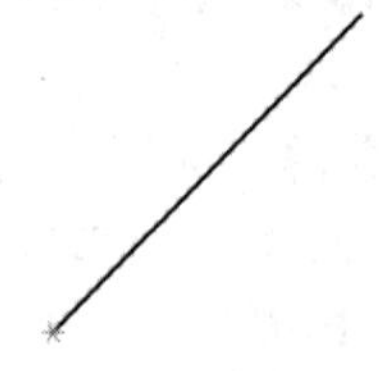

图 2-9　线段

4. 创建圆弧和圆

单击图 2-2 所示的按钮，进入绘制圆弧操作。可以利用完整的圆、起始点、端点、中心点、半径值来创建圆弧，绘制圆弧和圆相关参数值的【跟踪条】如图 2-10 所示。

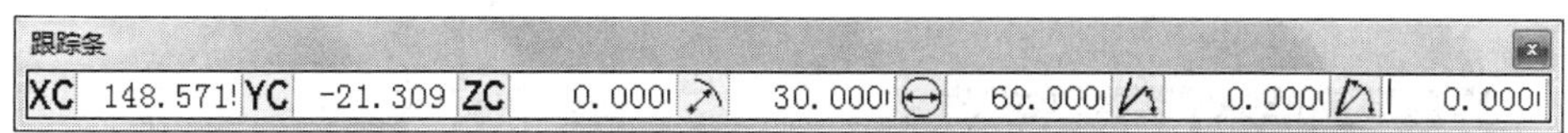

图 2-10　绘制圆弧和圆相关参数值的【跟踪条】

单击图 2-2 所示的按钮，进入绘制圆的操作。绘制圆相关参数值的【跟踪条】与绘制圆弧相关参数值的【跟踪条】相似。通过指定圆的中心点，并在绘制圆相关参数值的【跟踪条】中直径或半径文本框中输入指定值来创建圆，最终创建的圆弧和圆的示意图如图 2-11 所示。

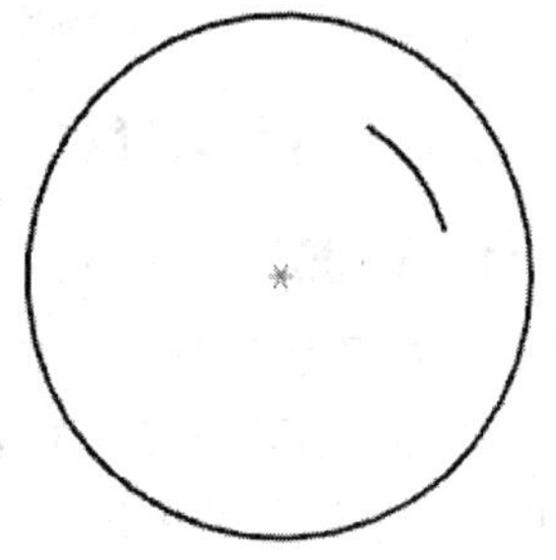

图 2-11　圆弧和圆

5. 曲线倒圆

在图 2-2 所示【基本曲线】对话框中单击按钮，进入生成倒圆角操作，【曲线倒圆】对话框如图 2-12 所示。

单击按钮，输入合适的圆角半径，并按图 2-13（a）所示鼠标指针位置依次点选线段、圆弧及大概圆角中心点，创建的实例如图 2-13（b）所示。

图 2-12 【曲线倒圆】对话框

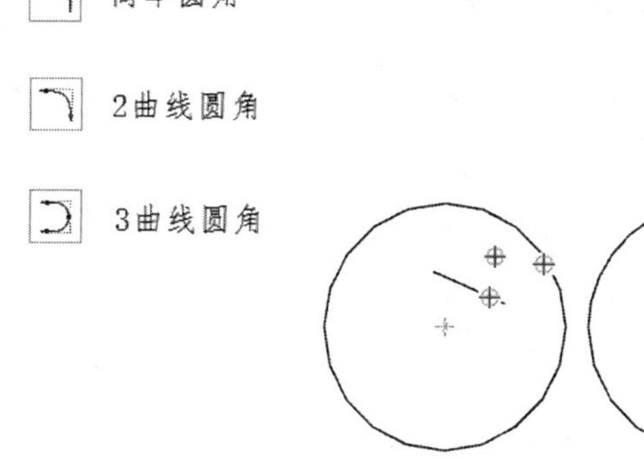

（a）　（b）

图 2-13　倒圆角

6. 曲线倒角

单击【曲线】工具栏中的按钮，弹出图 2-14 所示曲线的【倒斜角】对话框，用来对两条共面的曲线进行倒斜角操作。

（1）简单倒斜角

在两个曲线的交叉部分绘制倒斜角，使交叉点包含在选择指针中。绘制等距倒斜角，同时对两条直线进行修剪。用户只需输入偏置值和同时选择两条直线即可。

（2）用户定义倒斜角

输入互不相同的偏置值或角度值来进行倒斜角，对倒斜角的两条曲线可以自动或人工选择修剪或不修剪。

创建的倒斜角如图 2-15 所示。

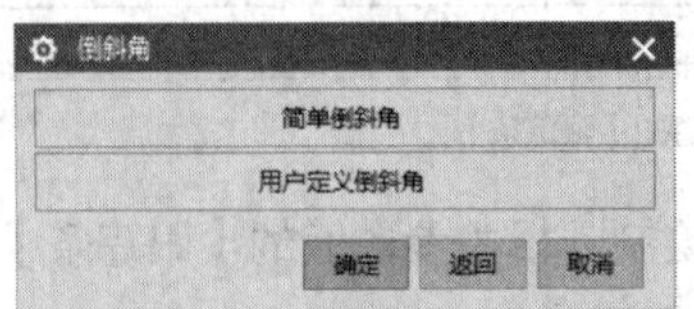

图 2-14 【倒斜角】对话框

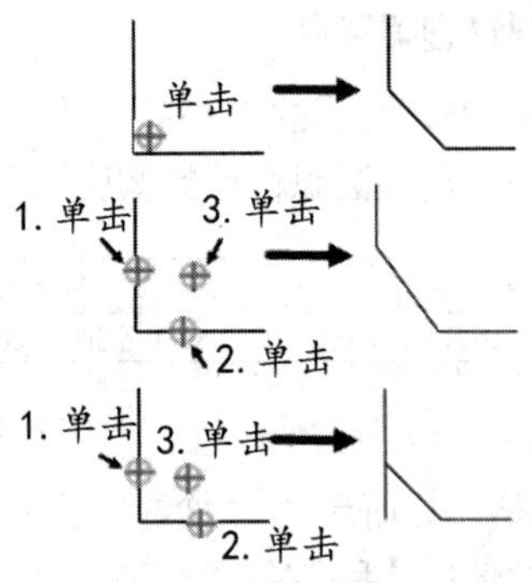

图 2-15 曲线倒斜角

2.1.2 操作过程

1. 创建圆

① 打开 UG NX 10.0 软件，单击按钮，新建一个【模型】文件。

② 执行菜单命令【菜单】/【插入】/【曲线】/【基本曲线】，在弹出的【基本曲线】对话框中单击○按钮，如图 2-16 所示，在弹出的【跟踪条】中输入圆心坐标（0，0，0），直径输入 100，绘制一个圆，如图 2-17 所示。

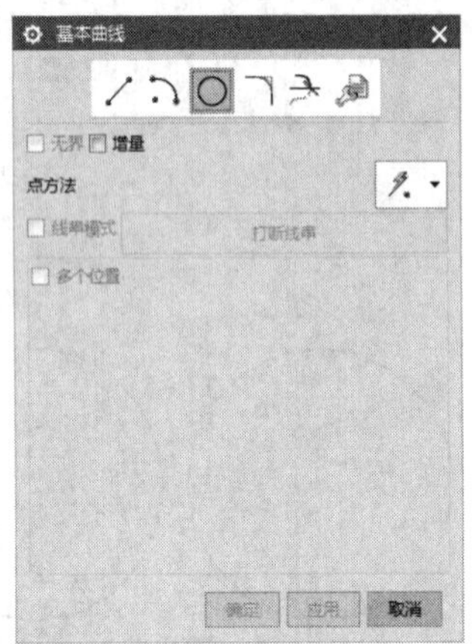

图 2-16 【基本曲线】对话框

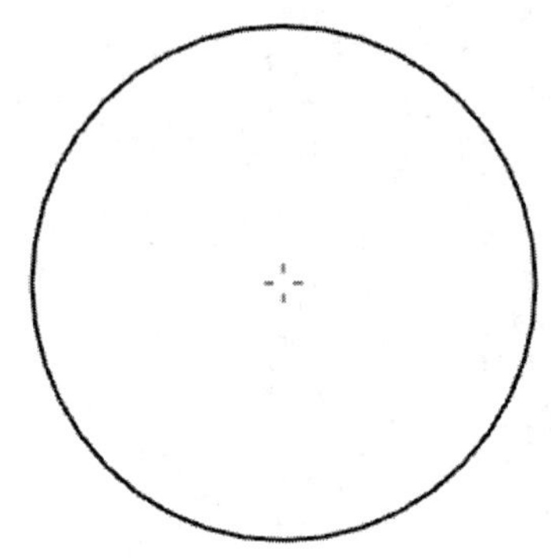

图 2-17 绘制圆

③ 使用同样的方法再次绘制一个圆，直径输入为 80，效果如图 2-18 所示。

2. 创建点集及直线

① 创建点集：绘制线段端点集，单击图 2-16 所示的⁄按钮，在弹出的【跟踪条】中分别输入 4 组坐标值、线段长度和角度组合：（0，0，0）、20、45°；（0，0，0）、20、135°；（0，0，0）、20、-45°；（0，0，0）、20、-135°，效果如图 2-19 所示。

② 利用前述绘制曲线的方法绘制 8 条曲线。选择 4 条线段端点为起始点，长度均为 15，角度依次为 -15°、105°、75°、195°、15°、-105°、-75°、-195°。删除第①步绘制的 4 条直线，结果如图 2-20 所示。

3. 倒圆角与修剪

① 曲线倒圆角。单击【曲线倒圆】对话框中的按钮。

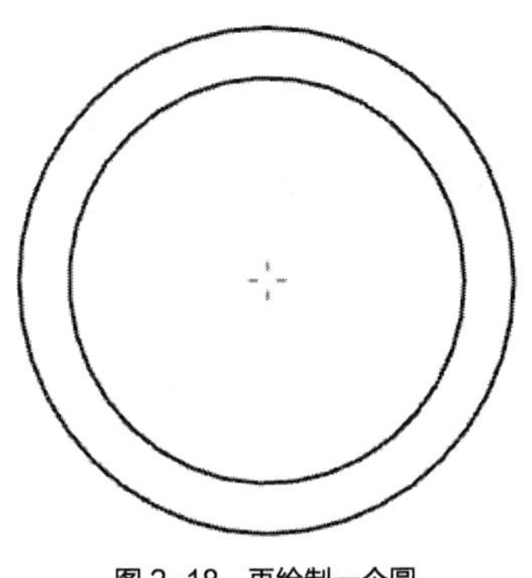

图 2-18　再绘制一个圆

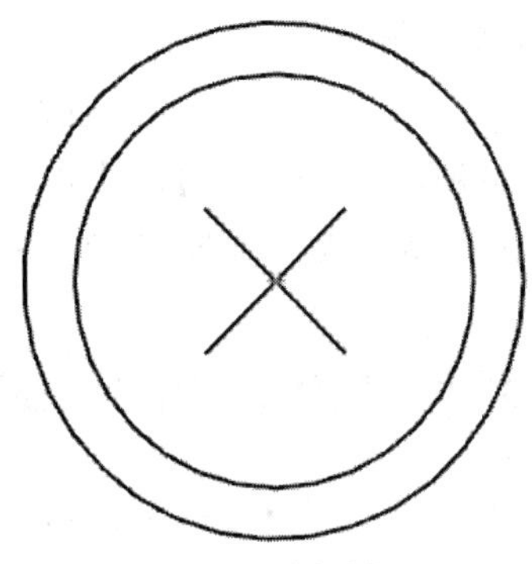

图 2-19　绘制直线

② 取消勾选【修剪第二条曲线】复选框，输入半径为 5。依次点选线段 1 和圆弧 2，再点选圆角圆心大概位置 3，生成第一个圆角。指针位置如图 2-21 所示。

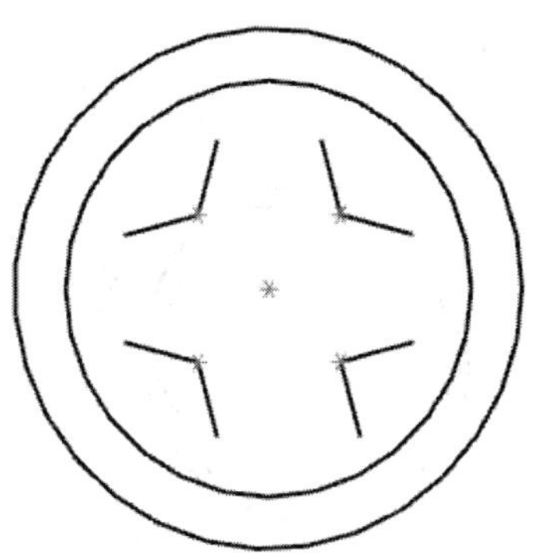

图 2-20　绘制曲线并删除直线

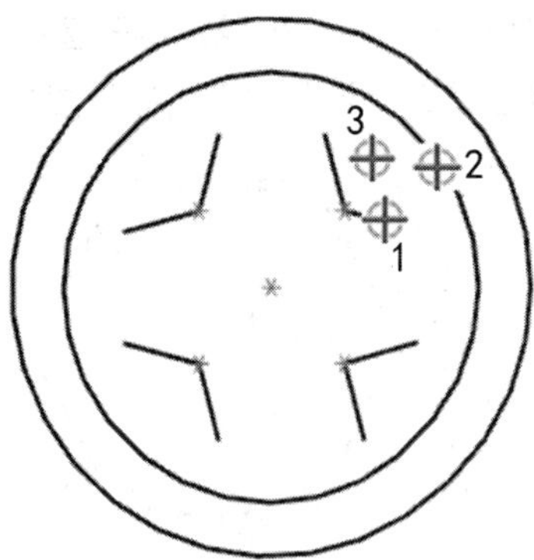

图 2-21　指针位置

③ 用同样的方法创建其余圆角，最终效果如图 2-22 所示。

④ 修剪多余的圆弧曲线。单击按钮，选择要修剪的曲线，修剪结果如图 2-23 所示。

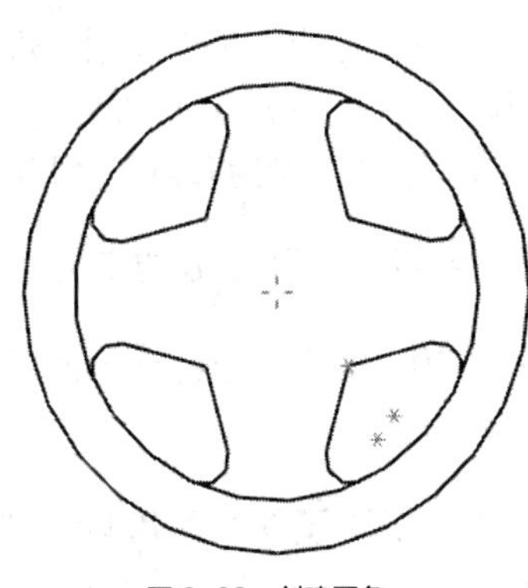

图 2-22　创建圆角

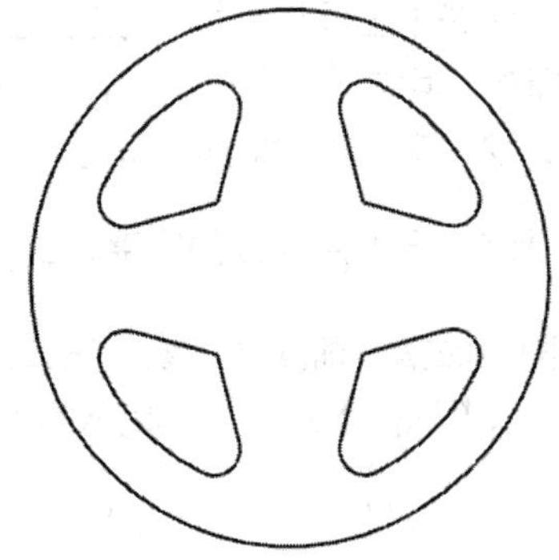

图 2-23　修剪结果

2.1.3　知识拓展

1. 创建矩形

单击【曲线】工具栏中的按钮，则弹出【矩形】对话框。通过选取两点来绘制矩形，也可以通过偏置曲线选项来绘制矩形。

2. 创建多边形

在平行于 WCS 坐标系的 x–y 平面内生成一个多边形。单击【曲线】工具栏中的多边形按钮，则弹出图 2–24 所示的【多边形】对话框，用来设置多边形的边数，单击确定按钮后，弹出图 2–25 所示的【多边形】对话框，该对话框各参数意义如下。

图 2–24 【多边形】对话框

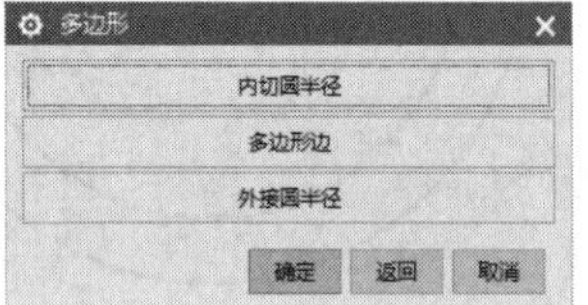

图 2–25 【多边形】对话框

- 内切圆半径：生成内切于圆的多边形。
- 多边形边：输入一个边长和方位角来绘制正多边形。
- 外接圆半径：生成外接于圆的多边形。

利用上述命令绘制的多边形如图 2–26 所示。

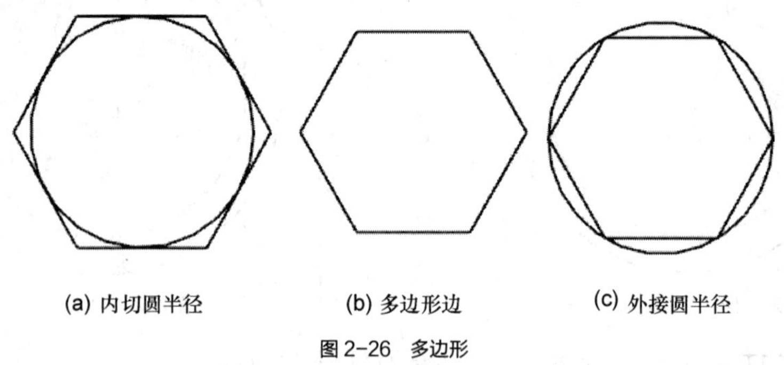
(a) 内切圆半径　(b) 多边形边　(c) 外接圆半径

图 2–26 多边形

3. 创建椭圆

单击【曲线】工具栏中的椭圆按钮进入椭圆绘制。通过定义中心点，输入长轴、短轴及旋转角来绘制椭圆，其中长轴平行于 x 轴，短轴平行于 y 轴。椭圆的投射判别式 $\rho<0.5$。

如图 2–27 所示，二次曲线 ABC，C 为顶点，O（锚点）为点 A 处切线和点 B 处切线的交点，L_1 为点 C 到 A、B 两点连线的距离，L_2 为点 O 到 A、B 两点连线的距离，ρ 的定义为：$\rho=\dfrac{L_1}{L_2}$。

在绘图区域指定椭圆顶点或者在弹出的【点】对话框中输入椭圆中心的坐标值后，则弹出图 2–28 所示【椭圆】对话框，输入椭圆参数，单击确定按钮即可。

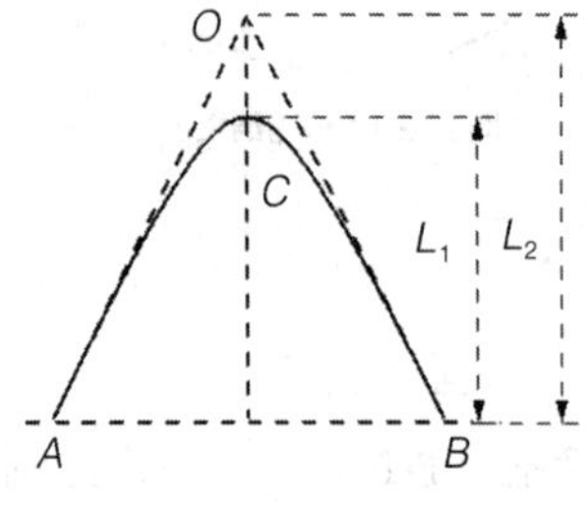

图 2–27 二次曲线 ρ 值计算图

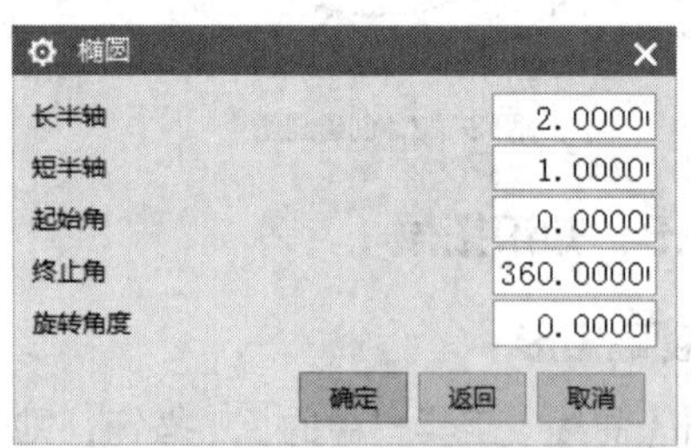

图 2–28 【椭圆】对话框

2.2 创建复杂曲线

本例将综合圆、正多边形、双曲线、圆角等复杂曲线工具来创建图 2–29 所示图形，带领读者感受 UG NX 10.0 中复杂曲线的创建过程。

本例的基本设计思路如下。

① 创建圆和正六边形。

② 创建双曲线。

③ 创建圆角。

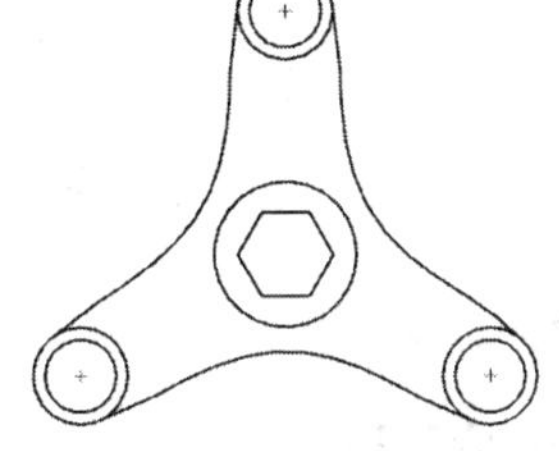

图 2–29　复杂曲线实例

创建复杂曲线

2.2.1 知识准备

利用【基本曲线】对话框的各种命令选项可以创建直线、圆弧、圆和圆角等简单曲线。像样条曲线、抛物线、螺旋线等复杂曲线可以单击【曲线】工具栏中各相应按钮来创建。

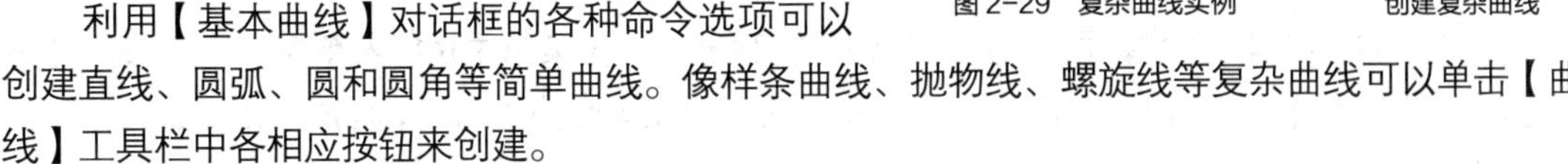

1. 抛物线

抛物线是二次曲线的一种，抛物线的投射判别式 ρ=0.5。画出的抛物线平行于 x 轴。抛物线的方程为

$$y^2=2ax$$

单击 双曲线(H)... 按钮，指定抛物线顶点，则弹出图 2–30 所示【抛物线】对话框，设定抛物线参数，单击 确定 按钮即可生成抛物线，如图 2–31 所示。

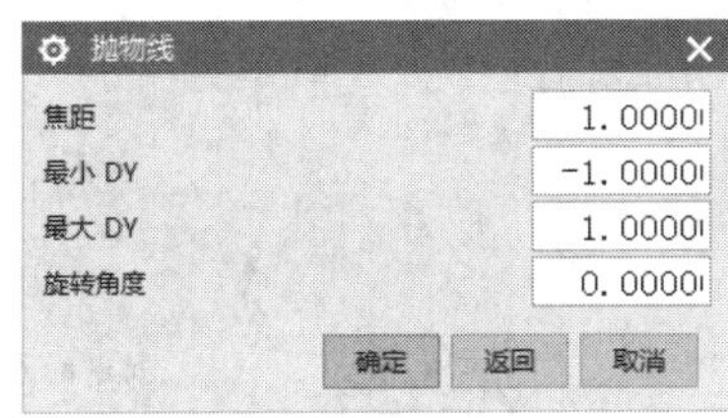

图 2–30 【抛物线】对话框

图 2–31　利用抛物线命令生成的抛物线

2. 双曲线

双曲线也是二次曲线的一种，双曲线是落在中心点两侧的两条对称曲线，在 UG NX 10.0 中只绘制其 x>0 的一侧，若需要另一侧，则可以通过镜像得到。双曲线的中心点是两条渐近线的交点，双曲线的对称轴也通过这点。双曲线的投射判别式 ρ>0.5，双曲线的方程为

$$\frac{x^2}{a^2}-\frac{y^2}{b^2}=1$$

其对应的渐近线方程为

$$\frac{y}{x}=\pm\frac{b}{a}$$

执行菜单命令【菜单】/【插入】/【曲线】/【双曲线】或单击【曲线】工具栏中的 双曲线(H)... 按钮，指定双曲线中心点，则弹出图 2–32 所示的【双曲线】对话框，设定双曲线参数，单击 确定 按钮即可生成双曲线，如图 2–33 所示。

图 2-32 【双曲线】对话框

图 2-33 利用双曲线命令生成的双曲线

2.2.2 操作过程

1. 创建圆和正六边形

① 在功能区的最左边单击 菜单(M) 按钮，在弹出的下拉菜单中执行菜单命令【插入】/【曲线】/【基本曲线】，在弹出的对话框中单击○按钮，绘制圆心为（0，0，0）、直径 100 的圆 1。

② 在【曲线】选项卡中单击 点集 按钮，弹出图 2-34 所示【点集】对话框，选择圆 1，设置参数如图 2-34 所示，单击 确定 按钮。再删除圆 1。创建的点集如图 2-35 所示。

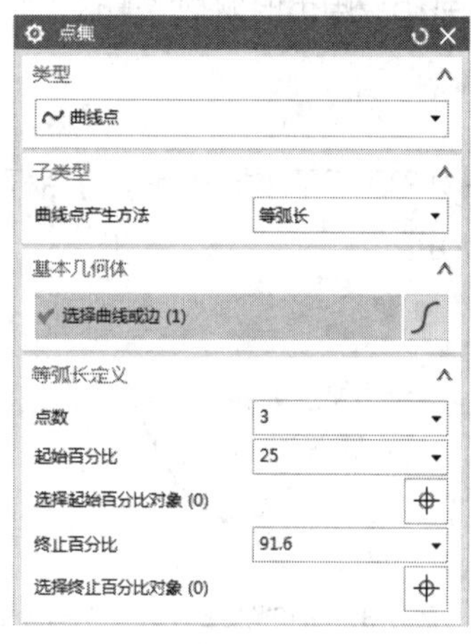

图 2-34 【点集】对话框

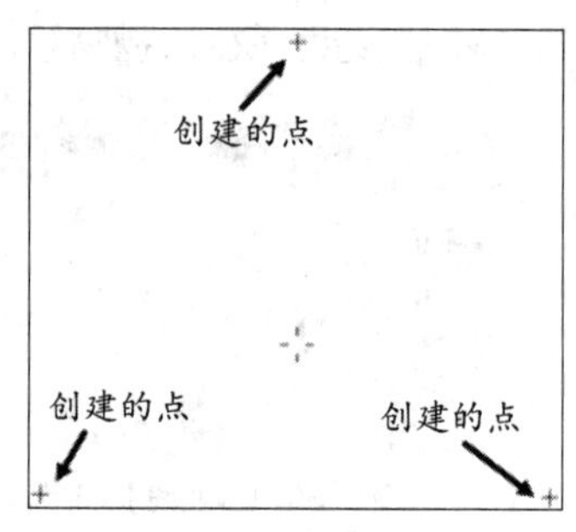

图 2-35 创建点集

③ 单击○按钮，绘制圆心（0，0，0）、直径 30 的圆 2。再分别以刚创建的点集为圆心，以 15 和 20 为直径创建另外 6 个小圆，如图 2-36 所示。

④ 单击【曲线】工具栏中的 多边形(P)... 按钮，设置多边形边数为 6，单击 确定 按钮后，弹出【多边形】对话框，选取【外切圆半径】选项，输入半径值为“10”，圆心坐标（0，0，0）。绘制正六边形如图 2-37 所示。

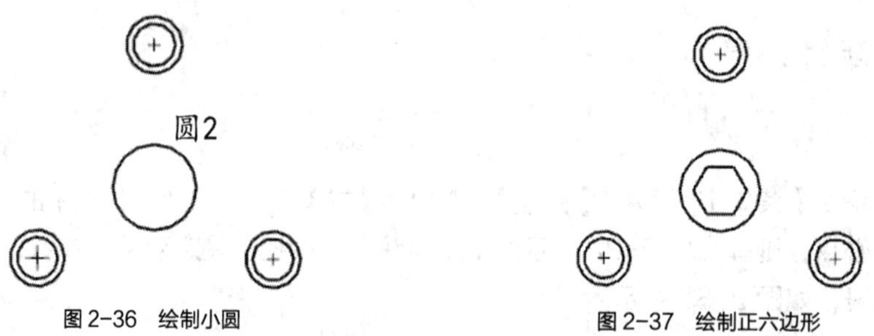

图 2-36 绘制小圆

图 2-37 绘制正六边形

2. 创建双曲线

① 单击【曲线】工具栏中的 双曲线(H)... 按钮。设置中心点为（0，0，0），在图2-38所示示【双曲线】对话框中设定双曲线参数，单击 确定 按钮即可生成第一条双曲线。

② 另外两条双曲线旋转角度依次为 150° 和 270°，其他参数不变。绘制的双曲线如图 2-39 所示。

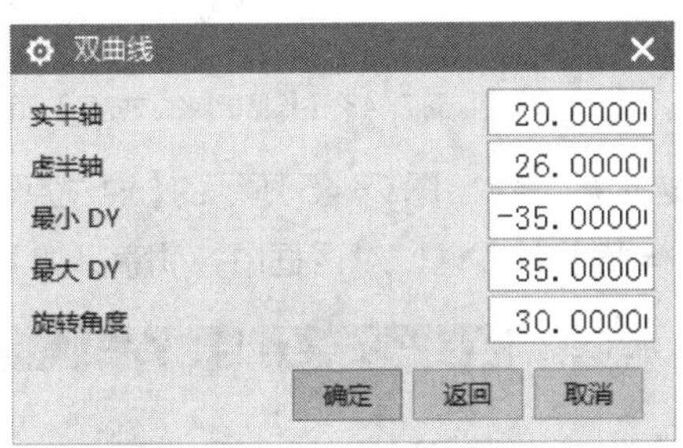

图 2-38 【双曲线】对话框

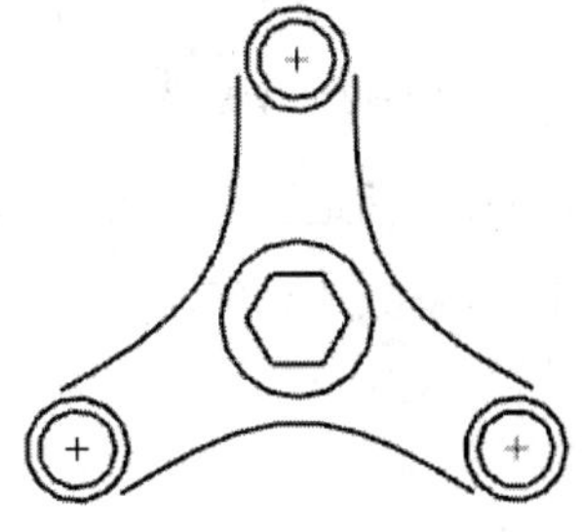

图 2-39　绘制双曲线

3. 创建圆角

① 单击按钮，在弹出的【曲线倒圆】对话框中单击按钮，取消勾选【修剪第二条曲线】复选框，输入半径为 65。

② 按图 2-40 所示的鼠标光标位置依次点选双曲线和圆弧，再单击圆角圆心大概位置，生成第一个圆角。继续完成另一边圆角的生成，结果如图 2-40 所示。

③ 使用同样的方法，继续完成其他圆角的绘制，最终设计结果如图 2-41 所示。

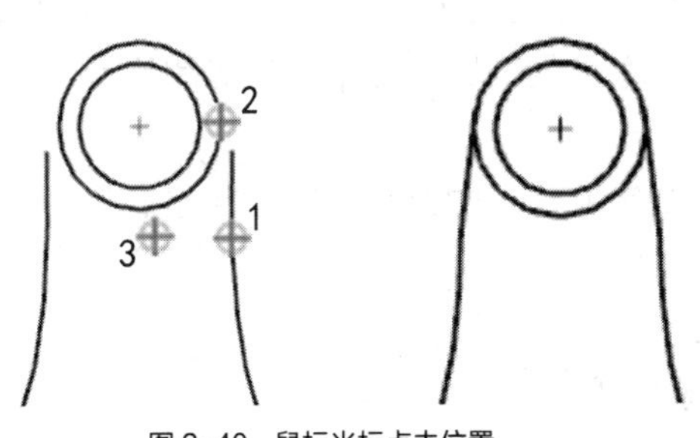

图 2-40　鼠标光标点击位置

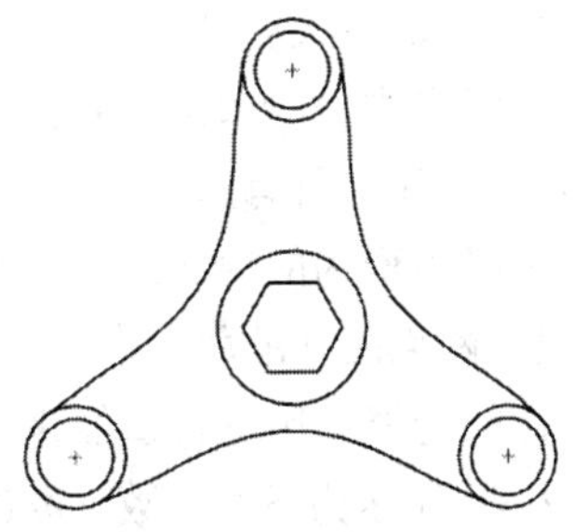

图 2-41　设计结果图

2.2.3　知识拓展

1. 样条曲线

（1）样条

样条曲线是利用多项式曲线与所设定的点的拟合来创建所要的曲线。所有的样条曲线都有阶次属性。

单击【曲线】工具栏中的按钮，弹出【样条】对话框，如图 2-42 所示，各项参数意义如下。

① 根据极点：以极点作为控制点来创建样条曲线，如图 2-43 所示。

不同参数下根据极点创建的样条曲线如图 2-44 所示。

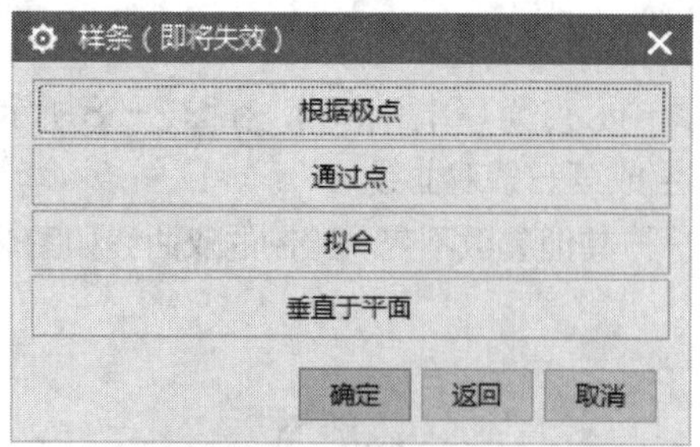

图 2-42 【样条】对话框

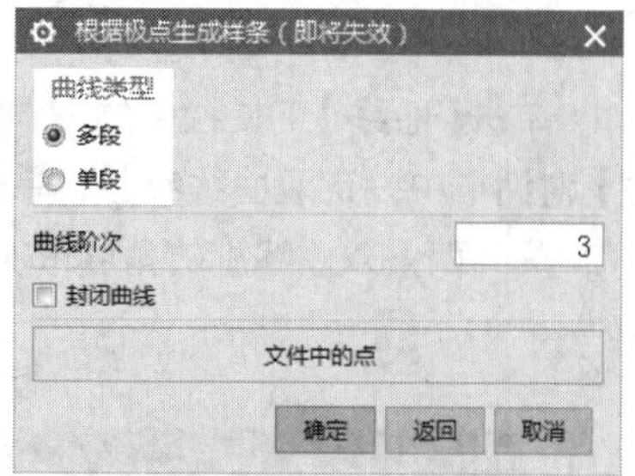

图 2-43 【根据极点生成样条】对话框

② 通过点：指定已有的点，选择【通过点】选项后，弹出图 2-45 所示的【通过点生成样条】对话框，单击 确定 按钮后，弹出图 2-46 所示【样条】对话框，对话框中各项意义如下。

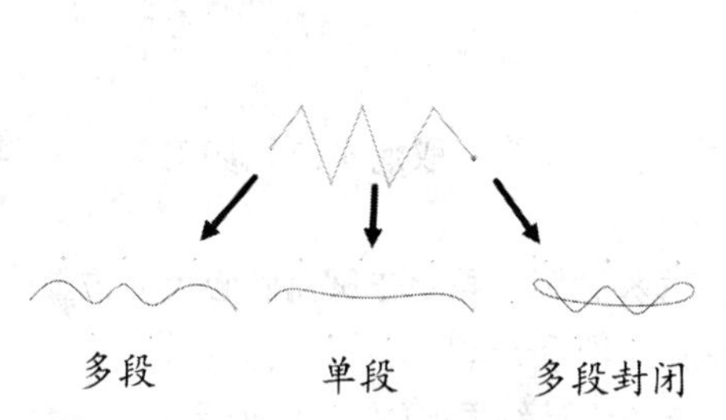

图 2-44 不同参数下根据极点创建的样条曲线

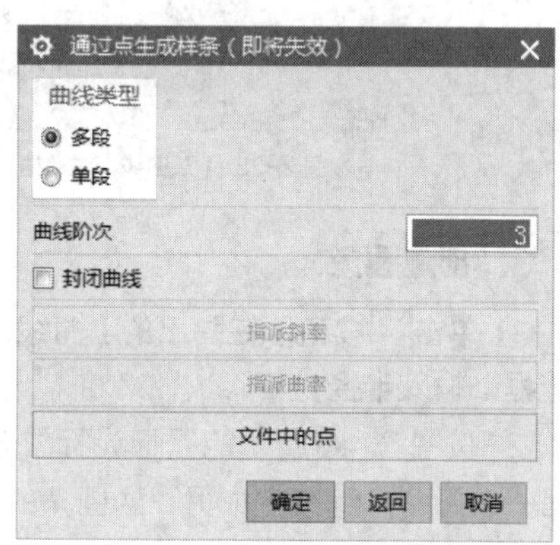

图 2-45 【通过点生成样条】对话框

- 全部成链：链接所有点。在指定起点和终点后，系统自动找出两点之间的所有点。
- 在矩形内的对象成链：用矩形框来指定所选点的范围。在指定起点和终点后，系统自动找出两点之间的所有点。
- 在多边形内的对象成链：用多边形框来指定所选点的范围。在指定起点和终点后，系统自动找出两点之间的所有点。
- 点构造器：用点构造器来进行点的定义。

图 2-47 所示为不同参数下通过点创建的样条曲线。

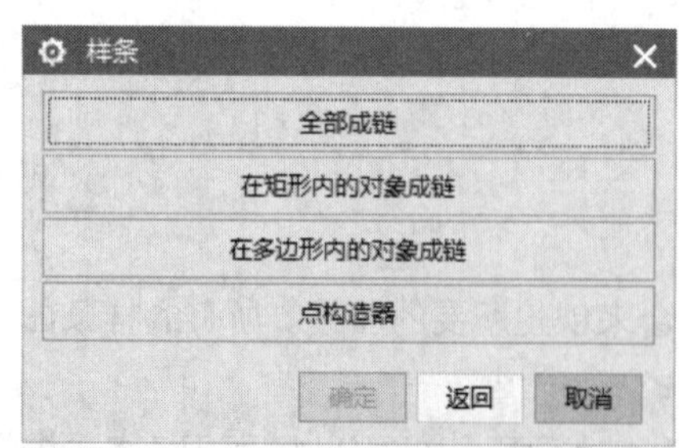

图 2-46 【样条】对话框

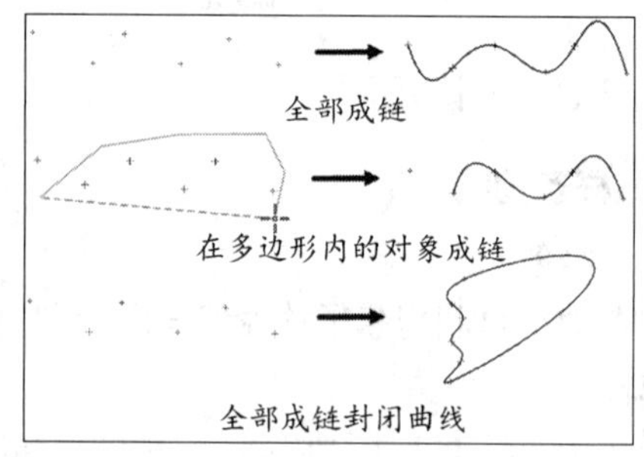

图 2-47 不同参数下通过点创建的样条曲线

③ 拟合：依一定方式使定义的点在生成的样条曲线附近。

④ 垂直于平面：垂直并通过数个平面做样条曲线，其允许的平面数为 100 个。

要点提示

利用【拟合】命令与用【通过点】命令绘制的样条形状有些像，但是实际上是不同的，利用两种方法创建的样条曲线，其控制极点是不相同的，其区别如图 2-48 和图 2-49 所示。

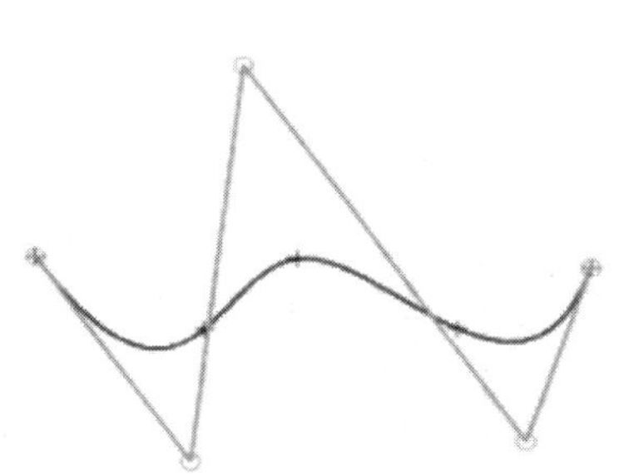

图 2-48　利用拟合创建的样条曲线

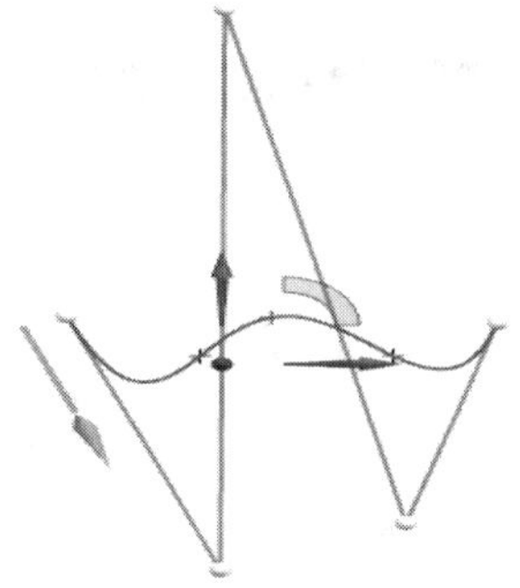

图 2-49　利用通过点创建的样条曲线

（2）艺术样条

单击【曲线】工具栏中的按钮，弹出图 2-50 所示的【艺术样条】对话框。使用该对话框，可通过拖放定义点或极点并在定义点处指定斜率或曲率约束，动态创建和编辑样条曲线。

图 2-50 【艺术样条】对话框

如果在【艺术样条】对话框的【参数化】选项组中勾选“封闭”复选框，那么完成创建的样条是首尾闭合的，示例如图 2-51 所示。

要点提示

在执行【艺术样条】命令的时候，可以在当前绘制的样条上添加控制点，其方法是将鼠标指针移动到样条的合适位置处单击，如图 2-52 所示。在创建艺术样条时，还可以使用鼠标拖动控制点的方式来调整样条曲线的形状。

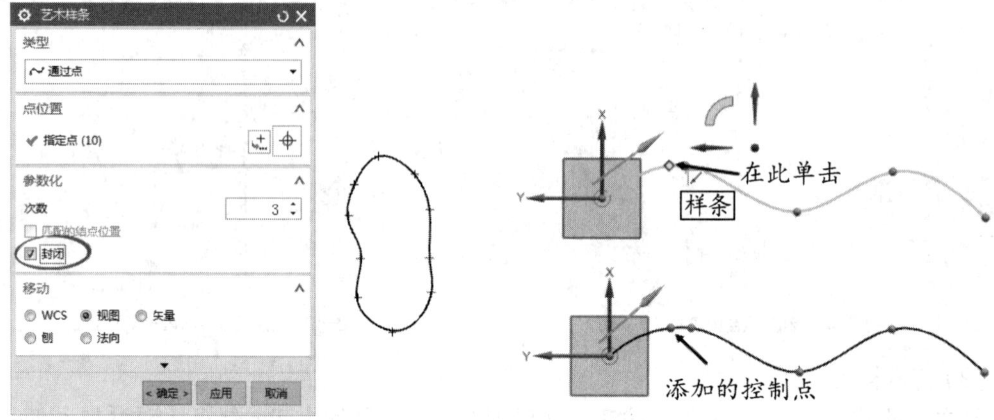

图 2-51 绘制首尾闭合的样条　　　　图 2-52 在样条上添加控制点

（3）拟合曲线

单击【曲线】工具栏中的按钮，弹出图 2-53 所示的【拟合曲线】对话框。在【类型】列表框中选择【拟合样条】，系统提供了“次数和段数”“次数和公差”和“模板曲线”3 种类型来拟合样条。

图 2-53 【拟合曲线】对话框

2. 螺旋线

螺旋线是一条自由曲线，可以通过定义其圈数、螺距、半径、旋转方向及螺旋原点来生成。

① 利用【沿矢量】绘制的螺旋线。单击【曲线】工具栏中的 螺旋线 按钮进入螺旋线的绘制，在弹出的【螺旋线】对话框中输入图 2-54 所示的参数，单击 确定 按钮来绘制螺旋线，

结果如图 2-55 所示。

图 2-54 【螺旋线】对话框

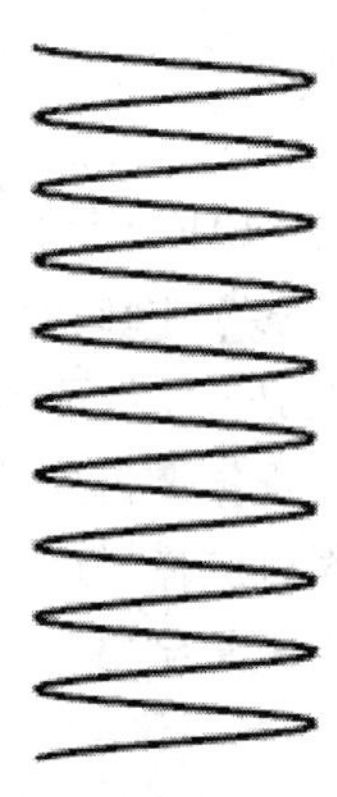

图 2-55　采用默认值的螺旋线

② 利用【沿脊线】绘制的螺旋线。在【类型】选项组中的下拉列表中选择“沿脊线”类型，选择已经存在的直线方向作为螺旋线 z 轴方位，再通过设置螺旋线其他参数来绘制螺旋线，最终结果如图 2-56 所示。

③ 采用半径方式为规律曲线绘制的螺旋线。在【大小】选项组中选择“半径”，在【规律类型】下拉菜单中选择“线性”，在文本框中输入不同的半径起始值和半径终止值，来绘制螺旋线，最终结果如图 2-57 所示。

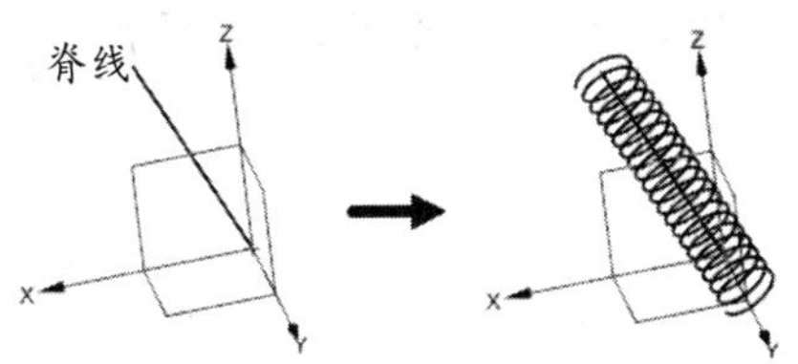

图 2-56　采用沿脊线方法绘制的螺旋线

图 2-57　采用规律曲线绘制的螺旋线

2.3 曲线对象操作

图 2-58 所示曲线实例主要由两个曲面、两条直线、若干样条曲线和底部的矩形组成。直线和矩形的绘制方法在前面已经介绍过，在此不再赘述。曲面的绘制不属于本章范围，但由于部分功能的示范需要使用到曲面，所以本例绘制了两个简单曲线。

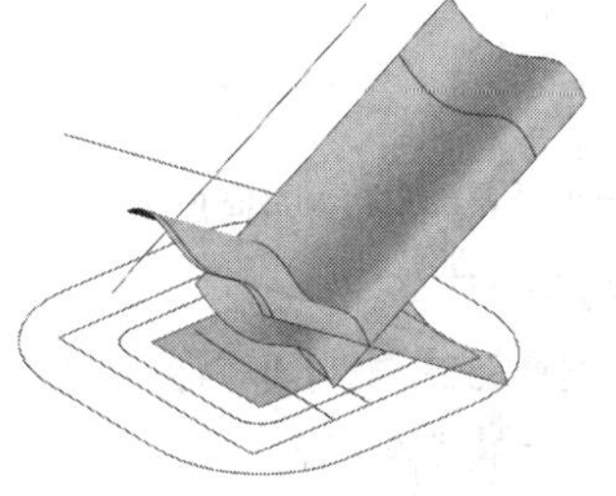

图 2-58　曲线对象操作实例

曲线对象操作

本例的基本设计思路如下。

① 绘制底部矩形（创建偏置曲线和桥接曲线）。

② 绘制曲面。

③ 绘制投影曲线、交线。

2.3.1 知识准备

1. 偏置曲线

偏置曲线是通过与原始曲线偏置一定距离的所有点来产生新曲线的过程，可以用来偏置边缘、直线、曲线、圆弧、圆锥曲线及自由曲线等。选择偏置对象后，输入间距，并设置为平行或者垂直，用规律控制等方式来进行偏置，如图 2-59 所示。

在【曲线】工具栏的【派生曲线】面板中单击按钮，打开图 2-60 所示的【偏置曲线】对话框进入偏置曲线操作，根据要偏置的实际情况，在【偏置类型】下拉列表里面可选择“距离”“拔模”“规律控制”和“3D 轴向”4 种偏置方式。

图 2-59 偏置曲线

（1）“距离”偏置方式

选择要偏置的对象后，在【距离】文本框中输入要偏置的距离，在【副本数】文本框中输入要偏置的副本个数，单击按钮来选择偏置方向是向里还是向外。

在【设置】选项组中设置关联选项，当选择“关联”时，偏置后的曲线与偏置对象相互关联；当偏置对象被修改时，偏置后的曲线也会产生相应的修改。若不选择“关联”，偏置后的曲线与偏置对象没有任何关联，偏置对象的变化不会对偏置后的曲线产生影响。

在【输入曲线】下拉列表中选择被偏置对象在偏置后是保留还是隐藏，可以根据设计需要选择“保留”“隐藏”“删除”或者“替换”偏置对象。

设置好各参数后，单击 确定 或 应用 按钮生成偏置曲线，如图 2-61 所示。

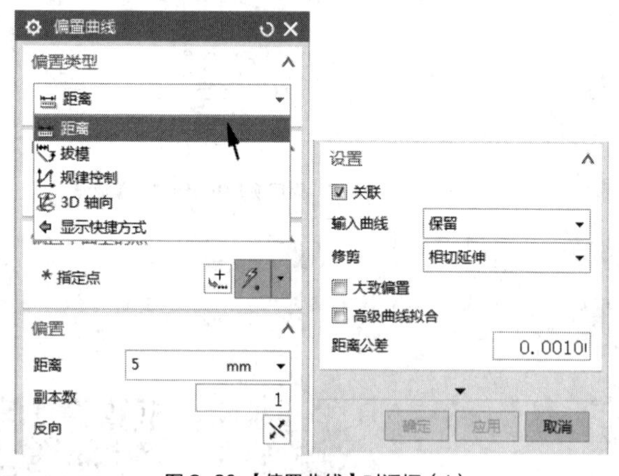

图 2-60 【偏置曲线】对话框（1）

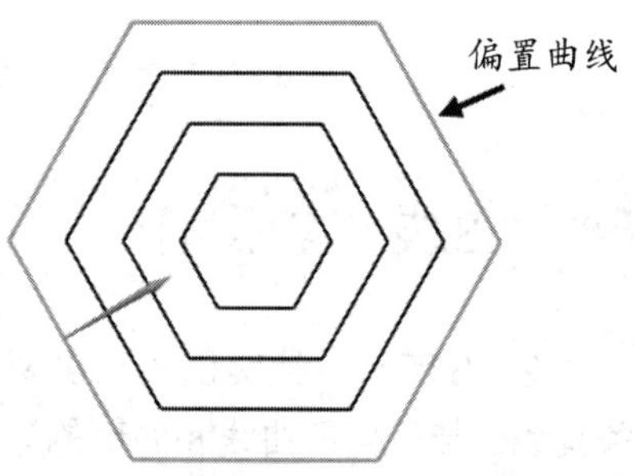

图 2-61 “距离”偏置曲线

（2）“拔模”偏置方式

选择“拔模”偏置方式时，【偏置曲线】对话框中的【偏置】选项组中增加了【角度】选项，用于确定偏置后曲线上的点与偏置对象上对应点的连线与平面法向之间的夹角，如图 2-62 所示。

选择偏置对象，如果偏置对象为一条直线，还需要在绘图区域内选择一点来构成偏置平面，如果选择为多个对象，则这些对象必须在一个平面内，此时该平面为偏置平面。

选择完对象后并设置好各参数后，单击 确定 或 应用 按钮生成偏置曲线，如图 2-63 所示。

图 2-62 【偏置曲线】对话框（2）

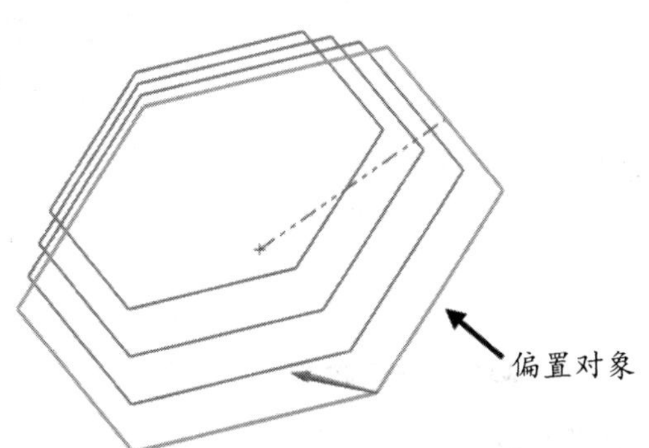

图 2-63 “拔模”偏置曲线

（3）“规律控制”偏置方式

选择“规律控制”偏置方式时，【偏置曲线】对话框中的【偏置】选项组中增加了【规律类型】下拉列表和相应的【起点】、【终点】文本框，如图 2-64 所示。

图 2-64 所示为根据“规律控制”偏置方式创建偏置曲线。其中，【规律类型】为“三次”，对象的偏置距离是根据以规律类型的起始值按逆时针方向选择对象来增加的。例如，如果起始值是“1”，终止值是“5”，那么逆时针选择的第一个对象的起始点的偏置距离是 1，最后一个对象的终止点的偏置距离是 5。

选择完对象并设置好各参数后，单击 确定 或 应用 按钮生成偏置曲线。结果如图 2-65 所示。

图 2-64 【偏置曲线】对话框（3）

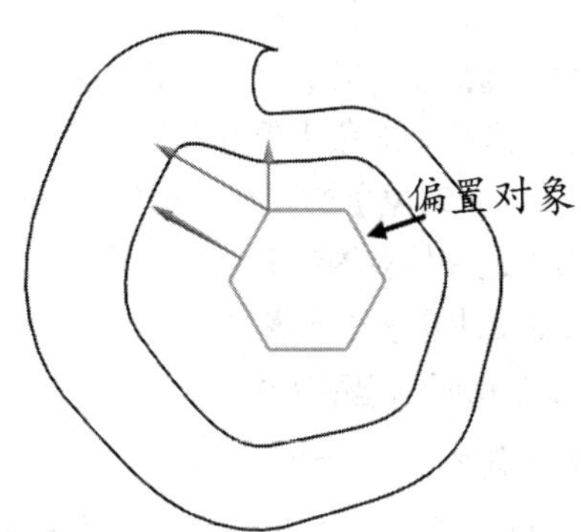

图 2-65 “规律控制”偏置曲线

（4）“3D 轴向”偏置方式

“3D 轴向”偏置方式是指在三维空间中指定一个轴向来确定曲线的偏置方向，偏置后的曲线为样条曲线。【偏置曲线】对话框中的【偏置】选项组中没有【副本数】选项，增加了【指定方向】选项。

图 2-66 所示为根据“3D 轴向”偏置方式所创建的偏置曲线。选择完对象后，单击【指定方向】后面的按钮打开图 2-67 所示【矢量】对话框，来定义偏置方向，然后设置相关参数。最后单击确定或应用按钮生成偏置曲线。

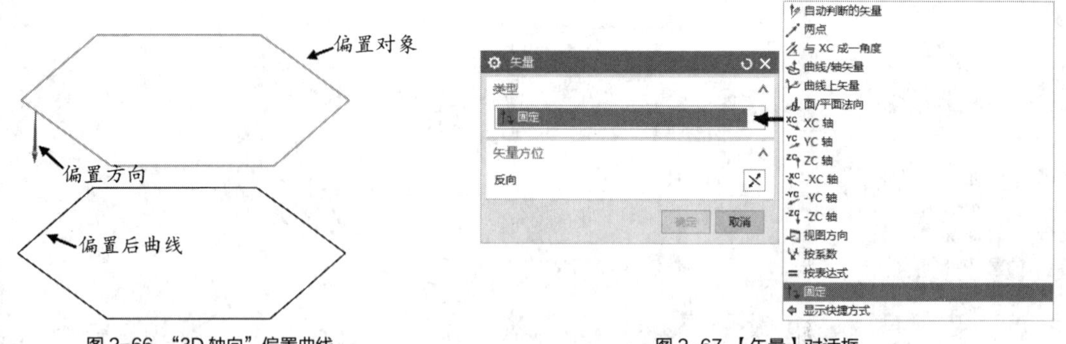

图 2-66 “3D 轴向”偏置曲线　　图 2-67 【矢量】对话框

2. 桥接曲线

桥接曲线可通过一定的方式把两条分离的曲线顺接起来，设计时可以根据需要调节曲线的桥接位置，如图 2-68 和图 2-69 所示。

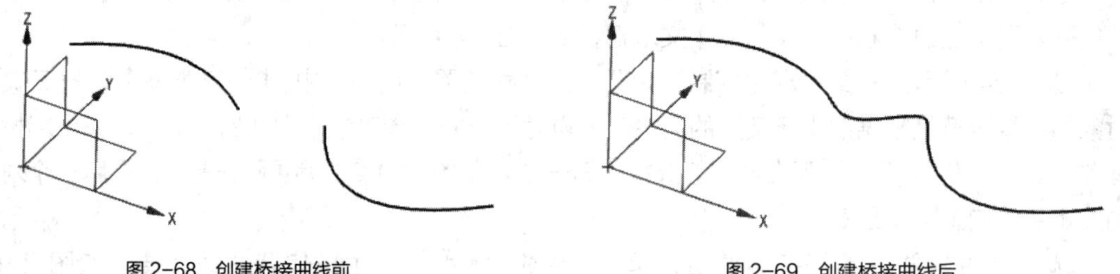

图 2-68 创建桥接曲线前　　图 2-69 创建桥接曲线后

创建桥接曲线的一般步骤如下。

① 在【曲线】工具栏的【派生曲线】面板中单击桥接曲线按钮，弹出图 2-70 所示的【桥接曲线】对话框。

② 在【起始对象】选项组中选择【截面】单选按钮或【对象】单选按钮。当选择【截面】单选按钮时，选择曲面或边作为起始对象，可根据设计情况单击【反向】按钮来使起始对象的方向反向；当选择【对象】单选按钮时，选择点或面作为起始对象。

③ 在【终止对象】选项组中选择【截面】、【对象】、【基准】或【矢量】单选按钮，并根据所选的选项来选择相应的参考来定义终止对象。

④ 依照设计要求进行形状控制参数设置，如图 2-71 所示。最后在【桥接曲线】对话框中单击确定按钮从而创建所需的桥接曲线。

3. 投影曲线

投影是将曲线、点或草图沿指定的方向投射到片体、面、平面或基准平面上的曲线操作。单击【派生曲线】面板中的按钮，弹出图 2-72 所示的【投影曲线】对话框。首先选择要投影的对象，然后选择要投影到的对象。根据选择投影到的对象的不同和实际需要，选择不同的投影方向，最后单击确定或应用按钮创建投影曲线，如图 2-73 所示。

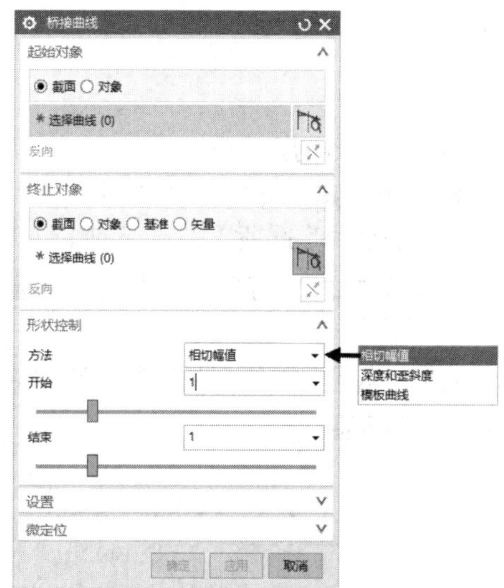

图 2-70 【桥接曲线】对话框

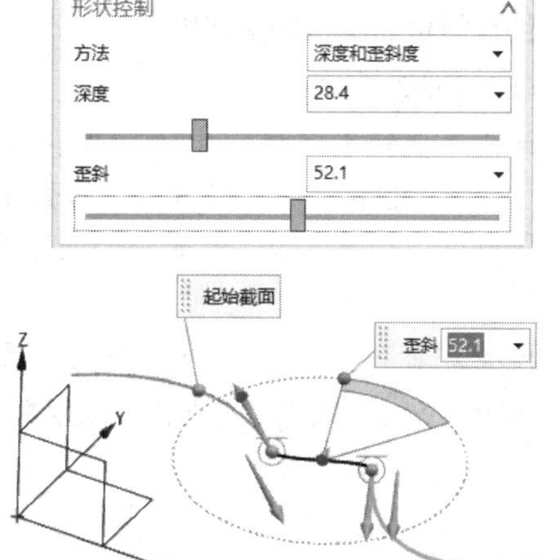

图 2-71　设置桥接曲线的形状控制参数

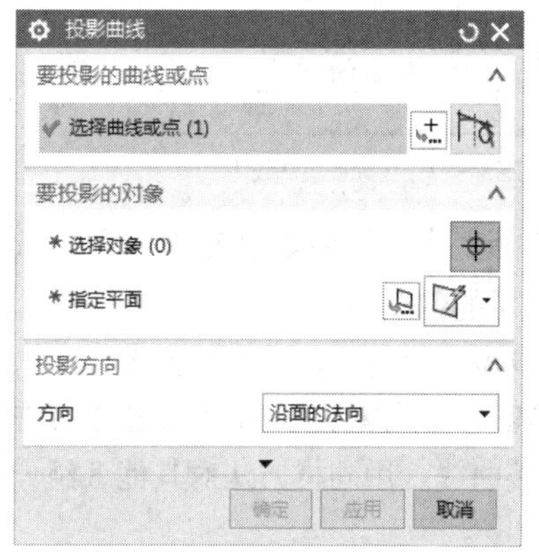

图 2-72 【投影曲线】对话框

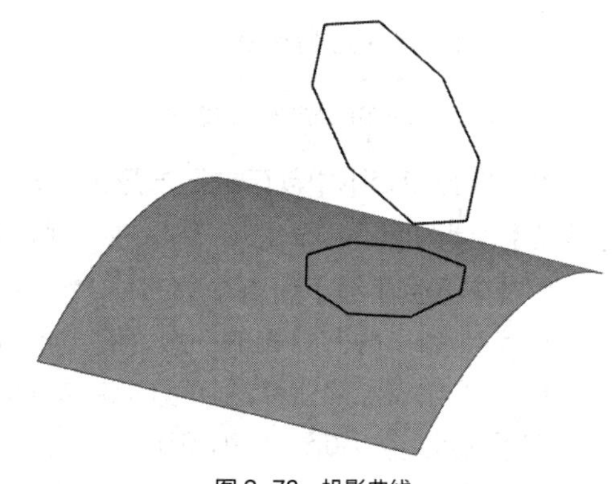

图 2-73　投影曲线

4. 交线操作

通过交线操作可以在两组相交物体的表面之间产生相交曲线。单击【派生曲线】面板中的按钮，弹出图 2-74 所示的【相交曲线】对话框。先选择第一组曲面，然后单击鼠标中键；再选取第二组曲面，最后单击确定或应用生成相交曲线，如图 2-75 所示。

图 2-74 【相交曲线】对话框

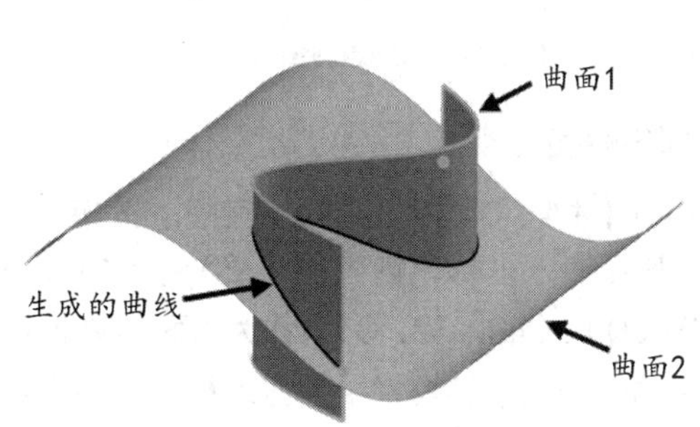

图 2-75　相交曲线

2.3.2 操作过程

1. 创建偏置曲线和桥接曲线

① 单击【曲线】工具栏中【矩形】按钮，创建边长为 25 的正方形。

② 单击【曲线】工具栏中的按钮，选取步骤①所创建的正方形为偏置对象，设置【偏置类型】为“距离”。在【修剪】下拉列表中选择“相切延伸”选项,【偏置距离】为“10”，单击应用按钮，创建图 2-76 所示的偏置曲线。注意偏置方向，可单击按钮使偏置方向反转。

③ 再次选择步骤①中创建的正方形为偏置对象，在【修剪】下拉列表中选择“无”选项,【偏置距离】设为“5”，单击应用按钮，创建图 2-77 所示的偏置曲线。

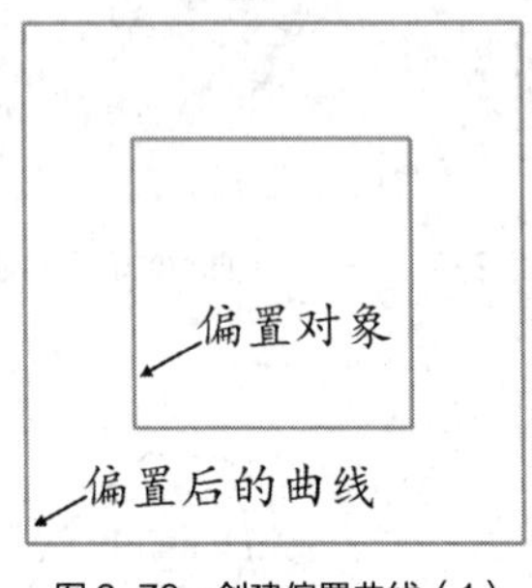

图 2-76 创建偏置曲线（1）

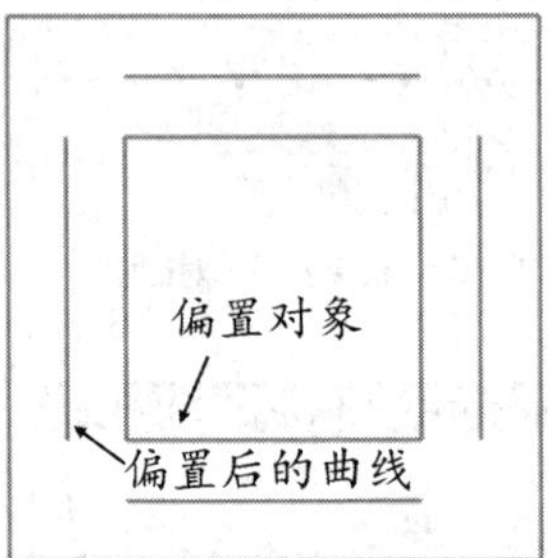

图 2-77 创建偏置曲线（2）

④ 再次选择步骤①中创建的正方形为偏置对象，在【修剪】下拉列表中选择“圆角”选项，【偏置距离】设为“20”，单击应用按钮，创建图 2-78 所示的偏置曲线。

⑤ 单击【派生曲线】面板中的桥接曲线按钮，选择步骤③创建的两条相邻偏置曲线（如左边一条和下边一条）为要桥接的曲线，在【形状控制】选项卡（见图 2-71）下设置【方法】为“相切幅值”，开始点和终止点的切线向量均为 1，创建桥接曲线。用同样方法对其他 3 组分离偏置曲线创建桥接曲线，如图 2-79 所示。

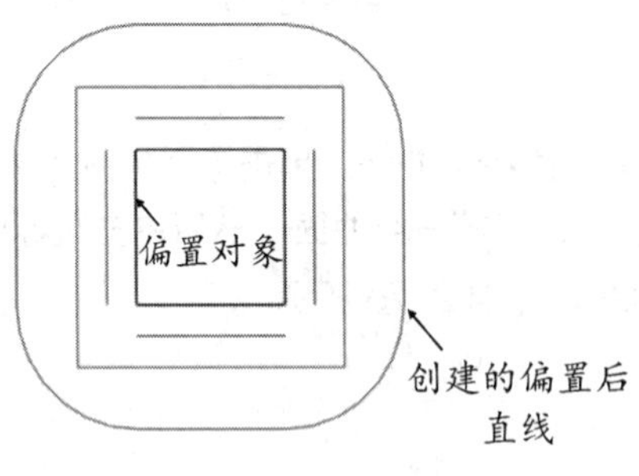

图 2-78 创建偏置曲线（3）

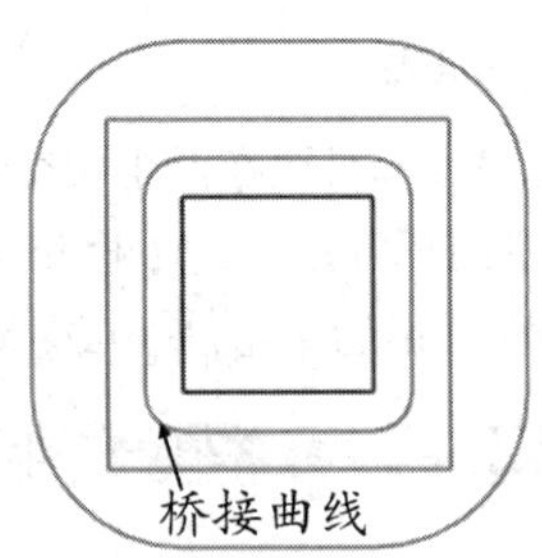

图 2-79 桥接曲线

2. 创建曲面

① 单击【曲线】功能区中的【直线】按钮，将【起点选项】和【终点选项】改为“点”并在跟踪条中输入坐标，创建图 2-80 所示的线段 1（40，30，30），（40，-30，0）和线段 2（40，-30，30），（40，30，0），作为后面创建曲面的引导线。

② 单击【曲线】工具栏中的艺术样条按钮，创建样条曲线 1 和样条曲线 2，如图 2-81 所示。

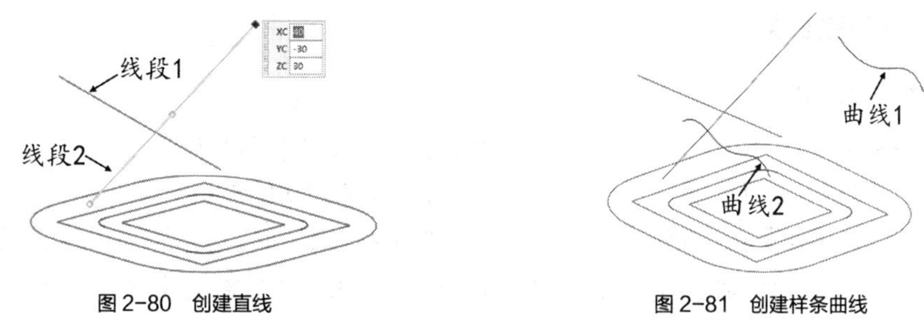

图 2-80 创建直线　　图 2-81 创建样条曲线

③ 在功能区的最左边单击 菜单(M) 按钮，在弹出的下拉菜单中执行菜单命令【插入】/【网格曲面】/【直纹】，选择创建偏置曲线和桥接曲线中步骤①创建的正方形任意两条对边为线串，创建图 2-82 所示平面 1。

④ 执行菜单命令【插入】/【扫掠】/【扫掠】，分别选择样条曲线 1 为截面线、线段 1 为引导线创建曲面 2。

⑤ 继续选择样条曲线 2 为截面线、线段 2 为引导线创建扫掠曲面 1，如图 2-83 所示。

3. 绘制投影曲线和交线

① 执行菜单命令【插入】/【派生曲线】/【相交】，分别选择创建曲面中步骤③、④所创建的曲面 1、曲面 2 为相交曲面，生成的相交曲线如图 2-83 所示。从图中可以看出，产生的相交曲线为两个曲面的交集。

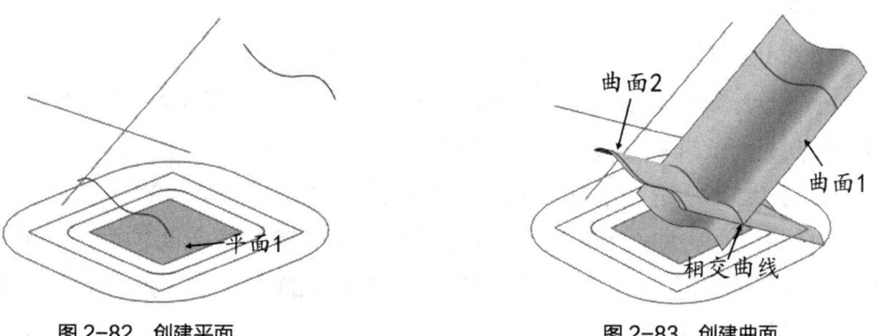

图 2-82 创建平面　　图 2-83 创建曲面

② 执行菜单命令【插入】/【派生曲线】/【投影】，选择创建曲面步骤②所创建的样条曲线 1 为投影对象，创建曲面步骤③中创建的平面 1 为投影平面，如图 2-84 所示。

③ 单击【投影曲线】对话框中的 确定 按钮，创建图 2-85 所示的投影曲线。从图中可以看出，创建的投影曲线为投影对象按垂直于投影面的投射方向投射至投影平面内且与投影面相交的点的集合。

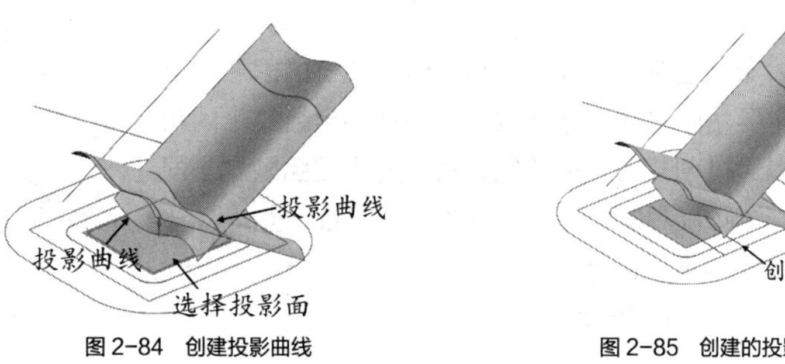

图 2-84 创建投影曲线　　图 2-85 创建的投影曲线

2.3.3 知识拓展

1. 创建截面曲线

截面曲线是由基准面或平面与物体相交产生的曲线。单击【曲线】工具栏中的 截面曲线 按钮，弹出图 2-86 所示的【截面曲线】对话框。首先选定要截切的对象，然后在【剖切平面】选项组中选择“选择平面”或“指定平面”。当选择“指定平面”时，其剖切平面为指定点处与指定平面相切的平面。选择剖切平面后，单击 确定 或 应用 按钮生成截面曲线，图 2-87 所示为根据不同的剖切平面所创建的截面曲线。

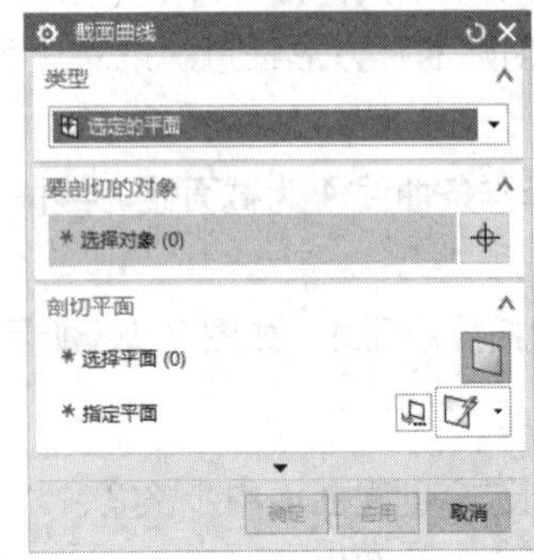

图 2-86 【截面曲线】对话框

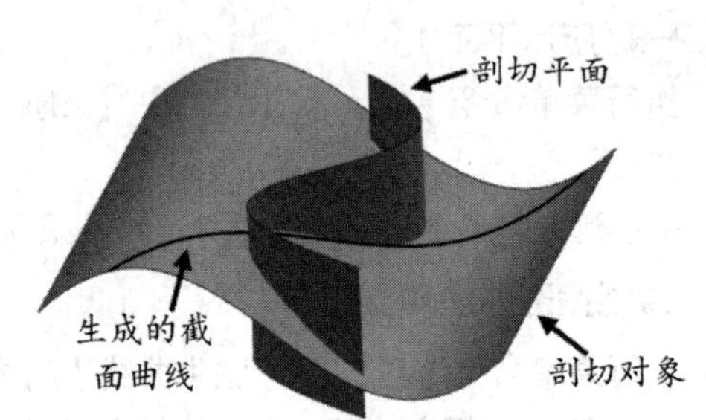

图 2-87 利用不同剖切平面创建的截面曲线

2. 其他曲线操作

除了前述曲面设计工具外，其余工具的用途如下。

① 简化曲线：将一条复合曲线简化成数段直线段或圆弧，简化后的误差量以系统设置的精度为准。

② 圆形圆角曲线：在两条曲线之间创建圆形圆角的曲线操作。

③ 连接曲线：用于把所选的连在一起的多条曲线连接成一条单一的样条曲线。

④ 缠绕 / 展开曲线：将曲线从一个平面缠绕到一个圆锥曲面或圆柱面上，或者从一个圆柱面或圆锥曲面上的曲线展开到一个平面上。缠绕或展开后的曲线是一条 3 次 B 样条曲线，且与原来的曲线、曲面及平面具有相关性。

⑤ 在面上偏置曲线：曲面上的一条曲线在曲面中按照某个方向偏置一段距离，偏置后的曲线依然在曲面上。

⑥ 抽取曲线：从一个或多个存在的实体或面上抽出曲线。

2.4 编辑曲线

编辑曲线

本节将创建图 2-88 所示酷似小飞机的图形，该图形主要由圆弧和直线构成。其中两端半径较小的圆弧可以通过创建圆角来绘制，另外两个圆弧则属于同一个圆，可以用修剪或分割曲线功能来绘制。

本例的基本设计思路如下。

① 创建外层大圆和直线。

② 分割圆弧。

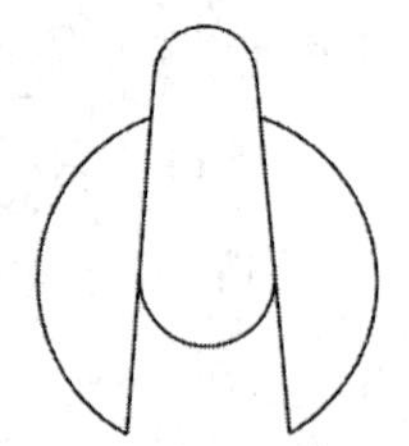

图 2-88 编辑曲线工程实例图

③ 创建圆角并修剪圆角和曲线。

2.4.1 知识准备

当绘制的曲线需要进行修改时，通常可以通过【编辑曲线】工具来进行修改，而没有必要删除已经绘制的曲线再重新绘制。【编辑曲线】工具栏如图 2-89 所示。

图 2-89 【编辑曲线】工具栏

1. 修剪曲线

修剪功能是将直线、圆弧或自由曲线的端点修剪或延伸至 1~2 个边界元素，绘图区中的任何元素都可以作为边界元素，如实体的边缘以及点、线和面等。单击图 2-89 所示的按钮，弹出图 2-90 所示的【修剪曲线】对话框，对曲线进行修剪操作，主要操作步骤如下。

① 选择要修剪的曲线。

② 选择修剪边界对象 1。

③ 选择修剪边界对象 2。

④ 单击 确定 按钮完成修剪。

图 2-91 所示为修剪操作示例。

图 2-90 【修剪曲线】对话框

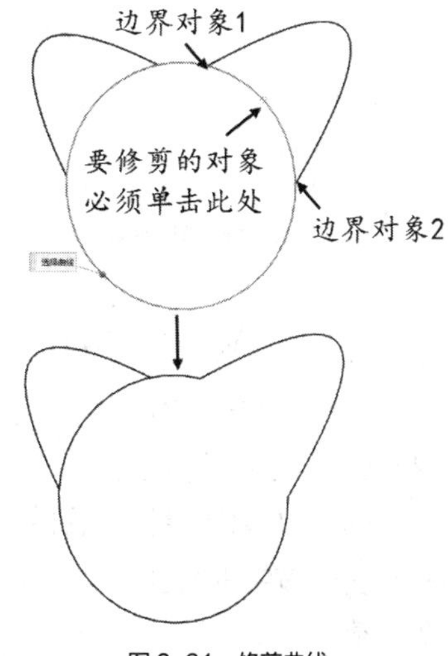

图 2-91 修剪曲线

2. 分割曲线

利用分割曲线命令可以将曲线分割成多个分段。单击图 2-89 所示的按钮，弹出图 2-92 所示的【分割曲线】对话框，在【类型】下拉列表中有以下分割方法。

（1）等分段

使用等弧长或者等参数距离来分割曲线。图 2-93 所示为按照“等分段”方式分割曲线示例，其操作步骤如下。

① 选择要进行分割的曲线。

② 设置段数。

③ 单击 确定 按钮创建分割曲线。

图 2-92 【分割曲线】对话框（1）

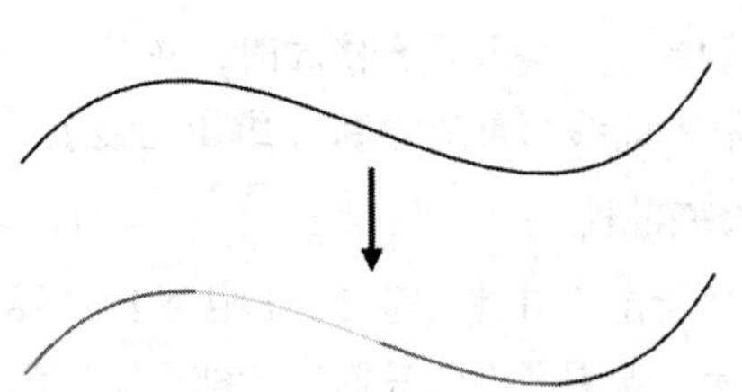

图 2-93 按“等分段”分割曲线示例

（2）按边界对象

使用边界物体来分割对象，边界物体可以是线、平面或曲面，工具选项如图 2-94 所示。图 2-95 所示为按照“按边界对象”方式分割曲线示例，其操作步骤如下。

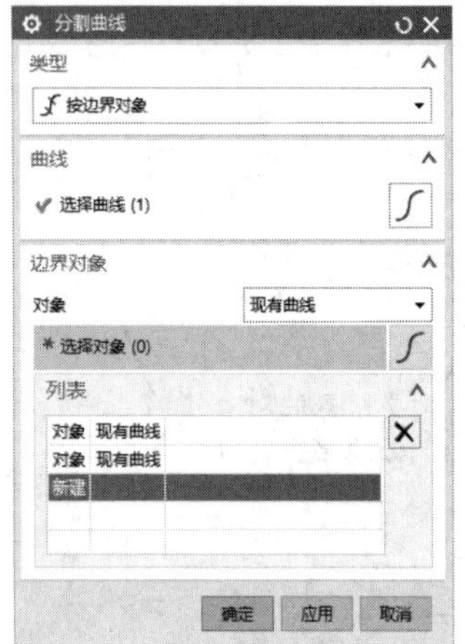

图 2-94 【分割曲线】对话框（2）

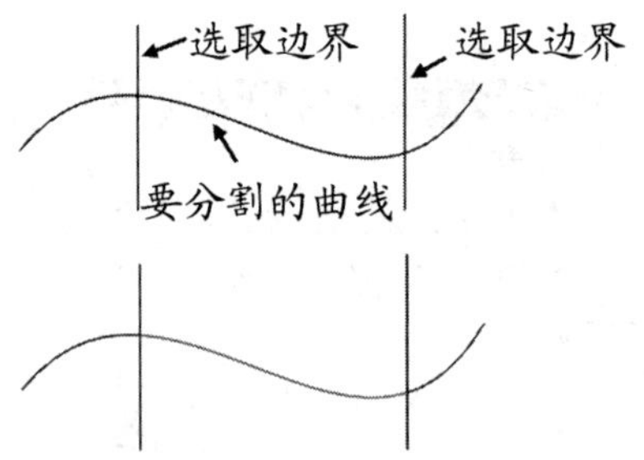

图 2-95 按照“按边界对象”方式分割曲线示例

① 选择要进行分割的曲线。

② 在绘图区域选取边界物体后再次单击要分割的曲线，生成交点。

③ 单击 确定 按钮进行创建分割曲线。

（3）弧长段数

根据固定弧长来分割曲线，工具选项如图 2-96 所示，在【弧长】文本框中输入弧长，单击 确定 按钮创建分割曲线，如图 2-97 所示。

图 2-96 【分割曲线】对话框（3）

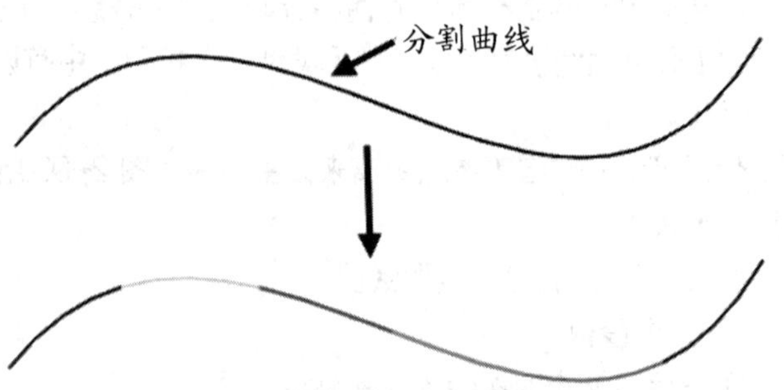

图 2-97 按“弧长段数”分割曲线示例

2.4.2　操作过程

1. 创建圆和直线

① 单击【视图】工具栏中的按钮，将窗口调整为俯视图。

② 在功能区的最左边单击菜单(M)按钮，在弹出的下拉菜单中执行菜单命令【插入】/【曲线】/【基本曲线】，在弹出的对话框中单击按钮，在弹出的圆弧绘制相关参数值【跟踪条】中输入坐标值（0,0,0），直径 100，绘制圆 1，如图 2–98 所示。

③ 单击按钮，在弹出的直线绘制相关参数值【跟踪条】中输入第一组坐标值（–25，–55，0）、线段长度 125 和角度 85° 。

④ 继续输入第二组坐标（25，–55，0）、长度 125、角度 95° ，结果如图 2–99 所示。

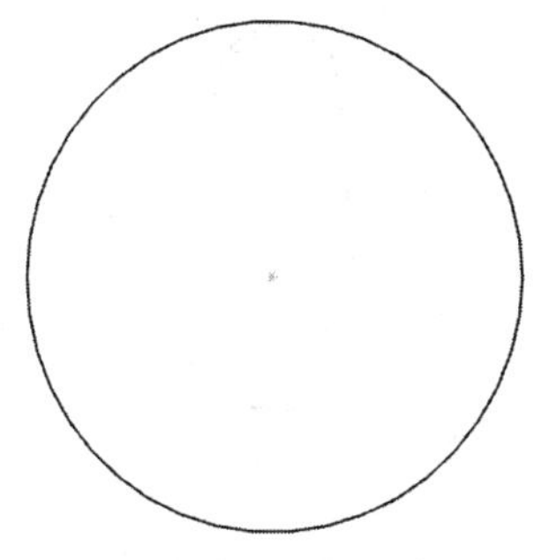

图 2–98　绘制圆

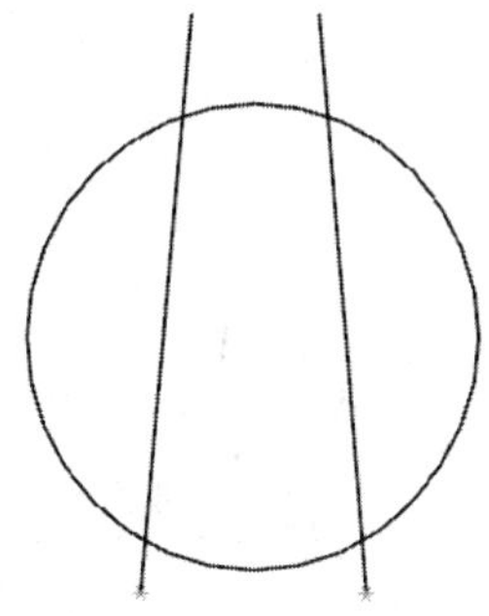

图 2–99　直线和圆

2. 分割圆弧

① 单击图 2–89 所示的按钮，弹出图 2–100 所示的【分割曲线】对话框。

② 在【类型】下拉列表选择“按边界对象”选项，选取圆为被分割对象，选取图 2–99 所绘制的其中一条线段为分割图形。再次选择该线段生成交点，完成线段和圆的分割。

③ 使用同样的方法再次完成另一条线段和圆的分割。

④ 删除上、下两部分圆弧，如图 2–101 所示。

图 2–100　分割圆弧

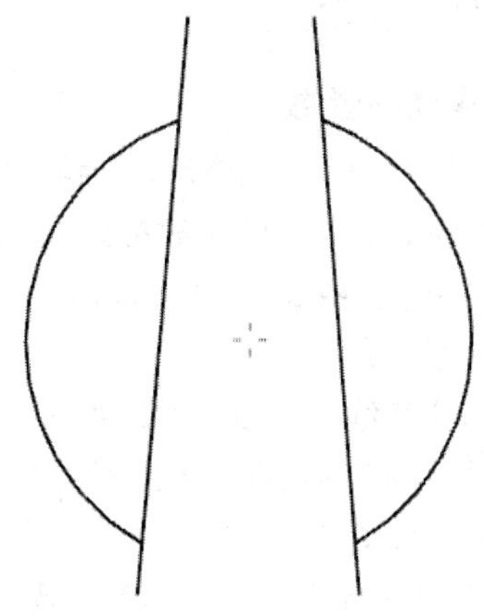

图 2–101　删除圆弧

3. 创建圆角

① 单击【基本曲线】对话框中的 按钮，启动倒圆角操作，弹出【曲线倒圆】对话框。单击【曲线倒圆】对话框中的 按钮，取消选中【修剪选项】中【修剪第一条曲线】和【修剪第二条曲线】复选框。

② 选取两条线创建制圆角，设置圆角半径分别为“15”和“20”，结果如图 2-102 所示。

4. 修剪圆角

① 单击【编辑曲线】工具栏中的【修剪拐角】按钮 修剪拐角，弹出【修剪拐角】对话框。

② 直接选择要修剪的两条曲线即可，修剪结果如图 2-103 所示。

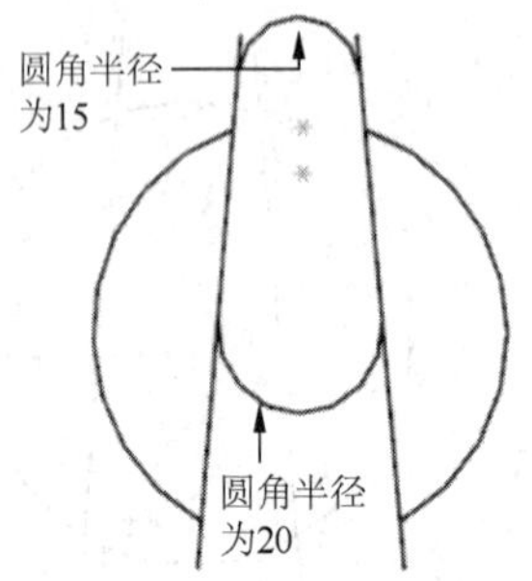

图 2-102 创建圆角

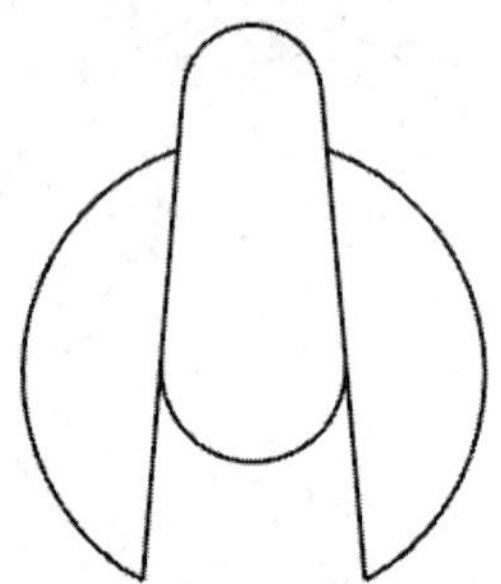

图 2-103 修剪圆角

要点提示

绘图时，在【曲线】工具栏中有些命令没有全部显示，无法找到。这时将鼠标指针移动至工具栏中的空白位置，单击鼠标右键，在弹出的快捷菜单中选择 定制(Z)... Ctrl+1 选项，打开【定制】对话框。选择 命令 导航栏，在【搜索】文本框中输入需要用到的命令。例如，输入“修剪拐角”，在显示框中将显示“修剪拐角”命令，移动鼠标将该命令拖动至工具栏中，即可显示该命令。在往后的学习中如遇到这种情况，都可以采用这种方式定制命令。

2.4.3 知识拓展

1. 编辑曲线参数

随着“基本曲线”的应用，要编辑的曲线种类的不同，会出现不同的编辑曲线参数数据。先用【基本曲线】工具绘制一条曲线，在【编辑曲线】工具栏中单击 选择【编辑曲线参数】按钮，弹出【编辑曲线参数】对话框，如图 2-104 所示。

（1）线段的编辑

首先选择直线，如图 2-105 所示。若选择的是所绘制线段的端点，将弹出图 2-106 所示的【直线（非关联）】对话框。可以利用【跟踪条】来定义新的端点，也可以输入线段的长度和角度来编辑线段，如图 2-107 中的（上）所示。

若选择的是所绘制线段的其他部位，则只能利用图 2-107 中的（下）所示直线（非关联）【跟踪条】，通过参数文本框来改变线段的长度和角度。

图 2-104 【编辑曲线参数】对话框

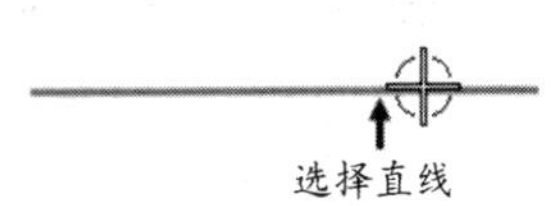

图 2-105　选择线段

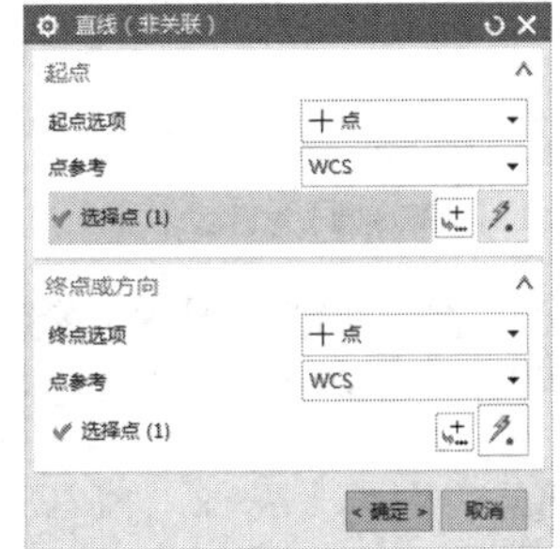

图 2-106 【直线（非关联）】对话框

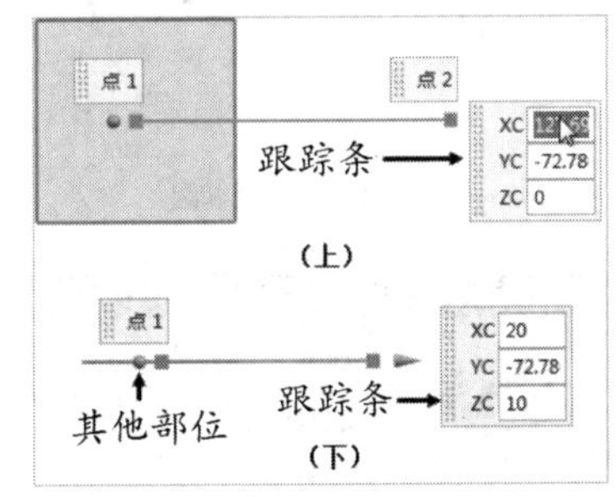

图 2-107　直线（非关联）【跟踪条】

（2）圆弧 / 圆的编辑

若选取的是所绘制圆弧的端点，将弹出图 2-108 所示的【圆弧 / 圆（非关联）】对话框。可以利用【跟踪条】来定义圆弧新的端点，也可以输入圆弧参数来改变圆弧的端点、半径 / 直径、起始 / 终止圆弧角度等来编辑圆弧，如图 2-109 中的（上）所示。

若选取的是所绘制圆弧的其他部位，则只能利用图 2-109 中的（下）所示圆弧参数编辑【跟踪条】，通过参数文本框来改变圆弧的半径 / 直径、起始 / 终止圆弧角度。

图 2-108 【圆弧 / 圆（非关联）】对话框

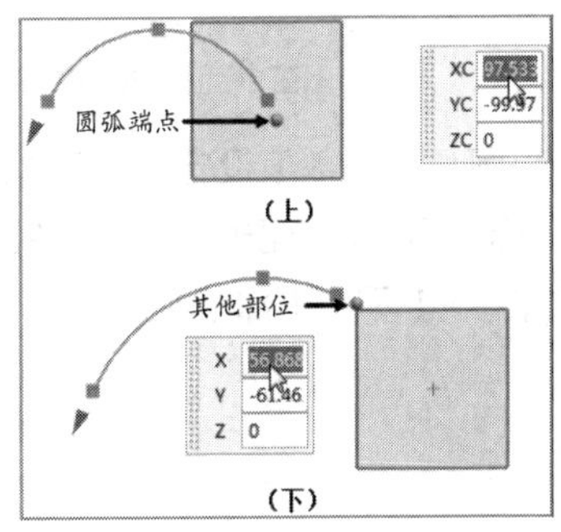

图 2-109　圆弧 / 圆（非关联）【跟踪条】

（3）椭圆 / 椭圆弧的编辑

在【基本曲线】对话框中单击按钮，选取图 2-110 所示的椭圆 / 椭圆弧后，弹出【编辑椭圆】对话框，如图 2-111 所示，用于编辑椭圆参数。

2. 编辑曲线圆角

该功能用来修改圆角的大小、修剪方式及倒圆的位置。在【编辑曲线】工具栏单击编辑圆角按钮，弹出图 2-112 所示的【编辑圆角】对话框。当选择好修剪方式后，选择要编辑的对象，弹出图 2-113 所示的【编辑圆角】对话框，输入圆角参数后，单击 确定 按钮来指定新的圆心位置，根据前面选择的修剪方式来确定是否修剪对象。具体其操作步骤如下。

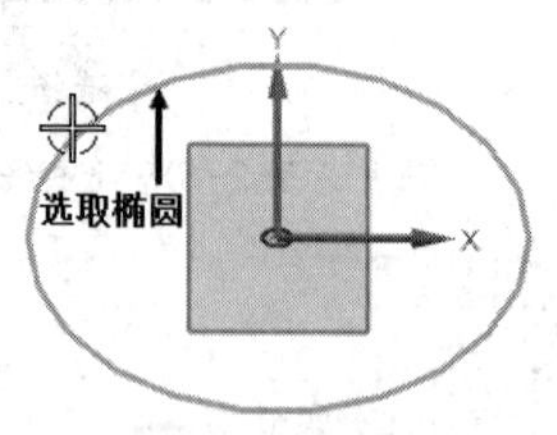

图 2-110　编辑椭圆

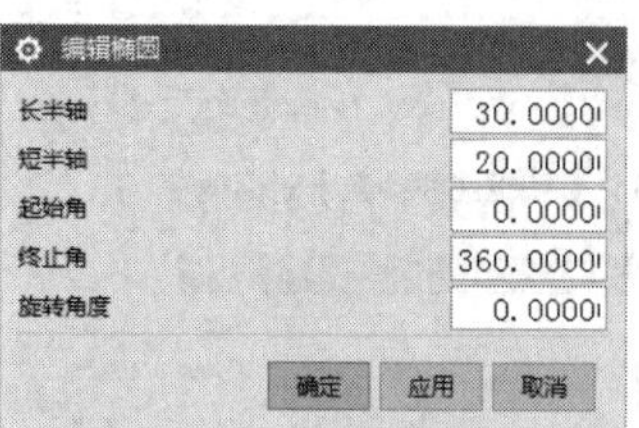

图 2-111 【编辑椭圆】对话框

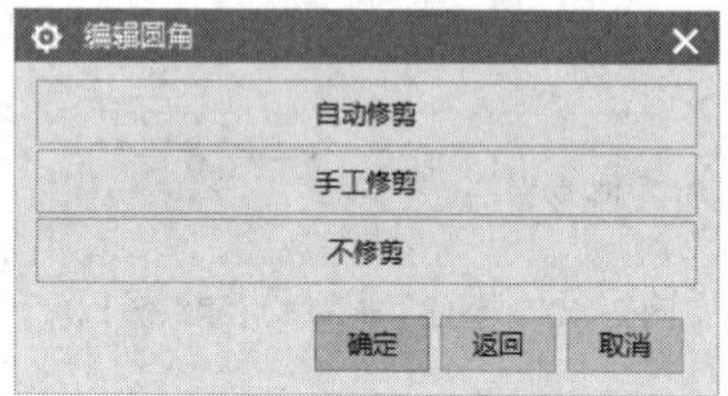

图 2-112 【编辑圆角】对话框

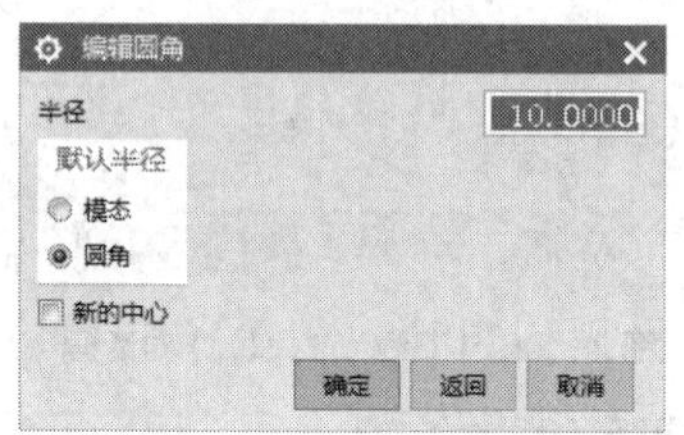

图 2-113 【编辑圆角】对话框

① 在图 2-112 中选择【手工修剪】选项。

② 选择图 2-114 所示的线段 1，再选择要修剪的线段 2 和线段 3。在图 2-113 中设置各个参数，单击 确定 按钮。重新生成的圆角如图 2-115 所示。

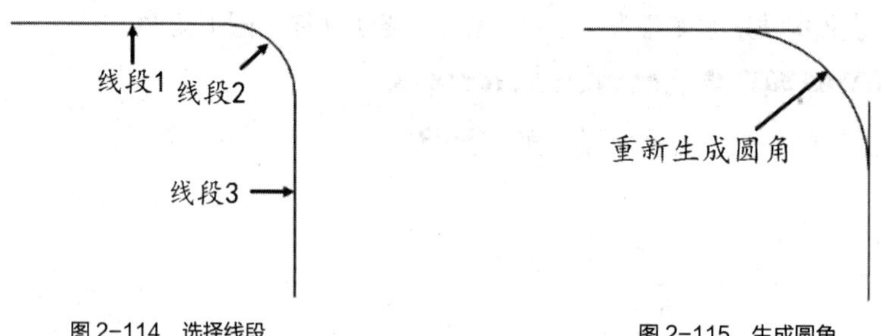

图 2-114　选择线段　　　　图 2-115　生成圆角

③ 圆角大小数值设定后，系统弹出图 2-116 所示的对话框，选择【是】则进入修剪模式，鼠标光标变为+，单击图 2-117 中上部所示修剪端点，剪切圆角；选择【否】则不修剪，最终图形如图 2-117 中下部所示。

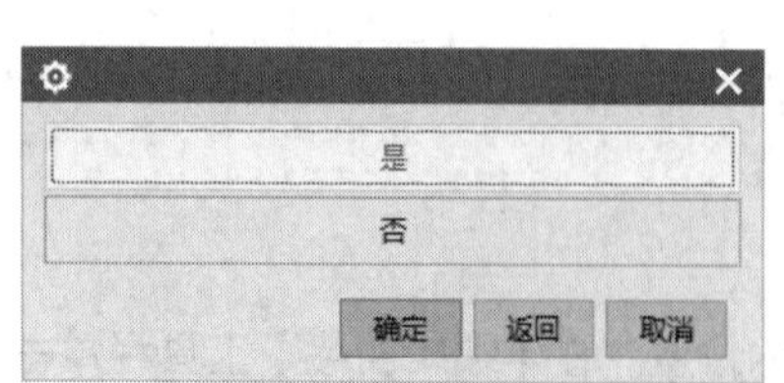

图 2-116 【编辑圆角】对话框

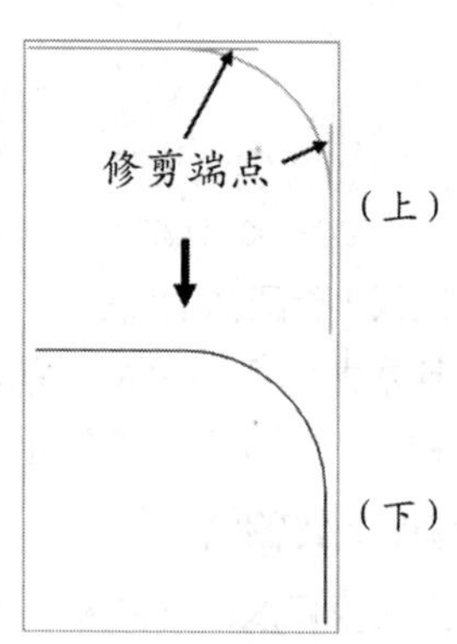

图 2-117　编辑圆角

2.5 综合应用

下面以一个具体的工程实例来复习一下本章所学内容，绘制图 2-118 所示的图形实例。

【操作步骤】

1. 绘制圆

① 单击【视图】工具栏中的按钮，将窗口调整为俯视图。

② 执行菜单命令【菜单】/【插入】/【曲线】/【基本曲线】，打开【基本曲线】对话框，如图 2-119 所示。

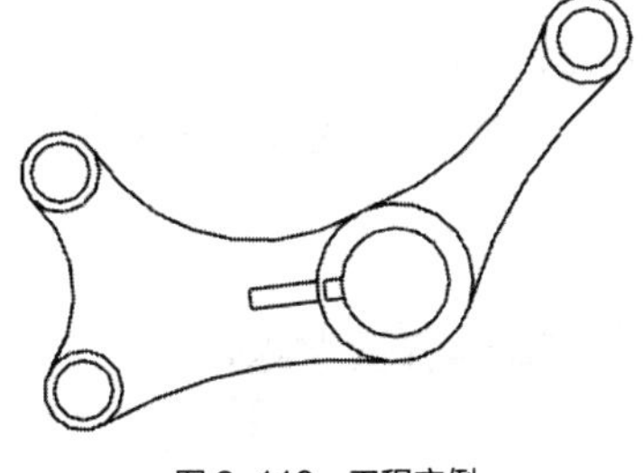

图 2-118　工程实例

综合应用

③ 单击图 2-119 中的按钮，在弹出的圆弧绘制相关参数值【跟踪条】中输入 8 组数据绘制 8 个圆：(0，0，0)，直径 80；(0，0，0)，直径 55；(−160，−50，0)，直径 30；(−160，−50，0)，直径 40；(−170，60，0)，直径 30；(−170，60，0)，直径 40；(100，120，0)，直径 30；(100，120，0)，直径 45。结果如图 2-120 所示。

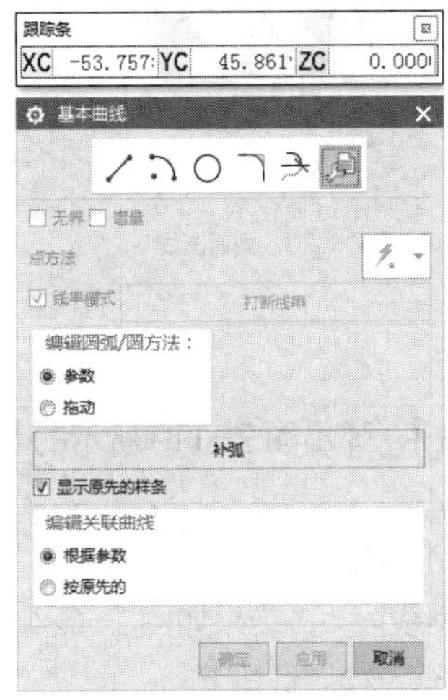

图 2-119 【基本曲线】对话框

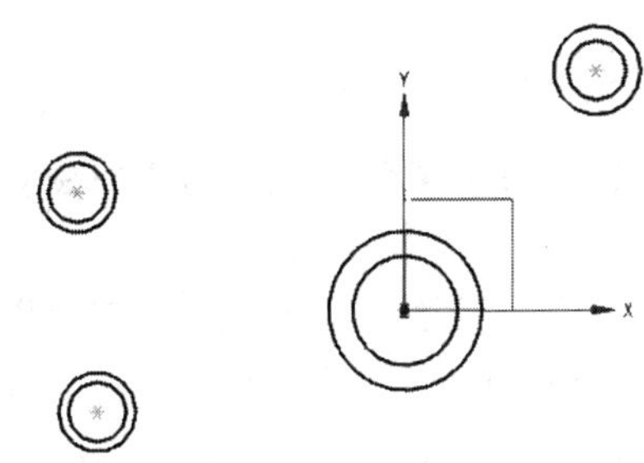

图 2-120　绘制圆

④ 单击图 2-119 中的按钮，在弹出的直线绘制相关参数值【跟踪条】中分别输入数据：(0，0，0)、80、185°，绘制线段 1，结果如图 2-121 所示。

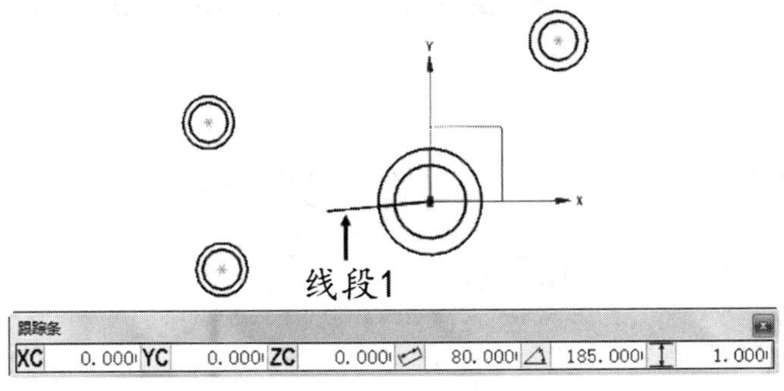

图 2-121　绘制直线

2. 偏置曲线

① 单击【曲线】工具栏中的[偏置曲线]按钮进入偏置曲线操作，打开【偏置曲线】对话框，如图 2-122 所示。

② 在【偏置曲线】对话框的【偏置类型】下拉列表里面选择“距离”偏置方式，选择刚刚绘制的线段 1，单击鼠标中键；继续选择直线偏置方向相反侧的一点，在偏置距离中输入“5”，单击[应用]按钮，偏置出线段 2。

③ 再选择线段 1，再选择线段另一侧的点，单击[应用]按钮，偏置出线段 3，如图 2-123 所示。

图 2-122 【偏置曲线】对话框

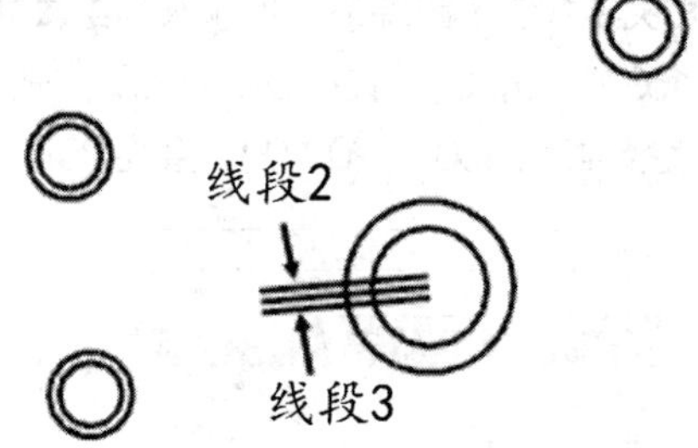

图 2-123 偏置曲线

3. 绘制矩形

① 执行菜单命令【菜单】/【插入】/【曲线】/【基本曲线】，弹出图 2-119 所示的【基本曲线】对话框。

② 以图 2-123 所示线段 2 和线段 3 与大圆的交点绘制线段 4。

③ 以图 2-123 所示线段 2 和线段 3 与小圆的交点绘制线段 5，结果如图 2-124 所示。

④ 删除线段 1、线段 2、线段 3，将线段 4 向左偏置 35，绘制线段 6。

⑤ 单击[偏置曲线]按钮，执行【偏置曲线】命令将线段 5 向左偏置 9，绘制线段 7，如图 2-125 所示。

⑥ 再次执行【基本曲线】命令顺次连接线段 4 和线段 6 的端点，绘制矩形 1。顺次连接线段 5 和线段 7 的端点，绘制矩形 2。删除线段 4、线段 5，如图 2-126 所示。

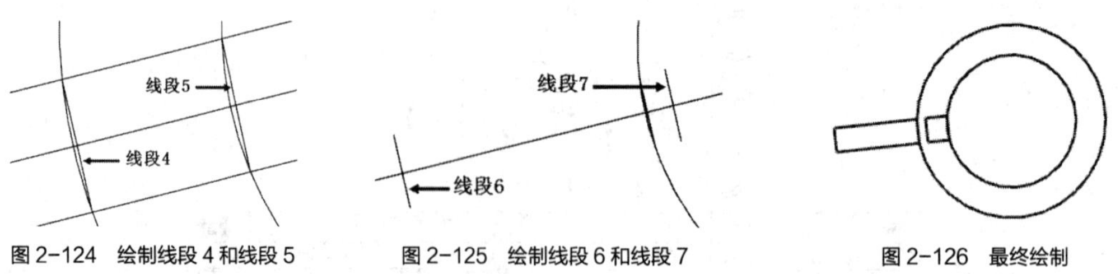

图 2-124 绘制线段 4 和线段 5　图 2-125 绘制线段 6 和线段 7　图 2-126 最终绘制

4. 绘制圆角

① 单击图 2-127 中的按钮，进入倒圆角操作。弹出【曲线倒圆】对话框，如图 2-128 所示。

② 单击【曲线倒圆】对话框中的按钮，并取消勾选【修剪选项】中【修剪第一条曲线】和【修剪第二条曲线】复选框，输入半径为“100”。

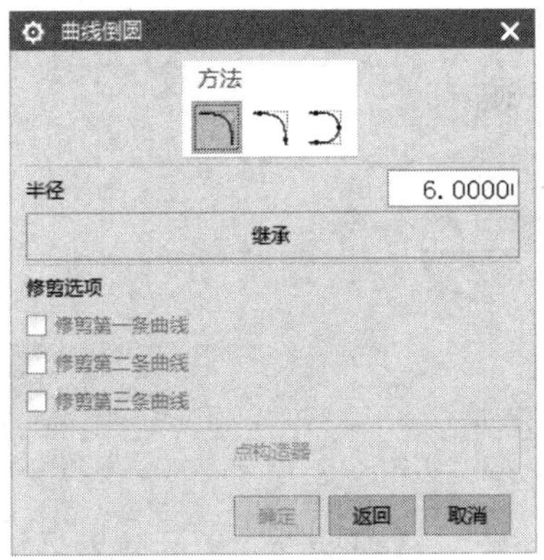

图 2-127 【曲线倒圆】对话框

图 2-128　设置参数

③ 按图 2-129 所示鼠标指针位置依次点选较小圆和较大圆，再单击圆角圆心大概位置，生成第一个圆角。

④ 用同样的操作完成其他圆角的绘制。余下圆角按逆时针方向半径依次为 65、250、250 和 150。圆角绘制完成后如图 2-130 所示。

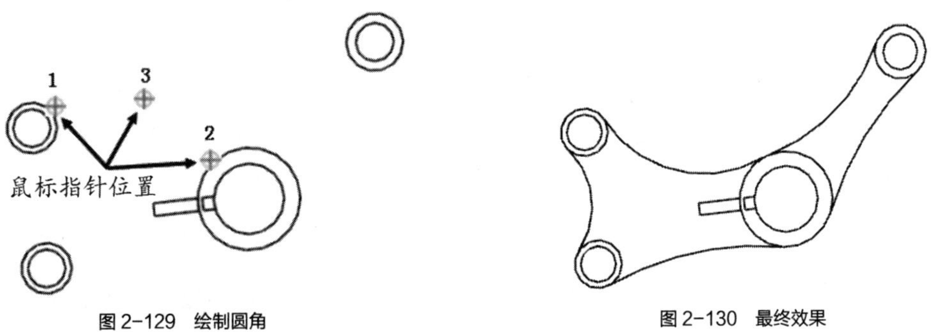

图 2-129　绘制圆角

图 2-130　最终效果

小结

曲线是围成实体模型的轮廓线和骨架线，是创建三维模型的基础。UG NX 10.0 提供了丰富的曲线创建工具和曲线编辑工具。本章结合实例主要介绍了以下内容。

① 基本曲线的绘制，修剪和曲线参数的编辑等操作。

② 样条曲线、椭圆、螺旋线等的绘制。

③ 对曲线进行偏置、桥接、连接、投影等操作。

④ 对曲线进行修剪角、修剪或延伸、编辑倒圆、拉长、光顺等编辑。

习题

1. UG NX 10.0 有哪些基本曲线工具，能创建哪些曲线?
2. 使用 UG NX 10.0 能创建哪些复杂曲线?
3. 曲线偏置的主要方式有哪些，各有何特点?
4. 分割曲线时有哪些主要方法，各有何用途?
5. 绘制图 2-131 所示图形，总结绘制曲线的基本要领。

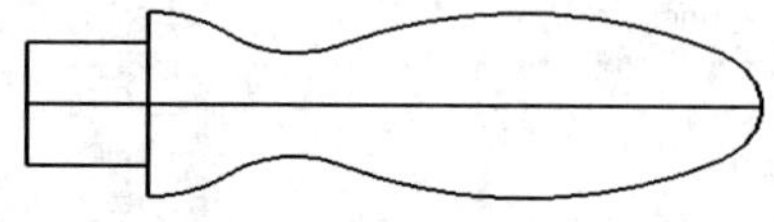

图 2-131　绘制曲线

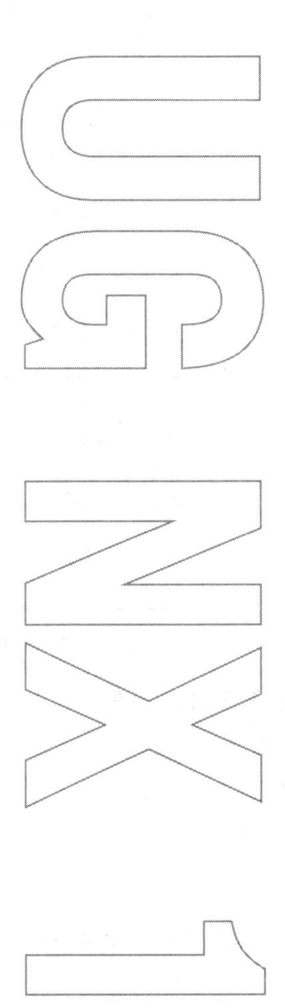

Chapter

3

第3章 草图功能

【学习目标】

- 掌握草图应用与参数预设置的方法。
- 掌握基本图元的创建的方法。
- 掌握添加约束的方法。
- 掌握编辑草图的方法。

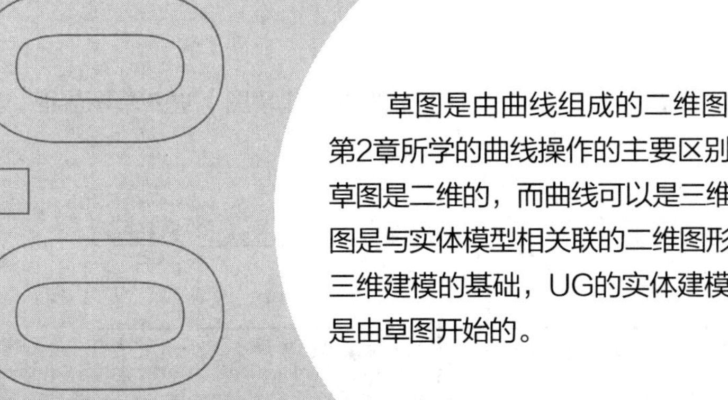

草图是由曲线组成的二维图形。与第2章所学的曲线操作的主要区别在于，草图是二维的，而曲线可以是三维的。草图是与实体模型相关联的二维图形，也是三维建模的基础，UG的实体建模往往都是由草图开始的。

3.1 创建基本图元

创建基本图元

一个简单的二维草图通过 UG 软件的一些基本操作即可完成，本节将介绍草图功能的应用，通过草图绘制的基本操作来创建图 3-1 所示图形。

本节的基本设计思路如下。

① 绘制一个简单圆。

② 绘制一个矩形。

③ 延伸草图曲线。

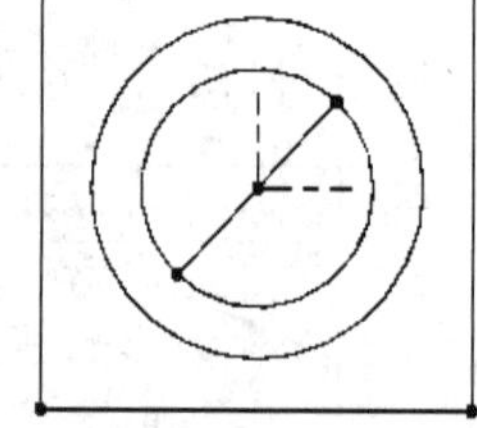

图 3-1　草图创建

3.1.1　知识准备

草图在 UG 的实体建模中起到举足轻重的作用，它实现了从二维到三维的模型转换过程。应用草图工具，可以在近似的曲线轮廓上添加约束精确定义后，形成完整的表达设计意图。同时，用户可以对草图进行拉伸、旋转等操作来生成与草图相关联的实体模型。

1. 以草图模式创建实体的优点

以草图模式创建实体具有以下优点。

① 用户给出大致形状后，通过几何约束和尺寸约束就可以精确地限制曲线各部位，从而清晰表达草图。

② 当草图尺寸改变后，所关联的实体模型也会跟着改变。

③ 可动态显示草图的尺寸更改。

2. 草图工作界面

通过执行菜单命令【菜单】/【插入】/【在任务环境中创建草图】进入草图界面，其界面组成如图 3-2 所示。

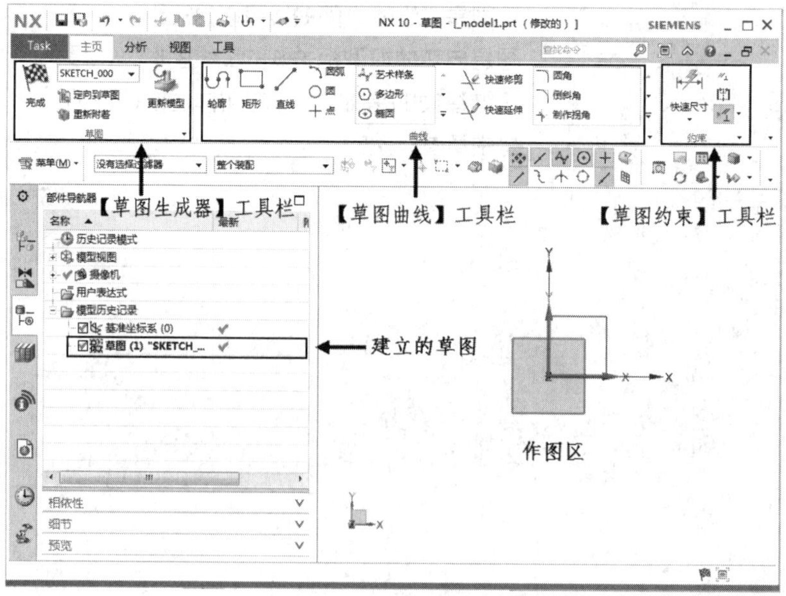

图 3-2　草图界面

界面各主要区域功能如下。

① 菜单栏：用于创建草图的各种命令选项。

②【完成草图】按钮：用于在创建完草图后结束草图操作，也可以通过执行菜单命令【菜单】/【任务】/【完成草图】来实现。

③【草图生成器】工具栏：利用其中的各种命令选项可以更换指定草图的名称，也可以切换到另一任意草图。

④【草图曲线】工具栏：利用该工具栏中的选项可以创建草图曲线，也可以通过执行菜单命令【菜单】/【插入】/……来实现。

⑤【草图约束】工具栏：对所创建的草图进行几何和尺寸的约束，也可以通过执行菜单命令【菜单】/【工具】/【约束】实现几何约束，或执行菜单命令【菜单】/【插入】/【尺寸】实现尺寸约束。

3. 草图首选项

执行菜单命令【菜单】/【首选项】/【草图】，弹出【草图首选项】对话框，如图 3-3 所示，用户可以根据自己的爱好来进行草图首选项的设置。

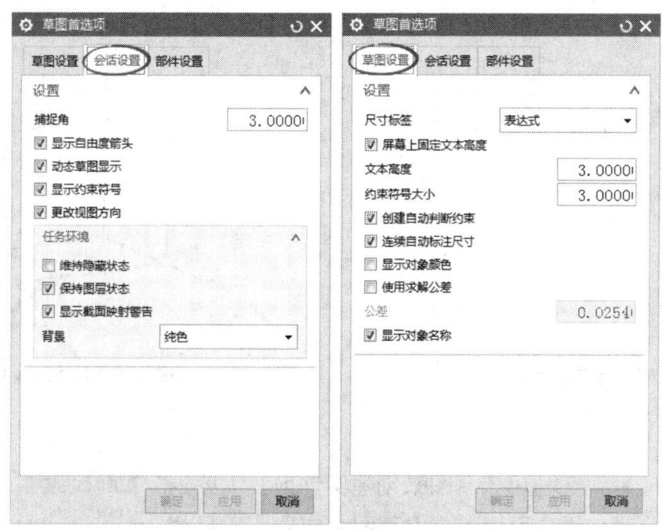

图 3-3 【草图首选项】对话框

① 捕捉角：位于【会话设置】选项卡，用于控制徒手绘制直线时，是否自动为水平或垂直直线。如果所画直线与草图工作平面 x 轴或 y 轴的夹角小于该参数设置值，则所画直线会自动为水平线或垂直线，默认为 3°。

② 约束符号大小：用于控制草图尺寸的小数位数，默认为 3 位小数。

③ 文本高度：用于设置尺寸文本的高度，默认为 3。

④ 尺寸标签：用于设置尺寸文本的内容，有下面 3 个选项。“表达式”——以表达式作为尺寸文本的内容，包括名称和值。“名称”——仅以名称作为尺寸文本的内容。“值”——仅以值作为尺寸文本的内容。

⑤ 更改视图方向：用于控制草图工作平面是否与屏幕平行。选中此复选框，则进入草图时，草图工作平面与屏幕平行；不选此复选框，则进入草图时，不改变视角，草图界面保持进入前的方位。

⑥ 保持图层状态：用于控制图层状态。当进入草图工作平面后，它所在的图层成为当前工作层。选中此复选框，则当退出草图时，工作层会回到进入草图前的图层；不选此复选框，则退出草图后，当前工作层不变，即仍为草图时所在的图层。

⑦ 显示自由度箭头：用于控制自由度箭头的显示状态。选中此复选框，则草图中未约束的自由度用箭头显示；不选此复选框，则草图中未约束的自由度不会用箭头显示。

⑧ 动态草图显示：用于控制是否动态显示约束。选中此复选框，则动态显示约束；不选此复选框，则取消动态显示约束。

4. 创建草图

执行菜单命令【菜单】/【插入】/【在任务环境中创建草图】，弹出图 3-4 所示的【创建草图】对话框，并要求指定一个草图绘图平面，默认为 *x-y* 平面。坐标系内高亮显示的为草图绘制平面，如图 3-5 所示。设置完毕此对话框后单击 确定 按钮进入草图绘制界面，可以进行绘制草图及其他操作。

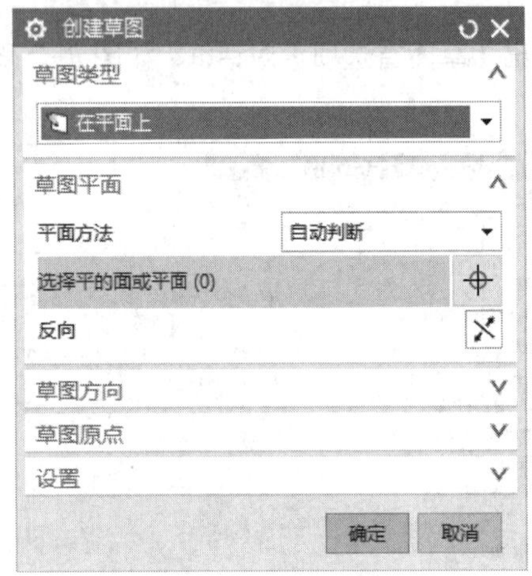

图 3-4 【创建草图】对话框

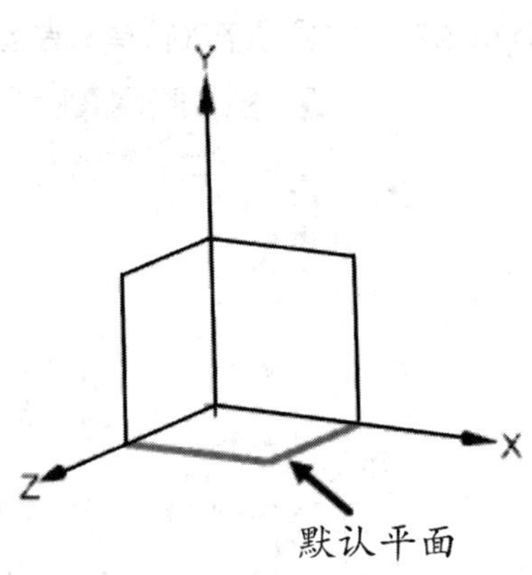

图 3-5 默认草图绘制平面

5. 退出草图

当草图绘制完成后，在利用该草图来创建实体前，需要退出草图绘制模式。此时，用户可以单击【草图生成器】工具栏中的按钮或者执行菜单命令【菜单】/【任务】/【完成草图】来退出草图绘制界面。

6. 添加现有曲线

添加现有的曲线命令可以把某一实体或某一平面的边缘线转化为草图曲线，也可以将非当前草图平面内曲线添加至当前草图中。

单击【草图操作】工具栏中的按钮或者执行菜单命令【菜单】/【插入】/【草图曲线】/【现有的曲线】，弹出【添加曲线】对话框，如图 3-6 所示。选择需要加入到草图的曲线后，单击 确定 按钮，则将选择的现有曲线加入到草图中。

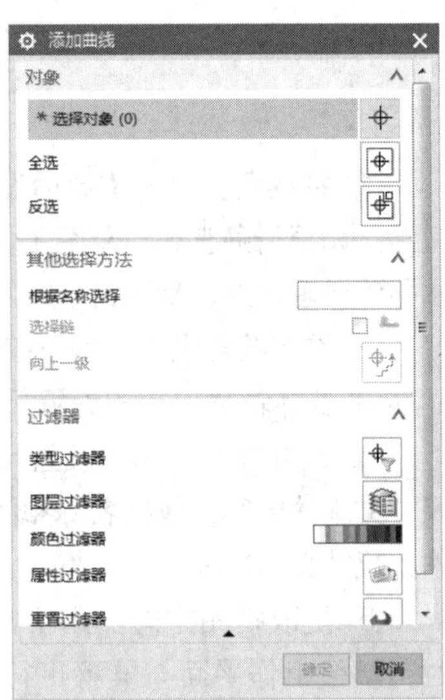

图 3-6 【添加曲线】对话框

图 3-7 所示为转化为草图曲线前的圆和利用原草图生成的

拉伸体；图 3-8 所示为利用添加现有的曲线命令将圆加入到草图后的草图和利用该草图生成的拉伸体。对图 3-7 所示图形和图 3-8 所示图形进行比较，不难看出圆曲线被加入到了草图中。

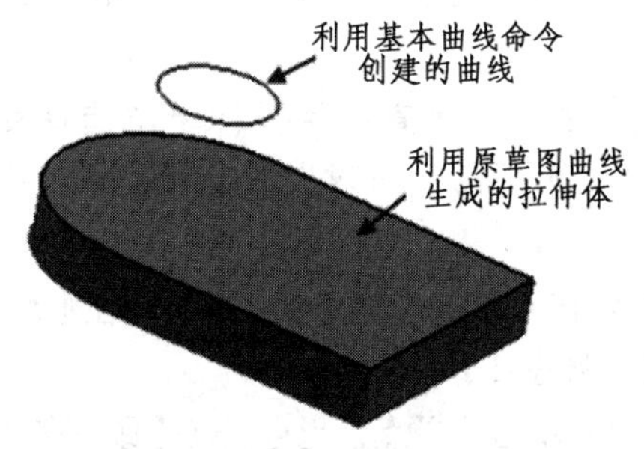

图 3-7　转换为草图曲线前的曲线及其拉伸体

图 3-8　利用添加现有曲线命令所创建的草图曲线及其拉伸体

7. 创建草图曲线

当指定草图绘制平面，且进入草图绘制界面后，便可以开始创建草图曲线。【草图曲线】菜单如图 3-9 所示。

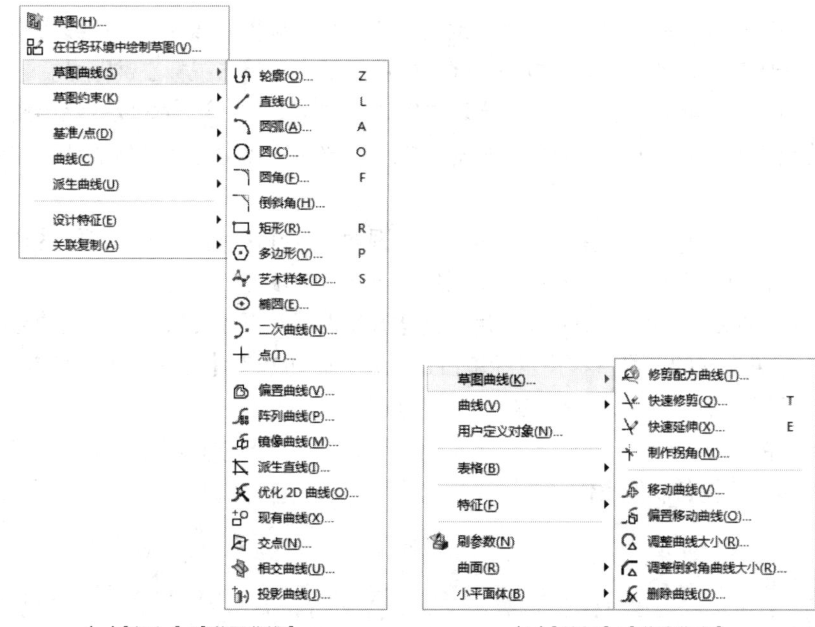

（a）【插入】/【草图曲线】　　（b）【编辑】/【草图曲线】

图 3-9 【草图曲线】菜单

① 轮廓 轮廓(O)... Z ：用于绘制由直线和圆弧组成的线串，每一线段或圆弧段的终点为下一线段或圆弧段的起点。可直接用鼠标单击选择点，也可以在【跟踪条】中输入具体参数值，包括坐标值。不同命令所对应的【跟踪条】不完全相同。

② 矩形 矩形(R)... R ：用于创建矩形。可直接用鼠标单击选择点，也可以在跟踪条中输入具体参数值，包括坐标值。不同命令所对应的【跟踪条】不完全相同。

③ 直线 直线(L)... L ：用于创建可设定长度值及角度值的线段。可直接用鼠标单击选择点，也可以在【跟踪条】中输入具体参数值，包括坐标值。不同命令所对应的【跟踪条】不

完全相同。

④ 圆弧 [圆弧(A)... A]：用于创建可设定半径值和扫描角度值的圆弧段。可直接用鼠标单击选择点，也可以在【跟踪条】中输入具体参数值，包括坐标值。不同命令所对应的【跟踪条】不完全相同。

⑤ 圆 [圆(C)... O]：用于创建可设定半径值的圆。可直接用鼠标单击选择点，也可以在【跟踪条】中输入具体参数值，包括坐标值。不同命令所对应的【跟踪条】不完全相同。

⑥ 椭圆 [椭圆(E)...]：用于创建椭圆。可直接用鼠标单击选择点，也可以在【跟踪条】中输入具体参数值，包括坐标值。不同命令所对应的【跟踪条】不完全相同。

⑦ 点 [点(I)...]：用于创建点。可直接用鼠标单击选择点，也可以在【跟踪条】中输入具体参数值，包括坐标值。不同命令所对应的【跟踪条】不完全相同。

⑧ 派生直线 [派生直线(I)...]：用于创建多个偏置线段或二等分线。

⑨ 艺术样条 [艺术样条(D)... S]：用于创建样条曲线。可直接用鼠标单击选择点，也可以在【跟踪条】中输入具体参数值，包括坐标值。不同命令所对应的【跟踪条】不完全相同。

⑩ 快速修剪 [快速修剪(Q)... T]：用于对曲线进行快速修剪。该命令以曲线相交点为修剪边界，对曲线进行修剪时，把鼠标光标放到要修剪的曲线部位后单击鼠标左键即可。

⑪ 快速延伸 [快速延伸(X)... E]：用于对曲线进行快速延伸。该命令以欲延伸曲线延伸后最先到达的曲线为延伸边界，对曲线进行延伸时，把鼠标光标放到曲线要延伸的那一端后单击鼠标左键即可。

⑫ 圆角 [圆角(F)... F]：用于对曲线进行倒圆角。选择两条曲线或者选取两条曲线的交点后，输入圆角半径值，移动鼠标光标到欲倒圆角的一侧单击鼠标左键即可。

⑬ 一般二次曲线 [一般二次曲线(G)...]：用于创建圆锥曲线。圆锥曲线是由指定的起始点、终止点、锚点和 ρ 值来生成的。可直接用鼠标单击选择点，也可以在【跟踪条】中输入具体参数值，包括坐标值。不同命令所对应的【跟踪条】不完全相同。

⑭ 制作拐角 [制作拐角(M)...]：用于对非平行曲线进行拐角制作。该命令可以对相交曲线和非相交曲线进行拐角制作操作。

要点提示

创建草图曲线时，不必在意尺寸是否精确，只要绘制出近似轮廓即可。可以对这些曲线进行尺寸约束、几何约束和定位来精确控制它们的尺寸、形状和位置。另外，在绘制草图曲线的过程中，根据几何对象间的关系，有时会在几何对象上自动添加一些约束（如竖直、水平和相切等）。

8. 添加投影曲线

该命令可以把非当前草图平面内的曲线、面、点等要素以垂直于当前草图平面的方式投影至当前草图中。执行菜单命令【菜单】/【插入】/【草图曲线】/【投影曲线】，则弹出【投影曲线】对话框，如图 3-10 所示。选择需要投影的曲线后单击 [确定] 按钮则将曲线投影加入到草图中，结果如图 3-11 所示。

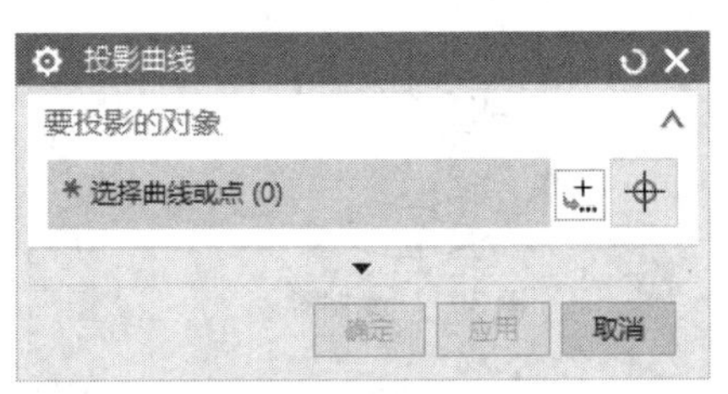

图 3-10 【投影曲线】对话框

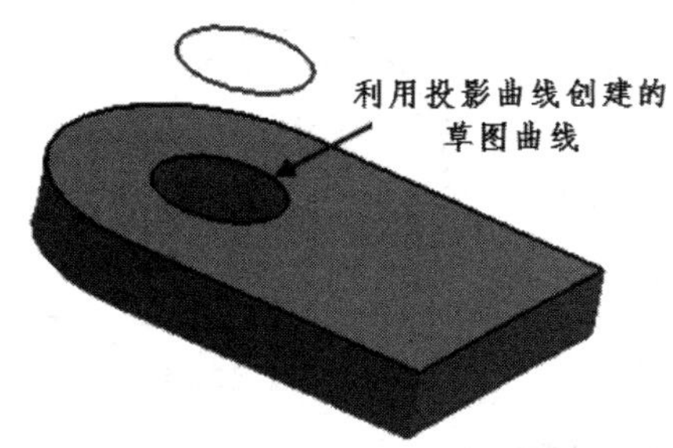

图 3-11 投影曲线

3.1.2 操作过程

1. 创建圆

① 在【曲线】选项卡下单击○按钮，打开图 3-12 所示的【圆】对话框。以坐标原点为圆心，在左视图内绘制一个半径为 50 的圆 1，如图 3-13 所示。

图 3-12 【圆】对话框

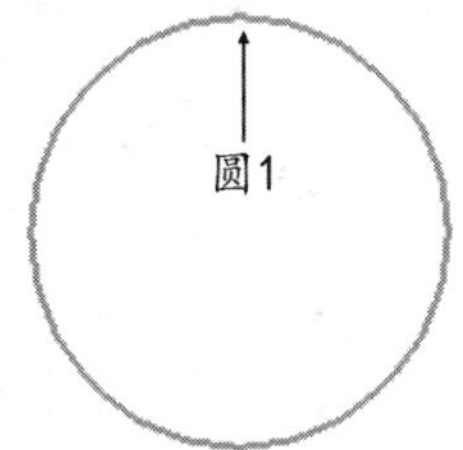

图 3-13 投影曲线

② 单击【视图】工具栏中的按钮，将窗口调整为正等轴测视图。

③ 单击【主页】选项卡下的【草图】按钮，弹出图 3-14 所示的【创建草图】对话框，单击 确定 按钮则进入草图绘制界面。

④ 单击【直接草图】工具栏中的按钮，弹出图 3-15 所示的【添加曲线】对话框。选择圆 1，单击 确定 按钮，则将圆 1 加入到草图中，如图 3-16 所示。圆 1 的颜色由绿色变为蓝色。

图 3-14 【创建草图】对话框

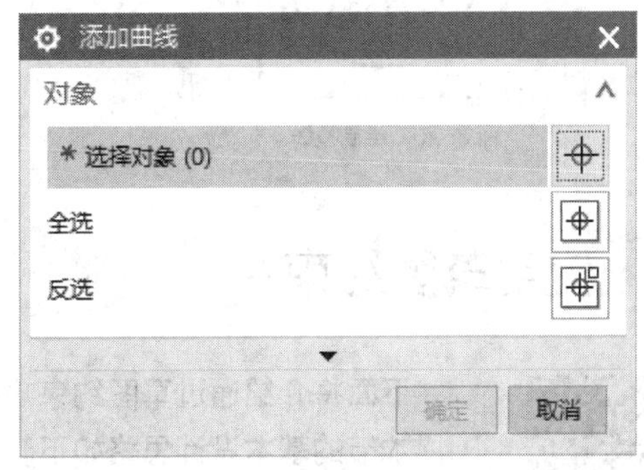

图 3-15 【添加曲线】对话框

⑤ 单击【直接草图】工具栏中的○按钮，选择圆 1 圆心，在【跟踪条】中输入直径“70”，建立图 3-17 所示的圆 2。

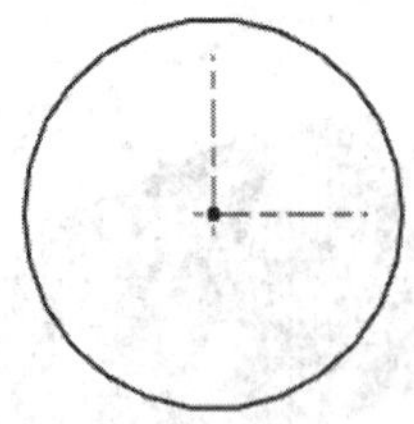
图 3-16　添加现有曲线

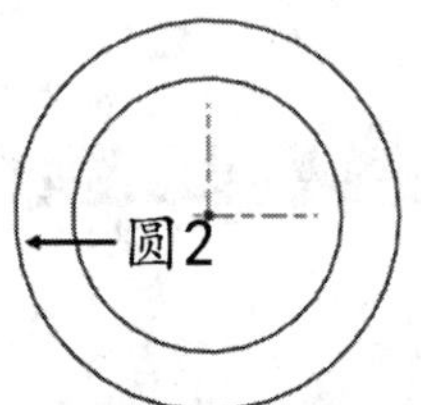

图 3-17　绘制圆

2. 创建矩形

① 单击【草图曲线】工具栏中的□按钮，打开图 3-18 所示的【矩形】对话框。在【跟踪条】中输入矩形左上角顶点坐标（-65，65）和矩形高度及宽度（130，130）。输入完后单击鼠标左键，绘制图 3-19 所示的矩形。

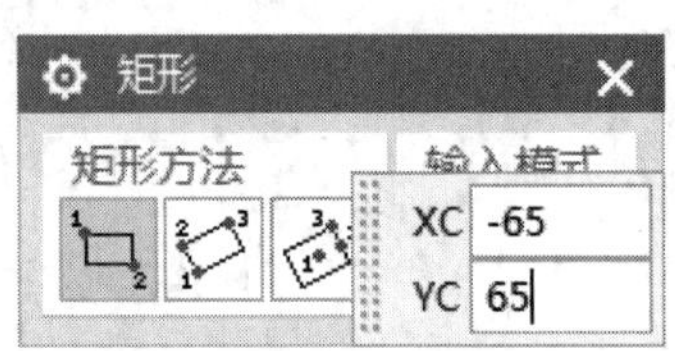

图 3-18 【矩形】对话框

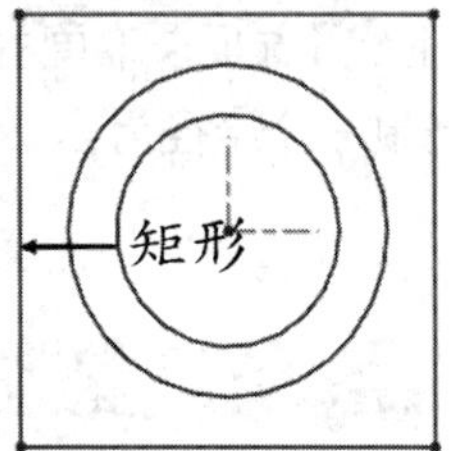

图 3-19　绘制矩形

② 单击【草图曲线】工具栏的⟋按钮，然后用鼠标单击选择圆 1 圆心，及圆 2 圆弧上任意点（鼠标光标旁出现⟋标记时可选择圆弧上的点）绘制线段 1，如图 3-20 所示。

3. 延伸曲线

快速延伸线段 1，单击【草图曲线】工具栏的【快速延伸】按钮，把鼠标光标放到线段 1 要延伸的那一端，当线段高亮显示时，单击鼠标即可对线段 1 进行快速延伸，结果如图 3-21 所示。

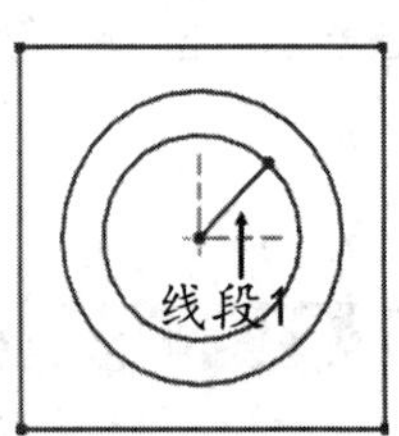

图 3-20　绘制直线

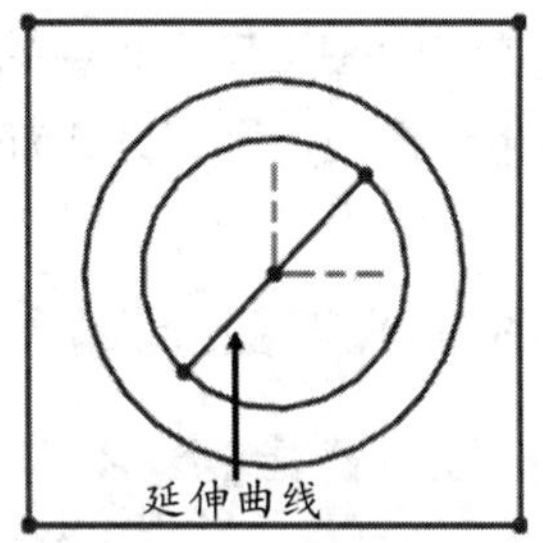

图 3-21　快速延伸

3.2 使用草图约束

使用草图约束

下面将介绍通过草图约束功能的应用来创建图 3-22 所示工程实例的方法。本节的基本设计思路如下。

① 绘制草图近似轮廓。

② 添加尺寸约束。

③ 延伸曲线。

④ 修剪曲线。

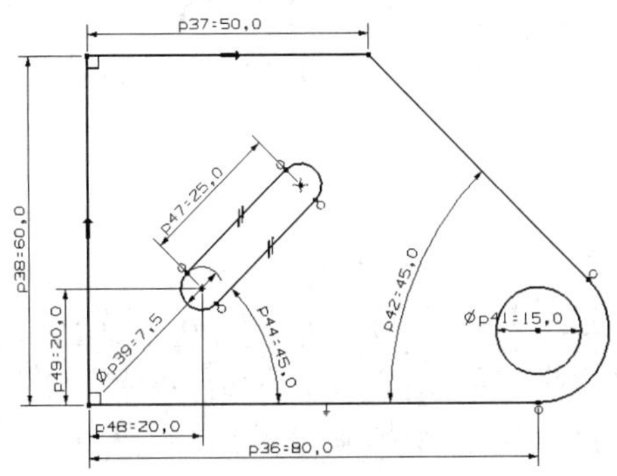

图 3-22　草图工程实例

3.2.1　知识准备

草图约束是用来限制草图的形状的，它包括几何约束和尺寸约束。当进行几何约束或尺寸约束时，状态栏会实时显示草图“缺少 N 个约束”“已完全约束”或“过约束”等状态。执行菜单命令【菜单】/【工具】/【草图约束】,【草图约束】菜单中常用的一些命令按钮如图 3-23 所示。

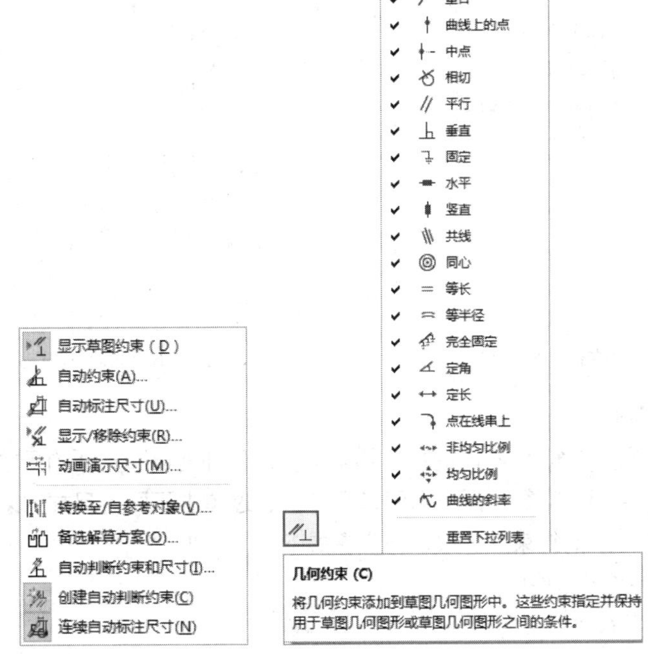

图 3-23 【草图约束】和【几何约束】菜单

1. 创建几何约束

用户单击【曲线】选项卡下【直接草图】工具栏右下角的▾按钮，打开下拉菜单，选择【几何约束】选项，即可在【直接草图】工具栏中显示「几何约束」按钮。单击此按钮进入生成约束条件操作，用户可以对草图对象进行几何约束。根据用户选择不同形状的曲线和曲线的不同位置，系统显示的【几何约束】命令按钮也会不同。

当选择一条线段和一个圆的时候，显示的【几何约束】命令按钮如图 3-24（a）所示；当选择两条线段的时候，显示的【几何约束】命令按钮如图 3-24（b）所示。

UG NX 10.0 中提供的几何约束类型共有以下 20 种：固定、水平、竖直、相切、平行、垂直、共线、中点、同心、等长、等半径、定长、定角、曲线的斜率、均匀比例、非均匀比例、点在曲线上、点在线串上、重合和完全固定。

要点提示

用户单击【直接草图】工具栏中的 自动约束 按钮后，会弹出图 3-25 所示的【自动约束】对话框。它是系统用选择的几何约束类型，根据草图对象间的关系，自动添加相应约束到草图对象上的方法。选择要约束的曲线后，再选择要应用的约束，单击 确定 按钮即可。

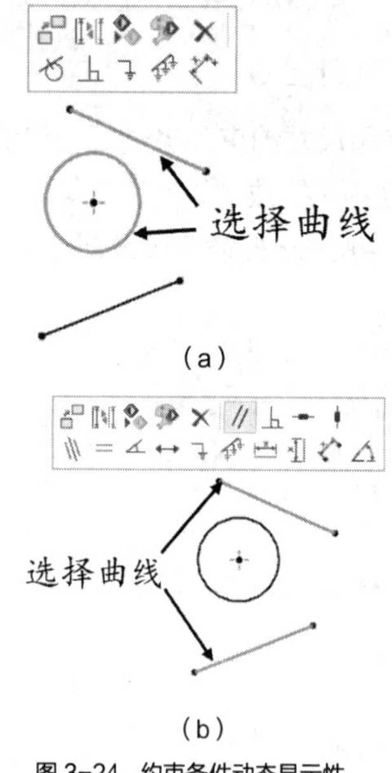

图 3-24　约束条件动态显示性

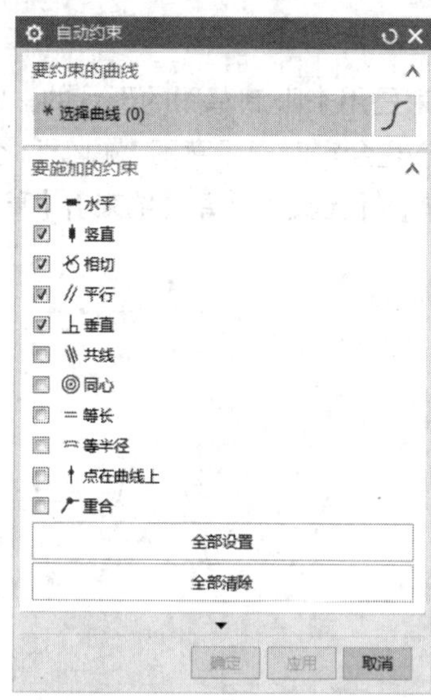

图 3-25 【自动约束】对话框

2. 创建尺寸约束

UG NX 10.0 共提供了 10 种不同的尺寸约束条件，分别是自动判断的尺寸、水平、竖直、平行、垂直、成角度、直径、半径、周长和附加尺寸。通过单击不同的尺寸约束命令按钮，用户可以对草图对象进行尺寸上的约束，一般操作步骤如下。

① 单击尺寸约束命令按钮。

② 单击选择需要添加约束的对象。

③ 单击选择放置约束的位置。

④ 输入尺寸约束的值。

要点提示

用户也可以对已经添加的尺寸进行修改，只需双击要修改的尺寸约束，在【数值】文本框中输入新值即可，也可以通过执行菜单命令【菜单】/【工具】/【表达式】，再选取几何图形，在【表达式】对话框中选择要修改的尺寸进行修改，如图 3-26 所示。

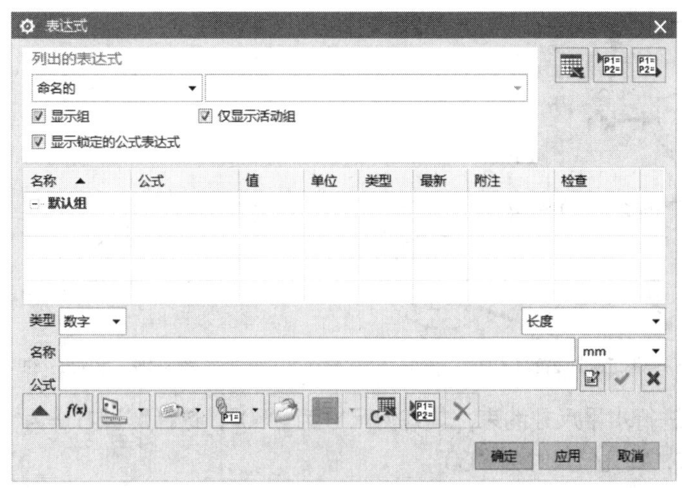

图 3-26 【表达式】对话框

3. 草图约束操作

常用的草图约束包括以下操作。

（1）显示 / 关闭约束条件

单击【直接草图】工具栏中的按钮打开下拉菜单，单击 显示草图约束（显示草图约束）按钮，可在绘图区域显示所有草图对象的几何约束。再次单击该按钮，则取消在绘图区域显示所有草图对象的几何约束。

（2）显示 / 移除约束

单击【直接草图】工具栏中的按钮打开下拉菜单，单击 显示/移除约束 按钮后，弹出图 3-27 所示的【显示 / 移除约束】对话框。选取某个草图对象后，在【显示约束】选项内会列出该对象所包含的所有约束。通过单击 移除所列的 按钮，可删除所有所列的约束。选定一个或几个约束项，然后单击 移除高亮显示的 按钮可以移除选定约束。

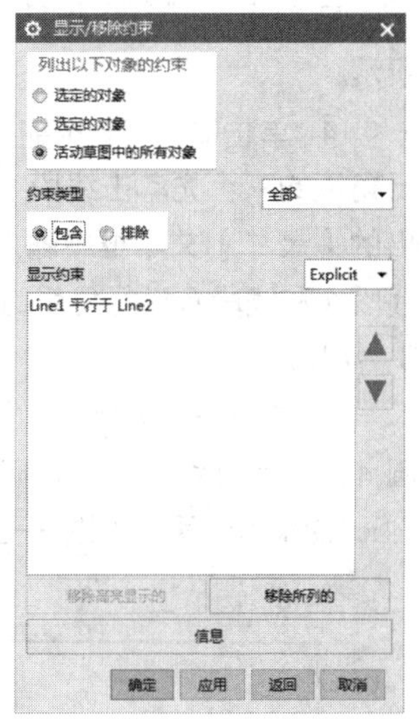

图 3-27 【显示 / 移除约束】对话框

3.2.2　操作过程

1. 创建曲线轮廓

① 单击【主页】选项卡下【直接草图】工具栏中的按钮或者执行菜单命令【菜单】/【插入】/【草图】，在弹出的窗口中单击 确定 按钮，即可进入草图界面。

② 单击【草图曲线】工具栏中的按钮，绘制相似曲线轮廓，单击鼠标选择线段端点，建立图 3-28 所示的线段 1、线段 2、线段 3、线段 4、线段 5 和线段 6。

③ 单击【草图曲线】工具栏中的按钮，创建图 3-24 中所示的圆 1、圆 2、圆 3 和圆 4，得到草图的近似曲线轮廓。

2. 添加约束

① 选择 线性尺寸 按钮，测量方法选择“水平”，选择线段 1 后单击鼠标，出现尺寸注释后单击，在弹出的尺寸输入窗口中输入“80”，单击鼠标中键进行确定，如图 3-29 所示。

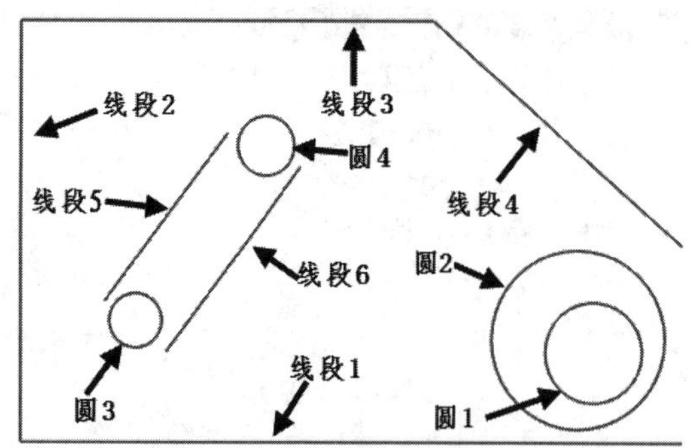

图 3-28 草图近似曲线轮廓

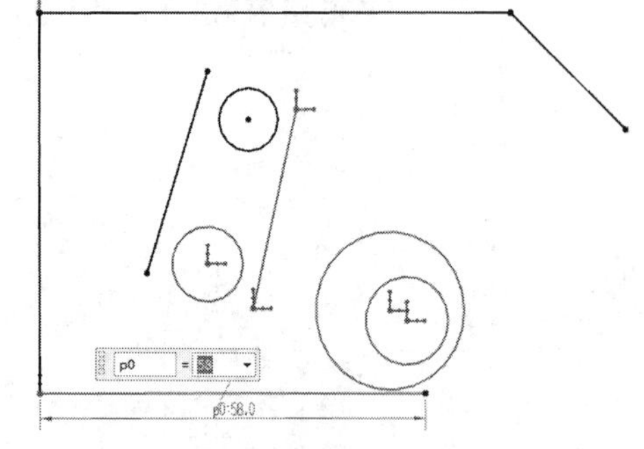

图 3-29 添加尺寸约束后的草图曲线

② 对线段 3 进行水平尺寸约束，其几何尺寸为“50”；选择测量方法为“竖直”，对线段 2 进行竖直尺寸约束，其几何尺寸为“60”。

③ 单击 线性尺寸 按钮，选择测量方法为“点到点”，按照步骤②中的方法对线段 5 和线段 6 进行尺寸约束，其几何尺寸均为“25”，如图 3-30 所示。

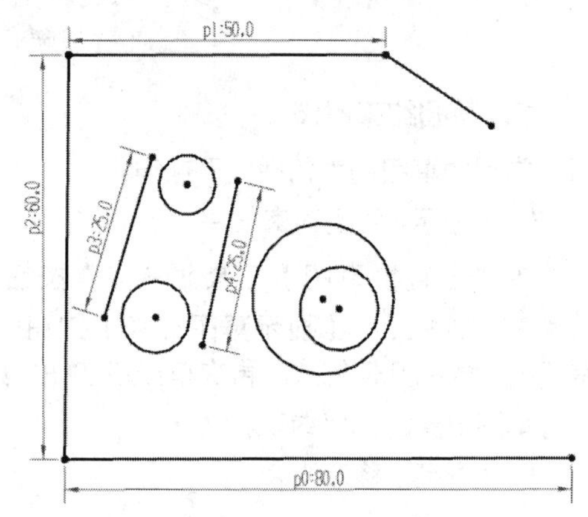

图 3-30 添加线段尺寸约束后的草图曲线

④ 单击 角度尺寸 按钮，对线段 1 和线段 4 进行角度约束：先单击线段 1，再单击线段 4，在弹出的【尺寸】文本框中输入 45；采用同样方法对线段 1 和线段 6 进行角度约束，约束后的图形如图 3-31 所示。

⑤ 单击 径向尺寸 按钮，对圆 1、圆 3 和圆 4 进行尺寸约束，其几何尺寸分别为 15、7.5 和 7.5，约束后的图形如图 3-32 所示。

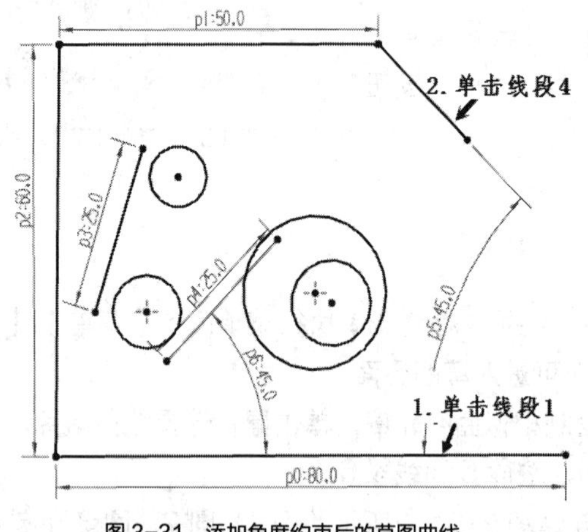

图 3-31 添加角度约束后的草图曲线

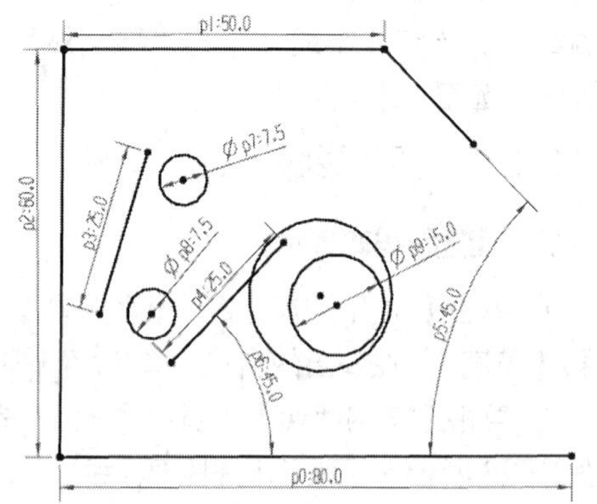

图 3-32 添加直径约束后的草图曲线

⑥ 单击【曲线】选项卡下【直接草图】工具栏中的 按钮，对近似曲线建立水平位置约束：单击线段 1，在弹出的【约束】命令框（见图 3-33）中单击 按钮，约束后的图形如图 3-34 所示。

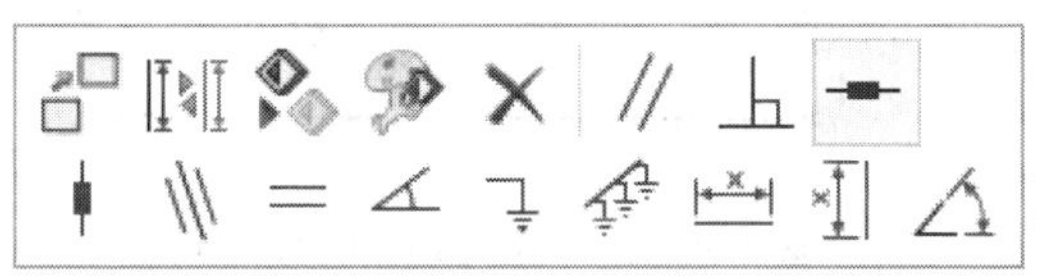

图 3-33 【约束】命令框

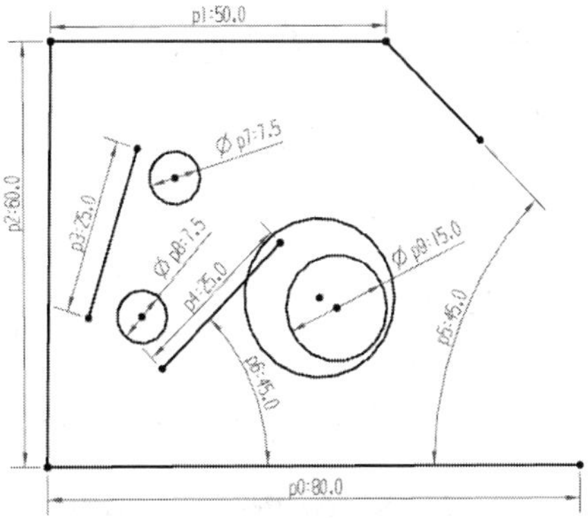

图 3-34　添加水平位置约束后的草图曲线

⑦ 单击【草图约束】工具栏中的按钮，对圆和线段进行相切位置约束：先单击圆 3，再单击线段 5，在弹出的【几何约束】命令框中单击按钮。

⑧ 同样对圆 3 和线段 6、圆 4 和线段 5、圆 4 和线段 6、圆 2 和线段 1、圆 2 和线段 4 进行相切约束。约束后的近似曲线如图 3-35 所示。

⑨ 单击【草图约束】工具栏中的按钮，对线段和圆进行点在曲线上位置约束，先单击线段 5 的左端点，再单击圆 3，在弹出的【几何约束】命令框中单击按钮，使线段 5 的左端点在圆 3 上。

⑩ 采用相同的操作方法，使线段 5 的右端点在圆 4 上、线段 6 的左端点在圆 3 上、线段 1 的右端点在圆 2 上，如图 3-36 所示。

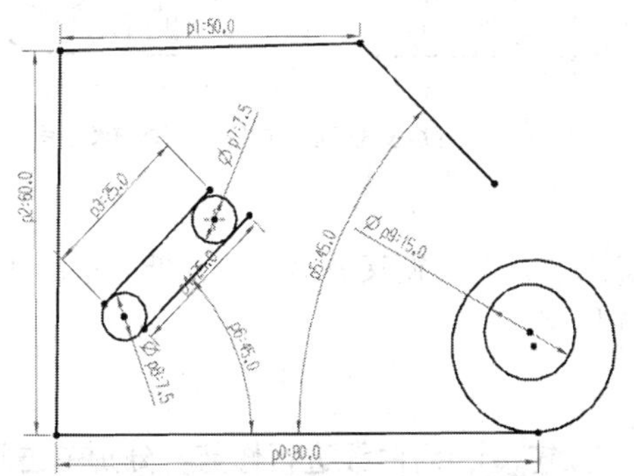

图 3-35　添加相切位置约束后的草图曲线

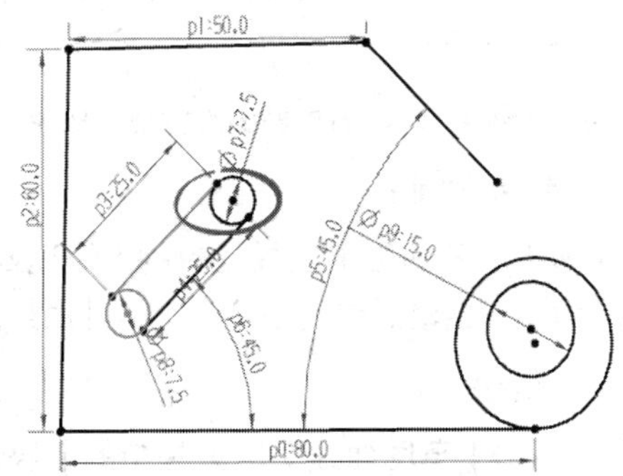

图 3-36　添加点在曲线上位置约束后的草图曲线

⑪ 单击【草图约束】工具栏中的按钮，对圆 1 和圆 2 进行同心位置约束：先单击圆 1，再单击圆 2，在弹出的【约束】命令框中单击按钮，约束后图形如图 3-37 所示。

⑫ 单击【草图约束】工具栏中的按钮，对线段进行垂直位置约束：先单击线段 1，再单击线段 2，在弹出的【约束】命令框中单击按钮，添加约束后图形如图 3-38 所示。

⑬ 单击 线性尺寸 按钮，选择测量方法为水平，单击圆 3 的圆心，再单击线段 2，在弹出的【尺寸】文本框中输入“20”；然后选择测量方法为竖直，单击圆 3 的圆心，再单击线段 1，在弹出的【尺寸】文本框中输入“20”。如弹出提示有冲突现象，删除原有约束后，再添加新的约束，如图 3-39 所示。

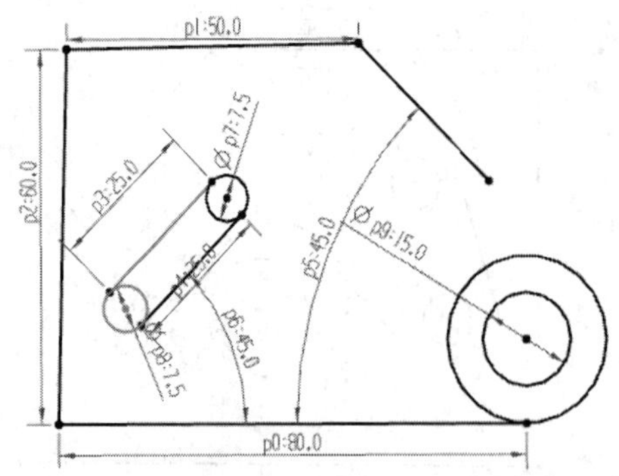

图 3-37　添加同心位置约束后的草图曲线

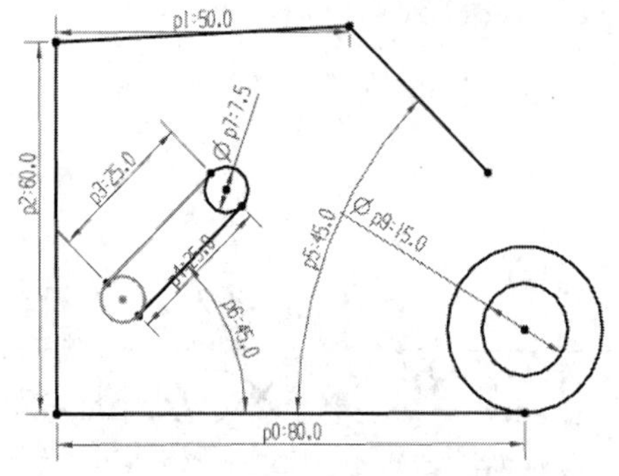

图 3-38　添加垂直位置约束后的草图曲线

⑭ 单击【草图约束】工具栏中的按钮，对线段 1 和线段 2 进行固定位置约束：单击线段 1，在弹出的【约束】命令框中单击按钮；单击线段 2，在弹出的【约束】对话框中单击按钮，添加约束后图形如图 3-40 所示。

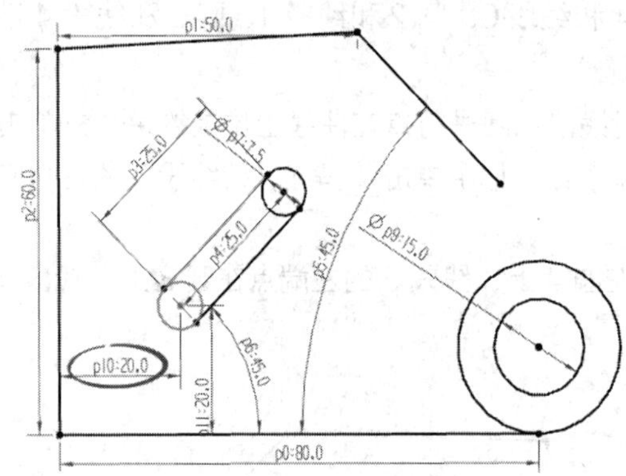

图 3-39　对圆 3 和圆 4 进行几何位置约束后的草图曲线

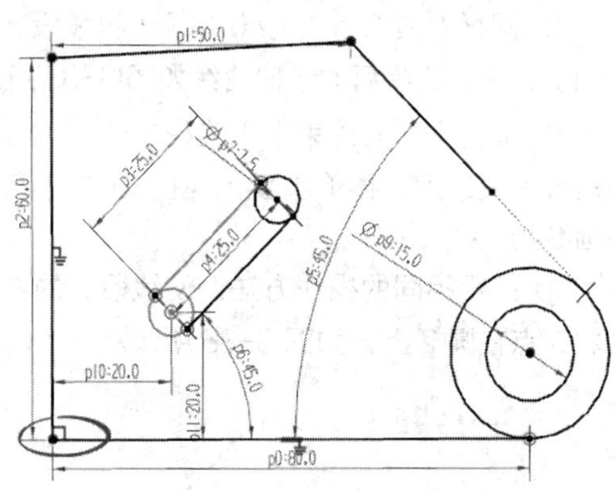

图 3-40　对线段进行固定位置约束后的草图曲线

3. 延伸曲线

单击【草图曲线】工具栏中的【快速延伸】按钮，对未衔接曲线进行延伸：单击线段 4 右端，线段 4 自动延伸到圆 2 上，延伸后如图 3-41 所示。

4. 修剪曲线

① 单击【草图曲线】工具栏中的【快速修剪】按钮，对曲线进行修剪：分别单击圆 2、圆 3 和圆 4，如图 3-42 所示。

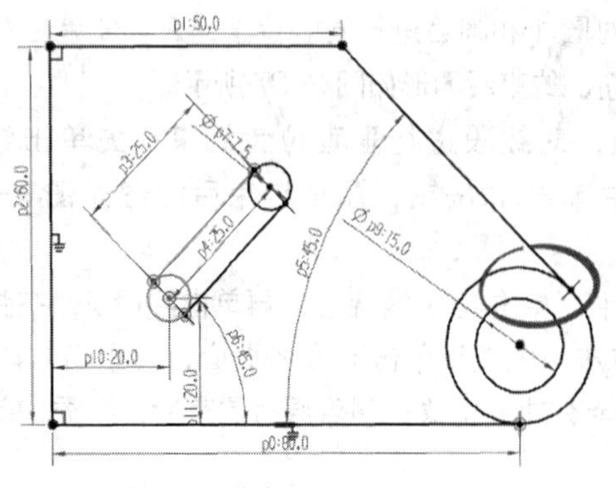

图 3-41　快速延伸后的草图曲线

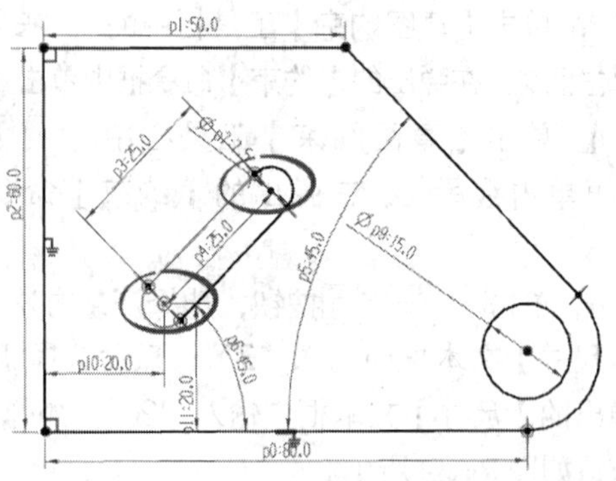

图 3-42　快速修剪后的草图曲线

② 当进行延伸和修剪后会发现，草图中线段 5、线段 6、圆 3 和圆 4 部位出现了过约束，如图 3-43 所示，此时，删除尺寸 25，或删除直径 7.5（两者任选其一）即可，完成后的草图如图 3-44 所示。

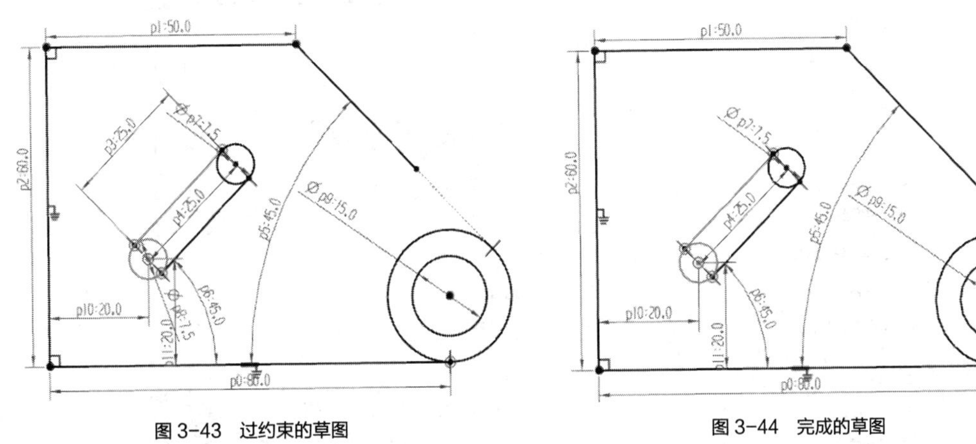

图 3-43　过约束的草图　　　　图 3-44　完成的草图

3.3 编辑草图

下面通过曲线的偏置、镜像、编辑和投影等操作来进一步加深学习二维草图的绘制技巧，最后绘制的草图如图 3-45 所示。

本节的基本设计思路如下。

① 创建圆柱特征。

② 投影曲线。

③ 绘制近似曲线轮廓。

④ 延伸和修剪。

⑤ 镜像曲线。

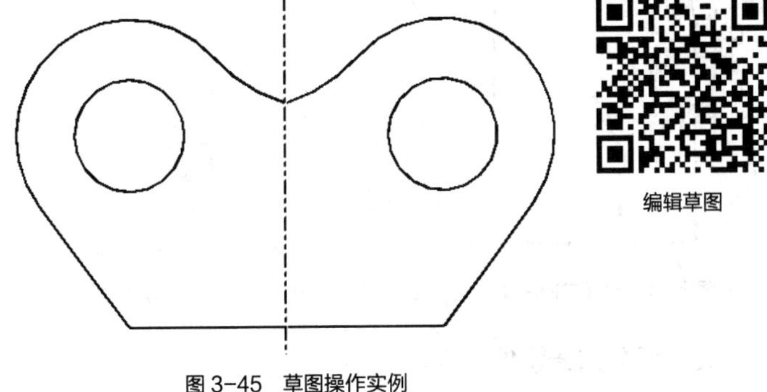

图 3-45　草图操作实例

编辑草图

3.3.1 知识准备

草图操作是指对草图对象进行编辑、镜像和添加及抽取对象到草图等操作，执行菜单命令【菜单】/【插入】/【派生曲线】，打开【草图操作】菜单，如图 3-46 所示。

1. 偏置曲线

偏置曲线可以将草图中的曲线及实体或片体上抽取的曲线沿指定方向偏置一定距离产生与原曲线相关联的曲线。单击【草图操作】工具栏中的 偏置曲线 按钮或者执行菜单命令【菜单】/【插入】/【派生曲线】/【偏置】，弹出【偏置曲线】对话框，如图 3-47 所示。

首先选取要偏置的曲线，选取图 3-48 所示的曲线串，选定后出现图 3-49 所示的【距离】文本框，输入要偏置的距离或者拉动出现的方向箭头至一定位置后，单击鼠标中键或单击图 3-47 所示的 < 确定 > 按钮完成偏置曲线操作。其中，可以通过单击图 3-47 所示的 按钮来改变偏置方向。图 3-50 所示为按不同偏置方向偏置得到的曲线。

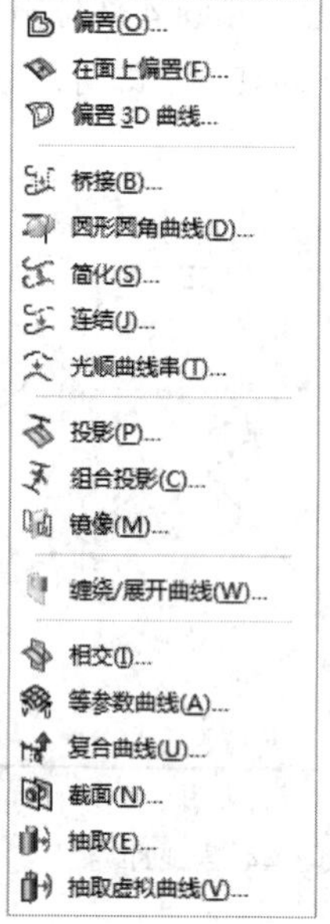

图 3-46 【草图操作】菜单

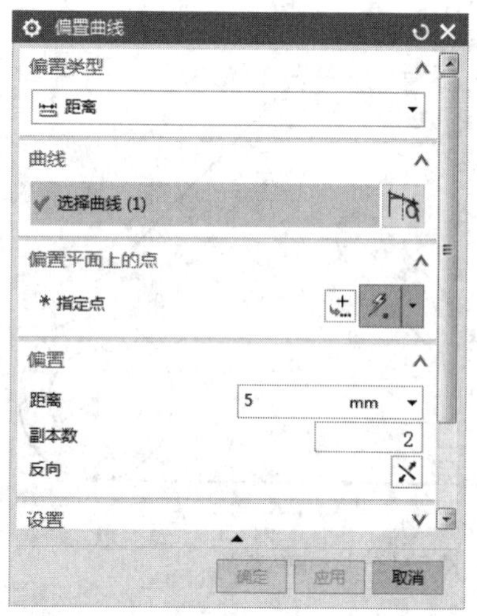

图 3-47 【偏置曲线】对话框

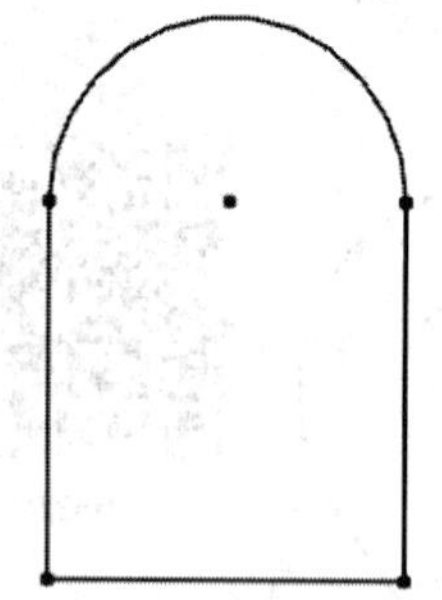

图 3-48 偏置前的曲线

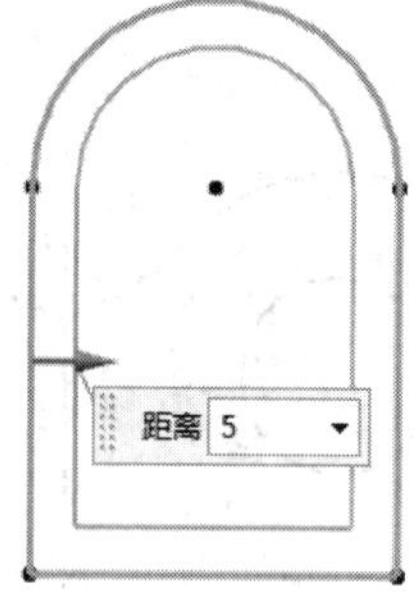

图 3-49 输入偏置距离

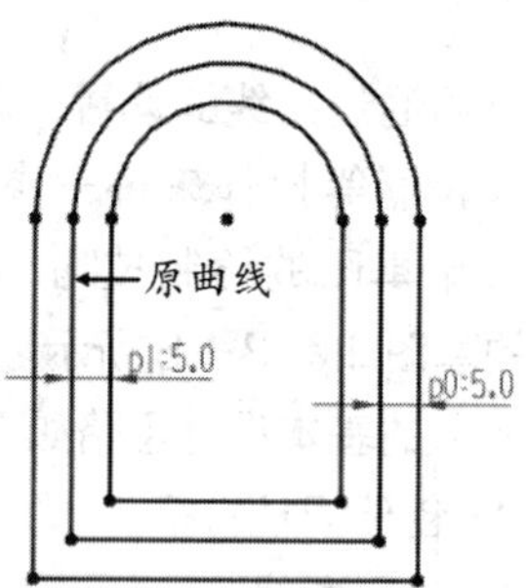

图 3-50 偏置后的曲线

2. 草图曲线镜像

镜像曲线指取一条直线为基准线，自动绘制所选取的对象以该基准线为对称轴的对称图形。单击【草图操作】工具栏中的 镜像曲线 按钮或者执行菜单命令【菜单】/【插入】/【派生曲线】/【镜像】可实现此功能。

单击 镜像曲线 按钮后，弹出图 3-51 所示的【镜像曲线】对话框。首先选取图 3-52 所示的镜像中心线，再一一选取镜像特征（即要镜像的曲线），单击 <确定> 按钮后得到图 3-53 所示的镜像后的图形。其中，镜像中心线自动转换为参照用的虚线。

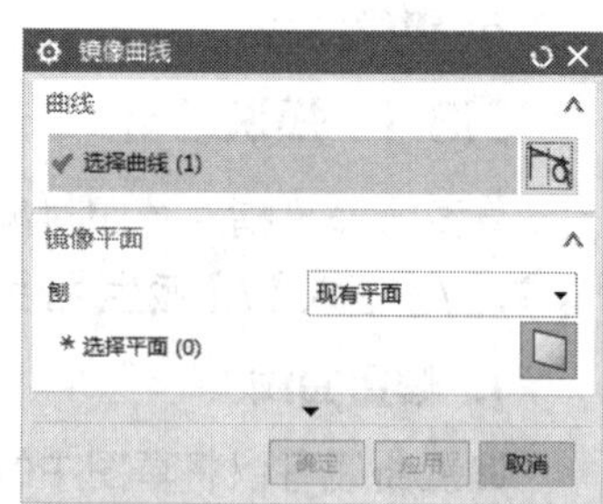

图 3-51 【镜像曲线】对话框

3. 编辑草图曲线

执行菜单命令【菜单】/【编辑】/【曲线】，弹出【编辑曲线】菜单，如图 3-54 所示。利用该对话框所列的命令按钮，可以对所创建的草图曲线进行修剪、延长、伸缩等操作，还可以对所选的曲线进行等分、圆角编辑、光顺样条曲线等操作。各个操作方法与第 2 章中所介绍的编辑曲线命令相同。

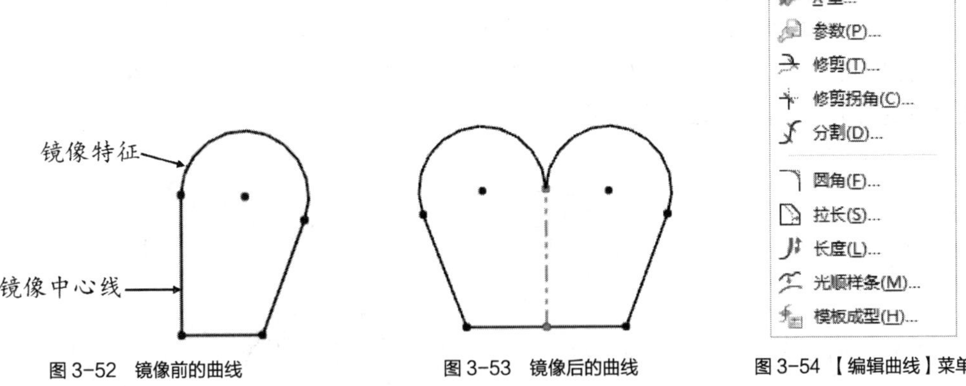

图 3-52 镜像前的曲线　　图 3-53 镜像后的曲线　　图 3-54 【编辑曲线】菜单

3.3.2 操作过程

1. 创建圆柱

① 单击【主页】/【特征】工具栏中的【圆柱】按钮，打开【圆柱】对话框。

② 创建圆柱 1：在弹出的【圆柱】对话框【类型】下拉列表中选择“轴、直径和高度”；【指定矢量】为 z 轴；【指定点】为默认（0，0，0）；在【直径】栏输入“40”，【高度】为“25”。单击 应用 按钮创建圆柱 1。

③ 创建圆柱 2：在指定点时，单击按钮，在弹出的【点】对话框中【XC】坐标输入 96，其他默认，单击 确定 按钮返回【圆柱】对话框。单击 确定 按钮来创建圆柱 2，如图 3-55 所示。

图 3-55 创建圆柱　　图 3-56 投影曲线

2. 创建草图

① 单击【直接草图】工具栏中的按钮或者执行菜单命令【插入】/【草图】，弹出【创建草图】对话框。

② 选择步骤 1 中创建的任一圆柱底面（见图 3-55），单击【创建草图】对话框中的【反向】按钮，单击 确定 按钮，进入草图绘制界面。

3. 投影曲线

① 单击【直接草图】工具栏中【投影曲线】按钮，弹出图 3-56 所示【投影曲线】对话框。

② 分别选取圆柱 1 和圆柱 2 的底边缘，如图 3-57 所示，将边缘投影至草图平面内。

③ 单击【直接草图】工具栏中的【几何约束】命令按钮，可以看到，所投影的两个圆是完全约束的。

4. 绘制轮廓

① 执行菜单命令【菜单】/【编辑】/【显示和隐藏】/【隐藏】，选择两个圆柱体，将其隐藏。

② 利用【草图曲线】工具栏中的【直线】按钮和【圆】按钮，绘制水平线段 1、垂直线段 2、线段 3，其中线段 2 和线段 3 的起点为线段 1 的两端点。

③ 绘制圆 1、圆 2 和圆 3，其中圆 1 和圆 2 同心，其中圆 3 和圆 1 相切，线段 3 与圆 1 相切。得到草图的近似曲线轮廓如图 3-58 所示。

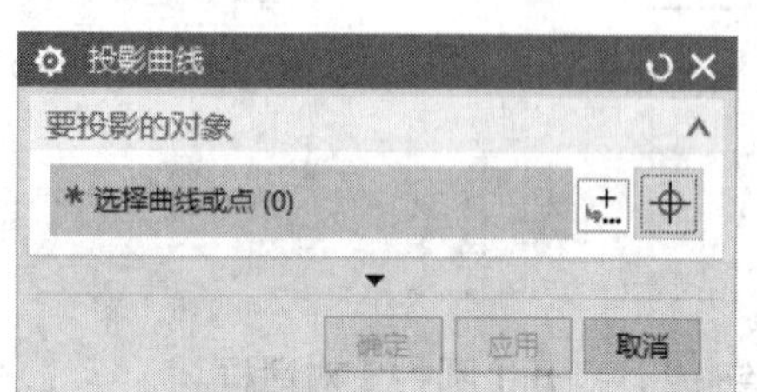

图 3-57 【投影曲线】对话框

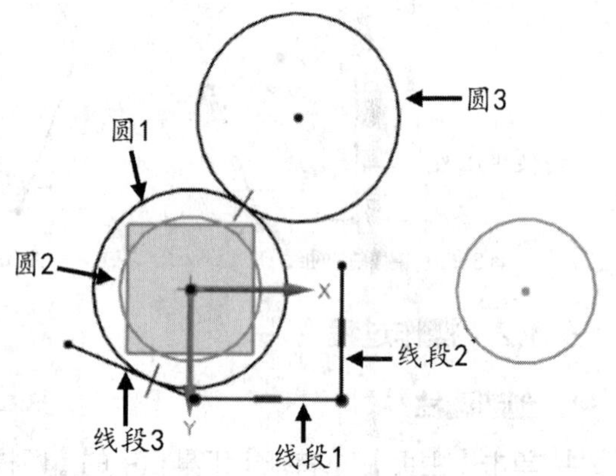

图 3-58 草图近似曲线轮廓

5. 尺寸约束

① 单击【直接草图】工具栏中的线性尺寸按钮，对近似曲线进行水平尺寸约束：线段 1 尺寸为 52，圆 2 圆心距离线段 2 的尺寸为 48，圆 3 圆心距离线段 2 的尺寸为 0。

② 单击【直接草图】工具栏中的径向尺寸按钮，分别对圆 1 和圆 3 进行直径约束，其尺寸分别为 76 和 100。

③ 单击【草图约束】工具栏中的线性尺寸按钮，测量方法为竖直，约束圆 2 圆心至线段 1 的竖直距离为 58。添加尺寸约束后的草图如图 3-59 所示。

6. 延伸曲线

单击【草图曲线】工具栏中的【快速延伸】按钮，单击线段 2 上部，将其延伸至圆 3。

7. 修剪曲线

单击【草图曲线】工具栏中的【快速修剪】按钮，对草图进行修剪：先后单击线段 3 上部分，圆 1 右下部分和圆 3 上部分，延伸、修剪后的草图如图 3-60 所示。

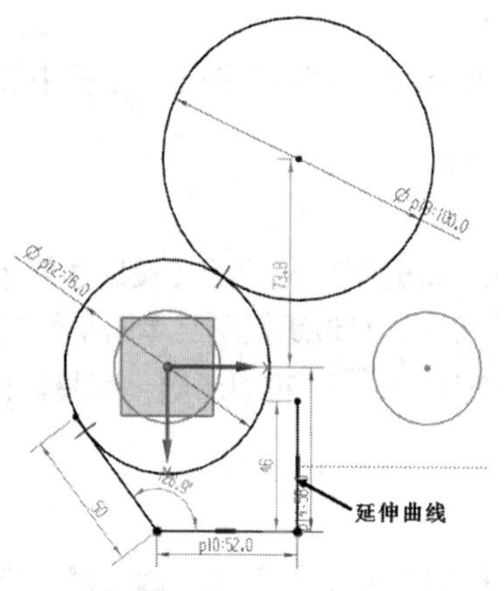

图 3-59 添加尺寸约束后的草图曲线

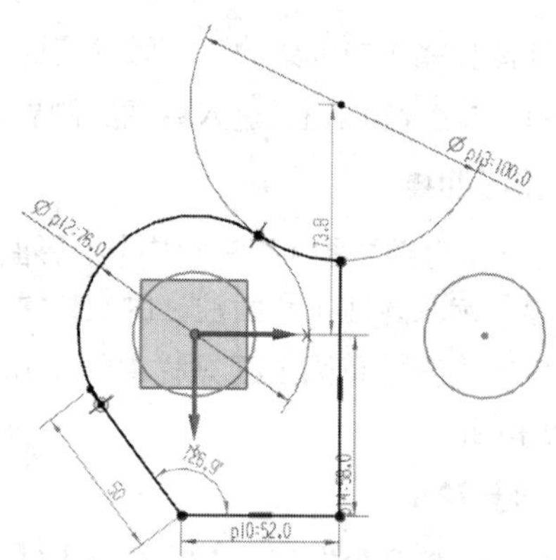

图 3-60 延伸、修剪后的草图曲线

8. 几何约束

单击【草图约束】工具栏中的【几何约束】按钮，选取圆 1 和圆 2，在弹出的【约束】命令框中单击◎按钮，对其进行同心约束。此时，状态栏上显示草图已完全约束，如图 3-61 所示。

9. 镜像曲线

① 单击【草图操作】工具栏中的 镜像曲线 按钮，打开【镜像曲线】对话框，对草图进行镜像操作。

② 先单击延伸后的线段 2 作为镜像中心线，再选择线段 1，修剪后的线段 3、圆 1 和圆 3 作为要镜像的曲线，单击 确定 按钮，镜像后的最终草图曲线如图 3-62 所示。

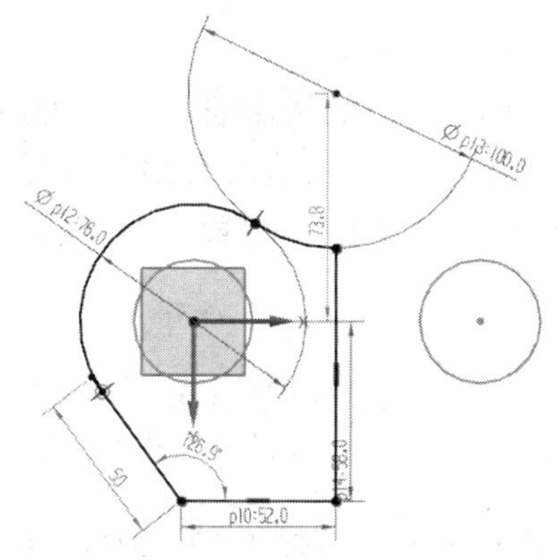

图 3-61　完全约束后的草图

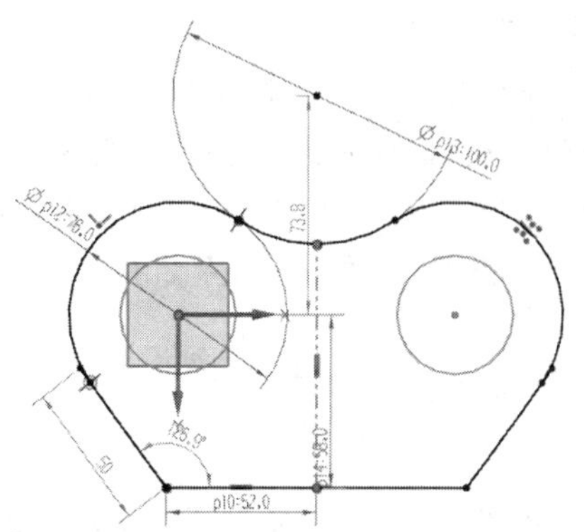

图 3-62　进行镜像操作后得到的最终草图

3.3.3 知识拓展

1. 草图生成器

草图生成器又叫草图管理器，是用来对草图进行定位、重命名和重新附着等操作的。执行菜单命令【菜单】/【插入】/【在任务环境中绘制草图】，确定绘图平面后在【草图】工具栏中单击右下角的 ▾ 按钮勾选需要显示的命令，即可显示图 3-63 所示的按钮命令。

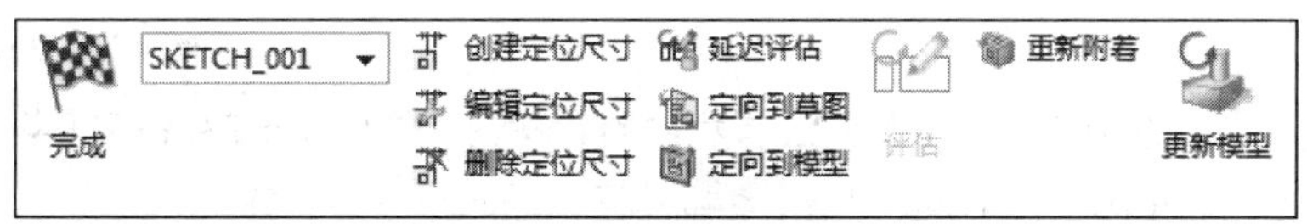

图 3-63 【草图生成器】工具栏

① 完成草图：单击此按钮，则退出草图平面。

② 草图名称 SKETCH_001 ▾：用来选择进入的草图平面或更改草图的名称。

③ 创建定位尺寸：用于确定草图与实体边缘、参考面或基准轴等对象的位置关系。

④ 编辑定位尺寸：用于编辑草图与实体边缘、参考面或基准轴等对象的位置关系。

⑤ 删除定位尺寸：用于删除草图与实体边缘、参考面或基准轴等对象的位置关系。

⑥ 延迟评估：用于暂缓更新尺寸约束和几何约束。单击该命令后，在尺寸修改后或几何约束添加后，修改的尺寸暂时不生效或添加的几何约束暂时不反映到几何对象上，在不退出尺寸修改或几何约束功能情况下，需要单击【评估】草图按钮才能使尺寸的修改立即生效并更新草图，对象或添加的几何约束立即反映到几何对象上，使草图对象按添加的几何约束移动草图对象的位置。

⑦ 定向到草图：单击此按钮，则改变草图对象视察位置至草图平面位置，且调整视图的中心和比例，使草图对象都在视图边界内。

⑧ 定向到模型：单击此按钮，则改变草图对象视察位置至模型主视图平面位置，且调整视图的中心和比例，使草图对象都在视图边界内。

⑨ 评估：对尺寸约束、几何约束和草图对象进行更新，此选项只有在【延迟评估】选项打开时才有效。

⑩ 重新附着：单击此按钮即打开【重新附着草图】对话框。利用该命令可以把一个表面上建立的草图移动到另一个不同方位的基准平面、实体表面或片体表面上。

⑪ 更新模型：用于更新与当前草图相关联的实体模型，如旋转体或延伸体等。

2. 定义线串

该命令用于将某些曲线、边和表面等几何对象添加到用来形成扫描特征的截面曲线中，或从用来形成扫描特征的截面曲线中移去一些曲线、边和表面等对象。在进入"在任务环境中绘制草图"的状态下，单击【草图】工具栏中的 编辑定义截面(E)... 按钮或者执行菜单命令【菜单】/【编辑】/【编辑定义截面】来进行此操作。

3.4 综合应用

下面通过一个工程实例的创建来回顾和复习草图功能的应用，并对其中的一些命令做一个熟练操作。工程实例如图 3-64 所示。

本例的基本设计思路如下。

① 绘制轮廓。

② 添加约束。

③ 移动对象。

④ 倒圆操作。

操作过程如下。

综合案例

图 3-64 草图绘制工程实例

1. 创建草图

① 单击【主页】选项卡【直接草图】工具栏中的按钮，或者执行菜单命令【菜单】/【插入】/【草图】，弹出【创建草图】对话框，单击 确定 按钮，进入草图绘制界面。

② 利用【草图曲线】工具栏中的按钮、按钮和按钮，绘制圆 1、圆 2、圆 3 和圆 4，以及线段 1 和线段 2，绘制时，线段 1 和线段 2 与圆 3 相切，圆 1 和圆 2 同心，圆 3 和圆 4 同心。得到草图的近似曲线轮廓如图 3-65 所示。

2. 添加约束

① 单击【草图约束】工具栏中的按钮，选择圆 3 圆心和 y 轴，在弹出的【几何约束】对话框中，单击按钮，如图 3-66 所示，使圆 3 圆心在 y 轴上。

② 单击圆 1 圆心，在弹出的【几何约束】对话框中单击按钮，固定圆 1 圆心在原点，结果如图 3-67 所示。

③ 单击【草图约束】工具栏中的 径向尺寸 按钮，测量方法中选择直径，分别对圆 1、圆 2、圆 3 和圆 4 进行直径约束，其尺寸分别为 20、15、10 和 5。

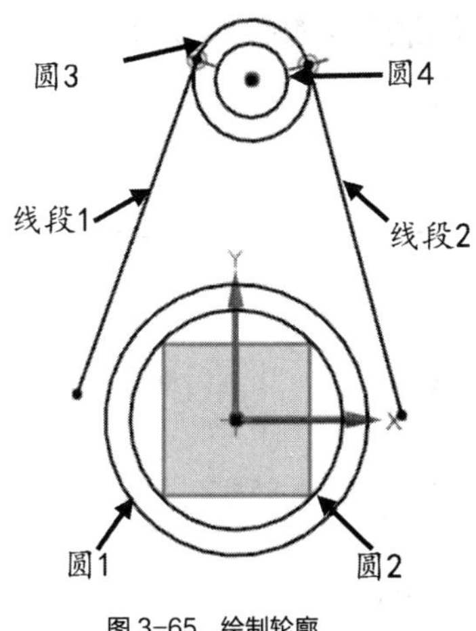

图 3-65　绘制轮廓

图 3-66 【几何约束】对话框

④ 单击【草图约束】工具栏中的 线性尺寸 按钮，测量方法选择“竖直”，约束圆 3 圆心至圆 1 的竖直距离为 30，如显示尺寸有冲突，可将原尺寸删除后再重新约束。

⑤ 单击【草图约束】工具栏中的 角度尺寸 按钮，单击线段 1 和 y 轴，在两条线段所成锐角内单击鼠标，在弹出的对话框中输入角度值 15，对线段 2 的操作同线段 1。添加尺寸约束后的草图如图 3-68 所示。

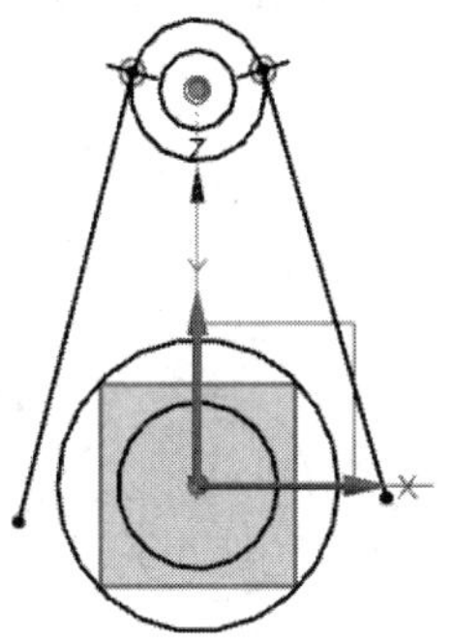

图 3-67　固定圆 1 的圆心

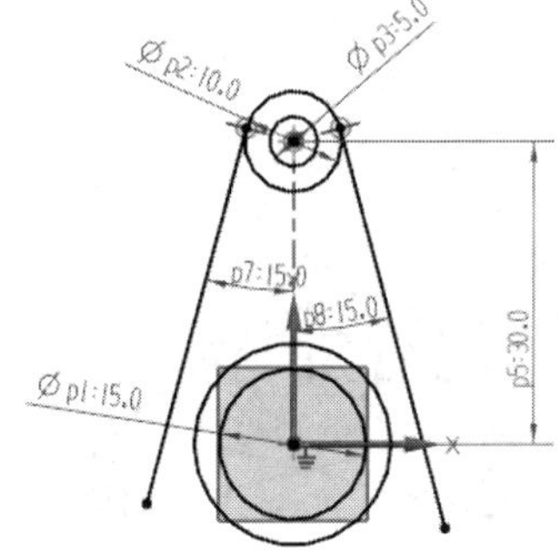

图 3-68　添加约束

3. 修剪曲线

单击【草图曲线】工具栏中的【快速修剪】按钮，再单击圆 3 下半部分，修剪去线段 1 和线段 2 之间的部分。

4. 移动对象

① 执行菜单命令【菜单】/【编辑】/【移动对象】，弹出图 3-69 所示【移动对象】对话框。

② 选择线段 1、线段 2、圆 3 和圆 4，在【变换】中选择【角度】，指定轴点，单击按钮，弹出【点】对话框，单击其中的 确定 按钮，返回【移动对象】对话框。

③ 设置图 3-70 所示的参数，在【角度】文本框中输入 120，【结果】中选中【复制原先的】复选框，【非关联副本数】文本框中输入 2，单击 确定 按钮，结果如图 3-71 所示。

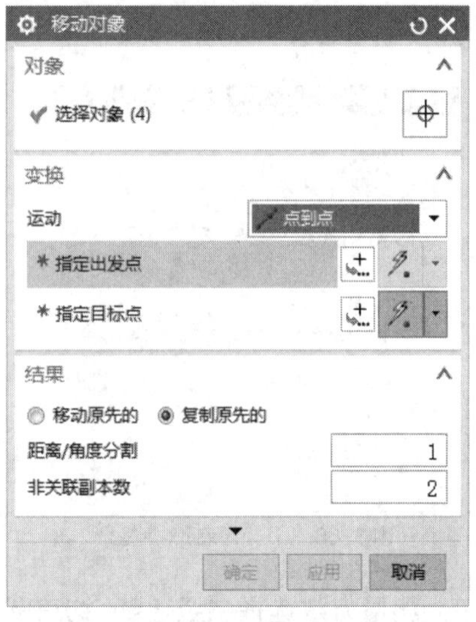

图 3-69 【移动对象】对话框

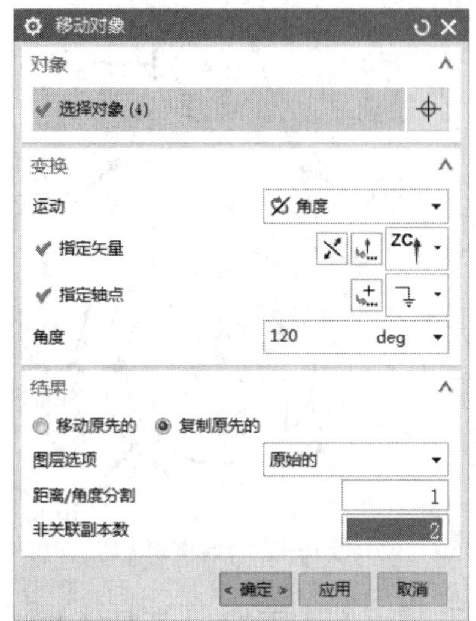

图 3-70 【变换】种类

5. 倒圆角

单击【草图曲线】工具栏中的 圆角 按钮，在鼠标光标旁的跟踪条中输入半径“10”，任意选择相交的两条线段，绘制圆角，剩下的两组相交线段操作相同。再为刚刚创建的圆角添加半径约束，如提示已有约束，则将之删除后再重新添加新的约束。结果如图 3-72 所示。

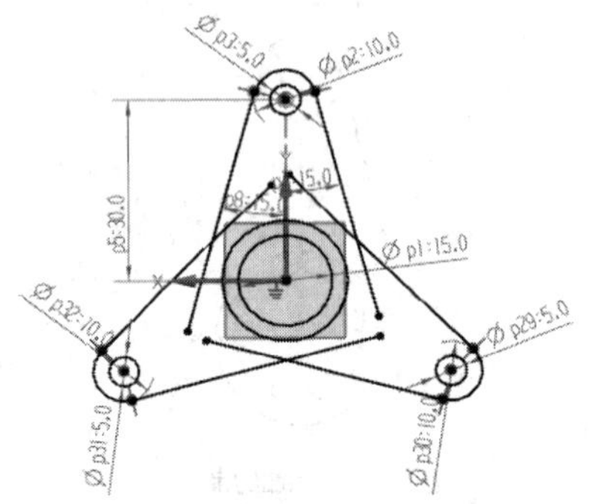

图 3-71 设置参数后的结果

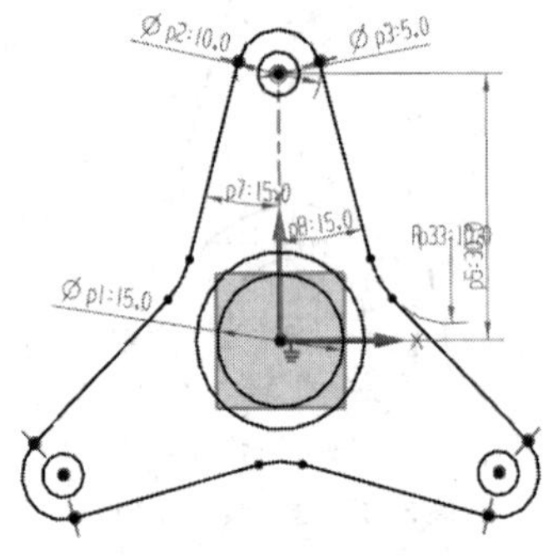

图 3-72 最终草图

小结

草图是创建三维模型的基础，用于准确控制模型的轮廓及形状变化规律。UG NX 10.0 提供了方便快捷的草图绘制功能，本章主要介绍了以下内容。

① 如何进入和退出草图，草图界面的构成。

② 利用【草图曲线】工具栏绘制草图曲线，得到近似的曲线轮廓。

③ 利用【草图约束】工具栏对绘制的近似曲线轮廓进行尺寸约束和几何约束，得到精确的草图曲线。

④ 利用【草图操作】工具栏，对绘制的草图曲线进行偏置、镜像、添加等编辑操作。

⑤ 利用【草图生成器】来对草图进行定位、重附着、延迟估计等管理操作。

习题

1. 简要说明二维草图在创建三维模型中的用途。
2. 什么是草图约束，有何主要用途?
3. 草图生成器有何主要用途?
4. 绘制图 3-73 所示的图形，熟悉绘制草图的一般步骤。
5. 绘制图 3-74 所示的图形，熟悉绘制草图的基本技巧。

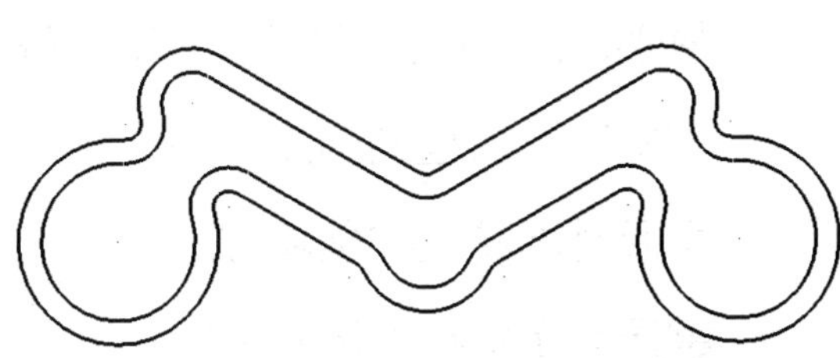

图 3-73　草图（1）

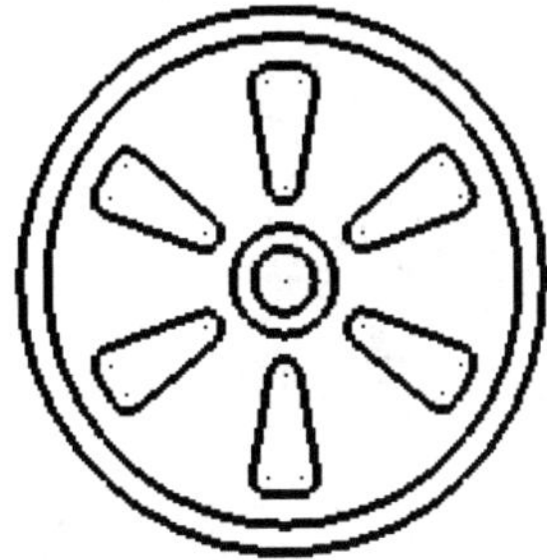

图 3-74　草图（2）

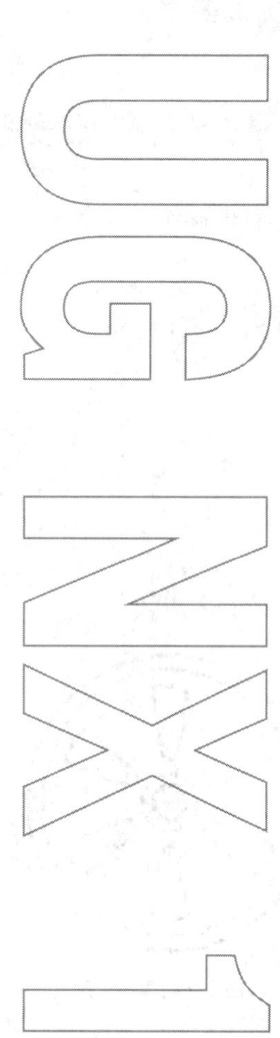

第4章 三维实体建模

【学习目标】

- 熟悉UG NX 10.0的特征建模原理。
- 掌握基准特征的创建方法。
- 掌握基本特征的创建方法。
- 掌握常用特征编辑方法。

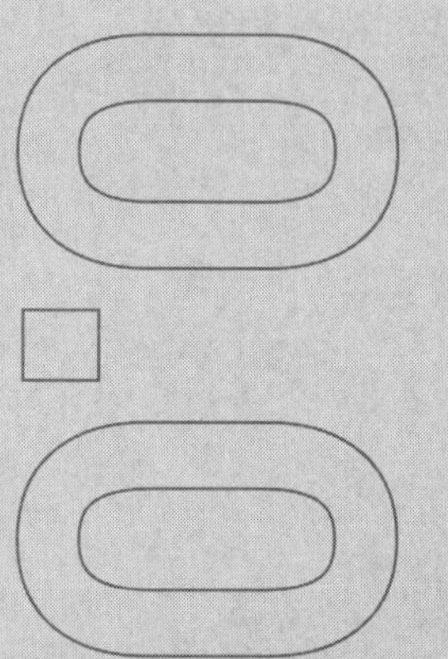

实体建模是UG NX 10.0的基础和核心工具，具有操作简单、编辑和修改灵活、参数化设计等特点。UG NX 10.0采用基于特征和约束的建模技术，具有交互建立和编辑复杂实体零件的能力。它主要包括基准特征创建、基本体素创建、成型特征创建、特征操作和编辑以及模型导航工具创建等主要操作。

4.1 创建基本组合体

最简单的三维模型可以看作是由一些常见的基本形体采用“搭积木”方式搭建而成。本节将介绍使用球体、圆柱体、立方体等基本形体创建图 4-1 所示实体模型的方法。

本节的基本设计思路如下。

① 创建立方体。

② 创建圆锥体。

③ 创建圆柱体。

④ 创建球体。

创建基本组合体

图 4-1　创建组合体

4.1.1 知识准备

UG NX 10.0 提供了模块式的实体创建过程，可以利用参数控制和输入进行长方体、球体和圆柱体等基本形体的创建，从而避免了从点到线、面的复杂设计过程。

1. UG NX 10.0 实体建模工具

UG NX 10.0 的实体建模功能基于物体上的线、面、体的结构特点，能够快速方便地创建二维和三维实体模型。通过扫描、旋转、拉伸等实体操作，借助布尔运算和参数设置，可以精确地创建各种形状的实体模型。

（1）UG NX 10.0 实体建模环境

UG NX 10.0 的实体建模功能采用了主模型技术驱动原理，主模型编辑更新后，其他相关应用将自动更新。UG NX 10.0 采用参数化设计，可直接利用实体边缘作为草绘曲线进行设计。UG NX 10.0 能创建垫块、键槽、凸台、斜角、挖壳等成型特征，操作简便。

启动 UG NX 10.0 后，将默认进入实体建模环境，如图 4-2 所示。

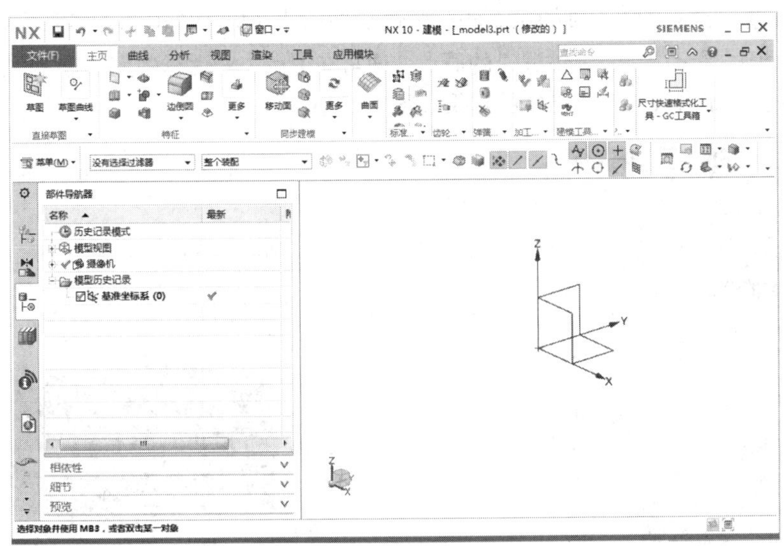

图 4-2　UG NX 10.0 实体建模环境

（2）【特征】工具栏

UG NX 10.0 的实体建模工具主要集中在图 4-3 所示【特征】工具栏中，图中给出了常用工具的名字。可以通过单击工具组中的按钮启动工具，也可以执行菜单命令【菜单】/【插入】/【设计特征】启动相应工具。

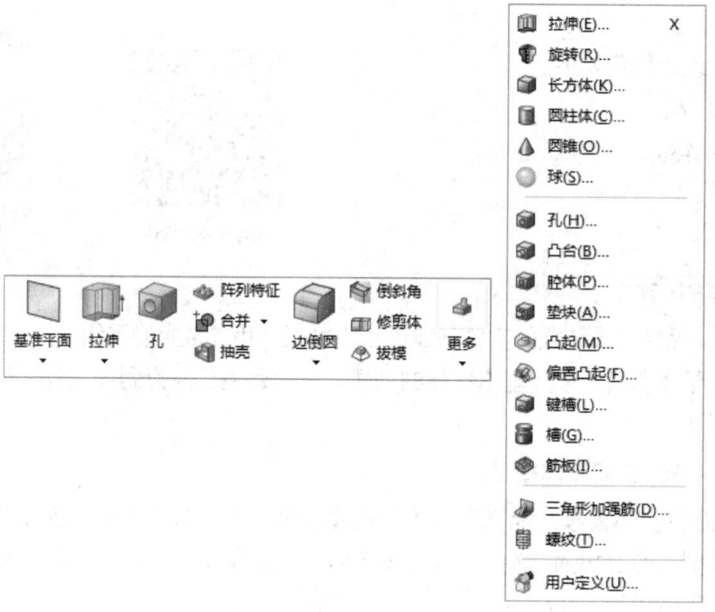

图 4-3 【特征】工具栏

2. 创建长方体

在图 4-3 所示【特征】工具栏中单击按钮或者执行菜单命令【菜单】/【插入】/【设计特征】/【长方体】，打开图 4-4 所示的【块】对话框，在对话框中可使用下面 3 种方法创建长方体。

（1）原点和边长

该方式通过指定长方体通过的原点和三个边长来创建对象。单击图 4-4 所示【块】对话框中的按钮，根据提示指定长方体通过的原点，通常在【点】对话框中完成输入，然后输入长方体的 3 个边长，用本方式创建长方体的结果如图 4-5 所示。

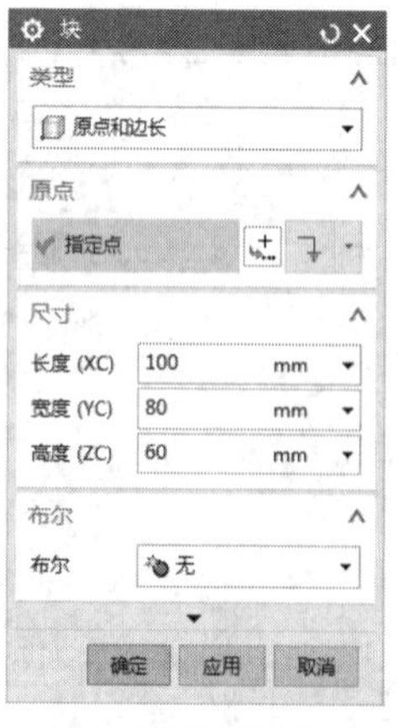

图 4-4 【块】对话框

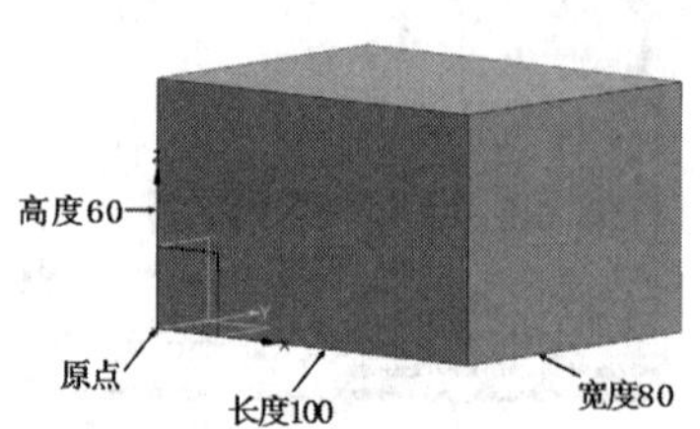

图 4-5 “原点和边长”法创建长方体

（2）两个点和高度

该方式通过指定底面的两个对角点和高度来创建长方体。单击图 4-4 所示【块】对话框中的［* 指定点］按钮时，提示设置底面的第一个点和第二个点，长方体高度可以通过对话框来设置数值。图 4-6 所示为利用本方式创建的实体。

（3）两个对角点

该方式主要通过指定两个对角顶点来创建长方体，单击图 4-4 所示【块】对话框中的按钮，提示指定长方体的第一个和第二个对角顶点。图 4-7 所示为利用本方式创建的实体。

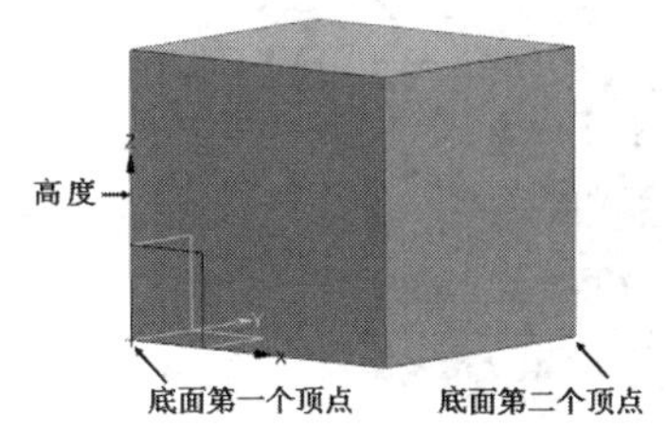

图 4-6 “两个点和高度”法创建长方体

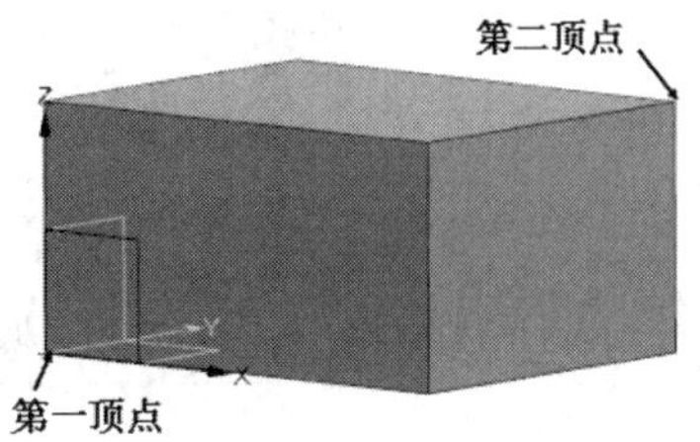

图 4-7 “两个对角点”法创建长方体

3. 创建圆柱

圆柱的创建原理与长方体相似，单击图 4-3 所示【特征】工具栏中的按钮或者通过执行菜单命令【菜单】/【插入】/【设计特征】/【圆柱】，打开【圆柱】对话框，如图 4-8 所示。

UG NX 10.0 提供了两种创建圆柱的方式：“轴、直径和高度”和“圆弧和高度”。

（1）轴、直径和高度

该方式允许通过指定圆柱的轴、直径和高度来创建实体。其中轴为圆柱的中心轴，包括原点和方向；直径为圆柱底面直径，高度为圆柱的高度。图 4-9 所示为采用该方式创建的圆柱。

图 4-8 【圆柱】对话框

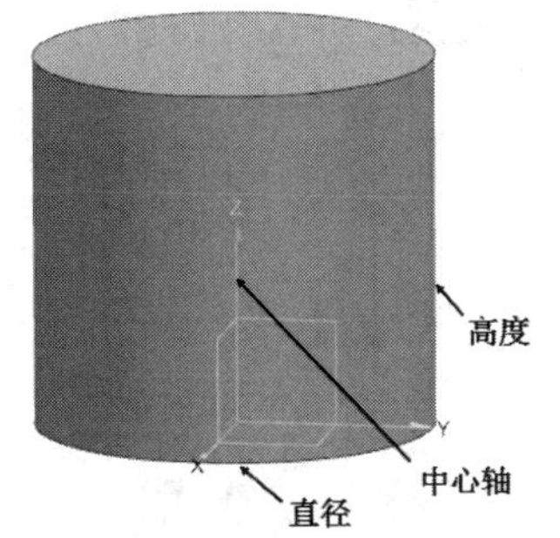

图 4-9 “轴、直径和高度”方式创建圆柱

（2）圆弧和高度

该方式通过选取已有圆弧来定义圆柱的底面，通过指定圆柱的高度来创建实体。

要点提示

这里的圆弧并不要求是一个完整的圆，并且生成的圆柱和圆弧并不相关联，圆柱体的方向可以选择是否反向。图 4-10 所示为采用“圆弧和高度”方式创建的圆柱实体，并阐明了不同方向时的不同设计结果。

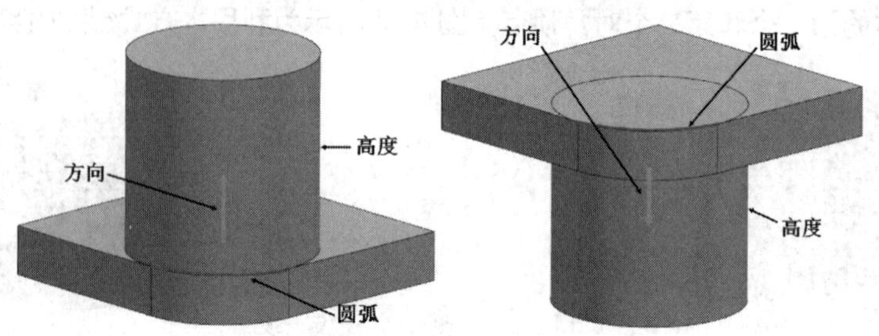

图 4-10 “圆弧和高度”方式创建圆柱

4．创建圆锥

圆锥体同圆柱体一样，属于旋转体，其创建过程与圆柱体类似。单击图 4-3 所示【特征】工具栏中的▲按钮或者通过执行菜单命令【菜单】/【插入】/【设计特征】/【圆锥】打开图 4-11 所示【圆锥】对话框。

UG NX 10.0 提供了 5 种创建圆锥的方式，即“直径和高度”方式、“直径和半角”方式、“底部直径，高度和半角”方式、“顶部直径，高度和半角”方式和“两个共轴的圆弧”方式。

（1）直径和高度

该方式允许通过指定圆锥的底面直径、顶面直径和圆锥高度来创建圆锥实体。单击【指定矢量】后的按钮，弹出图 4-12 所示【矢量】对话框，用于指定方向矢量。

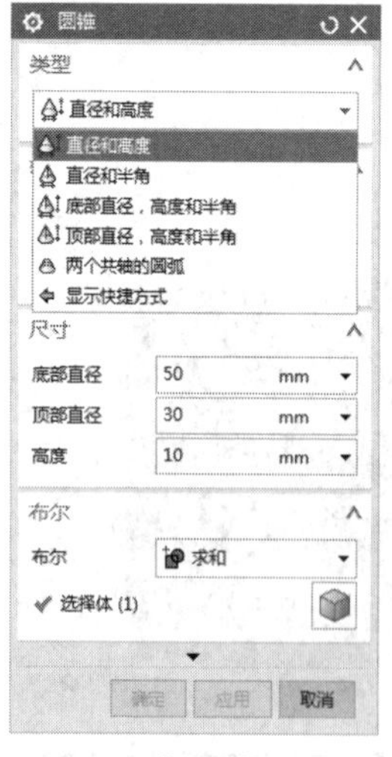

图 4-11 【圆锥】对话框

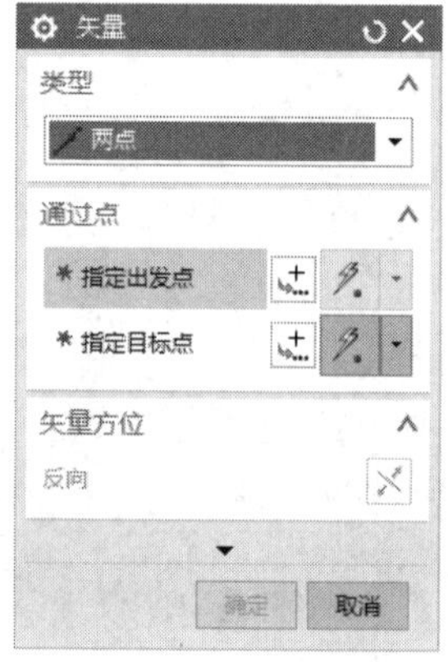

图 4-12 【矢量】对话框

指定矢量后，在【矢量】对话框中单击 确定 按钮返回【圆锥】对话框，指定底部直径、顶部直径和高度值。图 4-13 所示为创建的圆锥实体示例。

（2）直径和半角

该方式允许通过指定圆锥的底面直径、顶面直径和圆锥半角来创建圆锥实体。在【圆锥】对话框中选定【类型】为【直径和半角】。在视图中指定矢量和原点，设置底部直径、顶部直径和半角值即可创建圆锥。图 4–15 所示为按照图 4–14 所示参数所创建的圆锥实体。

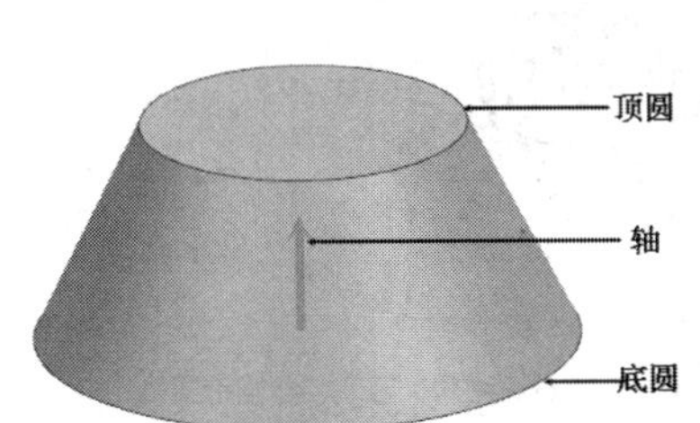

图 4–13　圆锥实体

图 4–14 【圆锥】对话框

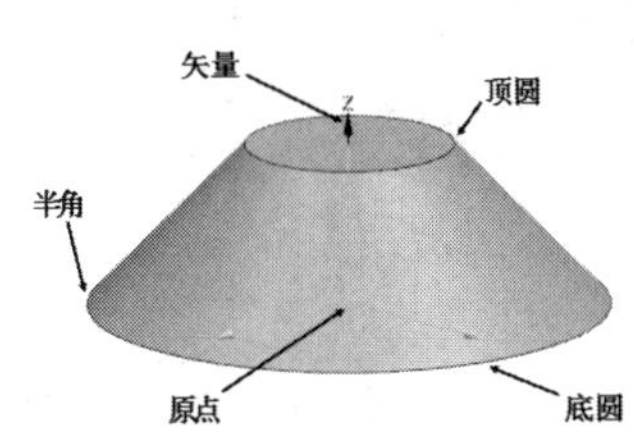

图 4–15 “直径和半角”方式创建圆锥实体

（3）底部直径，高度和半角

“底部直径，高度和半角”方式允许通过指定圆锥的底面直径、高度和圆锥半角来创建圆锥实体。在【圆锥】对话框的【类型】中选择 底部直径，高度和半角 选项，单击【指定矢量】后选择方向矢量，单击【指定点】后选择原点。

指定矢量和原点后，设置底部直径、高度和半角值。图 4–17 所示为按照图 4–16 所示参数的创建的圆锥实体。

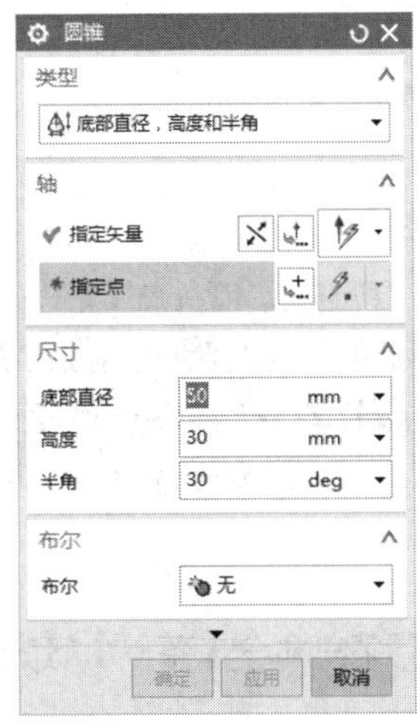

图 4–16 【圆锥】对话框

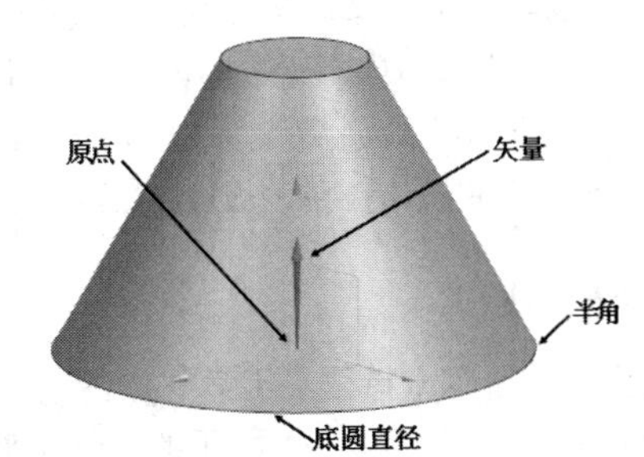

图 4–17 “底部直径，高度和半角”方式创建圆锥实体

（4）顶部直径，高度和半角

“顶部直径，高度和半角”方式允许通过指定圆锥的顶部直径、高度和圆锥半角来创建圆锥

实体。其操作和“底部直径，高度和半角”相似，图 4-19 所示为按照图 4-18 所示【圆锥】对话框设置参数所创建的圆锥实体。

图 4-18 【圆锥】对话框

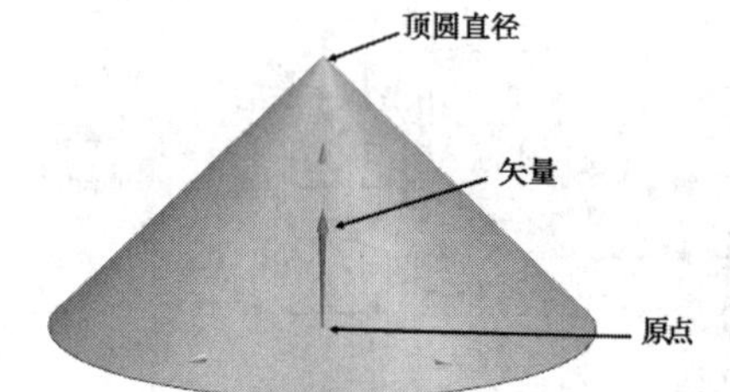

图 4-19 “顶部直径，高度和半角”方式创建圆锥实体

（5）两个共轴的圆弧

该方式允许通过指定两个共轴的圆弧来生成圆锥实体特征。需要注意的是：这里的两个圆弧并不要求一定平行。在【圆锥】对话框【类型】中选择 两个共轴的圆弧 ，提示选取底面圆弧和顶面圆弧，图 4-20 所示为此种方式创建圆锥实体的示意图。

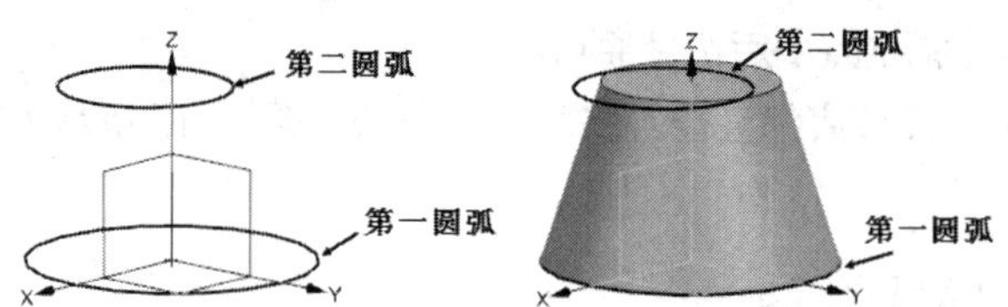

图 4-20 “两个共轴的圆弧”方式创建圆锥

要点提示

选择了底面圆弧和顶面圆弧之后，自动完成圆锥实体的创建过程。所定义的圆锥位于第一条圆弧的中心，并位于圆弧的法线方向。圆锥的底部直径和顶部直径取决于所选取的两条圆弧的直径大小。圆锥的高度是顶弧中心和底弧平面的距离。如果所选择的两个圆弧不是共轴的，会把第二条圆弧平行投影到第一条圆弧所在的平面上，直到两个圆弧共轴为止。此外，还需注意的是，圆锥和圆弧并不关联。

5. 创建球体

单击图 4-3 所示【特征】工具栏中的 按钮或者通过执行菜单命令【菜单】/【插入】/【设计特征】/【球】，打开图 4-21 所示的【球】对话框。

UG NX 10.0 提供两种创建球的方式：“中心点和直径”方式和“圆弧”方式。

（1）中心点和直径

该方式允许通过指定直径和圆心来生成球实体特征。在图 4-21 所示的【球】对话框【类型】

下拉列表中选择 中心点和直径 ，选择原点作为球心，输入球的直径。单击 确定 按钮完成球的创建，结果如图 4-22 所示。

（2）圆弧

该方式允许通过选取圆弧来生成球体，如图 4-23 所示。

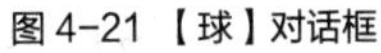
图 4-21 【球】对话框

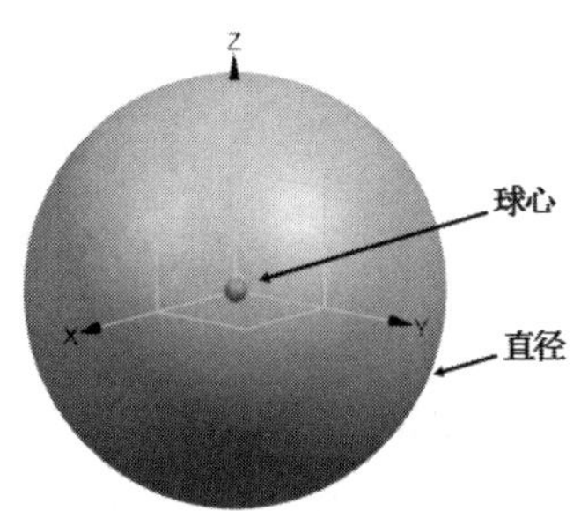

图 4-22 “中心点和直径”方式创建球

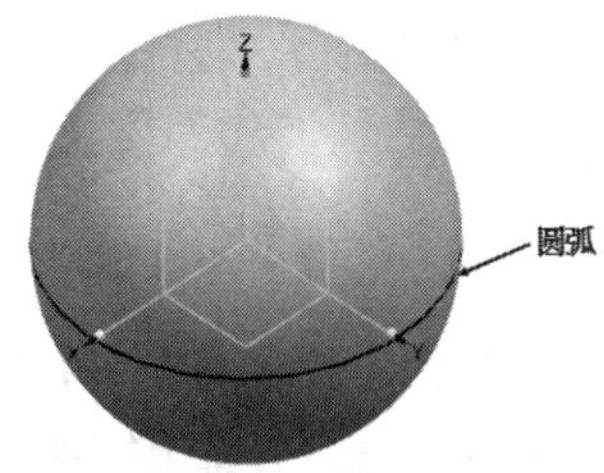

图 4-23 “圆弧”方式创建球

要点提示

需要注意的是，所选取的圆弧不一定为完整的圆弧，基于任何圆弧对象都可生成球体。选定的圆弧中心为球体的球心，选定的圆弧直径为球体的大径。和圆锥实体一样，所创建的球体和圆弧不是相关联的。

4.1.2　操作过程

1. 创建长方体

① 单击【特征】工具栏中的【长方体】按钮，弹出图 4-24 所示的【块】对话框，设置图示参数。

② 接受默认原点坐标为（0，0，0），单击 确定 按钮创建图 4-25 所示的长方体。

图 4-24 【块】对话框

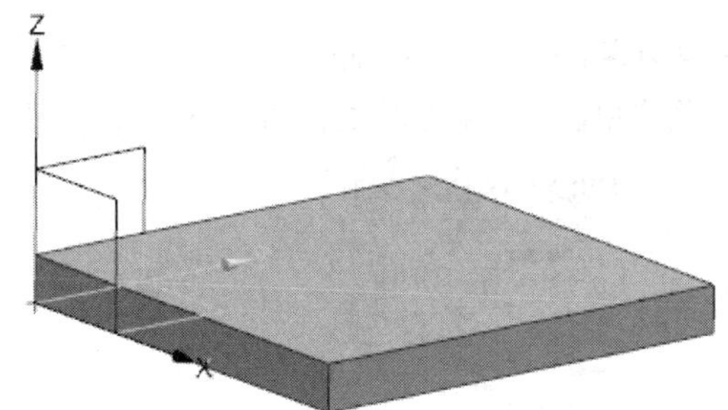

图 4-25　创建长方体

2. 创建圆锥

① 单击【特征】工具栏中的【圆锥】按钮，弹出图 4-26 所示的【圆锥】对话框。

② 在【轴】选项组中【指定矢量】后面单击按钮，弹出图 4-27 所示的【矢量】对话框，按照图示设置参数。

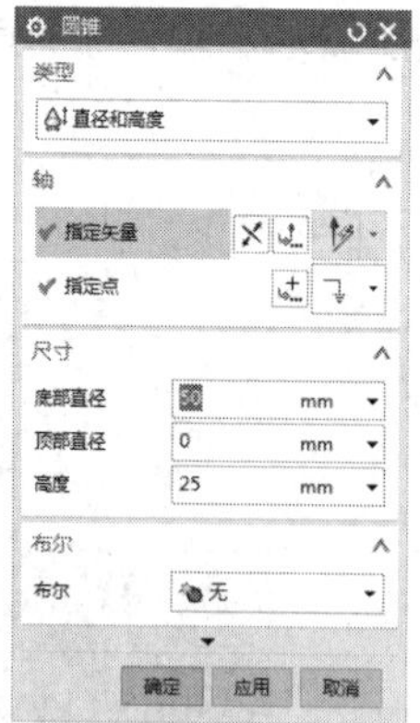

图 4-26 【圆锥】对话框

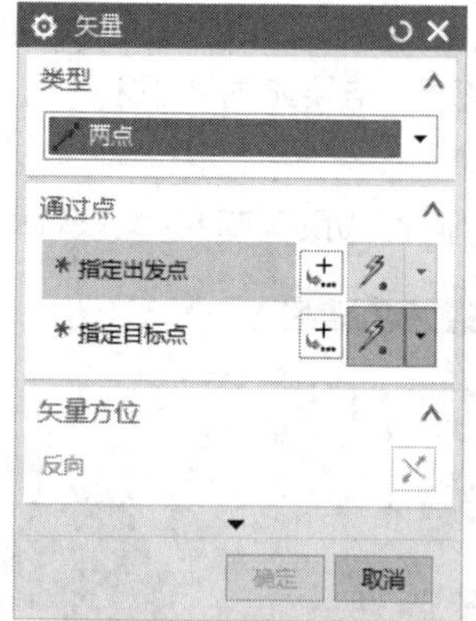

图 4-27 【矢量】对话框

③ 单击【指定出发点】选项中的按钮，在弹出的【点】对话框中设置图 4-28 所示参数，单击确定按钮完成矢量出发点的指定。

④ 单击【指定目标点】选项中的按钮，在弹出的【点】对话框中设置图 4-29 所示参数，单击确定按钮完成矢量终止点的指定。

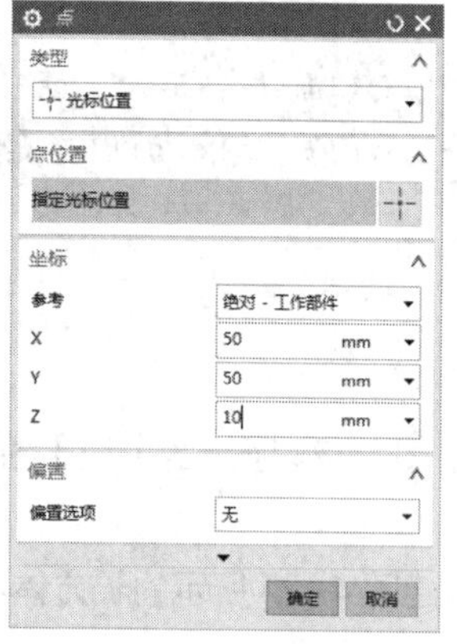

图 4-28 指定矢量出发点

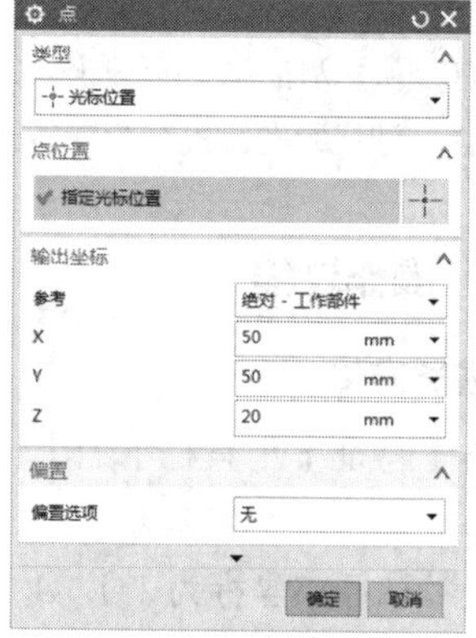

图 4-29 指定矢量终止点

⑤ 再次单击确定按钮返回上级对话框，在图 4-30 所示的【圆锥】对话框中设置图示参数。

⑥ 再次单击确定按钮完成圆锥实体的创建，结果如图 4-31 所示。

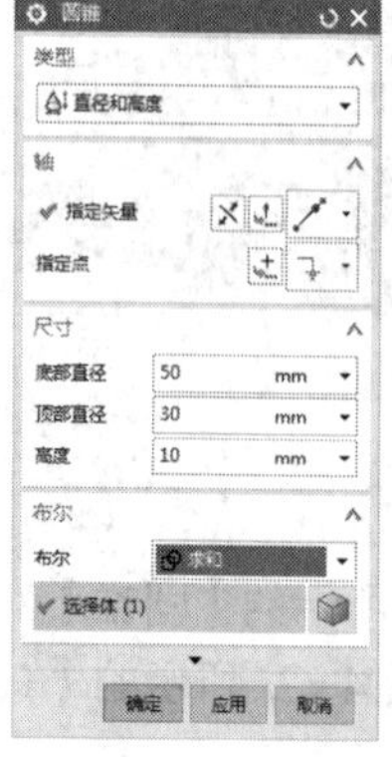

图 4-30 【圆锥】对话框

图 4-31 创建圆锥

3. 创建圆柱

① 单击【特征】工具栏中的按钮，弹出图 4-32 所示的【圆柱】对话框，设置图示参数。

② 单击【指定点】后的按钮，弹出图 4-33 所示的【点】对话框，设置图示参数。

图 4-32 【圆柱】对话框

图 4-33 【点】对话框

③ 单击确定按钮回到【圆柱】对话框，再次单击确定按钮完成圆柱实体创建，结果如图 4-34 所示。

4. 创建球体

① 单击【特征】工具栏中的按钮，弹出图 4-35 所示的【球】对话框。

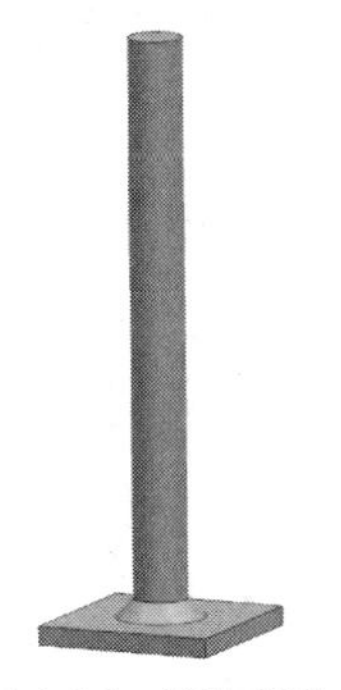

图 4-34　创建圆柱体

图 4-35 【球】对话框

② 设置直径为 300，单击按钮弹出【点】对话框，设置图 4-36 所示参数，然后单击确定按钮返回【球】对话框。

③ 单击确定按钮完成球的创建，结果如图 4-37 所示。

图 4-36 【点】对话框

图 4-37　创建球体

4.2 创建基本实体特征

本例将综合拉伸、旋转、孔、圆台、腔体基本特征工具创建图 4-38 所示的三通零件，带领读者理解 UG NX 10.0 中通过草绘截面创建基本实体特征的方法。

本例的基本设计思路如下。

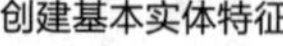
创建基本实体特征

① 创建主体。

② 创建耳板及孔。

③ 创建圆台。

④ 创建孔。

其中，耳板的阵列、圆台的创建是本实例的关键，创建时要注意相关位置关系。

图 4-38　三通

4.2.1 知识准备

1. 拉伸建模原理

实体成形的一个主要过程就是通过面与体的转换，而 UG NX 10.0 的拉伸功能正是实现这种转换的特例。可以应用该功能实现草图在一定方向上的扫掠，从而形成实体。

（1）定义草绘截面

在图 4-3 所示【特征】工具栏中单击按钮或者通过执行菜单命令【菜单】/【插入】/【设计特征库】/【拉伸】，弹出图 4-39 所示的【拉伸】对话框。

在【拉伸】对话框中的【截面】选项组中单击按钮选取已经绘制好的草图曲线，如图 4-40 所示。

图 4-39 【拉伸】对话框

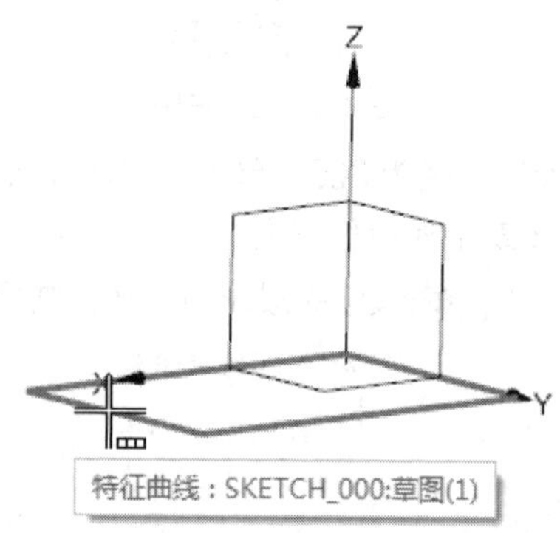

图 4-40　选取已有曲线

要点提示

如果没有提前绘制好草图，可以在【截面】选项组中单击按钮来进行草图绘制，这时弹出图 4-41 所示的【创建草图】对话框。在【草图类型】选项中可以两种方式选取草图绘制平面。

① 在平面上。选取【草图类型】选项为【在平面上】时,【草图平面】中的【平面方法】有 4 个可选项，即“自动判断”“现有平面”“创建平面”和“创建基准坐标系”，如图 4-42 所示。

图 4-41 【创建草图】对话框

图 4-42 【平面方法】设置

选择“现有平面”为草图绘制的平面，如图 4-43 所示；选择“创建平面”和“创建基准坐标系”可以临时创建草图绘制平面和坐标系。

【草图方向】提供了“水平”和“竖直”两种参考方向，图 4-44 所示为同一参考下,“水平”与“竖直”两种不同方式的图示，需要注意坐标系的转换。

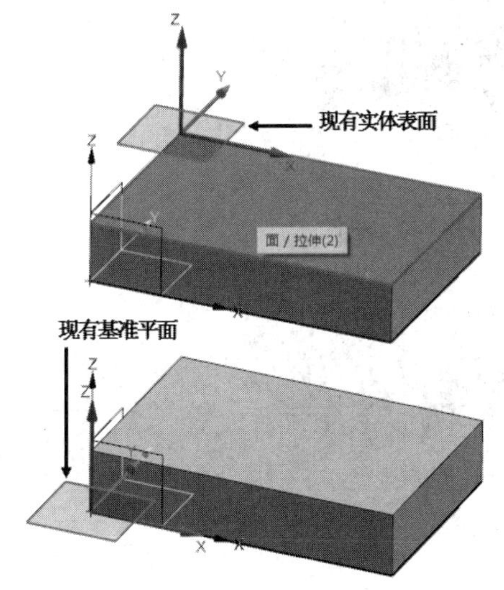

图 4-43　选取现有平面

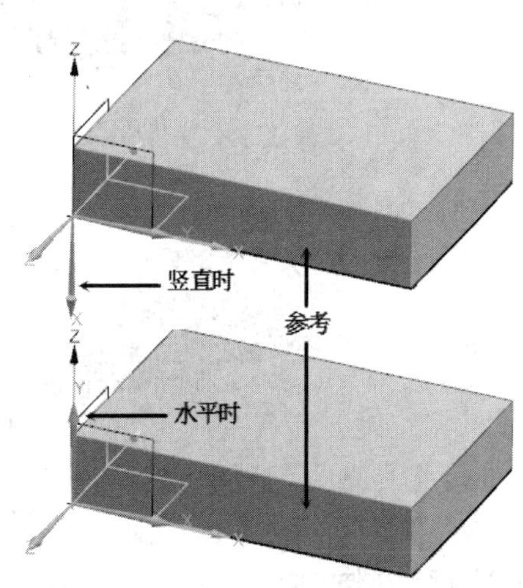

图 4-44 “水平”和“竖直”参考方向的区别

② 基于路径。在【草图类型】下拉列表中选取【基于路径】选项时，提示通过选择路径来定义平面，如图 4-45 所示。单击按钮进行路径选择，需要注意的是，这里的路径必须是相切的，自动连接选择。可以通过“弧长”“弧长百分比”和“通过点”3 种方式来确定平面的位置。图 4-46 给出了通过“弧长百分比”的不同数值来定义草图平面的示例，注意体会不同数值时平面位置的差异。

【平面方位】可以通过 4 种方式来定义：“垂直于路径”“垂直于矢量”“平行于矢量”和

“通过轴”等。图 4-47 所示为其他参数不变选择不同定位方式时的情形。需要注意的是：当选择“垂直于矢量”和“平行于矢量”时，需要指定矢量；当选择“通过轴”时，需要指定相关轴。

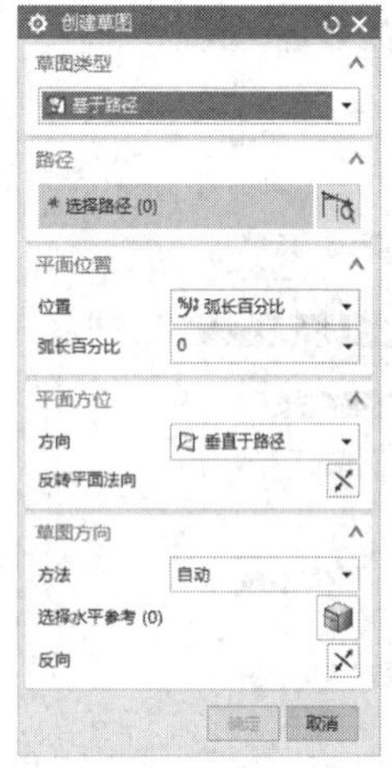

图 4-45 【创建草图】对话框

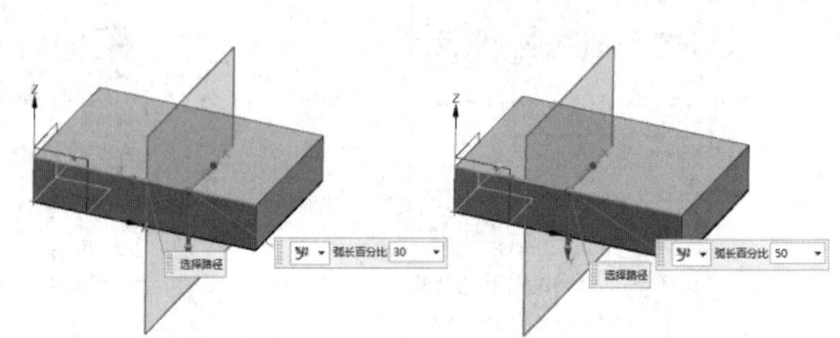

图 4-46 同一路径下不同圆弧百分比时的不同平面

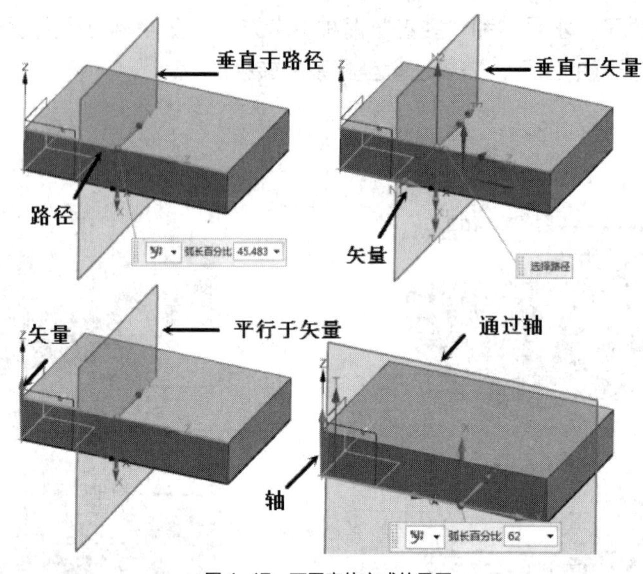

图 4-47 不同定位方式的异同

（2）指定拉伸方向

选定草图后，通过在图 4-48 所示【拉伸】对话框中的【方向】选项组中单击按钮来指定草图即将拉伸的方向。单击按钮右侧的下拉列表按钮，弹出图 4-48 所示的【指定矢量】下拉列表，选取选项指定草图的拉伸方向。

如果在下拉列表中找不到需要的拉伸方向，可以单击图 4-48 所示【拉伸】对话框中的按钮，弹出图 4-49 所示的【矢量】对话框来构造矢量。UG NX 10.0 提供多种矢量构造方式，图 4-50 所示为【类型】下拉列表，读者可以根据自己的需要来选择不同的矢量，图 4-51 所示为选取不同类型矢量时同一草图经过拉伸特征操作所得到的不同实体。

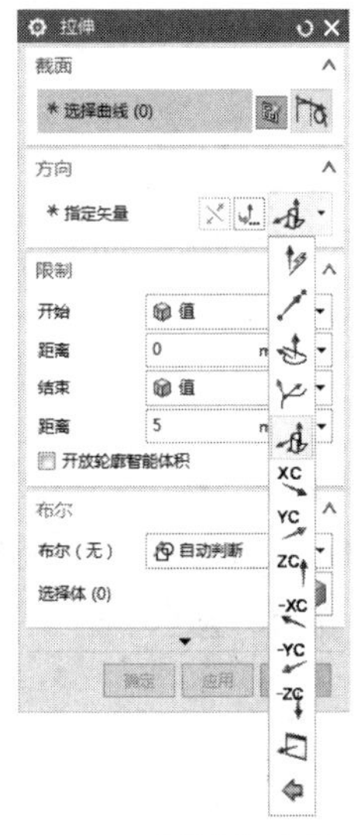

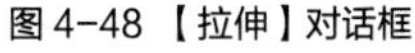

图 4-48 【拉伸】对话框

图 4-49 【矢量】对话框

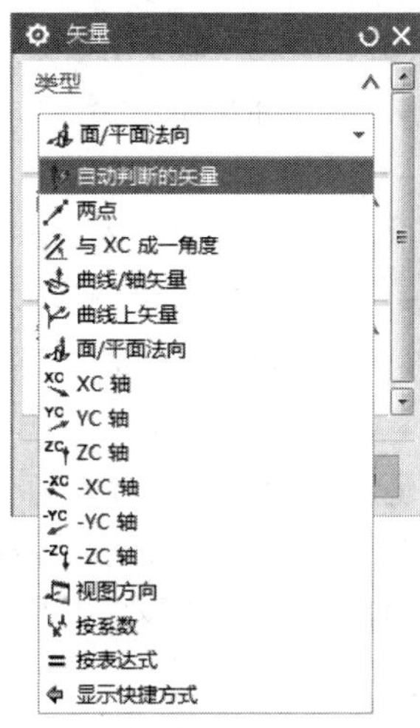

图 4-50 【类型】下拉列表

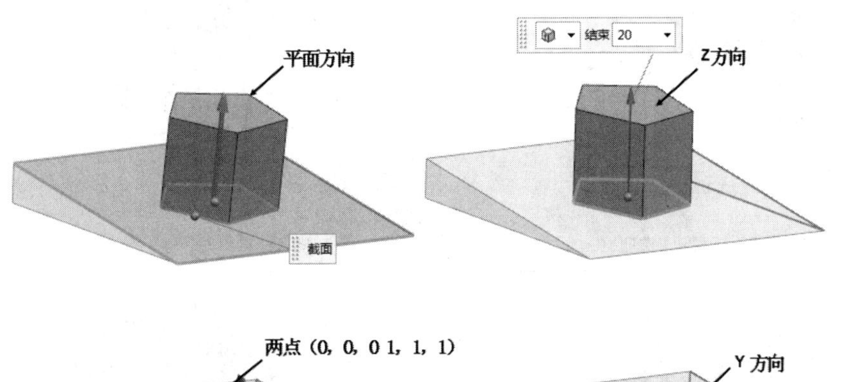

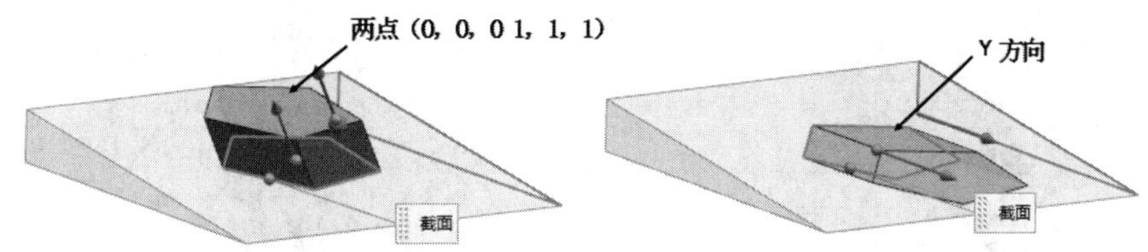

图 4-51 同一草图不同矢量拉伸时的效果

【拉伸】对话框中【方向】选项组中的按钮主要用于调整拉伸方向。图 4-52 所示为同一个草图不同方向的拉伸结果。

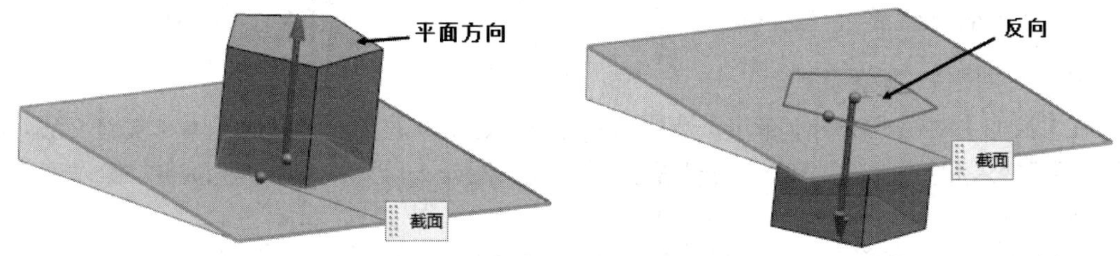

图 4-52 同一草图不同方向的拉伸效果

（3）指定拉伸限制

如图 4-53 所示，【拉伸】对话框中的【限制】选项组中包括了【开始】和【结束】两个设置用来限制草图拉伸的距离，从而达到控制实体形状的目的。

【开始】和【结束】右侧下拉列表中各选项的含义如下。

- 值：通过键盘输入拉伸起始和终止的数值。
- 对称值：该选项默认【开始】和【结束】中的拉伸数值相等，但是方向相反。
- 直至下一个：沿指定的矢量方向延伸至下一个对象。
- 直至选定：拉伸至选定的表面、实体或者基准面。
- 直至延伸部分：允许裁剪扫掠体至一个选中的表面。
- 贯通：允许沿拉伸方向完全贯通所有可选的实体，从而生成拉伸体。

图 4-51 和图 4-52 所示为【限制】方式为“值”时的实例模型；图 4-54 所示为【限制】方式为“对称值”时的实例模型；图 4-55 所示为【开始】“值”为 0，终点为“直至下一个”方式时的实例模型；图 4-56 所示为“直至选定”实例模型。

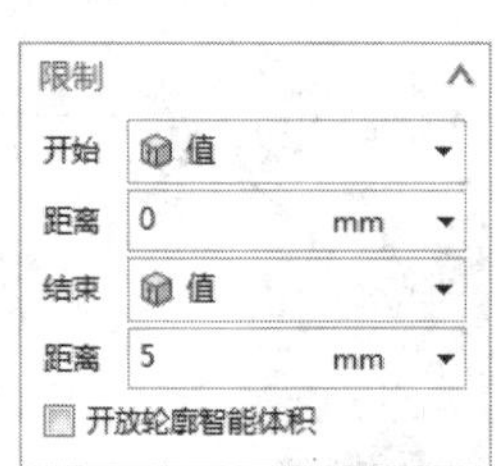

图 4-53 【限制】选项组

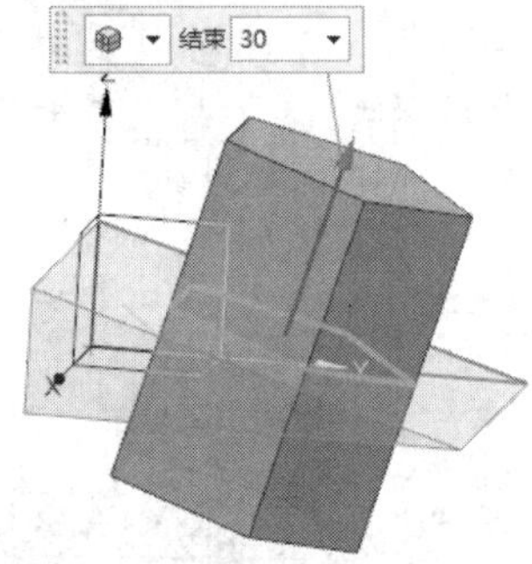

图 4-54 “对称值”模型

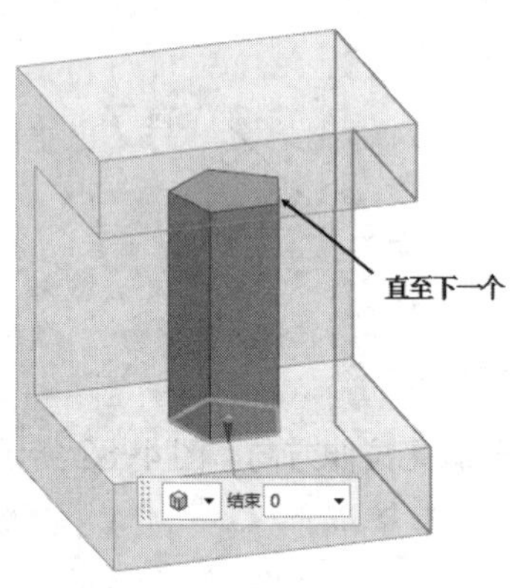

图 4-55 “直至下一个”实例模型

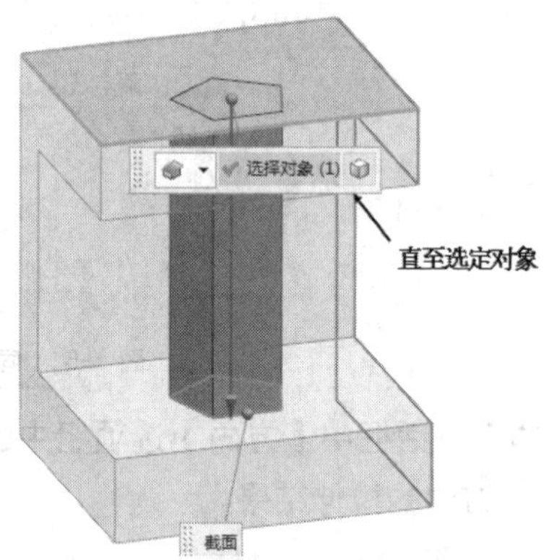

图 4-56 “直至选定”实例模型

（4）布尔操作、偏置及其他

在【拉伸】对话框中的【布尔】选项组，用于指定生成的实体与其他实体对象的关系，包括了“无”“求和”“求差”和“求交”等几种方式。图 4-57 所示为几种不同布尔操作时的实例模型。

【拉伸】对话框中的【偏置】选项组，可以生成特征，该特征由曲线或者边的基本设置偏置一个常数值，主要有“无”“单侧”“两侧”和“对称”等方式。

- 无：系统在拉伸的过程中，没有偏置现象。

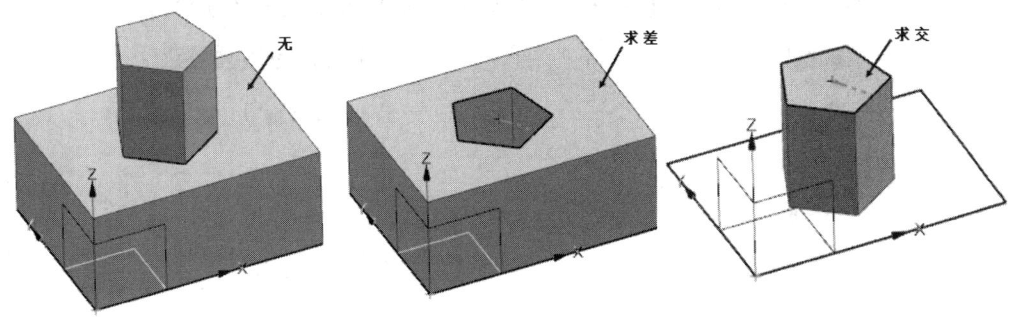

图 4-57　几种不同布尔操作实例模型

- 单侧：用于生成以单侧偏置的实体。
- 两侧：用于生成以双侧偏置的实体。
- 对称：用于生成双侧偏置相同的实体。

图 4-58 所示给出了几种偏置情况的实例模型。

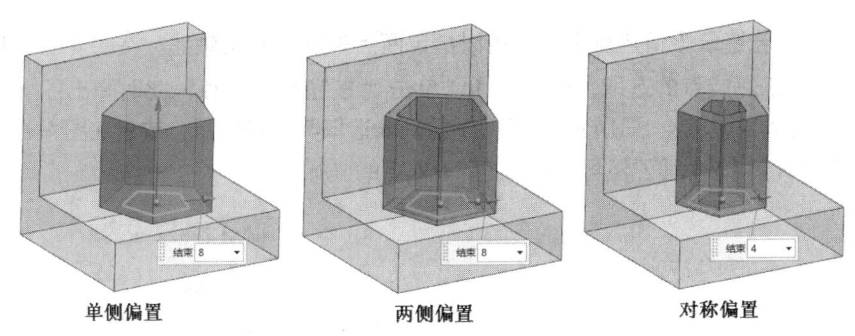

图 4-58　几种偏置情况实例模型

要点提示

除了上述功能，可以通过【拉伸】对话框中的【草图】选项来设置草图的有关参数：【设置】选项用于设置【体类型】和生成实体的【公差】。在【拉伸】对话框中选中【预览】选项可以预览设计结果，方便做出及时的修改和参数的调整。

2. 旋转建模原理

旋转建模用于创建回转类实体特征，它将截面绕给定的轴旋转一定角度生成实体。

在【特征】工具栏中单击【旋转】按钮，或者通过执行菜单命令【菜单】/【插入】/【设计特征】/【旋转】，弹出图 4-59 所示的【旋转】对话框。

（1）指定旋转轴或参考点

【旋转】对话框中的【截面】选项组的用法与【拉伸】对话框中的【截面】选项组相似，用于设置草图。【轴】选项组中包括了【指定矢量】和【指定点】两个设置，用于指定旋转轴。

① 指定矢量。若选取【指定矢量】选项，则可以通过图 4-60 所示的【指定矢量】下拉列

表来设置矢量，也可以通过单击按钮来定义，此时系统也将弹出【矢量】对话框。

图 4-59 【旋转】对话框

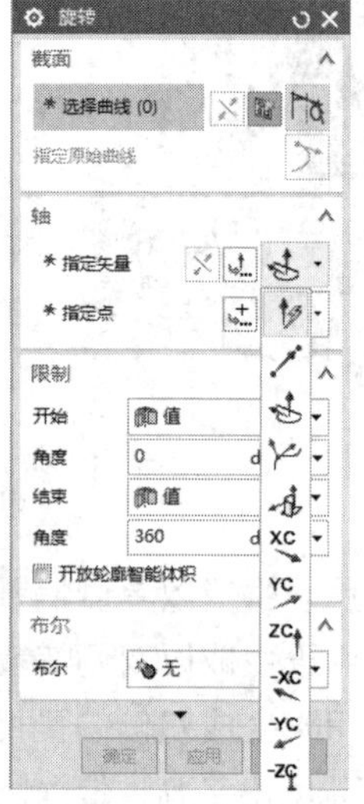

图 4-60 【指定矢量】下拉列表

② 指定点。若选取【指定点】选项可以指定两点来确定一条轴线。在图 4-61 所示的【指定点】下拉列表来完成点的选取，也可以通过单击按钮来定义点，此时弹出图 4-62 所示的【点】对话框，可以通过图 4-63 所示【类型】下拉列表选取类型创建点，或者在图 4-62 所示【点】对话框下方的【X】、【Y】、【Z】坐标栏中直接输入点的坐标。

图 4-61 【指定点】下拉列表

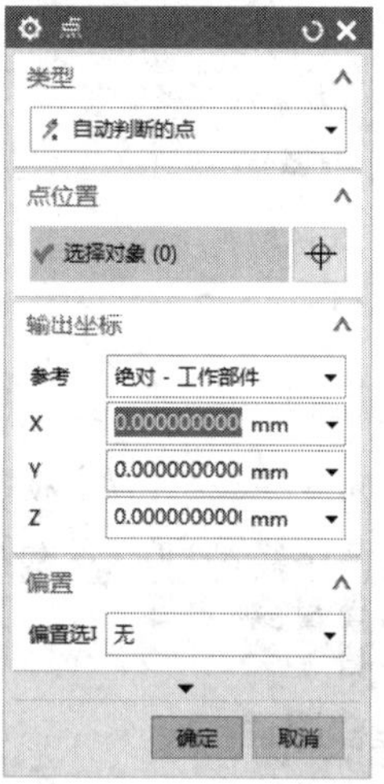

图 4-62 【点】对话框

要点提示

矢量的方向和参考点的位置对旋转功能有着举足轻重的作用。就同一个草图来说，如果所指定的旋转矢量和参考点不同，所得到的旋转体将大相径庭，图 4-65 给出了图 4-64 所示草图在采用不同矢量和参考点时得到的旋转模型。

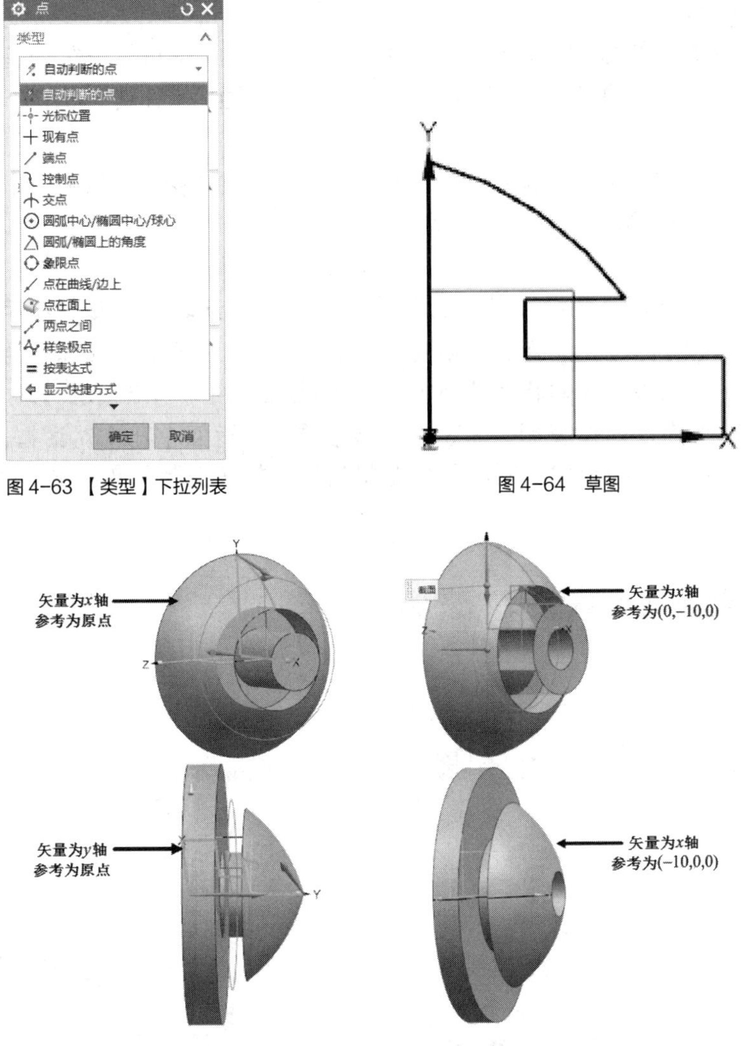

图 4-63 【类型】下拉列表

图 4-64　草图

图 4-65　同一草图在不同矢量和参考点时的不同旋转模型

（2）指定限制及其他

图 4-59 所示【旋转】对话框中的【限制】选项的用法和【拉伸】对话框中的【限制】功能相似，所不同的是前面限制的是拉伸长度，这里限制的是旋转角度。

【开始】和【结束】右侧下拉列表中给出了“值”和“直至选定”两个选项。图 4-66 和图 4-67 给出了“值”和“直至选定”两个选项的应用示例。

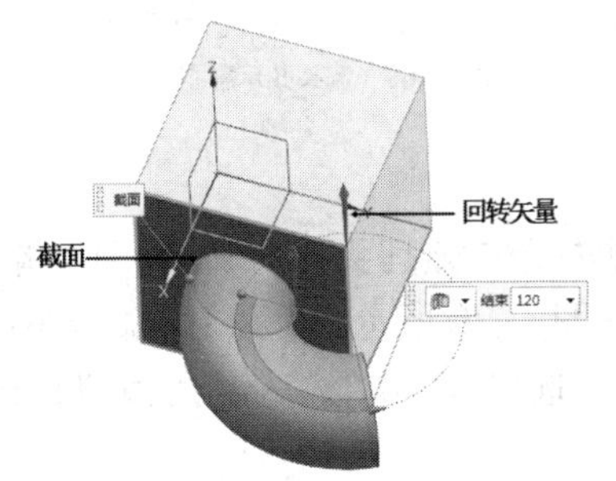

图 4-66　终点为“值”选项限制

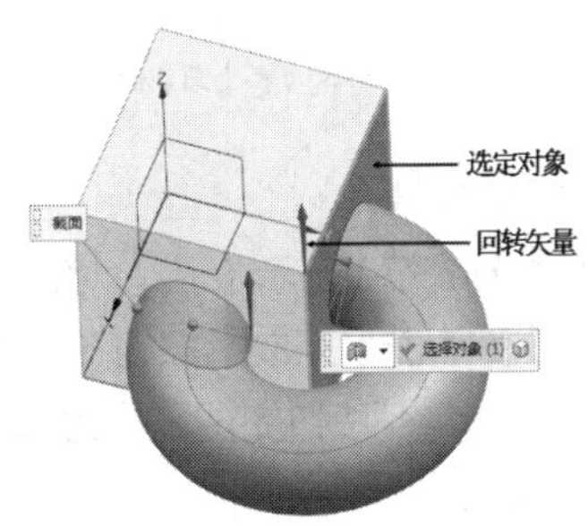

图 4-67　终点为“直至选定”限制

3．创建孔特征

孔是零件上的常用结构。UG NX 10.0 提供了 4 种孔特征："简单" 方式、"沉头" 方式、"埋头" 方式和 "锥形" 方式。每种打孔方式都允许通过是否指定穿通面来控制是否在实体上打通，这里只介绍两种。

单击【特征】工具栏中的按钮，或者通过执行菜单命令【菜单】/【插入】/【设计特征】/【孔】，打开【孔】对话框，如图 4-68 所示。

（1）沉头孔

沉头孔是在机械设计过程中经常用到的结构，用于安装沉头螺钉。单击图 4-68 所示【孔】对话框中的按钮，弹出【创建草图】对话框。先单击按钮，再选择孔的放置平面，单击确定按钮弹出【草图点】对话框。单击按钮，弹出【点】对话框。提示设置孔指定点，设置完点的位置后，单击【完成】按钮返回【孔】对话框，单击应用按钮即可完成一个沉头孔的创建。同时可以选用其他参数来控制沉头孔的形状，如图 4-69 所示。

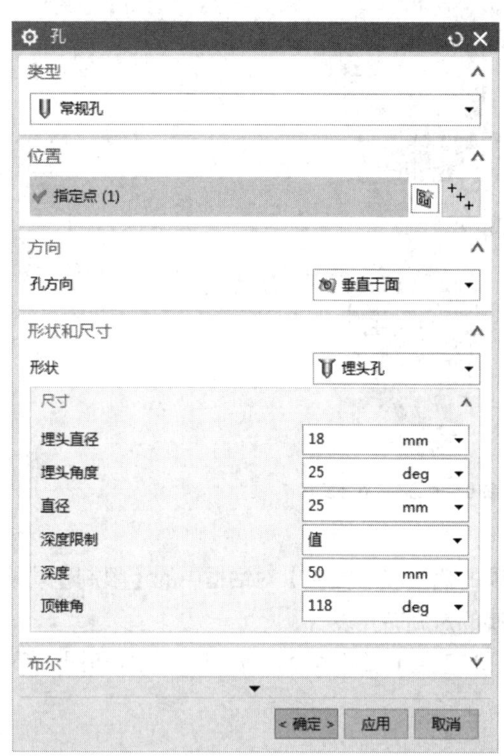

图 4-68 【孔】对话框

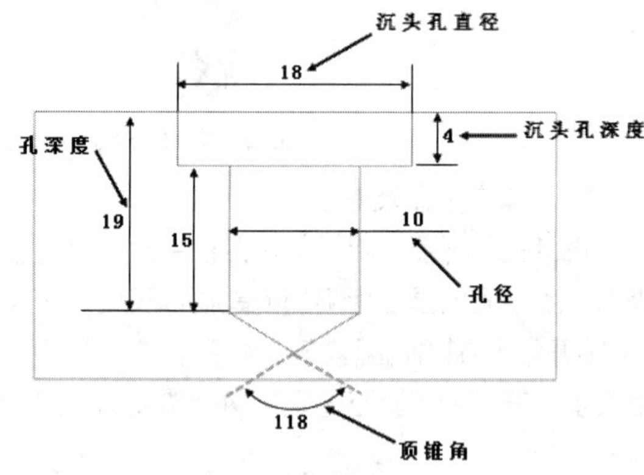

图 4-69 沉头孔示意图

（2）埋头孔

单击图 4-70 所示【孔】对话框中的按钮，根据提示指定埋头孔的放置平面，单击确定按钮，最后单击【完成】按钮返回【孔】对话框，在图 4-70 所示的【孔】对话框中设置其余参数，单击确定按钮完成一个埋头孔的创建。同样可以选用其他参数来控制埋头孔的形状，如图 4-71 所示。

图 4-70 【孔】对话框

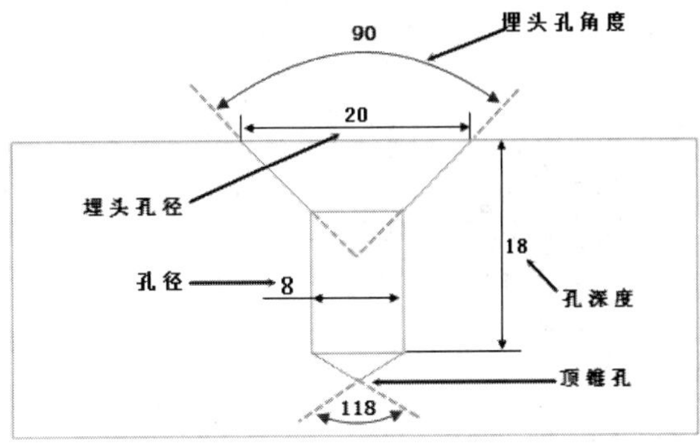

图 4-71 “埋头孔”示意图

4.2.2　操作过程

1. 新建文件

执行菜单命令【菜单】/【文件】/【新建】，在弹出的【新建】对话框中选取【模型】类型，在【新文件名】的【名称】文本框中输入文件名“model 1”后单击确定按钮，进入三维模型设计界面。

2. 创建圆柱实体

在【特征】工具栏中单击按钮，打开创建圆柱工具，弹出【圆柱】对话框，选择 z 轴指定矢量，指定点为原点，其余设置如图 4-72 所示，完成后单击确定按钮，得到图 4-73 所示的圆柱体。

图 4-72　圆柱参数设置

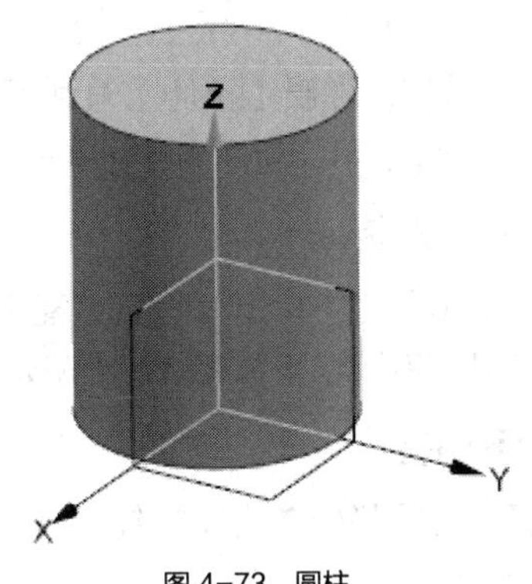

图 4-73　圆柱

3. 创建拉伸实体特征

绘制草图，单击按钮弹出【基本曲线】对话框，设置如图 4-74 所示。

设置起始点为原点。单击右边的打开其下拉列表，在其中选择，弹出【点】对话框，输入原点坐标，如图 4-75 所示。

图 4-74 【基本曲线】对话框

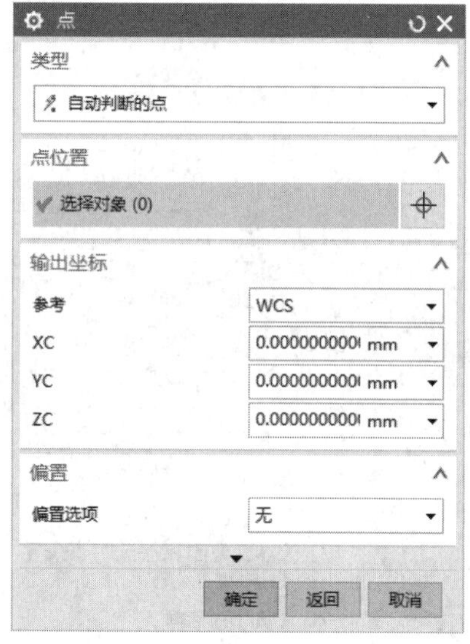

图 4-75 点设置

输入原点坐标后单击按钮，再单击按钮回到【基本曲线】对话框，在【平行于】选项中单击按钮。

在【跟踪条】对话框输入长度为：40，如图 4-76 所示。最后得到图 4-77 所示线段。

跟踪条
XC 108. 625 YC -155. 590 ZC 0. 000 40 304. 920 1. 000

图 4-76 【跟踪条】对话框

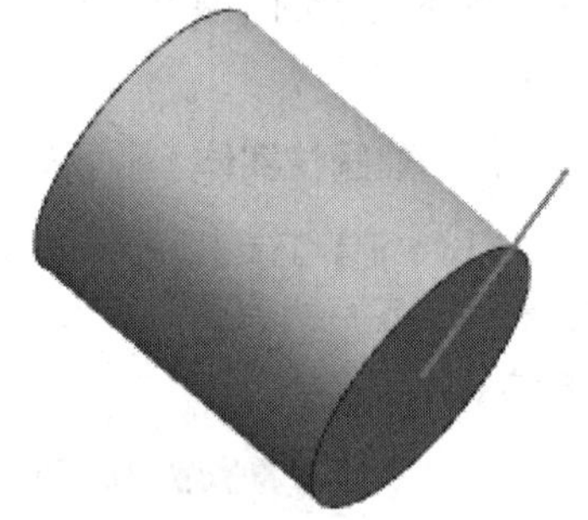

图 4-77 线段

单击按钮，弹出【拉伸】对话框，选择刚才创建的曲线作为拉伸对象，输入拉伸数值为：25，如图 4-78 所示。最后单击按钮完成拉伸实体特征，得到图 4-79 所示结果。

4. 创建倒圆角特征

在【特征】工具栏中单击按钮创建倒圆角特征，选择图 4-80 所示边作为圆角参考边，输入圆角半径“8”，设计结果如图 4-81 所示。

5. 创建孔特征

在【特征】工具栏中单击按钮创建孔特征，输入图 4-82 所示的孔参数，选择图 4-83 所示平面放置孔。将鼠标移动到参考平面时，光标会自动拾取圆心点。

图 4-78 【拉伸】对话框

图 4-79　拉伸实体

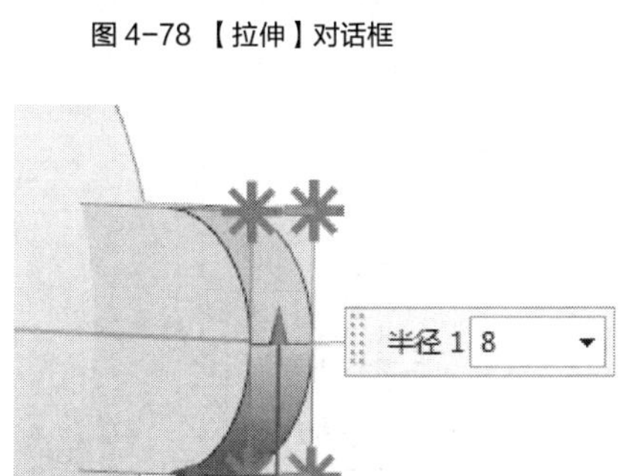

图 4-80　圆角半径输入

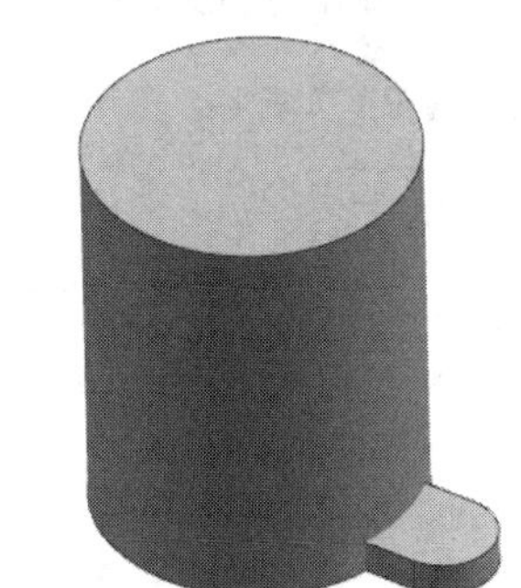

图 4-81　倒圆角效果

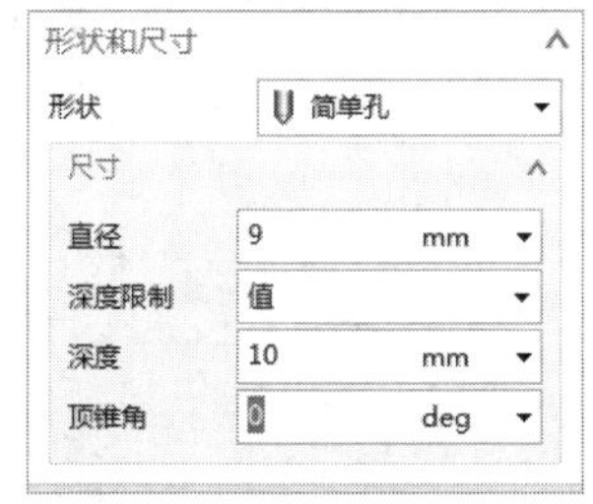

图 4-82　孔的参数

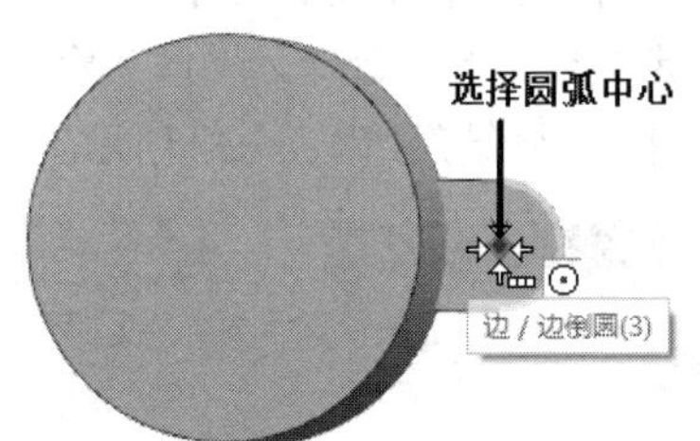

图 4-83　孔放置面

随后弹出图 4-84 所示的【快速拾取】对话框，选择“圆弧中心 – 边 / 边倒圆（3）”选项完成点定位，结果如图 4-85 所示。单击确定按钮完成孔创建，如图 4-86 所示。

6．创建阵列特征

① 设置组特征，在【部件导航器】中，按住 Shift 键，选择图 4-87 所示的 3 个特征，单击鼠标右键，选择【特征分组】选项，在弹出的对话框中设置组名称为“1”，如图 4-88 所示，最后得到的组如图 4-89 所示。

② 创建阵列特征。在【特征】工具栏中单击阵列特征按钮，在弹出的对话框中选择“圆形”，接着选择刚刚在【部件导航器】中创建的特征组，如图 4-90 所示。

图 4-84 【快速拾取】对话框

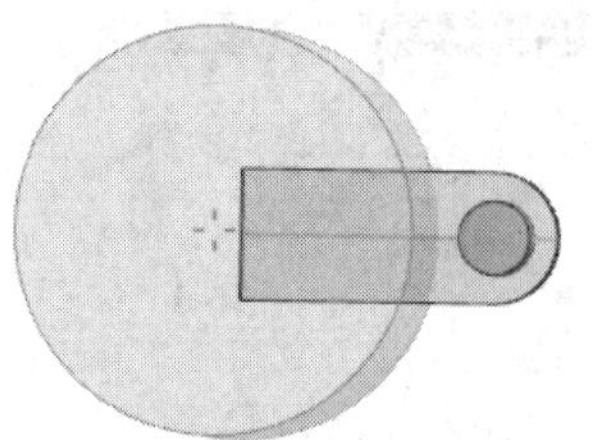

图 4-85 创建孔

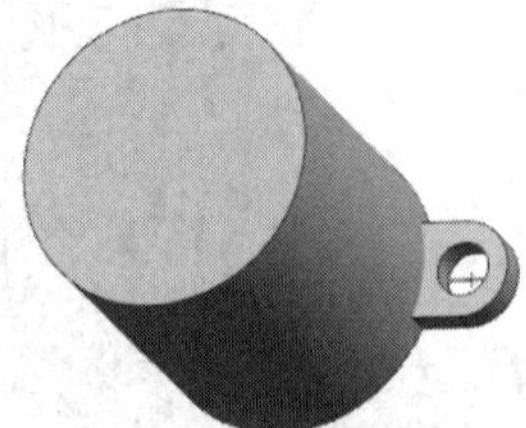

图 4-86 孔

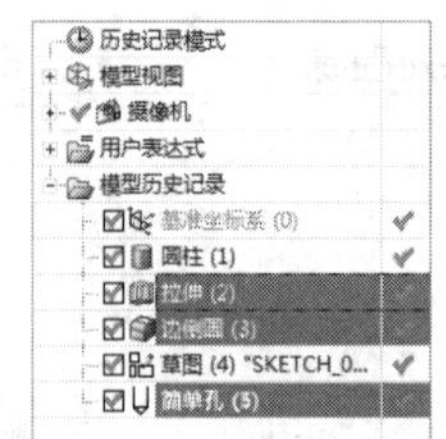

图 4-87 选定 3 个特征

图 4-88 设置组名称

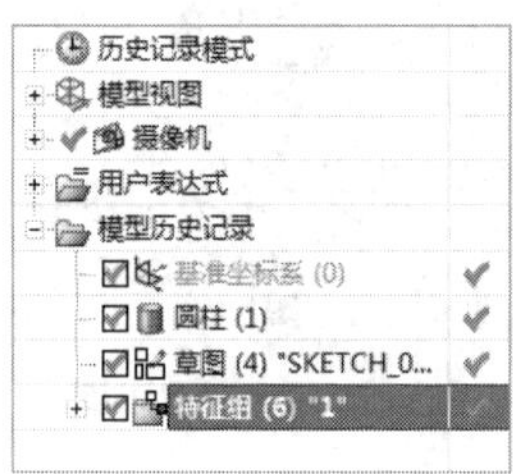

图 4-89 新特征

③ 在【阵列特征】对话框【角度方向】中输入特征数量为 3，节距角为 120，在【旋转轴】中的【指定矢量】中，选择 z 轴作为旋转轴；选择【指定点】为坐标原点，如图 4-91 所示。单击< 确定 >按钮，得到结果如图 4-92 所示。

图 4-90 【阵列特征】对话框

图 4-91 参数设置

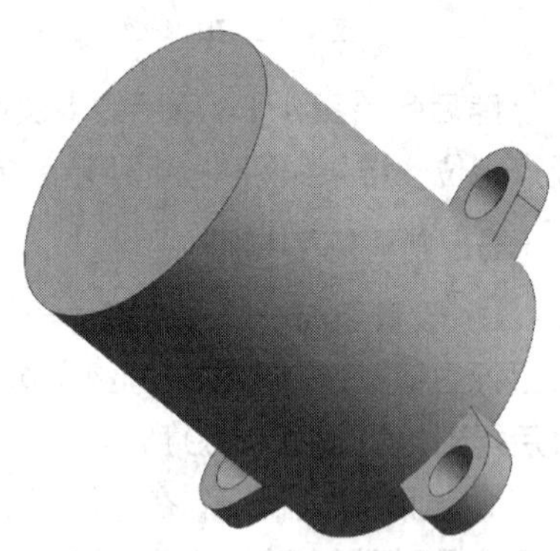

图 4-92 阵列特征

7. 创建圆柱体特征

① 移动坐标。执行菜单命令【菜单】/【编辑】/【移动对象】，然后单击选取坐标轴，如图 4-93 所示，在 z 坐标输入数值“30”，平移后坐标如图 4-94 所示。

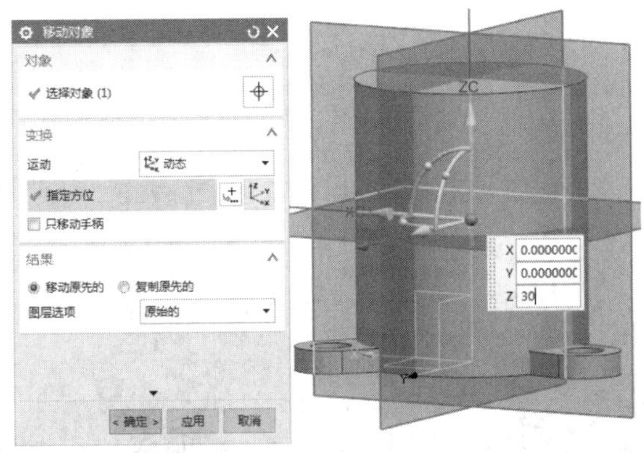

图 4-93　选择 z 轴

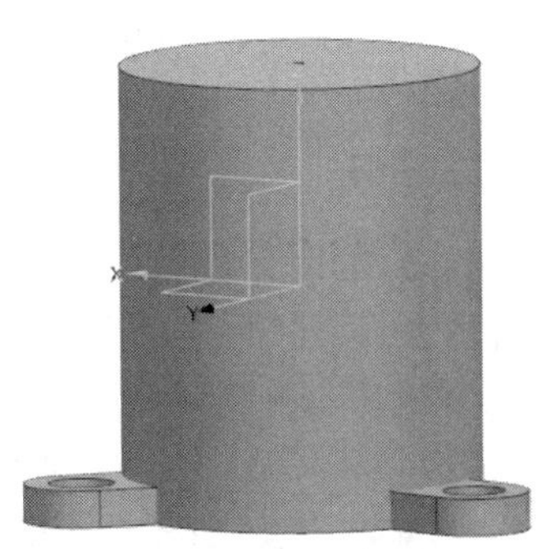

图 4-94　平移后的坐标

② 在【特征】工具栏中单击按钮，按照图 4-95 所示设置“$-y$ 轴”为拉伸方向，指定点为“原点”，输入直径为 40，高度为 30，结果如图 4-96 所示。

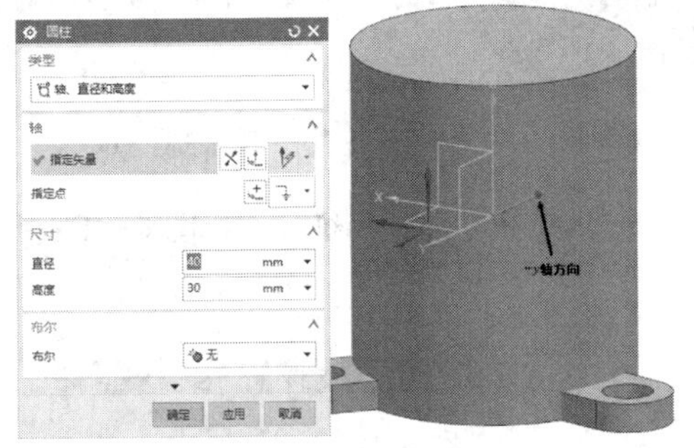

图 4-95　设置 $-y$ 轴方向

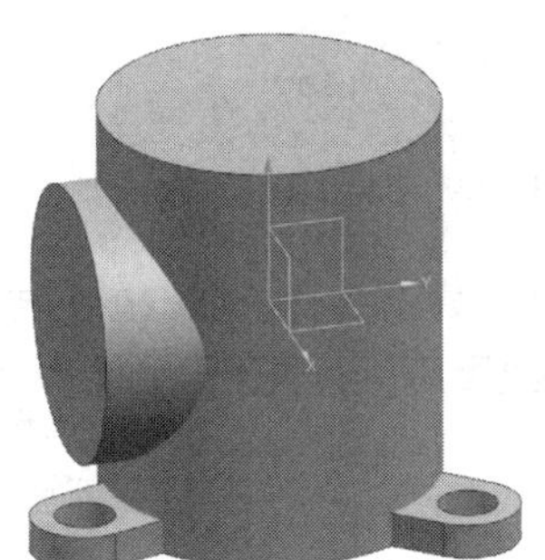

图 4-96　拉伸圆柱

8. 合并实体

单击【特征】工具栏中的按钮，弹出【合并】对话框，选择刚刚创建的圆柱特征，如图 4-97 所示，再框选余下的所有实体，合并结果如图 4-98 所示。

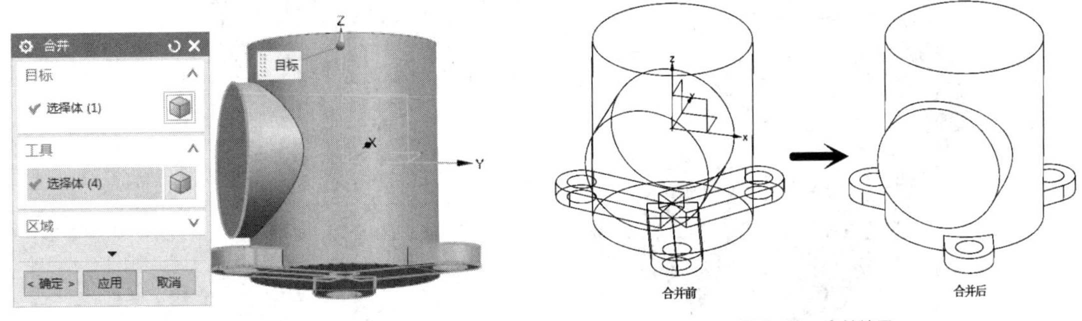

图 4-97　选择实体

图 4-98　合并结果

9. 创建孔特征

① 在【特征】工具栏中单击按钮创建孔特征打开【孔】对话框，如图 4-99 所示。选择

图 4-100 所示平面作为孔放置面，输入直径为“35”，深度为“80”，顶锥角为“0”。单击〈确定〉按钮完成孔的创建，结果如图 4-101 所示。

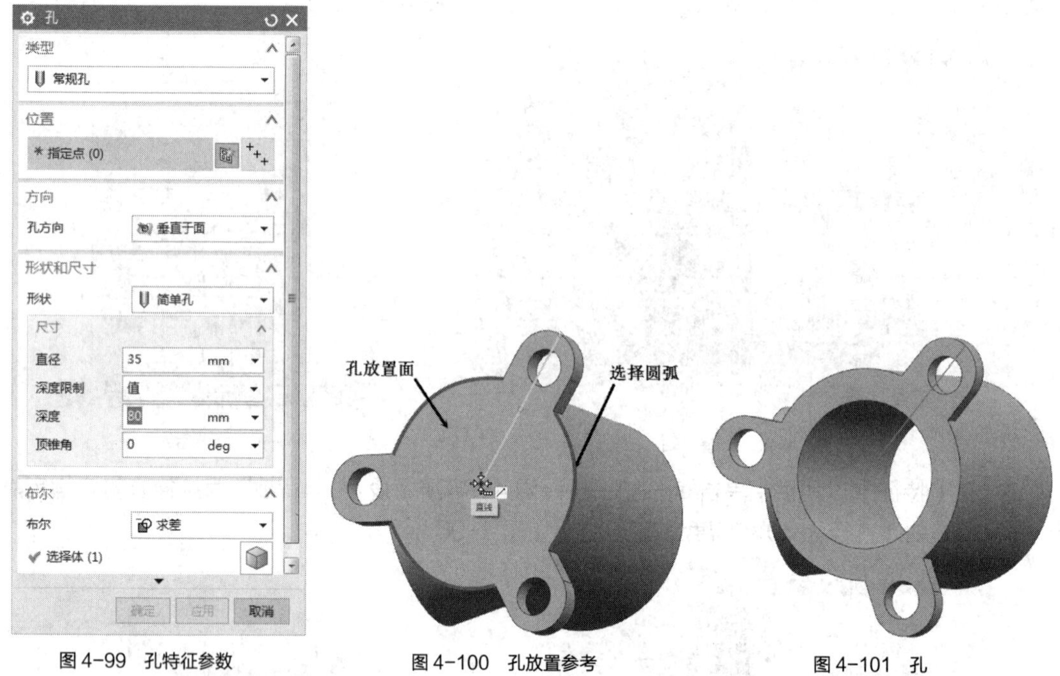

图 4-99　孔特征参数　　图 4-100　孔放置参考　　图 4-101　孔

② 创建沉头孔特征。在【特征】工具栏中单击按钮创建孔特征，选择图 4-102 所示的面作为孔放置面，参数设置如图 4-103 所示。

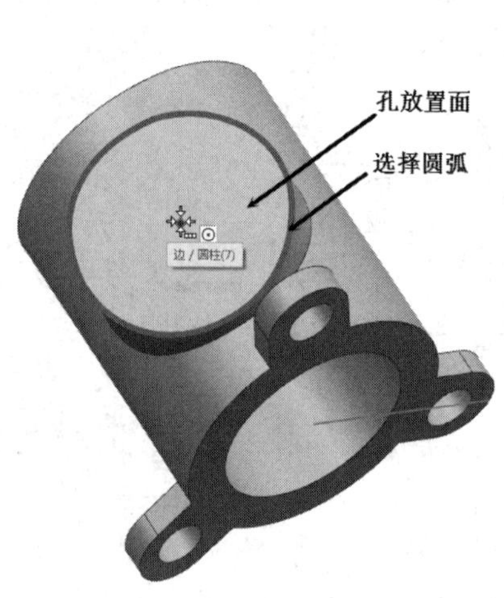

图 4-102　孔放置面

图 4-103　参数设置

③ 设置好参数后，单击< 确定 >按钮完成孔的创建，最终结果如图 4-104 和图 4-105 所示。

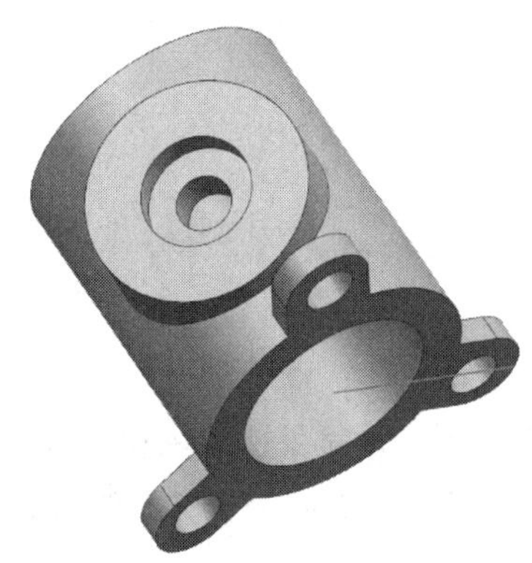

图 4-104　设计结果（实体显示）

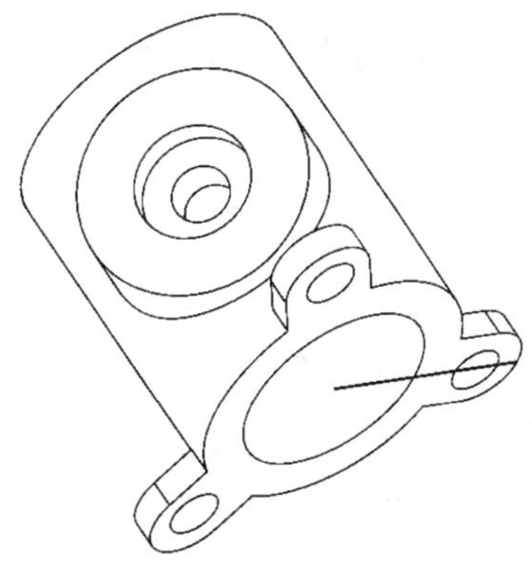

图 4-105　设计结果（线框显示）

4.3 创建成型特征

本节将综合使用圆台、腔体及垫块等成型特征建模工具创建图 4-106 所示模型，帮助读者掌握将这些结构定位在已有模型中的基本方法。

本例的基本设计思路如下。

① 创建长方体及腔体。

② 创建凸台。

③ 旋转实体。

④ 创建槽。

图 4-106　实体模型

创建成型特征

4.3.1 知识准备

1. 定位

成型特征是指具有特定形状的特征，通过定位来确定特征和已有实体之间的关系。设计时，当成型特征的形状由参数定义之后，系统提示为成型特征定位。

本节介绍的凸台特征实际上就是一种成型特征。执行菜单命令【菜单】/【插入】/【设计特征】/【凸台】，弹出图 4-107 所示的【定位】对话框，图中给出了 6 种定位方式。

（1）【水平】定位

该定位方式要求特征在 XC 方向与实体之间约束尺寸，因此必须确定 XC 轴。XC 轴的方向需要指定水平参考。水平参考方向和垂直参考方向在其特征的放置平面中相互垂直。只要一个方向确定，另一个方向也就自动确定。

要点提示

有些成型特征在定位之前就已经定义了水平参考方向，如键槽和型腔；有些必须在定位的时候确定水平参考，如孔特征；可定义参考方向的几何类型包括图 4-108 所示【水平参考】对话框中的 5 种方式。

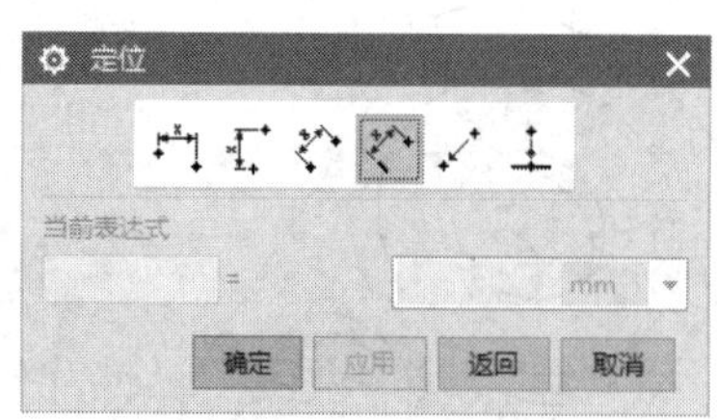

图 4-107 【定位】对话框

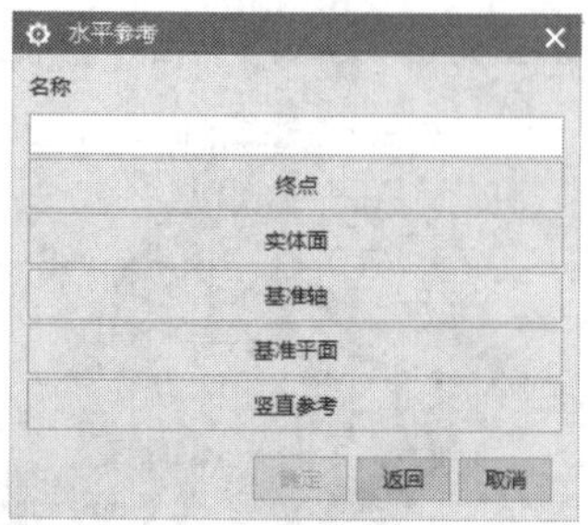

图 4-108 【水平参考】对话框

水平参考确定后，该方向上需要指定目标实体和工具实体对象，系统在二者之间测量出一个尺寸值，输入新的尺寸值作为实际参数，从而完成特征定位。图 4-109 所示为水平定位示例。

（2）【竖直】定位

【竖直】定位与【水平】定位相似，它是指在两点之间创建的竖直距离约束的尺寸。

（3）【平行】定位

平行定位通过在目标体与工具体上分别指定一点，再以这两个点之间的连线进行定位。连线从其所在的工作平面平行的平面上进行测量。图 4-110 所示为平行定位示例。

（4）【垂直】定位

定位尺寸垂直于水平参考，一般与水平参考配合使用，是作为特征定位的第二个定位尺寸。与水平定位对应，垂直定位需要确定 YC 轴的方向和定位尺寸 YC 值，图 4-111 所示为垂直定位示例。

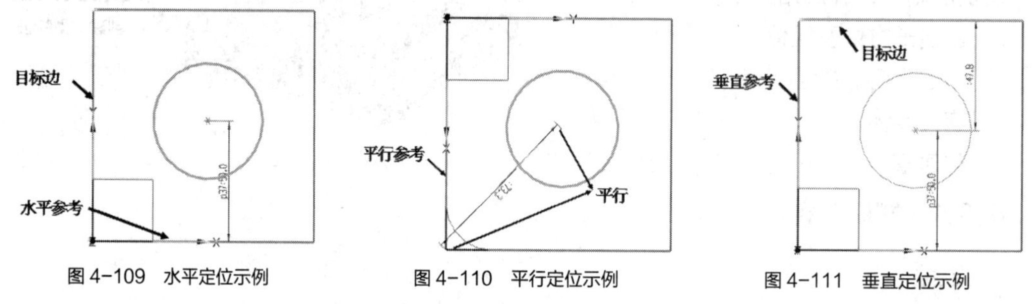

图 4-109 水平定位示例　　图 4-110 平行定位示例　　图 4-111 垂直定位示例

（5）【点到点】定位

点到点定位方式通过在工具实体与目标实体上分别指定一点，使得两点重合定位。通常首先指定一个目标点，然后指定工具点来自动实现定位，如图 4-112 所示。

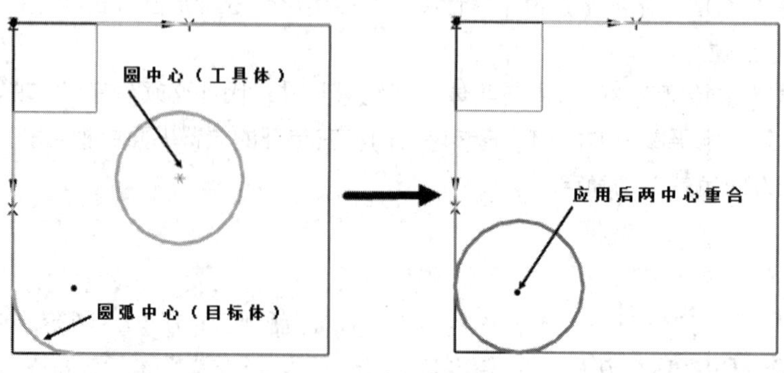

图 4-112 点到点定位

（6）【点到线上】定位

该方式允许指定目标实体和工具实体，使得工具实体上的某一点位于目标实体（线或者平面）上，其用法将在以后的具体实例中加以讲解。

2. 创建圆台

圆台特征与孔特征都是将一个圆柱体放置到一个实体上，但是在材料处理上恰恰相反，孔为实体除去一个圆柱体，而圆台为实体添加一个圆柱体。

单击【特征】工具栏中的按钮或者通过执行菜单命令【菜单】/【插入】/【设计特征】/【凸台】将打开图 4-113 所示的【凸台】对话框。

图 4-113 【凸台】对话框

可以通过【凸台】对话框中的参数选项来设计凸台。【过滤器】选项用于通过限制可选对象类型帮助选择需要的对象，主要有“任意”“面”和“基准平面”3 种方式。

【直径】和【高度】选项指定圆台的直径和高度，而【锥角】选项用于指定创建圆台时圆柱壁要倾斜的程度，具体情况如图 4-114 所示。

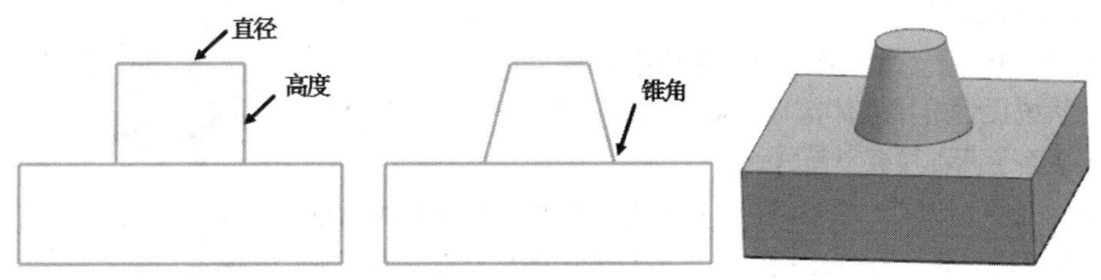

图 4-114　圆台特征示意图

3. 创建腔体

腔体即为刀槽类的内腔结构，也是零件上的重要结构之一，UG NX 10.0 提供了 3 种创建腔体特征的方式：“圆柱形”“矩形”和“常规”。

单击图 4-3 所示【特征】工具栏中的按钮或者通过执行菜单命令【菜单】/【插入】/【设计特征】/【腔体】打开图 4-115 所示的【腔体】对话框。

（1）【圆柱形】腔体

单击【腔体】对话框中的 圆柱坐标系 按钮打开图 4-116 所示的【圆柱形腔体】对话框。该对话框中包含两种选择腔体放置平面的方式：【实体面】和【基准平面】。

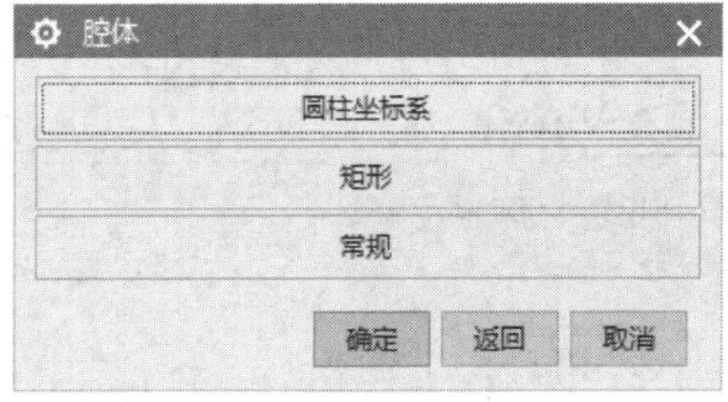

图 4-115 【腔体】对话框

图 4-116 【圆柱形腔体】对话框

【实体面】用于选择实体平面作为腔体放置的平面；【基准平面】用于选择一个基准平面作为

腔体放置的平面。

确定平面以后，将弹出图 4–117 所示的【圆柱形腔体】对话框，可以设计圆柱形腔体的直径、深度、底面半径和锥角等。按图 4–117 所示【圆柱形腔体】对话框中相应参数创建的腔体模型如图 4–118 所示。

图 4–117 【圆柱形腔体】对话框

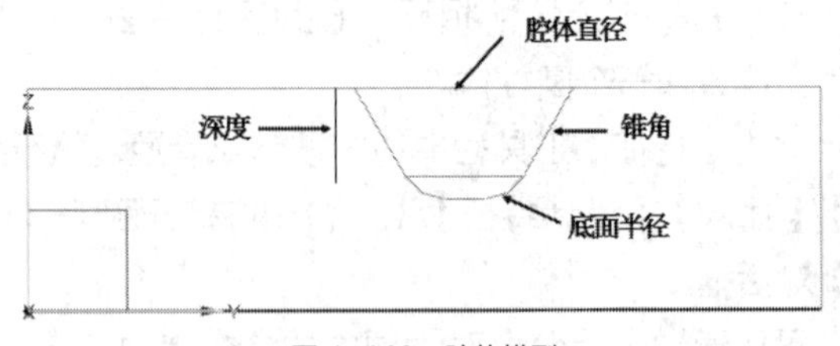

图 4–118 腔体模型

要点提示

圆柱形腔体的深度值必须大于底面半径的值。

（2）【矩形】腔体

在图 4–115 所示的【腔体】对话框中单击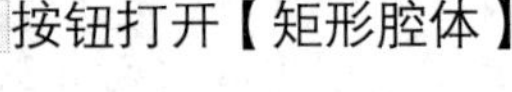

按钮打开【矩形腔体】对话框。系统提示选择腔体放置平面，该对话框提供了【实体面】和【基准平面】两种放置平面方式。

确定放置平面以后，弹出图 4–119 所示【水平参考】对话框指定水平参考。注意，在这里指定的水平参考直接影响着后面矩形腔体的形状。

选定水平参考以后，弹出图 4–120 所示的【矩形腔体】对话框，在这里指定矩形腔体的长度、宽度、深度、拐角半径、底面半径和锥角等参数。对创建好的矩形腔体进行定位，图 4–121 所示为按照图 4–120 中参数创建的矩形腔体。

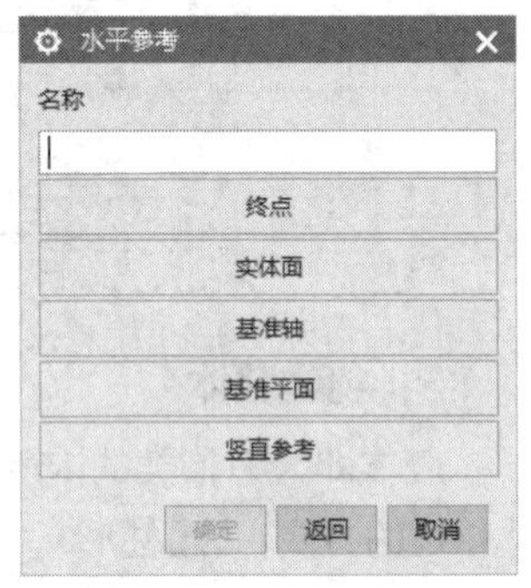

图 4–119 【水平参考】对话框

图 4–120 【矩形腔体】对话框

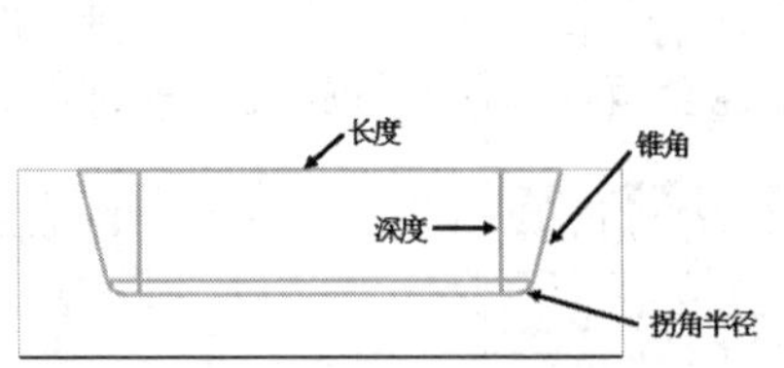

底面半径

宽度

图 4–121 矩形腔体示意图

要点提示

矩形腔体的拐角半径必须大于或等于底面半径。

（3）【常规】腔体

常规腔体即一般腔体，与圆柱形腔体及矩形腔体相比较来说更具有普遍性，能够定义的参数也具有更大的灵活性。常规腔体的放置参照可以是自由曲面，不一定严格要求为平面；常规腔体的顶面和底面的形状可以由指定的链接曲线来定义，不一定是位于选中面上（如果常规腔体没有位于选中面上，按照选定的方式投影到面上）；常规腔体的底部通过底面进行定义，底面可以根据需要选择自由形式的曲面。

4. 创建垫块

垫块特征和刀槽特征正好相反，是在一个实体上增加一个给定形状的凸起，而型腔特征是在一个实体上去除一个给定形状的凹槽。与型腔相似，垫块也可以分为矩形和常规等类型，其基本操作和参数的含义与型腔相似。

单击图 4-3 所示【特征】工具栏中的按钮或者通过执行菜单命令【菜单】/【插入】/【设计特征】/【垫块】打开图 4-122 所示的【垫块】对话框。

下面以矩形垫块为例说明其设计方法。

单击图 4-122 所示【垫块】对话框中的矩形按钮，弹出图 4-123 所示的【矩形垫块】对话框，根据提示选择垫块放置面，随后弹出图 4-124 所示的【水平参考】对话框指定水平参考，接着弹出图 4-125 所示中的【矩形垫块】对话框用于指定详细参数，图 4-126 给出了该参数对应的设计示例。

图 4-122 【垫块】对话框

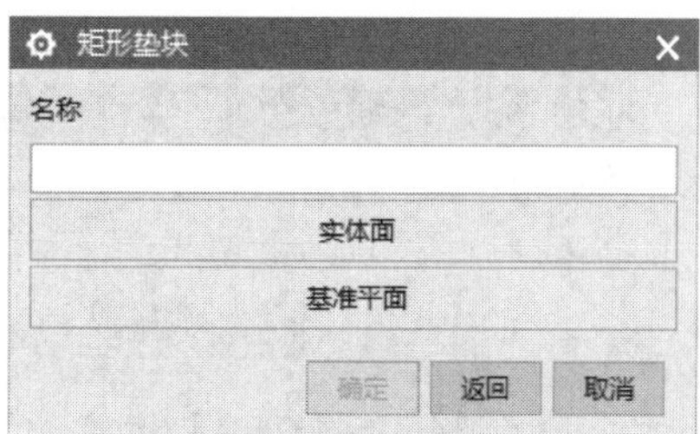

图 4-123 【矩形垫块】对话框

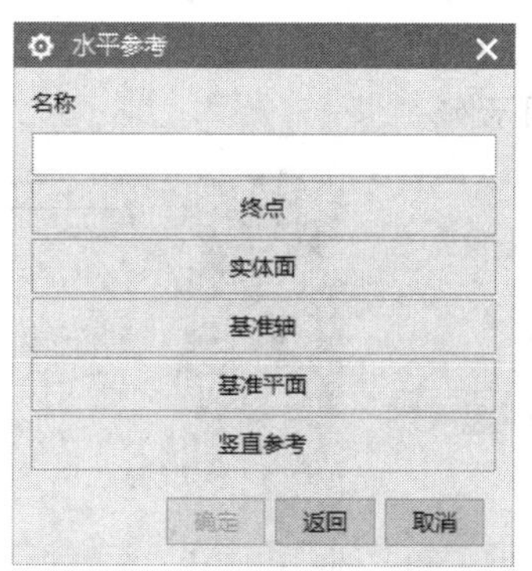

图 4-124 【水平参考】对话框

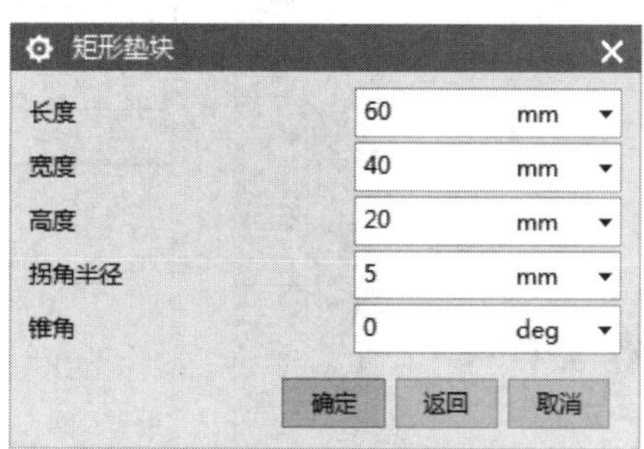

图 4-125 【矩形垫块】对话框

5. 创建槽

UG NX 10.0 专门提供了一种圆柱或者圆锥形状的槽特征。单击【特征】工具栏中的按钮或者通过执行菜单命令【菜单】/【插入】/【设计特征】/【槽】打开图 4-127 所示的【槽】对话框，可以创建的槽的类型有【矩形】、【球形端槽】和【U 形槽】。

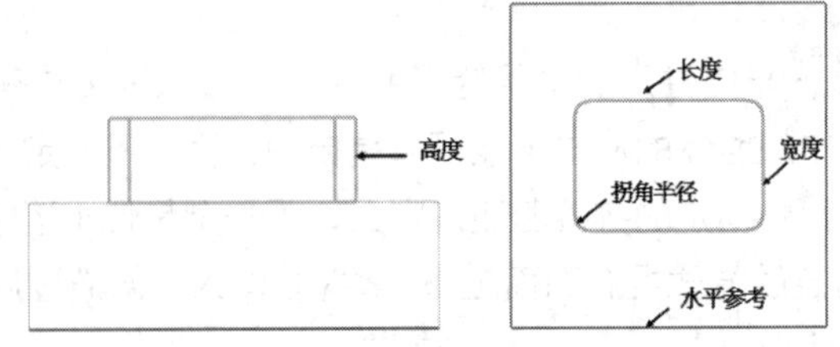

图 4-126　矩形、垫块设计示例

（1）【矩形】槽

矩形槽的横截面形状为矩形。单击图 4-127 所示【槽】对话框中的[矩形]按钮，弹出图 4-128 所示的【矩形槽】对话框，根据提示选取槽放置的圆柱面。随后弹出图 4-129 所示的【矩形槽】对话框，用于指定槽直径和宽度。确定定位参考后，所创建的矩形槽如图 4-130 所示。

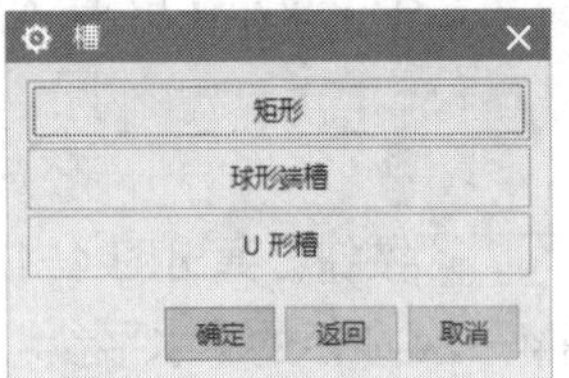

图 4-127　【槽】对话框

图 4-128　【矩形槽】对话框

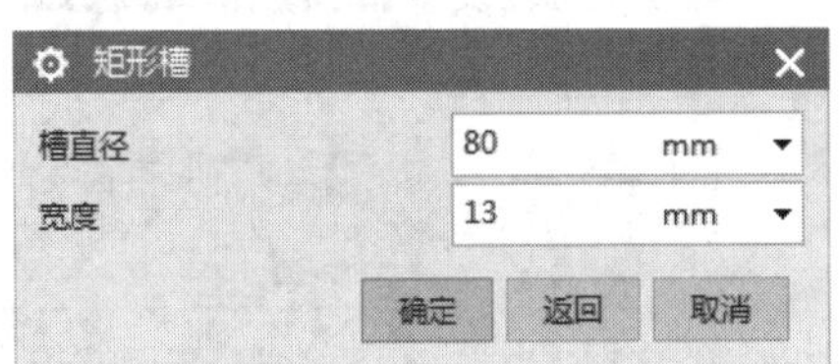

图 4-129　【矩形槽】对话框

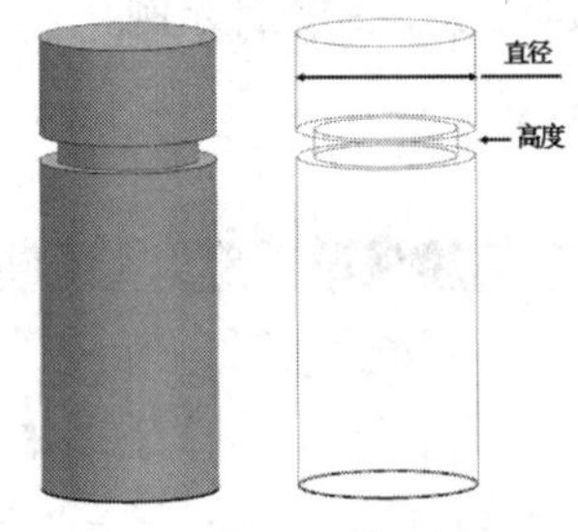

图 4-130　矩形槽示意图

（2）【球形端槽】和【U 形槽】

球形端槽的表面为球面，图 4-131 所示为【球形端槽】对话框及其应用示例；U 形槽的横截面为 U 形，图 4-132 所示为【U 形槽】对话框及其应用示例。

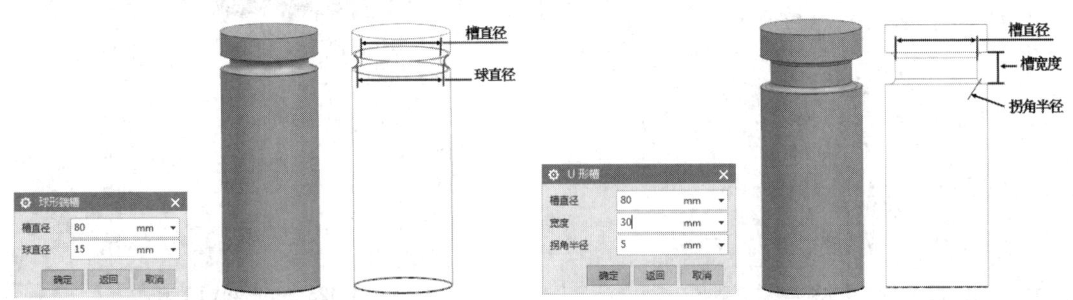

图 4-131　【球形端槽】对话框及其应用示例　　图 4-132　【U 形槽】对话框及其应用示例

4.3.2　操作过程

1. 创建长方体

① 单击【特征】工具栏中的按钮弹出图 4-133 所示的【块】对话框，设置图示参数。

② 默认原点坐标为（0，0，0），单击 确定 按钮创建图 4-134 所示的长方体。

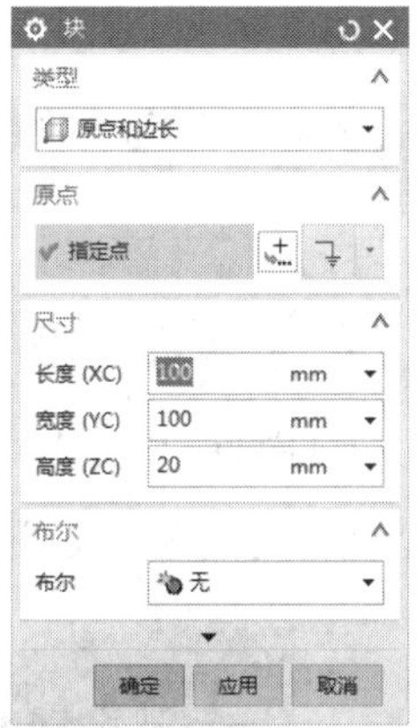

图 4-133 【块】对话框

图 4-134　创建长方体

2. 创建腔体

① 单击【特征】工具栏中的按钮，弹出图 4-135 所示的【腔体】对话框。

② 单击 矩形 按钮弹出图 4-136 所示的【矩形腔体】对话框，提示选择腔体放置平面。

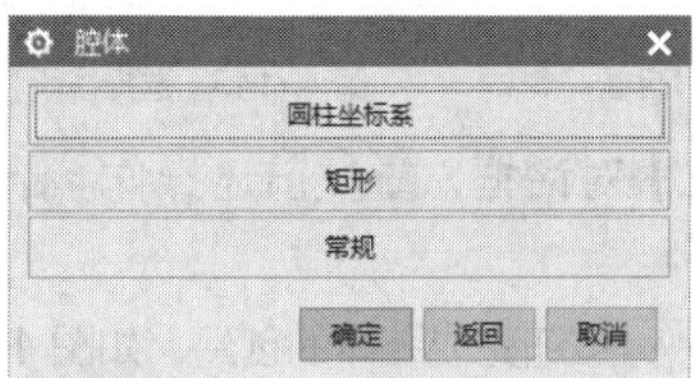

图 4-135 【腔体】对话框

图 4-136 【矩形腔体】对话框

③ 选择图 4-137 所示平面为放置平面，弹出图 4-138 所示的【水平参考】对话框。

④ 选择图 4-139 所示水平参考线，弹出图 4-140 所示的【矩形腔体】对话框，设置图示参数。

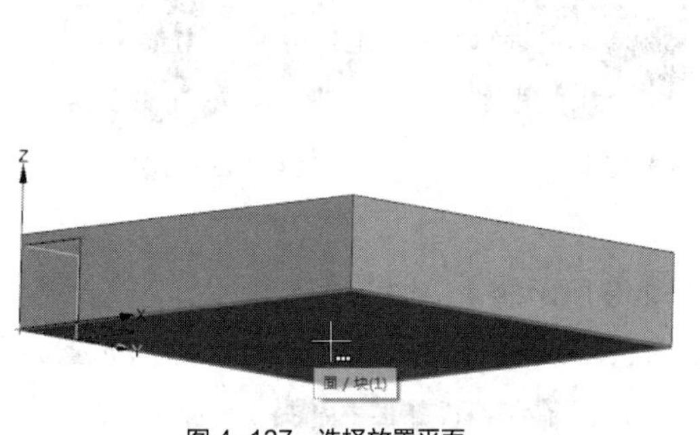

图 4-137　选择放置平面

图 4-138 【水平参考】对话框

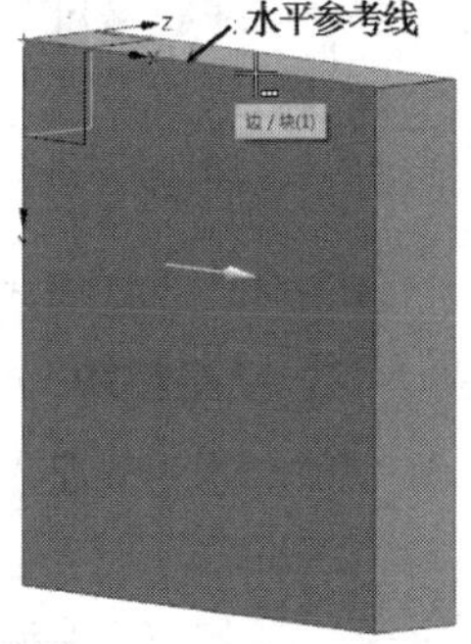

图 4-139　选择水平参考线

⑤ 单击 确定 按钮，弹出图 4-141 所示的【定位】对话框。再单击按钮，弹出图 4-142 所示的【按给定距离平行】对话框。

⑥ 选择图 4-143 所示边，弹出图 4-144 所示的【按给定距离平行】对话框。

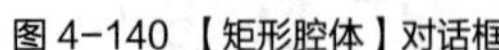

图 4-140 【矩形腔体】对话框

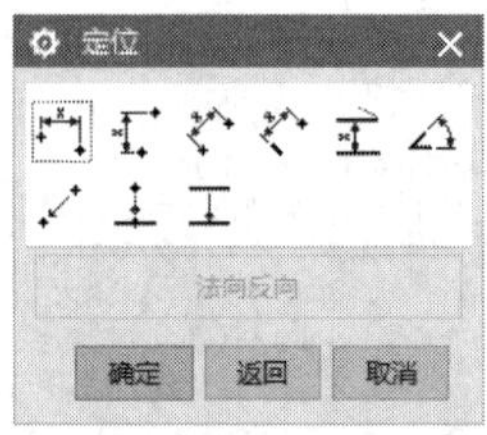

图 4-141 【定位】对话框

图 4-142 【按给定距离平行】对话框

⑦ 选择图 4-145 所示线段，弹出图 4-146 所示的【创建表达式】对话框，设置图示参数。

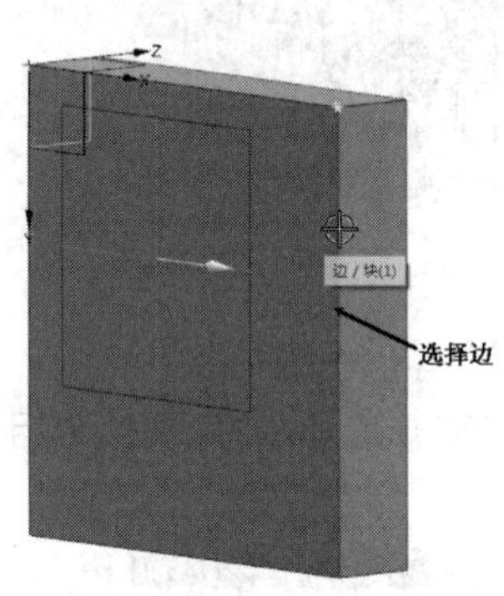

图 4-143 选择边

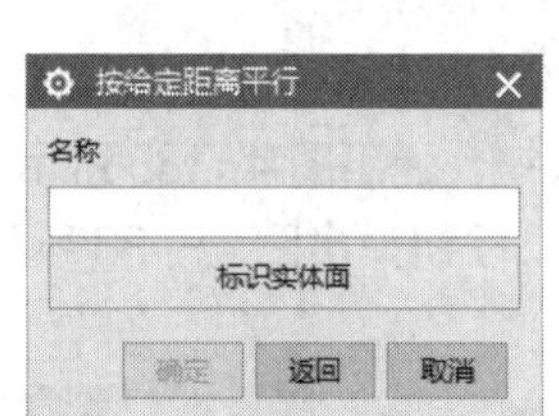

图 4-144 【按给定距离平行】对话框

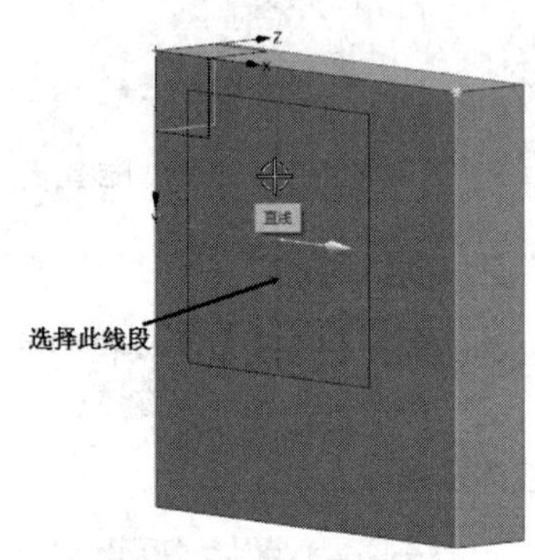

图 4-145 选择线段

⑧ 单击 确定 按钮，返回到图 4-141 所示的【定位】对话框，重复前述操作。选择线段如图 4-147 所示，距离值设为 50。

⑨ 单击 确定 按钮，再次返回到【定位】对话框，单击 确定 按钮完成腔体的创建，如图 4-148 所示。

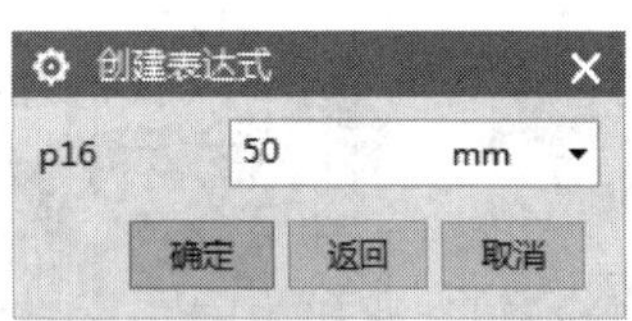

图 4-146 【创建表达式】对话框

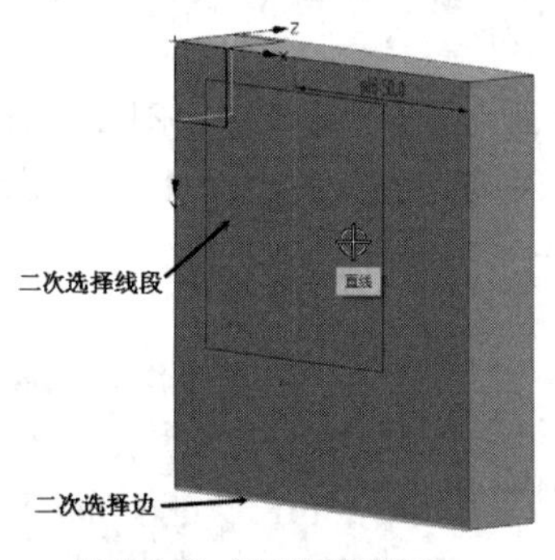

图 4-147 线段选择及顺序

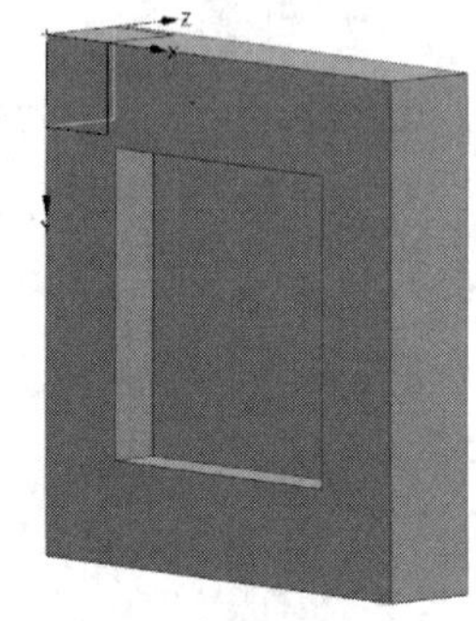

图 4-148 创建腔体

3. 创建垫块

① 单击【特征】工具栏中的按钮，弹出图 4-149 所示的【垫块】对话框。

② 单击 矩形 按钮弹出图 4-150 所示的【矩形垫块】对话框，提示选择垫块放置面。

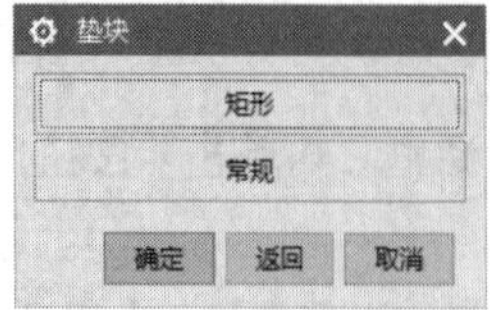

图 4-149 【垫块】对话框

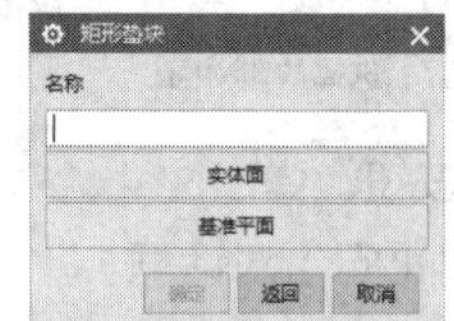

图 4-150 【矩形垫块】对话框

③ 选择图 4-151 所示平面，弹出【水平参考】对话框。

④ 选择图 4-152 所示直线，弹出图 4-153 所示的【矩形垫块】对话框，设置图示参数。

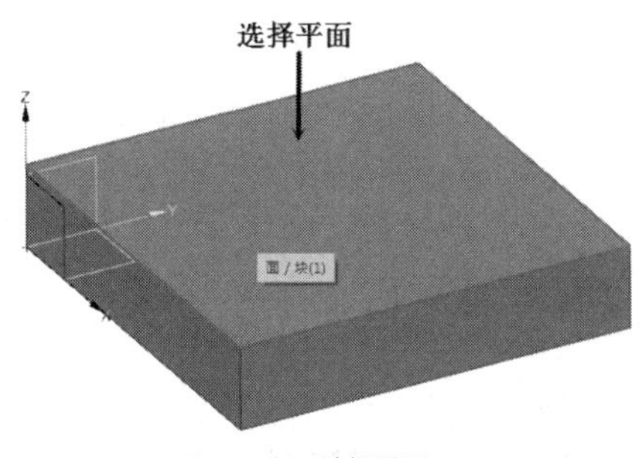

图 4-151　选择平面

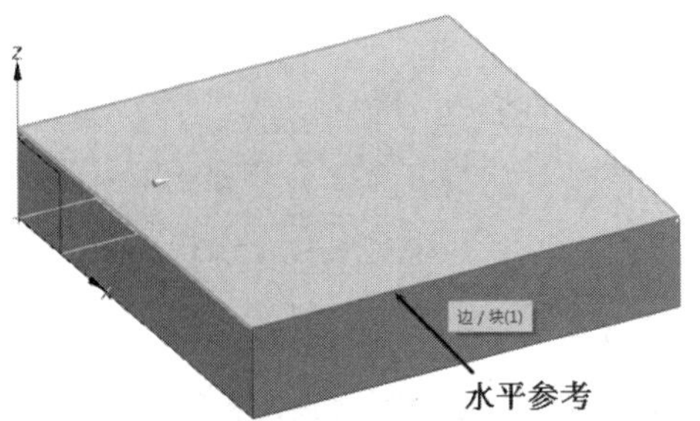

图 4-152　选择水平参考

⑤ 单击确定按钮弹出【定位】对话框，利用定位腔体的方法将垫块定位在长方体正中，最终效果如图 4-154 所示。

4．创建凸台

① 单击【特征】工具栏中的按钮，弹出图 4-155 所示的【凸台】对话框，设置图示参数。

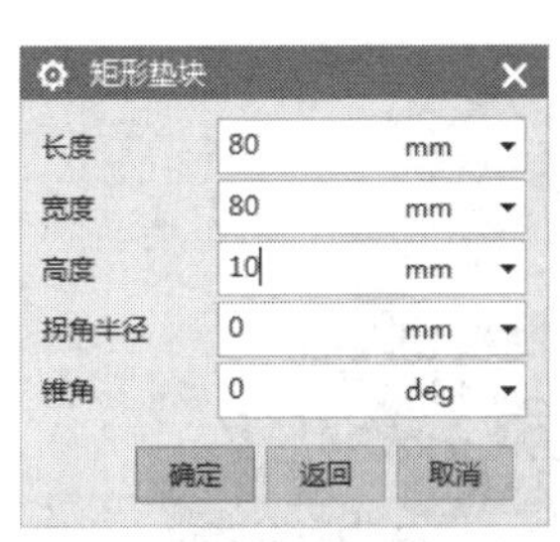

图 4-153 【矩形垫块】对话框

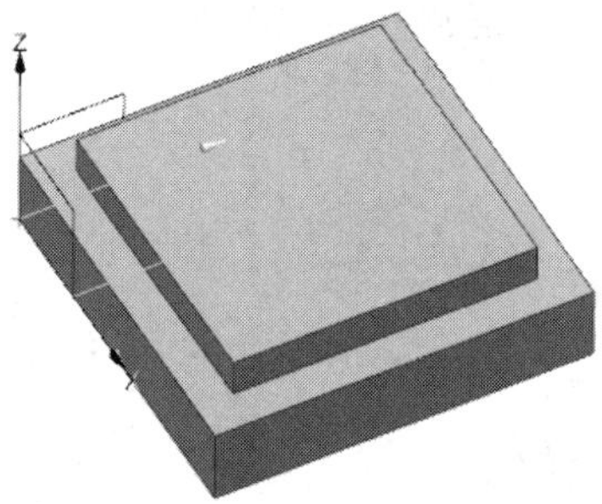

图 4-154　创建垫块

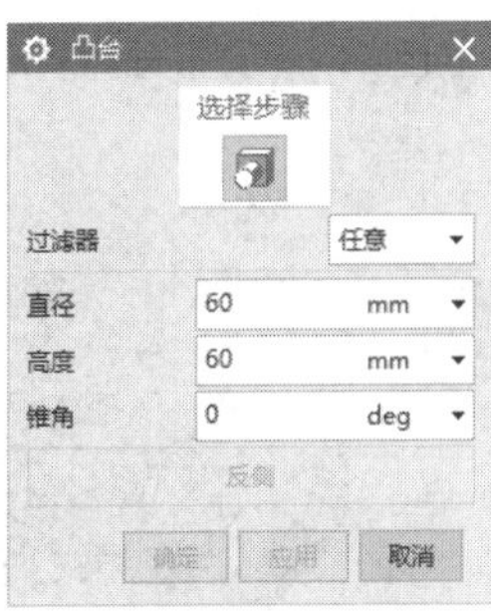

图 4-155 【凸台】对话框

② 选择图 4-156 所示平面，自动建立凸台。

③ 单击确定按钮，弹出图 4-157 所示的【定位】对话框。单击按钮，对凸台进行垂直定位。选择图 4-158 所示第一条线段，在数值表达式中输入 40，如图 4-159 所示，单击应用按钮完成 *y* 轴方向的垂直定位。

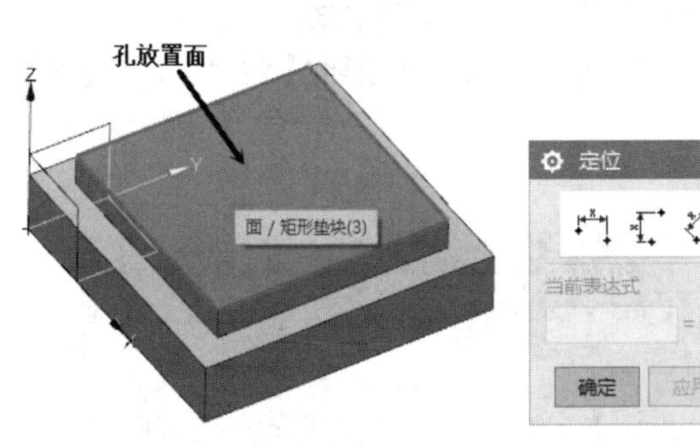

图 4-156　选择平面

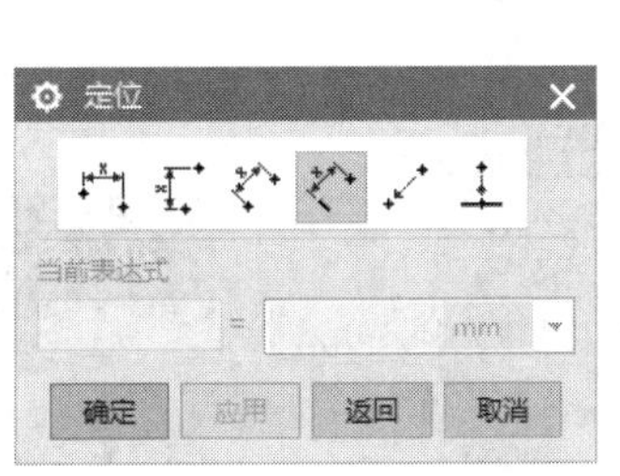

图 4-157 【定位】对话框

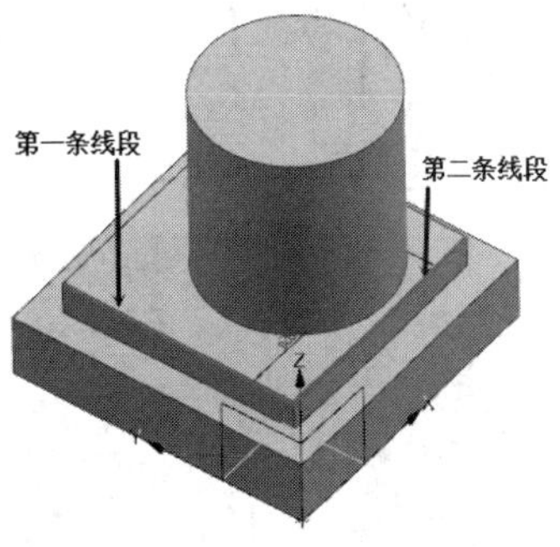

图 4-158　选择线段

④ 同理，将凸台定位于 *x* 轴方向一条线段的 40 处，最终结果如图 4-160 所示。

5. 创建孔

① 单击【特征】工具栏中的按钮打开图 4-161 所示的【孔】对话框，设置图示参数。

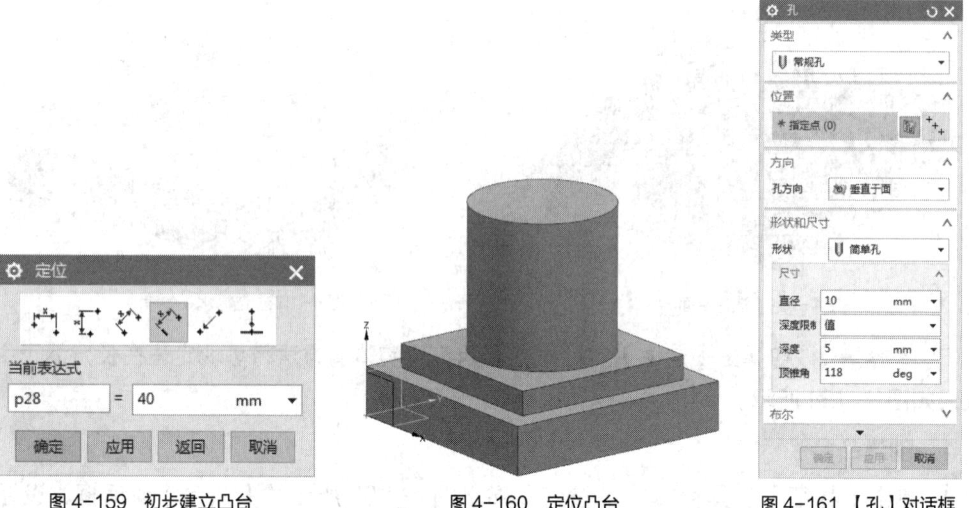

图 4-159 初步建立凸台　　图 4-160 定位凸台　　图 4-161 【孔】对话框

② 选择图 4-162 所示平面，移动指针到圆心，系统自动定位圆心点。单击鼠标右键选择点。单击 确定 按钮完成孔的创建，结果如图 4-163 所示。

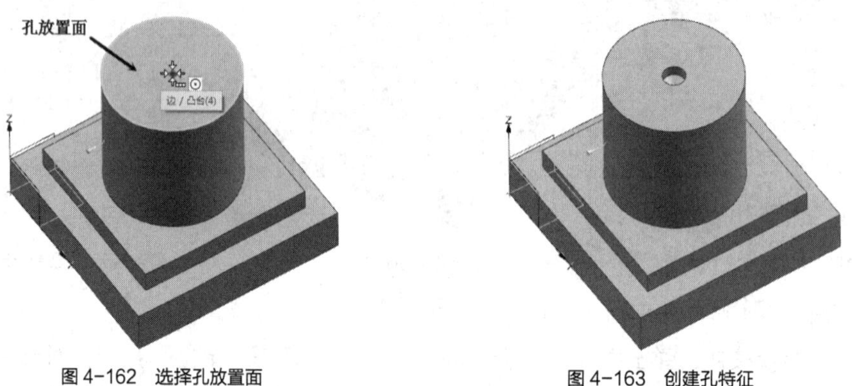

图 4-162 选择孔放置面　　图 4-163 创建孔特征

6. 创建槽

① 在【特征】工具栏中单击按钮打开图 4-164 所示的【槽】对话框。

② 单击 U 形槽 按钮打开图 4-165 所示的【U 形槽】对话框，系统提示选择槽放置面。

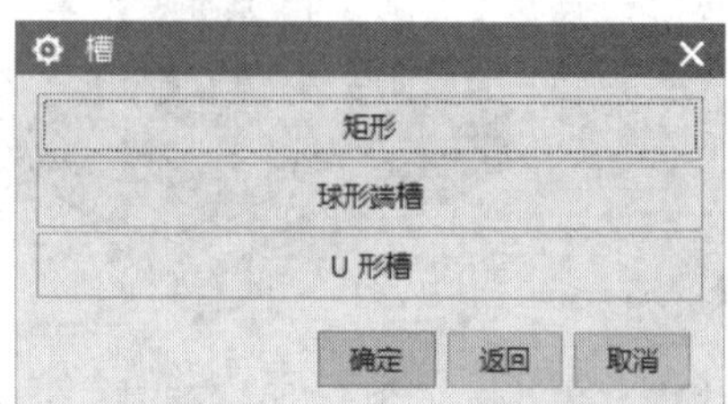

图 4-164 【槽】对话框

图 4-165 【U 形槽】对话框（1）

③ 选择图 4-166 所示槽放置面，弹出图 4-167 所示的【U 形槽】对话框，设置图示参数。

④ 单击 确定 按钮，弹出图 4-168 所示的【定位槽】对话框。

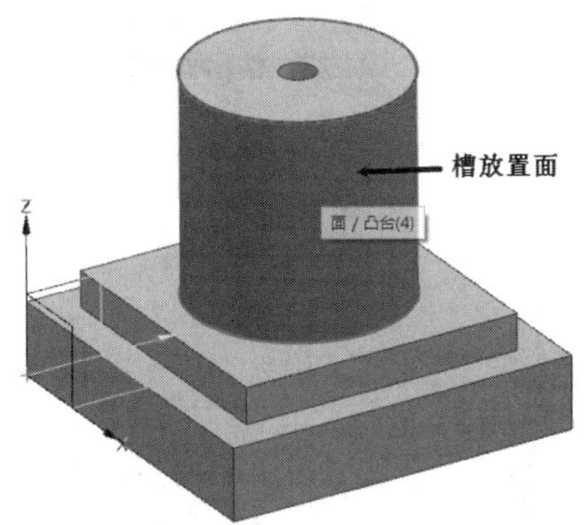

图 4-166　选择槽放置面

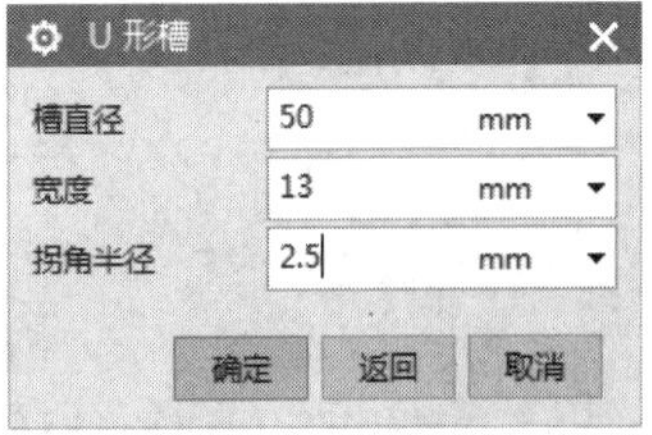

图 4-167 【U 形槽】对话框（2）

⑤ 选择图 4-169 所示第一条圆弧，然后选择第二条圆弧，弹出图 4-170 所示的【创建表达式】对话框，设置图示参数。

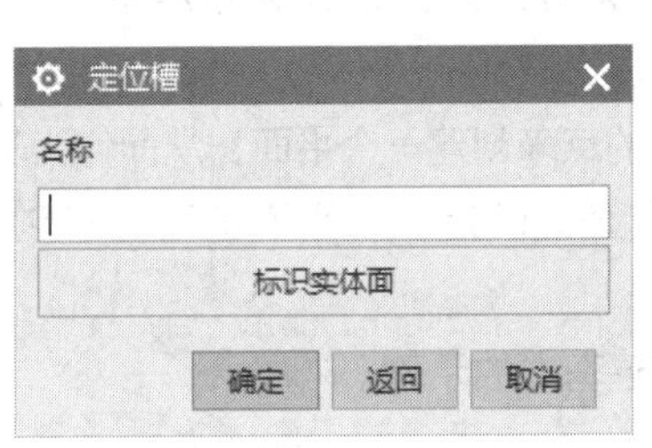

图 4-168 【定位槽】对话框

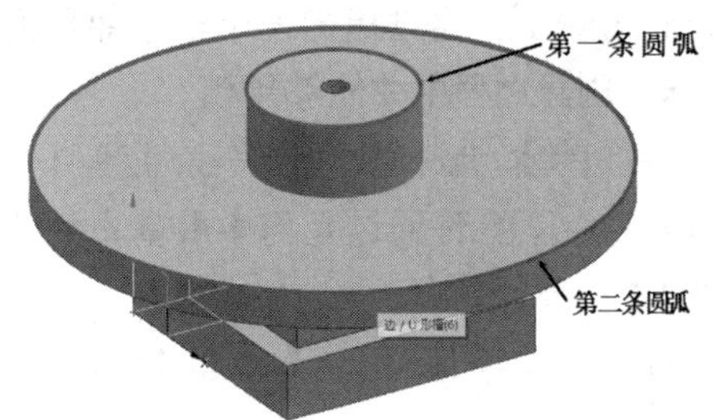

图 4-169　选择圆弧

⑥ 单击 确定 按钮完成 U 形槽的创建，效果如图 4-171 所示。

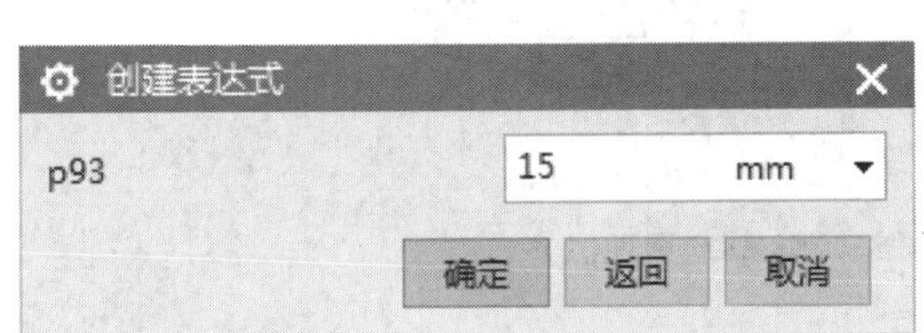

图 4-170 【创建表达式】对话框

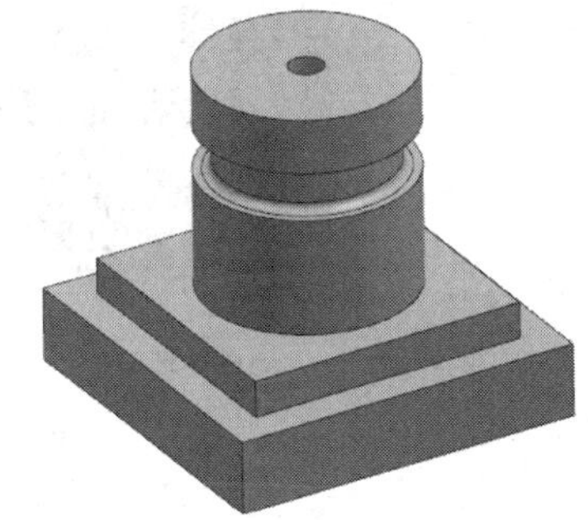

图 4-171　最终效果

4.3.3　知识拓展

1. 创建基准平面

基准平面是创建实体操作的平面参照，尽管前面的建模过程中没有提到这个概念，但是在创建草图或者实体特征的过程中经常用到。

单击【特征】工具栏中的□按钮或者通过执行菜单命令【菜单】/【插入】/【基准 / 点】/【基准平面】打开图 4-172 所示的【基准平面】对话框。UG NX 10.0 提供了多种创建基准平面的方式，

图 4-173 所示【类型】下拉列表中列出了常用的选项。

图 4-172 【基准平面】对话框

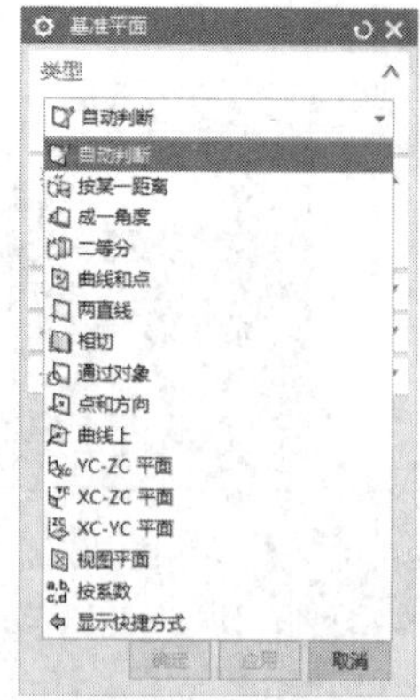

图 4-173 【类型】下拉列表

常用基准平面的创建方式的用法如下。

• 【自动判断】：允许在现有的实体特征或者坐标系中，根据具体情况让系统自己判断可能作为基准的平面，也是常用的一种创建方式。

• 【成一角度】：通过指定一个与已知平面成一定角度的平面来作为基准平面，这种方式只有在特殊的创建过程中才能够用到。

• 【曲线和点】：允许通过指定一条曲线和一个共面的点来创建一个平面，从而作为基准平面。

• 【两直线】：允许通过几何中最基本的两条相交直线确定一个平面的理念来创建一个平面，作为创建特征的基准。

图 4-174 和图 4-175 所示为上述 4 种不同方式创建基准的示例。

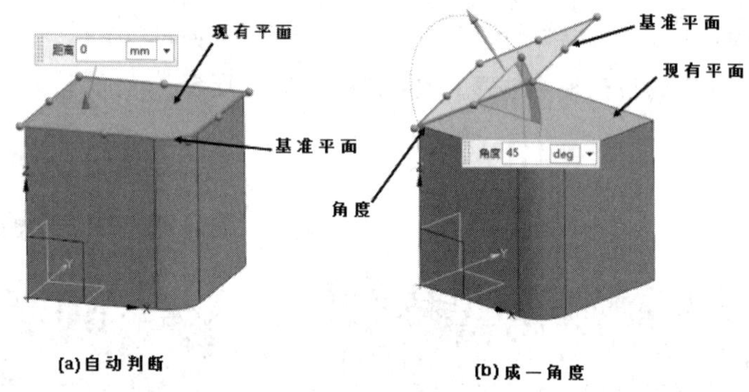

图 4-174 不同方式创建基准的图例（1）

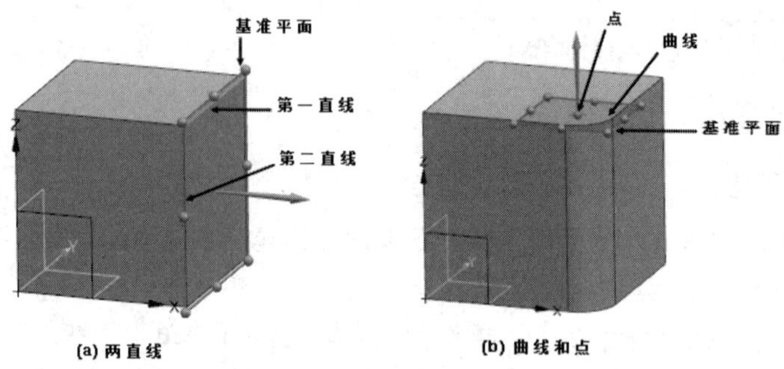

图 4-175 不同方式创建基准的图例（2）

• 【点和方向】：允许指定一个点和一个矢量方向来确定一个平面作为基准，也是以后会常用到的方式。

• 【曲线上】：允许指定一条曲线和曲线上的一点，自动按照曲线上该点的法线方向作为基准平面的法向。

• 【YC-ZC 平面】、【XC-ZC 平面】、【XC-YC 平面】：允许指定与 YC-ZC 平面、XC-ZC 平面和 XC-YC 平面相平行，但是有一定距离的方式。

图 4-176 所示为上述几种不同创建方式之间的示意。

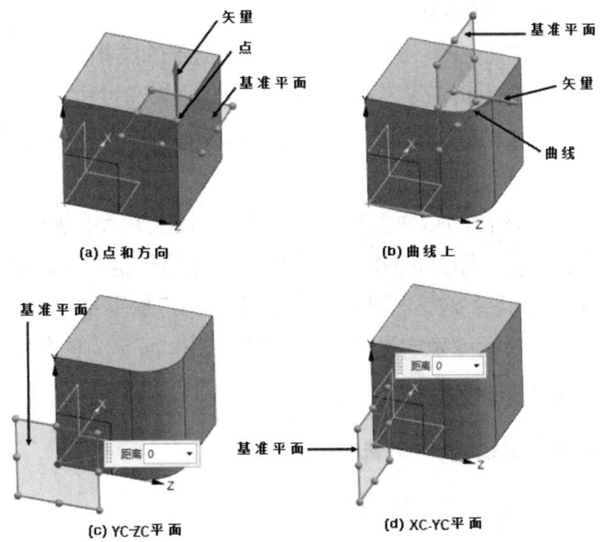

图 4-176　几种创建基准平面之间的对比

2. 创建基准轴

基准轴可以分为固定的基准轴和相对的基准轴。固定的基准轴与实体模型特征并不关联，没有任何参考，不受其他几何体约束，是绝对的；而相对基准轴依赖于其他几何体或者模型曲线，并与这些模型对象相关联，并受关联对象的约束。

单击【特征】工具栏中的↑按钮或者通过执行菜单命令【菜单】/【插入】/【基准 / 点】/【基准轴】打开图 4-177 所示的【基准轴】对话框。UG NX 10.0 提供了多种创建基准轴的方式，图 4-178 所示的【类型】下拉列表中给出了常用的选项。

图 4-177 【基准轴】对话框

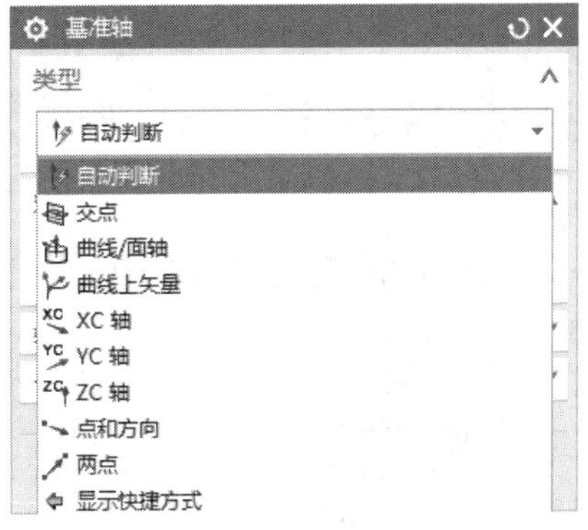

图 4-178 【类型】下拉列表

• 【自动判断】：单击按钮，可以通过选择线、边、面来约束基准轴的空间关系。

• 【点和方向】：单击按钮，可以通过【点】构造器来指定基准轴的起始点和终止点，从而确定基准轴的方向。

• 【两点】：单击按钮，可以选择两个点来指定矢量，并根据选择点的先后顺序来确定其方向。

• 【曲线矢量上】：单击按钮，首先要选择一条曲线，并单击该曲线上的一点，则可以通过该点的切线来确定一个基准方向。在【弧长】文本框中输入相应的数值，则可以使基准轴以原点为圆心，沿逆时针方向旋转相应的弧长。图 4-179 所示为“曲线矢量上”【基准轴】对话框。

要点提示

在文本框中输入正值的时候，矢量旋转方向为逆时针，反之则为顺时针。

3. 创建键槽

键槽是在零件设计过程中最常用到的结构之一，用于从给定实体上去除一个槽形材料。

单击【特征】工具栏中的按钮或者通过执行菜单命令【菜单】/【插入】/【设计特征】/【键槽】打开图 4-180 所示的【键槽】对话框。可以创建矩形槽、球形端槽、U 形槽、T 形键槽和燕尾槽。

（1）矩形槽

矩形槽的截面为矩形，在图 4-180 所示【键槽】对话框中选中【矩形槽】单选按钮，然后单击确定按钮弹出图 4-181 所示的【矩形键槽】对话框。选择放置平面后弹出图 4-182 所示的【水平参考】对话框选择水平参考。指定放置平面和水平参考以后，弹出图 4-183 所示的【矩形键槽】对话框确定设计参数，图 4-184 所示为该参数对应的设计示例。

图 4-179 【基准轴】对话框

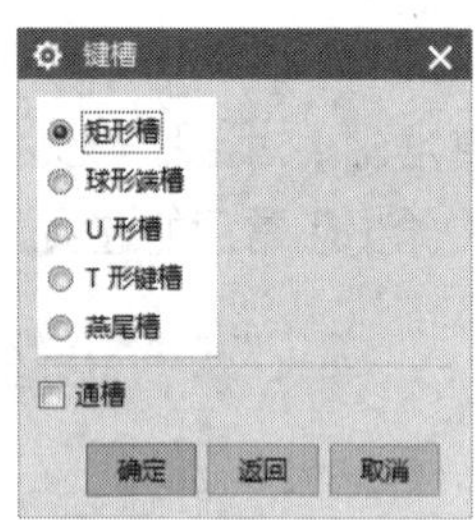

图 4-180 【键槽】对话框

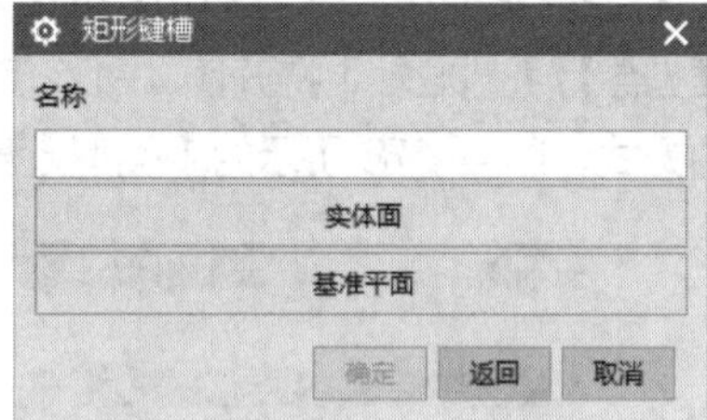

图 4-181 【矩形键槽】对话框

图 4-182 【水平参考】对话框

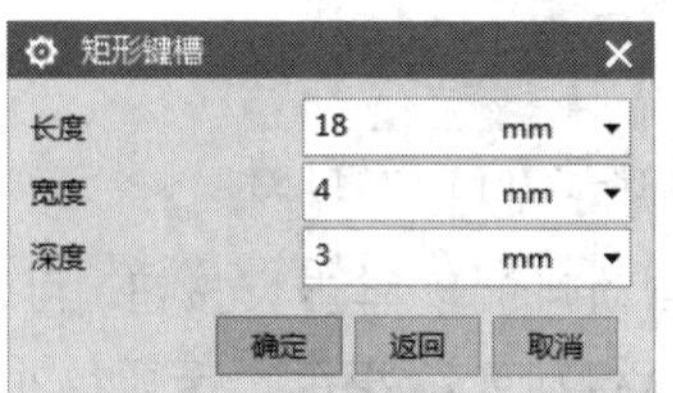

图 4-183 【矩形键槽】对话框

（2）球形端槽

球形端槽的底部为球形。选中图 4-180 所示【键槽】对话框中的【球形端槽】单选按钮，单击确定按钮弹出图 4-185 所示的【球形键槽】对话框。选择放置平面后弹出图 4-186 所示的【水平参考】对话框选择水平参考。指定放置平面和水平参考以后，弹出图 4-187 所示的【球形键槽】对话框。图 4-188 所示为球形键槽的示意图。

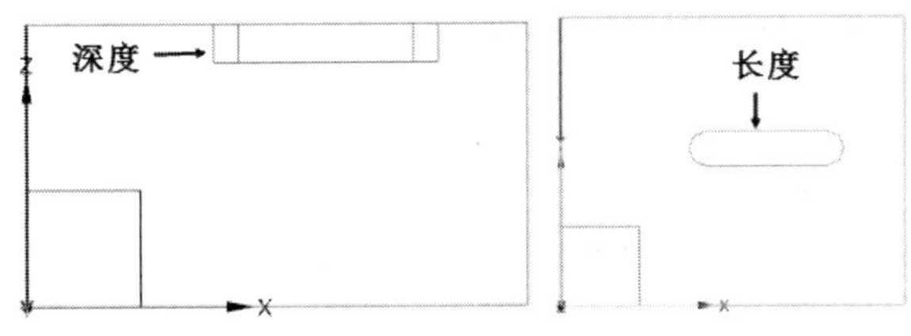

图 4-184　矩形槽示意图

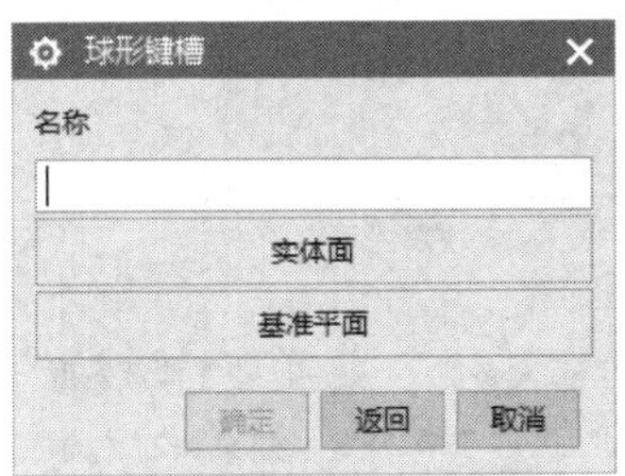

图 4-185 【球形键槽】对话框

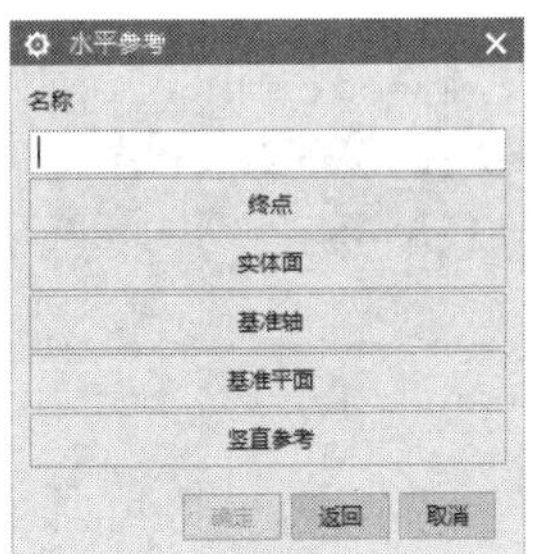

图 4-186 【水平参考】对话框

要点提示

球形键槽的深度一定要大于球半径。

图 4-187 【球形键槽】对话框

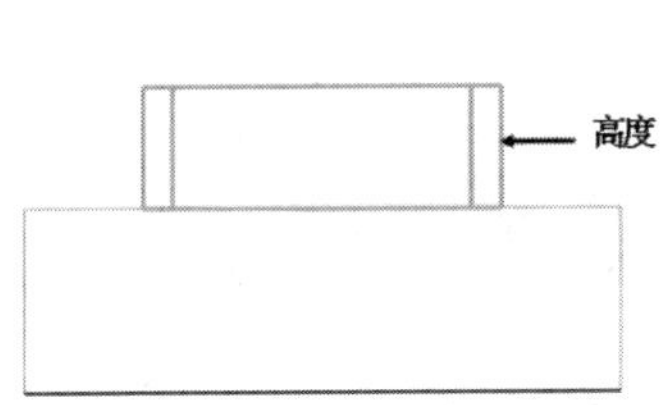

图 4-188　球形键槽示意图

（3）U 形槽

U 形槽的截面形状为 U 形。在图 4-180 所示【键槽】对话框中选中【U 形槽】单选按钮，单击 确定 按钮弹出图 4-189 所示【U 形槽】对话框，其用法与前两类键槽类似，其参数设置如图 4-190 所示，图 4-191 所示为使用该参数创建的 U 形槽示例。

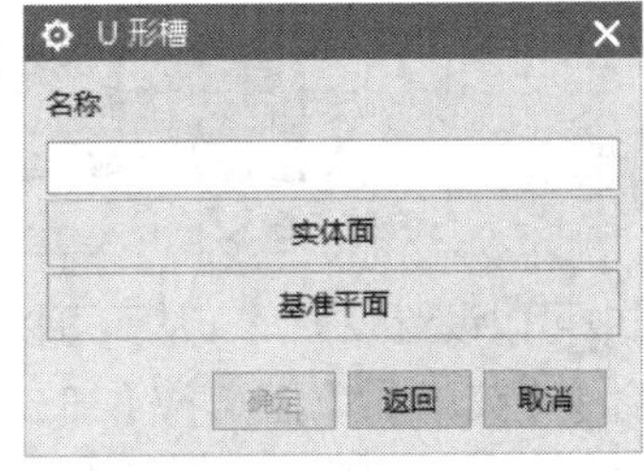

图 4-189 【U 形槽】对话框

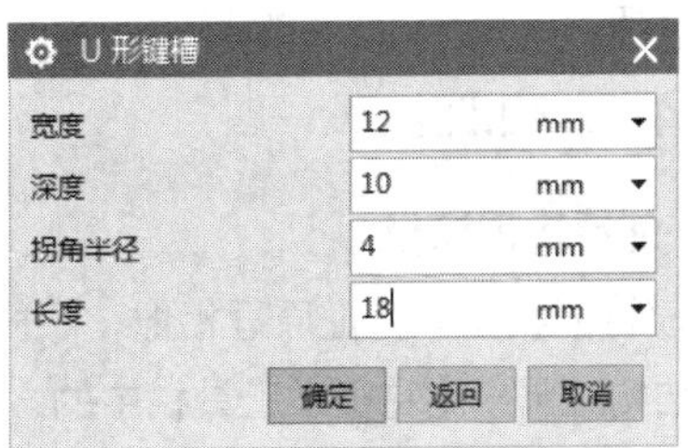

图 4-190 【U 形键槽】对话框

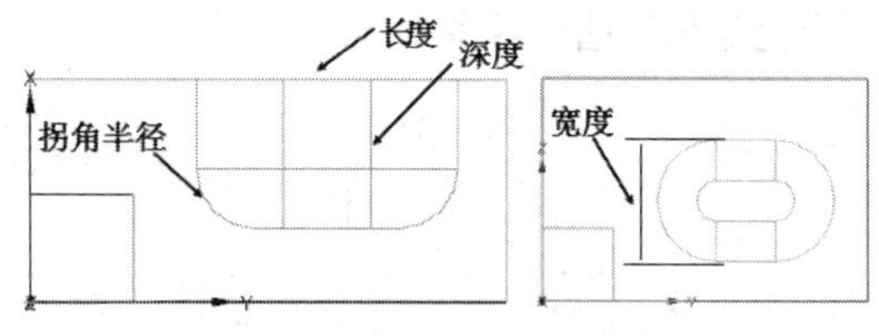

图 4-191　U 形键槽示意图

（4）T 形键槽和燕尾槽

这两种键槽的创建方式和上述几种方式相似。图 4-192 和图 4-193 所示为 T 形键槽设计参数及设计示例；图 4-194 和图 4-195 所示为燕尾槽对为设计参数及设计示例。

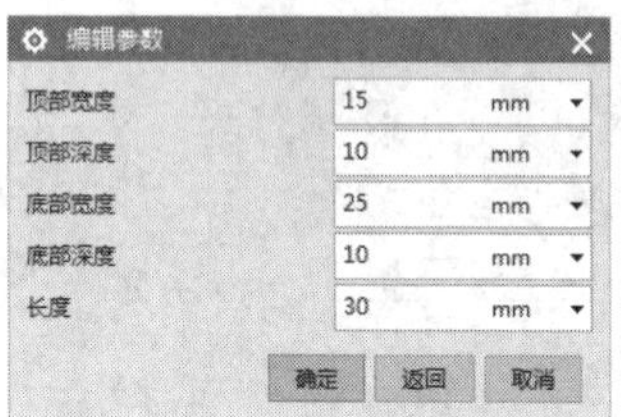

图 4-192 【编辑参数】对话框

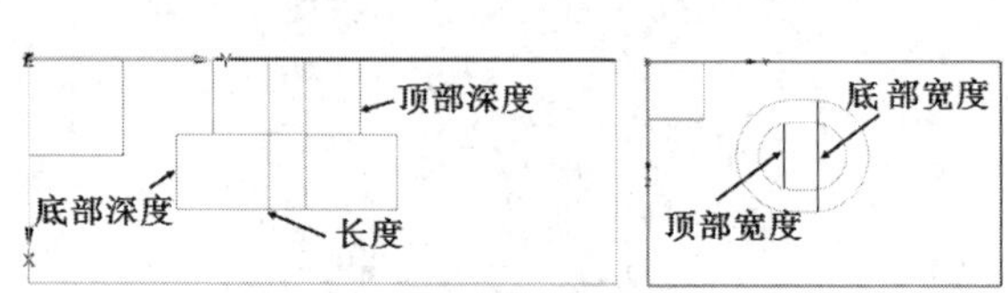

图 4-193　T 形键槽设计示例

图 4-194 【编辑参数】对话框

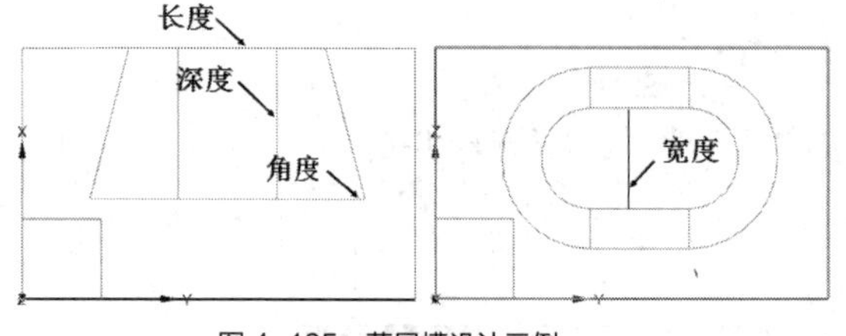

图 4-195　燕尾槽设计示例

4.4 特征编辑和操作

特征编辑和操作是优化零件设计的重要工具。本节将通过创建图 4-196 所示的实体来介绍拔模、边倒圆、边倒角等操作的用法。

特征编辑和操作

本例的基本设计思路如下。

① 创建主体结构。

② 创建倒角。

③ 创建凸台。

④ 创建拔模。

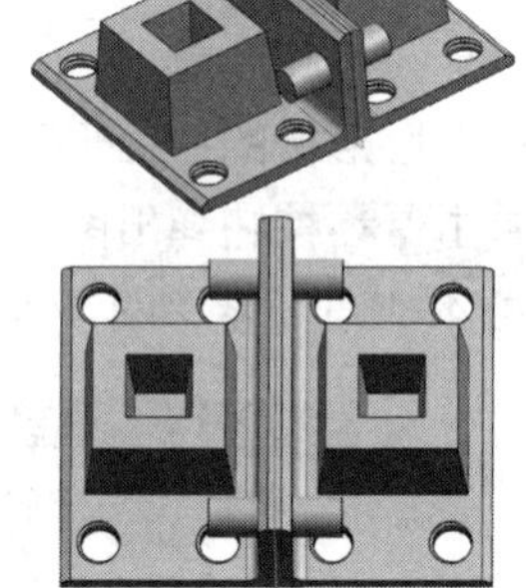

图 4-196　特征实例模型

4.4.1 知识准备

1. 创建拔模特征

拔模特征和拉伸特征原理相似，不同的是在拉伸的过程中可以设置拔模角，从而可以创建带斜度的结构。单击【特征】工具栏中的按钮或者执行菜单命令【菜单】/【插入】/【细节特征】/【拔模】打开图 4-197 所示的【拔模】对话框。UG NX 10.0 提供了 4 种创建拔模特征的方式："从平面或曲面”“从边”“与多个面相切”和“至分型边”，如图 4-198 所示。

图 4-197 【拔模】对话框

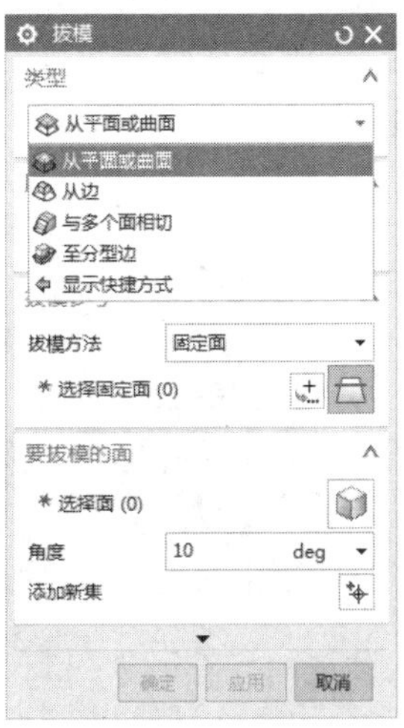

图 4-198 【类型】下拉列表

（1）从平面或曲面

这种方式用于从参考点所在的平面开始，与拔模方向成一定角度对指定的实体进行拔模，获得带有斜度的表面。设计过程分为 3 个步骤：选择拔模平面、选择拔模方向和参考点。图 4-199 给出了“从平面”方式拔模原理示意图，并给出了内外面拔模之间的结果差异。

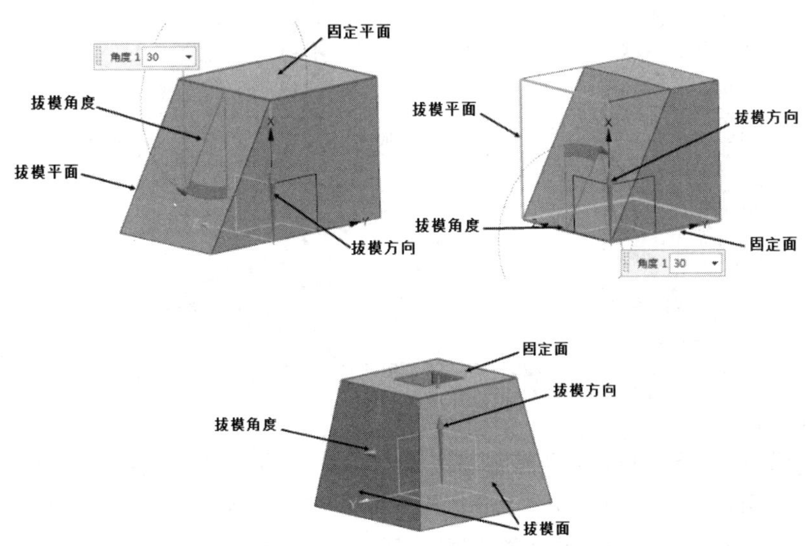

图 4-199 “从平面”拔模示意图及内外面拔模的差异

要点提示

对实体表面拔模时，所选拔模方向不能与该表面的法向平行；当用同样的参考点和参考方向矢量来拔模内部面和外部面时，拔模结果正好相反。

（2）从边

这种方式用于从一系列实体边缘开始，与拔模方向成一定角度对指定的实体进行拔模，适合于所选实体边缘不共面的情况。其主要步骤为：选择边，选择拔模方向和角度控制点。图 4-200 所示为“从边”方式拔模原理示意图。

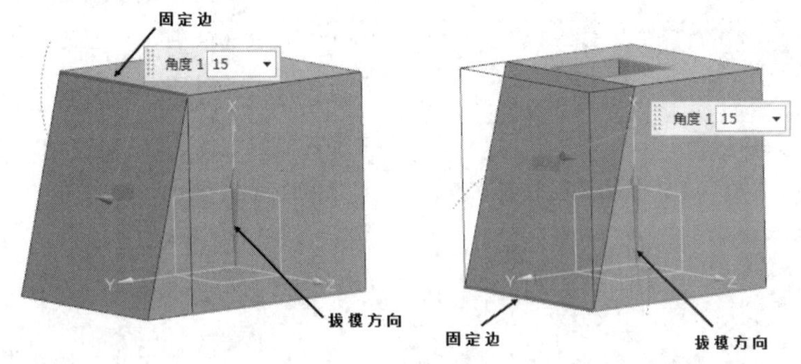

图 4-200 “从边”拔模示意图

（3）与多个面相切

这种方式用于与拔模方向成一定角度对实体进行拔模，拔模面相切于指定实体表面，适用于对相切表面拔模后要求依然保持相切的实体模型。设计步骤包括选择拔模表面和指定拔模方向。该方式常用于模铸件结构设计。图 4-201 所示为其拔模原理示意图。

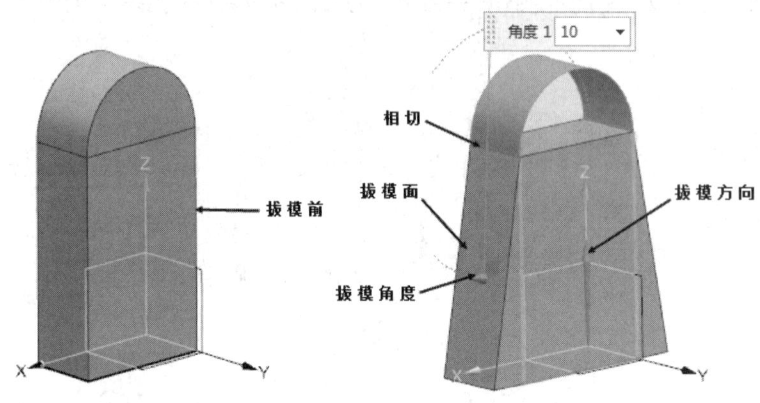

图 4-201 “与多个面相切”拔模示意图

（4）至分型边

这种方式用于从参考点所在的平面，与拔模方向成一定角度沿指定的分割边对实体进行拔模，设计步骤主要包括：选择参考边，指定拔模方向和参考点。利用该方式进行拔模时，改变了拔模面但是没有改变分型线，是处理注塑模塑料部件时常用的一个操作。

2. 创建边倒圆特征

边倒圆操作是根据指定的半径对实体进行倒圆，沿边的长度方向生成固定半径或者半径大小成一定规律变化的圆角，是在实体创建过程中常用的一个工具。

单击【特征】工具栏中的按钮或者执行菜单命令【菜单】/【插入】/【细节特征】/【边倒圆】打开图 4-202 所示的【边倒圆】对话框。UG NX 10.0 提供了“恒定半径”和“曲率半径”，以及其他半径控制方式的倒圆方式。

（1）恒定半径

在图 4-202 所示的【边倒圆】对话框中，如果只输入一个半径值，则以固定半径方式进行倒圆，固定半径倒圆实例中最简单的就是单边倒圆情形，图 4-203 所示为边倒圆示例。

图 4-202 【边倒圆】对话框

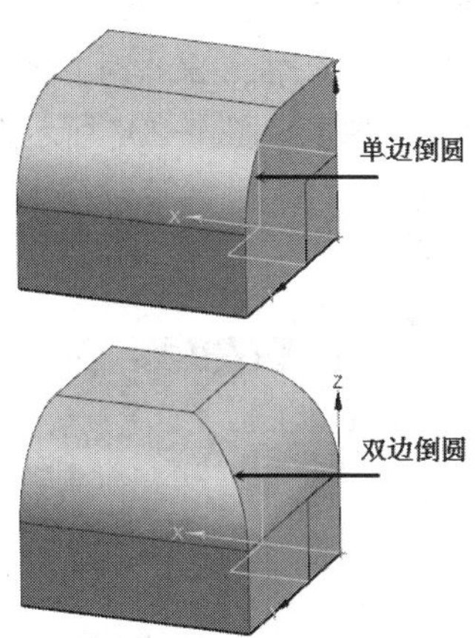

图 4-203　边倒圆示意图

（2）曲率半径

当需要在倒圆边上设置不同的控制点控制不同方位的倒角半径，从而满足自己的设计要求时，可以使用曲率半径的倒圆方式。

3. 创建面倒圆特征

面倒圆针对实体面以指定的半径进行倒圆，并能确保倒圆面与选定实体面相切。单击【特征】工具栏中的按钮或者执行菜单命令【菜单】/【插入】/【细节特征】/【面倒圆】打开图 4-204 所示【面倒圆】对话框。图 4-205 所示为面倒圆示例。

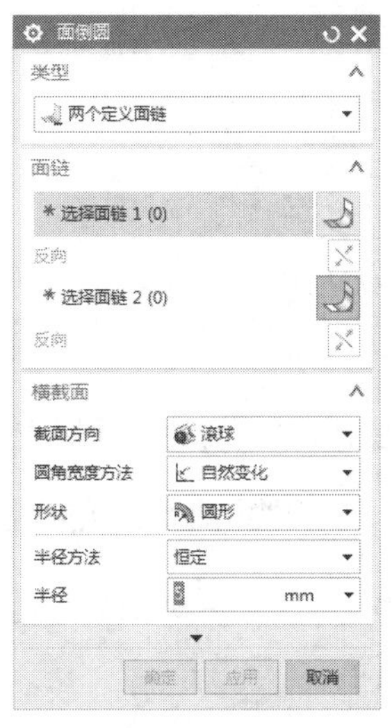

图 4-204 【面倒圆】对话框

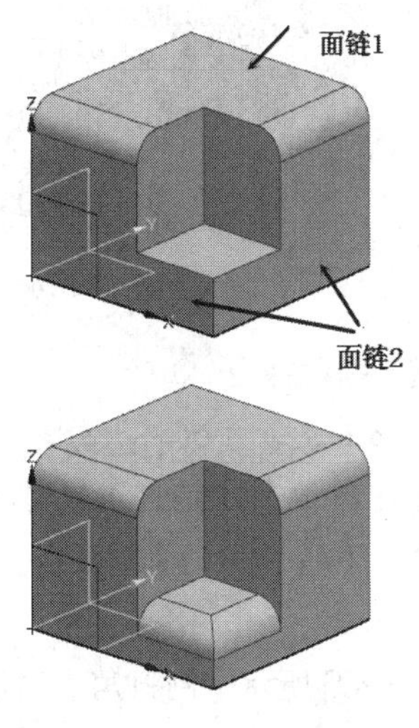

图 4-205　面倒圆示意图

4. 创建抽壳特征

抽壳是进行特征设计的一个重要方法，利用此命令可以实现将一个实体变为中空的薄壁结构。单击【特征】工具栏中的按钮或者执行菜单命令【菜单】/【插入】/【偏置/缩放】/【抽壳】打开图 4-206 所示的【抽壳】对话框。常用抽壳方式有“移除面，然后抽壳”和“对所有面抽壳”两种。

（1）移除面，然后抽壳

利用该方式进行抽壳操作时，系统提示选择将要移除的平面，然后设置抽壳厚度，最后选择备选面和备选厚度。图 4-207 所示为利用该方式进行抽壳操作后的效果图。

图 4-206 【抽壳】对话框

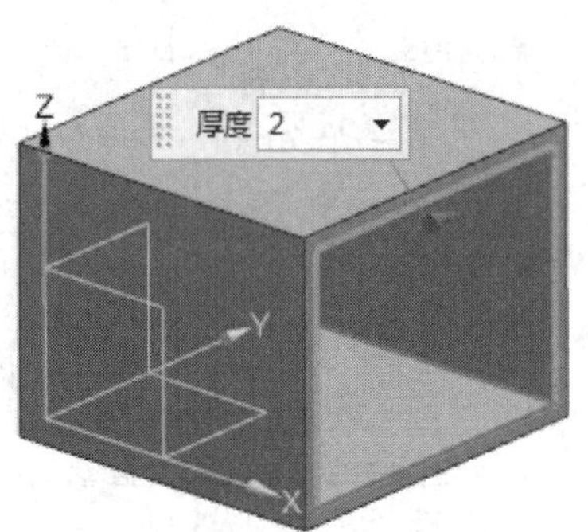

图 4-207 “移除面，然后抽壳”方式抽壳

（2）对所有面抽壳

该方式用于按照指定的壁厚对不穿透实体表面进行挖空运算，从而形成中空的实体。和“移除面，然后抽壳”方式相似，也可以指定不同面上的抽壳厚度。图 4-208 所示为利用该方式进行抽壳操作的效果图。

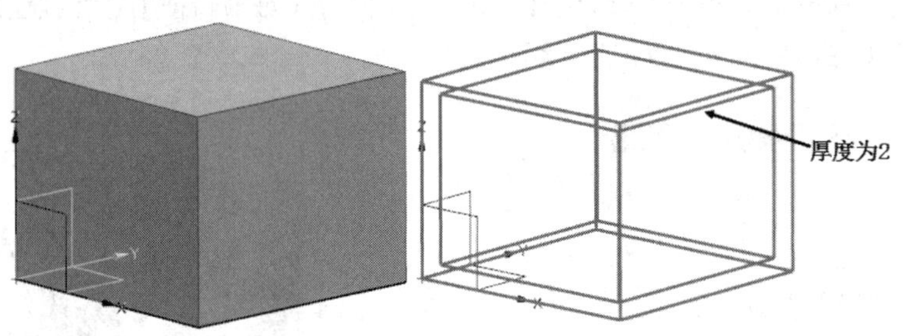

图 4-208 “对所有面抽壳”方式抽壳

5. 创建倒斜角特征

倒斜角操作可以在实体的边或者面上建立斜角结构。单击【特征】工具栏中的按钮或者执行菜单命令【菜单】/【插入】/【细节特征】/【倒斜角】打开图 4-209 所示的【倒斜角】对话框。

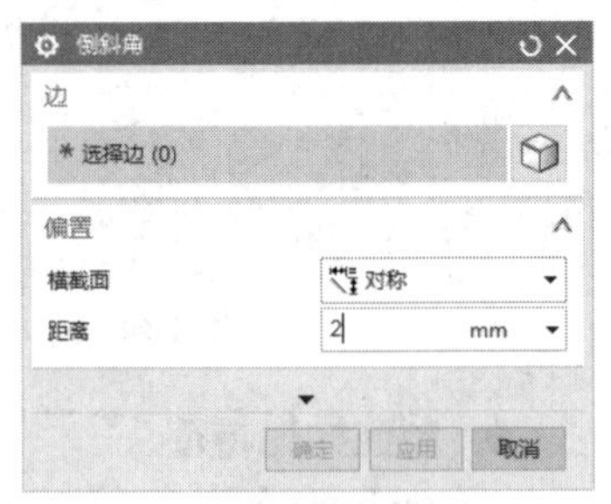

图 4-209 【倒斜角】对话框

（1）边

单击图 4-209 所示【倒斜角】对话框中的按钮，用于选择需要倒角的边。

（2）偏置

横截面偏置的类型主要有 3 种，即“对称”“非对称”“偏置和角度”，用于获得不同形状的倒角效果。图 4-210 给出了几种不同倒斜角方式下的示例。

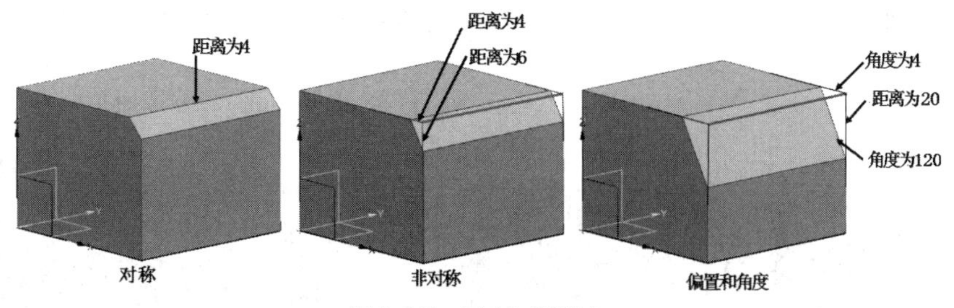

图 4-210　不同方式倒斜角

6. 创建螺纹特征

可以利用 UG NX 10.0 进行螺纹设计，可以在圆柱体、孔、凸台等特征表面生成螺纹结构。单击【特征】工具栏中的按钮或者执行菜单命令【菜单】/【插入】/【设计特征】/【螺纹】打开图 4-211 所示【螺纹】对话框，可以创建【符号】螺纹和【详细】螺纹。

(1)【符号】螺纹

该方式可以用虚线符号来表示螺纹。该方式占用较小的内存，常用于不需要特别展示螺纹形状和结构的场合。图 4-212 所示为利用该方式创建的内螺纹和外螺纹。

图 4-211 【螺纹】对话框

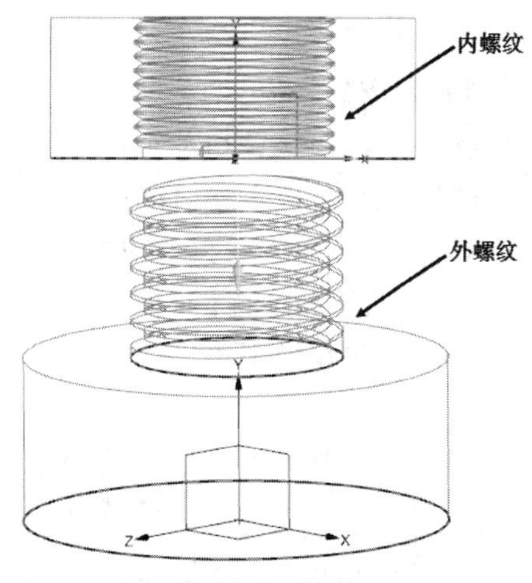

图 4-212　内螺纹和外螺纹示意图

要点提示

UG NX 10.0 会根据选择的圆柱或孔的表面自动判别是外螺纹或内螺纹，并推荐一个符合标准的螺纹。需要注意的是，【符号】螺纹是部分相关的，即如果修改符号螺纹的数据，则对应的圆柱或者孔的直径参数也会发生相应的改变，但反之不行。

(2)【详细】螺纹

利用该方式生成逼真的螺纹。与【符号】螺纹不同，【详细】螺纹的参数是全相关的。【详细】

螺纹创建过程比较慢，需要的内存比较大，刷新时间比较长。图 4-213 给出了【详细】螺纹示例。

为了更好地掌握螺纹创建命令，下面补充一些关于螺纹的术语，图 4-214 所示为具体螺纹参数。

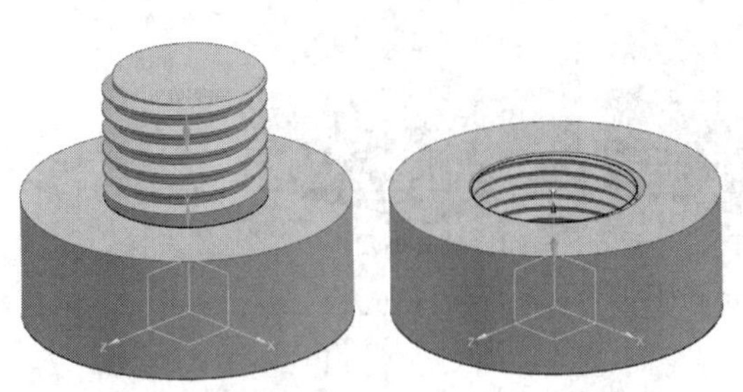

图 4-213 【详细】螺纹示意图

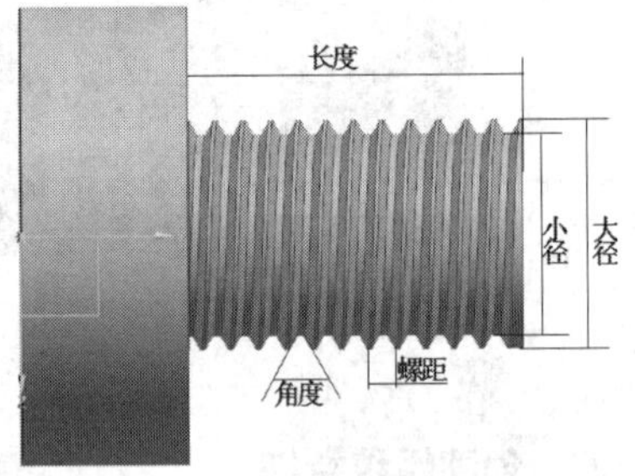

图 4-214 螺纹参数示意图

- 大径：用于设置螺纹的大径，默认值根据选择的圆柱面或者孔面的螺纹形状得到，一般该参数不用修改。
- 小径：用于设置螺纹的小径，默认值根据选择的圆柱面或者孔面的螺纹形状得到，可以根据自己的需要进行修改。
- 螺距：设置螺纹的螺距，默认值根据选择的圆柱面或者孔面的螺纹形状得到，可以根据自己的具体情况进行修改。
- 角度：用于设置螺纹的牙型角，默认值为螺纹的标准值，可以根据自己的需要进行修改。
- 长度：用于设置螺纹的长度。
- 旋转：用于设置螺纹是“左旋”还是“右旋”。

7. 创建镜像体

该命令用于将整个实体相对于指定基准平面镜像。图 4-215 所示对称的实体可以通过镜像的操作来创建。注意镜像后的实体与原实体相互关联，其本身没有可编辑的参数。

单击【特征】工具栏中的按钮或者执行菜单命令【菜单】/【插入】/【关联复制】/【镜像特征】打开图 4-216 所示的【镜像特征】对话框，单击按钮选择需要镜像的实体，再单击按钮选择镜像面后完成镜像操作。

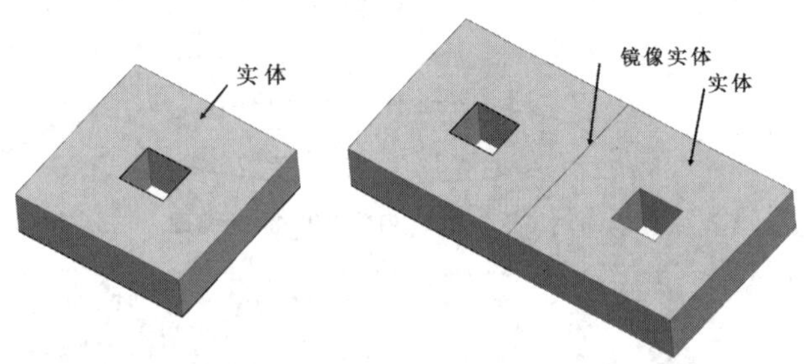

图 4-215 镜像操作示意图

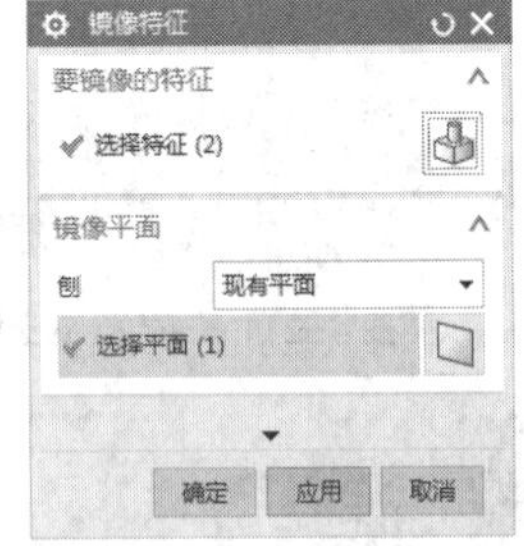

图 4-216 【镜像特征】对话框

4.4.2 操作过程

打开素材文件：“第 4 章 / 素材 /edit.prt”，结果如图 4-217 所示。

1. 创建抽壳特征

① 单击【特征】工具栏中的按钮，弹出图 4-218 所示的【抽壳】对话框，设置图示参数。

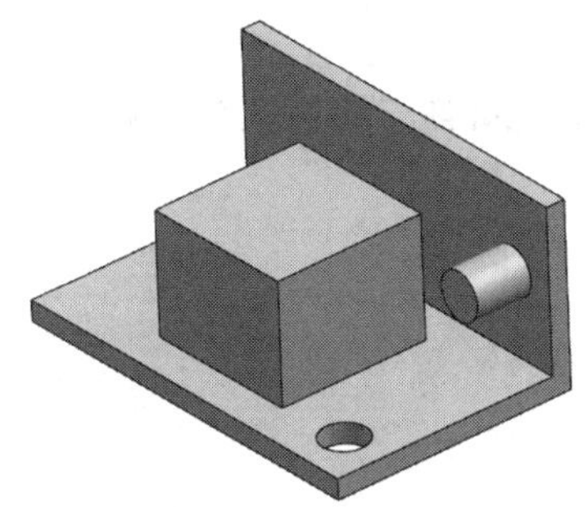

图 4-217　素材文件

图 4-218 【抽壳】对话框

② 单击按钮，选择图 4-219 所示的平面，单击按钮完成抽壳操作，效果如图 4-220 所示。

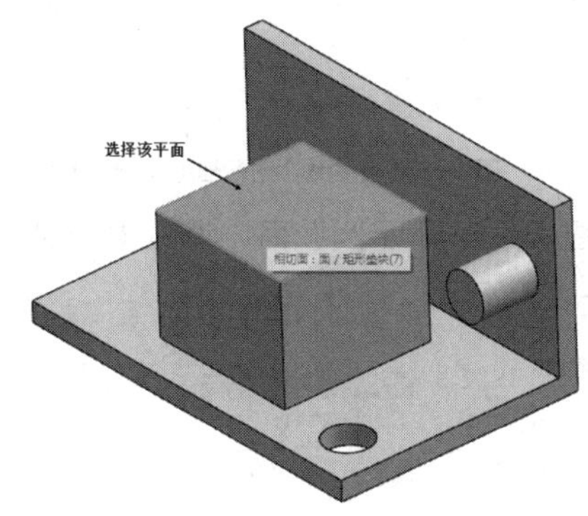

图 4-219　选择放置面

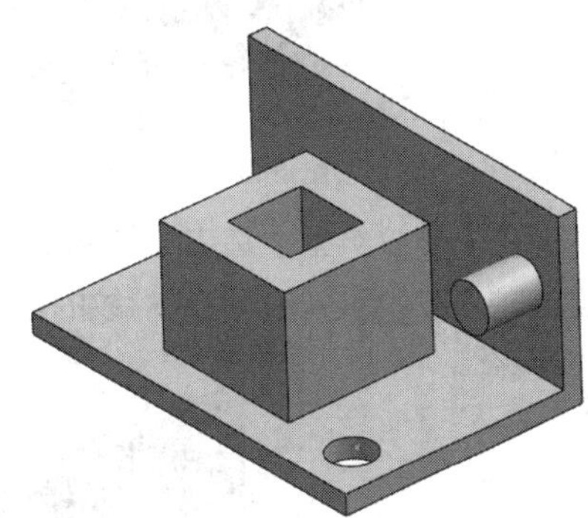

图 4-220　抽壳效果

2. 创建拔模特征

① 单击【特征】工具栏中的按钮，弹出【拔模】对话框，输入拔模角度值“5”，如图 4-221 所示。

② 根据图 4-222 所示名称，依次设置对话框中的【脱模方向】选项（选择 z 轴）、【拔模参考】选项（1 个固定面）、【要拔模的面】选项（选择内外 8 个所要拔模的面）。

图 4-221 【拔模】对话框

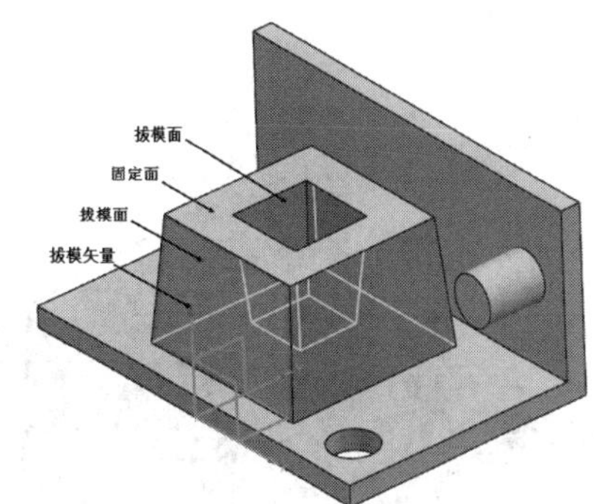

图 4-222　特征名称

③ 单击按钮，拔模效果如图 4-223 所示。

3. 创建螺纹特征

① 单击【特征】工具栏中的按钮，弹出图4-224所示的【螺纹】对话框。

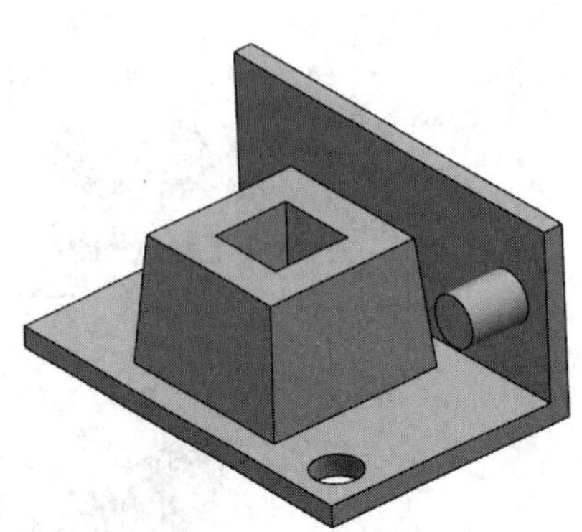

图4-223 拔模效果

图4-224 【螺纹】对话框（【符号】螺纹）

② 在【螺纹类型】选中【详细】单选按钮，选中图4-225所示圆孔面，设置图4-226所示参数，单击确定按钮，完成螺纹的创建，结果如图4-227所示。

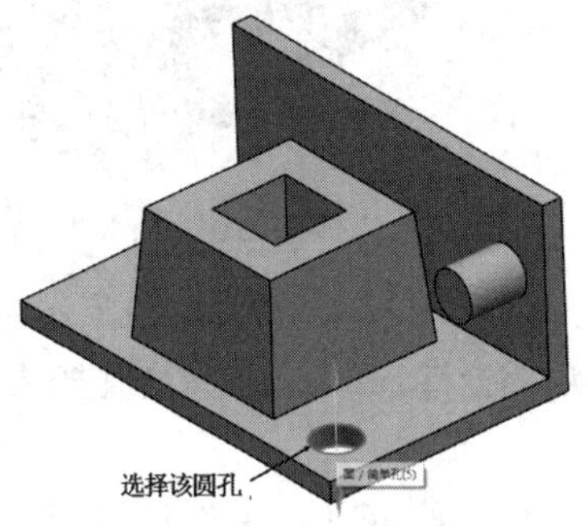

图4-225 选择圆孔面

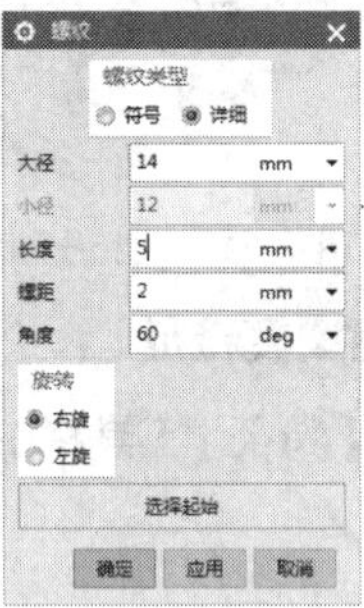

图4-226 【螺纹】对话框（【详细】螺纹）

4. 创建阵列特征

① 单击【特征】工具栏中的按钮，弹出图4-228所示的【阵列特征】对话框。

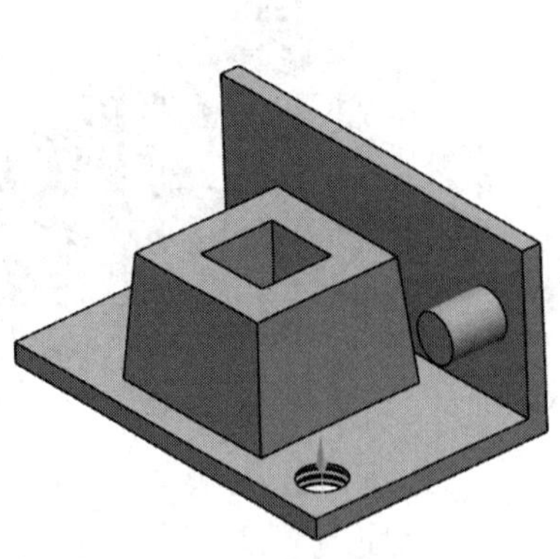

图4-227 螺纹效果

图4-228 【阵列特征】对话框

② 按住 Ctrl 键的同时选择【部件导航器】中的两个特征，如图 4-229 所示；在【阵列定义】选项组的【布局】选项中选择“线性”，如图 4-230 所示。

图 4-229 【部件导航器】中选择特征

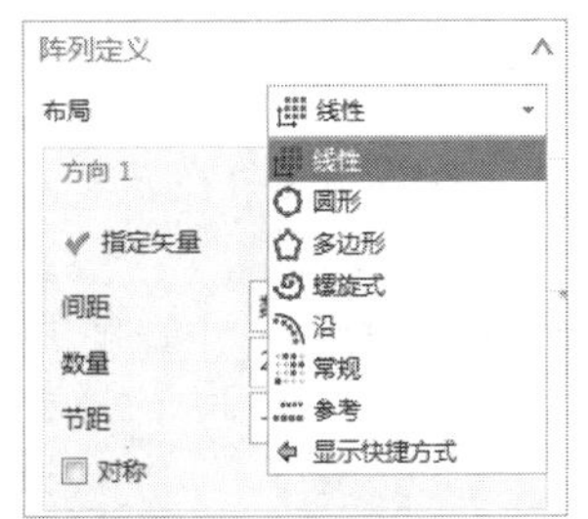
图 4-230 【阵列定义】选项组

③ 设置【方向 1】的参数如图 4-231 所示，设置【方向 2】的参数如图 4-232 所示。

④ 设置【阵列方法】为“变化”，单击 确定 按钮，完成阵列特征，结果如图 4-233 所示。

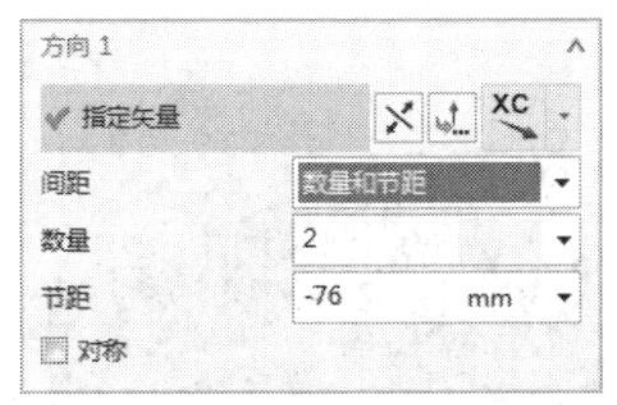
图 4-231 【方向 1】选项组

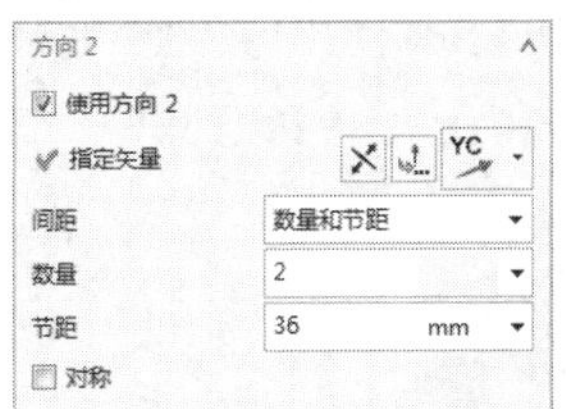
图 4-232 【方向 2】选项组

图 4-233　最终阵列效果

5. 创建镜像特征

① 单击【特征】工具栏中的按钮，弹出图 4-234 所示的【镜像特征】对话框，设置图示参数。

② 单击按钮，选择如图 4-235 所示圆台。

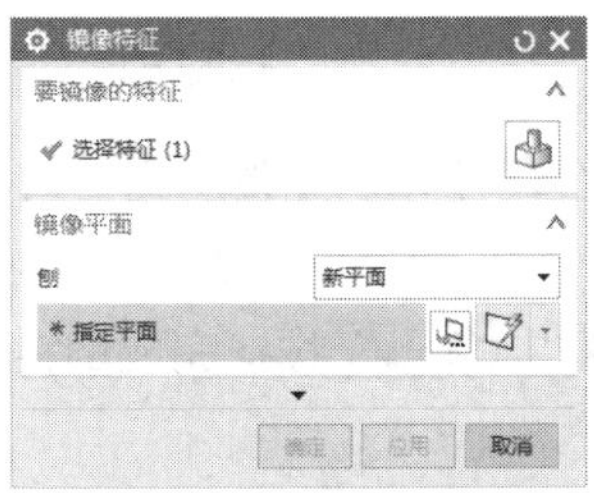
图 4-234 【镜像特征】对话框

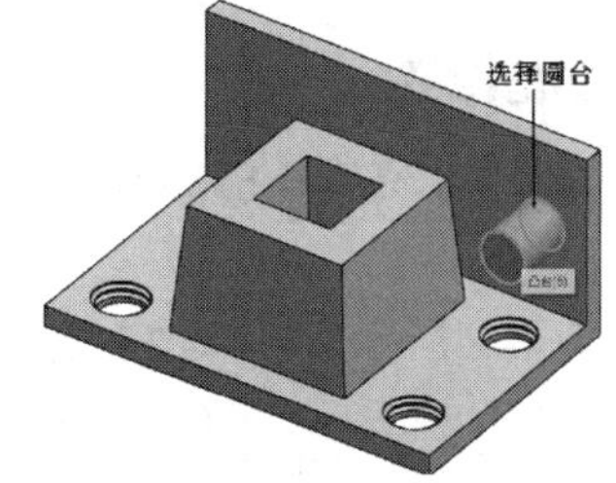

图 4-235　选择圆台

③ 单击按钮，在弹出的下拉列表中单击按钮，距离设置为 0，如图 4-236 所示。单击 确定 按钮，完成特征镜像操作，效果如图 4-237 所示。

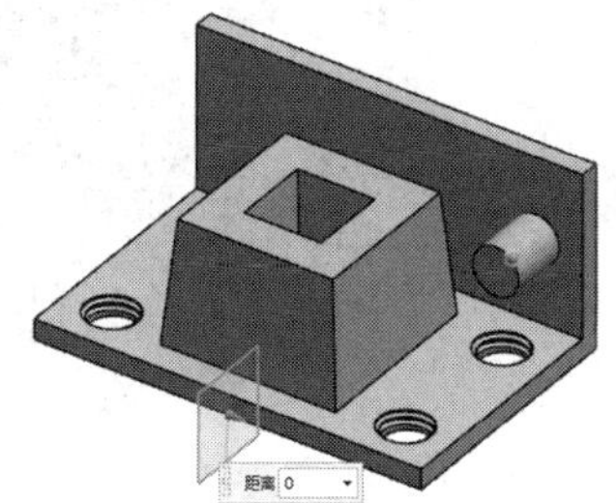
图 4-236　选择镜像平面

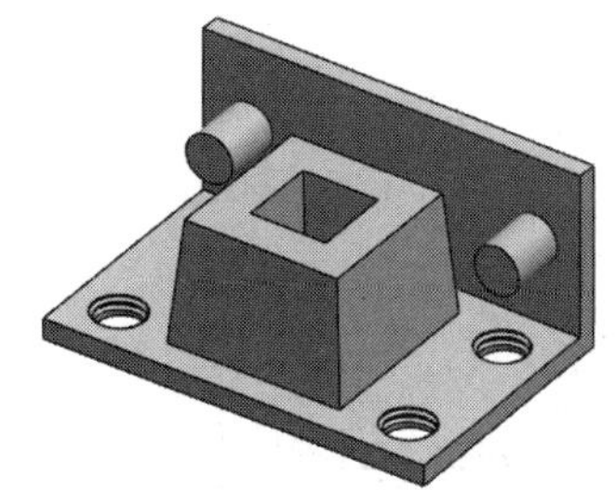
图 4-237　最终镜像效果

6. 创建边倒圆特征

① 单击【特征】工具栏中的按钮，弹出图 4-238 所示的【边倒圆】对话框，设置图示参数。

图 4-238 【边倒圆】对话框

② 选择图 4-239 所示边，单击确定按钮，完成边倒圆操作，效果如图 4-240 所示。

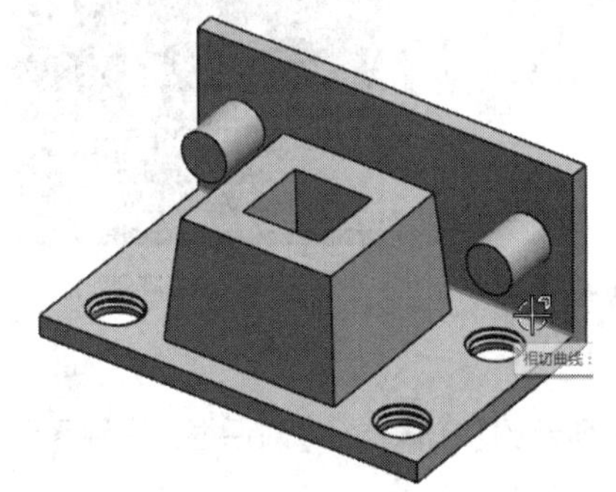

图 4-239 选择倒圆边

图 4-240 倒圆效果

7. 创建倒斜角特征

① 单击【特征】工具栏中的按钮，弹出图 4-241 所示的【倒斜角】对话框，设置图示参数。

② 选择图 4-242 所示边，单击【倒斜角】对话框中的确定按钮完成倒斜角操作，效果如图 4-243 所示。

图 4-241 【倒斜角】对话框

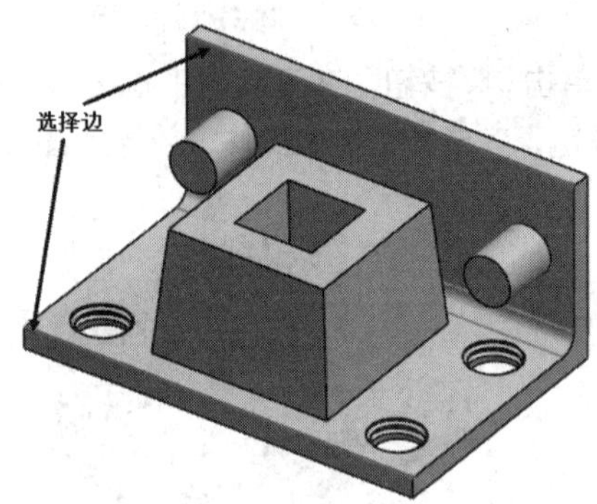

图 4-242 选择倒角边

8. 创建基准平面

① 单击基准平面按钮，打开图 4-244 所示的【基准平面】对话框。

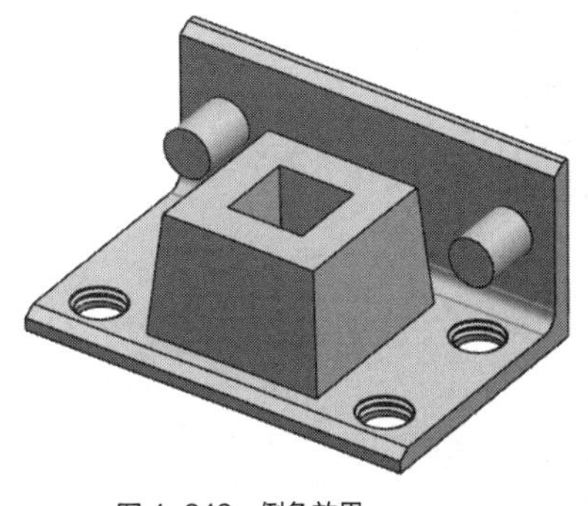

图 4-243　倒角效果

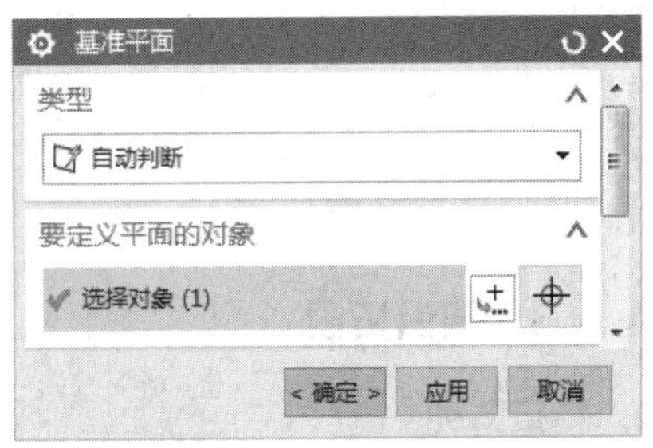

图 4-244　创建基准平面

② 选择图 4-245 所示平面，单击< 确定 >按钮，完成基准平面的创建，结果如图 4-246 所示。

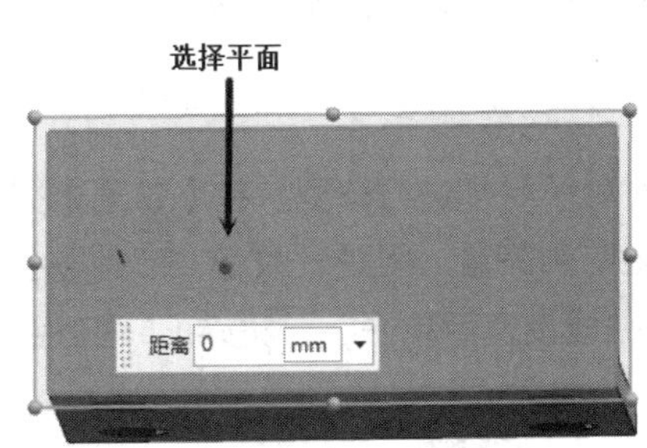

图 4-245　选择平面

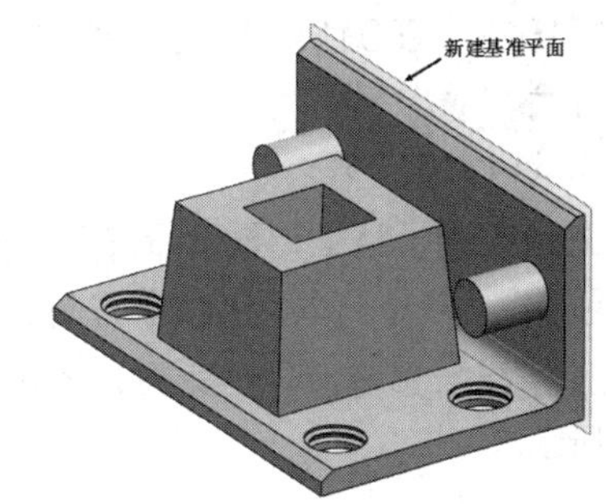

图 4-246　创建基准平面

9. 创建镜像特征

① 单击【特征】工具栏中的按钮，弹出图 4-247 所示的【镜像特征】对话框。

② 选择需要镜像的实体，单击按钮，选择图 4-248 所示的基准平面。

图 4-247 【镜像特征】对话框

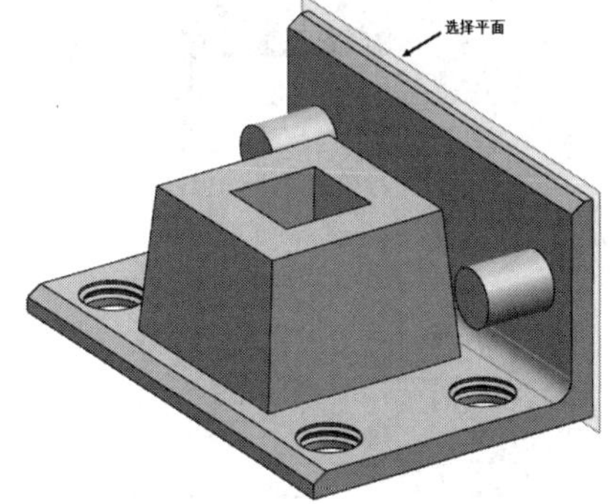

图 4-248　选择镜像基准平面

③ 单击确定按钮，完成镜像实体的创建，最终效果如图 4-249 所示。

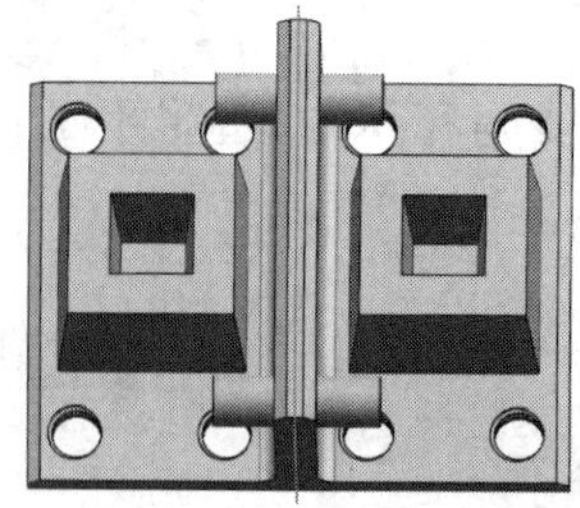

图 4-249　镜像结果

4.4.3　知识拓展

1. 特征阵列

设计时，常常需要创建一组规则分布的特征，如果逐一建立这些特征，势必会浪费很多的时间，而特征阵列命令就可以解决这个问题，能避免对单个实体进行无谓的重复工作，还可以对建好的特征进行镜像或者复制。

单击【特征】工具栏中的按钮或者执行菜单命令【菜单】/【插入】/【关联复制】/【特征阵列】打开图 4-250 所示【阵列特征】对话框，可以使用“线性”“圆形”“多边形”等阵列等 7 种阵列方式。

（1）线性阵列

首先指定种子特征，再设置阵列总数和间距来对种子特征进行阵列。在【布局】列表框中选择“线性”，在【方向 1】和【方向 2】中分别设置阵列矢量、间距、数量、节距等参数，如图 4-251 所示。预览设计结果，如图 4-252 所示，完成设置后单击 应用 按钮，最终结果如图 4-253 所示。

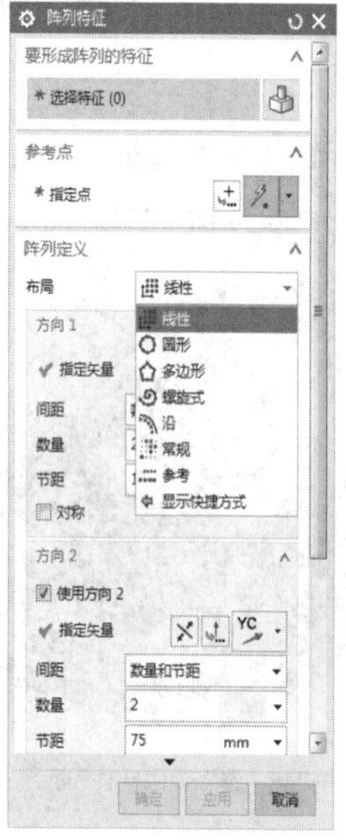

图 4-250 【阵列特征】对话框

图 4-251　设置参数

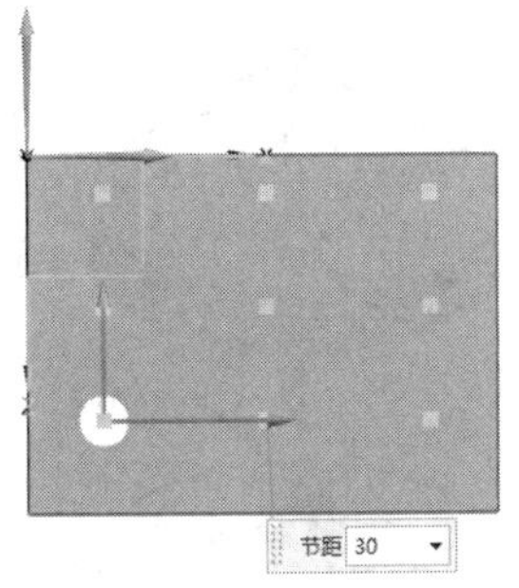

图 4-252　预览阵列效果

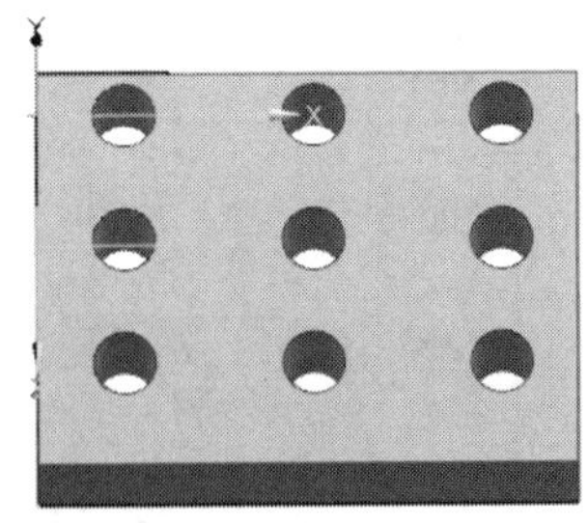

图 4-253　最终阵列效果

（2）圆形阵列

该方式将种子特征绕一个参考轴旋转一个角度复制出若干个特征。如图 4-254 所示，首先选择种子特征，然后在【布局】列表框中选择“圆形”。设置【旋转轴】的指定矢量和指定点，输入数量和节距角，单击 应用 按钮，最终效果如图 4-255 所示。

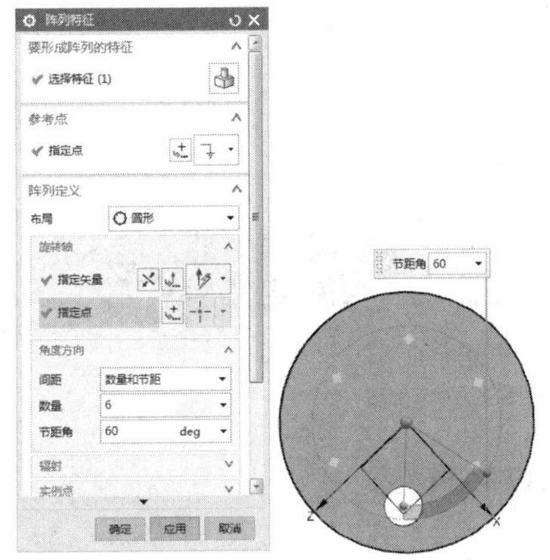

图 4-254　设置参数和预览

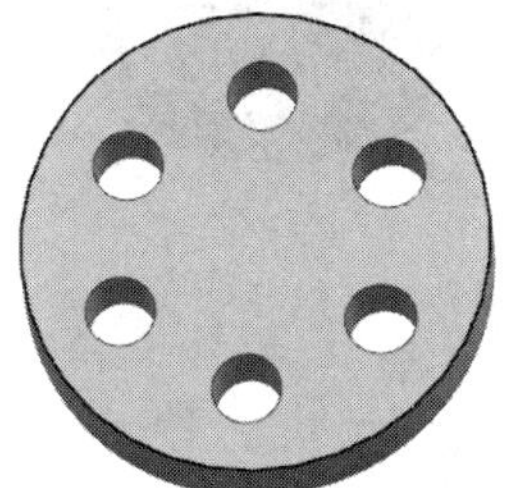

图 4-255　最终效果

2. 比例体

比例体就是按照一定的比例对实体进行放大或者缩小的操作。单击【特征】工具栏中的按钮或者执行菜单命令【菜单】/【插入】/【偏置 / 缩放】/【缩放体】打开图 4-256 所示的【缩放体】对话框。该操作完全关联，并且只应用于几何体而不用于组成该几何体的独立特征。

（1）【均匀】方式

该方式在所有方向上均匀地按比例缩放选定对象，图 4-257 所示为【均匀】方式缩放示例。

（2）【轴对称】方式

该方式可以为指定的轴指定一个缩放比例因子并为其他两轴指定另一个缩放比例因子。图 4-258 所示为【轴对称】方式进行缩放示例。

（3）【常规】方式

该方式可以实现在 x、y、z 3 个方向上以不同的比例因子缩放。图 4-259 所示为【常规】方式进行缩放示例。

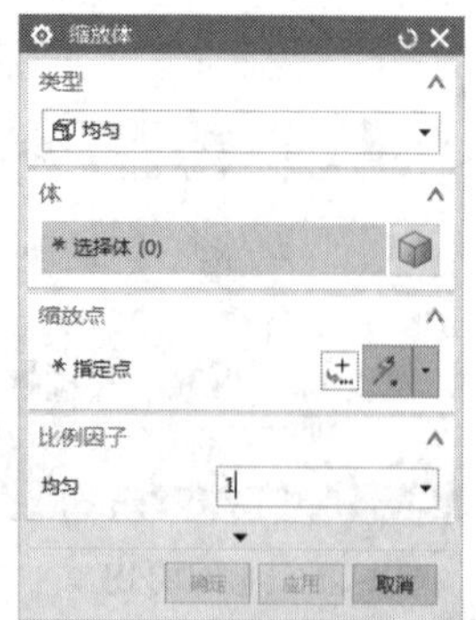

图 4-256 【缩放体】对话框

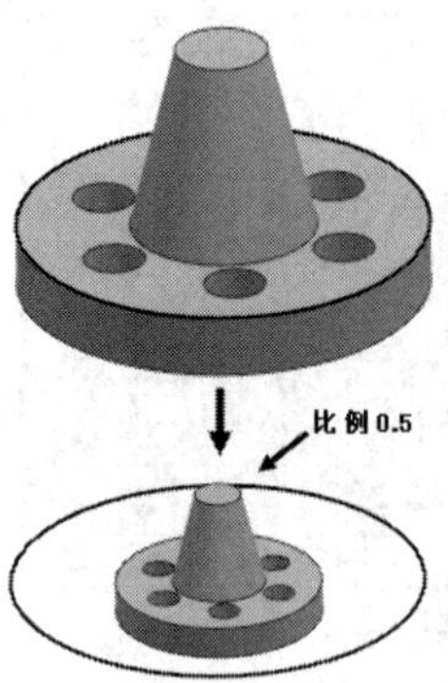

图 4-257 【均匀】缩放

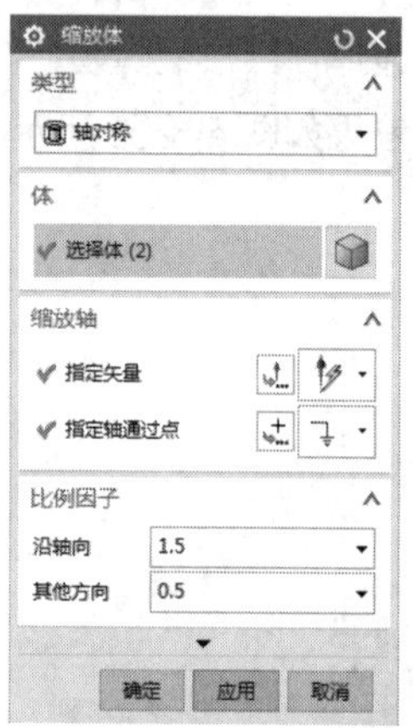

图 4-258 【轴对称】方式示意图

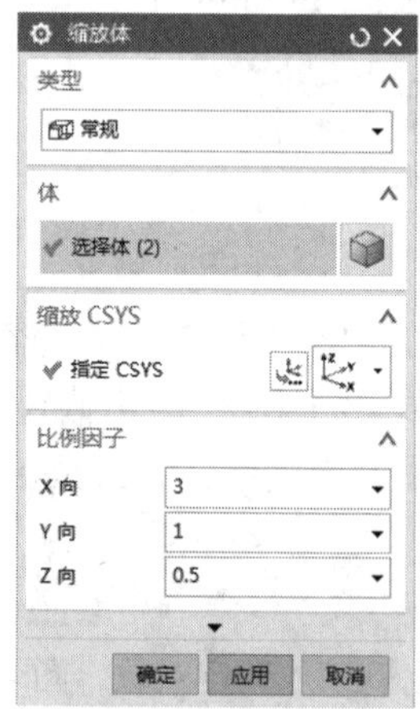

图 4-259 【常规】方式示意图

3. 修剪体

修剪体是通过定义实体表面或定义平面对目标体进行适当的修剪，修剪后的实体依然保持参数化。单击【特征】工具栏中的按钮或者执行菜单命令【菜单】/【插入】/【修剪】/【修剪体】打开图 4-260 所示的【修剪体】对话框。

设计时包括两个步骤，即选择体和指定修剪面。修剪面可以是平面或者曲面。打开【工具选项】下拉列表，选择【新建平面】可以新建修剪面。在图 4-261 所示的【修剪体】对话框中单击按钮弹出图 4-262 所示的【刨】（翻译版本不一，有的显示【平面】对话框）对话框来构造平面。图 4-263 所示为执行此命令以后实体的结果，需要注意不同修剪方向对实体的影响。

图 4-260 【修剪体】对话框

图 4-261　新建平面

图 4-262 【刨】对话框

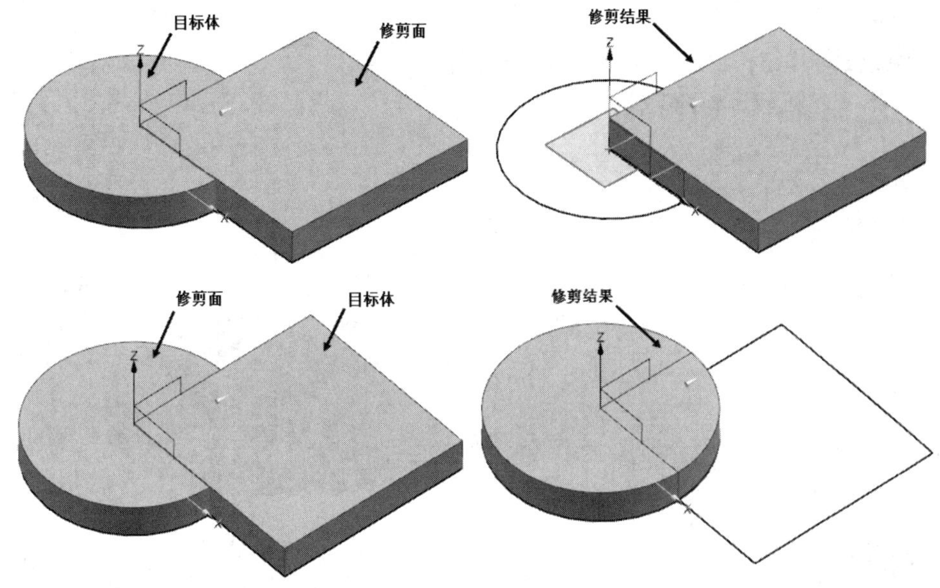

图 4-263　修剪示意图

4.5 直接建模

本节将应用直接建模工具创建图 4-264 所示实体。

本例的基本设计思路如下。

① 创建圆盘和圆柱。

② 修正相关位置。

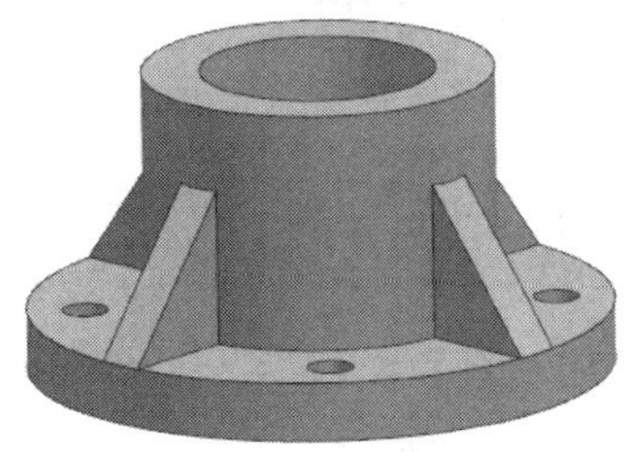

图 4-264　法兰

特征编辑和直接建模

4.5.1　准备知识

完成三维实体建模以后，往往还需要做一

些特征上的修改编辑工作，这就需要应用特征编辑命令。另外 UG NX 10.0 还可以对其他 CAD 软件所建立的模型进行一定程度上的编辑。

利用特征编辑命令可以对特征不满意的地方进行尺寸上的调整、位置上的改变、先后顺序的更改等，系统在大多数情况下保留了与其他对象建立起来的关联性。

UG NX 10.0 的直接建模技术扩展了系统的某些基本功能，包括面向面的操作、基于约束的方法、圆角的重新生成和特征历史的独立等。UG NX 10.0 同时也可以对其他 CAD 软件建立起来的模型或者是非参数化的模型进行直接建模功能。

4.5.2 操作过程

1. 新建模型文件

执行菜单命令【文件】/【新建】创建一个模型文件，命名为“modle2”。

2. 创建圆柱体

① 单击按钮打开【圆柱】对话框，按照图 4-265 所示设置参数，建立一个直径为 50、高度为 5 的圆柱体。

② 单击< 确定 >按钮，创建图 4-266 所示圆柱体。

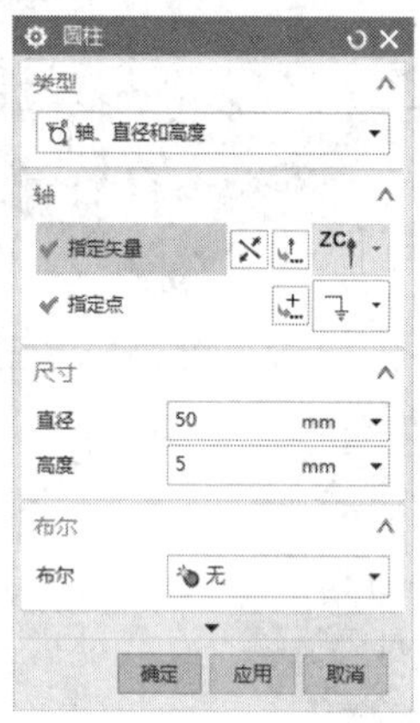

图 4-265 【圆柱】对话框

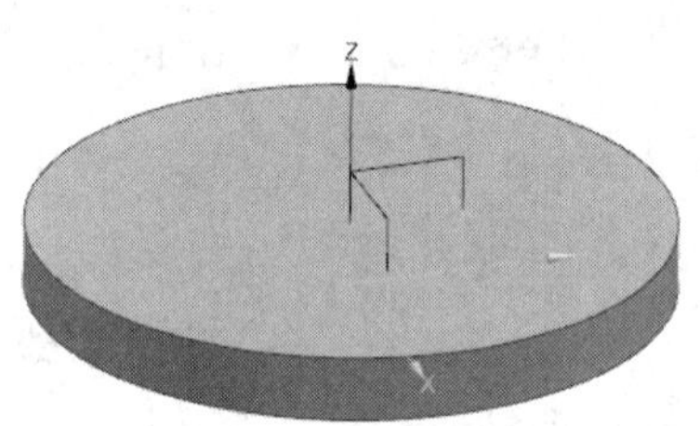

图 4-266 圆柱体

3. 创建凸台

① 单击按钮打开图 4-267 所示的【凸台】对话框，设置直径为 30、高度为 20、锥角为 0。

② 选中凸台要放置的面为圆柱体的上表面，单击应用按钮弹出【定位】对话框，单击按钮弹出【点落在点上】对话框，选择圆柱边线。

③ 单击圆弧中心按钮，最后获得的结果如图 4-268 所示。

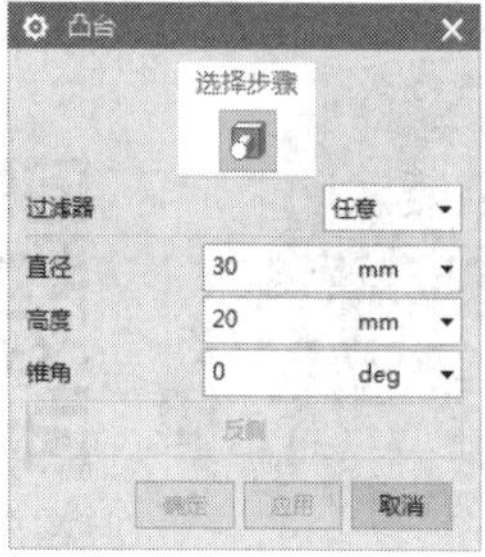

图 4-267 【凸台】对话框

图 4-268 凸台效果

4. 创建草图

① 单击【草图】按钮打开图 4-269 所示的【创建草图】对话框，在【平面方法】中选择【创建平面】，在【指定平面】中单击按钮，打开下拉列表，选择，如图 4-270 所示。

② 单击按钮，再单击图 4-271 所示的圆柱体底面，单击< 确定 >按钮，进入草图模式。

图 4-269 【创建草图】对话框

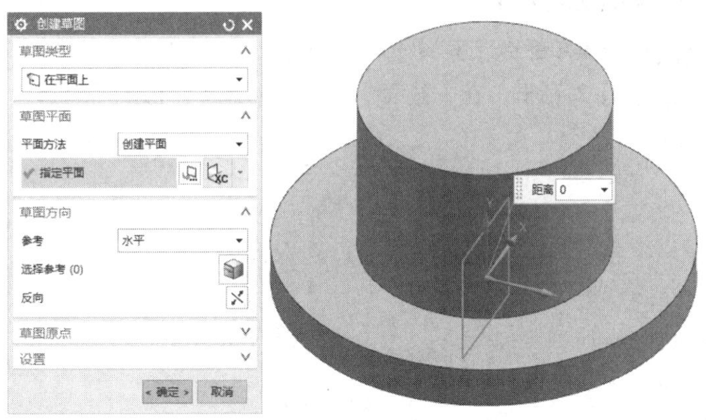

图 4-270　设置参数和预览

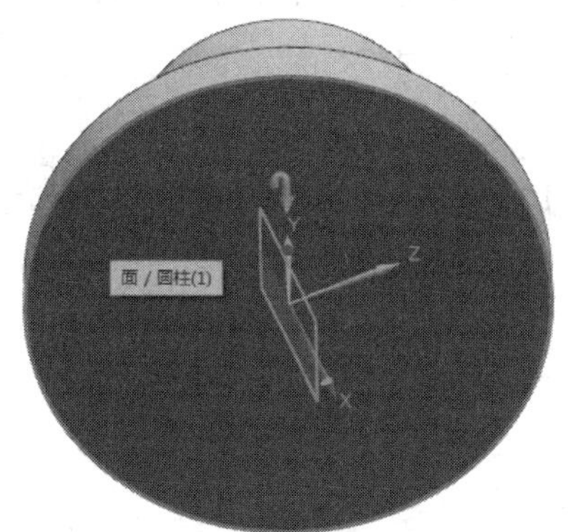

图 4-271　选择草图平面

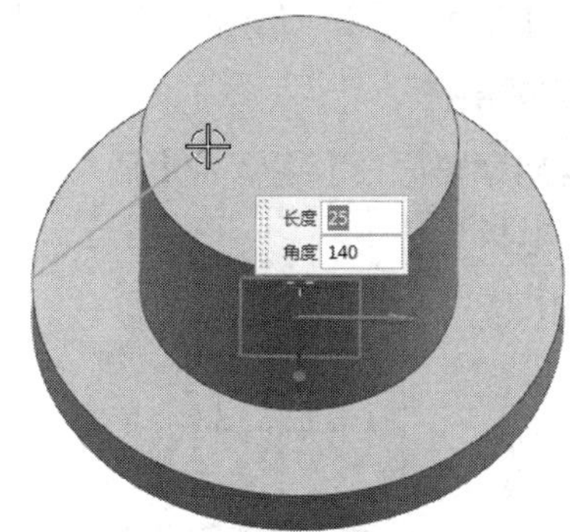

图 4-272　绘制凸台上的点

③ 单击按钮进入绘制线段操作。首先在圆柱体圆周边线上任意选择一点，再在选择凸台上表面选取一点，如图 4-272 所示，最后单击【完成】按钮，结果如图 4-273 所示。

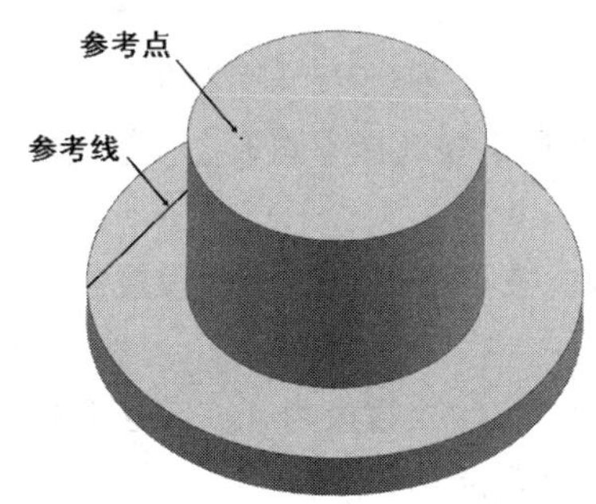

图 4-273　绘制线段效果

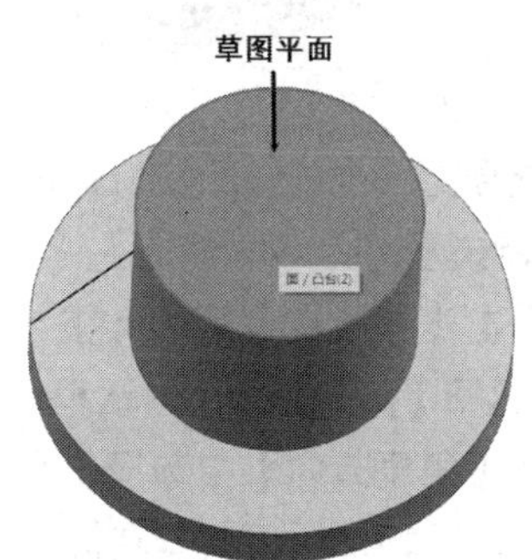

图 4-274　选择草图平面

④ 单击【草图】按钮打开【创建草图】对话框，在【平面方法】中选择【现有的平面】，

然后选择凸台上表面，如图 4-274 所示。单击 按钮，进入草图模式。

⑤ 在【特征】工具栏中单击 按钮，第一点就选图 4-273 所示的参考点，出现 图标，绕顺时针方向，依次把长度设置为（2，90°）、（12，0°）、（4，270°）、（12，180°）。绘制图 4-275 所示的矩形，完成后单击【完成】按钮 。

5. 创建扫掠特征

① 执行菜单命令【菜单】/【插入】/【扫掠】/【沿引导线扫掠】打开图 4-276 所示的【沿引导线扫掠】对话框，在【截面】选项组中选择矩形的所有边。

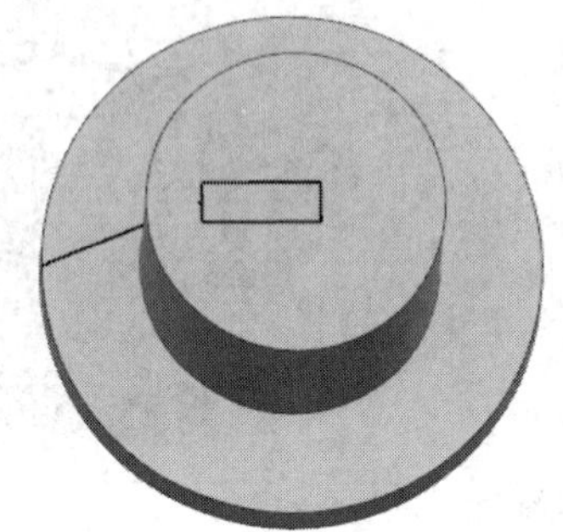

图 4-275 绘制一个矩形

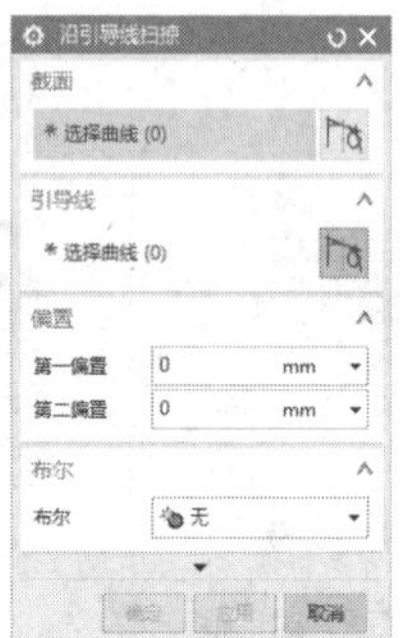

图 4-276 【沿引导线扫掠】对话框

② 在【引导线】选项组中选择参考线，单击 按钮，最终效果如图 4-277 所示。

6. 阵列特征

① 执行菜单命令【菜单】/【插入】/【关联复制】/【阵列特征】打开图 4-278 所示的【阵列特征】对话框。

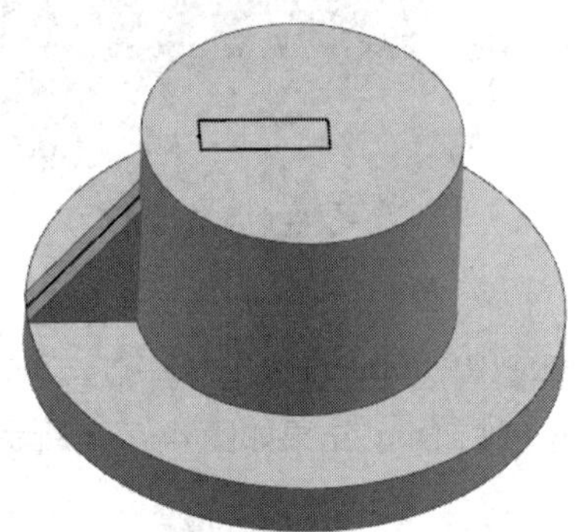

图 4-277 最终扫掠效果

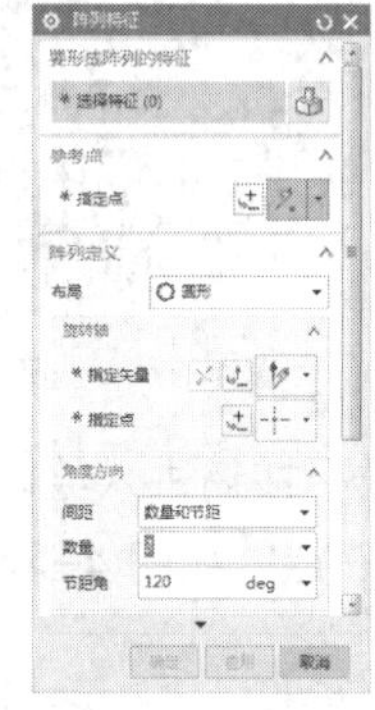

图 4-278 【阵列特征】对话框

② 选择上一步创建的扫掠特征为阵列特征，在【布局】中选择【圆形】，选取图 4-279 所示轴为指定矢量。

③ 单击【指定点】后的 按钮打开【点】对话框，按照图 4-280 所示设置参数，再单击 按钮返回【阵列特征】对话框。

④ 在【角度方向】中选择【间距】为“数量和节距”；输入数量为 4，节距角为 90。设置参数如图 4-281 所示，单击 按钮，最终效果如图 4-282 所示。

7. 创建拉伸特征

① 选择凸台上表圆面建立草图平面，单击工具栏中的 按钮，在凸台上表圆面绘制直径为

20 的圆，单击完成草图按钮，结果如图 4-283 所示。

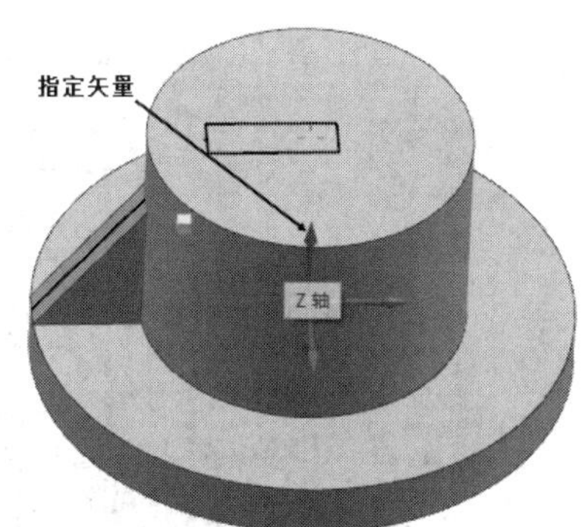

图 4-279　指定矢量

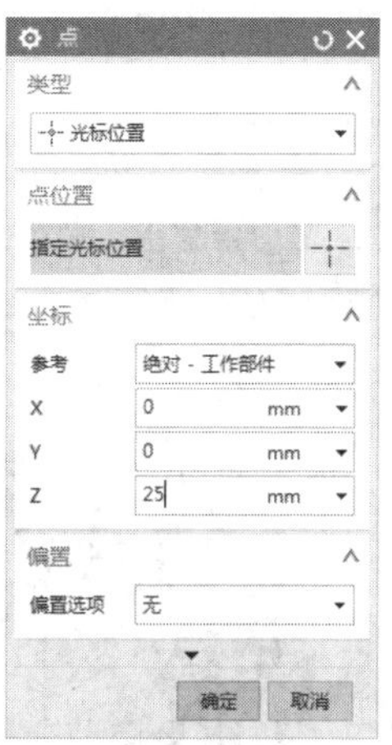

图 4-280　【点】对话框

图 4-281　【阵列特征】对话框

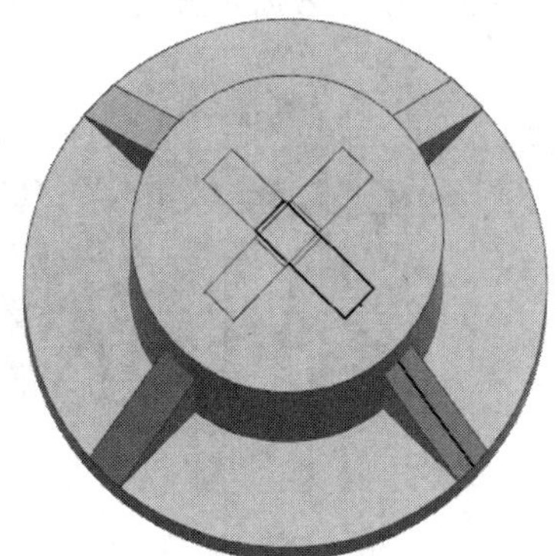

图 4-282　最终阵列效果

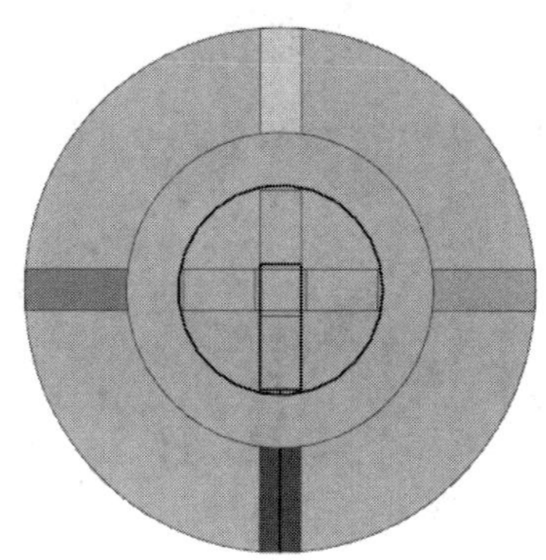

图 4-283　草绘圆

图 4-284　设置参数

② 单击【特征】工具栏中的按钮，选择上一步创建的圆作为草绘截面，按图 4-284 所示设置拉伸参数，单击确定结果如图 4-285 所示。

要点提示

在拉伸特征之前先单击【特征】工具栏中的按钮，将圆柱、凸台和扫掠特征全部合并为一个整体，再对凸台进行拉伸，如果没有这一步，最后拉伸的效果如图 4-286 所示。

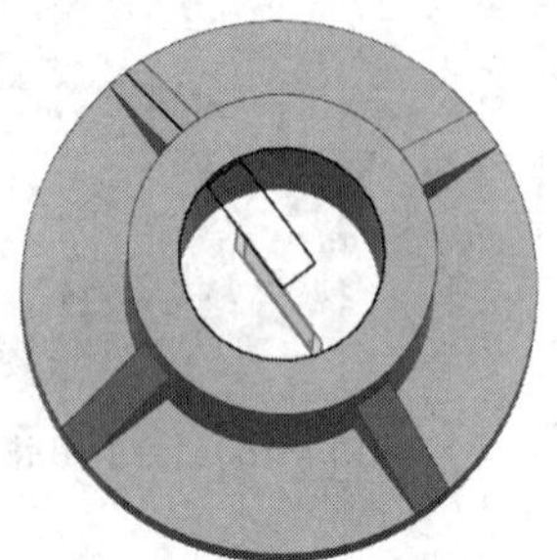

图 4-285　最终拉伸效果

图 4-286　合并前拉伸效果

③ 创建孔拉伸特征。在圆柱体的上表面建立草图，绘制一条线段。起点在原点（0，0，0），设置长度 20、角度 225，如图 4-287 所示。

④ 绘制图 4-288 所示直径为 4 的圆，然后删除刚创建的直线，最后单击【完成】按钮。

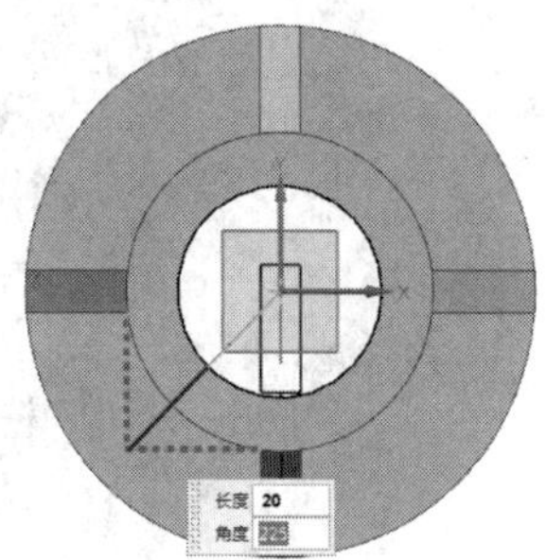

图 4-287　绘制第一点

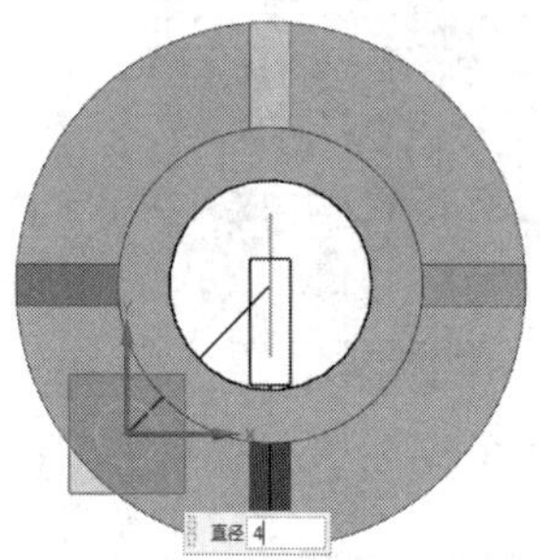

图 4-288　绘制圆

⑤ 单击拉伸按钮，选择草图圆，完成孔的拉伸，穿透整个模型，结果如图 4-289 所示。

⑥ 单击阵列特征按钮，阵列 4 个拉伸孔，结果如图 4-290 所示。

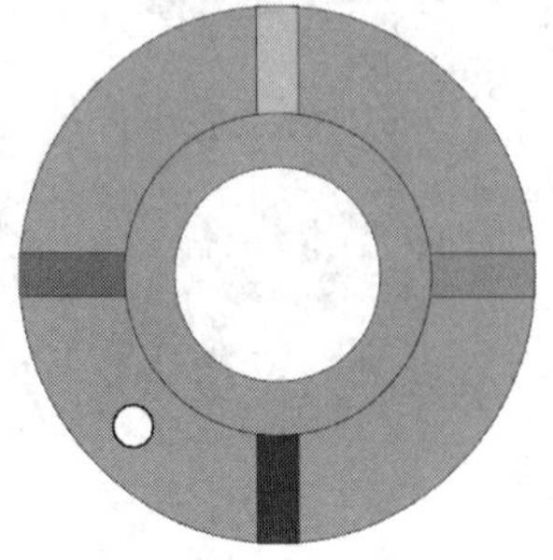

图 4-289　拉伸孔

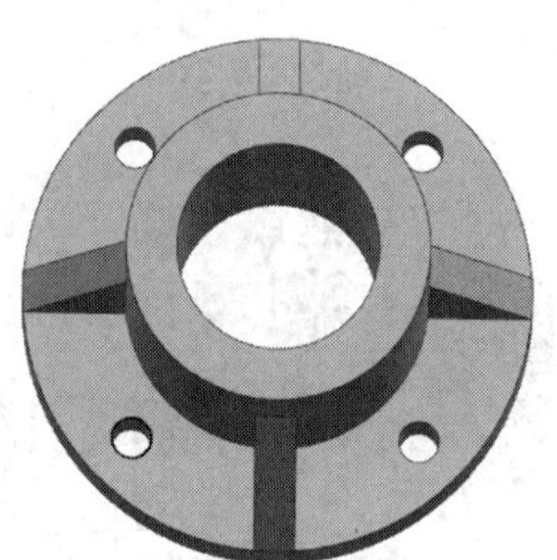

图 4-290　最终阵列效果

小结

创建三维实体模型是 UG NX 10.0 的重要功能，实体模型信息量丰富，应用广泛，是目前 CAD 设计中最主要模型形式。本章主要介绍了以下内容。

① 介绍了 UG NX 10.0 的实体建模功能。

② 介绍了创建基准轴、基准面等基准构造方法。

③ 介绍了圆柱、长方体、球、锥体等基本体的创建方法，便于进行简单的模型构建应用。

④ 详细阐述了拉伸、旋转等实体建模工具的用法。

⑤ 介绍了拔模、边倒圆、面倒圆、倒角、抽壳、螺纹等特征操作工具的用法。

⑥ 对孔、凸台、垫块等成型特征及定位操作做了详细的讲解，为创建各种特征提供了更为简捷的方法。

习题

1. 简要说明实体模型的特点和用途。
2. 什么是成型特征? 它主要包括哪些类型？
3. 常用的实体编辑工具有哪些? 各有何用途?
4. 两个特征之间主要有哪些定位方式?
5. 利用所学知识建立图 4-291 所示模型，参数自定。

图 4-291　实体模型

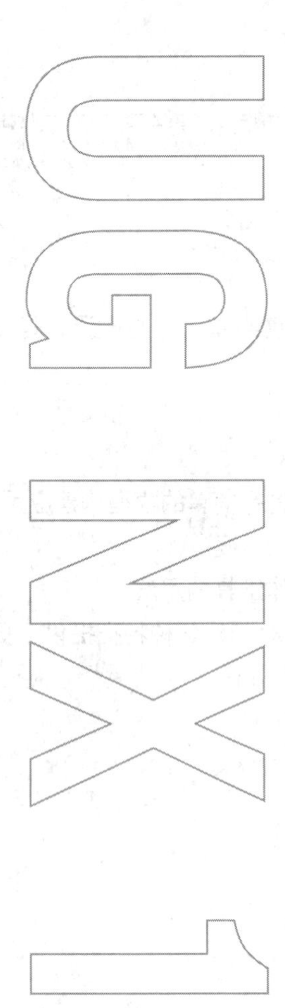
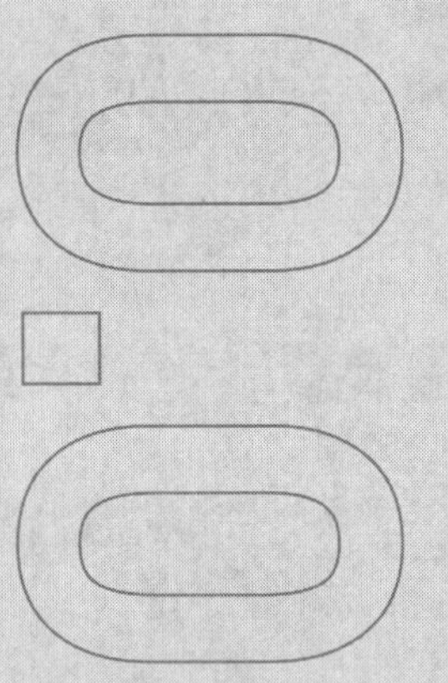

Chapter

5

第5章 曲面造型

【学习目标】

- 掌握通过点创建曲面的方法。
- 掌握基本曲面的创建方法。
- 掌握常用曲面编辑的方法。
- 总结曲面设计的方法和技巧。

UG NX 10.0具有强大的曲面造型功能，它不仅提供了极为丰富的曲面造型工具，而且可以通过一些参数来精确控制曲面精度和形状。此外，UG NX 10.0的曲面分析工具也极为丰富，这将为创建高质量曲面模型提供有力的帮助。

5.1 通过点创建曲面

与实体特征相比，曲面形状更加多样，其造型手段更加灵活多变。本节将创建图 5-1 所示曲面，学习通过点坐标值来创建曲面的方法。

本例的基本设计思路如下。

① 创建曲面上的参考点。

② 由参考点创建曲面。

本节的曲面看似复杂，但利用“通过点”功能便可以方便快捷地完成创建工作。设计难点在于要合理设置参考点，因为参数的设置稍有不同便会得到差异很大的曲面。

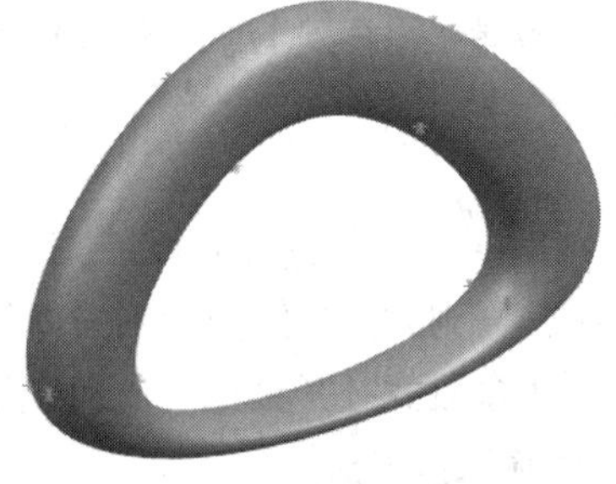

图 5-1　由点创建的曲面

通过点创建曲面

5.1.1 知识准备

曲面造型用于构造用标准实体特征建模方法所无法创建的复杂表面或实体形状，创建曲面特征前，通常需要先构建点或曲线作为参照。

1. 基本概念

曲线创建的一些基本概念如下。

（1）行与列

一般曲面的参数坐标都是使用行列的坐标观念，曲面上行、列的方向分别表示为 V 方向和 U 方向。曲面的横断面方向为 U 方向，曲线的纵方向、扫掠方向或引导线方向称为 V 方向，V 方向大约垂直于 U 方向。

（2）阶次

阶次即为曲面参数方程的阶次。UG NX 10.0 的每一个曲面定义了 U、V 方向的阶次，阶次为 1~24。由于三次曲面已经足以表达一般的曲面造型，阶次过高会大幅提高计算时间，使得模型运算与显示的效率大幅降低，因此，通常建议使用 3 次方来创建曲面。

（3）补片

补片是构成自由曲面的片断曲面，即便看到是一大块曲面，其实是由许多补片所构成的。只要能达到曲面创建功能的要求，原则上补片的数量越少越好。

要点提示

在 UG 建模的默认界面中不显示【曲面】工具栏，可以在其他工具栏中单击鼠标右键，在弹出的快捷菜单中选择【曲面】选项，便可以在建模界面中显示【曲面】工具栏了。【曲面】工具栏如图 5-2 所示，也可执行菜单命令【菜单】/【插入】/【曲面】来查看曲面的基本功能。

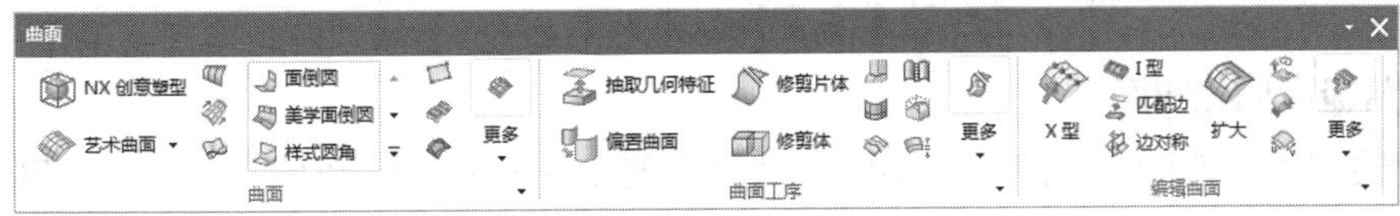

图 5-2 【曲面】工具栏

2.【通过点】创建曲面

通过一组按照一定规律分布的数据点产生曲面，所创建的曲面完全通过指定的数据点，且数据点的位置和数量将影响整体曲面的平滑度。

（1）设计工具

执行菜单命令【菜单】/【插入】/【曲面】/【通过点】，打开图 5-3 所示的【通过点】对话框，各项参数意义如下。

① 补片类型。

- 【单个】：产生单一补片的高阶曲面，即行方向的阶数为行方向的点数减 1，列方向的阶数为列方向的点数减 1。
- 【多个】：产生多段式补片曲面，此时的阶数分别为行阶次和列阶次中的输入数值。

图 5-3 【通过点】对话框

② 沿以下方向封闭。

- 【两者皆否】：行和列方向皆不封闭。
- 【行】：行方向封闭，此时行方向选取的第一点同时作为最后一点。
- 【列】：列方向封闭，此时列方向选取的第一点同时作为最后一点。
- 【两者皆是】：行和列方向皆封闭。

③ 行阶次。曲面行方向的阶次。所指定的行方向的阶数必须比行方向的点数至少少 1，否则系统将会报告错误。

④ 文件中的点。从文件中读取点数据来创建曲面。

（2）设计步骤

设定好图 5-3 中的参数后，单击 确定 按钮，弹出图 5-4 所示的【过点】对话框，用来指定第一行点的选取方法。对话框中各项含义和【样条】对话框（见图 2-46）中各项含义相同。

利用【通过点】命令创建的曲面，其步骤如下。

① 按照图 5-3 所示设置各参数后，单击 确定 按钮。

② 在图 5-4 所示确定选取点的方法，弹出图 5-5 所示的【指定点】对话框。

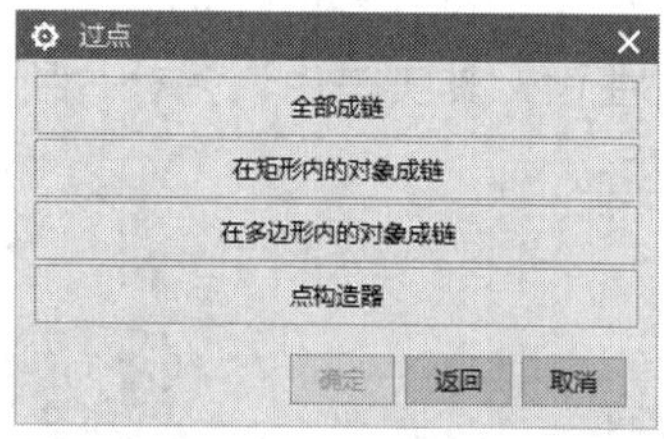

图 5-4 【过点】对话框

图 5-5 【指定点】对话框

③ 指定完一行数据点，指定该行的起始点和终止点后，进入下一行数据点的选取。

④ 当指定完所有的数据点后，弹出图 5-6 所示的【过点】对话框，单击对话框中的 所有指定的点 按钮创建图 5-7 所示的曲面。

3. 从极点创建曲面

利用该方法创建曲面的步骤与利用【通过点】创建曲面的步骤相似，其区别在于利用该方法创建曲面时不通过所有的选取点。执行菜单命令【菜单】/【插入】/【曲面】/【从极点】，弹出图 5-8

所示的【从极点】对话框，各项参数与图 5-3 所示各项参数含义类似。

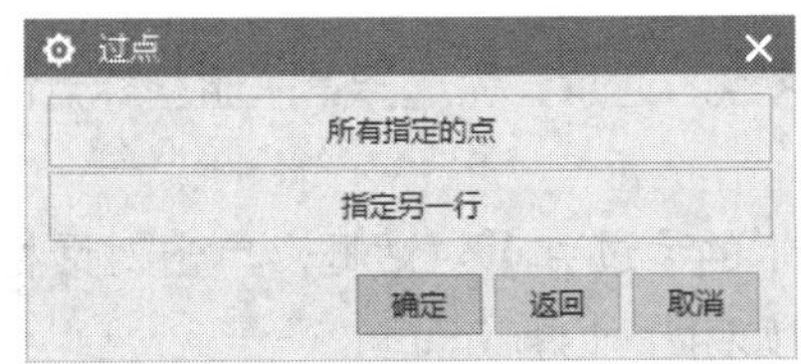

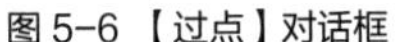
图 5-6 【过点】对话框

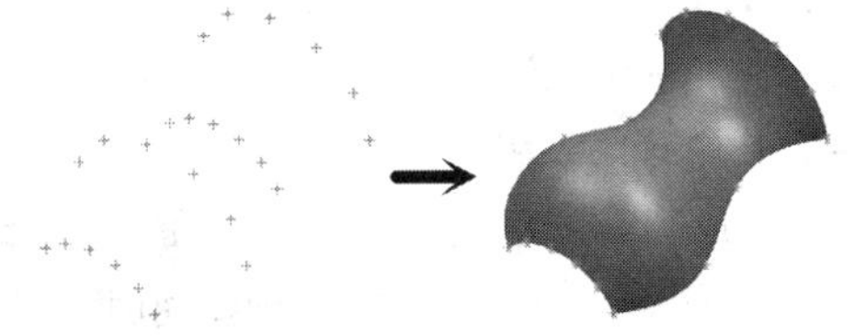
图 5-7　利用【通过点】创建曲面

利用【从极点】命令创建的曲面，其中点数据和图 5-7 中相同。其步骤如下。

① 按照图 5-8 所示设置各参数后，单击确定按钮，弹出【点】对话框。可以在其中输入点坐标选择点，也可以直接用鼠标单击选择点。

② 指定第一行极点后，单击【点】对话框中的确定按钮，弹出图 5-9 中所示的【指定点】对话框，单击其中的是按钮，进入下一行极点的指定。

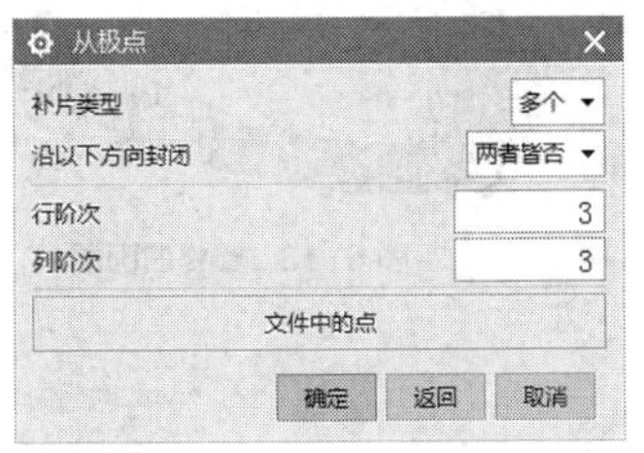

图 5-8 【从极点】对话框

图 5-9 【指定点】对话框

③ 当指定完所有的数据极点后，弹出图 5-10 所示的【从极点】对话框，单击对话框中的所有指定的点按钮创建图 5-11 所示曲面。

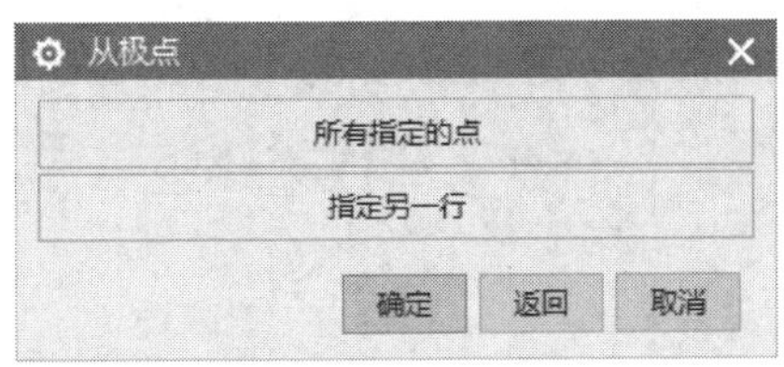

图 5-10 【从极点】对话框

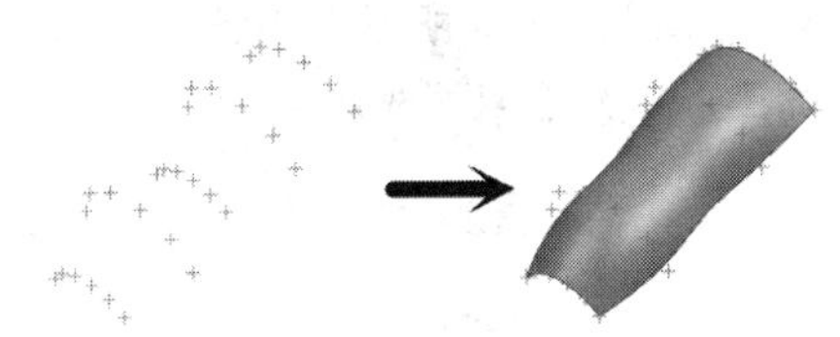
图 5-11　利用从极点创建曲面

5.1.2　操作过程

1. 创建点

① 执行菜单命令【菜单】/【插入】/【基准 / 点】/【点】。

② 在弹出的【点】对话框中输入 16 组点坐标：(-146，253，0)、(292，0，0)、(-292，0，0)、(146，253，0)、(415.5，0，20)、(-415.5，0，20)、(-208，360，20)、(208，360，20)、(415.5，0，60)、(-415.5，0，60)、(-208，360，60)、(208，360，60)、(-146，253，80)、(292，0，80)、(-292，0，80)、(146，253，80)，创建 16 个点。

2. 创建曲面

① 执行菜单命令【菜单】/【插入】/【曲面】/【通过点】，弹出图 5-3 所示的【通过点】对话框，在其中的【沿以下方向封闭】下拉列表中选择【两者皆是】，其他选项保持默认设置。

② 单击 确定 按钮，弹出图 5-4 所示的【过点】对话框，单击 全部成链 按钮，弹出图 5-5 所示【指定点】对话框。

③ 根据图 5-12 所示，依次选择每一行的起点和终点。注意，先选择第一组坐标点的起点和终点，再选择第二组。

④ 当指定完所有的数据点后，弹出图 5-6 中所示的【过点】对话框，单击对话框中的 所有指定的点 按钮创建曲面。最终设计图如图 5-13 所示。

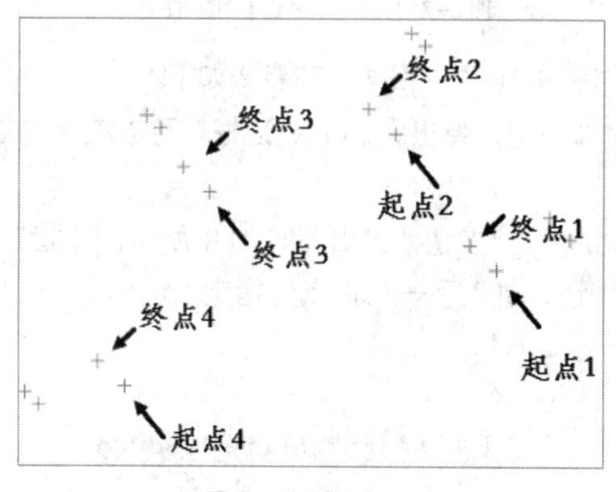

图 5-12　选取点

图 5-13　最终曲面图

5.1.3　知识拓展

拟合曲面通过读取选中范围内的一大块点数据来创建曲面，这些点数据通常来自于三维扫描或数据文件。选择菜单命令【菜单】/【插入】/【曲面】/【拟合曲面】，弹出图 5-14 所示【拟合曲面】对话框。在使用该命令创建曲面时，根据选取坐标系方法的不同，所创建的曲面可能不完全通过选取的点。

- 按照图 5-14 所示设置各参数后，选取绘图区域内要创建曲面的点。【拟合方向】选项组中选择【最合适】单选按钮。

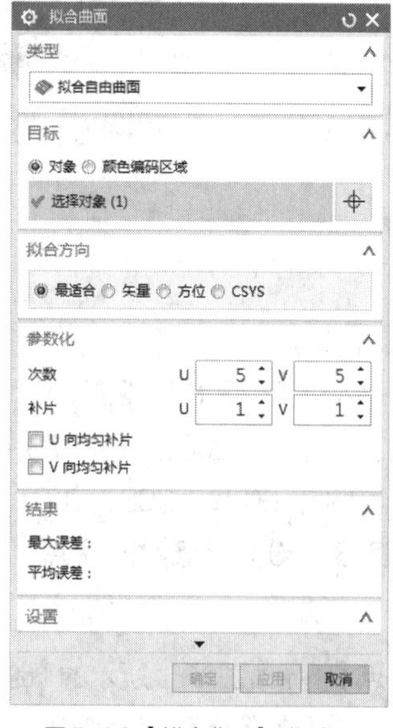

图 5-14 【拟合曲面】对话框

图 5-15　选取要创建曲面的点

- 单击图 5-14 所示【拟合曲面】对话框中的 确定 按钮创建曲面。选取【类型】选项组下拉列表框中其他选项，创建曲面的效果分别如图 5-16 所示。

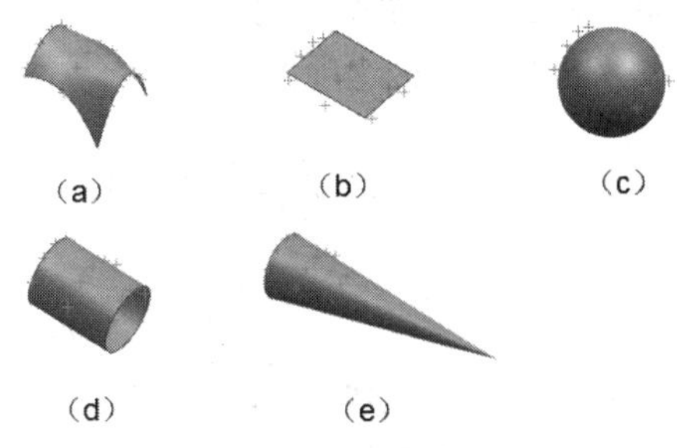

（a）　（b）　（c）

（d）　（e）

图 5-16　最后创建的曲面

5.2 创建基本曲面

本节主要介绍使用扫掠方法创建图 5-17 所示花瓶曲面的基本步骤，主要学习如何在已知曲面截面形状的情况下创建曲面。

本例的基本设计思路如下。

① 创建曲面的截面轮廓曲线和引导线。

② 使用扫掠方法创建曲面。

在绘制曲面时经常会遇到知道曲面截面大概轮廓的情况，此时可以利用扫掠功能方便地创建此曲面。此功能难点在于选择引导线。不同的引导线和参数会严重影响曲面的形状。

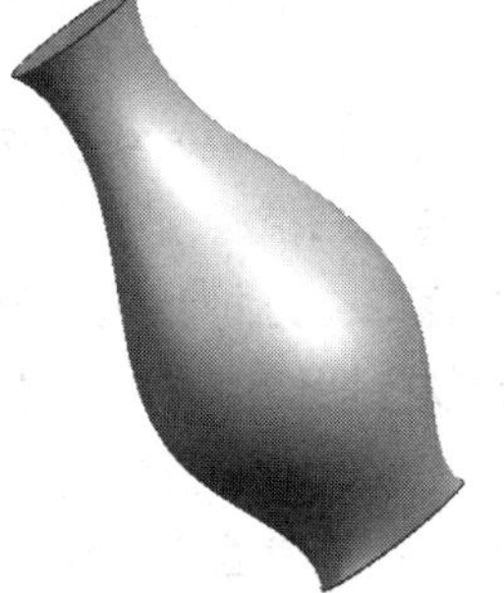

图 5-17　扫掠曲面实例

创建基本曲面

5.2.1 知识准备

1. 设计工具

扫掠曲面是将特定轮廓曲线沿空间特定路径扫掠形成的曲面，其中空间特定路径称为引导线，而轮廓曲线称为截面线。

要点提示

每一条引导线或截面线都可以是单一线段或连续的多段曲线，引导线控制曲面在 V 方向的造型变化，可以是一条曲线、实体或曲面边缘线。引导线上的线必须连续光滑，而截面线不一定要光滑。一个扫掠曲面截面线数量为 1 ~ 400，引导线数量为 1 ~ 3。如果引导线是封闭的，则可以指定第一条截面线作为最后一条截面线，以生成一个封闭曲面。

单击【曲面】工具栏中的 扫掠 按钮，弹出图 5-18 所示的【扫掠】对话框。其中主要参数的含义如下。

（1）截面

扫掠命令中轮廓曲线为截面线。

（2）引导线

引导线是指扫掠路径线。当引导线数量为 1 条时，截面线沿着该引导线下部移动时，可以设定其方向与缩放比例；当引导线数量为 2 条时，被扫掠的曲面的方向完全被指定，所以设置项中不会出现定义方位变化的选项；当引导线数量为 3 条时，被扫掠的曲面的方向和缩放比例均被完全指定，所以设置项中不会出现方位和缩放比例的选项。

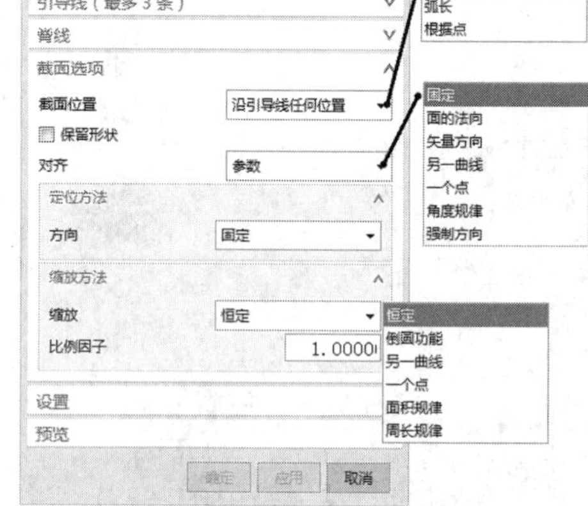

图 5-18 【扫掠】对话框

（3）脊线

利用该功能能够更加精确地控制曲面创建的方位。脊线最好定义为垂直于每条截面线。

（4）截面位置

扫掠时控制生成的扫掠曲面的两端截面位置。

- 【沿引导线任何位置】：生成的扫掠曲面在扫掠方向的起始和终止位置由截面线的位置来确定。
- 【引导线末端】：生成的扫掠曲面在扫掠方向的起始和终止位置为引导线的两端点。

（5）对齐

用于控制截面线的对齐方式，生成曲面时，截面线串等参数曲线建立连接点，对齐方式决定这些连接点在截面曲线上的分布和间隔方式，从而在一定的范围内控制曲线的形状。

（6）定位方法

当只使用一条引导线时，截面线在被扫掠过程中，其方向（动态坐标系）还不能完全得到确定，截面线在沿着引导线扫掠时，可以是简单的平移，也可以在平移的同时进行转动，因此需要进一步的约束条件（第二个方向）来进行控制。

- 【固定】：无须指明任何方向，截面线保持固定的方向沿引导线平移扫掠。
- 【面的法向】：截面线沿引导线扫掠时的第二方向与所选择面的法向相同。
- 【矢量方向】：扫掠时截面线变化的第二个方向与所选矢量方向相同，并且所选矢量不能与引导线相切。
- 【另一条曲线】：用另一条曲线、实体的边或曲面的边来控制截面线的方向，扫掠时截面线变化的第二个方向由引导线与另一条曲线各对应点之间的连线方向来控制，好像用两条线作了一个直纹面。
- 【一个点】：与【另一条曲线】相似，相当于曲线收敛于一点。
- 【角度规律】：该命令选项只适用于一条截面线的情况，截面线可以开口也可以封闭。
- 【强制方向】：扫掠时，截面线变化的第二个方向与所选矢量方向相同，截面线在一系列平行平面内沿引导线扫掠，相当于沿引导线平行堆砌而成，此选项可以在小曲率的引导线扫掠时防止自相交。

（7）缩放

用于选取单一引导线时，定义曲面的比例变化。

要点提示

扫掠特征线的一般规律如下：① 截面线和引导线不一定是平面曲线；② 截面线和引导线可以是任意类型的曲线，但不可以使用点；③ 截面线不一定要求与引导线相连接，但最好相连接；④ 扫掠时，至少需要一条截面线，最多可使用 400 条截面线；⑤ 使用脊线可以进一步控制截面线的情况。

2. 一条引导线和一条截面线扫掠

采用一条引导线和一条截面线扫掠时，其扫掠方向和尺寸大小都无法确定，因此需要对扫掠方向和尺寸大小的变化进行控制。图 5-19 所示为利用一条引导线和一条截面线生成的曲面，【方向】控制为“固定”，【缩放】方式为“恒定”。其创建步骤如下。

图 5-19 利用一条引导线和一条截面线创建曲面

① 选取一条截面线后，单击鼠标中键。

② 再次单击鼠标中键，结束截面线的选取。

③ 选取一条引导线后，单击鼠标中键。

④ 再次单击鼠标中键，结束引导线的选取。

⑤ 在图 5-18 所示的【扫掠】对话框中，设置【方向】和【缩放】等参数后，单击 < 确定 > 按钮创建曲面。

3. 一条引导线和两条及两条以上截面线扫掠

采用一条引导线和两条及两条以上截面线进行扫掠时，其扫掠方向和尺寸大小都无法确定，因此需要对扫掠方向和尺寸大小的变化进行控制。

这种方法与采用一条引导线和一条截面线进行扫掠的区别在于：采用一条截面线时，生成的扫掠曲面的过渡形状只与截面线相同，且只能为 1 的线性；采用两条或两条以上截面线时，生成的扫掠曲面的过渡形状由所有截面线串来控制且可以为线性，也可以为三次方。

图 5-20 所示为利用一条引导线和两条截面线生成的曲面，【方向】控制为“固定”，【缩放】方式为“恒定”，【截面位置】分别为“沿引导线任何位置”“引导线末端”和“参数”。其创建步骤如下。

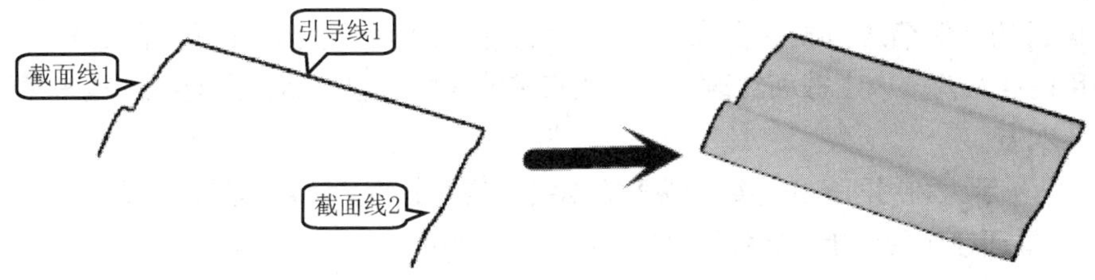

图 5-20 利用一条引导线和两条截面线创建曲面

① 选取截面线 1 后，单击鼠标中键。

② 选取截面线 2 后，单击鼠标中键。

③ 单击鼠标中键，完成截面线的选取。

④ 选取一条引导线后，单击鼠标中键。

⑤ 再次单击鼠标中键，结束引导线的选取。

⑥ 在【截面选项】选项组中，设置扫掠时在相邻两截面线之间生成扫掠曲面的【截面位置】。

⑦ 在图 5-18 所示的【扫掠】对话框中，设置【方向】和【缩放】等参数后，单击< 确定 >按钮创建曲面。

4. 两条引导线和一条截面线扫掠

当采用两条引导线和一条截面线进行扫掠时，其扫掠方向已经完全确定，但尺寸大小将会被缩放。图 5-21 所示为利用两条引导线和一条截面线生成的曲面，其创建步骤如下。

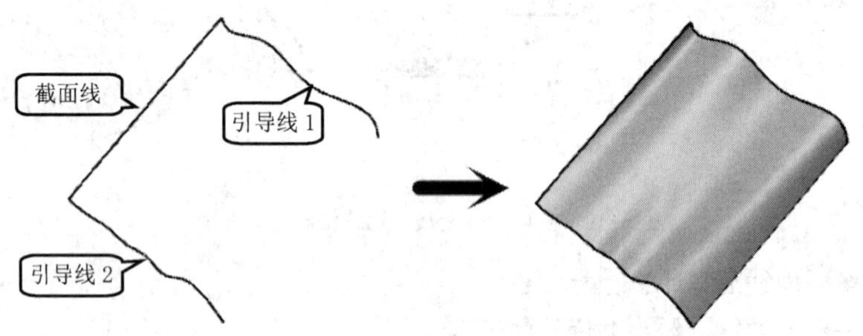

图 5-21　利用两条引导线和一条截面线创建曲面

① 选取一条截面线后，单击鼠标中键。
② 单击鼠标中键，完成截面线的选取。
③ 选取引导线 1 后，单击鼠标中键。
④ 选取引导线 2 后，单击鼠标中键。
⑤ 再次单击鼠标中键，结束引导线的选取。
⑥ 在【截面选项】选项组中，设置【截面位置】。
⑦ 在图 5-18 所示【扫掠】对话框中，设置其他参数后，单击< 确定 >按钮创建曲面。

5. 两条引导线和两条及两条以上截面线扫掠

当采用两条引导线和两条及两条以上截面线进行扫掠时，其扫掠方向已经完全确定，但尺寸大小将会被缩放。

这种方法与采用两条引导线和一条截面线进行扫掠的区别在于：当采用一条截面线时，若不考虑截面线的比例缩放方式，生成的扫掠曲面的过渡形状只与截面线相同且只能为 1 的线性；而采用两条及两条以上截面线时，生成的扫掠曲面的过渡形状由所有截面线来控制且可以为线性或三次方。

图 5-22 所示为利用两条引导线和两条截面线生成的曲面，其创建步骤如下。

① 选取截面线 1 后，单击鼠标中键。
② 选取截面线 2 后，单击鼠标中键。
③ 单击鼠标中键，完成截面线的选取。
④ 选取引导线 1 后，单击鼠标中键。
⑤ 选取引导线 2 后，单击鼠标中键。
⑥ 再次单击鼠标中键，结束引导线的选取。
⑦ 在【截面选项】选项组下，设置【插值】方式。
⑧ 在图 5-18 所示【扫掠】对话框中，设置其他参数后，单击< 确定 >按钮创建曲面。

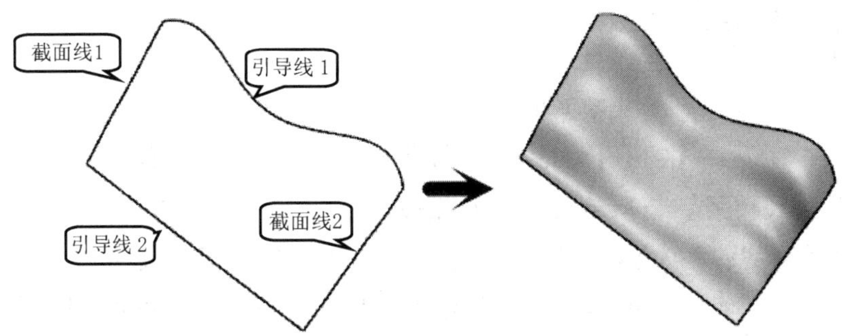

图 5-22　利用两条引导线和两条截面线创建曲面

图 5-23 所示为利用两条引导线和三条截面线生成的曲面，其创建步骤如下。

① 选取截面线 1 后，单击鼠标中键。

② 选取截面线 2 后，单击鼠标中键。

③ 单击鼠标中键，完成截面线的选取。

④ 选取引导线 1 后，单击鼠标中键。

⑤ 选取其他引导线后，单击鼠标中键。

⑥ 再次单击鼠标中键，结束引导线的选取。

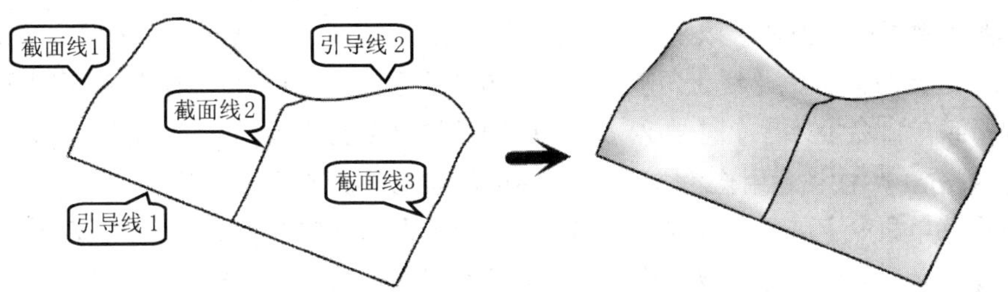

图 5-23　利用两条引导线和三条截面线创建曲面

⑦ 在【截面】选项组下，设置【插值】方式。

⑧ 在图 5-18 所示【扫掠】对话框中，设置其他参数后，单击< 确定 >按钮创建曲面。

6. 三条引导线和一条截面线扫掠

当采用三条引导线和一条截面线进行扫掠时，其扫掠方向和尺寸大小均已完全确定。图 5-24 所示为利用三条引导线和一条截面线生成的曲面，其创建步骤如下。

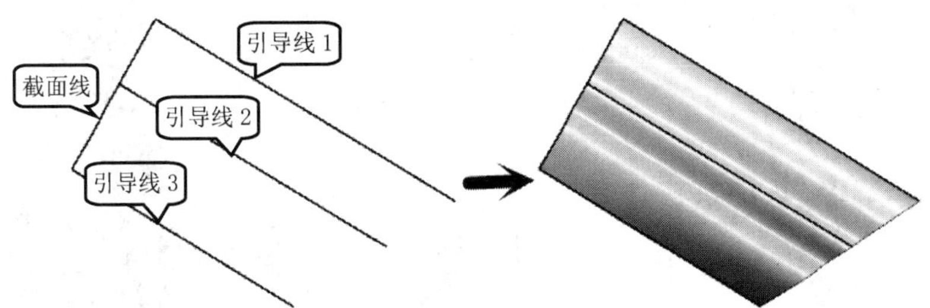

图 5-24　利用三条引导线和一条截面线创建曲面

① 选取一条截面线后，单击鼠标中键。

② 单击鼠标中键，完成截面线的选取。

③ 选取引导线 1 后，单击鼠标中键。

④ 选取其他引导线后，单击鼠标中键。

⑤ 再次单击鼠标中键，结束引导线的选取。

⑥ 在图 5-18 所示的【扫掠】对话框中，设置其他参数后，单击< 确定 >按钮创建曲面。

7. 三条引导线和两条或两条以上截面线扫掠

当采用三条引导线和两条或两条以上截面线进行扫掠时，其扫掠方向及尺寸大小均已完全确定。

与采用三条引导线和一条截面线进行扫掠的区别在于：当采用一条截面线时，若不考虑截面线的比例缩放方式，生成的扫掠曲面的过渡形状只与截面线相同且只能为 1 的线性；而采用两条及两条以上截面线时，生成的扫掠曲面的过渡形状由所有截面线来控制且可以为线性或三次方。

5.2.2 操作过程

① 执行菜单命令【菜单】/【插入】/【草图】，弹出【创建草图】对话框，单击< 确定 >按钮，单击【草图曲线】工具栏中的按钮，以原点为中心，绘制参数【大半径】为 60，【小半径】为 35，【起始角】为 0，【终止角】为 360，【旋转角度】为 0 的椭圆 1。完成草图 1 的绘制。

② 执行菜单命令【菜单】/【插入】/【基准 / 点】/【基准平面】，在【类型】下拉列表中单击按某一距离按钮，再选择 *xy* 平面，【偏置】选项组的【距离】文本框中输入 350，单击< 确定 >按钮，进入草图绘制。

③ 参照步骤①中的方法，以（0，0，350）点为中心，绘制参数【长半轴】为 50，【短半轴】为 35，【起始角】为 0，【终止角】为 360，【旋转角度】为 0 的椭圆 2。完成草图 2 的绘制。

④ 执行菜单命令【菜单】/【插入】/【草图】，弹出【创建草图】对话框，选择 *yz* 平面为草绘平面，单击< 确定 >按钮。用艺术样条工具绘制样条曲线 1，如图 5-25 所示。

⑤ 执行菜单命令【菜单】/【插入】/【草图】，弹出【创建草图】对话框，选择 *xz* 平面为草绘平面，单击< 确定 >按钮。绘制对称的样条曲线 2 和样条曲线 3，如图 5-25 所示。

⑥ 以椭圆 1 和椭圆 2 的中心为端点绘制线段 1，作为脊线，完成草图绘制，如图 5-25 所示。

⑦ 执行菜单命令【插入】/【扫掠】/【扫掠】，弹出【扫掠】对话框，选取椭圆 1 为截面线 1 后，单击鼠标中键。选取椭圆 2 为截面线 2 后，单击鼠标中键。再单击鼠标中键，完成截面线的选取。选取样条曲线 2 作为引导线后，单击鼠标中键。选取样条曲线 3 作为引导线后，单击鼠标中键。选取样条曲线 1 作为引导线后，单击【扫掠】对话框中【脊线】选项组中的按钮，完成引导线的选取，并进入选择脊线状态。选取线段 1 为脊线后，单击鼠标中键，完成扫掠。最终设计如图 5-26 所示。

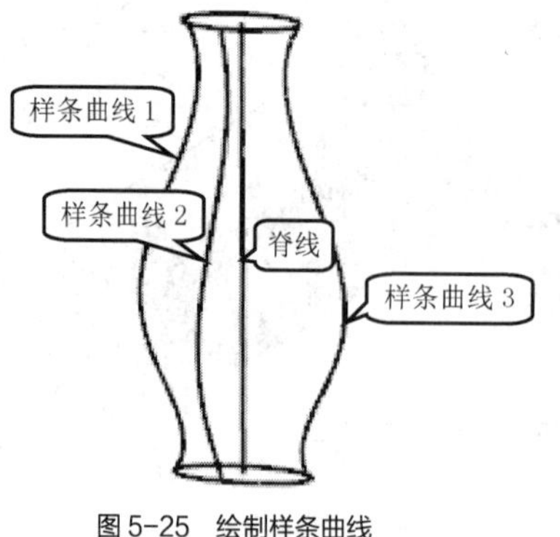

图 5-25　绘制样条曲线

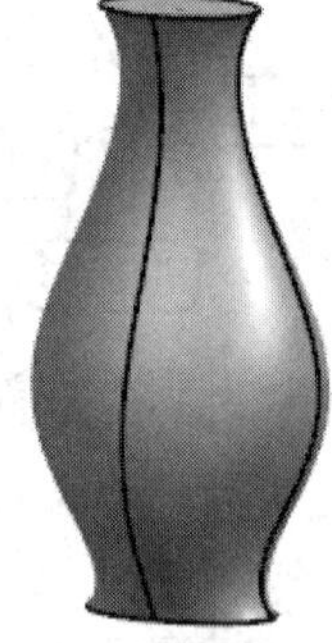
图 5-26　扫掠曲面

⑧ 将所有曲线隐藏后得到图 5-17 所示的花瓶曲面。

5.2.3 知识拓展

1. 通过曲线网格

通过曲线网格是指选取两个不同方向的连续基准线来创建实体或曲面。可以选取实体边缘、曲线、面或点等作为参照。使用这种方法还可以创建闭合的实体特征。

执行菜单命令【菜单】/【插入】/【网格曲面】/【通过曲线网格】，弹出图 5-27 所示的【通过曲线网格】对话框，各参数意义如下。

图 5-27 【通过曲线网格】对话框

（1）连续性

它用来设置截面线在生成曲面时与一个或多个被选取的表面是否有相切或等曲率过渡等边界约束情况。

① 第一主线串。

- 【G0（位置）】：无约束情况。对生成的曲面在 U 方向的边界没有约束。
- 【G1（相切）】：生成的曲面在 U 方向的边界必须与相邻的曲面相切连续过渡。
- 【G2（曲率）】：生成的曲面在 U 方向的边界必须与相邻的曲面等曲率连续过渡。

② 最后主线串。

它用来设置最后一条截面线在生成曲面时与一个或多个被选取的表面是否为相切或等曲率过渡等边界约束情况。其设置方法与【第一主线串】相同。

图 5-28 所示为利用【连续性】创建的曲面，其中，主曲线和交叉曲线的【连续性】均为“相切”。

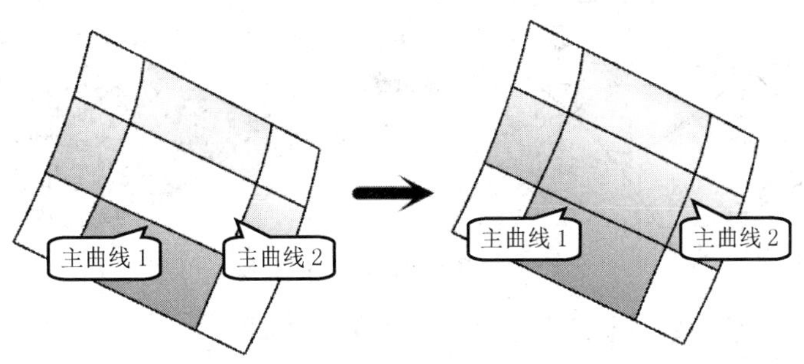

图 5-28 设置【连续性】创建曲面

（2）着重

它用于强调哪组截面线对所生成的曲面影响最大。该选项只有在主曲线与交叉曲线不相交时才有意义。

要点提示

如果主曲线与交叉曲线不相交，则生成的曲面可能通过主曲线，也可能通过交叉曲线，或者在主曲线与交叉曲线中间通过。

- 【两者皆是】：主曲线与交叉曲线对生成曲面的影响一样大，即生成曲面在主曲线与交叉曲线中间通过。
- 【主线串】：强调主曲线，主曲线对生成曲面的影响最大，即生成曲面通过主曲线。
- 【交叉线串】：强调交叉曲线，交叉曲线对生成曲面的影响最大，即生成曲面通过交叉曲线。

图 5-29 所示为不同【着重】参数下的曲面。

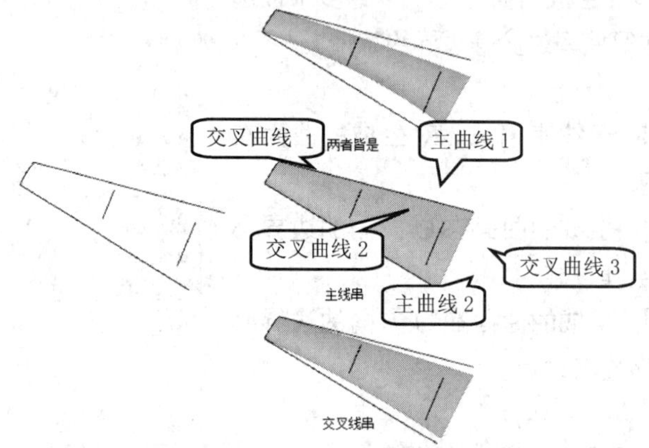

图 5-29　不同【着重】参数下的曲面

图 5-30 所示为【通过曲线网格】命令的应用，其创建步骤如下。

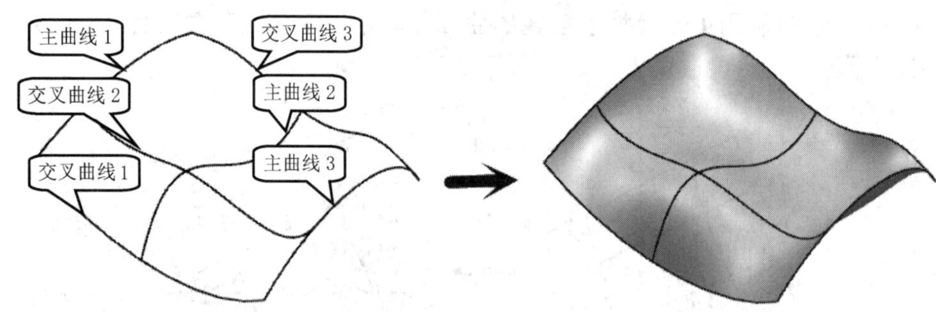

图 5-30 【通过曲线网格】命令的应用

① 选取主曲线 1 后，单击鼠标中键完成主曲线 1 的选取。

② 选取主曲线 2 后，单击鼠标中键完成主曲线 2 的选取。依照同样的方法选取完其他主曲线。

③ 再次单击鼠标中键，进行选取交叉曲线。选取交叉曲线 1 后，单击鼠标中键进行下一条交叉曲线的选取。

④ 选取交叉曲线 2 后，单击鼠标中键进行交叉曲线 2 的选取。依照同样的方法选取完其他交叉曲线。

⑤ 在图 5-27 所示【通过曲线网格】对话框中，设置好各项参数。如果没有连续性要求，则在【连续性】选项组中均选择【G0(位置)】选项；如果有连续性要求，则依次选择连续性类型，设置约束面。

⑥ 设置好各参数后，单击< 确定 >按钮创建曲面。

2. 通过曲线组

该命令用于选取互相对齐的两个或两个以上的截面线来创建曲面。截面线定义曲面的 U 方向，可以由单一或多个曲线元素组成，曲线元素可以是一条曲线、实体边缘或曲面边缘。执行菜单命令【菜单】/【插入】/【网格曲面】/【通过曲线组】，弹出图 5-31 所示【通过曲线组】对话框，用来选取截面线和设定参数，其截面线最多可为 150 条。

(1) 连续性

它用来设置截面线在生成曲面时与一个或多个被选取的表面是否相切或等曲率过渡等边界约束情况。

① 第一截面。

- 【G0 (位置)】：无约束情况。对生成的曲面在 U 方向的边界没有约束。
- 【G1 (相切)】：生成的曲面在 U 方向的边界必须与相邻的曲面相切连续过渡。
- 【G2 (曲率)】：生成的曲面在 U 方向的边界必须与相邻的曲面等曲率连续过渡。

② 最后截面。

它用来设置最后一条截面线在生成曲面时与一个或多个被选取的表面是否为相切或等曲率过渡等边界约束情况。其设置方法与【第一截面】相同。

图 5-32 所示为利用【通过曲线组】命令创建的曲面。

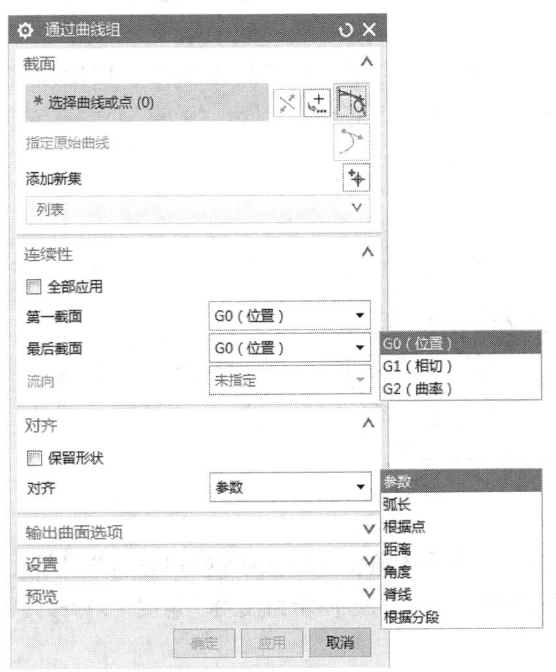

图 5-31 【通过曲线组】对话框

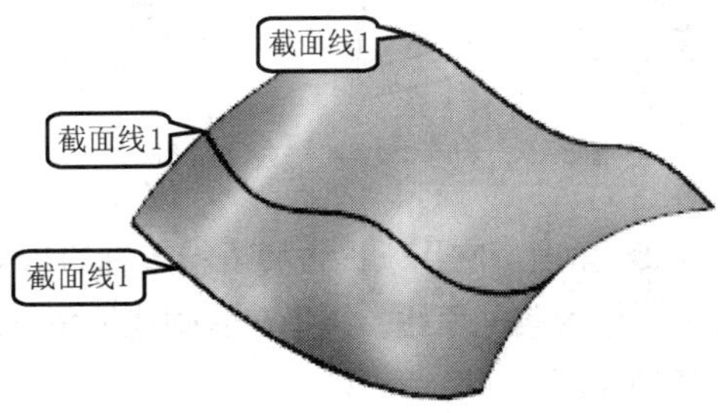

图 5-32 利用【通过曲线组】命令创建的曲面

（2）对齐

它用于控制截面线的对齐方式，生成曲面时，截面线串等参数曲线建立连接点，对齐方式决定这些连接点在截面曲线上的分布和间隔方式，从而在一定的范围内控制曲线的形状。

① 参数。它采用等参数对齐的方式。等参数曲线与截面线所形成的间隔点是根据相等的参数间隔方式建立的，在整个截面线上若包含直线段和曲线段，则各线段上点的间隔是不同的，直线段为根据等弧长方式取间隔点，而曲线段为根据等角度方式取间隔点。

② 弧长。它可采用等圆弧长的对齐方式。等参数曲线与截面线所形成的间隔点，是根据相等的弧长间隔方式建立的，即以弧长百分比相同的对齐方式。

图 5-33 所示为利用“参数”和“弧长”对齐方式生成的图例。

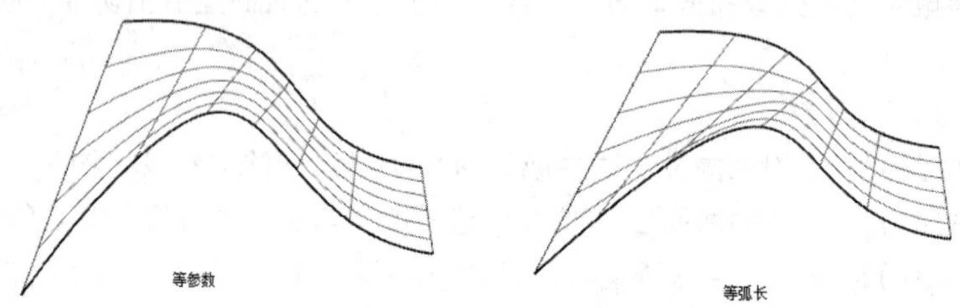

图 5-33 利用“参数”与“弧长”对齐方式生成的曲面

③ 根据点。它用于当截面线的形状不同时定义指定的序点的位置，曲面将根据指定的序点的路径被创建。图 5-34 所示为利用 3 个闭合的截面线来生成的实体类型，其阶次为 1。

④ 距离。它用于利用对于特定方向具有一定间距的 ISO 参考曲线来创建曲面。此时，用指定方向在所有等距离间隔点处做法平面，每个平面与所有截面线的所有交点在生成曲面时对齐，生成曲面在 V 方向的起始和终止边界都包含所有截面线上的点，因此某些线串两端在曲面边界外存在不能生成曲面的部分。图 5-35 所示为利用“距离”对齐方式创建的曲面。

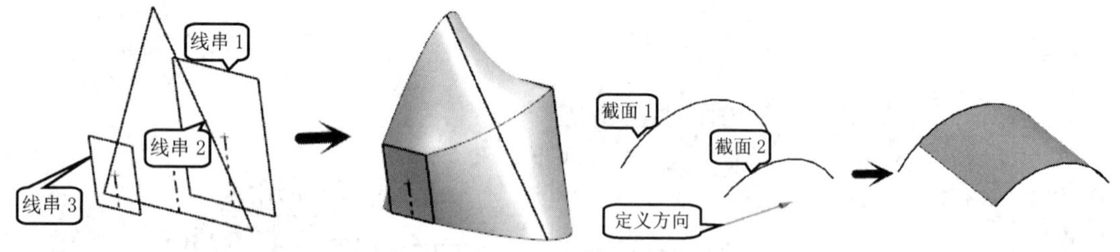

图 5-34 利用“根据点”对齐方式创建的实体

图 5-35 利用“距离”对齐方式创建的曲面

⑤ 角度。它用于设置关于特定轴的角度，并以相应于该角度值大小的参数对齐曲线来创建曲面。沿每条截面线，绕指定的轴线等角度间隔点对齐。图 5-36 所示为使用“角度”对齐方式创建的曲面。

要点提示

此时用绕指定轴线所有等角度间隔处作射向平面，每个射向平面与所有截面线的所有交点在生成曲面时对齐，生成曲面在V方向的起始和终止边界都包含所有截面线上的点，因此，某些线串两端在曲面边界外存在不能生成曲面的部分。

⑥ 脊线。它用于定义曲线，系统会要求选取脊线。沿每条截面线，按指定的脊线方向法平面对齐。图5-37所示为利用“脊线”对齐方式创建的曲面。

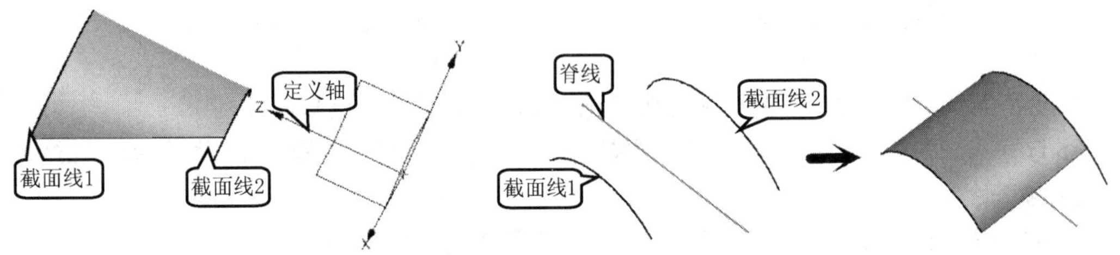

图5-36 利用“角度”对齐方式创建的曲面

图5-37 利用“脊线”对齐方式创建的曲面

要点提示

此时，用脊线方向上的各点做法平面，每个法平面与所有截面线的所有交点在生成曲面时对齐，生成的曲面在V方向的起始和终止边界都包含所有截面线上的点且所在平面必须为脊线上某点的法平面，即若所有截面线的端点都在脊线上某端点的法平面外，则其生成的曲面的某边界由脊线的端点决定，否则由截面线决定。

⑦ 根据分段。它用于选取需的样条定义点，所创建的曲面以所选的曲线的相等切点为穿越点，但样条曲线限定为β-曲线。图5-38所示为利用“根据分段”对齐方式创建的曲面。

（3）输出曲面选项

这里的【补片类型】与【通过点】对话框中的【补片类型】其意义相同。它有两个选项：V向封闭和垂直于终止截面。

- V向封闭。它用于设定所创建的曲面在V方向封闭与否。勾选此项，则创建的曲面在V方向封闭成实体模型。
- 构造。它用来选取构造曲面的方式。选择“简单”，则生成尽可能简单的曲面，有最少的补片数量。

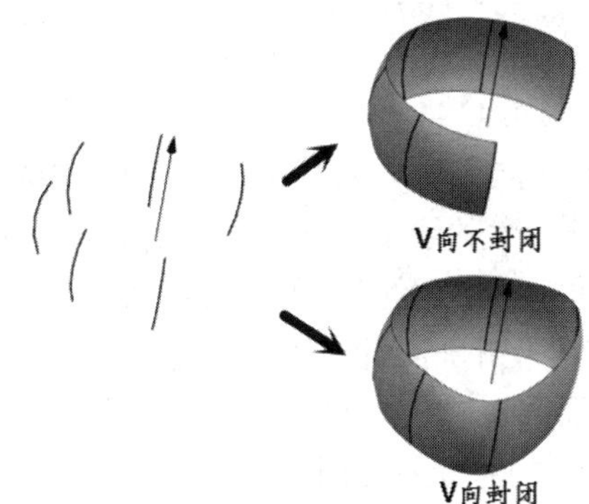

图5-38 利用“根据分段”对齐方式创建的曲面

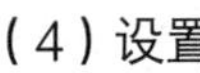

（4）设置

【设置】选项卡中的阶次用于设置V方向曲面的阶次数。如果阶次为1，所选的各点之间以直线来连接；如果阶次为2或以上，各连线为光滑的曲线。图5-39所示为不同阶次下的曲面。

图5-40所示为【通过曲线组】的应用，采用“弧长”对齐方式。其创建过程如下。

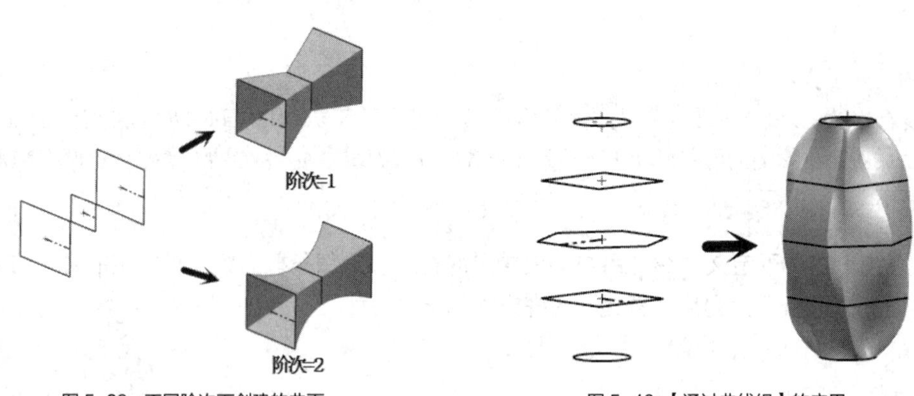

图 5-39　不同阶次下创建的曲面

图 5-40 【通过曲线组】的应用

① 选取第一条截面线后，单击鼠标中键进行下一条截面线的选取。

② 选取第二条截面线后，单击鼠标中键进行下一条截面线的选取。依照同样的方法选取完所有 6 条截面线。

③ 在图 5-31 所示【通过曲线组】对话框中设置各项参数。

④ 在【对齐】下拉列表中，若选择了“根据点”对齐方式，则依次在所有截面线上指定相对应的对齐点；若选择了“距离”对齐方式，则指定一个方向；若选择了“角度”对齐方式，则指定一个轴线；若选择了“根据脊线”对齐方式，则要指定一条脊线。

⑤ 设置完各个参数后，单击<确定>按钮创建曲面。

3. 直纹面

直纹面为通过两条截面线而生成的规则曲面，可以视为【通过曲线组】的特例，区别在于直纹面只使用两条截面线，而通过曲线组最多可以使用 150 条截面线。选取【插入】/【网格曲面】/【直纹】命令，弹出图 5-41 所示的【直纹】对话框。

要点提示

截面线可以由多条连续的曲线、体边界或多个体表面组成，甚至可以指定一个点或曲线端点作为收敛的截面线。

选取第一条截面线后，单击鼠标中键，线串上出现方向箭头后，选取第二条截面线，两条截面线的箭头方向应该大致相同，否则会造成曲面扭曲。同时需要注意的是，选取的起始位置不同，所创建的曲面形状也不相同。

图 5-42 所示为利用【直纹】命令创建的两个曲面，所创建曲面的不同是由所选取的起始面不同造成的。该曲面的创建步骤如下。

① 选取矩形 4 条边为第一条截面线，注意选取过程中不要单击鼠标中键，直至选择完 4 条边后，出现方向箭头，此时单击鼠标中键，完成第一条截面线的选取。

② 选取圆为第二条截面线，选取完后，出现方向箭头。

③ 选取完两截面线后，单击鼠标中键，或者单击图 5-41 所示【直纹】对话框中的<确定>按钮创建曲面。

图 5-41 【直纹】对话框

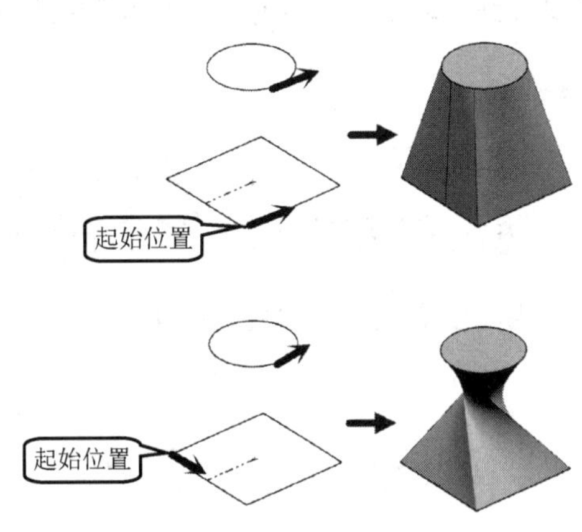

图 5-42 利用【直纹面】创建曲面

4. 剖切曲面

剖切曲面也叫截面曲面，是利用曲面由无限多条曲线堆砌而成的原理，由指定的圆锥截面曲线，沿指定的起始线、肩线和终止线的轨迹线横扫，而形成的由无限多条曲线堆砌而成的曲面。

要点提示

剖切曲面的特点是在垂直于脊线的每一个横截面内均为精确的二次（三次或五次）曲线，剖切曲面的典型应用是飞机机身和汽车车身覆盖件的设计。

执行菜单命令【菜单】/【插入】/【扫掠】/【截面】，弹出图 5-43 所示【剖切曲面】对话框。其中【类型】下拉列表用来控制剖切曲面在 U 方向（垂直脊线）的形状，其中部分选项的含义如下。

- 【二次曲线】：生成一个逼真且精确的二次截面形状，并保证不产生反向曲率，具有高度不均匀的参数化。*p* 范围为 0.0001~0.0009。
- 【圆形】：圆形剖切曲面主要有“三点”“两点－半径”“两点－斜率”“半径－角度－圆弧”“中心半径”和“相切半径”6 种模式。
- 【三次】：其截面线与二次曲线形状大致相同，生成的曲面具有更好的参数化，但不生成精确的二次截面形状，*p* 范围为 0.0001~0.75。

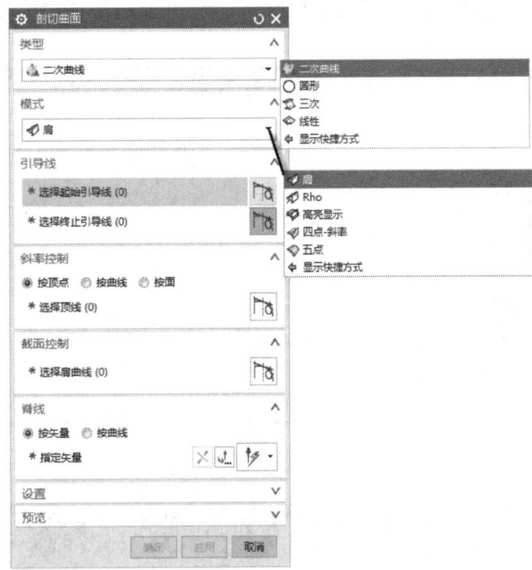

图 5-43 【剖切曲面】对话框

创建剖切曲面的基本步骤如下。

① 首先选取起始边，然后选取肩线以定义穿越曲线。

② 选取终止边，然后选取顶线。

③ 完成顶线选取以后，系统会提示选取脊线，定义脊线后，系统自动生成曲面。

要点提示

剖切曲线沿脊线方向上的长度是由控制线和脊线共同决定的，如果控制线终点超过脊线，此时剖切曲面的长度由脊线限制，如果脊线比所有控制线长，则剖切曲面的长度由最短控制线决定。

图 5-44 所示为剖切曲面的应用示例。

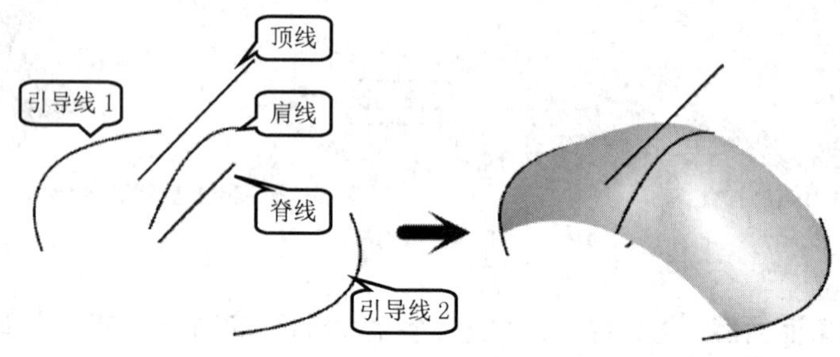

图 5-44　剖切曲面的应用

5．创建过渡曲面

过渡曲面用于在两个曲面之间创建一个接合曲面，可以将两个曲面之间的空隙补足并连接，从而生成一个连续的曲面，也称桥接曲面。桥接曲面使用方便，连接过渡光滑连续，边界约束条件灵活自由，形状编辑便于控制，是曲面过渡连接的常用方法。

执行菜单命令【菜单】/【插入】/【曲面】/【过渡】，弹出【过渡】对话框。设计时，可以通过改变【形状控制】值，进一步设定曲面的参数，如图 5-45 所示。

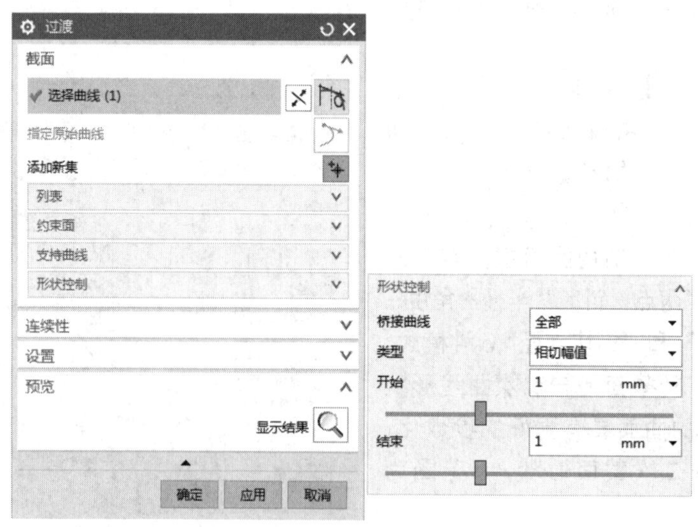

图 5-45　【过渡】对话框

图 5-46 所示为过渡曲面的应用示例，其创建步骤如下。

① 选择要过渡的两条截面。

② 打开【形状控制】选项组设置参数值。

③ 在图 5-45 中选择连续类型。

④ 单击【过渡】对话框单击< 确定 >按钮创建过渡曲面。

6. 创建 N 边曲面

使用【N 边曲面】命令可以创建由一组端点相连曲线封闭的曲面，如图 5-47 所示。在创建过程中可以进行【形状控制】等设置。

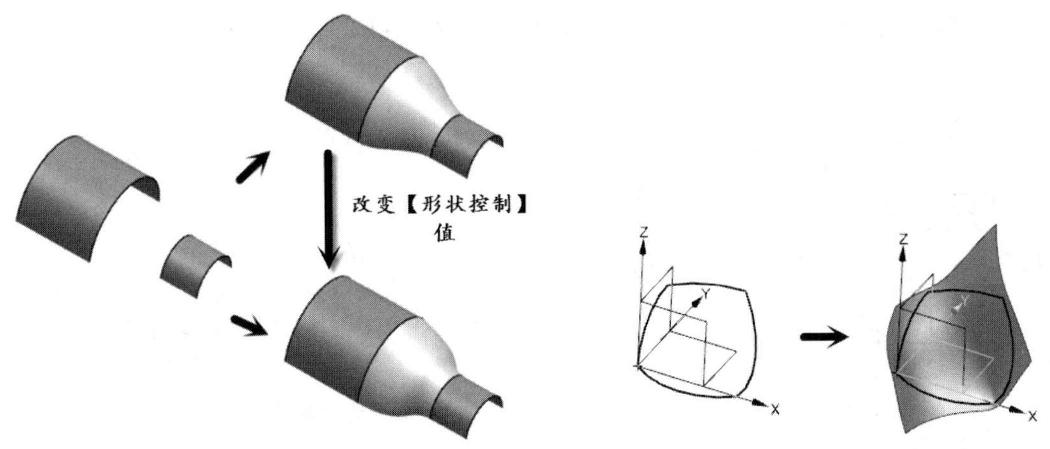

图 5-46　利用【拖动】生成过渡曲面

图 5-47　【N 边曲面】的典型示例

执行菜单命令【菜单】/【插入】/【网格曲面】/【N 边曲面】，打开图 5-48 所示的【N 边曲面】对话框。在【类型】下拉列表框中选择“已修剪”选项时，选择用来定义外部环的曲线组（串）不必闭合；选择“三角形”选项时，选择用来定义外部环的曲线组（串）必须封闭，否则系统提示线串不封闭。

图 5-48　【N 边曲面】对话框

要点提示

在创建“已修剪”类型的N边曲面时，可以进行UV方向设置，以及可以在【设置】选项组中勾选【修剪到边界】复选框，将边界外的曲面修剪掉。而在创建“三角形”类型的N边曲面时，在【设置】选项组中改为勾选【尽可能合并面】复选框。

① 打开【N边曲面】对话框。在【类型】选项组的下拉列表框中选择“已修剪”选项。

② 选择外环的曲线链。如图5-49所示，分别选择曲线1、曲线2和曲线4。

③ 分别在【UV方位】选项组和【形状控制】选项组中设置相关的选项及参数，如图5-50所示。

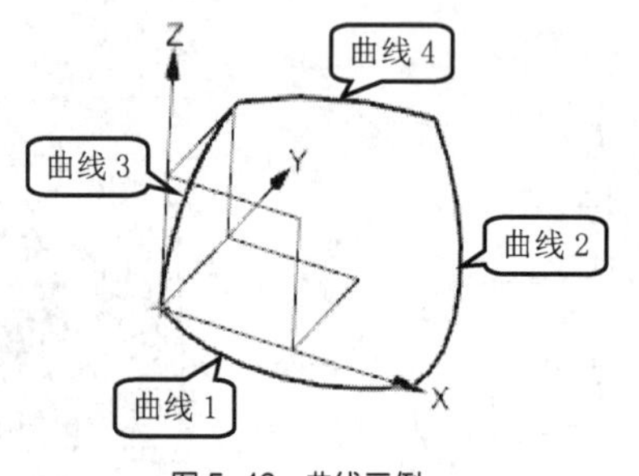

图5-49　曲线示例

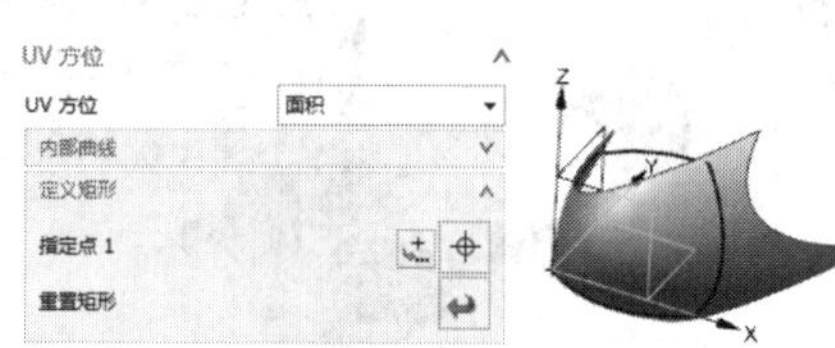

图5-50　设置【UV方位】选项

④ 展开【设置】选项组，勾选【修剪到边界】复选框，此时预览效果如图5-51所示。

⑤ 在【N边曲面】对话框中单击< 确定 >按钮。

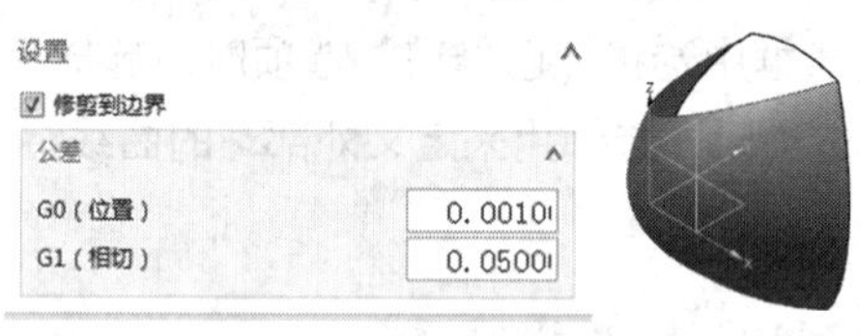

图5-51　修剪到边界的效果

5.3 曲面编辑操作

本节将创建图5-52所示帽形曲面，设计中使用了对自由形状特征进行移动、加载极点、更改阶次等编辑方法。

本例的基本设计思路如下。

① 绘制草帽的顶部曲面。

② 再绘制草帽周边曲面。

曲面编辑操作

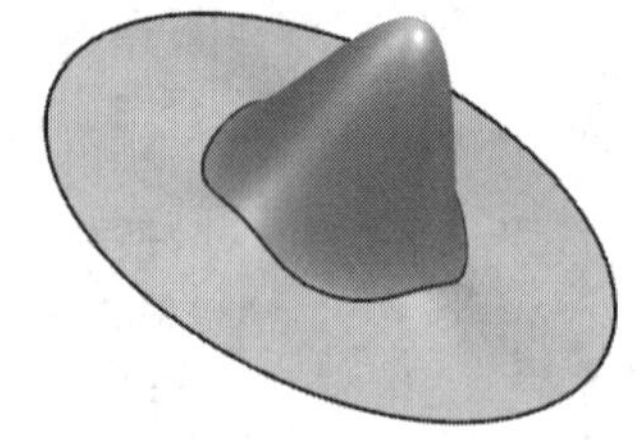

图5-52　编辑曲面实例

5.3.1 知识准备

1. 移动曲面定义点

曲面常用操作工具都放置在【编辑曲面】工具栏中，如图5-53所示。

移动定义点用于移动曲面上的点，可以定义一个U或V方向上的点，或者定义一定区域里的点，并对所定义的点进行移动操作。

（1）【移动定义点】对话框

单击【编辑曲面】工具栏中的按钮，弹出图 5-54 所示的【移动定义点】对话框。

图 5-53 【编辑曲面】工具栏

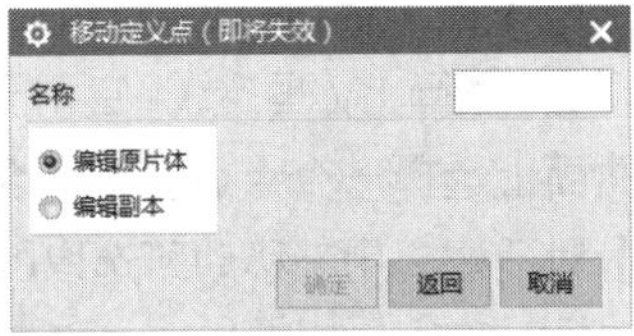

图 5-54 【移动定义点】对话框

- 【名称】：用于输入曲面的名称。输入名称后，所有编辑修改都在此曲面上进行。
- 【编辑原片体】：原始曲面经过编辑后，曲面造型随着改变，但参数丢失，只有在存盘前才能使用【撤销】恢复，一旦存盘，则参数将无法恢复。
- 【编辑副本】：编辑并生成新的复制曲面，编辑后，原始曲面不改变，而新增一个编辑造型曲面，且新增的编辑造型曲面与原始曲面不存在关联性。

要点提示

在图 5-54 所示【移动定义点】对话框中，可以通过输入曲面名称来选择要编辑的曲面，也可以直接通过鼠标光标在绘图区域内选取曲面进行编辑。

（2）【移动点】对话框

在打开的【移动点】对话框（见图 5-55）中，各选项的含义如下。

① 单个点。它是移动曲面上的一个点。如果选中此单选按钮，则在曲面上选择一个点后，弹出图 5-56 所示的【移动定义点】对话框，用来移动所选取的点。

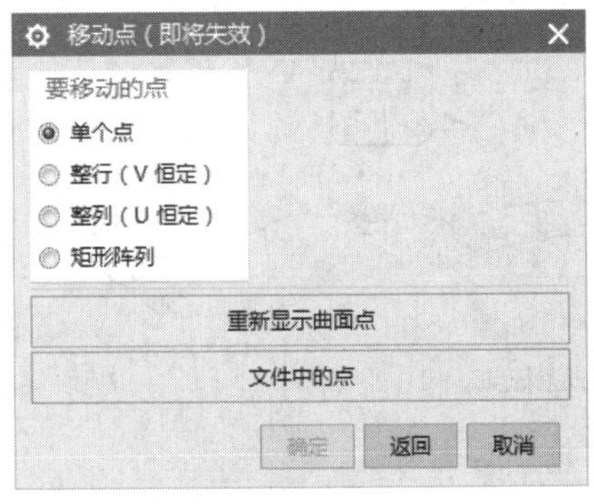

图 5-55 【移动点】对话框

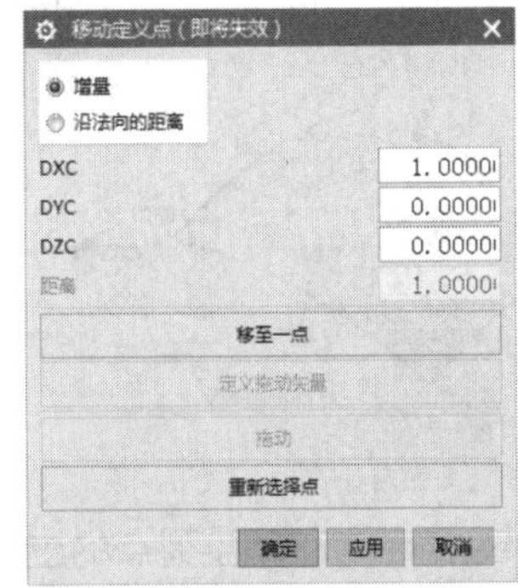

图 5-56 【移动定义点】对话框

- 【增量】：使用增量坐标移动点，此时，可以在【DXC】、【DYC】和【DZC】文本框中输入所选择的点的增量值。
- 【沿法向的距离】：沿曲面法向移动点，此时可以在【距离】文本框中输入所选择点沿曲面法线方向的距离值。
- 【移至一点】：将所选择的点移动到一个目标点处。单击此按钮后，将弹出【点】对话框，用来指定一个目标点。

- 【定义拖动矢量】：用以定义拖动方法的方向矢量，单击此按钮，则弹出【矢量】对话框，用来指定一个方向矢量。此按钮对点不能使用，与【拖动】搭配使用。
- 【拖动】：使用拖动方式在屏幕上移动极点的位置，但不能用于移动点。
- 【重新选择点】：单击此按钮后，则返回到图 5-55 所示【移动点】对话框中重新选择点。

② 整行（V 恒定）。它用于移动所选择曲面上整行（V 方向）所有点。选中此单选按钮时，在曲面上选择一个点后，则包含此点在内的整行点都被选上，同时进入图 5-56 所示【移动定义点】对话框，用来移动所选取的整行点。此时，只能用【增量】方式来输入增量坐标值移动。

③ 整列（U 恒定）。它用于移动所选择曲面上整列（U 方向）所有点。选中此单选按钮时，在曲面上选择一个点后，则包含此点在内的整列点都被选上，同时弹出图 5-56 所示的【移动定义点】对话框，用来移动所选取的整列点。此时，只能用【增量】方式来输入增量坐标值移动。

④ 矩形阵列。它用于通过选择两个角点定义一个矩形框，矩形框内的所有点将被选中，同时进入图 5-56 所示【移动定义点】对话框，用来移动所选取的矩形阵列点。此时，只能用【增量】方式来输入增量坐标值移动。

⑤ 重新显示曲面点。它是用于重新在绘图区域显示允许移动的点。

⑥ 文件中的点。它是从一个文件输入点数据，用于替代曲面上的原始点。

图 5-57 所示为移动单个点的应用示例。

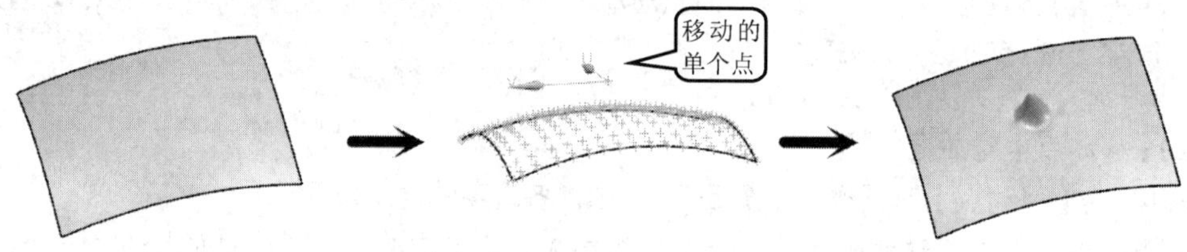

图 5-57　移动单个点

图 5-58 所示为移动整行点的应用示例。

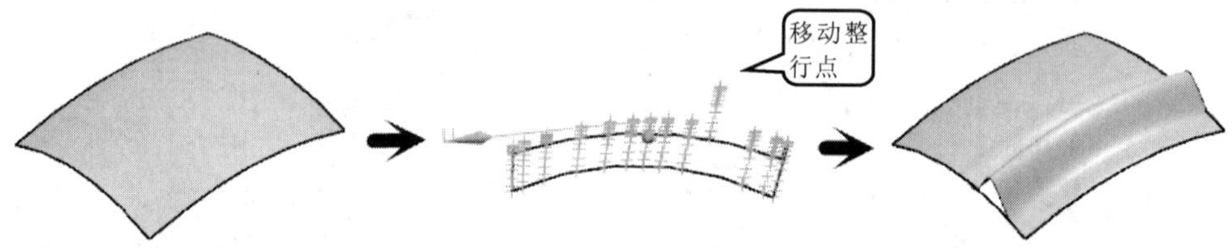

图 5-58　移动整行点

图 5-59 所示为移动整列点的应用示例。

图 5-59　移动整列点

图 5-60 所示为移动矩形阵列区域内点的应用示例。

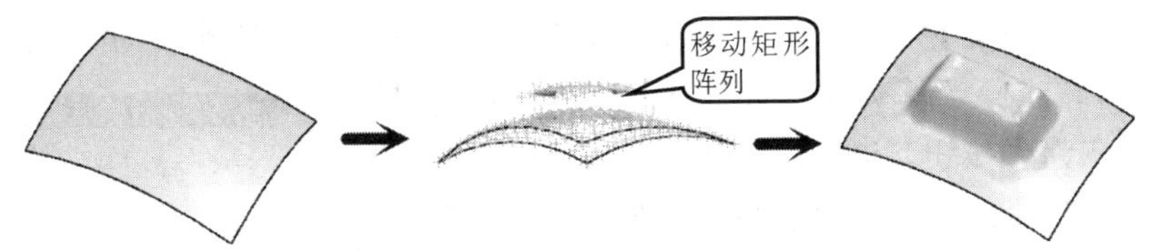

图 5-60　移动矩形阵列内的点

（3）操作步骤

最后将移动曲面定义点的设计步骤总结如下。

① 选择要编辑的曲面，如果选中【编辑原片体】单选按钮，弹出图 5-55 所示的【移动点】对话框。

② 选择【要移动的点】的类型，同时在曲面上选择要移动的单个点、整行点或整列点，或者矩形阵列点，选择后，弹出图 5-56 所示的【移动定义点】对话框，进行移动距离设置。

③ 如果选择的是移动单个点的方法，则可以使用【增量】或者【移至一点】的方法来定义移动值；如果是选择移动整行点或整列点或矩形阵列点的方法，则只能使用【增量】的方法来定义移动值，此时在【DXC】、【DYC】和【DZC】文本框中输入所选择的点的增量值。输入完后，单击该对话框中的< 确定 >按钮返回图 5-55 所示的【移动点】对话框。

④ 进行下一组点的选取，如果不需要选择其他点，则单击该对话框中的< 确定 >按钮完成曲面编辑。

2. 移动极点

移动极点命令用于移动曲面上的极点。移动极点在曲面艺术造型交互设计中非常有用，如消费品造型设计和汽车车身设计等，可以通过移动极点功能编辑曲面的形状来改变外观效果。另外，拖动极点可以沿着曲面法向矢量，或者沿着曲面相切的平面，也可采用拖动整行或整列极点的方法保证边界曲率或相切条件不变。

（1）【移动极点】对话框

单击【编辑曲面】工具栏中的【移动极点】按钮，弹出图 5-61 所示【移动极点】对话框，对话框中各项含义同图 5-54 所示【移动定义点】对话框中各项含义相同。

在图 5-61 所示【移动极点】对话框中，可以通过输入曲面名称来选择要编辑的曲面，也可以直接通过鼠标光标在绘图区域内选取曲面进行编辑。当选择完要编辑的曲面后，弹出图 5-62 所示【移动极点】对话框。

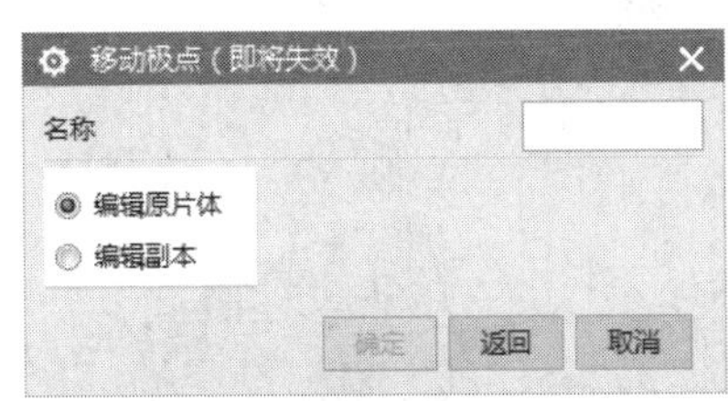

图 5-61 【移动极点】对话框

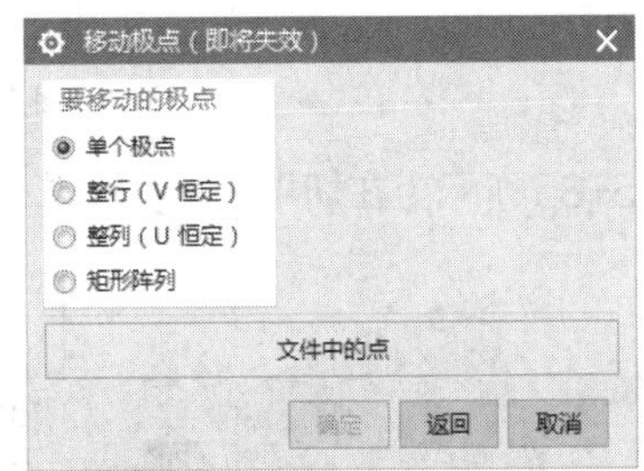

图 5-62 【移动极点】对话框（选择要编辑的曲面后）

①【单个极点】：用来选择曲面上的一个控制点。若选中此单选按钮，则在曲面上选取一个控制点后，弹出图 5-63 所示的【移动定义极点】对话框，用来移动所选取的控制点。

- 【沿定义的矢量】：沿着当前定义的矢量方向，使用拖动方式来移动所选择的极点，其默认方向为 z 轴方向，若要定义一个新矢量方向，则可以单击【定义拖动矢量】按钮，进入【矢量】对话框，用来指定一个方向矢量。选择此项，可以使用鼠标在绘图区域拖动极点沿定义矢量方向移动。

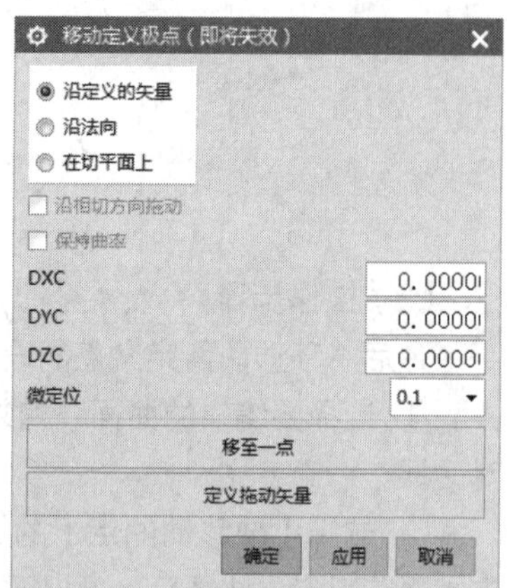

图 5-63 【移动定义极点】对话框

- 【沿法向】：沿着极点到曲面的法线方向，使用拖动方式来移动所选择的极点。选择此项，可以使用鼠标在绘图区域拖动极点沿极点到曲面的法线方向移动。
- 【在切平面上】：在所选择极点沿曲面法线方向投射点处的曲面向切平面上拖动极点。选择此项，可以使用鼠标在绘图区域拖动极点沿极点投射点到曲面切平面内移动。
- 【沿相切方向拖动】：在保持相应边缘相切条件下拖动整行或整列，即拖动过程中始终与相应边缘相切。
- 【保持曲率】：在保持边缘曲率条件下拖动整行或整列，即拖动过程中始终保持边缘处的曲率不变。
- 【DXC】、【DYC】和【DZC】：通过在文本框中输入增量坐标来移动所选择的极点。
- 【微定位】：用于定义灵敏度或移动的精细度。
- 【移至一点】：同图 5-56 所示【移动定义点】对话框中该项意义相同。
- 【定义拖动矢量】：用于定义拖动方法的方向矢量。单击此按钮后，弹出【矢量】对话框，来定义一个方向矢量。

②【整行（V 恒定）】：同图 5-55 所示【移动点】对话框中该项意义相同。

③【整列（U 恒定）】：同图 5-55 所示【移动点】对话框中该项意义相同。

④【矩形阵列】：与图 5-55 所示【移动点】对话框中该项意义相同。

⑤【文件中的点】：从文件中输入点数据，用于替代曲面上的极点。

图 5-64 所示为沿法向拖动单个极点的应用。

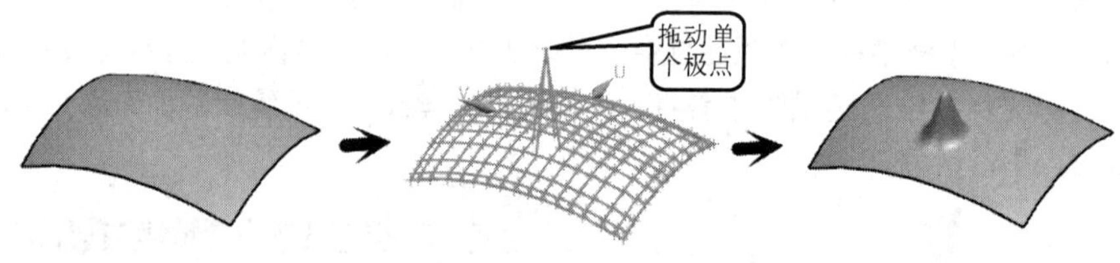

图 5-64 沿法向拖动单个极点

图 5-65 所示为在切平面上拖动单个极点的应用。

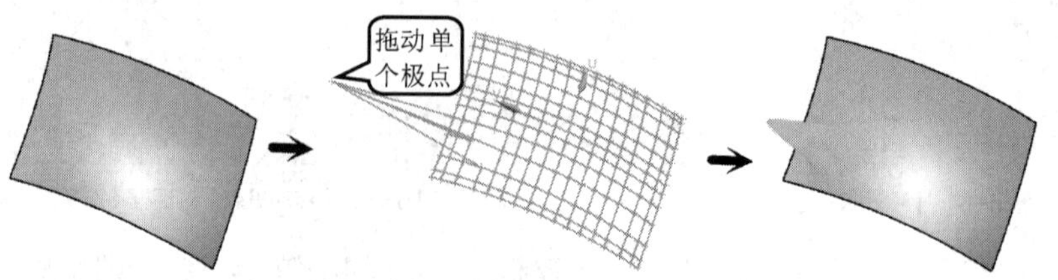

图 5-65 在切平面上拖动单个极点

图 5-66 所示为沿相切方向拖动整行极点的应用。

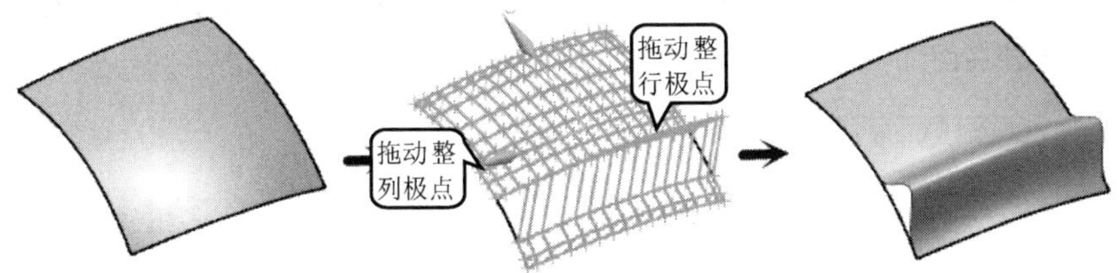

图 5-66　沿相切方向拖动整行极点

图 5-67 所示为采用保持曲率方式拖动整列极点的应用。

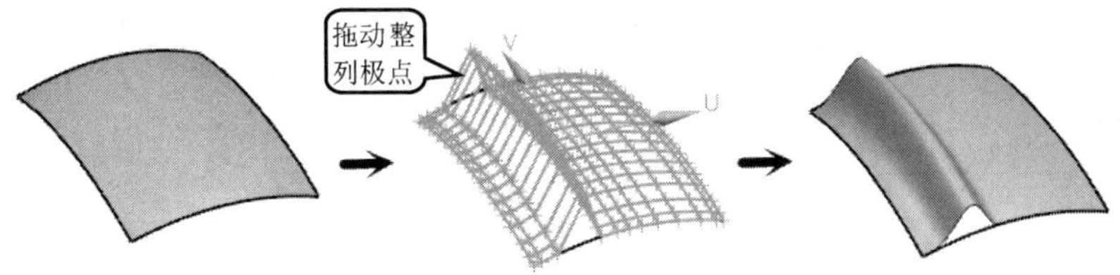

图 5-67　采用保持曲率方式拖动整列极点

图 5-68 所示为沿法向拖动矩形阵列区域内极点的应用。

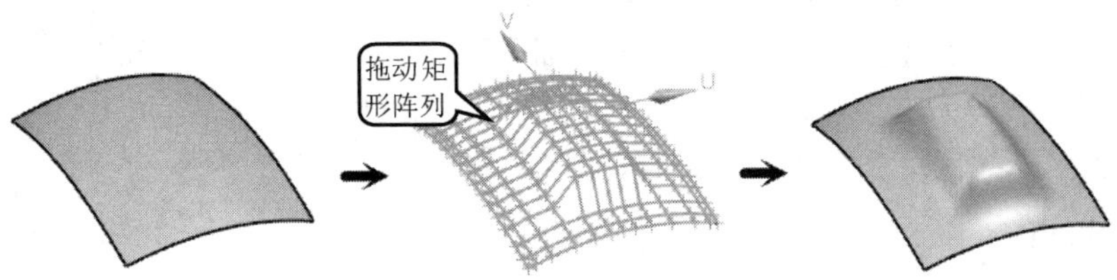

图 5-68　沿法向拖动矩形阵列区域内极点

（2）操作步骤

最后将移动极点的设计步骤总结如下。

① 选择要编辑的曲面，选择完后，弹出图 5-62 所示的【移动极点】对话框。

② 选择【要移动的极点】的类型，同时在曲面上选择要移动的单个极点、整行或整列极点，或者矩形阵列极点，选择后，弹出图 5-63 所示的【移动定义极点】对话框，进行移动距离设置。

③ 在图 5-63 中选择定义移动矢量的方式，通过拖动单个极点、整行或整列极点或者是矩形阵列区域内的极点来编辑曲面；也可以在【DXC】、【DYC】和【DZC】文本框中输入所选择的极点的增量值。输入完后，单击该对话框中的< 确定 >按钮返回【移动极点】对话框。

④ 选取下一组极点，如果不需要选择其他极点，则单击该对话框中的< 确定 >按钮完成曲面编辑。

5.3.2　操作过程

1. 创建 N 边曲面

① 单击【曲线】工具栏的按钮，以原点为圆心绘制直径分别为 250 和 600 的圆 1 和圆 2。

② 单击【曲面】工具栏中的【N边曲面】按钮，弹出【N边曲面】对话框，如图5-69所示。

③ 选择圆2（较小圆）作为曲面的边，在【设置】选项组中勾选【修剪到边界】复选框，单击<确定>按钮创建曲面1，结果如图5-70所示。

图5-69 【N边曲面】对话框

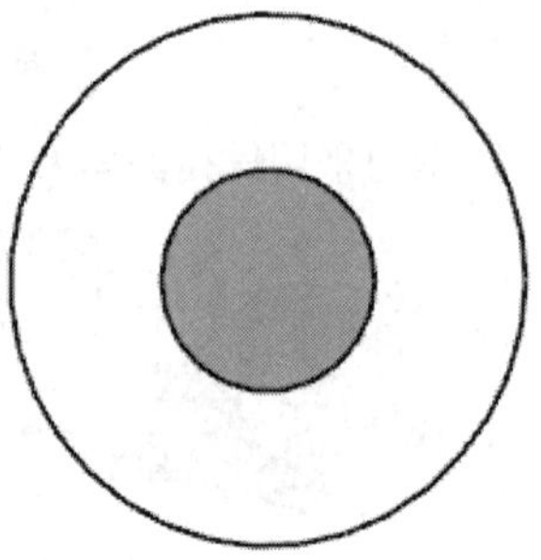

图5-70 绘制曲面1

④ 单击【编辑曲面】工具栏中的【更改阶次】按钮，弹出图5-71所示的【更改阶次】对话框，选中图5-71中的【编辑原片体】单选按钮。

⑤ 选择曲面1作为【更改阶次】要编辑的曲面后，弹出图5-71所示的【更改阶次】对话框，输入U向和V向的阶次均为“5”，单击<确定>按钮实现对曲面阶次的编辑。

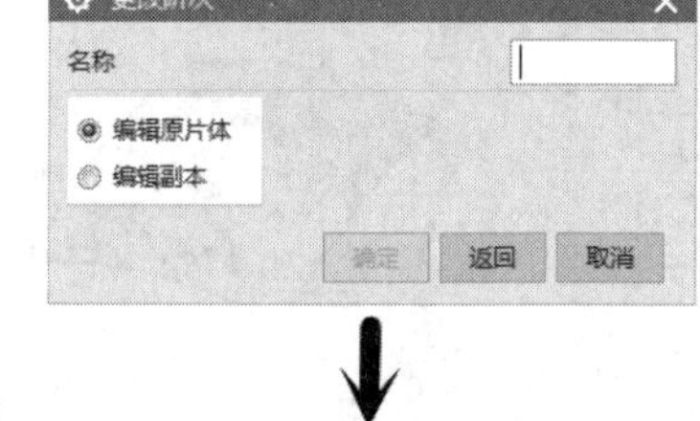

图5-71 【更改阶次】对话框

2. 移动极点

① 单击【编辑曲面】工具栏中的【移动极点】按钮，弹出【移动极点】对话框，选中【编辑原片体】单选按钮，选择曲面1作为要编辑的曲面。

② 弹出【移动极点】对话框，选中【矩形阵列】单选按钮，单击曲面1中间4个极点（见图5-72），弹出【移动极点】对话框。

③ 拖动鼠标光标移动极点位置，使曲面1变形如图5-73所示。单击<确定>按钮完成极点移动。

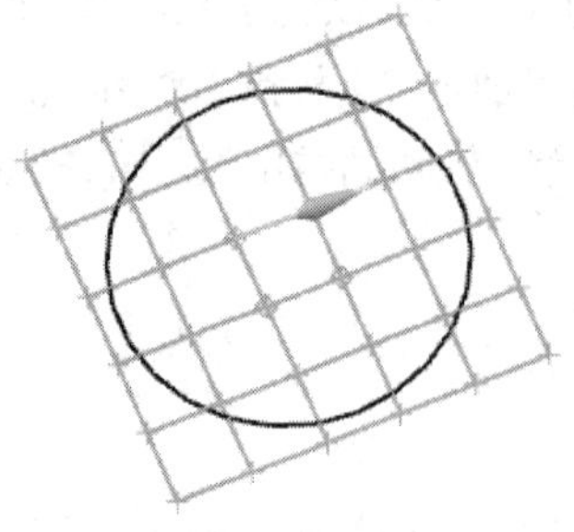

图5-72 选择极点

图5-73 拖动极点

3. 通过曲线组创建曲面

① 单击【曲面】工具栏中的【通过曲线组】按钮，弹出图 5-31 所示【通过曲线组】对话框，选取圆 1（较大圆）作为第一条通过曲线。

② 单击鼠标中键，选择曲面 1 的下端边沿作为第二条通过曲线，单击鼠标中键。

③ 单击< 确定 >按钮完成曲面 2 的绘制，结果如图 5-74 所示。

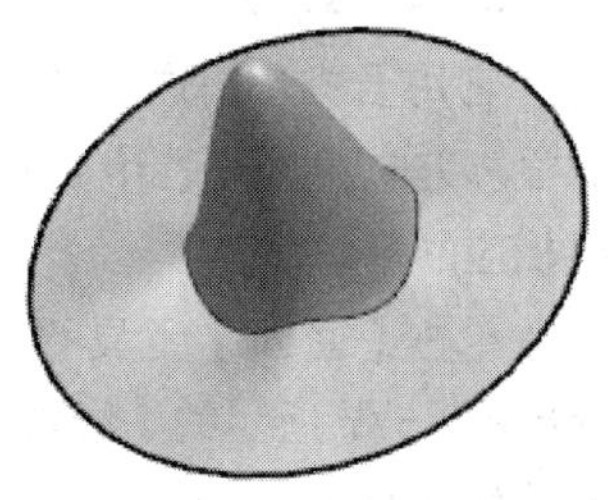

图 5-74　创建曲面 2

5.3.3　知识拓展

1. 偏置曲面

它用于在实体表面或曲面上按指定的偏置距离生成一个偏置曲面，输入的距离参数称为偏置距离，被选取的曲面称为基本面，其类型不限。单击【曲面】工具栏中的【偏置曲面】按钮，弹出图 5-75 所示的【偏置曲面】对话框，其中两个参数的用途如下。

（1）偏置

它用于输入固定偏置距离。曲面偏置的方向可以通过单击按钮来控制。

（2）公差

在生成偏置曲面时，系统必须生成边界曲线，【公差】则用来控制这些边界曲线在曲面上生成时的精度。

图 5-76 所示为【偏置曲面】的应用，其创建步骤归纳如下。

① 选择要进行偏置的基本面。

② 输入偏置距离和定义偏置方向。

③ 输入控制边界曲线的公差值。

④ 单击< 确定 >按钮创建偏置曲面。

图 5-75 【偏置曲面】对话框

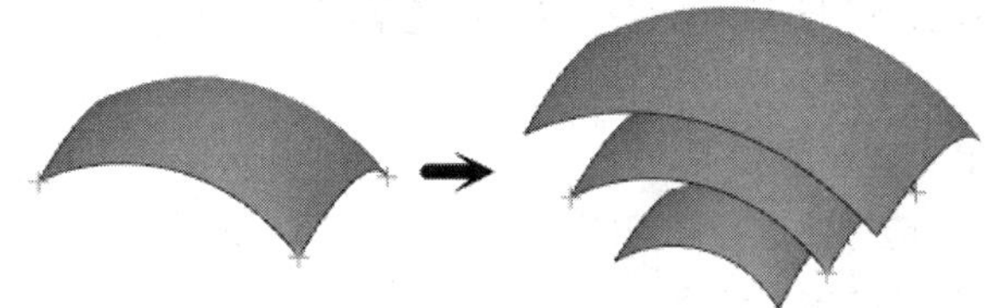

图 5-76 【偏置曲面】的应用

2. 修剪片体

它用于将几何边界通过投影边界轮廓来对曲面进行修剪，以生成修剪曲面。系统根据指定的投影方向，将一边界（可以是曲线、实体或曲面边界、基准平面等）投影到目标曲面上，修剪出相应的轮廓。

单击【曲面】工具栏中的【修剪片体】按钮，弹出图 5-77 所示的【修剪片体】对话框。对话框中各选项意义如下。

图 5-77 【修剪片体】对话框

（1）目标

它用于选择需要修剪的曲面。

（2）边界

它用于选取修剪目标曲面的边界（可以为面、边缘、曲线或者基准平面）。

（3）投影方向

它用于选取一个基准轴作为修剪边界的投影方向，投影方向应该从边界指向目标曲面。

- 【垂直于面】：以垂直于坐标平面的方向投影。
- 【垂直于曲线平面】：沿曲面的法向投影。
- 【沿矢量】：沿指定的矢量方向或者使用矢量构造器来定义投影方向。

（4）区域

它用来决定所选取的区域是保留还是删除。

要点提示

在目标曲面上选择定义保留或删除区域的每个点的位置是固定的，如果移动了目标曲面，这些点不会移动，因此在目标曲面移动后，应该最好重新定义这些点的位置。

- 【保留】：用于选择修剪时需要保留的区域。
- 【舍弃】：用于选择修剪时需要删除的区域。

（5）保存目标

一般进行修剪后，目标曲面会被删除。如果勾选此复选框，则在进行修剪操作后，目标曲面仍然保留。此时目标曲面和修剪曲面会有部分重合。

图 5-78 所示为对【修剪片体】命令的应用。其中，图 5-78（a）和图 5-78（b）所示为【区域】选项采用的是“保留”选项，图 5-78（a）所示为以“垂直于面”的投影方向创建的修剪曲面；图 5-78（b）所示为以“垂直于曲线平面”的投影方向创建的修剪曲面；图 5-78（c）所示的【区域】选项采用的是“舍弃”选项。

其创建步骤如下。

① 选择要进行修剪的曲面。

② 选择修剪边界对象。

③ 定义投影方向。

④ 选择【区域】选项。

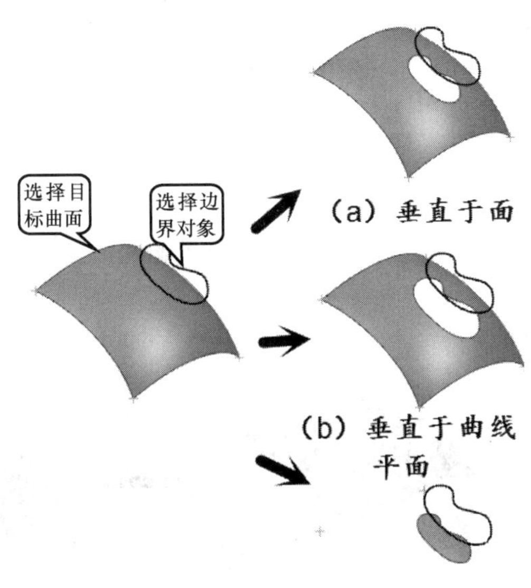

图 5-78 【修剪片体】的应用

⑤ 定义是否【保持目标】。

⑥ 单击 < 确定 > 按钮创建修剪曲面。

3. 扩大

扩大功能可用来改变未经修剪过的曲面的大小，生成一个长度拉伸或缩短的新曲面，生成的新曲面与原始的曲面具有关联性，且与原始曲面重叠在一起。

单击【编辑曲面】工具栏中的【扩大】按钮，弹出图 5-79 所示的【扩大】对话框，对话框中各选项意义如下。

（1）线性

曲面的边缘以线性的方式，单一方向延伸曲面长度，而不能反向缩短曲面长度。

（2）自然

以曲面的曲率，自然地延伸或缩短曲面长度。

（3）全部

在曲面拉伸或缩短时，切换是否 4 个边缘一起拉伸或缩短，若勾选此选项，则【U/V 向起点 / 终点百分比】4 个滚动条同时移动。

（4）U/V 向起点 / 终点百分比

按百分比方式来改变曲面的大小，通过移动其滚动条或输入百分比数值来动态拉伸或缩短曲面。

图 5-80 所示为【扩大】命令的两次应用。第 1 次采用“自然”类型，U 向起点百分比为“50”，其他默认；第 2 次采用“线性”，U 向终点百分比为“35”，其他默认。

4. 更改边

更改边命令可以使用多种方法来编辑曲面，可以使曲面的边缘与一条曲线重合进行边缘匹配，或者使曲面的边缘位于一个平面内，也可以变形曲面的一条边缘，使该边缘的横向切线与另一实体的边缘相匹配。

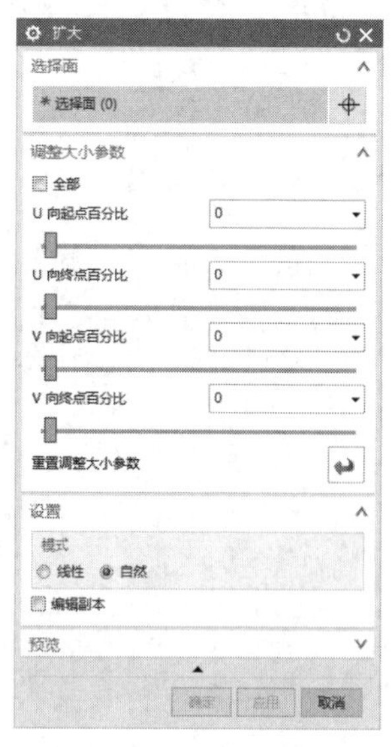

图 5-79 【扩大】对话框

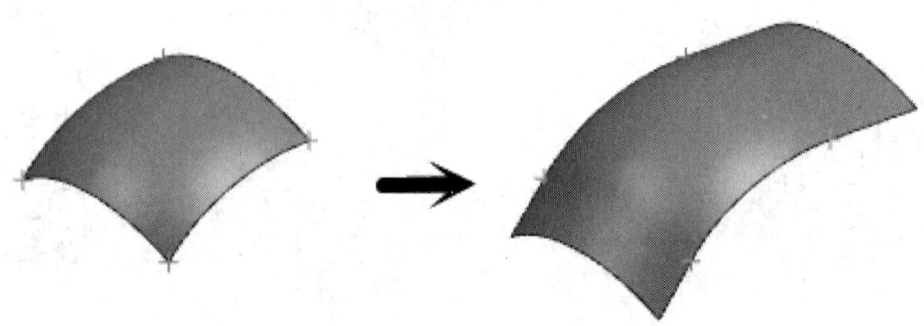

图 5-80 【扩大】的应用

单击【编辑曲面】工具栏中的【更改边】按钮，弹出图 5-81 所示的【更改边】对话框，内容与【移动定义点】对话框中的各项含义类似。如果选择【编辑原片体】单选按钮，在选择要编辑的曲面后，单击 确定 按钮弹出图 5-82 所示的【更改边】对话框，在此选择要更改的边，随后弹出图 5-83 所示的【更改边】对话框来选择修改边的方式。

图 5-81 【更改边】对话框

图 5-82 【更改边】对话框（选择要编辑的曲面后）

（1）仅边

从图 5-84 所示的【更改边】对话框中的曲线、曲面、边、体和平面等选项中选择一项来跟边缘进行匹配。

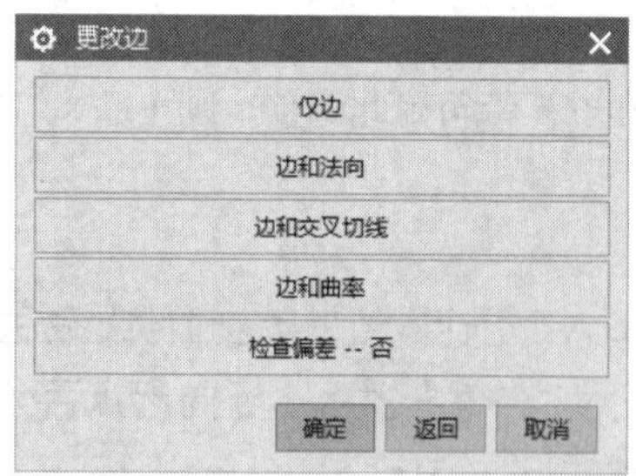

图 5-83 【更改边】对话框（选择修改边的方式）

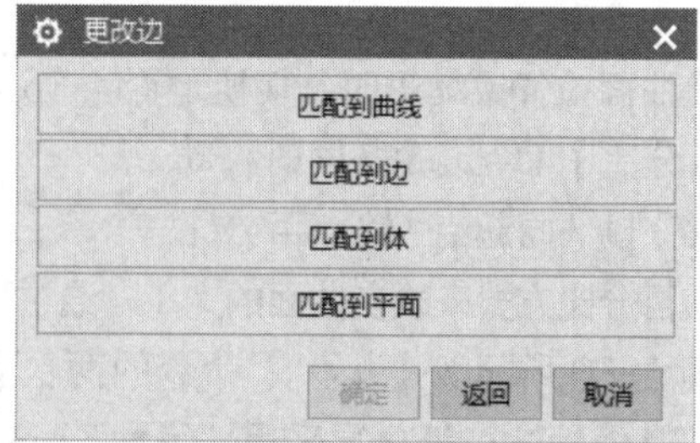

图 5-84 【更改边】对话框（选择匹配对象）

（2）边和法向

利用图 5-85 所示【更改边】对话框中的各选项来修剪边缘及法线。

- 【匹配到边】：用所选边缘的位置及法线作为参考的边缘匹配。

- 【匹配到体】：所选的曲面的边缘与法线作为参考体跟实体上的面进行匹配。
- 【匹配到平面】：所选的曲面的边缘与法线作为参考体跟第二个曲面匹配。

（3）边和交叉切线

选择此项，弹出图5-86所示的【更改边】对话框，选取要调整的边缘及其各个点的切线作为基准体素进行匹配。

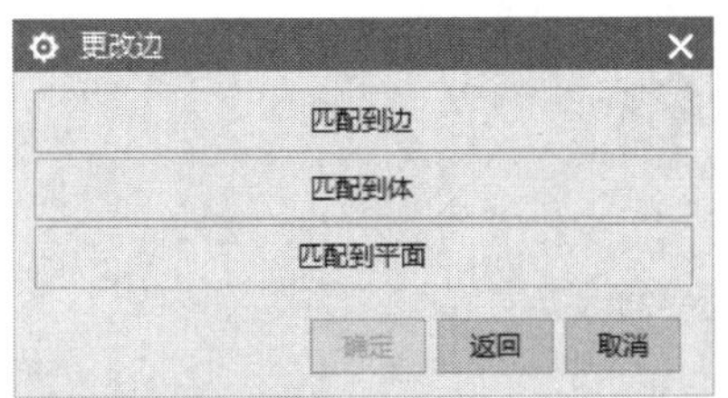

图5-85 【更改边】对话框（修剪边缘及法线）

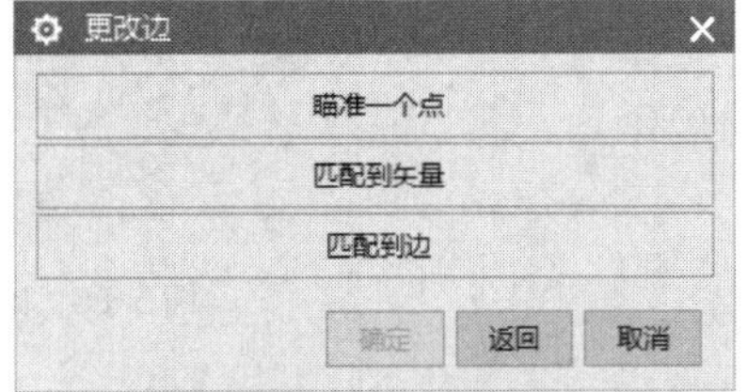

图5-86 【更改边】对话框（选取基准体素）

- 【瞄准一个点】：沿着所选的边缘及其各个点的切线都通过指定的点的方式来编辑曲面。
- 【匹配到矢量】：沿着所选的边缘及其各个点的切线都平行于指定的矢量方式来编辑曲面。
- 【匹配到边】：所选边的位置与其各个点的切线都与第二个片体的指定边缘相匹配。

（4）边和曲率

选取边和曲率要调整的边缘及其各个点的曲率作为基准体素进行匹配。

（5）检查偏差—否

它用于设置是否进行偏差检查。

图5-87所示为采用【仅边】的方式，匹配类型为【匹配到曲线】来进行曲面编辑。

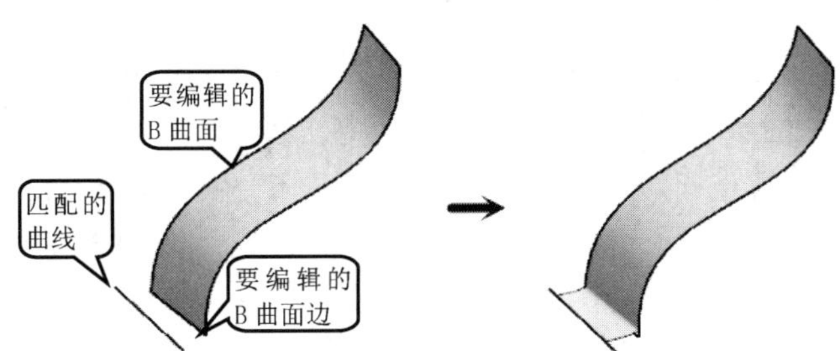

图5-87 利用【仅边】的方式更改边

图5-88所示为采用【边和法向】的方式，匹配类型为【匹配到平面】来进行曲面编辑。

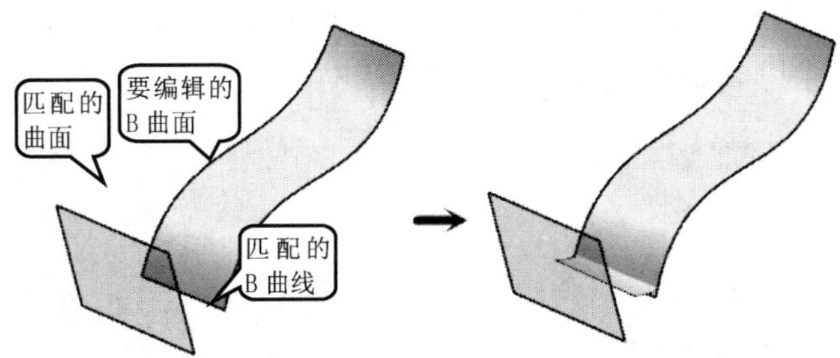

图5-88 利用【边和法向】的方式更改边

图5-89所示为采用【边和曲率】的方式来进行曲面编辑。

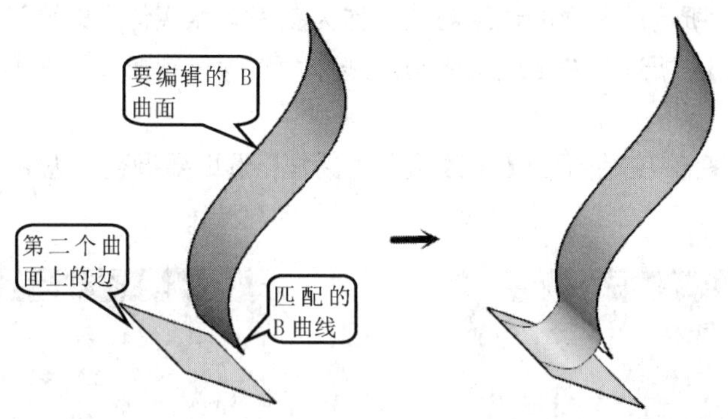

图 5-89 利用【边和曲率】的方式更改边

5. 曲面等参数修剪 / 分割

用于在 U 或 V 等参数方向采用百分比参数方法来对指定的曲面进行修剪或分割。当百分比在 0~100 时为修剪曲面，小于 0 或大于 100 时为延伸曲面。

（1）【修剪 / 分割】对话框

单击【编辑曲面】工具栏中的【修剪 / 分割】按钮，弹出图 5-90 所示的【修剪 / 分割】对话框，对话框中各选项意义如下。

- 【等参数修剪】：用于增大或缩小曲面。
- 【等参数分割】：用于分割曲面。

单击图 5-90 中的任何一个按钮选项后，将弹出图 5-91 所示的【修剪 / 分割】对话框，其用途与图 5-54 所示的【移动定义点】对话框类似。

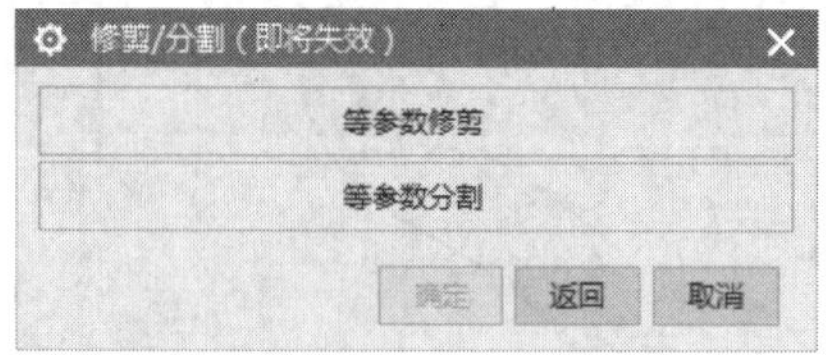

图 5-90 【修剪 / 分割】对话框

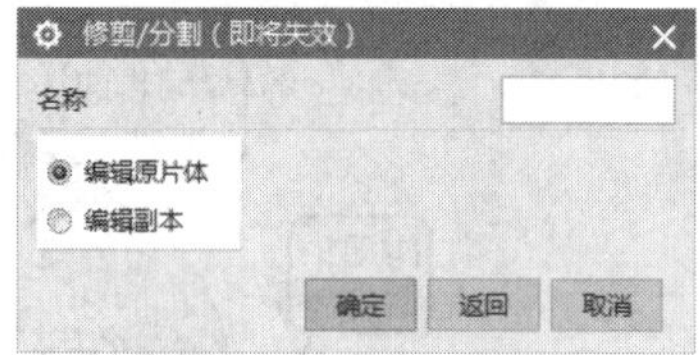

图 5-91 【修剪 / 分割】对话框

（2）【等参数修剪】和【等参数分割】对话框

如果选择对话框中的【编辑原片体】单选按钮，在选择要修剪 / 分割的曲面后，单击图 5-91 中的确定按钮继续曲面编辑操作。如果选择图 5-90 中的【等参数修剪】按钮选项，则弹出图 5-92 所示【等参数修剪】对话框；如果选择图 5-90 中的【等参数分割】按钮选项，则弹出图 5-93 所示【等参数分割】对话框。图 5-92 和图 5-93 中各选项意义如下。

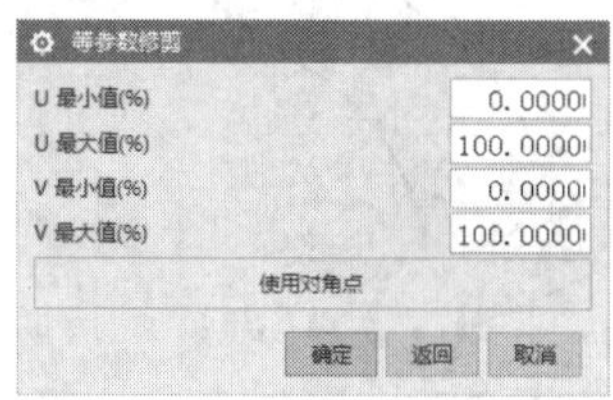

图 5-92 【等参数修剪】对话框

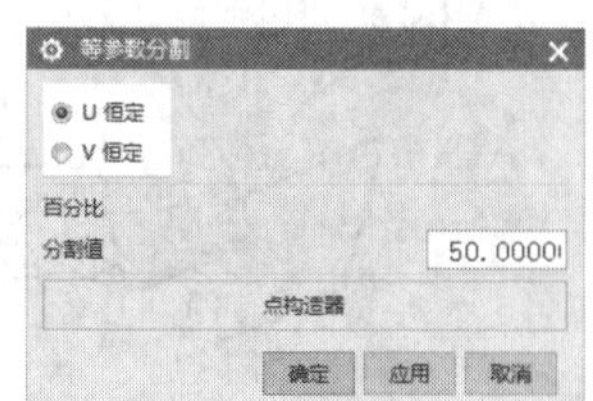

图 5-93【等参数分割】对话框

- 【U 最小值】/【U 最大值】：用于指定曲面上沿 U 方向修剪的最小 / 最大百分比值。当最小值为负值时为延伸；最小值为正值时为修剪。当最大值小于 100% 时为修剪，最大值大于 100% 时为延伸。

- 【V 最小值】/【V 最大值】：用于指定曲面上沿 V 方向修剪的最小 / 最大百分比值。当最小值为负值时为延伸；最小值为正值时为修剪。当最大值小于 100% 时为修剪，最大值大于 100% 时为延伸。
- 【使用对角点】：单击此项弹出图 5-94 所示【对角点】对话框，通过指定两对角点并将这两个对角点投影到曲面上来确定修剪或延伸的范围。也可以通过选择图 5-94 中的选项进入【点】对话框来定义对角点。

图 5-94 【对角点】对话框

- 【U 恒定】：确定在 U 方向分割曲面的百分比值。
- 【常数 V】：确定在 V 方向分割曲面的百分比值。
- 【百分比分割值】：用于输入 U 向或 V 向的分割曲面的百分比值。
- 【点构造器】：选择此选项进入【点】对话框，指定一个点确定分割百分比。系统将点投影到曲面上，并在【百分比分割值】对话框中显示此点的百分比参数值。

下列为【等参数修剪 / 分割】命令的应用示例。其中，图 5-95 所示的【U 最大值】设置为 50%，其他默认；图 5-96 采用【U 恒定】，其【百分比分割值】为 50%。

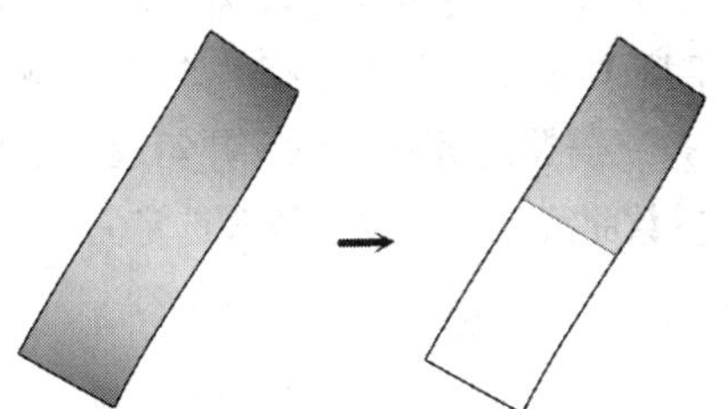
图 5-95 【等参数修剪】的应用

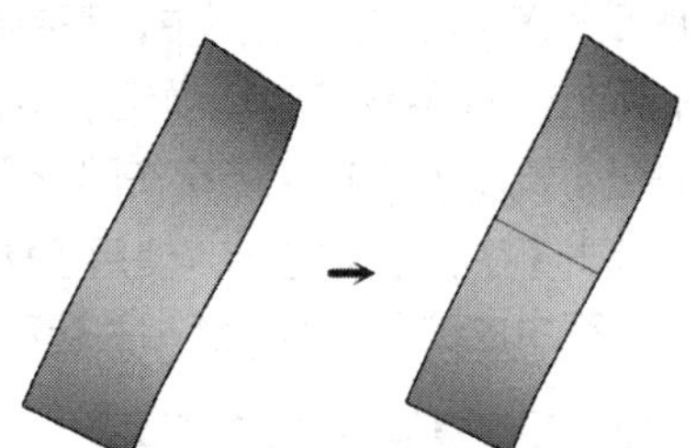
图 5-96 【等参数分割】的应用

6. X 型

【X 型】命令（对应工具栏图标为【X 型】按钮）用于编辑样条和曲面的极点和点。在【编辑曲面】面板中单击【X 型】按钮打开图 5-97 所示的【X 型】对话框，其中包含了“曲线或曲面”“参数化”“方法”“边界约束”“设置”和“微定位”这些选项组。

在【方法】选项组中又提供了 4 个方法选项卡：【移动】选项卡、【旋转】选项卡、【比例】选项卡和【平面化】选项卡。

利用该对话框选择要开始编辑的曲线或曲面，根据编辑要求选择点、设置极点操控方式，定义参数化（阶次和补片），指定方法选项、边界约束、提取方法（“原始”“最小边界”或“适合边界”）、特征保存方法（“相对”或“静态”）和微定位选项等，在【X 型】编辑状态下可以使用鼠标拖动选定极点或点的位置来编辑曲面，应用示例如图 5-98 所示。

7. I 型

【I 型】命令（对应工具栏图标为【I 型】按钮）用于通过编辑等参数曲面来动态修改面。在【编辑曲面】面板中单击【I 型】按钮弹出图 5-99 所示的【I 型】对话框，接着选择要编辑的曲面，并在【等参数曲线】选项组中指定方向选项（可供选择的选项有【U】和【V】）、位置选项（如“均匀”“通过点”或“在点之间”）和【数量】值，并分别在其他选项组中设置等参数曲线形状控制、边界约束和微定位等。

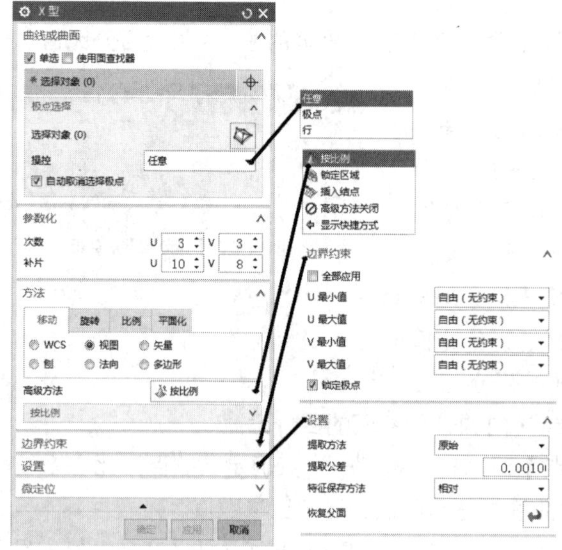

图 5-97 【X 型】对话框

图 5-98 【X 型】编辑示例

在图 5-100 所示典型示例中，等参数曲线的方向为“U”，其位置选项为“均匀”，【数值】为“5”，而在【等参数控制选项组】中，从【插入手柄】下拉列表中选择“均匀”，将该组相应的【数量】值改为“4”，接着在图形窗口中选择一条所需要的等数曲线，并勾选【线性过渡】复选框，单击【手柄】按钮，使用手柄编辑所选等参数曲线，从而动态修改选定曲面，使用手柄操作的过程中应该要特别注意相关选项和参数设置。

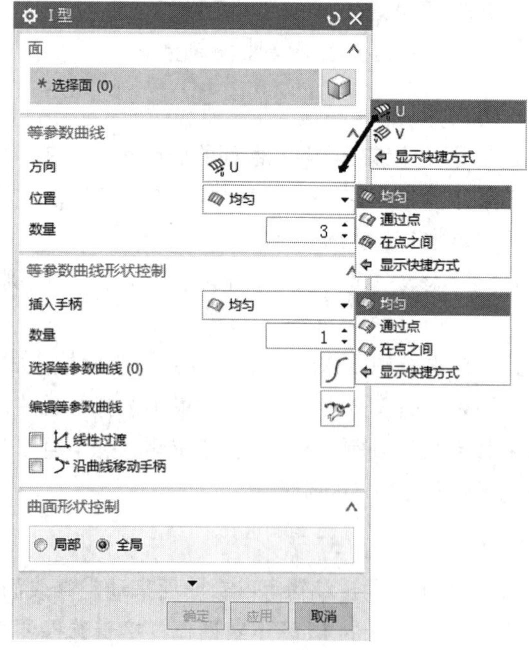

图 5-99 【I 型】对话框

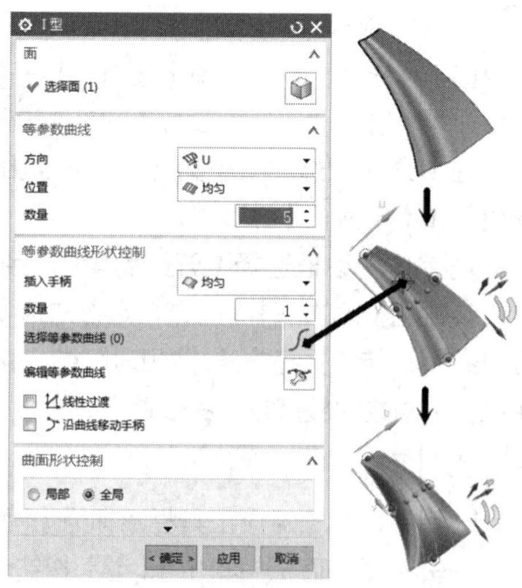

图 5-100 通过编辑等参数曲线动态修改面

小结

曲面设计是三维建模的重点环节，同时也是难点。UG NX 10.0具有强大的曲面造型功能，使用灵活。本章主要介绍了以下内容。

① 通过点集创建曲面的方法，包括通过点 / 极点、通过点云等。

② 基本曲面的绘制方法，包括直纹面、通过曲线组、通过曲线网格及扫掠曲面等。

③ 对曲面进行移动定义点 / 极点、扩大，更改阶次 / 刚度 / 边界等曲面编辑操作。

④ 总结了曲面设计的主要步骤。

习题

1. 什么是点云，如何使用点云创建曲面?
2. 简要说明扫掠曲面的创建原理。
3. 如何移动曲面上的极点?
4. 分析图5-101所示模型应该使用哪些工具来创建。

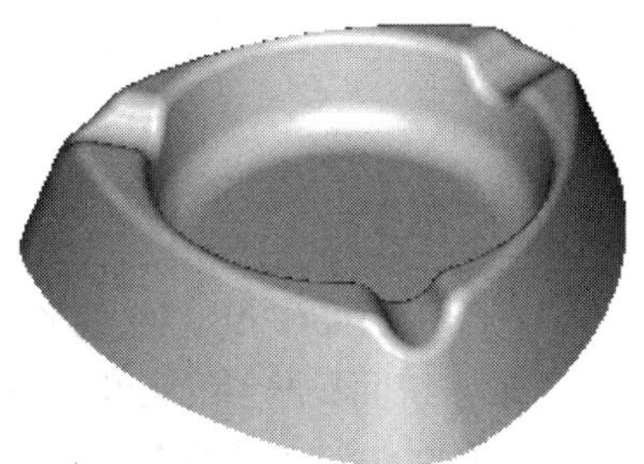

图5-101 曲面模型

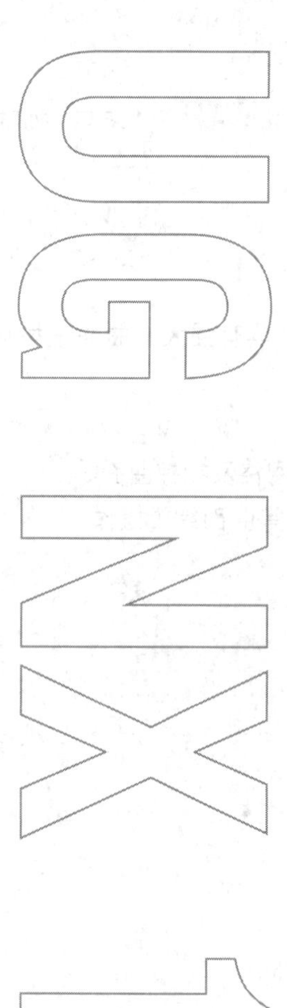

Chapter 6

第6章 三维建模综合训练

【学习目标】

- 掌握创建三维实体模型的基本要领。
- 掌握创建曲面模型的基本要领。

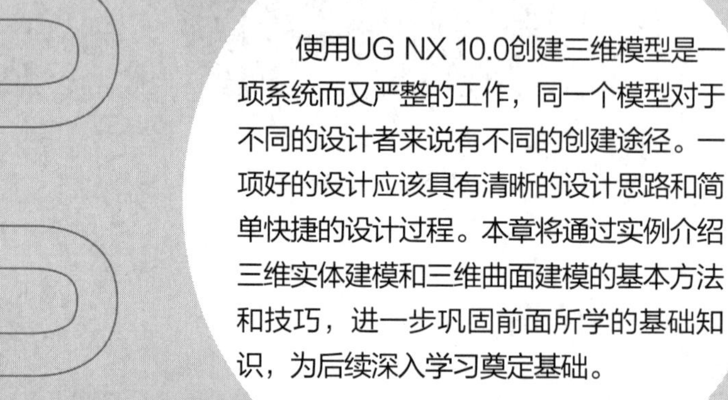

使用UG NX 10.0创建三维模型是一项系统而又严整的工作，同一个模型对于不同的设计者来说有不同的创建途径。一项好的设计应该具有清晰的设计思路和简单快捷的设计过程。本章将通过实例介绍三维实体建模和三维曲面建模的基本方法和技巧，进一步巩固前面所学的基础知识，为后续深入学习奠定基础。

6.1 创建三维实体模型——供油零件设计

本节将综合使用各种实体建模工具创建图 6-1 所示三维实体模型，帮助读者总结和深入领会三维实体建模的基本要领。

本例的基本设计思路如下。

① 创建箱体部分。

② 创建圆盘部分。

③ 创建螺纹部分。

供油零件设计 1

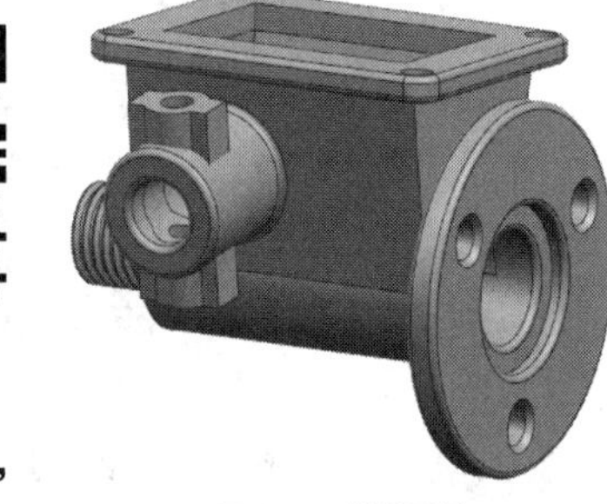

图 6-1　供油零件

1. 创建圆柱体

① 打开 UG NX 10.0 软件，新建名为“Oil-suply”的文件，进入 UG 建模界面。

② 单击【特征】工具栏中的按钮，弹出图 6-2 所示的【圆柱】对话框，设置图示参数。

③ 单击按钮，在弹出的下拉列表中单击按钮，指定矢量。

④ 单击按钮，弹出图 6-3 所示的【点】对话框，设置图示参数，单击 确定 按钮，完成基点的指定。

⑤ 单击【圆柱】对话框中的 确定 按钮完成圆柱的创建，如图 6-4 所示。

图 6-2 【圆柱】对话框

图 6-3 【点】对话框（1）

2. 创建长方体

① 单击【特征】工具栏中的【长方体】按钮，弹出图 6-5 所示的【块】对话框，设置图示参数。

② 单击按钮弹出图 6-6 所示的【点】对话框，设置图示参数，单击 确定 按钮，完成长方体基点的创建。

③ 单击 确定 按钮，完成长方体的创建，如图 6-7 所示。

3. 创建拔模特征

① 单击【特征】工具栏中的【拔模】按钮，弹出图 6-8 所示的【拔模】对话框，设置图示参数。

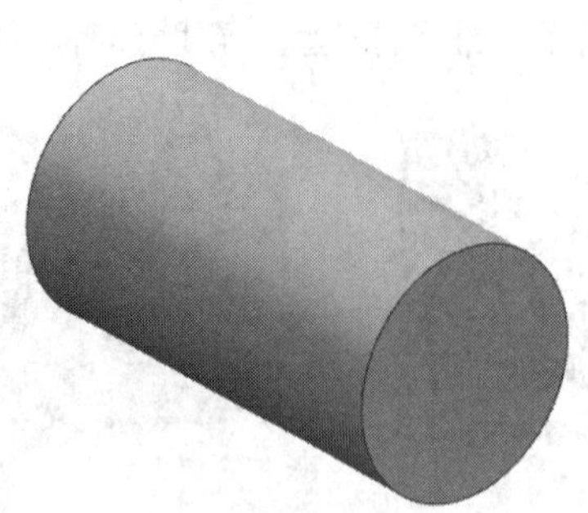

图 6-4　创建圆柱

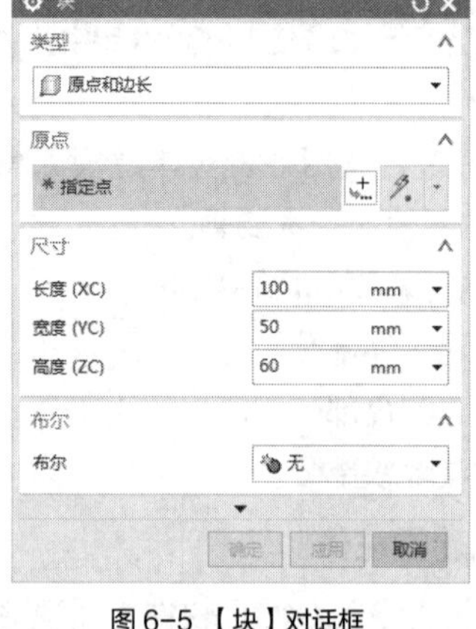

图 6-5 【块】对话框

图 6-6 【点】对话框（2）

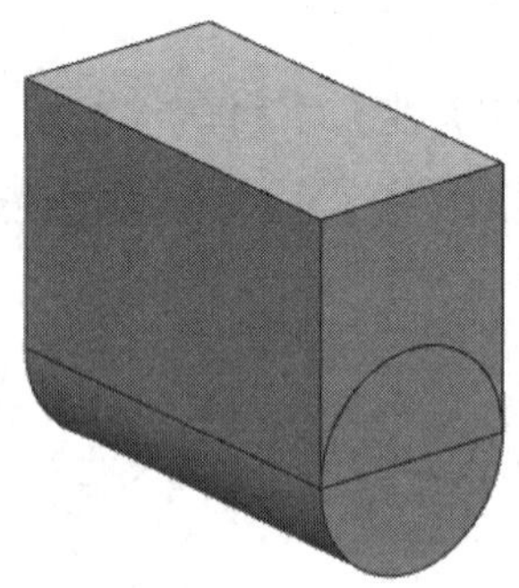

图 6-7　创建长方体

② 单击按钮，在弹出的下拉列表中单击按钮，完成拔模方向的指定。

③ 单击按钮，选择图 6-9 所示前后两个拔模表面，单击 确定 按钮完成拔模操作，如图 6-10 所示。

图 6-8 【拔模】对话框

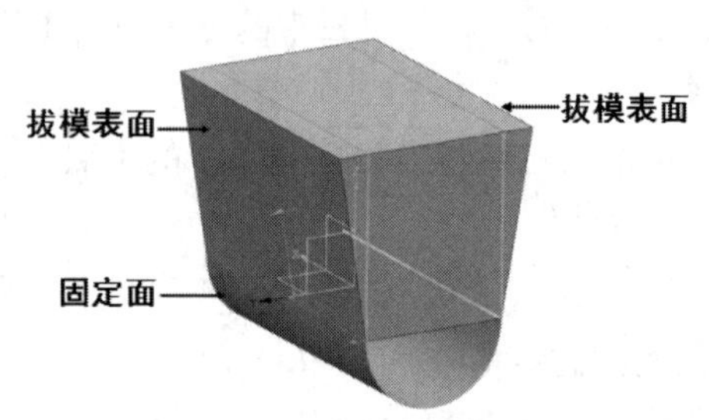

图 6-9　选择拔模表面

4. 创建抽壳特征

① 单击【特征】工具栏中的【壳】按钮，弹出图 6-11 所示的【抽壳】对话框，设置图示参数。

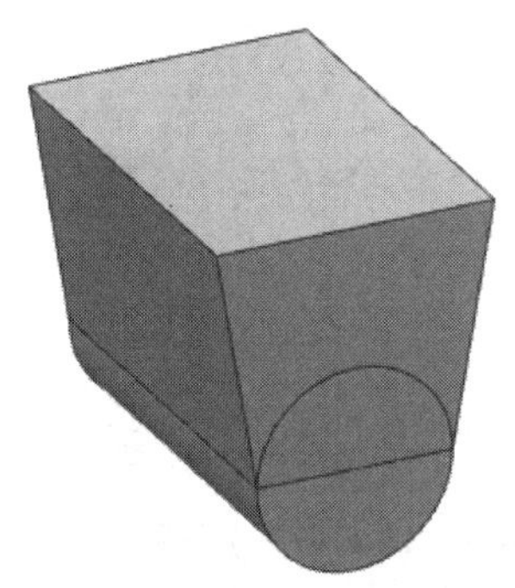

图 6-10　完成拔模操作

图 6-11 【抽壳】对话框

② 单击按钮，选择图 6-12 所示实体的上表面，单击 确定 按钮完成抽壳操作，结果如图 6-13 所示。

图 6-12　选择上表面

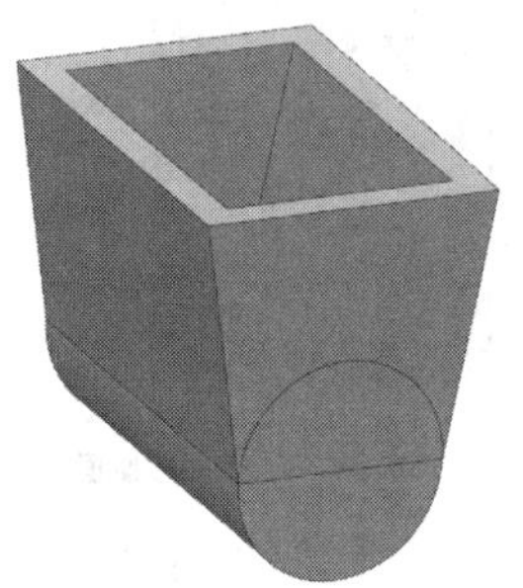

图 6-13　完成抽壳效果

5. 创建投影曲线和草图

① 单击【特征】工具栏中的【草图】按钮，弹出图 6-14 所示的【创建草图】对话框，设置图示参数。

② 单击按钮，选择图 6-15 所示实体上表面，单击 确定 按钮进入绘制草图界面，如图 6-16 所示。

图 6-14 【创建草图】对话框

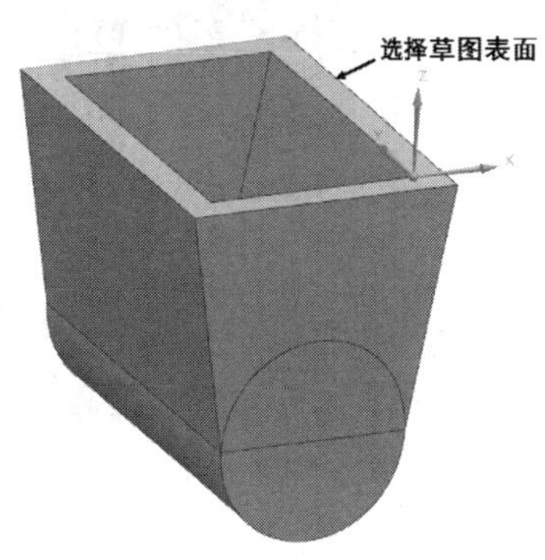

图 6-15　选择草图表面

③ 单击【派生曲线】工具栏中的【投影曲线】按钮，弹出图6-17所示【投影曲线】对话框。

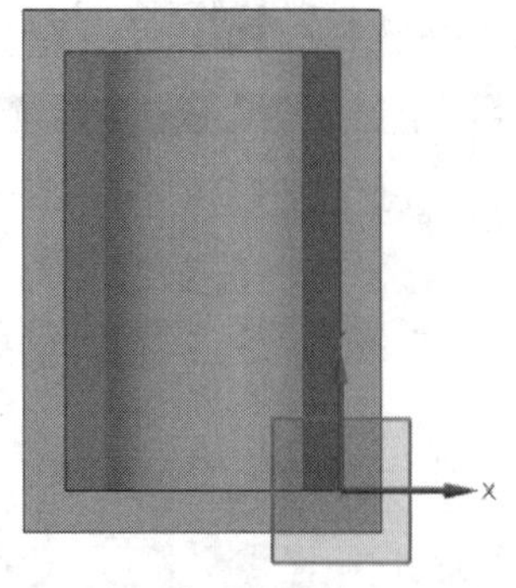

图6-16 草图界面

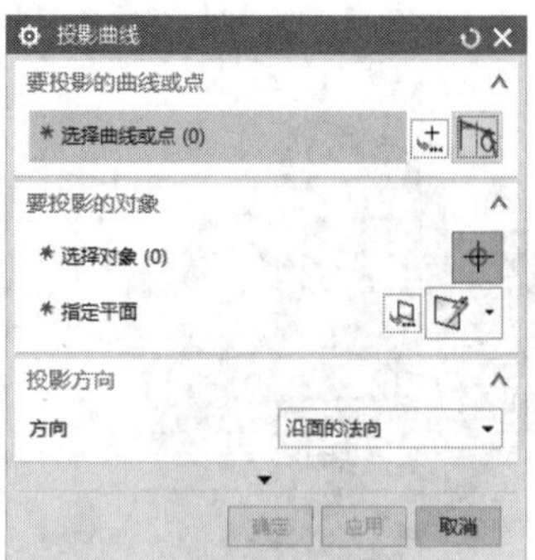

图6-17 【投影曲线】对话框

④ 单击按钮，选择图6-18所示投影面，单击确定按钮完成线段的投影，结果如图6-19所示。

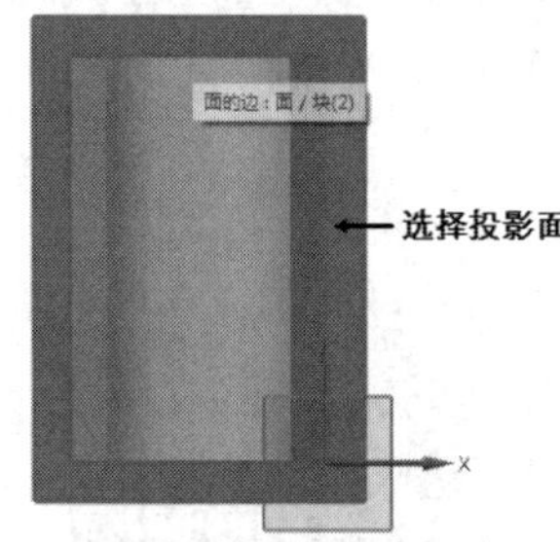

图6-18 选择投影面

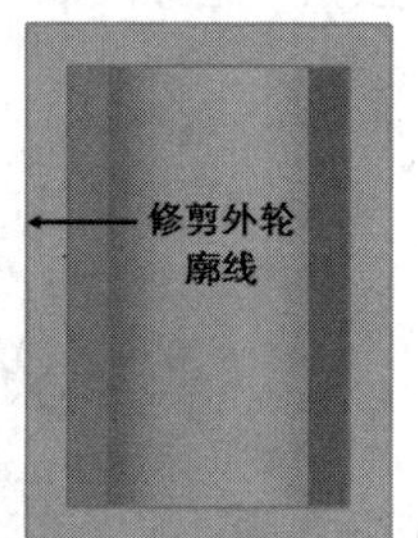

图6-19 投影线段效果

⑤ 执行菜单命令【菜单】/【编辑】/【草图曲线】/【快速修剪】，将外轮廓线修剪掉，如图6-19所示。

⑥ 按照绘制草图的方法，绘制图6-20所示草图，完成后单击按钮。

6. 创建拉伸特征

① 在【特征】工具栏中单击【拉伸】按钮，弹出图6-21所示的【拉伸】对话框，设置图示参数。

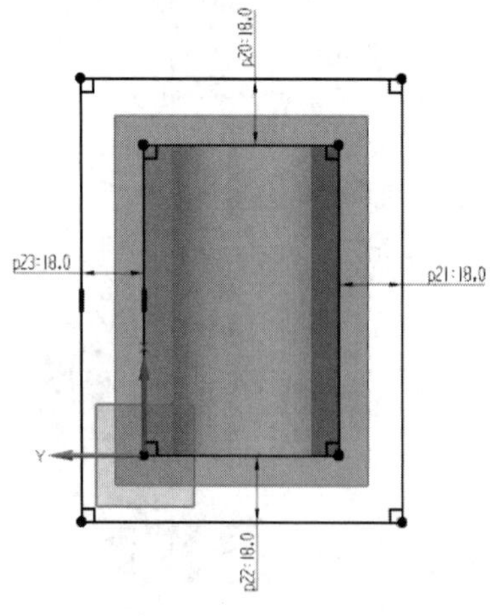

图6-20 绘制矩形线段

图6-21 【拉伸】对话框

② 选中图 6–22 所示拉伸曲线，单击按钮，在弹出的下拉列表中单击按钮，指定拉伸方向。

③ 单击 确定 按钮完成拉伸操作，结果如图 6–23 所示。

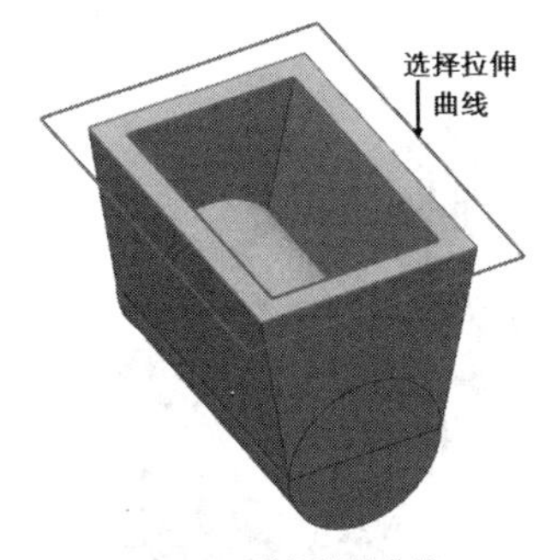

图 6–22　选择拉伸曲线

图 6–23　最终拉伸效果

7. 创建边倒圆特征

① 单击【特征】工具栏中的【边倒圆】按钮，弹出图 6–24 所示的【边倒圆】对话框，设置图示参数。

② 单击按钮，选择图 6–25 所示 4 条边，单击 确定 按钮完成边倒圆操作，结果如图 6–26 所示。

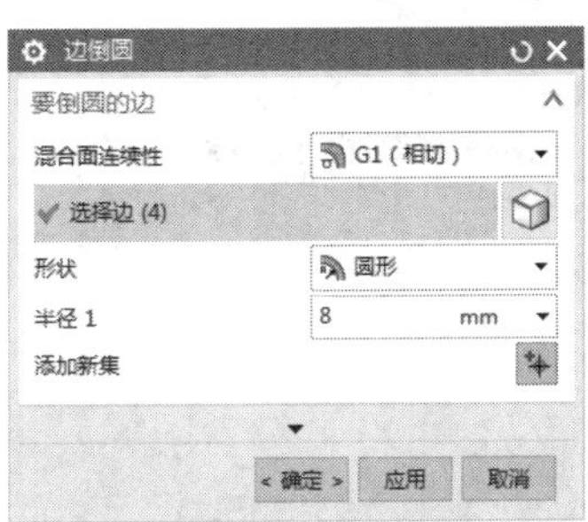

图 6–24 【边倒圆】对话框

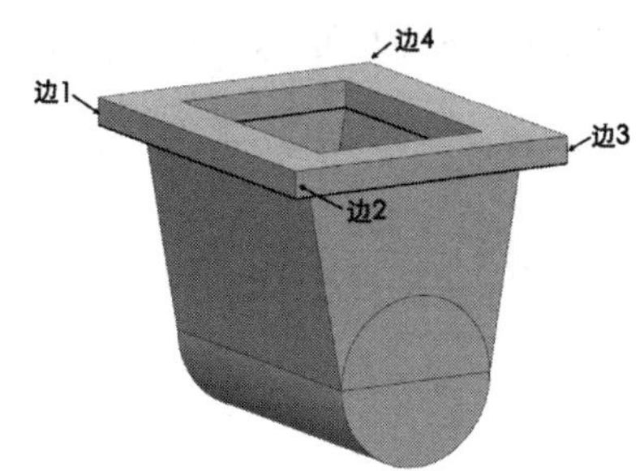

图 6–25　选择倒圆边

8. 创建孔特征

① 单击【特征】工具栏中的【孔】按钮，弹出图 6–27 所示的【孔】对话框，设置图示参数。

图 6–26　边倒圆效果

图 6–27 【孔】对话框

② 单击 按钮，选择图 6-28 所示放置面，指定孔中心的位置，单击 按钮，完成孔的创建。结果如图 6-29 所示。

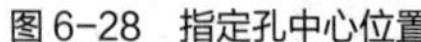
图 6-28　指定孔中心位置

图 6-29　完成孔操作

9. 阵列特征

① 单击【特征】工具栏中的【阵列特征】按钮，弹出图 6-30 所示的【阵列特征】对话框。

② 在视图左侧【部件导航器】中选择“简单孔”特征，设置【阵列定义】/【布局】为“线性”。

③ 设置【方向 1】和【方向 2】的参数如图 6-31 所示。

图 6-30 【阵列特征】对话框

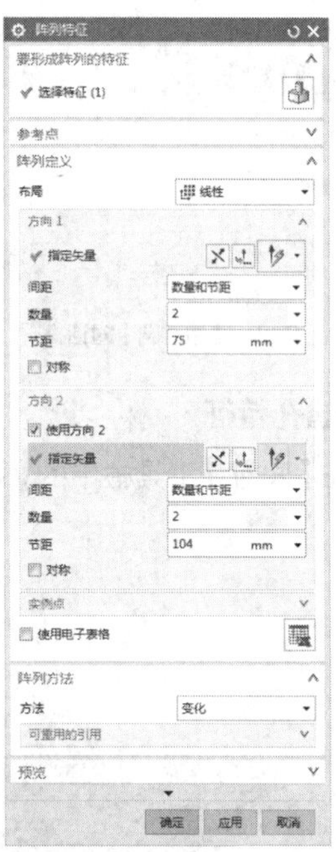

图 6-31　设置方向参数

④ 单击 按钮，完成孔特征的阵列，结果如图 6-32 所示。

10. 创建凸台特征

① 单击【特征】工具栏中的【凸台】按钮，弹出图 6-33 所示的【凸台】对话框，设置图示参数。

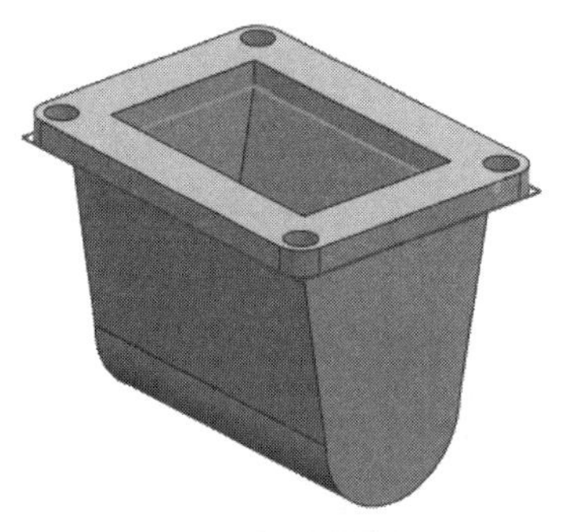

图 6-32　阵列孔效果

图 6-33 【凸台】对话框

② 单击按钮，选中图 6-34 所示平面，单击确定按钮弹出【定位】对话框，如图 6-35 所示。

图 6-34　选择圆柱端面

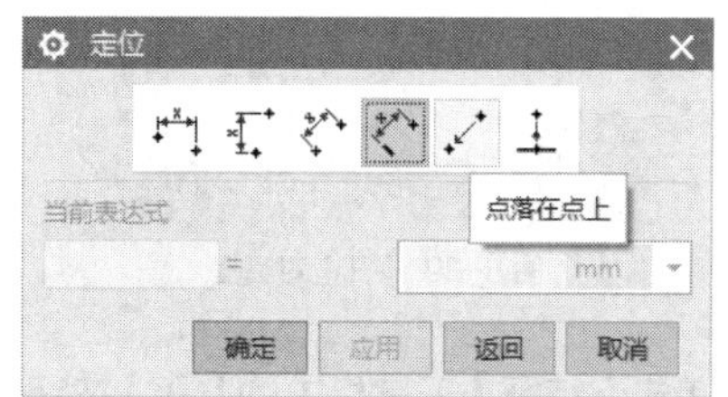

图 6-35 【定位】对话框

③ 单击按钮弹出【点落在点上】对话框，选择图 6-36 所示圆弧，弹出【设置圆弧的位置】对话框。

④ 单击圆弧中心按钮完成凸台的创建，结果如图 6-37 所示。

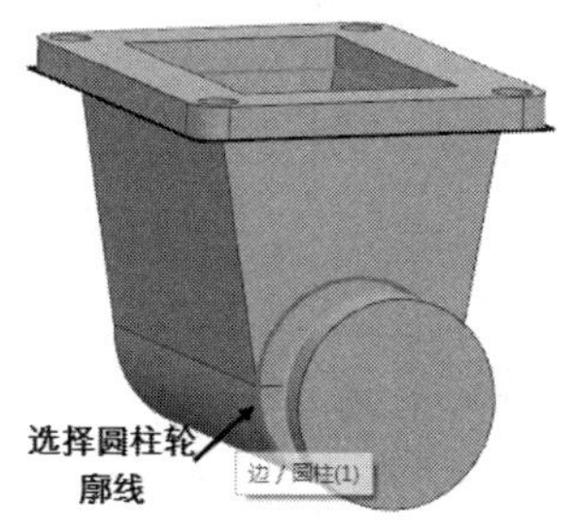

图 6-36　选择圆弧

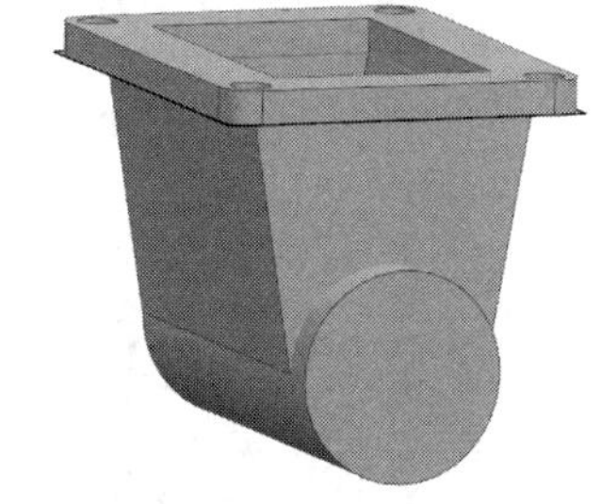

图 6-37　创建凸台

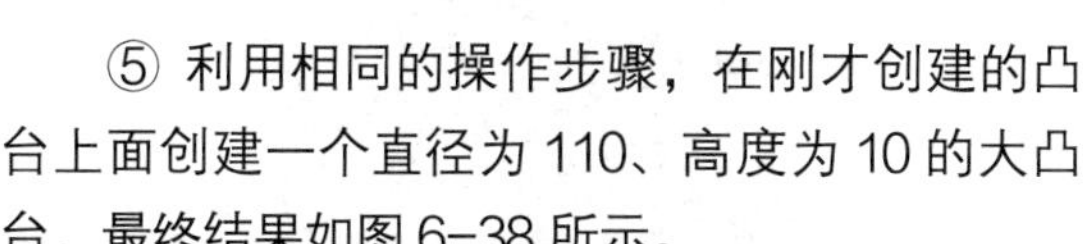

⑤ 利用相同的操作步骤，在刚才创建的凸台上面创建一个直径为 110、高度为 10 的大凸台，最终结果如图 6-38 所示。

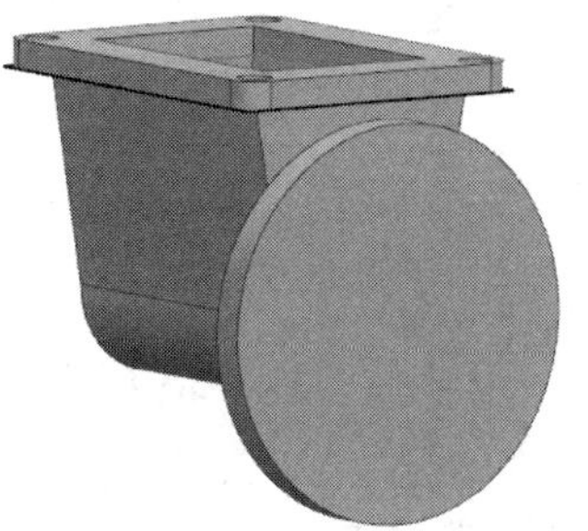

图 6-38　创建大凸台

供油零件设计 2

11. 创建孔特征

① 单击【特征】工具栏中的【孔】按钮，弹出图 6-39 所示的【孔】对话框，设置图示参数。

② 利用之前所学定位知识将沉头孔定位到大凸台的中心，最终结果如图 6-40 所示。

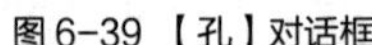

图 6-39 【孔】对话框

图 6-40 创建沉头孔

③ 单击【特征】工具栏中的【孔】按钮，弹出图 6-41 所示的【孔】对话框，设置图示参数。

④ 单击位置制定点处按钮打开【创建草图】对话框，选择图 6-42 所示凸台面为草图平面，单击 确定 按钮打开【草图点】对话框。单击打开【点】对话框设置图 6-43 所示的参数，单击 确定 按钮，再单击【完成】按钮退出草图。

图 6-41 【孔】对话框

图 6-42 选择草图平面

⑤ 单击 确定 按钮，完成孔的创建，最终结果如图 6-44 所示。

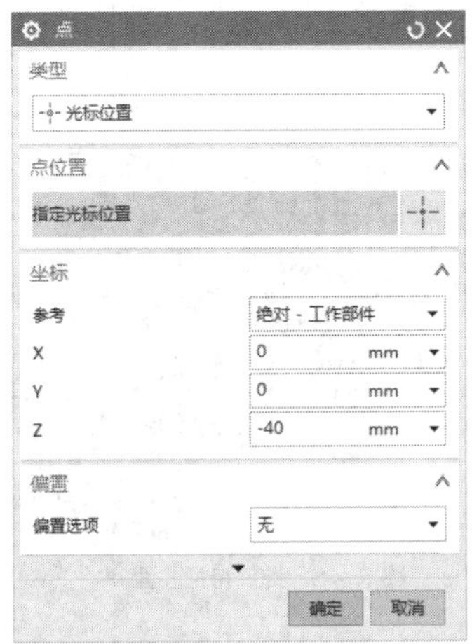

图 6-43 【点】对话框

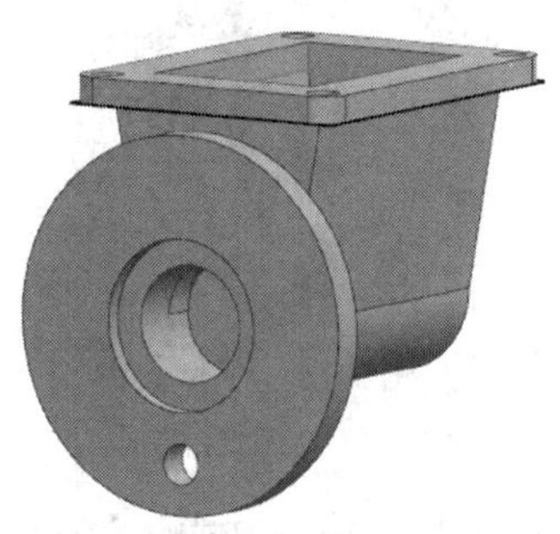

图 6-44　完成孔创建

12. 阵列特征

① 单击【特征】工具栏中的【阵列特征】按钮，弹出【阵列特征】对话框。

② 根据前面所学知识按照图 6-45 所示参数完成孔的阵列，最终结果如图 6-46 所示。

图 6-45 【阵列特征】对话框

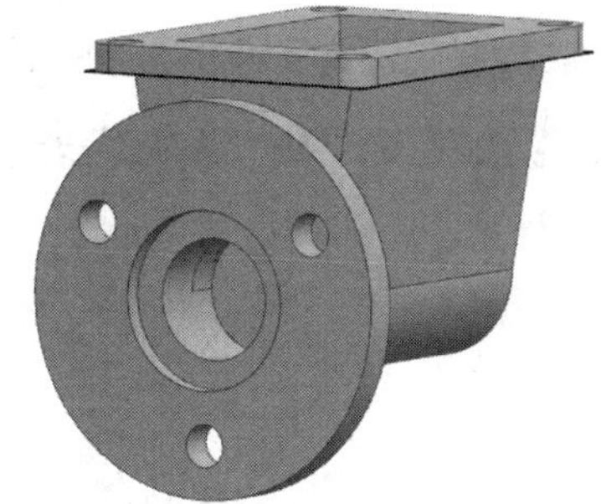

图 6-46　阵列孔效果

13. 创建凸台和孔

按照上述操作步骤，在实体的另一侧创建凸台和孔（其中凸台直径为 30，高度为 30；孔直径为 14，深度为 40），参考设计结果如图 6-47 所示。

14. 创建螺纹特征

① 单击【特征】工具栏中的【螺纹】按钮，弹出【螺纹】对话框，选取图 6-48 所示新建凸台特征表面，设置图 6-49 所示参数。

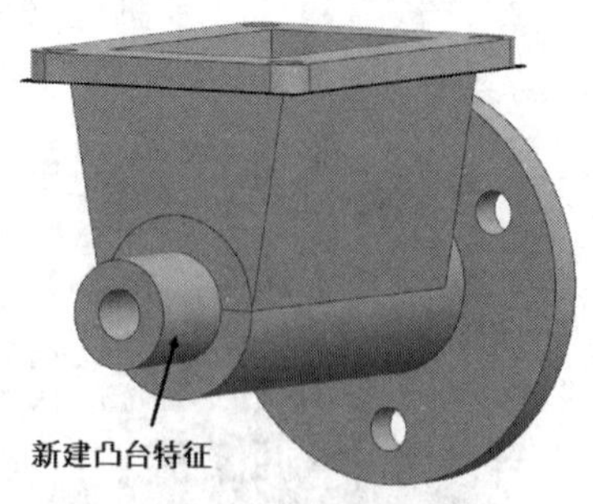

图 6-47 创建凸台特征

图 6-48 选择特征表面

② 单击确定按钮，完成螺纹创建，结果如图 6-50 所示。

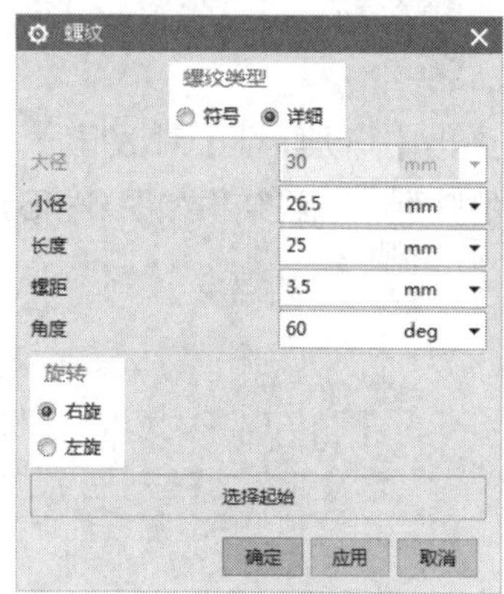

图 6-49 设置参数

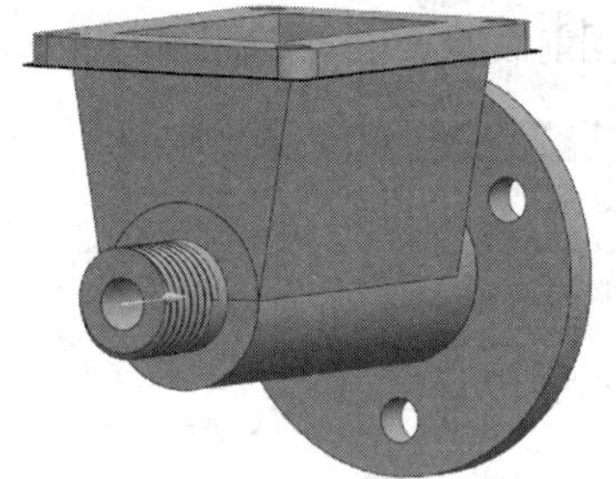

图 6-50 完成螺纹特征

15. 创建凸台特征

① 单击【特征】工具栏中的【凸台】按钮，弹出图 6-51 所示的【凸台】对话框，设置图示参数。

② 单击按钮，选择图 6-52 所示平面，单击确定按钮弹出图 6-53 所示的【定位】对话框。

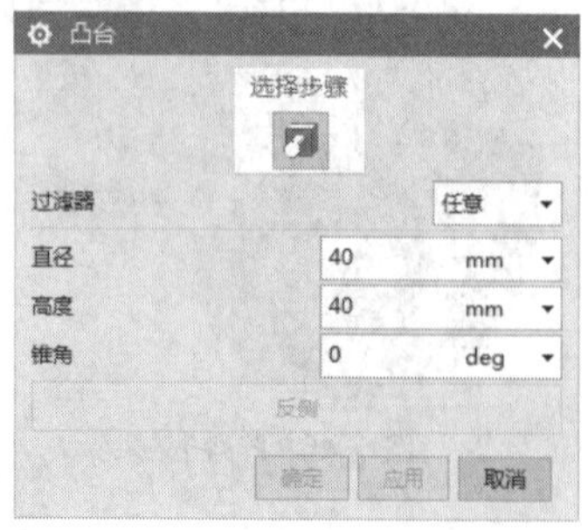

图 6-51 【凸台】对话框

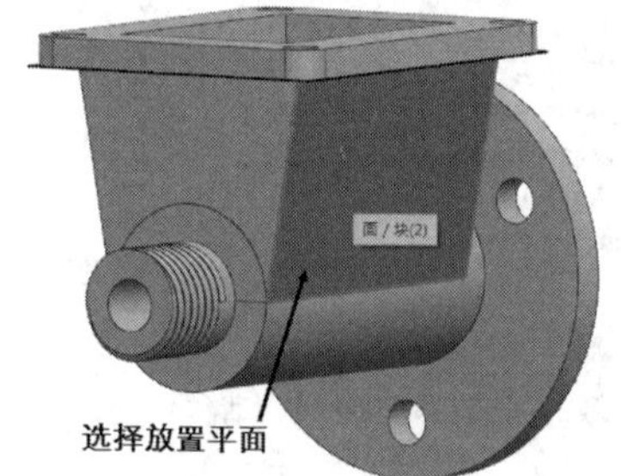

图 6-52 选择放置平面

③ 单击按钮，指定图 6-54 所示的水平参考及距离数值，单击应用按钮；单击按钮，指定图 6-55 所示的垂直参考及距离数值。

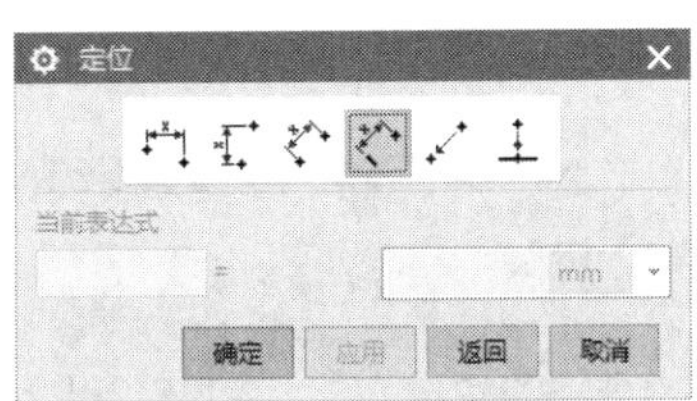

图 6-53 【定位】对话框

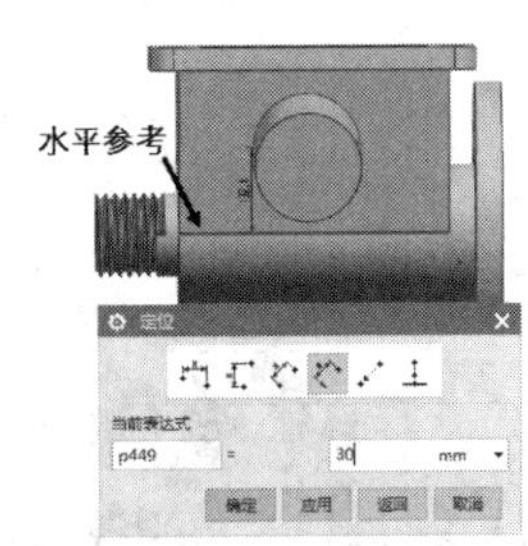

图 6-54　水平参考及距离数值

④ 单击确定按钮，所得结果如图 6-56 所示。

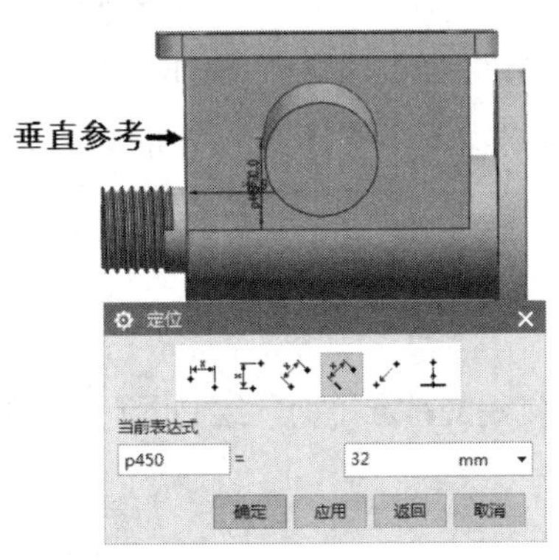

图 6-55　垂直参考及距离数值

图 6-56　创建凸台

16. 创建基准轴

① 单击【特征】工具栏中的【基准轴】按钮，弹出图 6-57 所示的【基准轴】对话框，设置图示参数。

② 单击【指定出发点】选项中的按钮，指定图 6-58 所示凸台的外面圆中心，单击【指定目标点】选项中的按钮，指定图 6-58 所示凸台的里面圆中心。单击确定按钮，完成基准轴的指定。

图 6-57 【基准轴】对话框

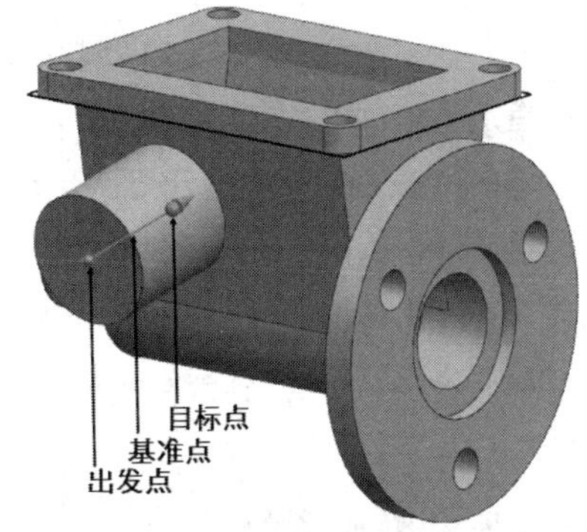

图 6-58　指定基准轴

③ 通过上述的方法，利用圆的象限点指定另外两条基准轴，如图 6-59 所示。

17. 创建基准平面

① 单击【特征】工具栏中的【基准平面】按钮，弹出图 6-60 所示的【基准平面】对话框，

设置图示参数。

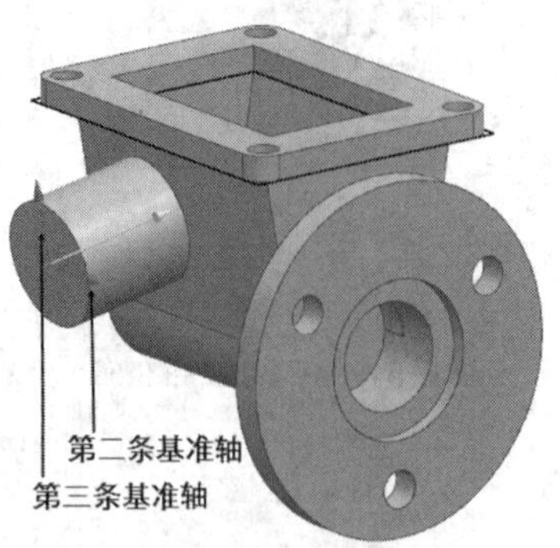

图 6-59　指定第二和第三条基准轴

图 6-60 【基准平面】对话框

② 单击【第一条直线】选项按钮，选择第一条基准轴，单击【第二条直线】选项按钮，选择第二条基准轴。

③ 单击 确定 按钮，完成基准平面的创建，结果如图 6-61 所示。

18. 创建拉伸特征

① 单击【特征】工具栏中的按钮，选中步骤 17 创建的基准平面，绘制图 6-62 所示草图，单击按钮，完成草图的绘制。

供油零件设计 3

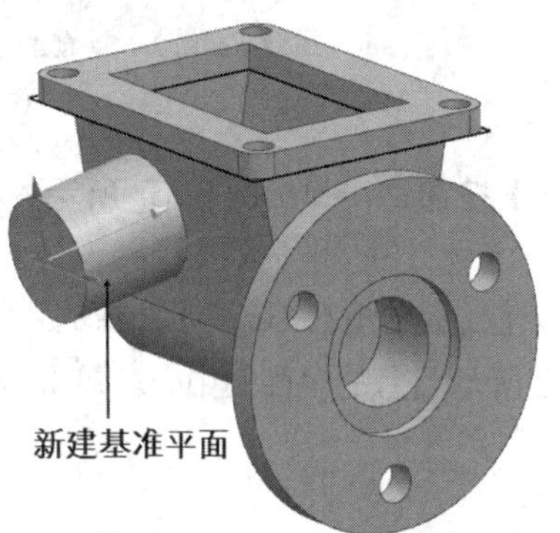

图 6-61　创建基准平面

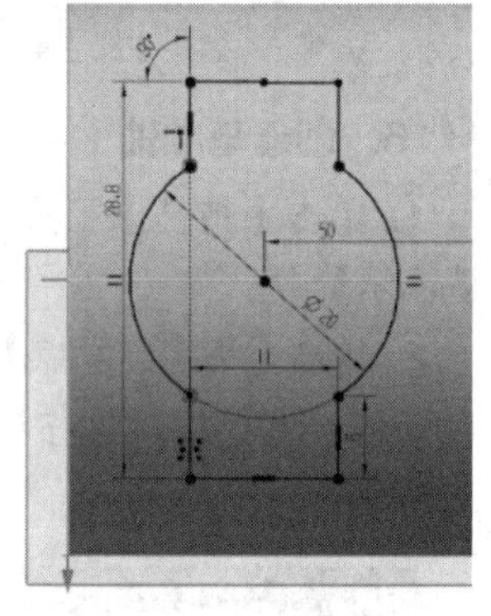

图 6-62　绘制草图

② 单击【特征】工具栏中的按钮，弹出图 6-63 所示的【拉伸】对话框，设置图示参数。

③ 单击按钮，选中图 6-62 所示草图，选择第三条基准轴为拉伸方向。

④ 单击 确定 按钮，完成拉伸操作，结果如图 6-64 所示。

19. 创建孔特征

根据创建孔的知识，分别在拉伸体和凸台上创建图 6-65 所示的孔，并定位，具体参数可以自行设计。

20. 创建边倒圆特征

① 单击【特征】工具栏中的【边倒圆】按钮，弹出图 6-66 所示的【边倒圆】对话框，设置图示参数。

② 单击按钮，选择图 6-67（a）所示边，单击 确定 按钮，完成边倒圆操作，结果如图 6-67（b）所示。

图 6-63 【拉伸】对话框

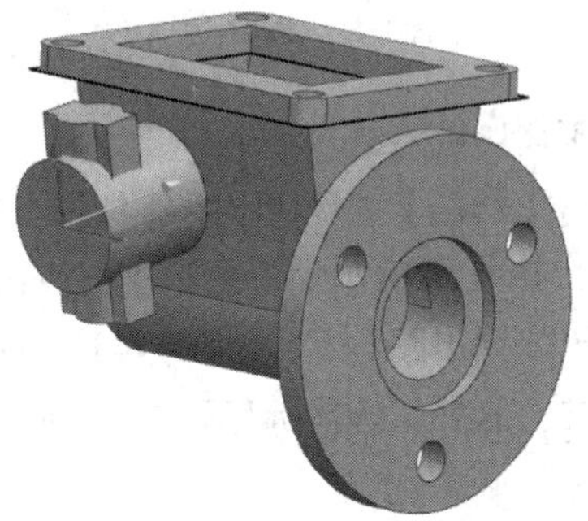

图 6-64　创建拉伸

图 6-65　创建孔特征

图 6-66 【边倒圆】对话框

21. 创建倒斜角特征

① 单击【特征】工具栏中的【倒斜角】按钮，弹出图 6-68 所示的【倒斜角】对话框，设置图示参数。

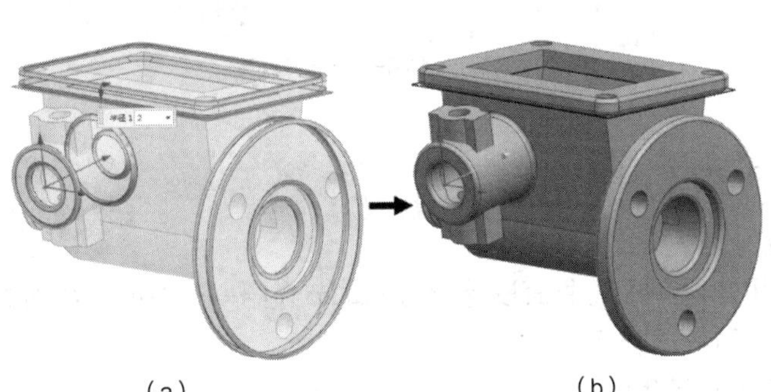

（a）　　（b）

图 6-67　边倒圆预览效果

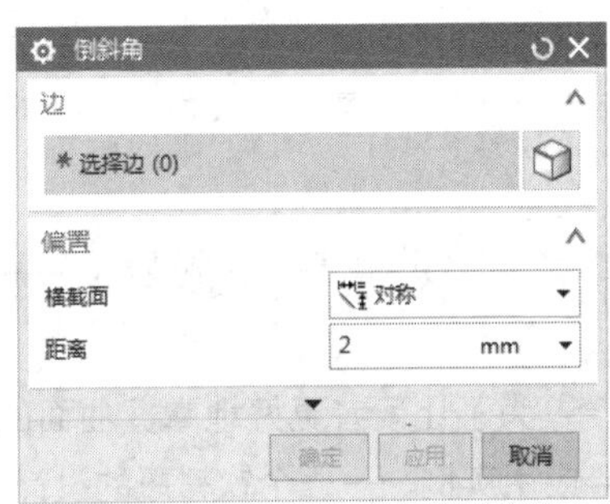

图 6-68 【倒斜角】对话框

② 单击按钮，选择图6-69所示边，单击确定按钮，完成倒斜角操作，结果如图6-70所示。

图6-69　选择孔边

图6-70　倒斜角效果

22. 完善设计

① 单击【特征】工具栏中的按钮，运用前面所学【合并】知识将所有实体做求和操作。

② 依次执行菜单命令【菜单】/【编辑】/【显示和隐藏】/【隐藏】或者用户直接按组合键Ctrl+B，弹出图6-71所示【类选择】对话框。

③ 单击按钮，选择所有草图、基准。单击确定按钮，完成实体创建，最终结果如图6-72所示。

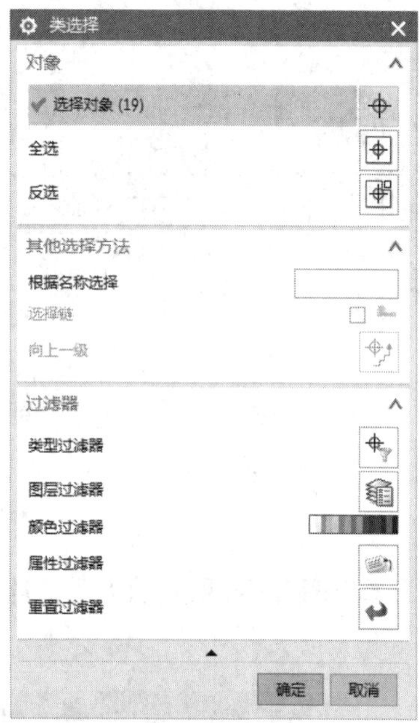

图6-71 【类选择】对话框

图6-72　合并效果

6.2 创建曲面模型——创建饮料瓶瓶体

为了让读者更好地掌握曲面的应用知识和提高曲面设计能力，本节介绍一个典型的曲面综合应用实例——一个饮料瓶的设计，如图6-73所示。

该瓶体由若干个曲面片体组成，基本设计思路如下。

① 创建瓶身曲面。
② 创建瓶颈曲面。
③ 创建瓶底曲面。
④ 曲面实体化。

创建饮料瓶瓶体 1

1. 新建所需的文件

① 在【快速访问】工具栏中单击按钮，或按组合键Ctrl + N，弹出【新建】对话框。

② 在【模型】选项卡的模板列表中选择名称为【模型】的模板（主单位为毫米），在【新文件夹名】选项组的【名称】的文本框中输入“bottle”，并指定要保存到的文件夹。

③ 在【新建】对话框中单击< 确定 >按钮。

2. 使用【高级】角色

在资源条中单击【角色】标签以打开角色资源板导航窗口，从 Content 角色库下选择【高级】角色。

3. 创建拉伸片体

① 在功能区【主页】选项卡的【特征】面板中单击【拉伸】按钮，打开【拉伸】对话框。

② 在【拉伸】对话框的【截面】选项组中单击【绘制截面】按钮，弹出【创建草图】对话框。

③ 将【草图类型】选项设为【在平面上】,【平面方法】选项设为“现有平面”，在模型窗口中选择基准坐标系中的 XC-YC 坐标平面，其他采用默认设置，单击< 确定 >按钮进入草图模式。

④ 绘制图 6-74 所示草图，注意相关约束，单击【完成】按钮。

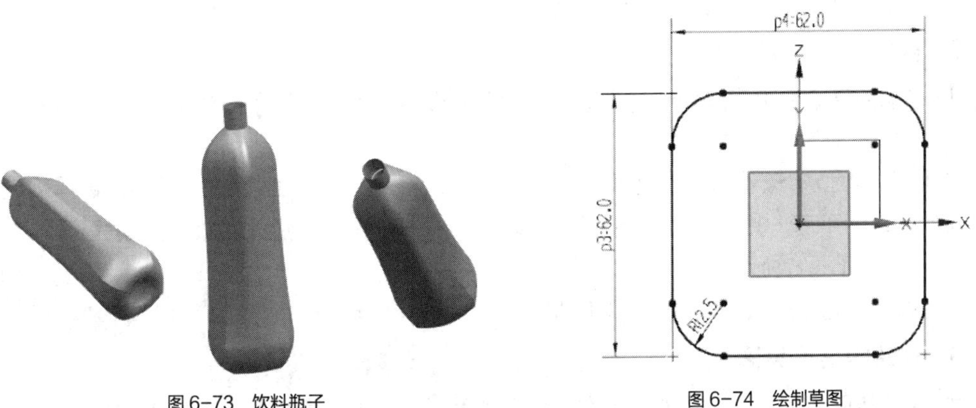

图 6-73 饮料瓶子　　图 6-74 绘制草图

⑤ 返回到【拉伸】对话框，将方向矢量选项设置为“ZC 轴”，并分别设置开始距离值为“0”，结束距离值为“50”，布尔选项为“无”，体类型为“片体”，此时预览效果如图 6-75 所示。

⑥ 在【拉伸】对话框中单击< 确定 >按钮，创建的拉伸片体如图 6-76 所示。

4. 创建基准平面

① 在【特征】面板中单击【基准平面】按钮，打开【基准平面】对话框。

② 从【类型】下拉列表框中选择“按某一距离”选项，选择 XC-YC 平面作为平面参考，在【偏置】选项组中输入偏置距离为“95”，设置【平面的数量】为“1”，如图 6-77 所示。

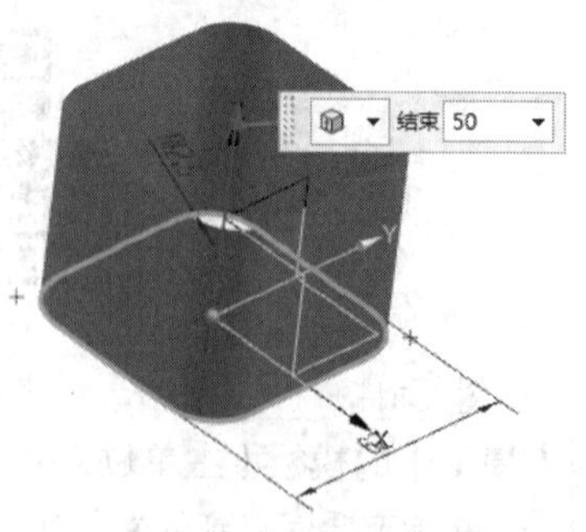

图 6-75　预览效果

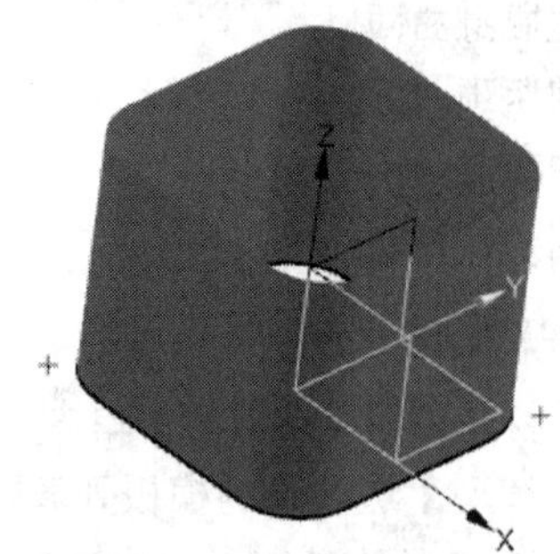

图 6-76　完成拉伸片体

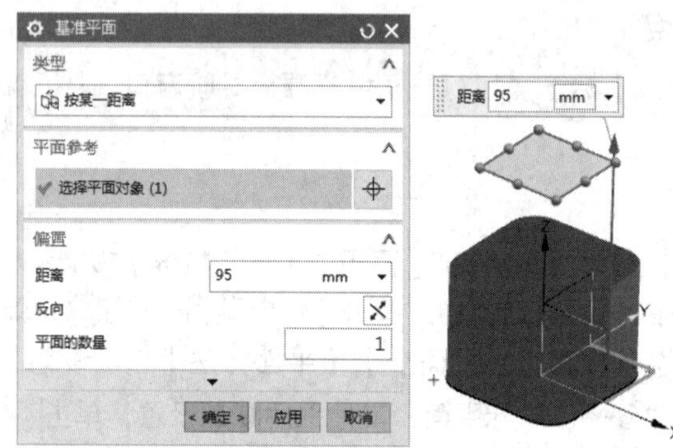

图 6-77　“按某一距离”创建基准面

③ 单击【基准平面】对话框中的 < 确定 > 按钮。

5. 创建第 1 个草图

① 在功能区【主页】选项卡的【直接草图】面板中单击【草图】按钮，弹出【创建草图】对话框。

②【草图类型】选项为“在平面上”，将【平面方法】更改为“现有平面”，选择刚创建的准平面作为草图平面，其他设置采用默认设置，单击 < 确定 > 按钮，进入直接草图模式。

③ 绘制图 6-78 所示的圆。

④ 单击【完成】按钮完成草图绘制。

6. 创建第 2 个草图

① 在功能区【主页】选项卡的【直接草图】面板中单击【草图】按钮，弹出【创建草图】对话框。

②【草图类型】选项为“在平面上”，将【平面方法】更改为“现有平面”，接着指定 XC-ZC（即 XZ 平面）作为草图平面，单击 < 确定 > 按钮，进入直接草图模式。

③ 绘制图 6-79 所示圆弧，注意其几何约束和尺寸约束。

④ 单击【完成】按钮完成草图绘制。

7. 创建镜像曲线

① 在功能区中切换至【曲线】选项卡，接着从【派生曲线】面板中单击【镜像曲线】按钮，弹出【镜像曲线】对话框。

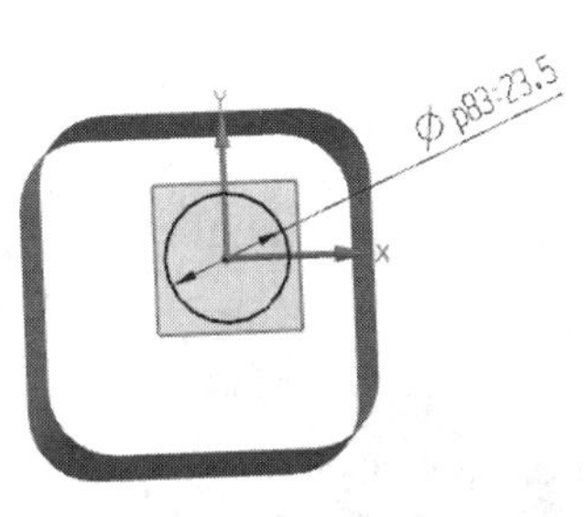

图 6-78　绘制一个圆

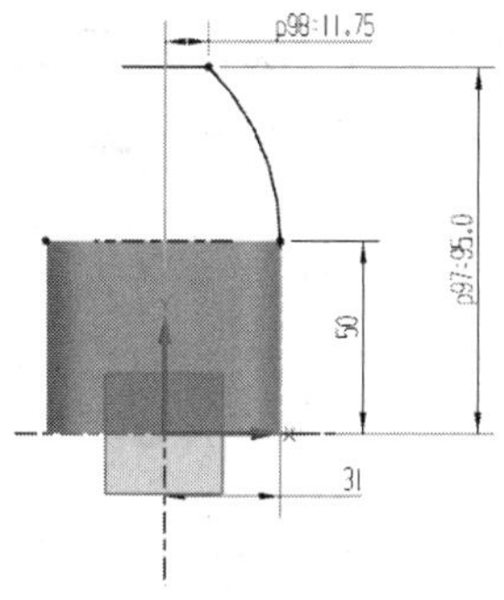

图 6-79　绘制一个圆弧

② 选择步骤 6 中在草图平面内绘制的圆弧（见图 6-79）作为要镜像的曲线。

③ 从【镜像平面】对话框的【镜像平面】选项组的【平面（刨）】下拉列表框中选择“现有平面”选项，单击【平面或面】按钮，在基准坐标系中选择 YC-ZC 面，如图 6-80 所示。

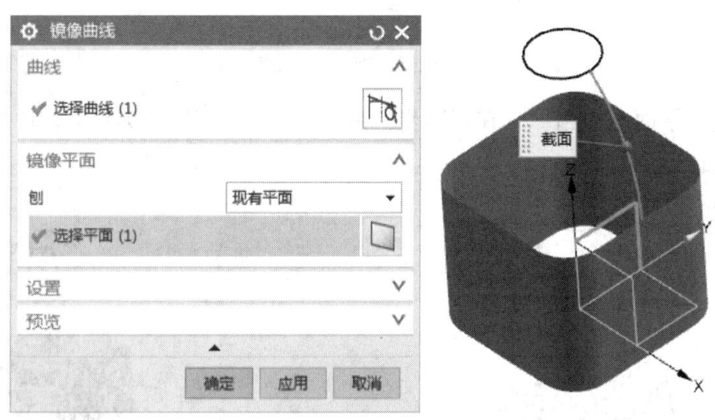

图 6-80　镜像曲线操作

④ 在【镜像曲线】对话框中单击<确定>按钮创建镜像曲线的结果如图 6-81 所示。

8．创建另外两条曲线

① 直接按组合键 Ctrl + T，或者选择菜单命令【菜单】/【编辑】/【移动对象】，打开【移动对象】对话框。

② 选取镜像生成的对象，接着在【变换】选项组的【运动】下拉列表框中选择“角度”选项，设置旋转角度为“90”，并在【结果】选项组中选中【复制原先的】单选按钮，设置【距离 / 角度分割】值为“1”，【非关联副本数】为“1”。

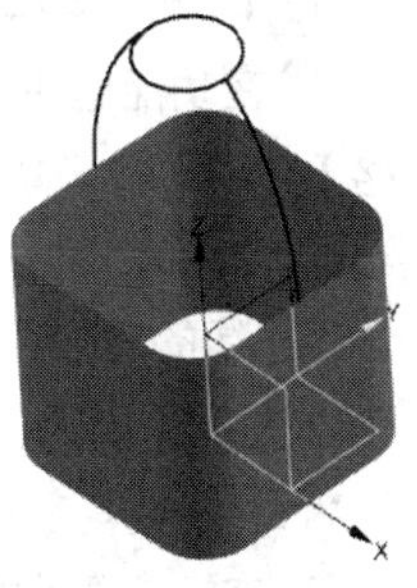

图 6-81　镜像曲线操作

③ 激活【变换】选项组中的【指定矢量】选项，选择 *z* 轴，或选择【ZC 轴】图标选项，并利用【点对话框】按钮来指定轴点位于坐标原点处，此时如图 6-82 所示。

④ 在【移动对象】对话框中单击<确定>按钮。此时曲线如图 6-83 所示。

⑤ 在功能区【曲线】选项卡的【派生曲线】面板中单击【镜像曲线】按钮，弹出【镜像

曲线】对话框。选择刚通过旋转变换创建的一段圆弧作为要镜像的曲线，从【镜像平面（刨）】下拉列表框中选择“现有平面”选项。

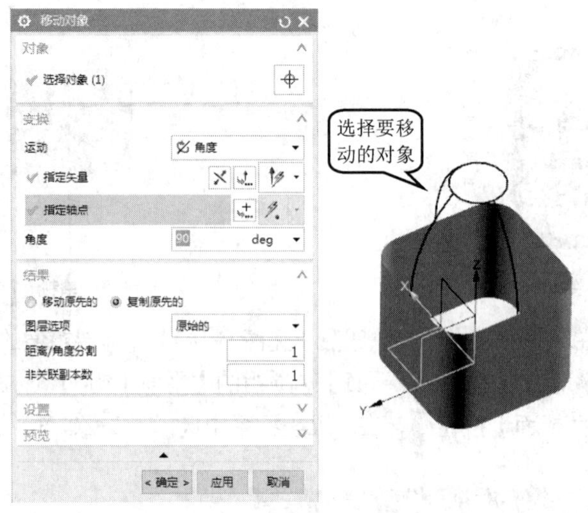

图 6-82　旋转移动对象－复制原先的

⑥ 单击【选择平面】按钮，在基准坐标系中选择 XC-ZC 坐标平面，单击< 确定 >按钮。完成的镜像曲线如图 6-84 所示。

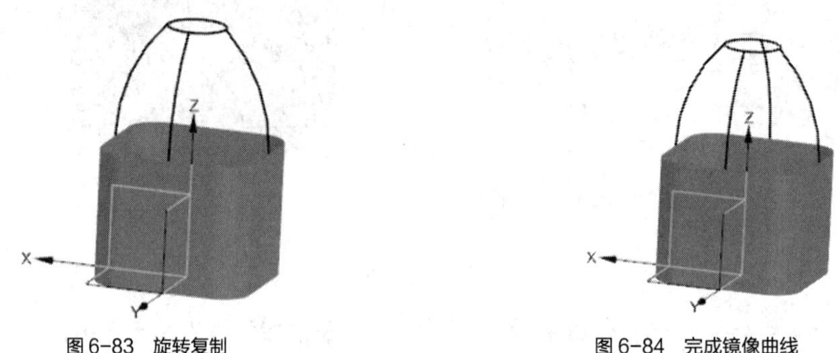

图 6-83　旋转复制

图 6-84　完成镜像曲线

9. 使用【通过曲线网格】命令建立曲面

① 在功能区中切换至【曲面】选项卡，接着从该选项卡的【曲面】面板中单击【通过曲线网格】按钮，弹出【通过曲线网格】对话框。

② 选择草图圆作为第一主曲线，在【主曲线】选项组中单击【添加新集】按钮，在拉伸片体上边缘的适合位置处单击以定义第 2 主曲线（可巧用位于绘图区域上方的曲线规则下拉列表框来设置曲线规则，如选择【相切曲线】等），并注意应用【指定原始曲线】按钮和【反向】按钮，以确保指定两条主曲线的原始方向一致，如图 6-85 所示。

③ 在【交叉曲线】选项组中单击【交叉曲线】按钮，按照顺序依次选择 3 条圆弧线作为交叉曲线，注意每选择完一个交叉曲线时，可单击鼠标中键确定。此时，模型预览如图 6-86 所示。

④ 在【连续性】选项组中，从【最后主线串】下拉列表框中选择“G1（相切）”选项，然后在【面】按钮被按下的状态下，在曲面模型中单击拉伸曲面片体，如图 6-87 所示。

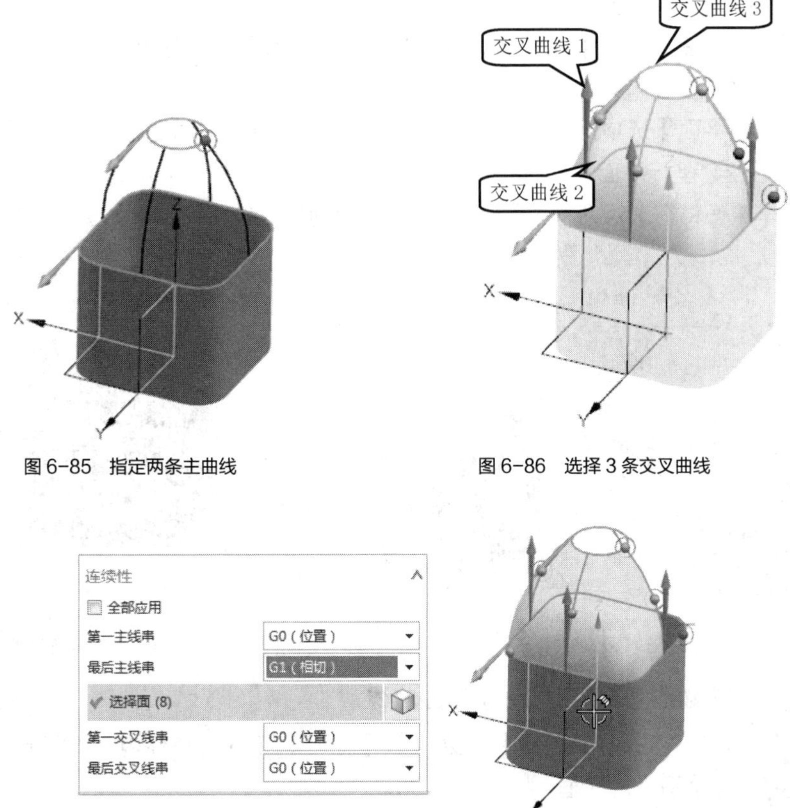

图 6-85　指定两条主曲线

图 6-86　选择 3 条交叉曲线

图 6-87　设置连续性选项

⑤ 设置【输出曲面选项】，以及在【设置】选项组的【体类型】下拉列表框中选择“片体”选项，如图 6-88 所示。

⑥ 在【通过曲线网格】对话框中单击< 确定 >按钮。可以将之前创建的基准平面隐藏起来，此时曲面模型效果如图 6-89 所示。

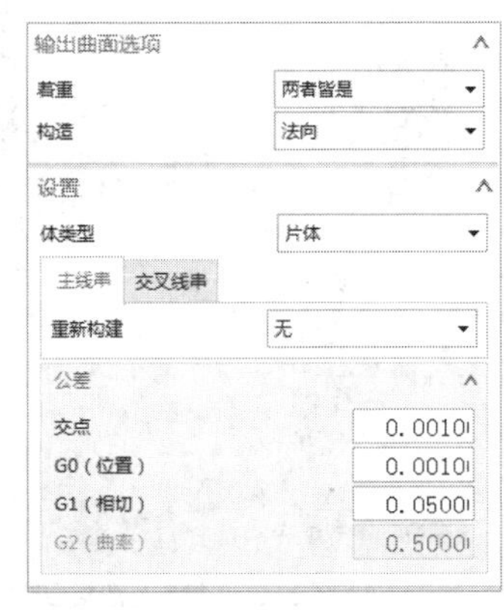

图 6-88　设置【输出曲面选项】和【体类型】等

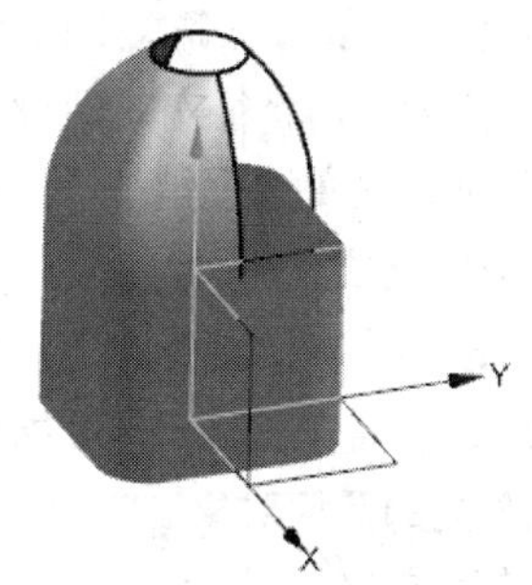

图 6-89　完成镜像曲线

10. 创建镜像特征

① 在功能区中切换至【主页】选项卡，从【特征】面板中单击【更多】/【镜像特征】按钮

，弹出【镜像特征】对话框。

② 选择【通过曲线网格】特征作为要镜像的特征，如图 6-90 所示。可以在部件导航器和图形窗口中指定要镜像的特征。

③ 在【镜像平面】选项组的【平面（刨）】下拉列表中选择“现有平面”，单击【平面】按钮，选择 XC-ZC 坐标平面（即 XZ 面）作为镜像平面。

④ 单击【镜像特征】对话框中的按钮，得到的镜像特征结果如图 6-91 所示。

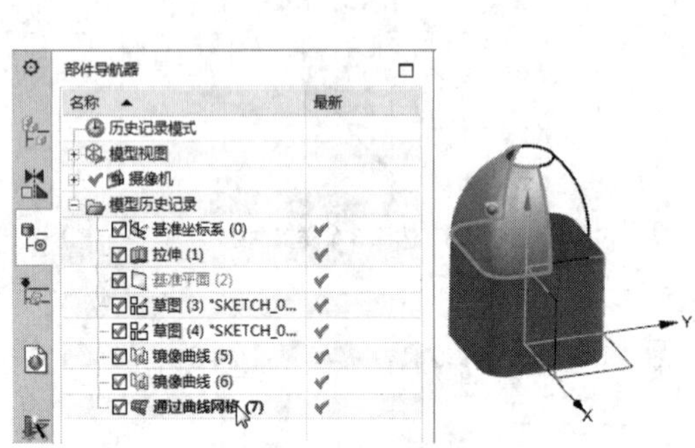

图 6-90 选择要镜像的特征

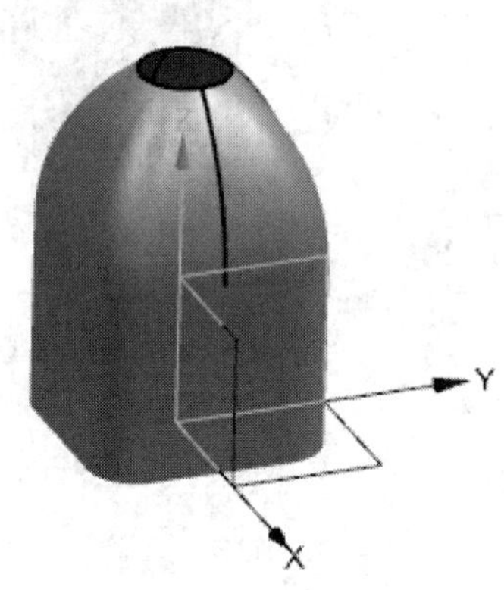

图 6-91 镜像特征

11. 绘制用于构建瓶子下部的一个草图曲线

创建饮料瓶瓶体 2

① 执行菜单命令【菜单】/【插入】/【在任务环境中绘制草图】，弹出【创建草图】对话框。

②【草图类型】选项为“在平面上”，【平面方法】为“现有平面”，在基准坐标系中选择 XC-ZC 坐标平面作为草图平面，其他设置采用默认设置，单击按钮，进入草图模式。

③ 绘制图 6-92 所示一段相切曲线。

④ 在【草图】面板中单击【完成】按钮退出草绘模式。

12. 阵列生成所需的曲线

① 在【特征】面板中单击【更多】/【阵列几何特征】按钮 阵列几何特征，或者选择菜单命令【菜单】/【插入】/【关联复制】/【阵列几何特征】，弹出【阵列几何特征】对话框。

② 从【阵列定义】选项组的【布局】下拉列表中选择“圆形”选项。

③ 在选择条的【曲线规律】下拉列表框中选择“相切曲线”，接着单击图 6-93 所示的相切曲线作为要形成阵列的几何对象。

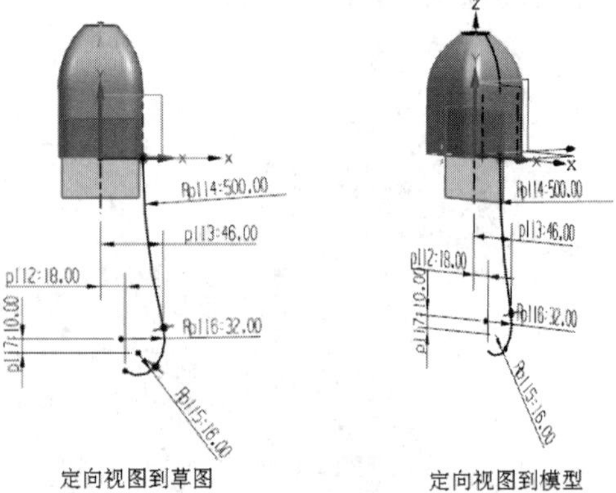

图 6-92 绘制一段相切曲线

④ 在【阵列定义】选项组的【旋转轴】子选项组的【指定矢量】下拉列表框中选择【ZC 轴】图标选项，单击【点对话框】按钮，弹出【点】对话框，参考坐标类型为【绝对 - 工作部件】，设置【X】为“0”，【Y】为“0”、【Z】为“0”，单击按钮，设置示意如图 6-94 所示。

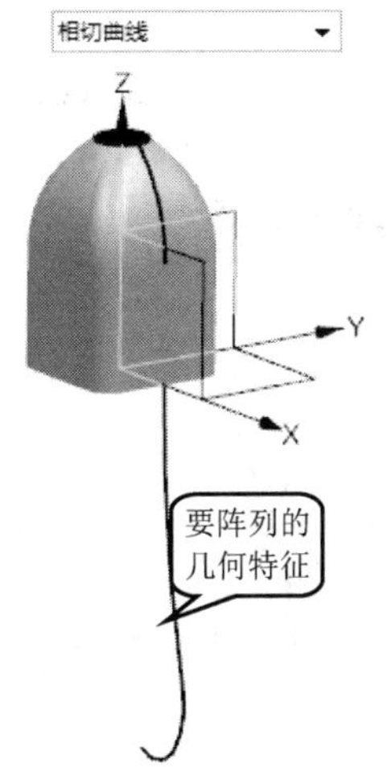

图 6-93　选择要形成阵列特征的对象

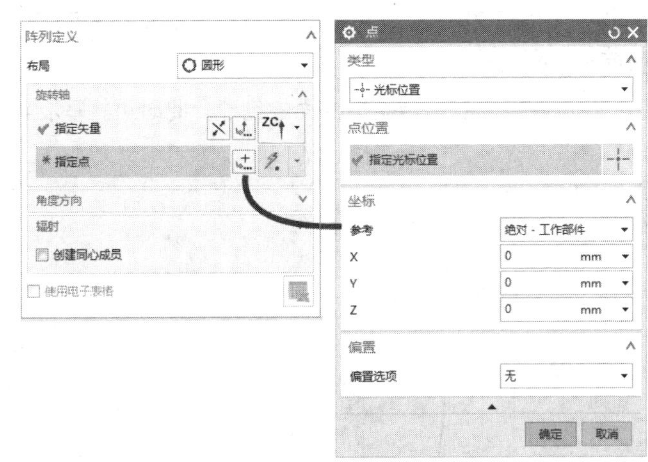

图 6-94　定义旋转轴

⑤ 在【角度方向】子选项组的【间距】下拉列表框中选择“数量和节距”选项，输入数量为“2”，节距角为“90”。在【辐射】子选项组中取消勾选【创建同心成员】复选框，如图 6-95 所示。在【方向】下拉列表框中选择“遵循阵列”选项。

⑥ 在【阵列几何特征】对话框中单击〈确定〉按钮，完成创建的曲线结果如图 6-96 所示。

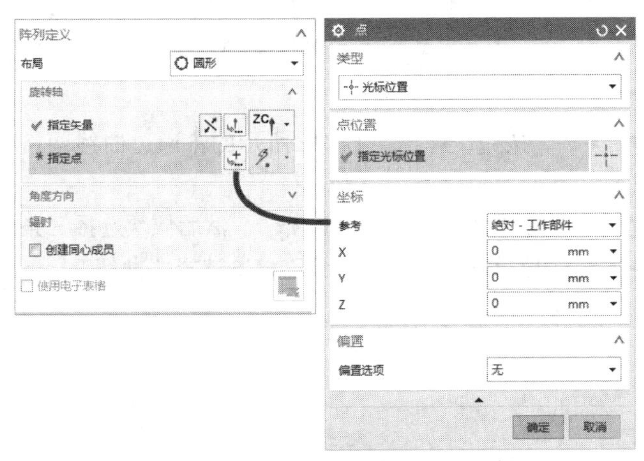

图 6-95　取消勾选【创建同心成员】复选框

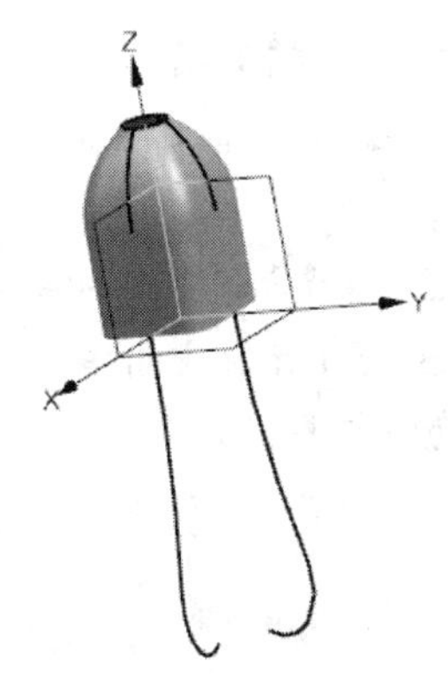

图 6-96　完成实体几何体创建

13. 创建旋转片体

创建饮料瓶瓶体 3

① 在【特征】面板中单击【旋转】按钮，弹出【旋转】对话框。

② 在【截面】选项组中单击【绘制截面】按钮，弹出【创建草图】对话框，从【草图类型】下拉列表框中选择“在平面上”选项，在【草图平面】选项组的【平面方法】下拉列表框中选择“自动判断”选项，选择 XC-ZC 坐标面作为草图平面，单击〈确定〉按钮。

③ 绘制图 6-97 所示一段圆弧，注意相关约束。单击【完成】按钮，完成草图绘制。

④ 选择【ZC 轴】图标选项定义旋转轴矢量，单击【指定点】按钮并利用弹出的【点】对话框设置点参考坐标系类型为“绝对 - 工作部件”，设置【X】为“0”，【Y】为“0”，【Z】为

“0”，然后单击【确定】按钮。

⑤ 在【限制】选项组、【布尔】选项组、【偏置】选项组和【设置】选项组中分别设置图 6-98 所示选项及参数。

⑥ 单击【确定】按钮完成旋转曲面的创建。此时可将基准坐标系等基准特征隐藏。

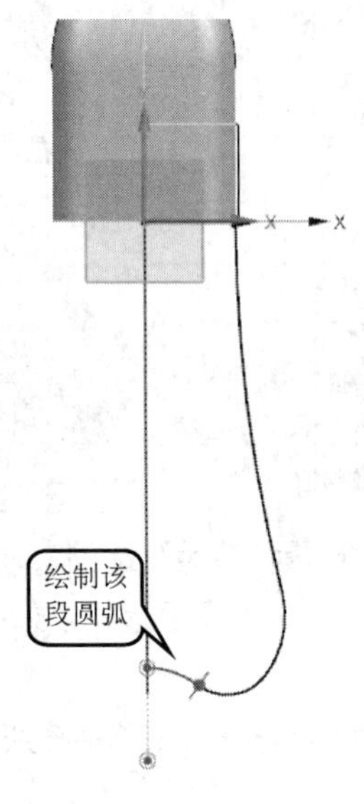

图 6-97　绘制一段圆弧

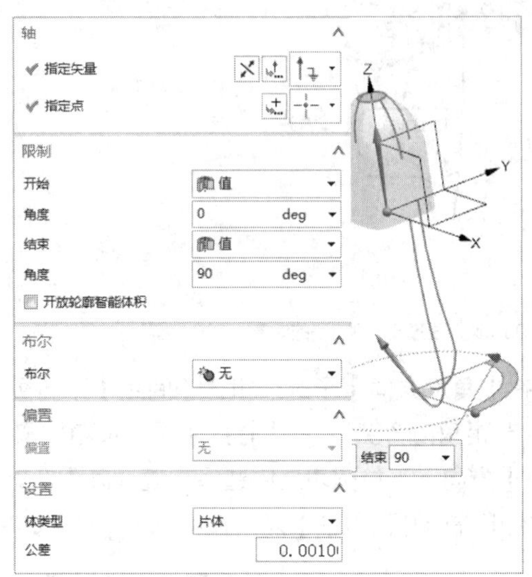

图 6-98　设置相关限制选项

14. 创建曲面

① 在【曲面】面板中单击【通过曲线网格】按钮，弹出图 6-99 所示的【通过曲线网格】对话框。

② 在选择条中将曲线规则设置为【单条曲线】，如图 6-100 所示。然后依次选择 3 条曲线（A、B、C）定义主曲线 1，定义好主曲线 1 后单击鼠标中键确认；接着选择主曲线 2，单击鼠标中键。注意两条主曲线中显示箭头方位，如图 6-101 所示。

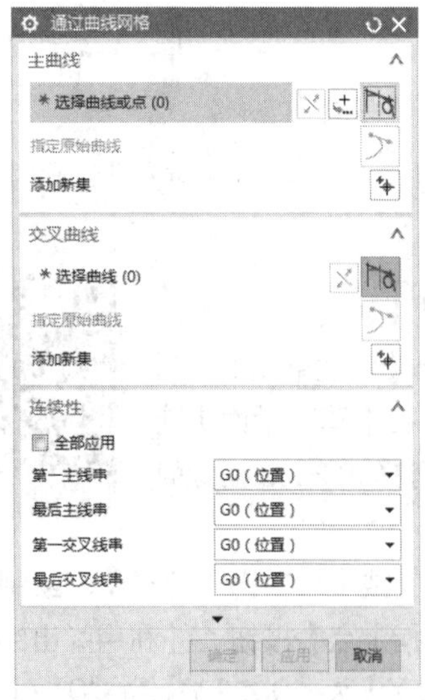

图 6-99　【通过曲线网格】对话框

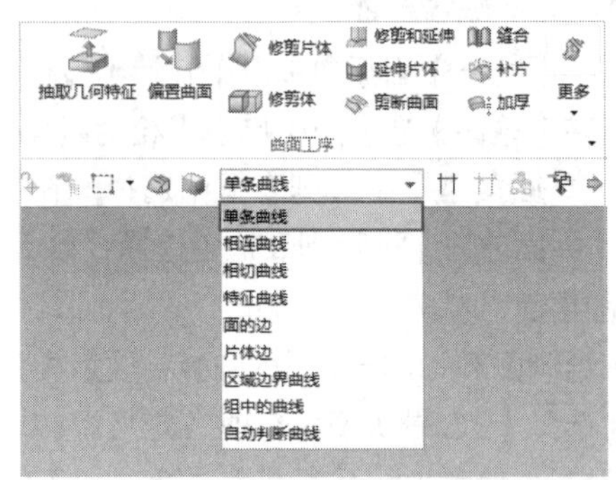

图 6-100　设置相关限制选项等

③ 在【交叉曲线】对话框中单击【曲线】按钮，将曲线规则设置为【相连曲线】，选择交叉曲线 1，单击鼠标中键确认，接着选择交叉曲线 2，单击鼠标中键确认。注意它们的选择位置，如图 6-102 所示。

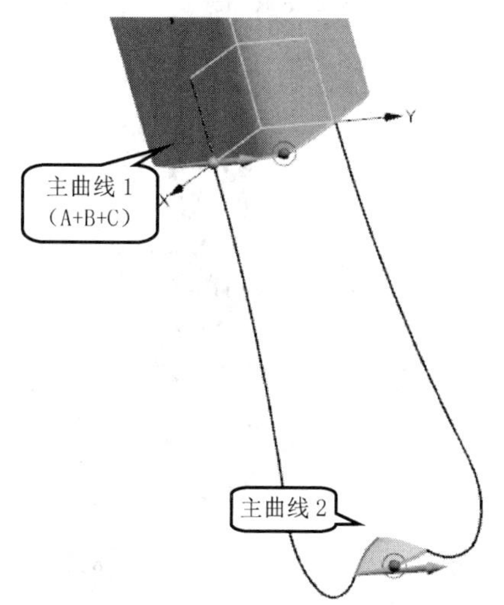

图 6-101　指定两条主曲线

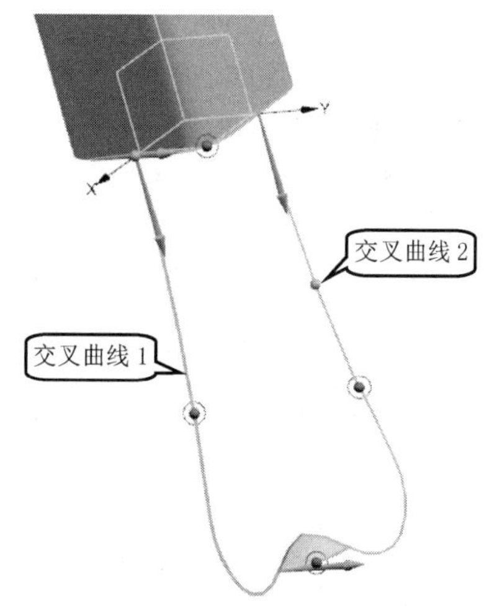

图 6-102　指定交叉曲线

④ 在【连续性】选项组的【第一主线串】下拉列表框中选择“G1（相切）”选项，接着选择相应的相切面，如图 6-103 所示。从【最后主线串】下拉列表框中选择“G1（相切）”选项，单击对应的【面】按钮，接着单击旋转曲面，如图 6-104 所示。【第一交叉线串】和【最后交叉线串】的连续性选项均为“G0（位置）”。

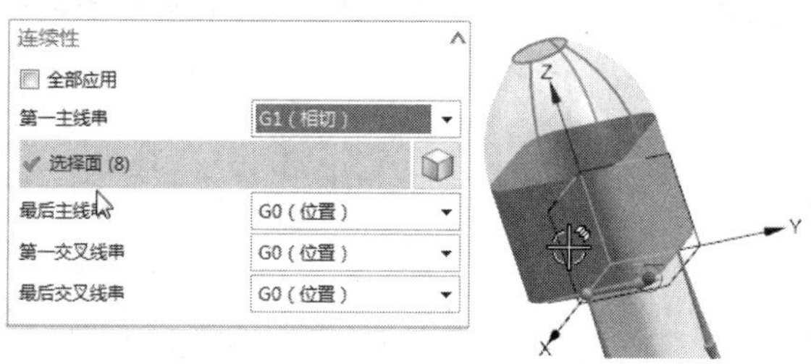

图 6-103　定义第一主线串的相切面

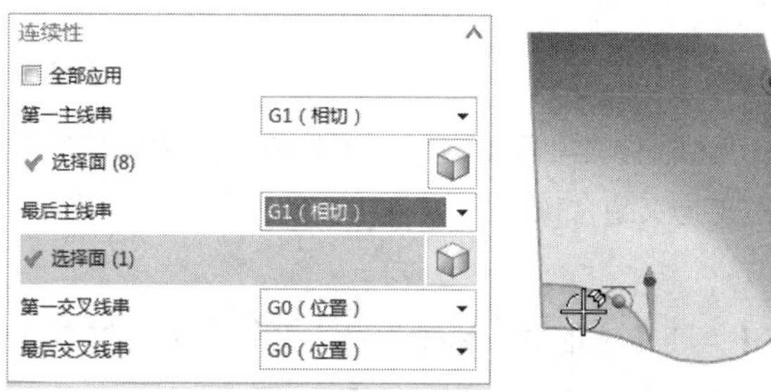

图 6-104　设置最后主线串的 G1

⑤ 在【通过曲线网格】对话框中分别设置图 6-105 所示参数和选项。

⑥ 单击< 确定 >按钮完成此操作步骤，得到的曲面结果如图 6-106 所示。此时，可以通过部

件导航器来设置隐藏相关曲线（包括草图线）。

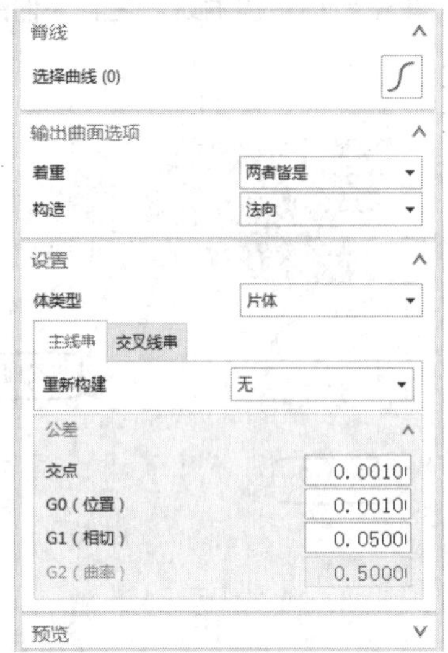

图 6-105　设置其他选项及参数

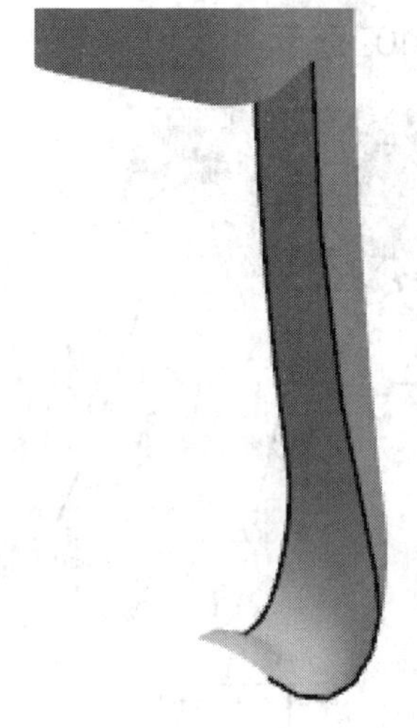

图 6-106　通过曲线网格创建的曲面效果

15. 缝合曲面

① 在功能区【曲面】选项卡的【曲面工序】面板中单击【缝合】按钮，弹出图 6-107 所示的【缝合】对话框。

② 从【类型】选项组的【类型】下拉列表框中选择“片体”选项。

③ 分别指定目标片体和工具片体，如图 6-108 所示。

图 6-107 【缝合】对话框

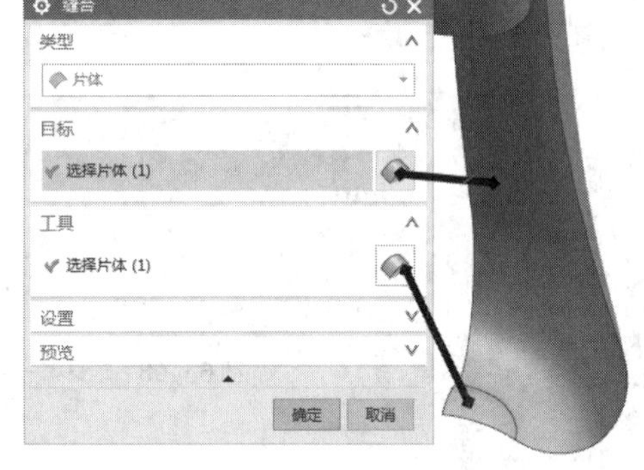

图 6-108　指定目标片体和工具片体

④ 在【设置】选项组中确保取消勾选【输出多个片体】复选框，接受默认的公差值。

⑤ 单击< 确定 >按钮，完成此次缝合操作。

16. 旋转复制曲面

① 在功能区中切换至【主页】选项卡，接着在该选项卡的【特征】面板中单击【更多】/【阵列几何特征】按钮，弹出【阵列几何特征】对话框。

② 从【阵列定义】选项组的【布局】下拉列表框中选择“圆形”选项。

③ 选择步骤 15 中缝合的曲面作为生成阵列的实体的对象。

④ 在【阵列定义】选项组的【旋转轴】子选项组的【指定矢量】下拉列表框中选择【ZC 轴】

图标选项 ，单击位于【指定点】标签右侧的【点对话框】按钮 ，弹出【点】对话框，设置参考坐标类型为“绝对 - 工作部件”，设置【X】为“0”，【Y】为“0”、【Z】为“0”，然后单击 按钮，返回到【阵列几何特征】对话框。

⑤ 在【角度方向】子选项组的【间距】下拉列表框中选择“数量和跨距”选项，设置【数量】为“4”，【跨角】为“360”，在【辐射】子选项组中取消勾选【创建同心成员】复选框，在【方向】子选项组中的【方向】下拉列表中选择“遵循阵列”选项，在【设置】选项组中勾选【关联】复选框和【复制螺纹】复选框，如图 6-109 所示。

⑥ 单击 按钮，此时曲面效果如图 6-110 所示。

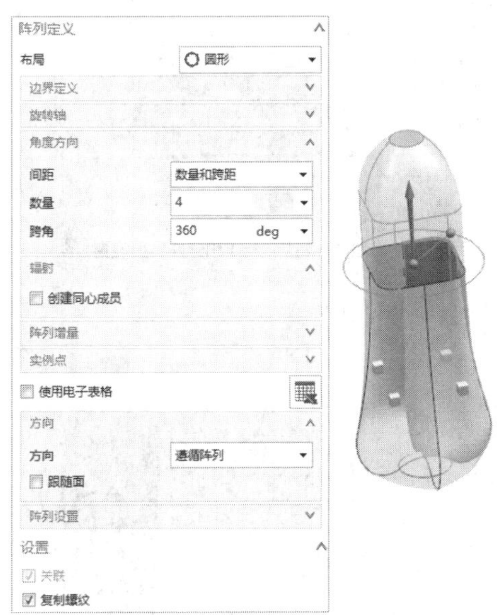

图 6-109　设置相关选项及参数

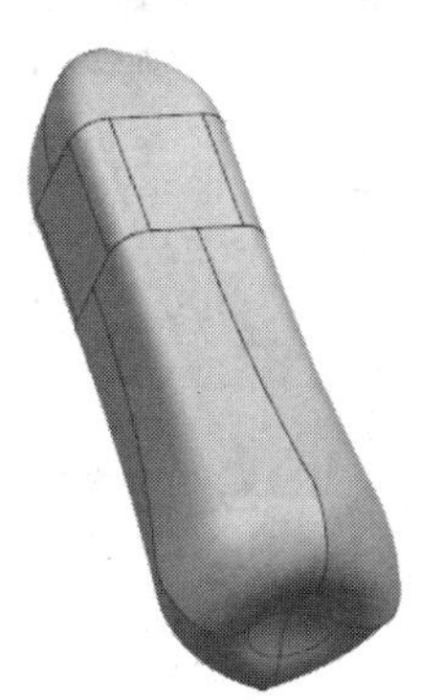
图 6-110　曲面效果

17. 规律延伸

① 在功能区中切换至【曲面】选项卡，接着从该选项卡的【曲面】面板中单击【规律延伸】按钮 ，弹出【规律延伸】对话框。

② 设置曲线规则为【相切曲线】，选择要延伸的基本曲线轮廓，如图 6-111 所示。

③ 在【延伸规律】对话框中，从【类型】选项组的【类型】下拉列表框中选择“矢量”选项，接着在【参考矢量】选项组的【指定矢量】下拉列表框中单击【ZC 轴】图标选项 ，然后设置长度规律、角度规律和相反侧延伸类型，如图 6-112 所示。

④ 在【设置】选项组中设置图 6-113 所示选项。

⑤ 在【延伸规律】对话框中单击 按钮，完成规律延伸得到的曲面效果如图 6-114 所示。

18. 将所有片体曲面缝合成一个单独的片体曲面

① 在功能区【曲面】选项卡的【曲面工序】面板中单击【缝合】按钮 ，打开【缝合】对话框。

②【类型】选项为“片体”，接着选择拉伸曲面片体作为目标片体，然后选择其他全部的片体作为工具片体，在【设置】选项组中不勾选【输出多个片体】复选框。

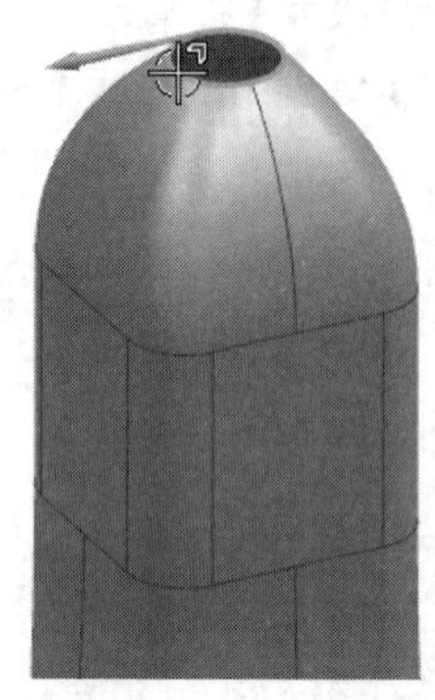
图 6-111 选择基本曲线轮廓

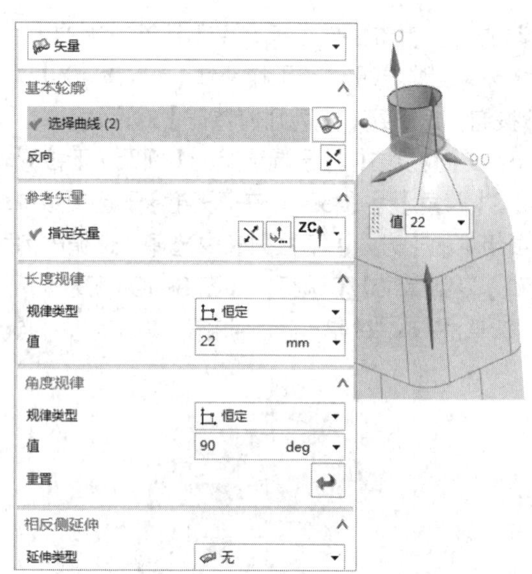

图 6-112 规律和延伸类型设置

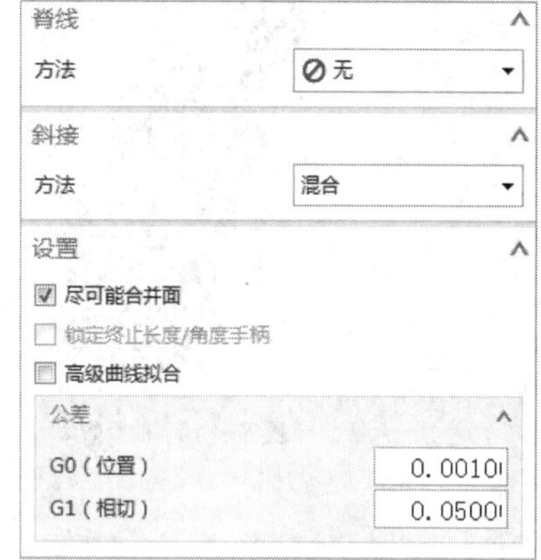

图 6-113 其他设置选项

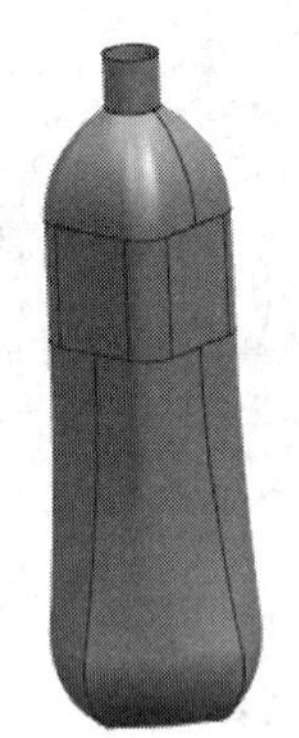
图 6-114 规律延伸的效果

③ 单击<确定>按钮，完成将所有片体缝合成一个片体。

④ 此时单击【着色】按钮以设置实用着色模式显示模型。

19. 加厚片体得到实体模型

① 在【曲面工序】面板中单击【加厚】按钮，弹出【加厚】对话框。

② 系统提示选择要加厚的面，在该提示下单击缝合后的曲面模型。

③ 在【厚度】选项组中设置【偏置 1】为“1.2”,【偏置 1】为“0”，单击【反向】按钮，已设置向内侧加厚，如图 6-115 所示。

④ 单击【加厚】对话框中的<确定>按钮。

⑤ 为了获得较佳的模型显示效果，可以隐藏缝合特征，最终获得的结果如图 6-116 所示。

20. 保存文档

单击【保存】按钮，或者按组合键 Ctrl + S，在指定文件夹目录中保存当前模型文件。

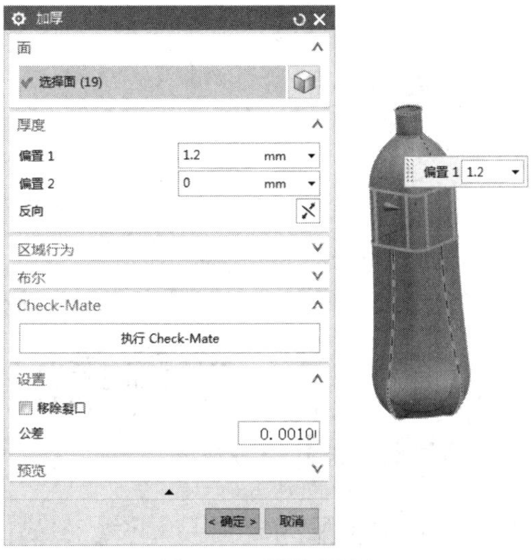

图 6-115　设置加厚厚度

图 6-116　加厚效果

小结

本章主要结合实例介绍了三维模型的主要创建方法和技巧。通过本章所介绍的知识，读者应该明确以下知识点。

① CAD 软件的发展日新月异，从早期的二维模型到当今的三维实体模型乃至产品模型，CAD 技术历经了多次技术革命，其中以特征造型思想最引人注目。

② 实体模型具有实心结构、质量、重心及惯性矩等物理属性的模型形式，是现代三维造型设计中的主要模型形式，使用各种三维设计软件创建的实体模型可以用于工业生产的各个领域，如 NC 加工、静力学和动力学分析、机械仿真及构建虚拟现实系统等。

③ 使用曲面进行设计是一项精巧而细致的工作，必须将已有曲面特征加以适当修剪、复制及合并等操作后才能获得最后的结果。

习题

1. 简要总结创建实体模型的基本步骤和技术要领。
2. 简要总结创建曲面模型的基本步骤和技术要领。
3. 动手模拟本章的两个实例，尝试解决遇到的问题。

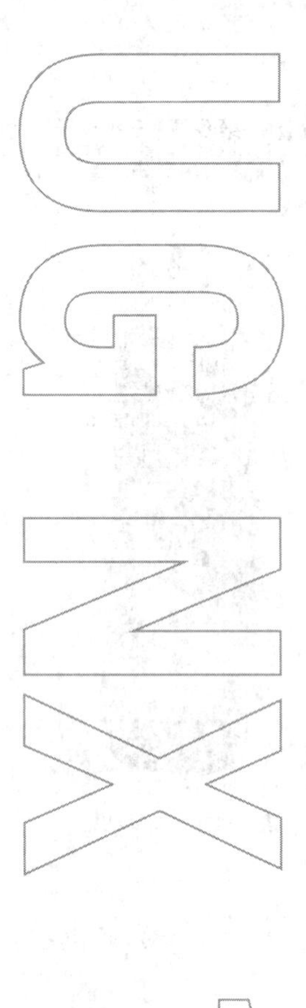

Chapter

7

第7章 组件装配设计

【学习目标】

- 了解装配的含义及用途。
- 熟悉添加装配组件的方法。
- 熟悉爆炸图的用途及创建方法。

在完成各个零件的模型之后，往往需要把设计的零件装配起来。通过装配操作可以生成所设计的产品的总体结构。绘制装配图，还可以检查零部件之间运动，查看是否发生干涉。装配模块是UG的一个相对独立的模块，装配过程是建立各部件之间的相对关系的过程，它通过配对在部件之间建立约束关系来确定各部件在整个产品中的位置。

7.1 向装配环境中加入组件

在 UG NX 10.0 中，可以使用专门的装配模块来进行装配设计。本节将通过添加图 7-1 所示模型来介绍添加组件（每个独立的零件称为元件）的一般方法。

本例的基本设计思路如下。

① 进入添加组件环境。

② 查找即将添加的零件。

③ 进行放置设置。

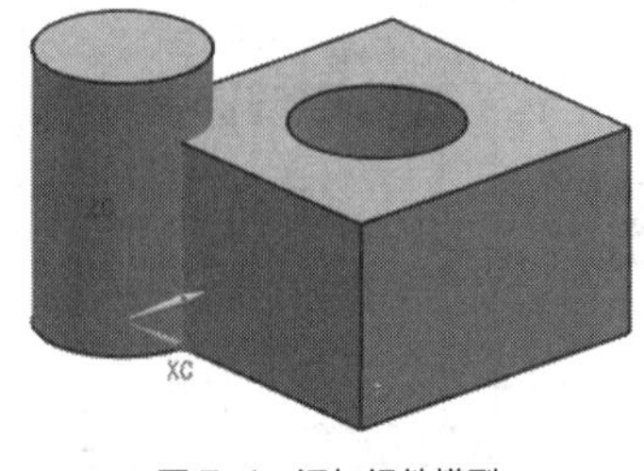

图 7-1　添加组件模型

向装配环境中加入元件

7.1.1 知识准备

1. 进入装配模块

启动运行 UG NX 10.0 后，单击【新建】按钮，弹出【新建】对话框。在【模型】选项卡的【模板】选项组中，选择名称为【装配】的模板，如图 7-2 所示，在【新文件名】选项组中指定新文件名和要保存到的文件夹，单击 确定 按钮新建一个装配文件。

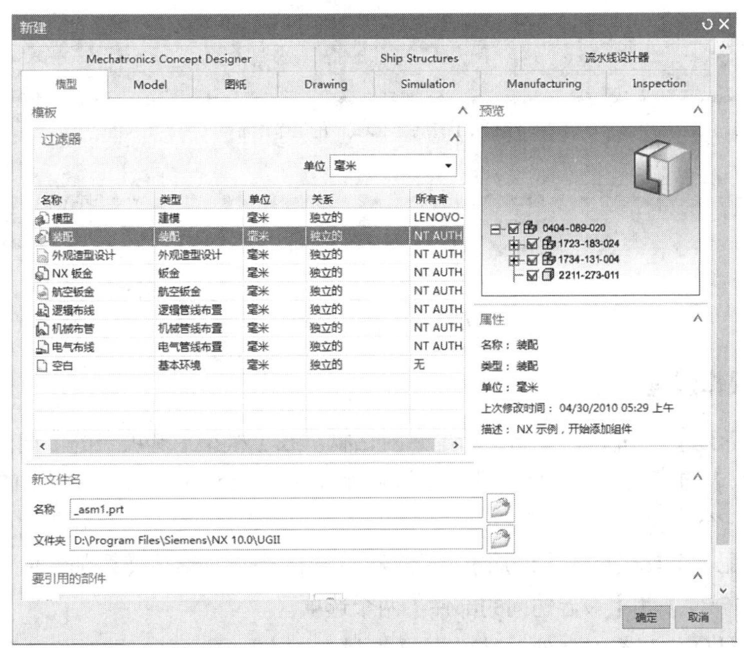

图 7-2 【新建】对话框

新装配文件的设计工作界面如图 7-3 所示。该工作界面由标题栏、菜单栏、功能区、状态栏、导航器和绘图区域等部分组成。装配工具及命令主要集中在功能区的【装配】选项卡中，主要包括【关联控制】面板、【组件】面板、【组件位置】面板、【常规】面板、【爆炸图】面板及【间隙分析】面板等。

2. 装配工具栏

装配时，可以选择【装配】下拉菜单中的相关命令，也可以选择 UG 专门为用户设计的【装配】工具栏。【装配】工具栏如图 7-4 所示。如果没有看到【装配】工具栏，可以在工具栏空白处单击鼠标右键，选择【装配】选项将其显示出来。

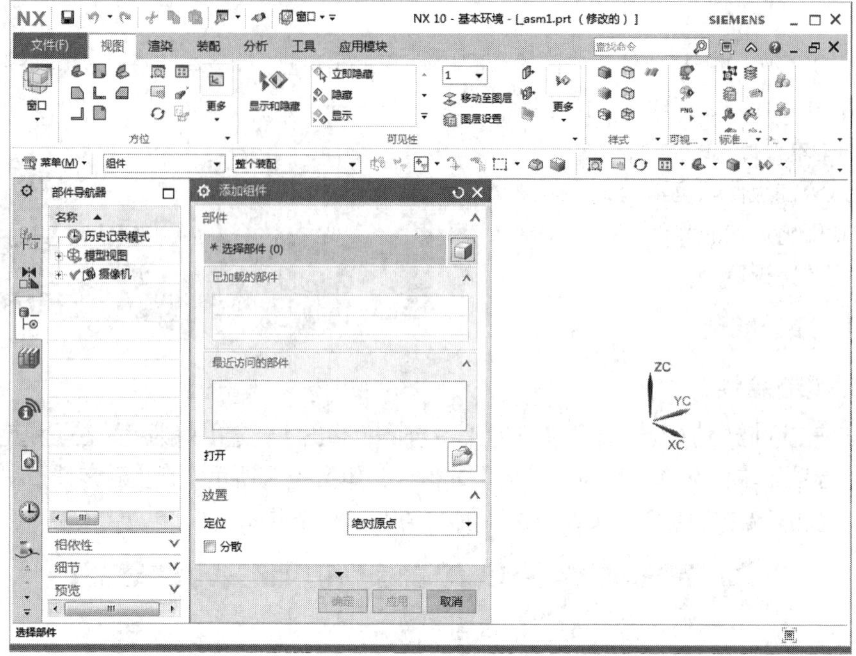

图 7-3　新装配模式下的工作界面

图 7-4　【装配】工具栏

7.1.2　操作过程

① 单击【新建】按钮，弹出【新建】对话框。在【模型】选项卡的【模板】选项组中选择名称为【装配】的模板，在【新文件名】选项组中指定新文件名和要保存到的文件夹，单击确定按钮新建一个装配文件。

② 在【装配】工具栏单击【添加】按钮，弹出图 7-5 所示的【添加组件】对话框，可以看到【已加载的部件】和【最近访问的部件】两个选项区。

③ 单击按钮打开素材文件："第 7 章 / 素材 /7.1/dakong.prt"，加载组件到当前装配模型中，随后弹出图 7-6 所示的【部件名】对话框，单击文件名，在右侧的【预览】窗口中可以查看该模型外观。

④ 单击OK按钮就可把当前的实体添加到装配界面里。在图 7-7 所示的【添加组件】对话框中的【已加载的部件】选项区中显示模型的名称，【定位】选择"绝对原点"选项，在图 7-8 所示的【组件预览】窗口预览当前效果。

⑤ 单击应用按钮将模型添加到装配主界面内，效果如图 7-9 所示。

⑥ 重复上述操作，继续添加一个元件，暂时不考虑该元件的放置位置，如图 7-10 所示。在 7.2 节中我们将介绍使用约束来精确定位元件的方法。

图 7-5 【添加组件】对话框

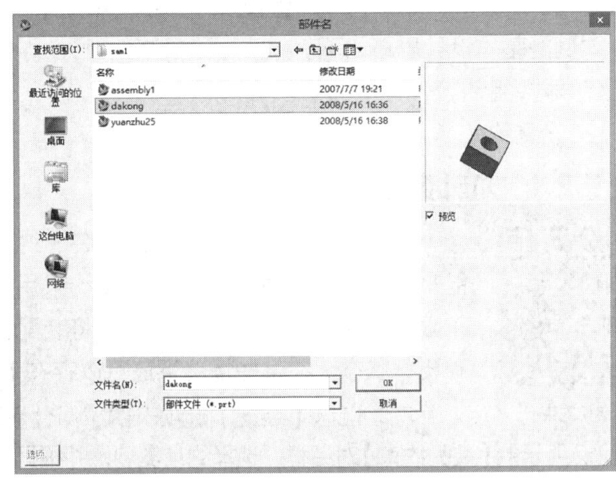

图 7-6 【部件名】对话框

图 7-7 【添加组件】对话框（设置【定位】选项）

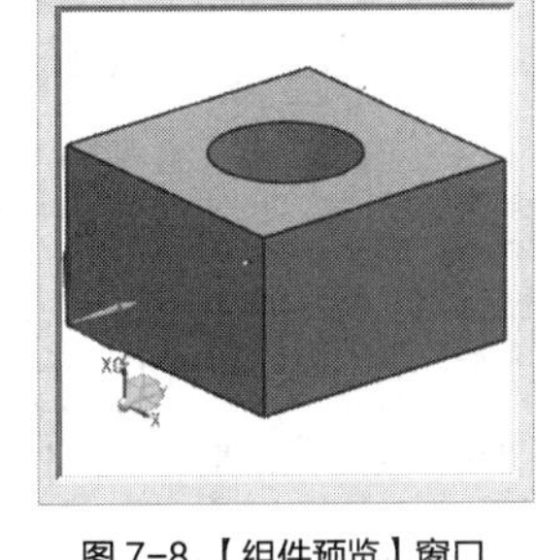

图 7-8 【组件预览】窗口

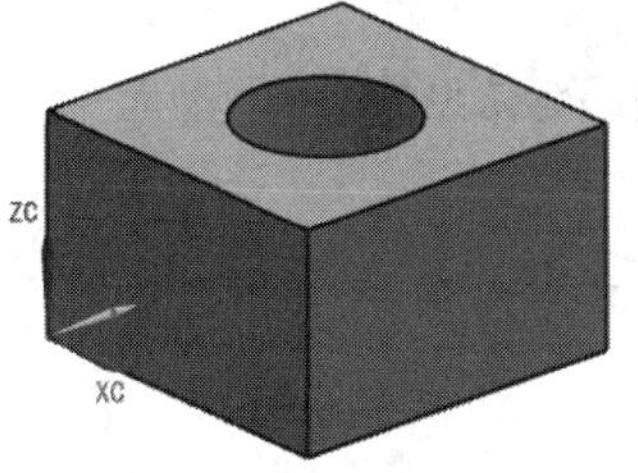

图 7-9　模型添加效果图

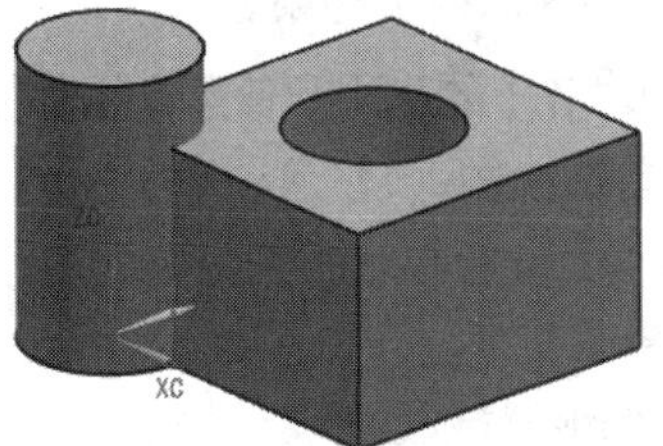

图 7-10　实体添加效果图

7.2 装配约束

在装配结构中，各个元件之间必须保持准确的相对位置关系，形成严谨的装配结构。本节例将通过创建图 7-11 所示的 U 盘模型来介绍使用约束实现装配的基本方法。

本例的基本设计思路如下。

① 添加组件。

② 设置约束。

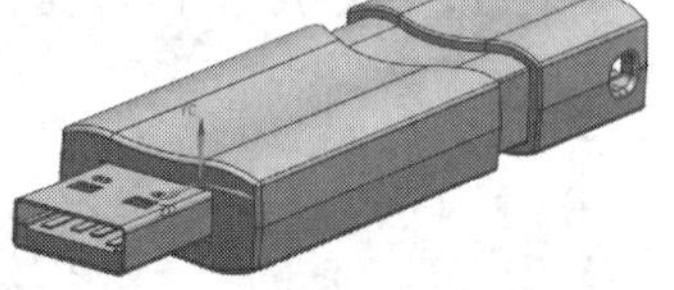

图 7-11 U 盘模型

7.2.1 知识准备

装配约束

在装配过程中，可以使用【装配约束】功能来准确定位元件的位置。装配约束用来限制装配元件的自由度。根据装配约束限制自由度的多少，通常可以将装配组件分为【完全约束】和【欠约束】两种典型状态。在某些情况下还可以存在【过约束】的特殊情况。

在功能区【装配】选项卡的【组件】面板中单击【装配约束】按钮，弹出图 7-12 所示的【装配约束】对话框，选择约束类型，并根据该约束类型来指定要约束的几何体等参照。

在【装配约束】对话框的【方位】下拉列表框中，提供了【首选接触】、【接触】、【对齐】和【自动判断中心/轴】4 种方位选项，如图 7-13 所示。

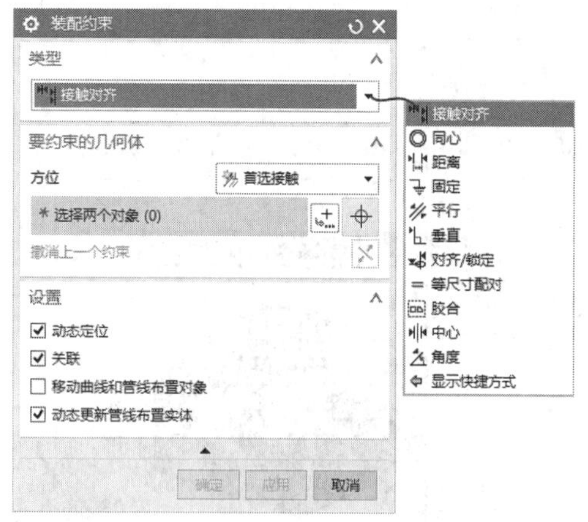

图 7-12 【装配约束】对话框与【类型】下拉列表

图 7-13 【装配约束】对话框与【方位】下拉列表

下面介绍各类装配约束的特点和用法。

1.【接触对齐】约束

【接触对齐】约束用于使两个组件彼此接触或对齐，是最为常见的约束类型之一。

（1）首选接触

它用于当接触和对齐都可能时显示接触约束。选择对象时，系统提供的方位方式首选为接触。此为默认选项。

（2）接触

它用于约束对象使其曲面法向在反方向上。选择该方位方式时，指定的两个相配合对象接触（贴合）在一起。如果要配合的对象是两平面，则两平面贴合且默认法向相反，用户可以单击【撤销上一个约束】按钮进行反向切换设置，约束效果如图 7-14 所示。

如果要配合的是两圆柱面，则两圆柱面以相切形式接触，可以根据实际情况通过单击【撤销上一个约束】按钮来设置两个配合面是外切还是内切，约束效果如图 7-15 所示。

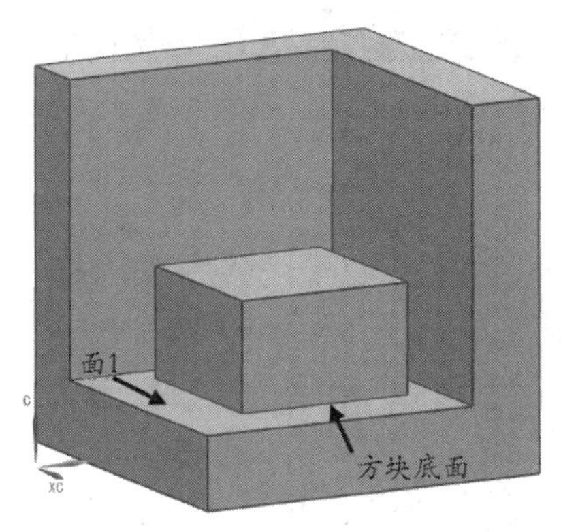

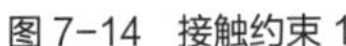
图 7–14　接触约束 1

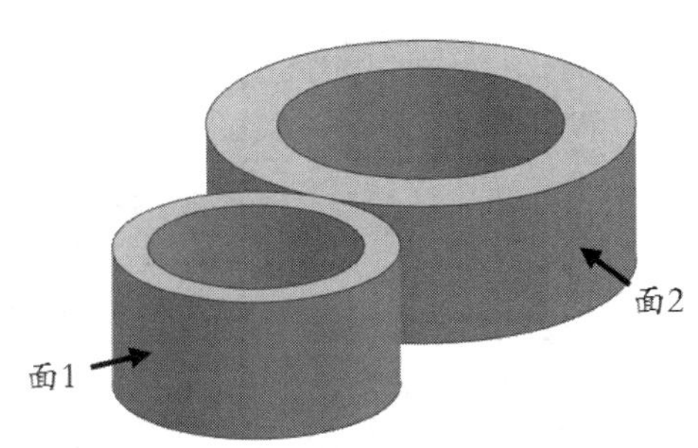

图 7–15　接触约束 2

（3）对齐

它用于约束对象使其曲面法向在相同的方向上。选择该方位方式时，将对齐选定的两个要配合的对象。对于平面对象而言，将默认选定的两个平面共面并且法向相同，同样可以进行反向切换设置。对于圆柱面，也可以实现面相切约束，还可以对齐中心线。用户可以总结或对比一下接触约束与对齐方位约束的异同之处。

（4）自动判断中心 / 轴

选择该方位方式时，可根据所选参照曲面来自动判断中心 / 轴。实现中心 / 轴的接触对齐，如图 7–16 所示。

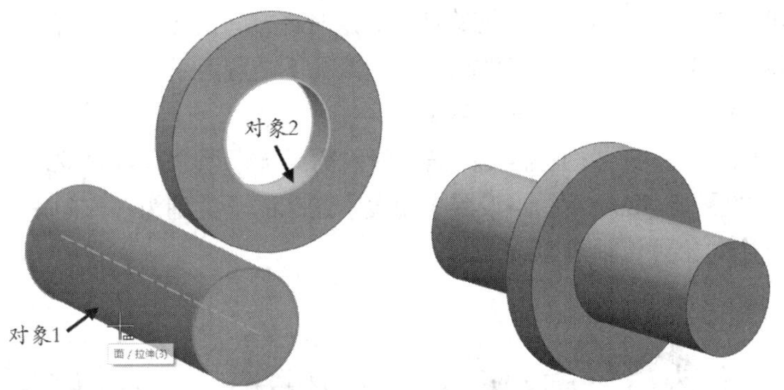

图 7–16 【自动判断中心 / 轴】方位约束示例

2.【中心】约束

【中心】约束用于一对对象之间的一个或两个对象居中，或使一对对象沿另一个或两个对象居中。从【装配约束】对话框【类型】下拉列表中选择“中心”选项后，该约束类型包括“1 对 2”“2 对 1”和“2 对 2”几种，如图 7–17 所示。

- 1 对 2：在后两个所选对象之间使第一个对象居中。
- 2 对 1：使后两个所选对象沿第三个所选对象居中。
- 2 对 2：使后两个所选对象在其他所选对象之间居中。

3.【胶合】约束

在【装配约束】对话框的【类型】下拉列表框中选择“胶合”选项，如图 7–18 所示。使用【胶合】约束相当于将组件“焊接”在一起，使它们作为刚体移动。

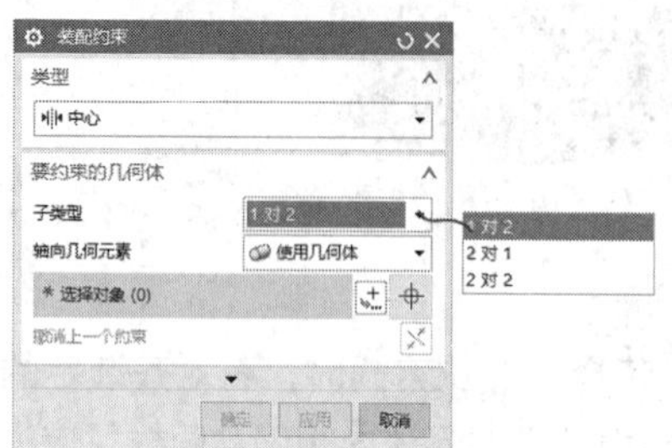

图 7-17 选择【中心】约束类型

图 7-18 选择【胶合】约束类型

此时可以为【胶合】约束选择要约束的几何体或拖动几何体。胶合约束只能应用于组件，或装配级的几何体，其他对象不可选。

4.【角度】约束

【角度】约束用于装配约束组件之间的角度尺寸，该约束可以在两个具有方向矢量的对象之间产生，角度是两个方向矢量的夹角，初始默认时逆时针方向为正。【角度】约束的子类型有“3D 角”和“方向角度”，前者用于在未定义旋转轴的情况下设置两个对象之间的角度约束；后者使用选定的旋转轴设置两个对象之间的角度约束。

当设置【角度】约束的子类型为“3D 角”时，需要选择两个有效对象，并设置这两个对象之间的角度尺寸，如图 7-19 所示。当设置【角度】约束的子类型为“方向角度”时，需要选择 3 个对象，其中一个对象可为轴或边。

图 7-19 【角度】约束示例

5.【同心】约束

【同心】约束用于约束两个组件的圆形边或椭圆形边，以使中心重合，并使边的平面共面，采用【同心】约束的示例如图 7-20 所示。从【装配约束】对话框的【类型】下拉列表框中选择“同心”类型后，分别在添加的组件中选择一个端面圆（圆对象）和在装配体原有组件中选择一个端面圆（圆对象）。

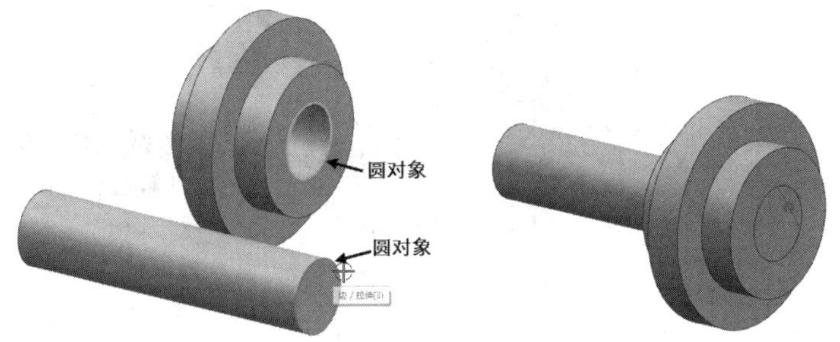

图 7-20 【同心】约束示例

6.【距离】约束

【距离】约束通过指定两个对象之间的最小距离来确定对象的相互位置。选择该约束类型选项时，在选择要约束的两个对象参照（如实体平面、基准平面等）后，需要输入这两个对象之间的最小距离，距离可以是正数，也可以是负数。采用【距离】约束的示例如图 7-21 所示。

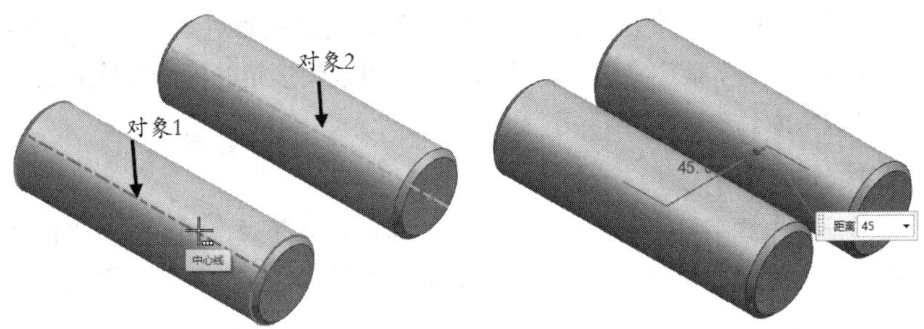

图 7-21 【距离】约束示例

7.【平行】约束

【平行】约束将两个对象的方向矢量定义为相互平行。如图 7-22 所示，该示例选择两个实体面来定义方式矢量平行。

图 7-22 【平行】约束示例

8.【垂直】约束

【垂直】约束使配对约束组件的方向矢量垂直。该约束类型和【平行】约束类似，只是方向矢量不同而已。应用【垂直】约束的示例如图 7-23 所示。

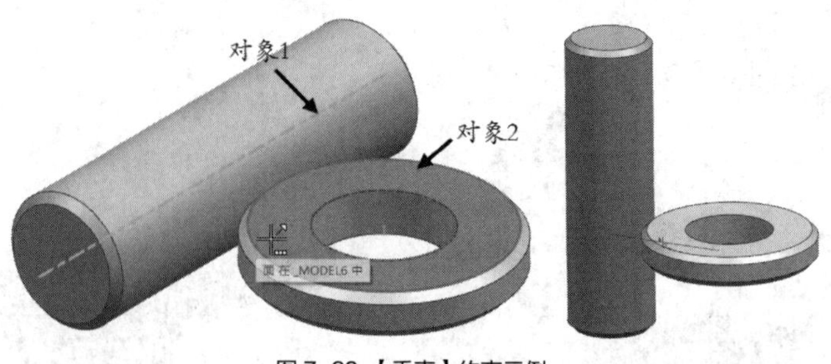

图 7-23 【垂直】约束示例

9.【固定】约束

【固定】约束用于将组件在装配体中的当前位置处固定。在需要隐含的静止对象时，【固定】约束会很有用；如果没有固定的节点，整个装配可以自由移动。在【装配约束】对话框的【类型】下拉列表框中选择“固定”选项时，此时系统提示为【固定】选择对象或拖动几何体，选择对象即可在当前位置处固定它。

10.【对齐 / 锁定】约束

【对齐 / 锁定】约束将两个对象（所选对象要一致，如圆柱面对圆柱面，圆边线对圆边线，直边线对直边线）快速对齐 / 锁定。例如，使用该约束可以使选定的两个圆柱面的中心对齐，或者使选定的两个圆边共面且中心对齐。

11.【等尺寸配对】约束

使用【等尺寸配对】约束可以使所选的有效对象实现尺寸配对，如可以将半径相等的两个圆柱面结合在一起。对于等尺寸配对的两个圆柱面，如果以后半径变为不等，则该约束将变为无效状态。

7.2.2 操作过程

1. 新建装配文件

① 启动运行 UG NX 10.0，在界面上单击【新建】按钮，打开【新建】对话框。

② 在【模型】选项卡的【模板】列表中选择【装配】模板，其主单位为 mm。

③ 指定新文件名为“U 盘”，接着指定要保存的文件夹，完成后单击 确定 按钮。

2. 装配电路板组件

① 在弹出的【添加组件】对话框中单击【打开】按钮，系统弹出【部件名】对话框，打开素材文件：“第 7 章 / 素材 /7.2/PCB_NC_A_ASM.prt”，单击 OK 按钮。

② 在【添加组件】对话框的【放置】选项组中，从【定位】下拉列表框中选择“绝对原点”选项，在【设置】选项组的【引用集】下拉列表框中选择“模型”选项，从【图层选项】下拉列表框中选择“原始的”选项，如图 7-24 所示。

③ 在【添加组件】对话框中单击 确定 按钮，完成装配电路板组件。

3. 装配中间壳

① 在功能区中打开【装配】选项卡，接着在该选项卡的【组件】面板中单击【添加】按钮，系统弹出【添加组件】对话框。

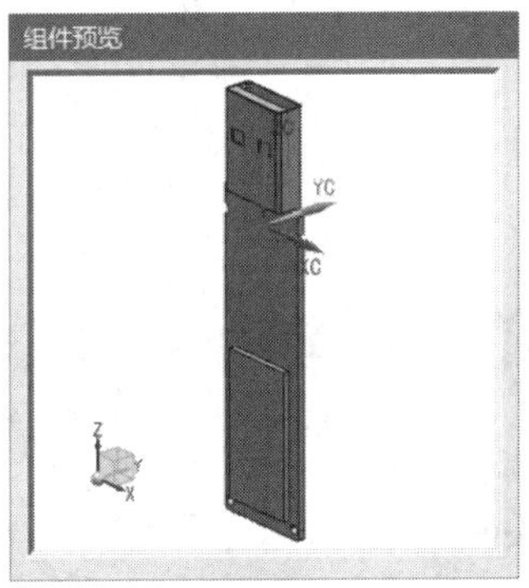

图 7-24 添加组件

② 在【部件】选项组中单击【打开】按钮，系统弹出【部件名】对话框。选择“中间壳零件”部件文件，单击 OK 按钮。

③ 中间壳零件显示在【组件预览】窗口中，展开【添加组件】对话框的【放置】选项组，从【定位】下拉列表框中选择“通过约束”选项，如图 7-25 所示。

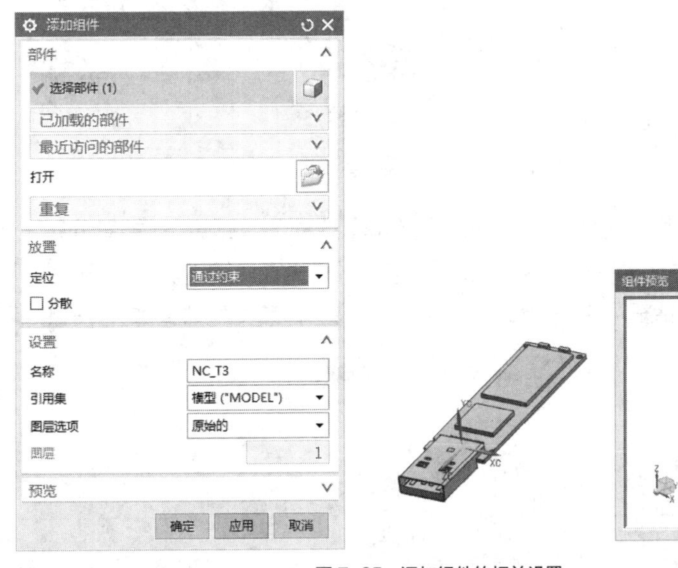

图 7-25 添加组件的相关设置

④ 单击 确定 按钮，系统弹出【装配约束】对话框。

⑤ 选择装配约束【类型】选项为“接触对齐”，【方位】选项为“接触”，接着在电路板组件选择一个要配对接触的面，并在中间壳零件中选择相接触的配对面，如图 7-26 所示。然后单击 应用 按钮。

⑥ 选择装配约束【类型】选项为“距离”，接着分别选择图 7-27 所示的两个面，并设置其

【距离】为“0.1”，然后单击应用按钮。

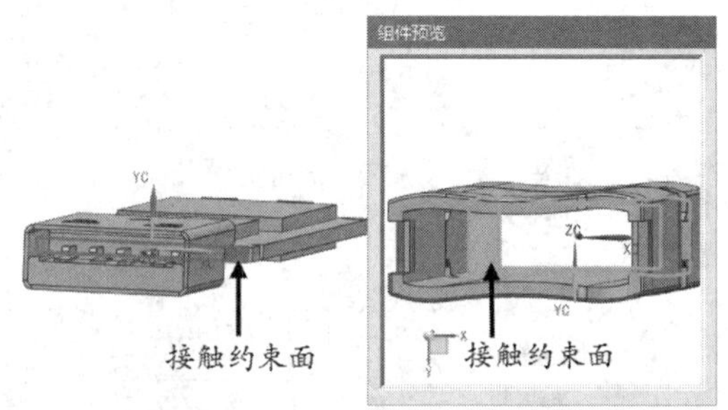

图 7-26 设置接触约束

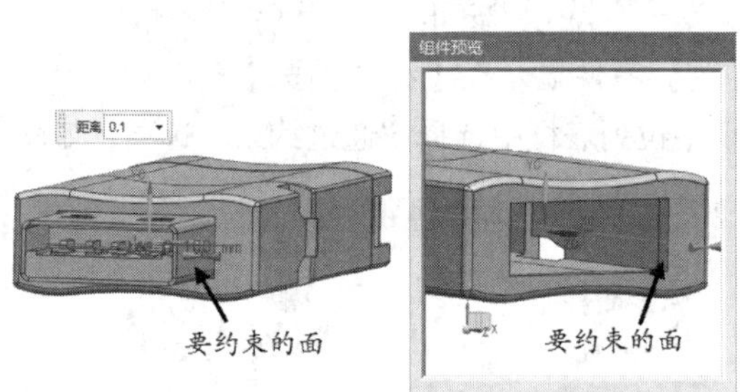

图 7-27 设置距离约束

⑦ 定义第 3 组装配约束。选择该装配约束【类型】选项为“距离”，接着分别选择图 7-28 所示的要配合的两个面，并设置其距离为“0.05”，然后单击应用按钮。

⑧ 在【装配约束】对话框中单击确定按钮。完成该组件装配的效果如图 7-29 所示。

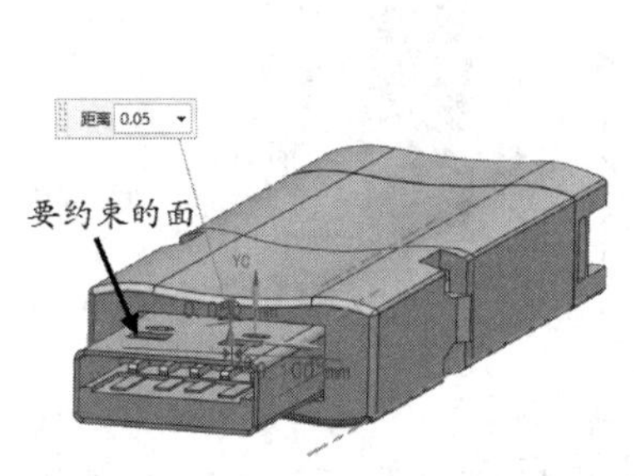

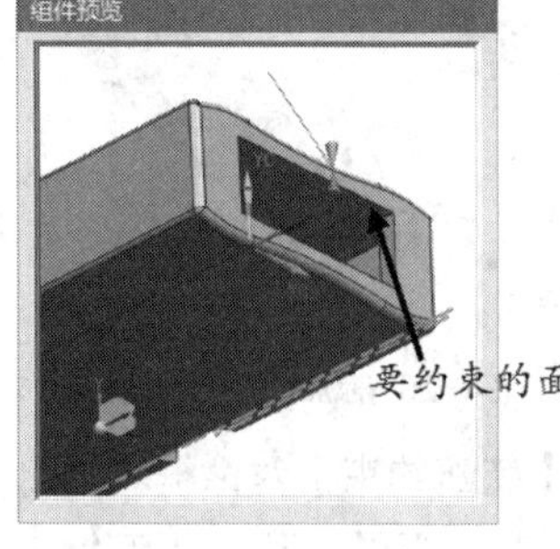

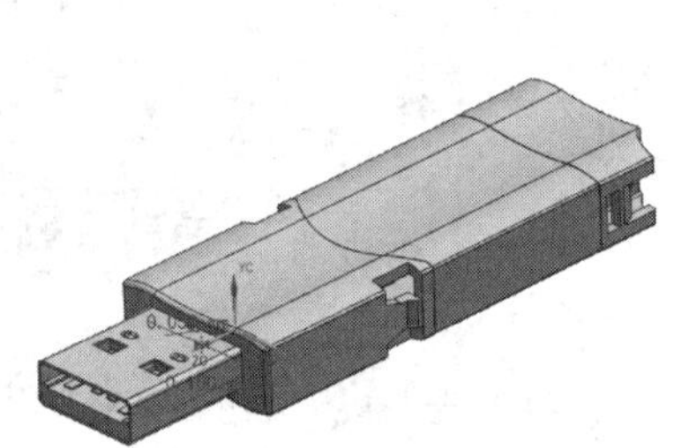

图 7-28 定义第 3 组装配约束

图 7-29 添加中间壳

4. 装配前壳

① 在功能区【装配】选项卡的【组件】面板中单击按钮，系统弹出【添加组件】对话框。

② 在【部件】选项组中单击按钮，系统弹出【部件名】对话框。选择“前壳”部件文件，单击 OK 按钮。

③ 前壳零件显示在【组件预览】窗口中，展开【添加组件】对话框的【放置】选项组，从【定位】下拉列表框中选择“通过约束”选项，其他默认，如图 7-30 所示。

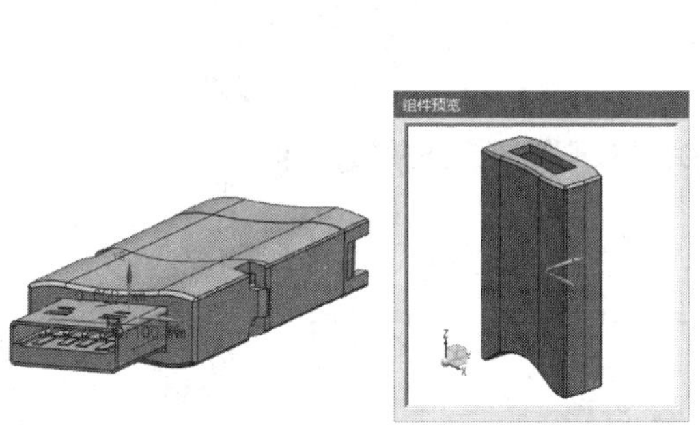

图 7-30　组件预览及设置定位选项等

④ 在【添加组件】对话框中单击 应用 按钮，系统弹出【装配约束】对话框。

⑤ 在【类型】选项组的类型下拉列表框中选择“接触对齐”选项，在【要约束的几何体】选项组的【方位】下拉列表中选择“接触”选项，接着分别在装配体中和前壳零件中选择要接触的配合面，如图 7-31 所示，然后单击 应用 按钮。

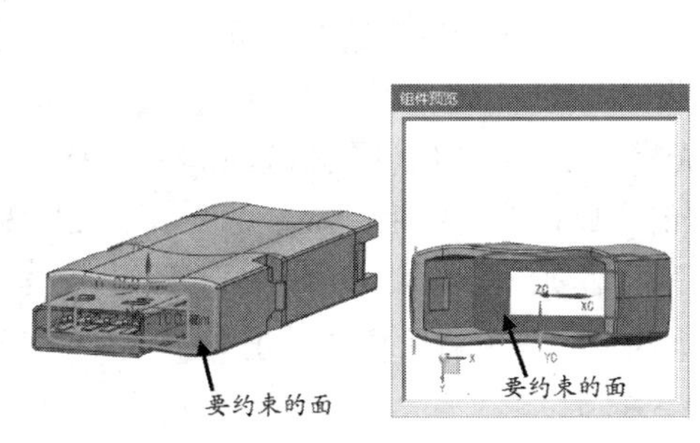

图 7-31　设置接触约束

⑥ 在【类型】选项组的类型下拉列表框中选择“距离”选项，接着在装配体中和前壳零件中选择相应的实体面，然后设置两者之间的【距离】为“0.05”，如图 7-32 所示，确认正确后单击 应用 按钮。

⑦ 确保在【类型】选项组的类型下拉列表框中选择“距离”选项，接着在装配体中和前壳零件中选择相应的实体面，然后设置两者之间的【距离】为“0.05”，如图 7-33 所示，确认正确后单击 应用 按钮。

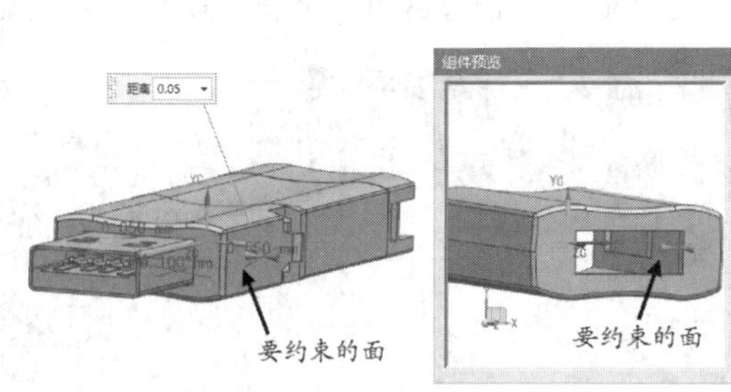

图 7-32 设置距离约束

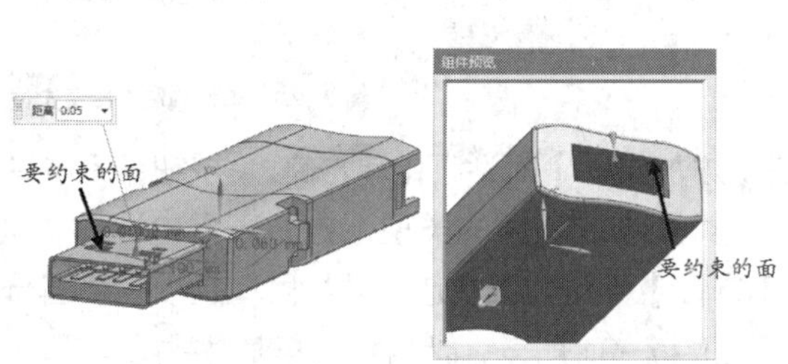

图 7-33 设置距离约束 2

⑧ 在【装配约束】对话框中单击按钮，装配前壳零件的装配体如图 7-34 所示。

5. 装配后壳

① 在【部件】选项组中单击按钮，系统弹出【部件名】对话框。选择“后壳”部件文件，单击按钮。

② 后壳零件显示在【组件预览】窗口中，展开【添加组件】对话框的【放置】选项组，从【定位】下拉列表框中选择“通过约束”选项，其他默认，如图 7-35 所示。

③ 在【添加组件】对话框中单击按钮，系统弹出【装配约束】对话框。

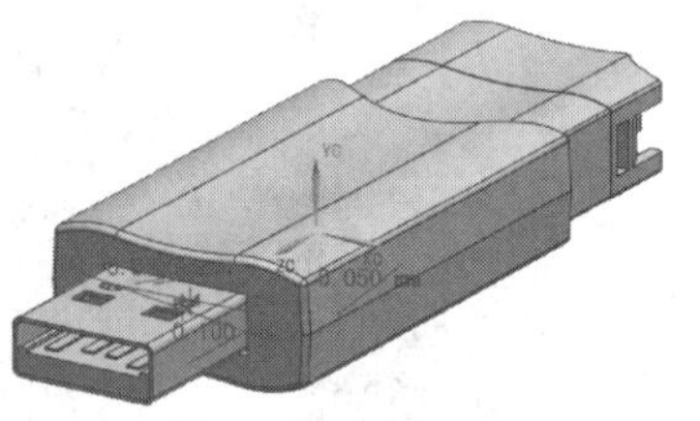

图 7-34 装配好前壳零件

④ 在【类型】选项组的类型下拉列表框中选择“接触对齐”选项，在【要约束的几何体】选项组的【方位】下拉列表中选择“自动判断中心/轴”选项，选择要对齐的两个弧面，如图 7-36 所示，然后单击按钮。

⑤ 在【类型】选项组的类型下拉列表框中选择“接触对齐”选项，在【要约束的几何体】选项组的【方位】下拉列表中选择“首选接触”选项，接着按照以下操作选择要约束的几何对象，勾选【在主窗口中预览组件】复选框。

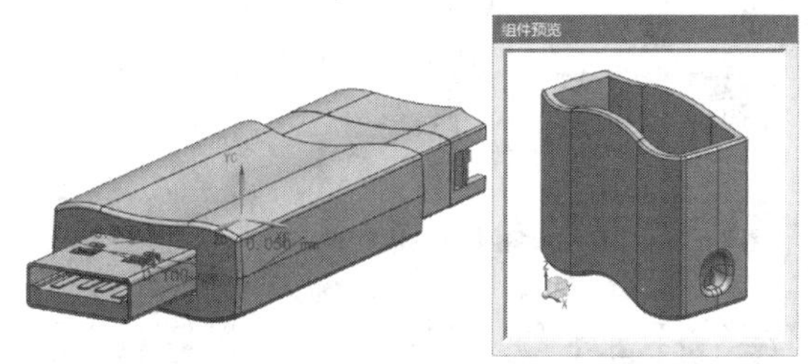

图 7-35　添加组件时的相关设置

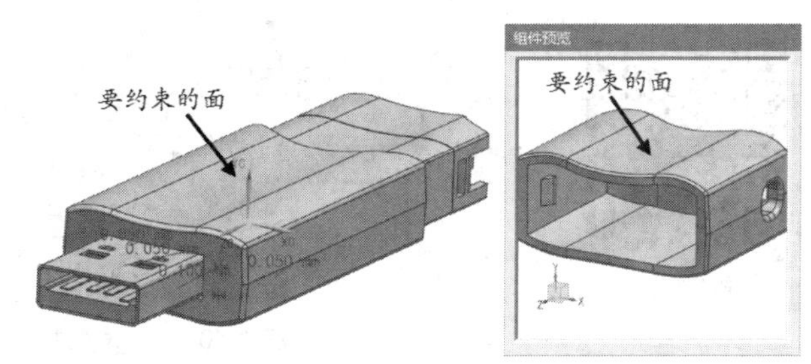

图 7-36　设置约束 1

在装配体的中间壳中选择图 7-37 所示一个实体面，使模型以【静态线框】的形式显示，将鼠标指针置于主窗口预览组件的合适位置片刻，待出现 3 个小点时单击，弹出一个【快速拾取】对话框，在该对话框列表中选择要配合的实体面并单击，如图 7-38 所示，然后单击 应用 按钮。

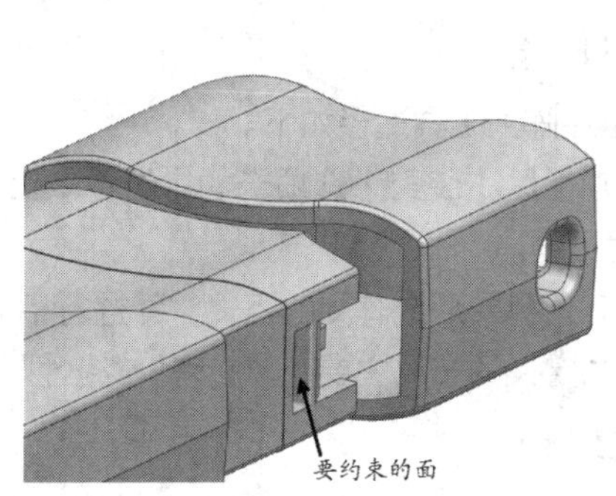

图 7-37　选择一个实体面

⑥ 在【装配约束】对话框中单击 确定 按钮。完成装配的 U 盘模型如图 7-39 所示。

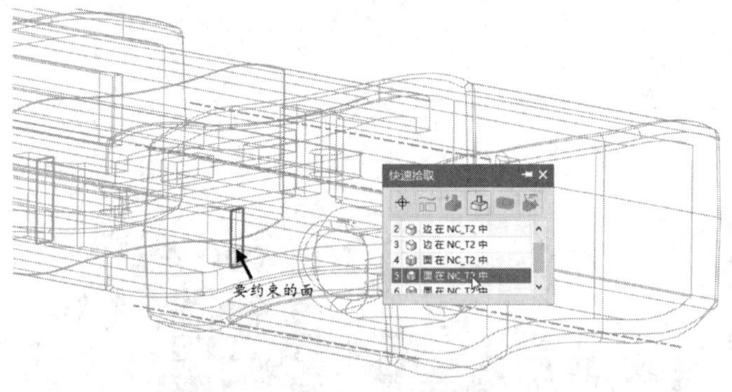

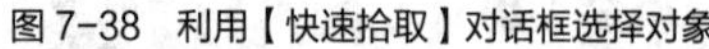

图 7-38　利用【快速拾取】对话框选择对象

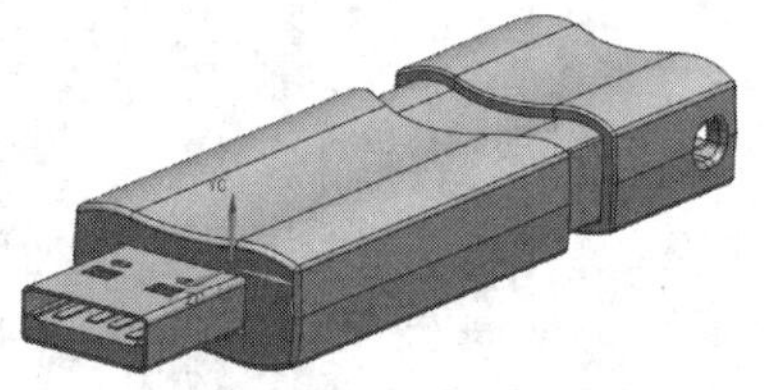

图 7-39　完成装配的 U 盘模型

7.3 阵列组件

本节将介绍阵列装配操作的应用，最后完成图 7-40 所示组件的装配方法与技巧。操作的重点在于相关约束要素的选取。

阵列组件

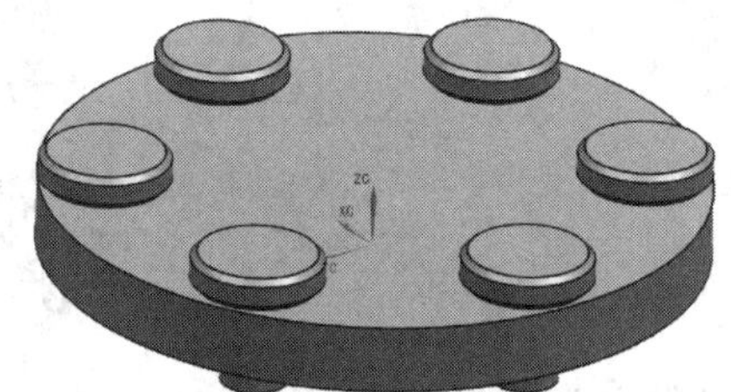

图 7-40　阵列效果图

本例的基本设计思路如下。

① 加载模型。

② 选取相对的约束面并进行参数设置。

7.3.1　知识准备

对于一些相同零件的装配，如果按照常规的方法一个一个去装配，会耗费大量的时间。UG 提供了阵列组件功能，能快速地装配这些相同的零件。选择进行阵列的组件又被称为模板组件，新产生的组件继承了模板组件的部件、名称等，而且这些新生成的组件的配对约束和模板组件相同。

1. 设计工具

进入组件阵列工具途径如下。

① 在功能区【装配】选项卡的【组件】面板中单击 阵列组件 按钮，弹出图 7-41 所示的【阵列组件】对话框。

② 接着选择要形成阵列的组件，并进行相应的阵列定义和其他设置即可。

③ 阵列定义的布局主要有“参考”“线性”和“圆形”3 种方式。

2. 应用示例

下面以一个小实例来说明阵列组件的操作步骤。

① 首先根据上面介绍的配对方法（素材文件：“第 7 章 / 素材 /7.3.1/zhenlie1.prt”），装配

图 7-42 所示模型，然后阵列选中的组件。

② 单击 阵列组件 按钮，系统会自动弹出【阵列组件】对话框，如图 7-43 所示，然后选择图 7-44 所示组件。

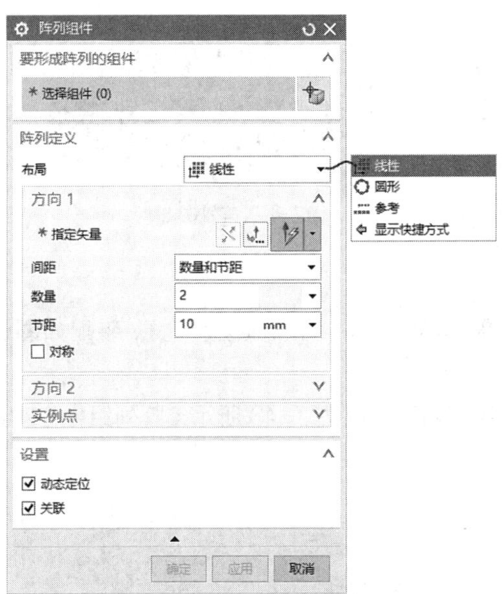

图 7-41 【阵列组件】对话框（1）

图 7-42　阵列效果图

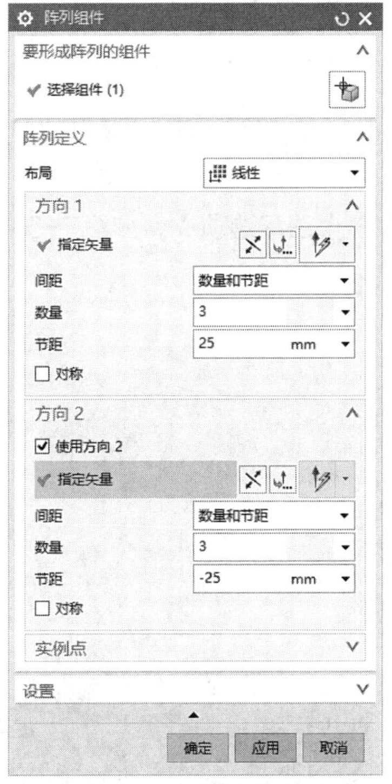

图 7-43 【阵列组件】对话框（2）

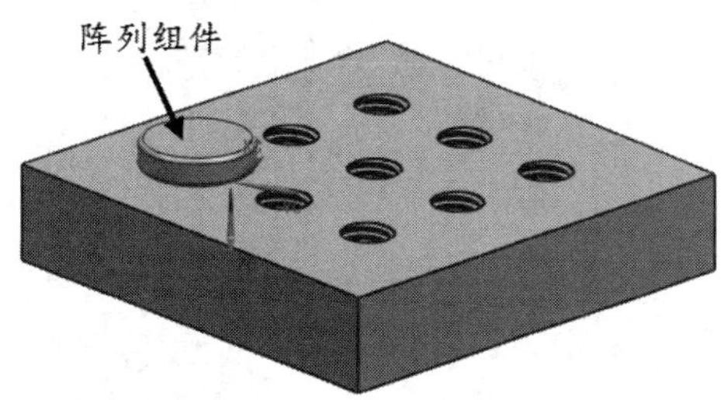

图 7-44　装配模型并选择要阵列的组件

③ 勾选【方向 2】子选项组中的【使用方向 2】复选框，其他参数设置如图 7-43 所示，在【方向 1】和【方向 2】的子选项组中选择【自动判断矢量】图标选项 ，分别选择图 7-45 所示

边 1 和边 2 作为其阵列方向。

④ 设置完成后单击 确定 按钮，完成阵列，其效果图如图 7-46 所示。

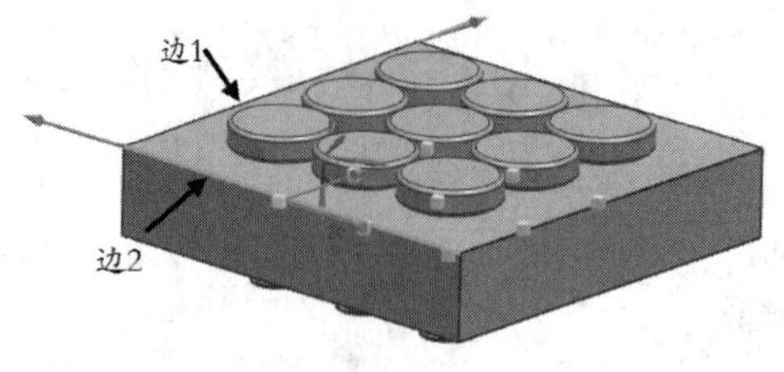

图 7-45　矢量方向

图 7-46　阵列效果图

7.3.2　操作过程

① 首先添加两个组件（素材文件：“第 7 章 / 素材 /7.3.2/zhenlie2.prt”），装配如图 7-47 所示模型。

② 单击【装配】工具栏的 阵列组件 按钮，系统将自动弹出图 7-48 所示【阵列组件】对话框，单击按钮，选择图 7-48 所示组件阵列。

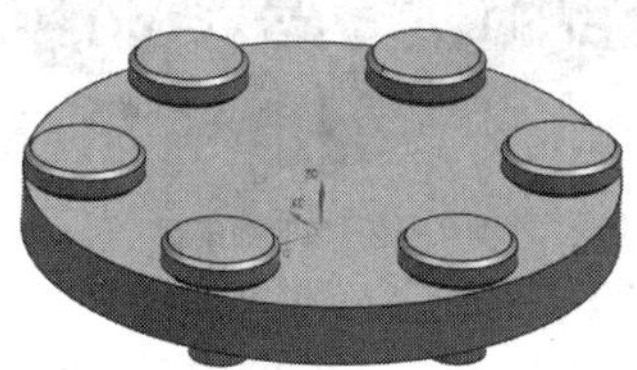
图 7-47　阵列效果图

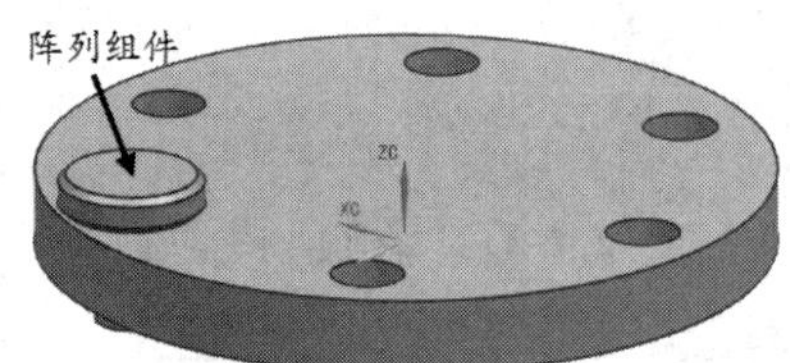

图 7-48　加载模型

③ 在【阵列定义】的选项组中的【布局】下拉列表中选择“圆形”选项，并在【角度方向】子选项组的文本框中输入图 7-49 所示参数。

④ 在弹出的【旋转轴】子选项组中选择【自动判断矢量】图标选项，如图 7-50 所示。然后选择图 7-51 所示圆柱面。

图 7-49 【阵列组件】对话框

图 7-50　选择阵列组件

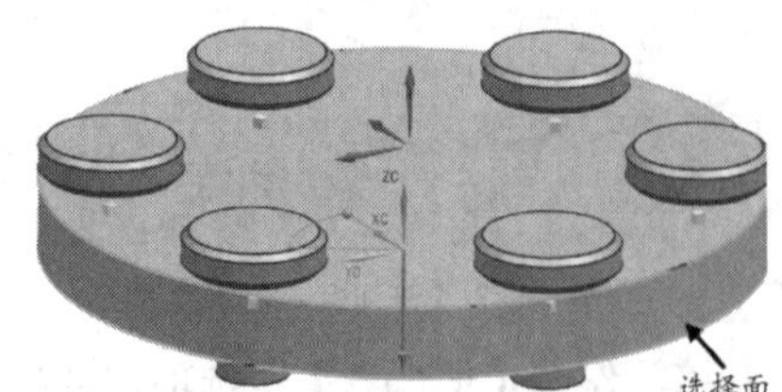

图 7-51　选择阵列旋转轴

⑤ 单击 确定 按钮，完成圆形阵列。

7.4 创建爆炸图

爆炸图也称分解图，用于详细展示装配体的结构。本节将通过创建图 7-52 所示齿轮传动机构的装配及爆炸图创建过程来介绍装配爆炸图的一般操作方法。

本例的基本设计思路如下。

① 导入装配模型。

② 进行约束设置。

③ 进行装配爆炸设置。

图 7-52　装配及爆炸图

7.4.1　知识准备

装配爆炸图是在装配模型中组件按照装配关系偏离原来的位置的拆分图形，装配爆炸图的创建可以方便查看装配中的零件及其相互之间的装配关系，主要用于产品功能的介绍及作为生产中的装配向导。爆炸图本质上也是一个视图，一旦定义和命名就可以被添加到其他图形中。爆炸图与显示部件关联，并存储在显示部件中。

1. 建立爆炸图

单击工具栏中【爆炸图】按钮，系统将弹出图 7-53 所示的【爆炸图】工具栏，通过该工具栏可以方便地实现爆炸图子菜单中的一些功能。单击【爆炸图】工具栏中的【新建爆炸图】按钮创建爆炸图，系统将自动弹出图 7-54 所示的【新建爆炸图】对话框，系统会提示输入爆炸图名称，可以接受默认名称，单击 确定 按钮就将建立一个爆炸图。

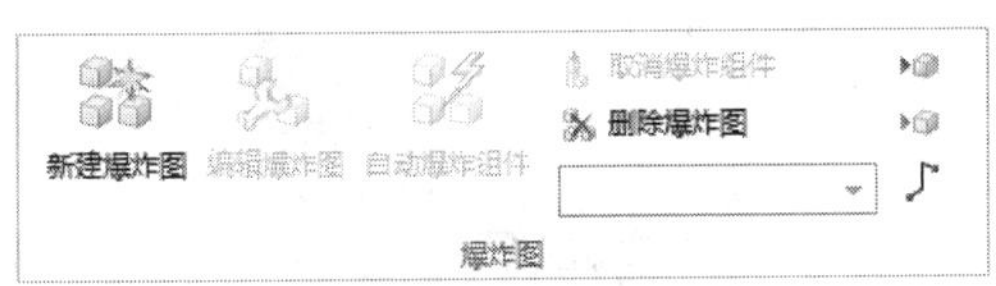

图 7-53 【爆炸图】工具栏

图 7-54 【新建爆炸图】对话框

新建一个爆炸图后，【爆炸图】工具栏中的按钮被激活，单击【自动爆炸图组件】按钮，自动爆炸组件，系统将弹出图 7-55 所示的【类选择】对话框，在对话框中单击按钮，将选中所有组件，从而对整个装配进行爆炸图操作，如图 7-56 所示。当然，可以用鼠标光标选中多个组件，来实现对这些组件的爆炸操作。

完成组件选择后单击 确定 按钮，系统将弹出图 7-57 所示【自动爆炸组件】对话框，用来指定爆炸距离。最终效果如图 7-58 所示。

2. 编辑爆炸图

采用自动爆炸，一般不会得到理想的效果，还要对爆炸图进行编辑。

在 UG 装配模块，可以在【爆炸图】工具栏中单击【编辑爆炸图】按钮，系统自动弹出图 7-59 所示的【编辑爆炸图】对话框，该对话框可以实现单个或多个组件位置的调整。图 7-60 所示为只对其中一个组件进行编辑的效果图。

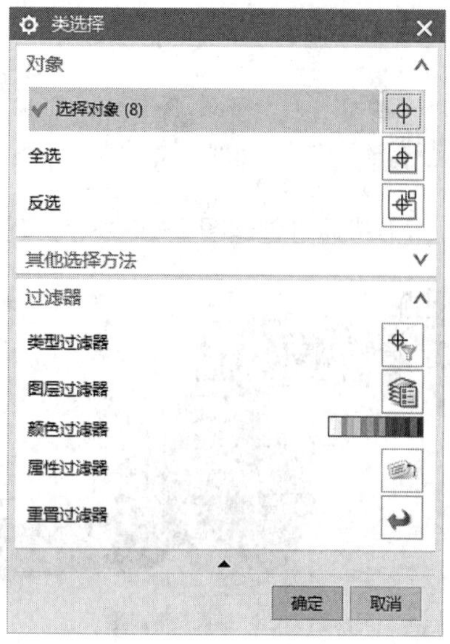

图 7-55 【类选择】对话框

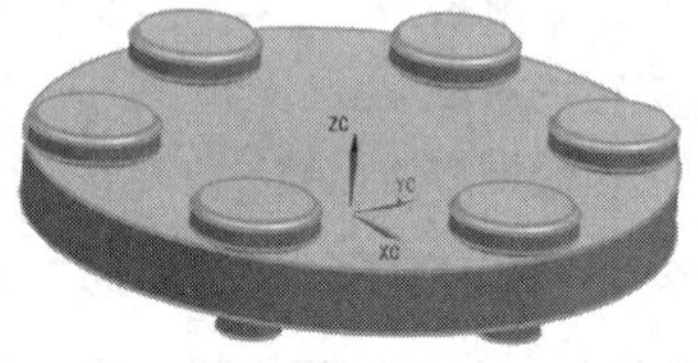

图 7-56 选择爆炸组件

图 7-57 【自动爆炸组件】对话框

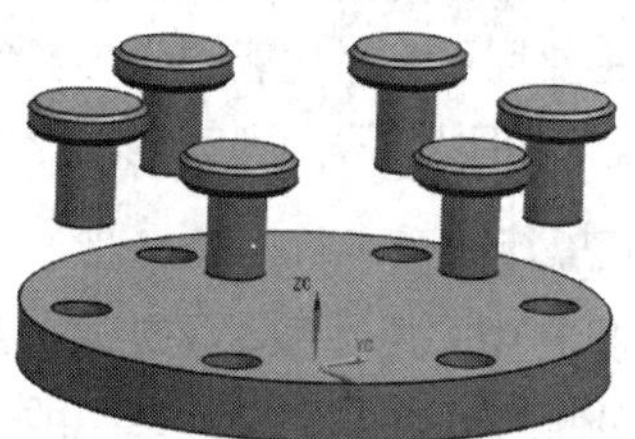

图 7-58 【自动爆炸组件】效果

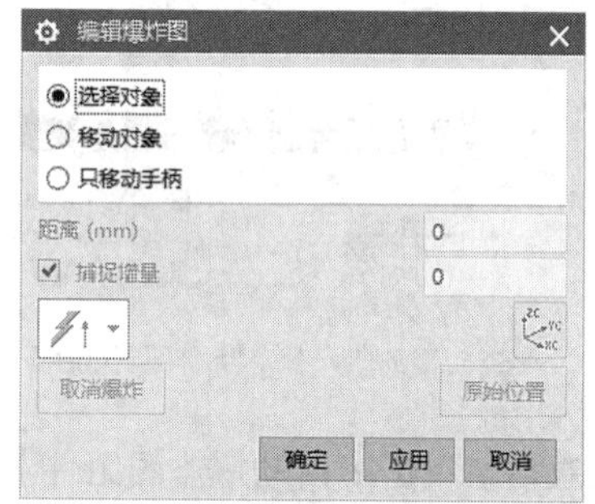

图 7-59 【编辑爆炸图】对话框

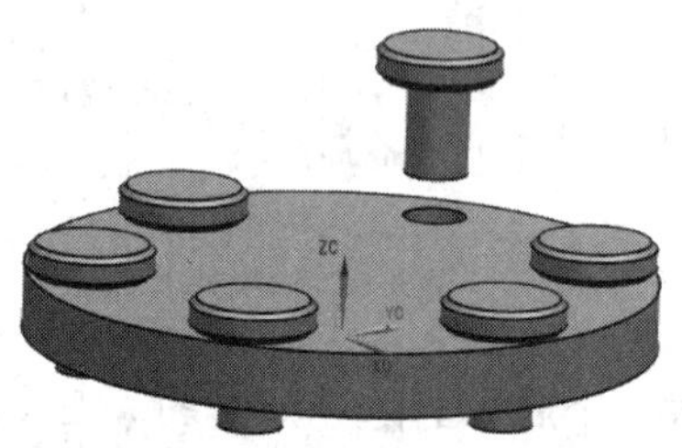

图 7-60 编辑组件效果

- 【选择对象】：用于选择组件，可以用鼠标左键选择想要移动的组件。
- 【移动对象】：用于移动组件，可以移动上一步选择的组件。利用动态移动手柄的移动、旋转、沿选择方向移动、绕轴的旋转等对组件进行移动。
- 【只移动手柄】：只移动工作手柄，而不移动选择的组件。

创建爆炸图 1

7.4.2 操作过程

通过该装配实例，主要练习装配约束的使用，即爆炸图的一般创建过程。

1. 添加轴和平键

① 打开 UG NX 10.0，进入装配模块。

② 单击“添加”按钮，添加图 7-61 所示轴（素材文件：“第 7 章 / 素材 /7.4/zhou1.prt”）。

③ 添加平键（素材文件：“第 7 章 / 素材 /7.4/pingjian2.prt”）。

要点提示

如果选择“绝对原点”的话，平键将在轴内，所以定位方式选择“指定原点”，放在一个指定的原点上，效果如图 7-62 所示。

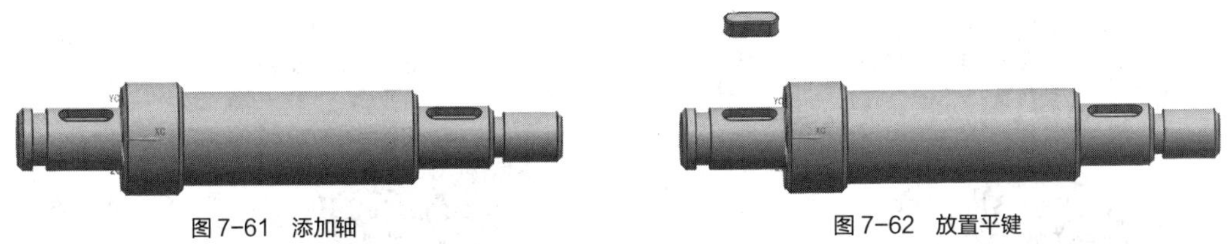

图 7-61　添加轴　　图 7-62　放置平键

2. 添加轴和平键的约束条件

依次选择图 7-63、图 7-64 和图 7-65 所示表面作为参照，使用【接触对齐】约束方式，得到的装配结果如图 7-66 所示。

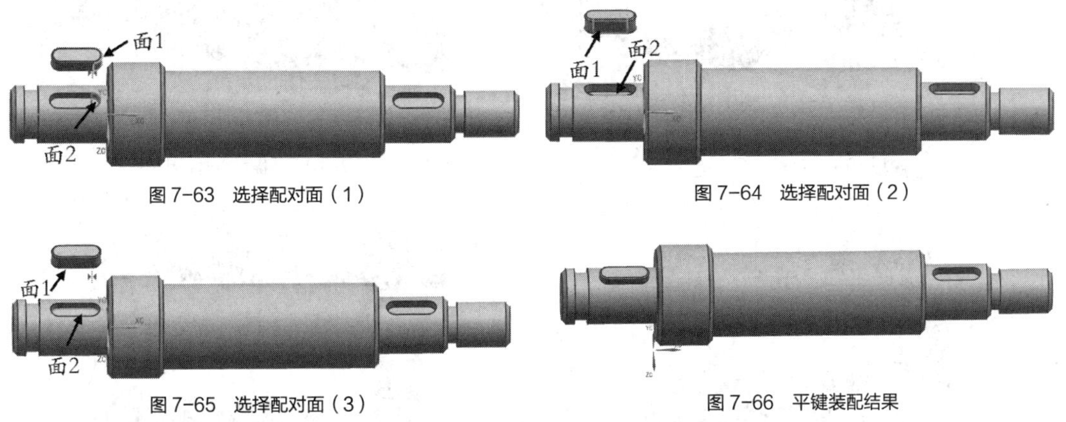

图 7-63　选择配对面（1）　　图 7-64　选择配对面（2）

图 7-65　选择配对面（3）　　图 7-66　平键装配结果

3. 添加齿轮

单击“添加”按钮，添加齿轮（素材文件：“第 7 章 / 素材 /7.4/dachilun.prt”），定位方式选择“选择原点”，装配结构如图 7-67 所示。

4. 添加齿轮和轴的约束条件

依次选择图 7-68、图 7-69 和图 7-70 所示装配面作为参照。使用【接触对齐】约束方式，得到齿轮的装配结果如图 7-71 所示。

5. 添加齿轮轴

单击按钮添加齿轮轴（素材文件：“第 7 章 / 素材 /7.4/zhou2.prt”），定位方式为“选择原点”，装配结构如图 7-72 所示。

6. 添加约束条件

① 选择图 7-73 所示的配对面。使用对齐约束方式，得到齿轮的装配结果如图 7-74 所示。

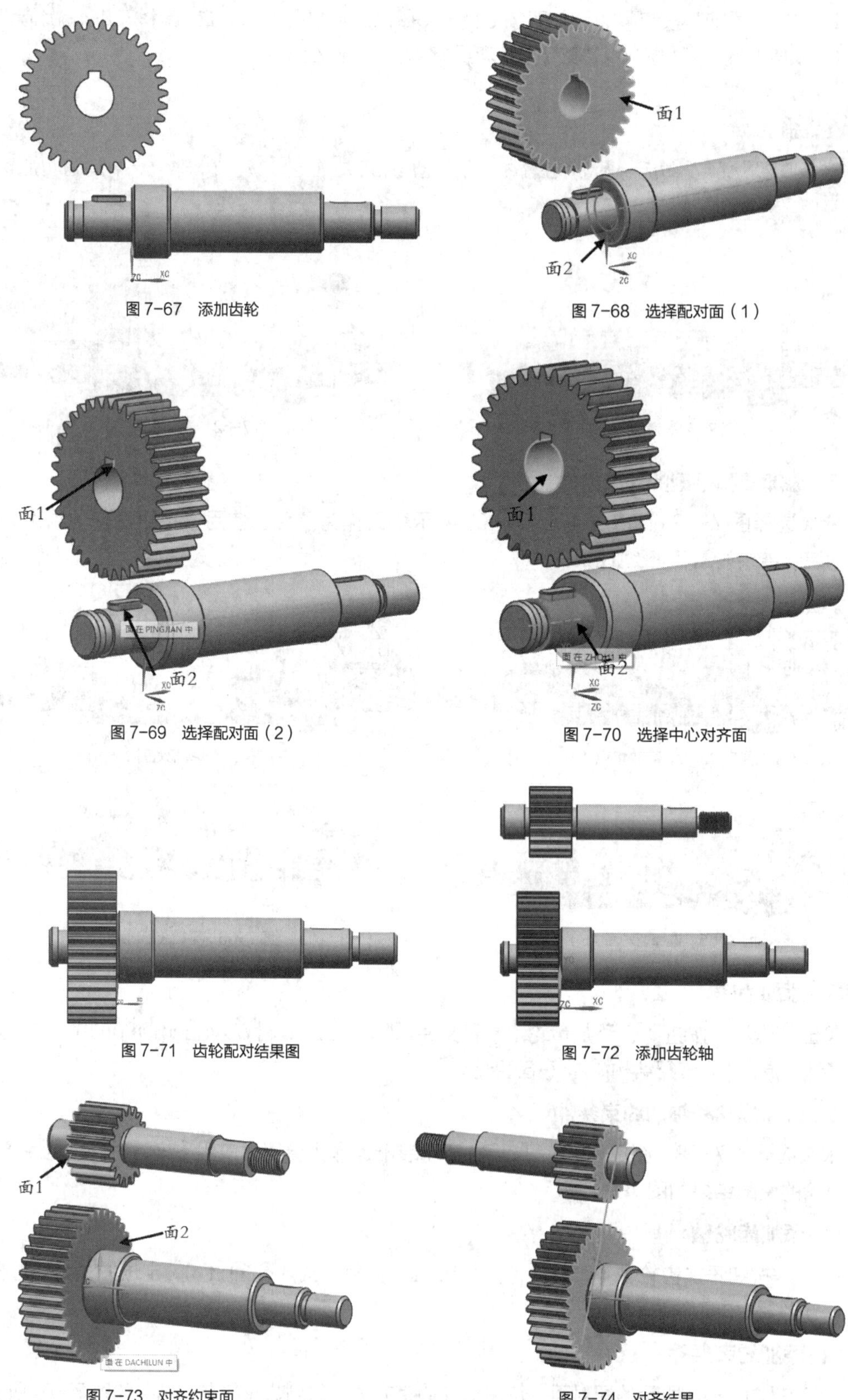

图 7-67　添加齿轮

图 7-68　选择配对面（1）

图 7-69　选择配对面（2）

图 7-70　选择中心对齐面

图 7-71　齿轮配对结果图

图 7-72　添加齿轮轴

图 7-73　对齐约束面

图 7-74　对齐结果

② 单击距离按钮添加距离约束，选择图 7–75 所示两个圆柱面，调整它们之间的距离，确定后得到的齿轮啮合图如图 7–76 所示。

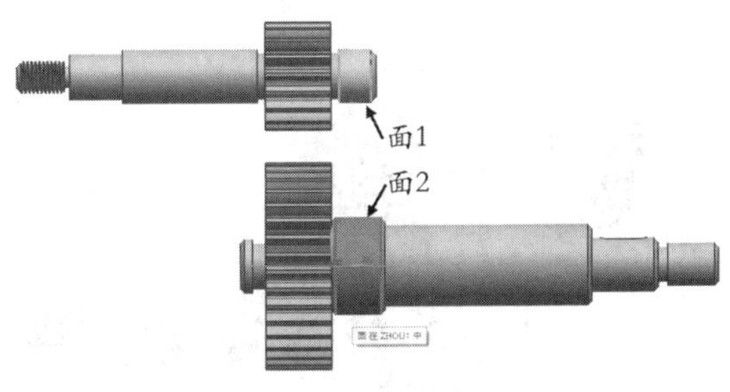

图 7–75　添加距离约束

图 7–76　齿轮啮合图

7. 调整齿轮轴

① 单击按钮，在弹出的【移动组件】对话框中选择左面的小齿轮，如图 7–77 所示。

② 在弹出的【变换】选项组【运动】下拉列表中选择“角度”选项，如图 7–78 所示。

图 7–77　选择小齿轮

图 7–78　选择【角度】选项

③ 在【指定矢量】选项中选择 XC 轴，在【指定轴点】选项中选择小齿轮的中心点，在【角度】文本框里面输入合适的值，调整至两者不干涉为止。

④ 单击应用按钮，最终的效果图如图 7–79 所示。

⑤ 继续装配齿轮轴上的平键（素材文件：“第 7 章 / 素材 /7.4/pingjian2.prt”），这里仅给出装配后的结果图，如图 7–80 所示。

创建爆炸图 2

图 7–79　齿轮啮合修正效果图

图 7–80　平键装配结果

8. 装配凸轮

单击按钮添加凸轮（素材文件："第 7 章 / 素材 /7.4/tulun.prt"），如图 7-81 所示，选择定位方式为"选择原点"，装配结果如图 7-82 所示。

图 7-81　添加凸轮　　　　图 7-82　装配结果图

9. 编辑爆炸图

单击按钮编辑爆炸图，在弹出的【编辑爆炸图】对话框中选中"移动对象"单选按钮，如图 7-83 所示，移动图中的部件，最终效果如图 7-84 所示。

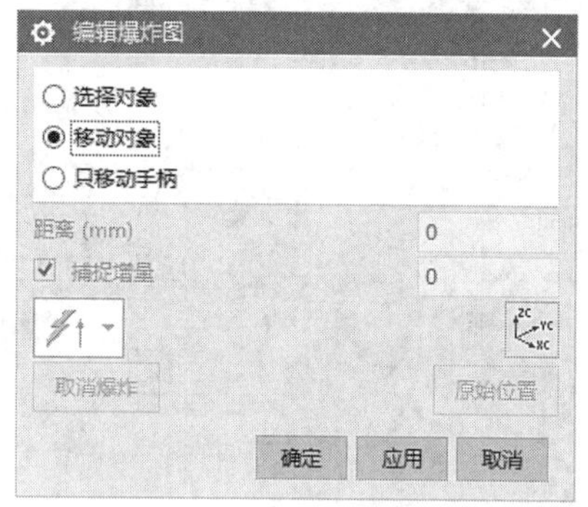

图 7-83 【编辑爆炸图】对话框

图 7-84　编辑后的爆炸图

7.5 综合运用——轴承的装配

本节通过创建图 7-85 所示轴承装配图介绍轴承的装配方法，通过该实例进一步巩固前面所学知识。

轴承的装配

本例的基本设计思路如下。

① 调入外圈和保持架。

② 调入滚动体，然后确定约束关系。

③ 阵列滚动体。

④ 调入内圈并完成装配。

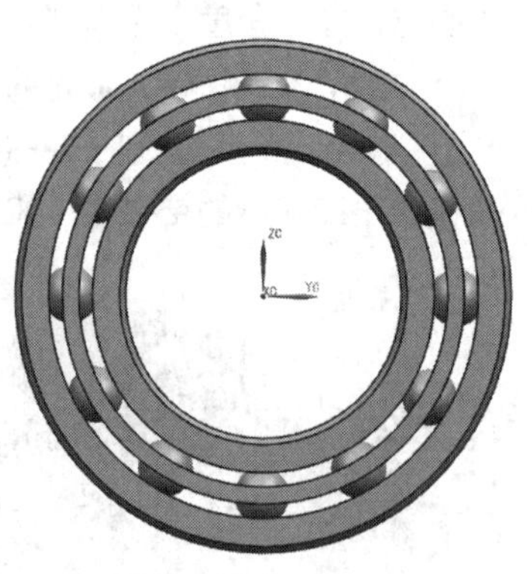

图 7-85　轴承装配图

7.5.1 知识准备

装配导航器也就是装配导航工具，它将部件的装配结构用图形表示，以一种类似于树结构的形式来表现出来。在装配树形结构中，每一个组件显示为一个节点，如图 7-86 所示，装配导航器可以清楚地显示装配关系，它提供一种在装配中选择和操作组件的快捷方法，用户可以用装配导航器来改变工作部件、显示部件、隐藏与显示组件等。

另外，在位于绘图窗口左侧的资源条中单击【约束导航器】按钮，可打开约束导航器来查看约束信息，如图 7-87 所示，在约束导航器中也可以使用右键快捷菜单对所选约束进行相关操作。

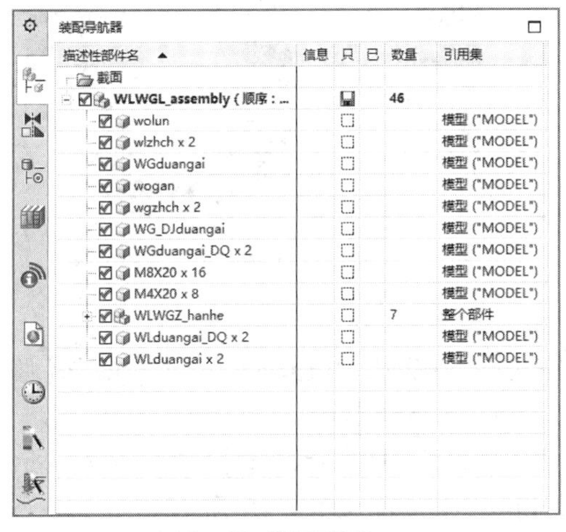

图 7-86　装配导航器

图 7-87　约束导航器

7.5.2　操作过程

通过该装配实例，主要练习重定位组件操作、阵列组件。

1. 调入外圈和保持架

① 打开 UG NX 10.0，进入装配模块。

② 单击按钮导入素材文件：“第 7 章 / 素材 /7.5/zhoucheng.prt”，其为轴承外圈和保持架。

③ 由于是采用绝对原点，保持架和和轴承外圈已经配对好。如果不是这样，还要添加中心对齐约束和距离约束，使其配对成如图 7-88 所示。

2. 添加滚动体

① 添加滚动体（素材文件：“第 7 章 / 素材 /7.5/gundongti.prt”），定位方式仍采用“绝对原点”，效果如图 7-89 所示。

图 7-88　添加外圈和保持架

图 7-89　添加滚动体

② 单击按钮，将弹出图 7-90 所示的【移动组件】对话框。选择滚动体，在控制杆的跟踪条的 Y 坐标文本框中输入“35”，如图 7-91 所示。

③ 设置完成后单击确定按钮，结果如图 7-92 所示。

移动组件
要移动的组件
选择组件 (1)
变换
运动 动态
指定方位
只移动手柄
复制
设置
< 确定 > 应用 取消

图 7-90 【移动组件】对话框

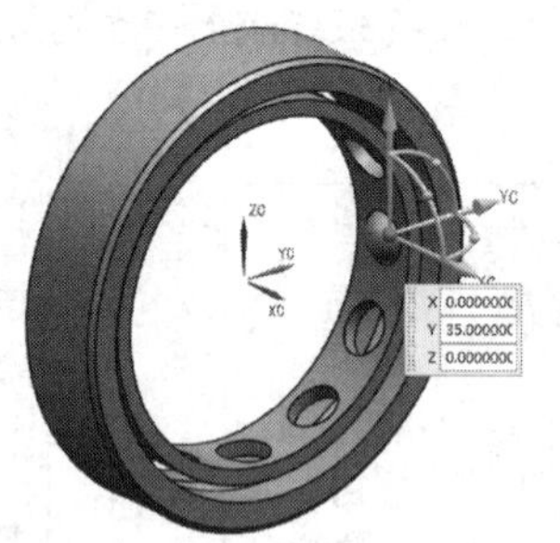

图 7-91 添加滚动体

图 7-92 定位滚动体

3. 阵列滚动体

① 选中添加好的滚动体，单击【阵列组件】按钮，在弹出的【阵列组件】对话框【阵列定义】选项组的【布局】下拉列表中选择“圆形”，如图 7-93 所示。

② 在【旋转轴】选项卡中选择【指定矢量】为，如图 7-94 所示，选择后如图 7-95 所示，在图 7-94 中的【指定点】中选择图 7-96 所示边，得到的效果图如图 7-97 所示。

图 7-93 【阵列组件】对话框

图 7-94 指定矢量

图 7-95 阵列滚动体

图 7-96 选择指定点

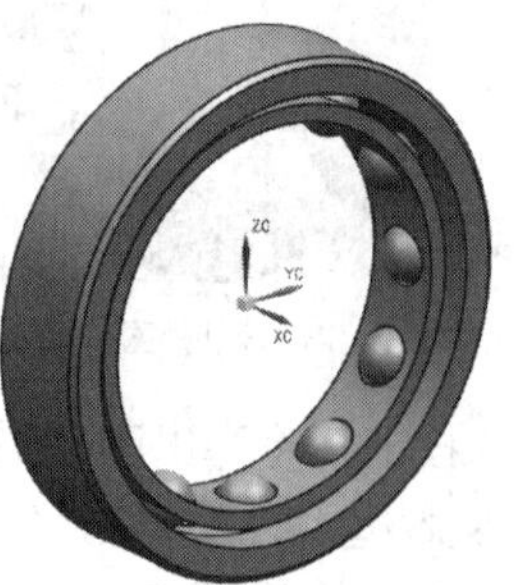

图 7-97 阵列后的效果

4. 添加轴承内圈

单击按钮，添加轴承内圈（素材文件："第 7 章 / 素材 /7.5/neiquan.prt"），定位方式仍选择"绝对原点"，如图 7-98 所示。得到的效果图如图 7-99 所示。

图 7-98　添加轴承内圈

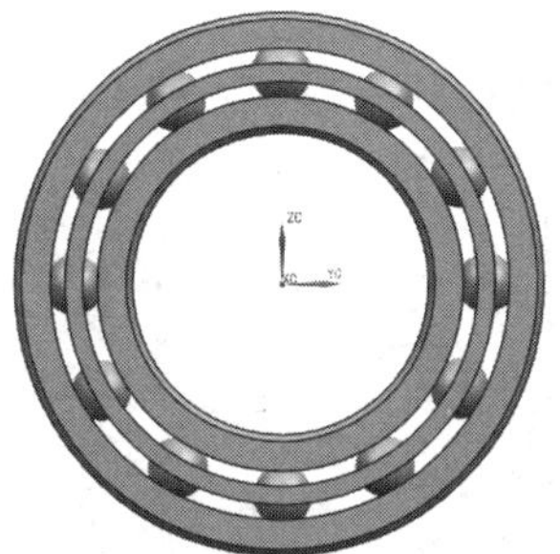

图 7-99　轴承装配图

小结

本章介绍了 UG NX 10.0 装配模块中一些常用的功能，通过本章的学习，应该明确以下主要内容。

① 了解装配的基本概念。

② 在进行组件装配之前，必须理解装配约束的含义和用途，并熟悉各种约束的适用场合。

③ 明确装配零部件的一般方法。

④ 明确在装配导航器中管理装配对象的方法。

⑤ 掌握生成装配爆炸图、编辑爆炸图的基本方法。

习题

1. 简要说明组件装配的基本过程。
2. 什么是约束？ UG NX 10.0 有哪些约束类型？
3. 什么是爆炸图？它有何主要用途？
4. 简要说明阵列装配的优点。
5. 分析图 7-100 所示模型的基本装配步骤和装配要点。

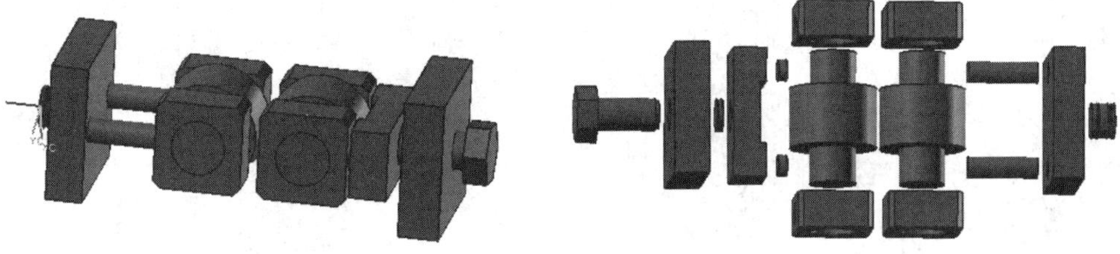

（a）装配体　　（b）爆炸图

图 7-100　装配结构

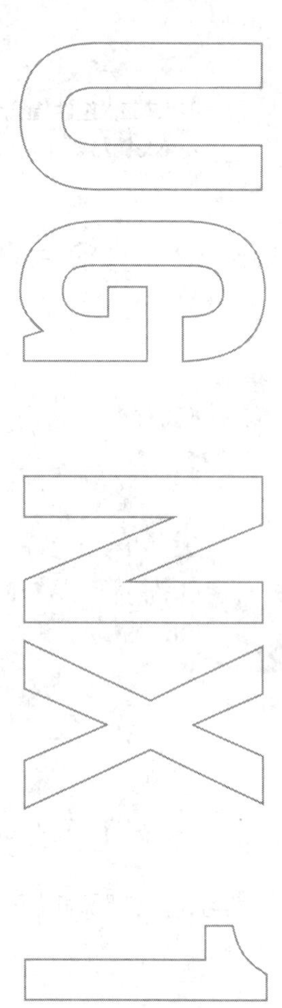

Chapter 8

第8章 工程图

【学习目标】

- 掌握UG NX 10.0中工程图的特点及其用途。
- 掌握创建工程图的一般步骤。
- 掌握创建各种典型视图的方法与技巧。
- 掌握在工程图上进行标注的要领。

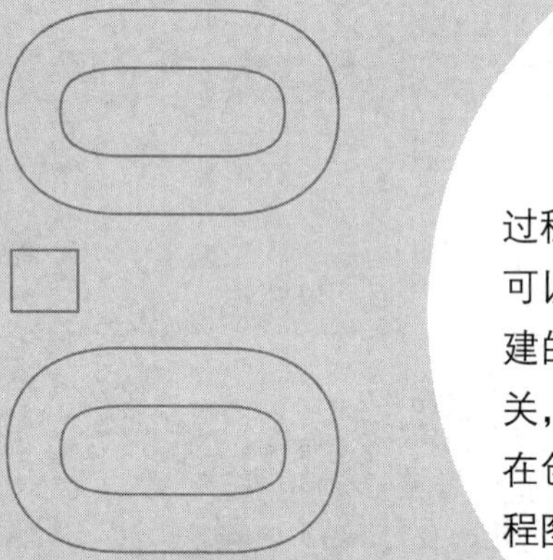

在工业生产中，工程图是实施生产过程的重要技术文件。使用UG NX 10.0可以方便地完成工程图的创建，并且创建的工程图与其对应的三维模型完全相关，对模型做的任何改变都将自动反映在创建的工程图中。本章将介绍创建工程图的具体方法。

8.1 创建和编辑视图

表达复杂零件时最常用的方法是使用空间三维模型，简单而且直观。但是在工程中，有时需要使用一组二维图形来表达一个复杂零件或装配组件，也就是使用工程图，例如在机械生产第一线常用工程图来指导生产过程。

创建和编辑视图

8.1.1 知识准备

1. 进入制图环境

在 UG NX 10.0 的基本操作界面中切换至【应用模块】选项卡，如图 8-1 所示。在功能区【应用模块】选项卡中单击【制图】按钮，即可快速切换到【制图】功能模块。如图 8-2 所示。

图 8-1　功能区的【应用模块】选项卡

要点提示

要从其他应用模块切换到【制图】应用模块，也可以在功能区的菜单命令【文件】/【绘图】中选择【制图】选项即可。

2. 图纸设置

在工程图中，各种视图都和标注是按照一定的规则和要求布置在图中上的。

（1）创建图纸

单击图 8-2 所示功能区中的按钮，弹出图 8-3 所示【图纸页】对话框。

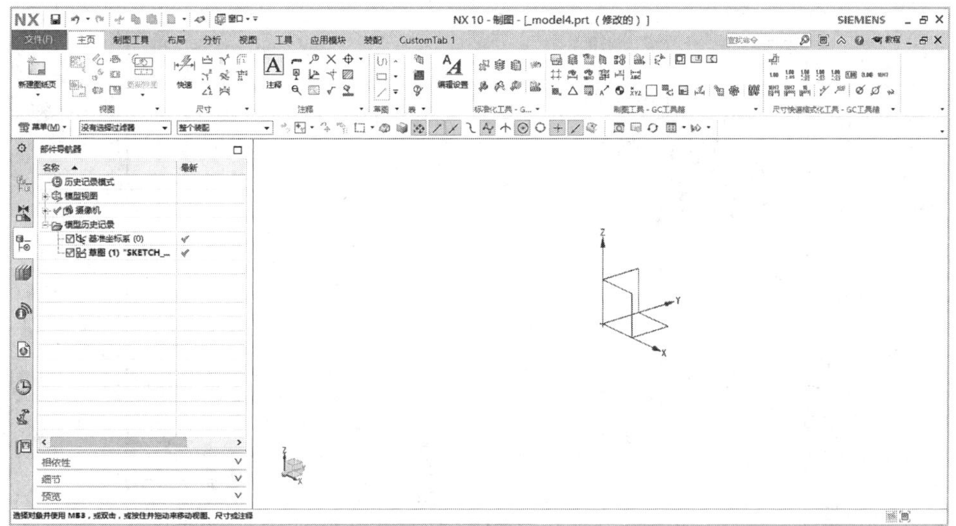

图 8-2 【制图】功能模块

① 可以选择“使用模板”来选择已经存在的模板来定义图纸页。

② 可以选择“标准尺寸”，根据零件尺寸大小和需要布置的视图数量来选择合适的图幅尺寸，如图 8-4 所示。

③ 可以选择“定制尺寸”来定义图纸页。

④ 在【名称】选项组中，显示已经建立的图纸页名称；在【图纸页名称】文本框中输入要创建的图纸页的名称。

⑤ 在【设置】选项组中选择单位为“毫米”，选择投影方式为“第三角投影”，即第二个图标，如图 8-5 所示。

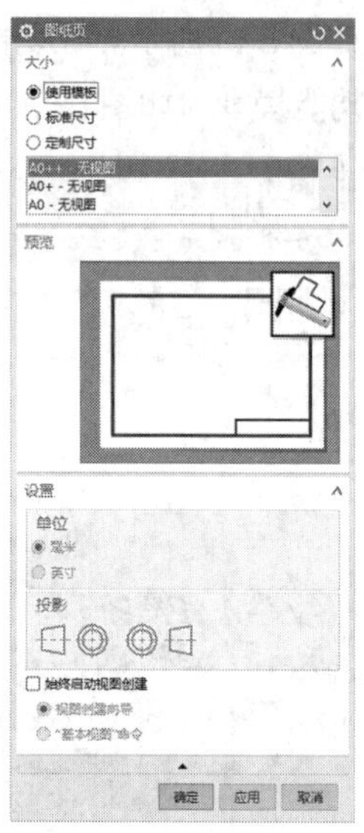

图 8-3 使用模板

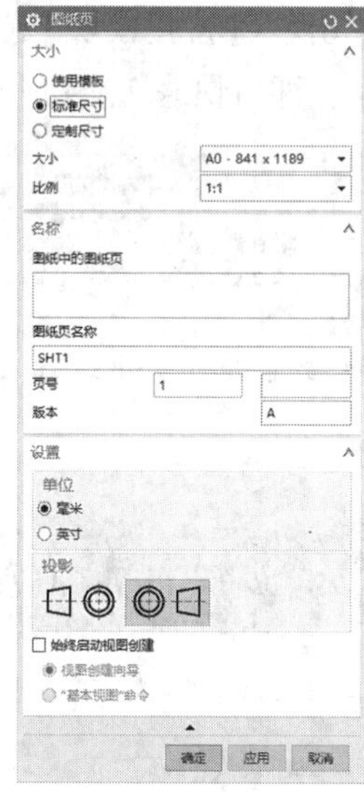

图 8-4 标准尺寸

图 8-5 定制尺寸

定义好图纸页后，在【图纸页】对话框中单击 应用 或 确定 按钮完成创建图纸页。一张布局好的典型图纸如图 8-6 所示。

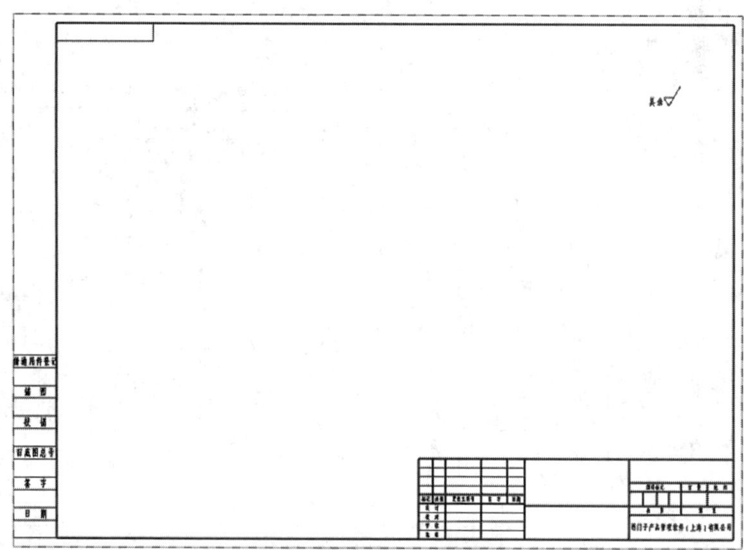

图 8-6 完成的图纸

（2）删除图纸

① 打开部件导航器，选择所创建的图纸名称，如图 8-7 所示。

② 选择图纸后，单击鼠标右键，弹出图 8-8 所示图纸快捷菜单。

③ 选择图 8-8 所示的【删除】选项，来删除选中图纸。

也可以通过选取图纸边界的方法来删除图纸。

① 将绘图区域缩小，显示出图纸边界。

② 移动鼠标光标，选取图纸边界，此时图纸边界颜色变为橘黄色。

③ 单击鼠标右键，弹出图 8-9 所示图纸快捷菜单，选择【删除】选项来删除选中图纸；或者直接按键盘上的 Delete 键来删除图纸。

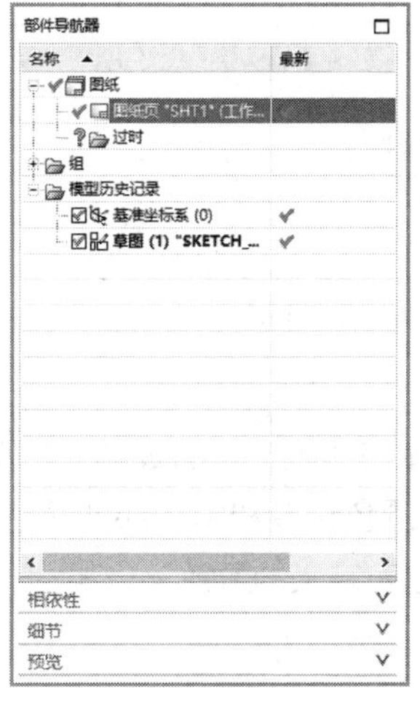

图 8-7 【部件导航器】对话框

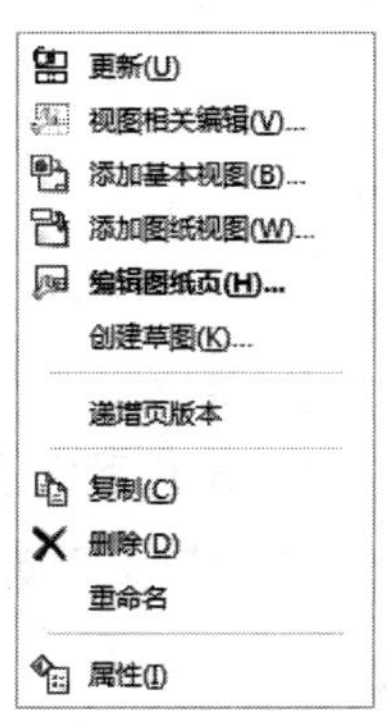

图 8-8 图纸快捷菜单

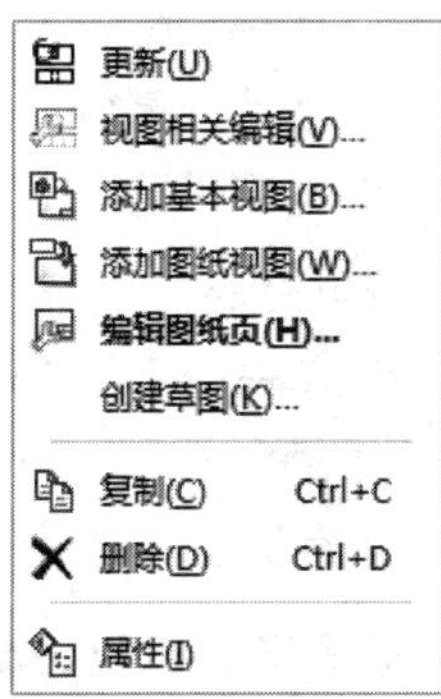

图 8-9 图纸快捷菜单

（3）编辑图纸

选择图 8-9 所示的【编辑图纸页】选项，来进行所选择图纸页的编辑。选择此选项后，弹出【图纸页】对话框，可对图纸页的名称、比例、大小、单位和投射方向等进行编辑。

（4）图纸预设置

进入图纸空间并创建一张图纸后，按默认设置的图纸界面如图 8-10 所示。为了符合制图标准，可以对图纸界面进行预设置。

图 8-10 默认设置的图纸界面

① 显示 / 隐藏栅格线。

执行菜单命令【文件】/【首选项】/【栅格】，弹出图 8-11 所示的【栅格】对话框。勾选【显示栅格】对话框，即可显示栅格。显示栅格后的图纸界面如图 8-12 所示。

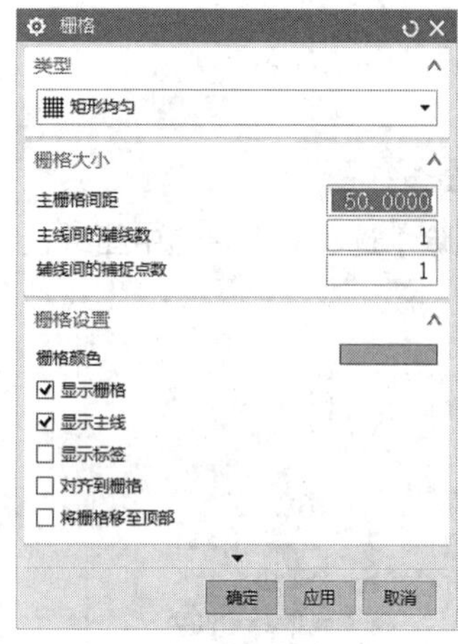

图 8-11 【栅格】对话框

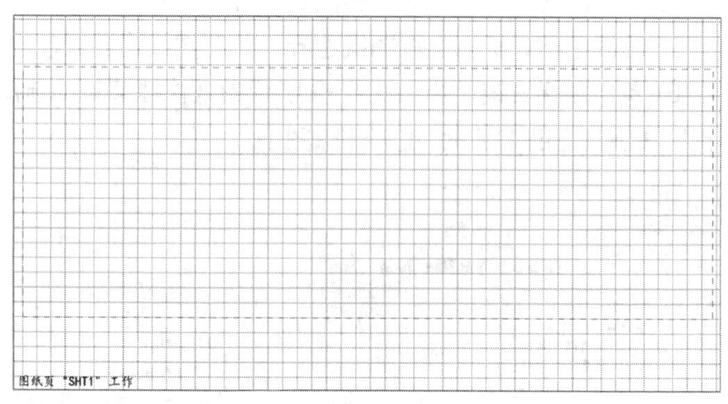

图 8-12 有栅格的图纸界面

② 颜色设置。

执行菜单命令【首选项】/【可视化】，弹出【可视化首选项】对话框，如图 8-13 所示。

选择【颜色 / 字体】选项卡，可以进行部件颜色设置、会话颜色设置和图纸部件颜色设置。单击各个颜色区域，弹出图 8-14 所示的【颜色】对话框，用来选定定义的颜色。

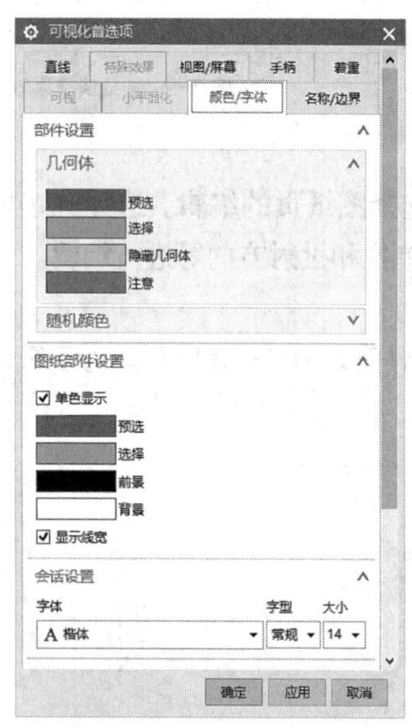

图 8-13 【可视化首选项】对话框

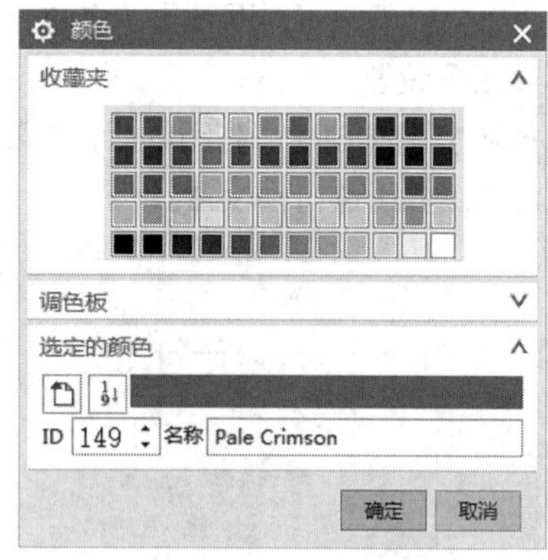

图 8-14 【颜色】对话框

3. 添加基本视图

基本视图是向图纸页添加的第一个视图，可以选择 6 个视图（前视图、后视图、左视图、右视图、俯视图和仰视图）中的任意一个为基准视图。不过，根据机械设计经验和规范，通常选择前视图择为基本视图。

在建立主模型后，单击【主页】选项卡【视图】面板中的【基本视图】按钮，弹出图 8–15 所示的【基本视图】对话框，来添加基本视图。选择视图方位，设置比例后，移动鼠标光标到适当位置单击鼠标左键来添加基本视图，如图 8–16 所示。

图 8–15 【基本视图】对话框

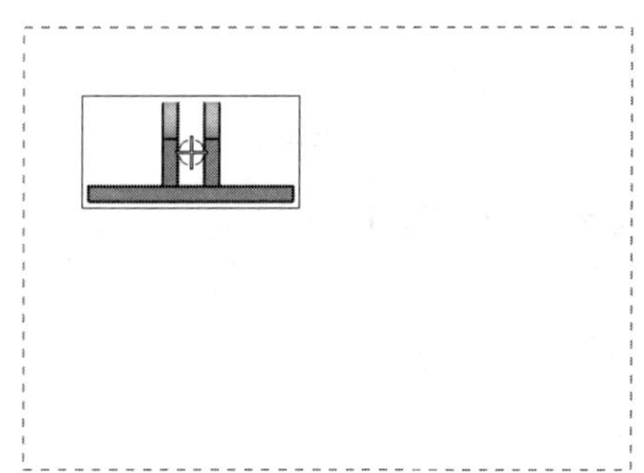

图 8–16　添加基本视图

单击【基本视图】对话框中的按钮，会弹出【定向视图工具】对话框和【定向视图】预览框，如图 8–17 所示。移动鼠标光标至预览框范围内，按住鼠标中键不放，通过旋转主模型到一定方位，单击确定按钮，移动鼠标光标到适当位置，单击鼠标左键来添加定向视图，如图 8–18 所示。

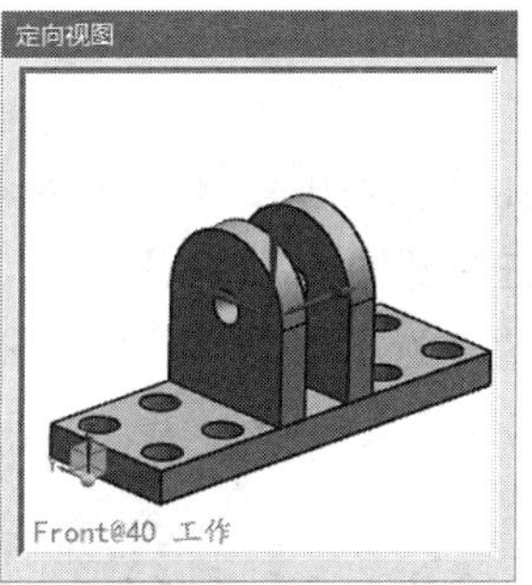

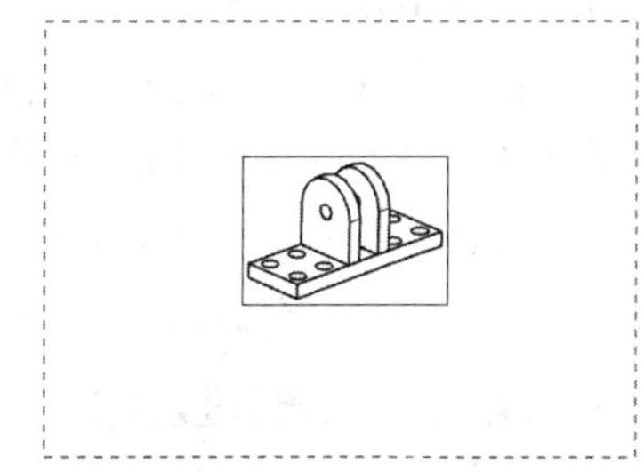

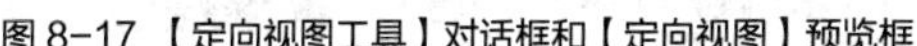

图 8–17 【定向视图工具】对话框和【定向视图】预览框

图 8–18　添加定向视图

4. 添加投影视图

添加基本视图命令一般只使用一次，在添加完基本视图后，系统会自动切换到添加投影视图操作，弹出的【投影视图】对话框，如图 8–19 所示，也可以单击【主页】选项卡【视图】面板中的【投影视图】按钮后在图 8–20 中添加投影视图。

添加投影视图时，总是以最后添加的基本视图为父视图。如果图纸页上视图多于一个，则工具栏上会出现按钮，如图 8–20 所示，单击此按钮可以选择投影视图的父视图。

图 8–21 所示为采用默认设置进行的投影操作。如果使用定义铰链线，则【投影视图】对话框变为图 8–22 所示，多出了按钮，可以通过此按钮的下拉列表来选择矢量方向或者通过单击父视图上的某个对象来定义铰链线。

图 8-19 【投影视图】对话框

图 8-20 选择父视图

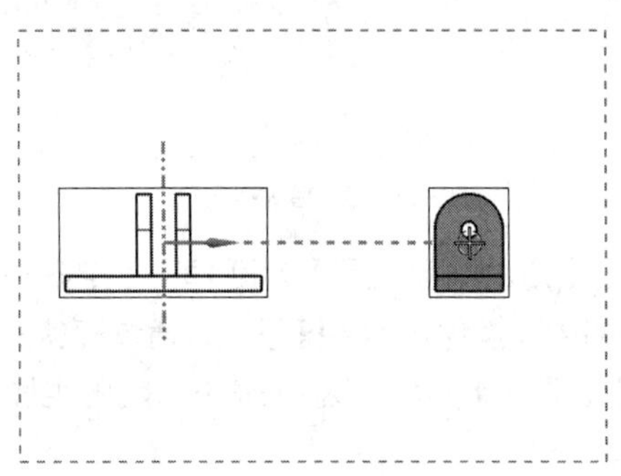

图 8-21 创建投影视图

图 8-22 指定矢量

5. 从部件添加视图

添加的基本视图为所创建的主模型的投影视图，而从部件添加视图则不需要将主模型加载到当前文件。可以在当前图纸页中添加任意部件的基本视图。

单击【基本视图】对话框中的【部件】选项组，弹出图 8-23 所示的选择部件对话框，单击按钮进入图 8-24 中选择要添加视图的部件文件。

图 8-23 【部件】选项组

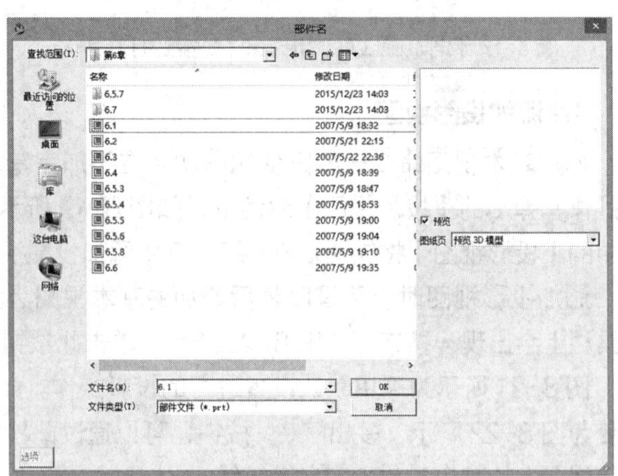

图 8-24 选择部件

6. 编辑视图（删除 / 移动 / 复制 / 对齐等）

下面来介绍有关编辑视图的一些操作，包括删除视图、移动视图和对齐视图等。

（1）删除视图

执行菜单命令【菜单】/【编辑】/【删除】，选择要删除的视图即可，或者在视图边界上单击鼠标右键，在弹出的快捷菜单中选择【删除】命令。最简单的方法是选择视图边界，按 Delete 键来删除视图。

一旦删除了某个视图，所有与此视图有关联的制图对象，如剖视图、局部视图、放大视图等，都将同时被删除。

（2）移动视图

有两种方法来移动视图：一种是通过鼠标光标来动态拖动，另一种是通过【移动 / 复制视图】对话框进行。

- 动态拖动：将鼠标光标放到视图边界上，视图边界呈高亮显示，鼠标光标由╋变为✥，按住鼠标左键并拖动，即可动态移动视图。当视图中心或视图边界与其他视图中心或视图边界对齐时，自动显示对齐标记。
- 【移动 / 复制视图】对话框：执行菜单命令【菜单】/【编辑】/【视图】/【移动 / 复制】或单击【主页】选项卡【视图】面板中的【移动 / 复制视图】按钮，弹出【移动 / 复制视图】对话框，如图 8-25 所示。

选中要移动的视图后，再选中相应移动方式，如图 8-26 所示。移动完后效果如图 8-27 所示。

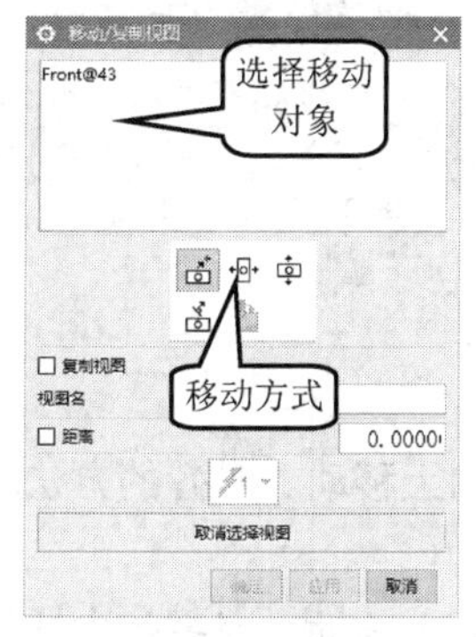

图 8-25 【移动 / 复制视图】对话框

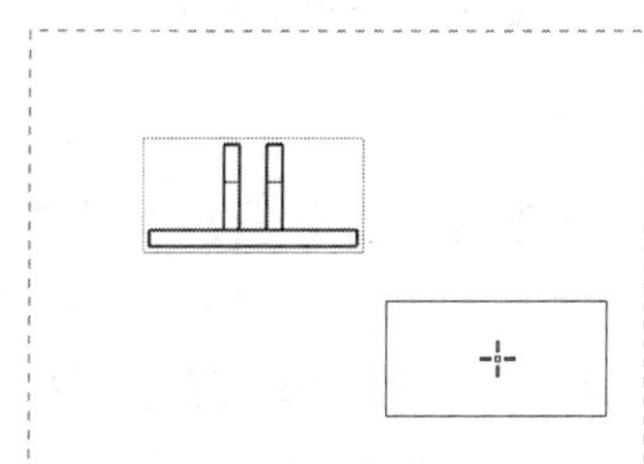

图 8-26 移动视图

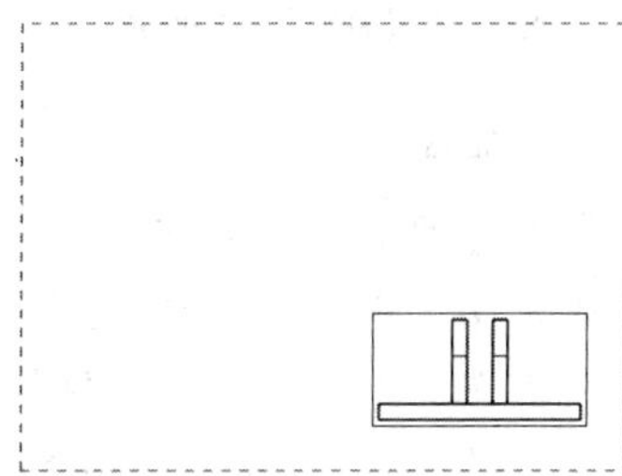

图 8-27 移动完成

如果勾选图 8-28 所示的【复制视图】复选框，则在移动的过程中，如图 8-29 所示，原视图位置保持不变，新的视图被复制到要移至的位置，如图 8-30 所示。

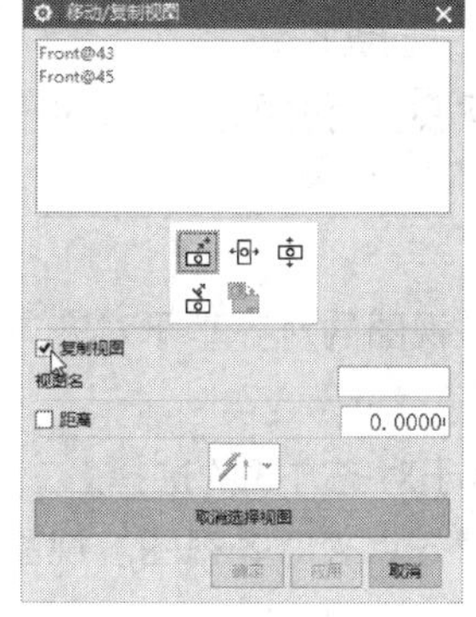

图 8-28 勾选【复制视图】复选框

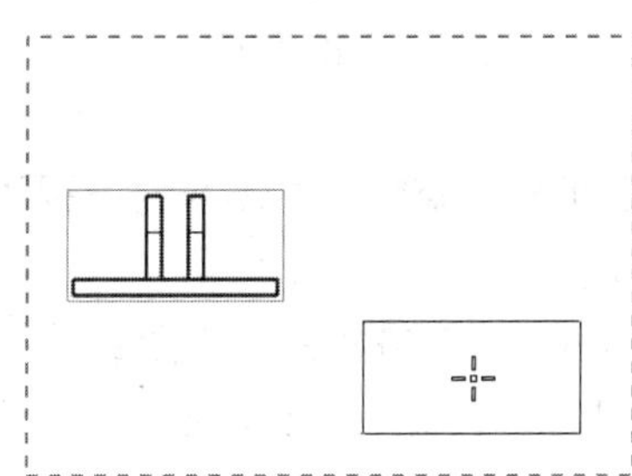

图 8-29 复制移动视图

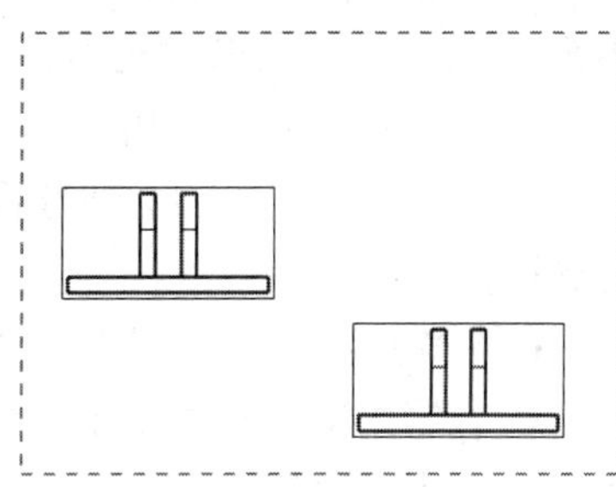

图 8-30 复制移动完成

（3）对齐视图

有两种方法来对齐视图：一种是通过鼠标光标来动态拖动，另一种是通过【视图对齐】对话框来对齐图纸中的视图。

- 动态拖动：将鼠标光标放到视图边界上，视图边界呈高亮显示，鼠标光标由变为，按住鼠标左键并拖动，当视图中心或视图边界与其他视图中心或视图边界对齐时，自动显示对齐标记，释放鼠标键放置对齐后的视图。
- 【视图对齐】对话框：执行菜单命令【编辑】/【视图】/【对齐】或单击【主页】选项卡【视图】面板中的【视图对齐】，弹出图 8-31 所示【视图对齐】对话框，这里有 5 种对齐方式，如图 8-32 所示，3 种对齐选项来定义视图的对齐基准点，如图 8-33 所示。

图 8-31 【视图对齐】对话框

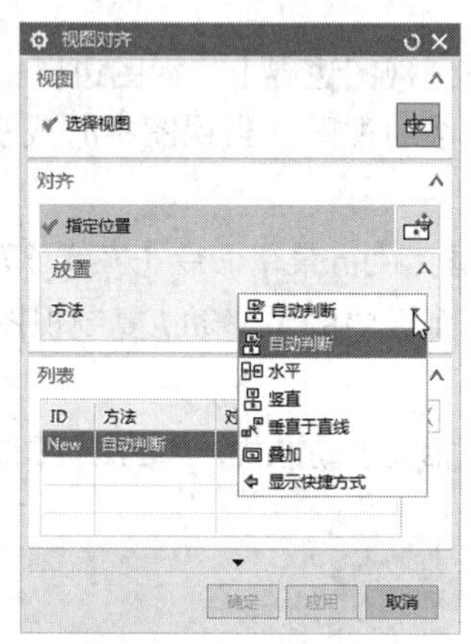

图 8-32 5 种对齐方式

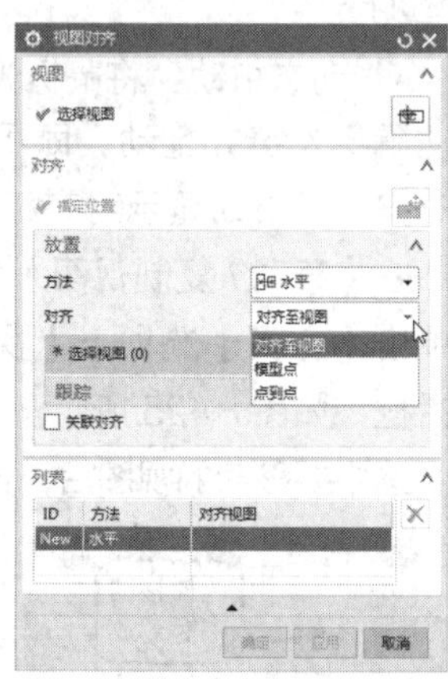

图 8-33 3 种对齐选项

5 种对齐方式的用途如下。

- 【自动判断】：基于所选固定视图自动推断的方法对齐视图。
- 【水平】：所选视图之间水平对齐，即对齐的视图在竖直方向上移动。对齐的方法取决于对齐选项（模型点、视图中心或点到点）和视图点的选择。
- 【竖直】：所选视图之间竖直对齐，即对齐的视图在水平方向上移动。对齐的方法取决于对齐选项（模型点、视图中心或点到点）和视图点的选择。
- 【垂直于直线】：所选视图沿参考直线或边缘的垂直方向对齐，即对齐的视图在参考直线或边缘的方向上移动。对齐的方法取决于对齐选项（模型点、视图中心或点到点）和视图点的选择。
- 【叠加】：同时以水平、竖直方式对齐视图，因此视图互相重叠。对齐的方法取决于对齐选项（模型点、视图中心或点到点）和视图点的选择。

3 种对齐选项的用法如下。

- 【对齐至视图】：以所选视图的中心点作为基准来对齐视图。视图的对齐基于对齐方式的选择。
- 【模型点】：指定模型点作为基准来对齐视图。视图的对齐基于对齐方式的选择。
- 【点到点】：通过指定一个固定基准点并指定其他视图上的对齐点来对齐视图。视图的对齐基于对齐方式的选择。

8.1.2　操作过程

本例将在图纸中依次创建基本视图和一组投影视图，最终设计效果如图 8-34 所示。

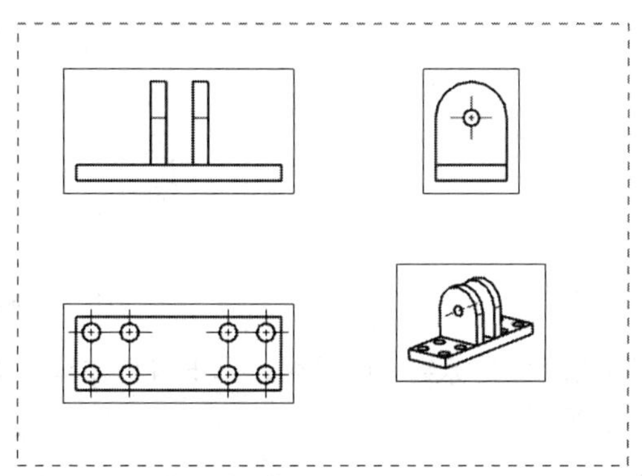

图 8-34　完成的视图

① 进入 UG NX 10.0 环境，打开素材文件：“第 8 章 / 素材 /8.1prt”。

② 在功能区【应用模块】选项卡中单击【制图】按钮，进入制图工作环境。按照图 8-35 所示设置来创建图纸页。

③ 单击【图纸】工具栏中的【基本视图】按钮，在图 8-36 所示【要使用的模型视图】下拉列表中选择【前视图】，放置视图至制图区域适当位置，如图 8-37 所示。

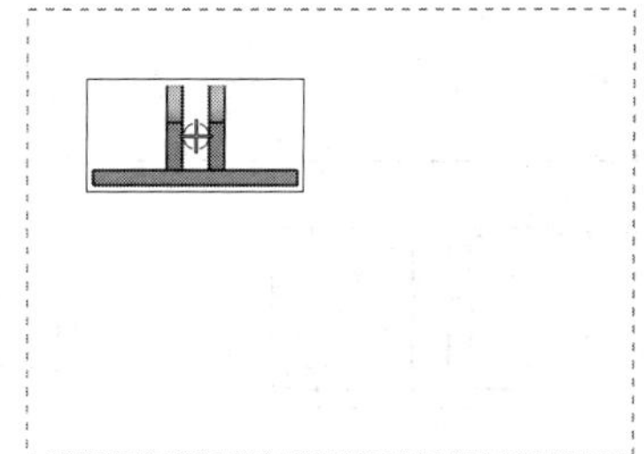

图 8-35　设置图纸页　　图 8-36　添加基本视图　　图 8-37　添加前视图

④ 添加完基本视图后，系统自动切换到添加投影视图操作，移动鼠标光标至基本视图下方适当位置，待显示对齐标记时，单击鼠标左键放置投影视图，如图 8-38 所示。按照同样方法放置另一投影视图，如图 8-39 所示。

⑤ 再次单击【基本视图】按钮，在弹出的【基本视图】对话框中，单击按钮，在弹出的【定向视图】对话框中，按住鼠标中键不放，通过旋转主模型将其调整到适当方位，如图 8-40 所示。

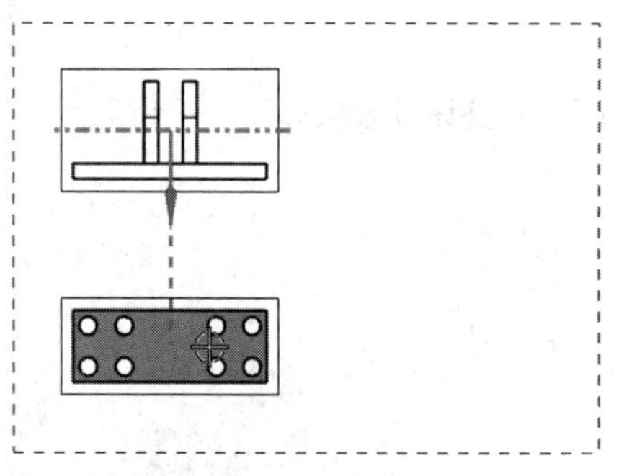

图 8-38　添加投影视图

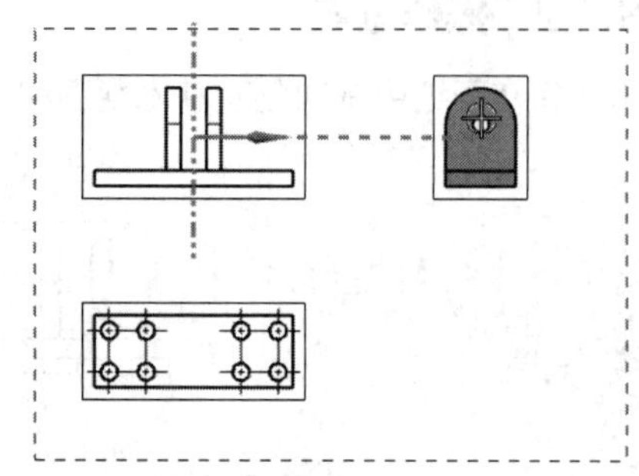

图 8-39　添加另一投影视图

⑥ 单击 确定 按钮，移动鼠标光标到制图区域，单击鼠标左键来添加定向视图，如图 8-41 所示。完成后效果如图 8-42 所示。

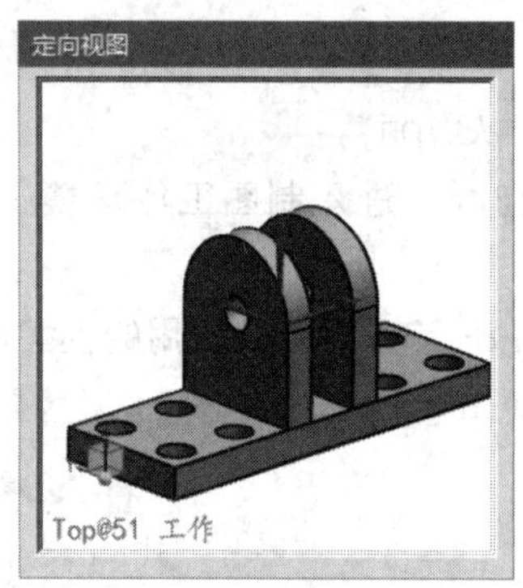

图 8-40　添加定向视图

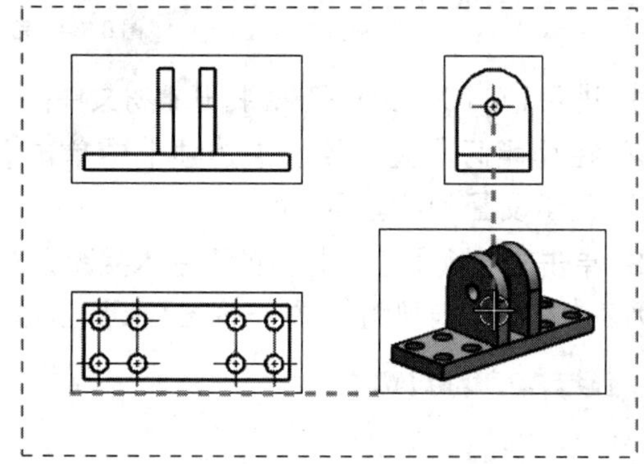

图 8-41　添加定向视图后的效果

⑦ 双击上一步添加的定向视图边界，弹出图 8-43 所示的视图【设置】对话框，在【常规】设置栏中的【比例】文本框中设置比例为 1:3，单击 确定 按钮来单个修改定向视图的缩放比例，如图 8-44 所示。

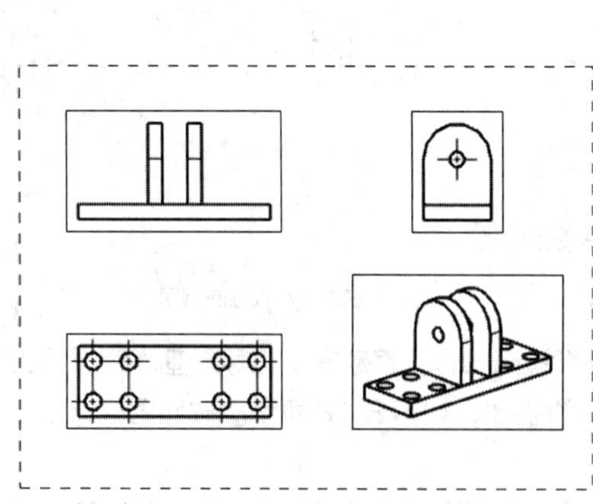

图 8-42　视图添加完成

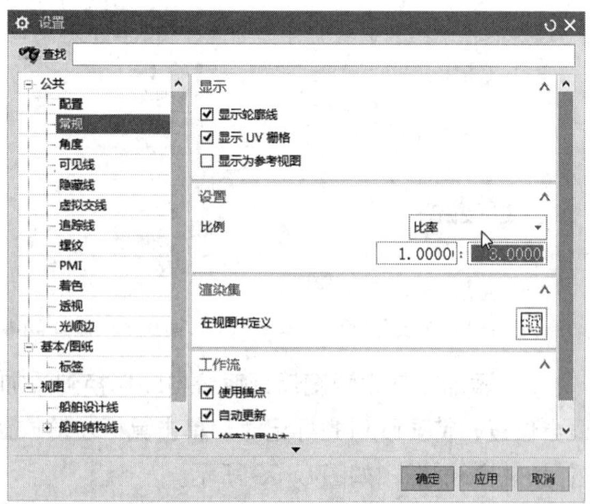

图 8-43　视图【设置】对话框

⑧ 鼠标左键单击定向视图边界，按住鼠标左键不放，拖动视图到制图区域右上方，释放鼠标左键，将定向视图移动到制图区域右上方适当位置，将右下方区域留给后面的文本注释和添加

标题栏，如图 8-45 所示。

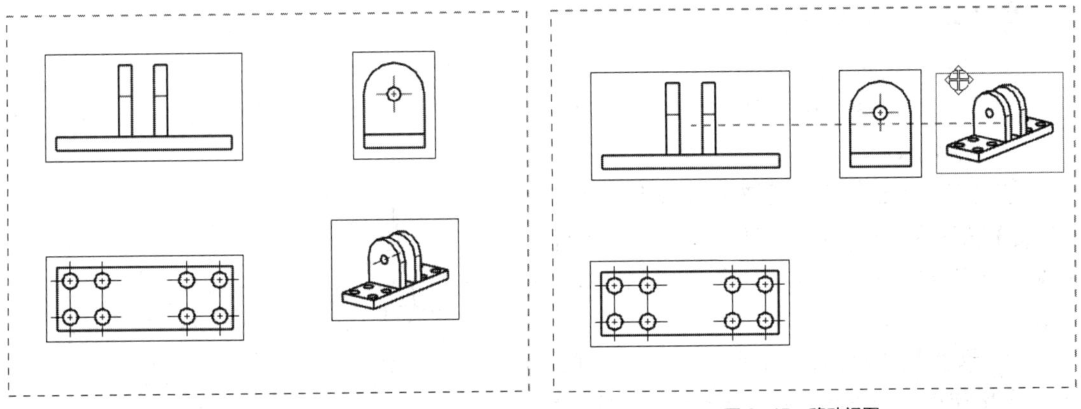

图 8-44　修改定向视图比例　　　　图 8-45　移动视图

8.2 创建局部放大视图

局部放大视图主要是为了显示在当前视图比例下尚无法清楚表达的细节部分。

8.2.1　知识准备

单击图 8-1 所示【图纸布局】工具栏中的【局部放大图】按钮，弹出图 8-46 所示的【局部放大图】对话框。

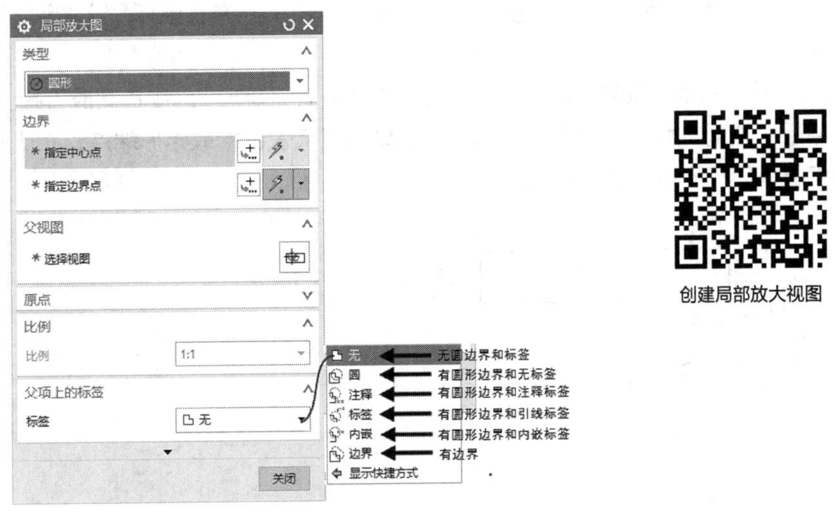

图 8-46 【局部放大图】对话框

其中常用选项的含义及用法如下。

- 【比例】：选择局部放大视图的比例，该比例仍然是相对模型的比例，而不是相对父视图的比例。
- 【类型】：指定用圆形边界或矩形边界来创建放大视图。根据国标，选用圆形边界为放大视图的边界。

- 【父项上的标签】：指定父视图标签样式，只对圆形标签有效。

8.2.2 操作过程

本例将创建轴的局部放大视图，设计结果如图 8-47 所示。

① 进入 UG NX 10.0 环境，打开素材文件：“第 8 章 / 素材 /8.2.prt”。

② 在功能区【应用模块】选项卡中单击【制图】按钮，进入制图工作环境。在文件中所创建图纸和视图的基础上进行创建局部放大视图。

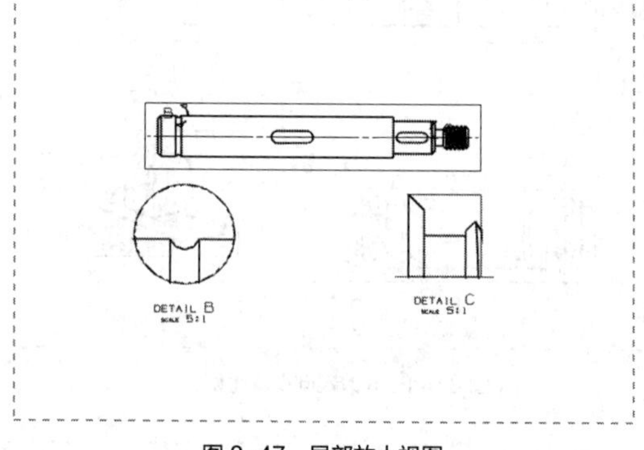

图 8-47 局部放大视图

③ 单击【图纸布局】工具栏中的【局部放大图】按钮，弹出图 8-46 所示的【局部放大图】对话框，默认边界类型为“圆”，设置【父项上的标签】为内嵌。在左侧沟槽上端中心位置处拾取圆心，移动鼠标光标到适当大小位置后单击鼠标左键拾取半径，如图 8-48 所示。

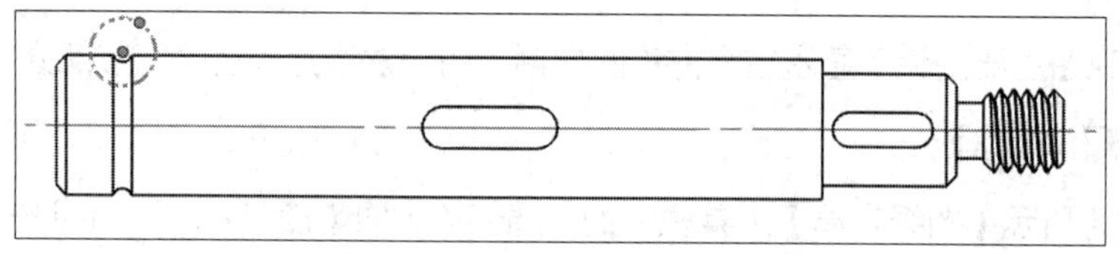
图 8-48 拾取边界半径

④ 设置比例为“5:1”，移动鼠标光标到适当位置，单击鼠标左键放置局部放大视图，如图 8-49 所示。

⑤ 按照同样的创建方法，设置边界类型为“矩形”，在右侧退刀槽上端中心位置拾取矩形中心，拖动鼠标光标到适当大小位置后单击鼠标左键拾取矩形端点，将比例定义为“5:1”，创建图 8-50 所示的局部放大视图。

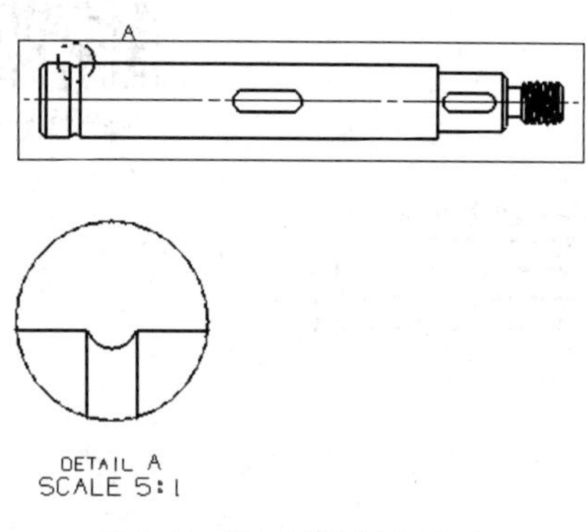

图 8-49 创建局部放大视图（1）

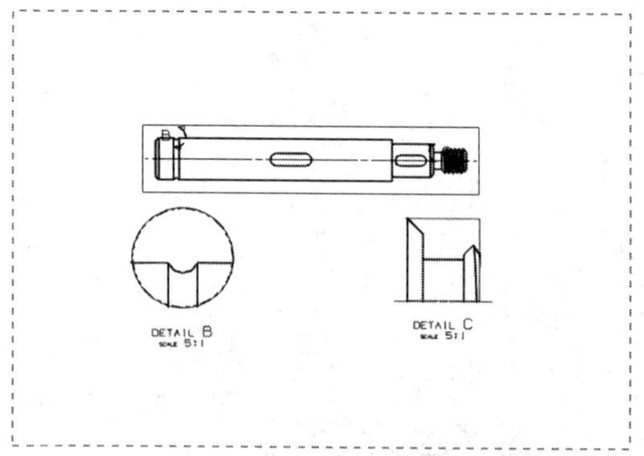

图 8-50 创建局部放大视图（2）

8.3 创建剖视图

剖视图是常用的部件表达方法，它是在现有视图的基础上创建的。

8.3.1　知识准备

剖视图主要用来表达零件的内部结构形状，利用该命令可以创建物体的剖视图和阶梯剖视图。

在功能区【主页】选项卡的【视图】面板中单击【剖视图】按钮，系统弹出【剖视图】对话框，在【截面线】选项组的【定义】下拉列表框中选择“动态”选项或“选择现有的”选项，当选择“动态”选项时，允许指定动态截面线。

此时从【方法】下拉列表框选择“简单剖 / 阶梯剖”“半剖”“旋转”或“点到点”以开始创建指定方法类型得剖视图，此时【剖视图】对话框如图 8-51 所示；当选择“选择现有的”选项时，【剖视图】对话框如图 8-52 所示；此时选择用于剖视图的独立截面线，指定原点即可创建所需的剖视图。

对于动态截面线的情形，如果需要修改默认的截面线性（即剖切线样式），则可以在【设置】选项卡中单击按钮，系统弹出图 8-53 所示的【设置】对话框。利用该对话框定制满足当前设计要求的截面线样式和视图标签。

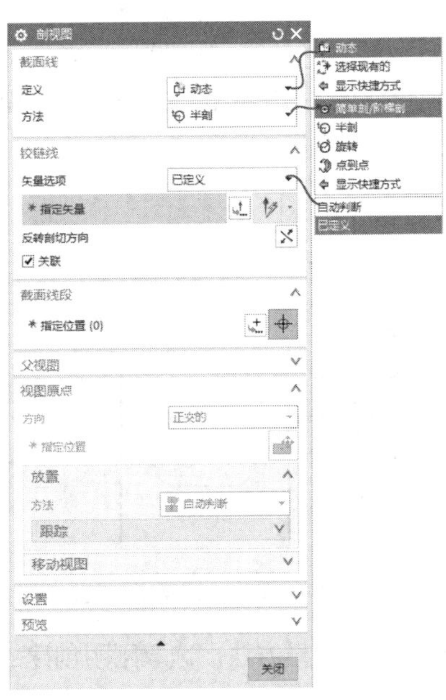

图 8-51　【剖视图】对话框（1）

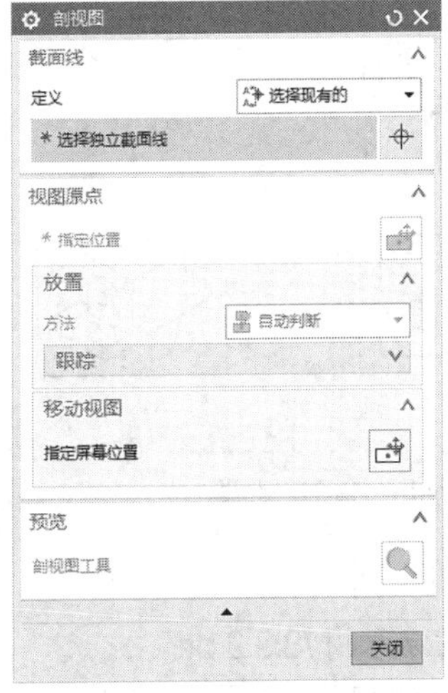

图 8-52　【剖视图】对话框（2）

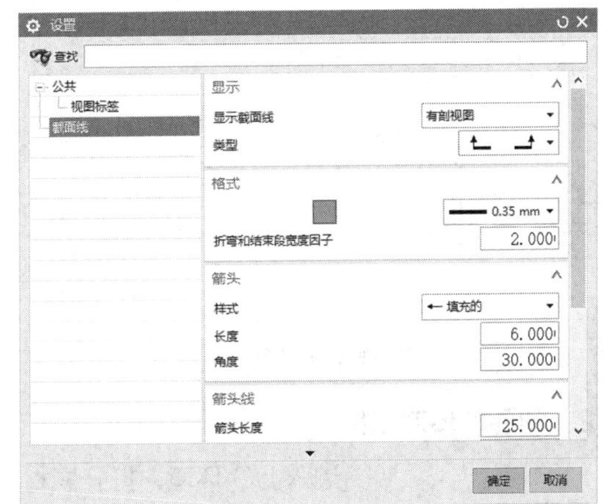

图 8-53　【设置】对话框

8.3.2　操作过程

下面通过一组实例来介绍全剖视图、半剖视图等各类剖视图的创建方法。

1. 创建全剖视图

进入 UG NX 10.0 环境，打开素材文件：“第 8 章 / 素材 /8.3.1.prt”。

在功能区【应用模块】选项卡中单击【制图】按钮，进入制图工作环境。在文件中所创建图纸和视图的基础上创建全剖视图。

创建剖视图－全剖视图

在功能区【主页】选项卡的【视图】面板中单击【剖视图】按钮，系统弹出【剖视图】对话框，在【截面线】选项组中的【方法】下拉列表框选择“简单剖 / 阶梯剖”，选择父视图后进入【剖视图】对话框，拾取中心槽右端位置处的圆心作为剖切位置，如图 8-54 所示。

单击按钮使剖切线显示方向反向，以使剖切线符合国标，移动鼠标光标到父视图上方适当位置，待出现对齐标记后，单击鼠标左键来放置剖视图，如图 8-55 所示，创建的剖视图如图 8-56 所示。

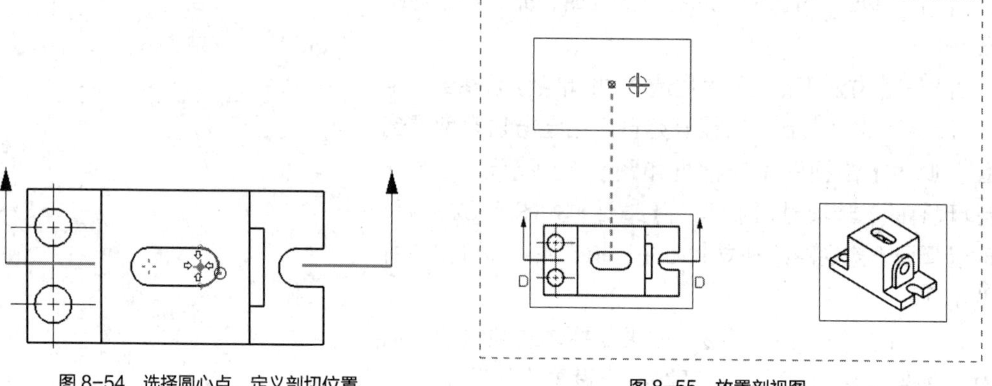

图 8-54　选择圆心点、定义剖切位置

图 8-55　放置剖视图

利用同样方法，选取刚刚创建的剖视图为父视图，创建图 8-57 所示的剖视图。

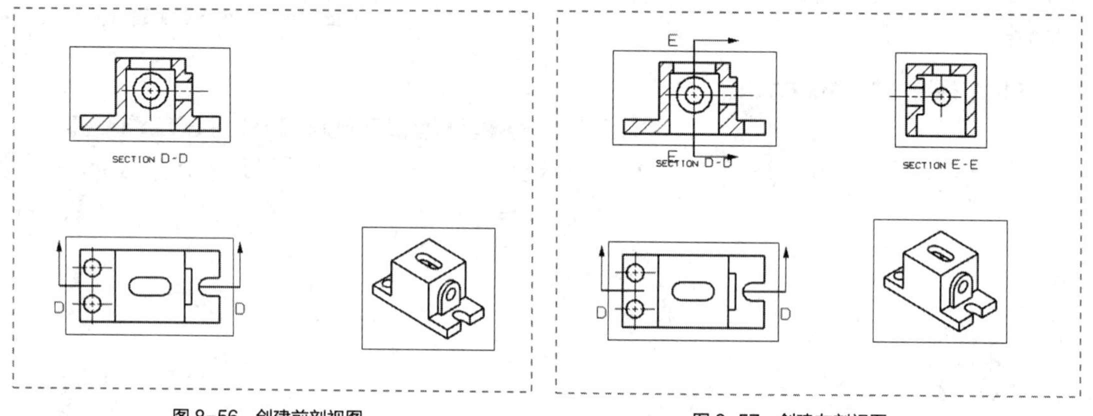

图 8-56　创建前剖视图

图 8-57　创建左剖视图

2. 创建阶梯剖视图

创建剖视图－阶梯剖视图

① 进入 UG 环境，打开素材文件：“第 8 章 / 素材 /8.3.2.prt”。

② 在功能区【应用模块】选项卡中单击【制图】按钮，进入制图工作环境。在文件中所创建图纸和视图的基础上进行创建阶梯剖视图。

③ 在功能区【主页】选项卡的【视图】面板中单击【剖视图】按钮，系统弹出【剖视图】对话框，在【截面线】选项组中的【方法】下拉列表框选择“简单剖 / 阶梯剖”，选择父视图后进入【剖视图】对话框，拾取左边圆的圆心作为剖切位置 1，如图 8-58 所示。

④ 单击按钮使剖切线显示方向反向，以使剖切线符合国标，单击鼠标右键在弹出的快捷菜单中选择【截面线段】选项：选择中间圆的圆心为剖切位置 2，单击鼠标来进行选定，如图 8-59 所示。按照此方法，定义剖切位置 3 和 4，如图 8-60 与图 8-61 所示。

⑤ 单击鼠标中键完成剖切位置的添加。移动鼠标光标到父视图上方适当位置使其出现对齐标记后，单击鼠标左键来放置阶梯剖视图，创建的阶梯剖视图如图 8–62 所示。

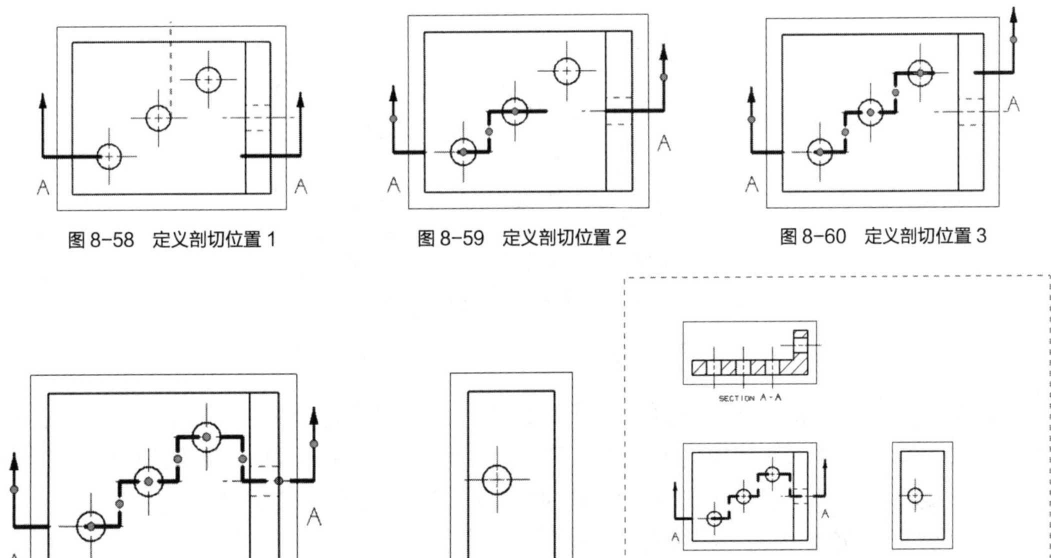

图 8–58　定义剖切位置 1　图 8–59　定义剖切位置 2　图 8–60　定义剖切位置 3

图 8–61　定义剖切位置 4　图 8–62　创建阶梯剖视图

3. 创建半剖视图

① 进入 UG NX 10.0 环境，打开素材文件：“第 8 章 / 素材 /8.3.3.prt”。

创建剖视图－半剖视图

② 在功能区【应用模块】选项卡中单击【制图】按钮，进入制图工作环境。在文件中所创建图纸和视图的基础上进行创建半剖视图。

③ 在功能区【主页】选项卡的【视图】面板中单击【剖视图】按钮，系统弹出【剖视图】对话框，在【截面线】选项组中的【方法】下拉列表框选择“半剖”，选择父视图后进入【半剖视图】对话框，拾取左边缘中点作为剖切位置 1，如图 8–63 所示，再拾取中心圆的圆心作为剖切位置 2，如图 8–64 所示。

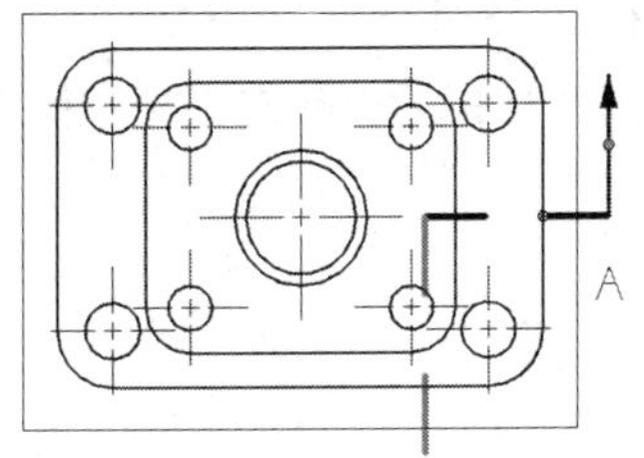

图 8–63　定义剖切位置 1

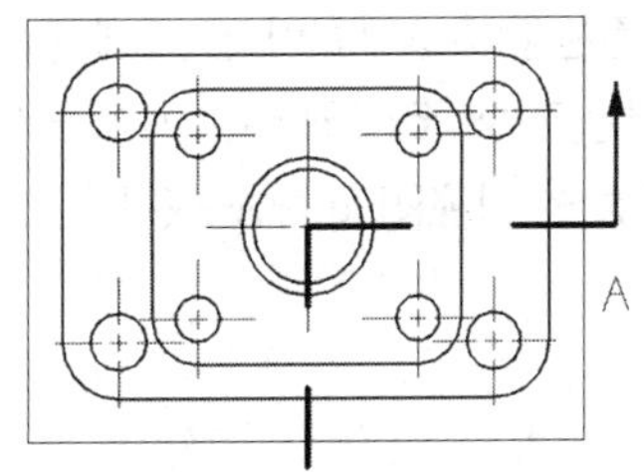

图 8–64　定义剖切位置 2

④ 单击按钮使剖切线显示方向反向，以使剖切线符合国标，移动鼠标光标到父视图上方适当位置，待出现对齐标记后，单击鼠标左键来放置半剖视图，创建的半剖视图如图 8–65 所示。

创建剖视图－旋转剖视图

4. 创建旋转剖视图

① 进入 UG NX 10.0 环境，打开素材文件：“第 8 章 / 素材 /8.3.4.prt”。

② 在功能区【应用模块】选项卡中单击【制图】按钮，进入制图工作环

境。在文件中所创建图纸和视图的基础上进行创建半剖视图。

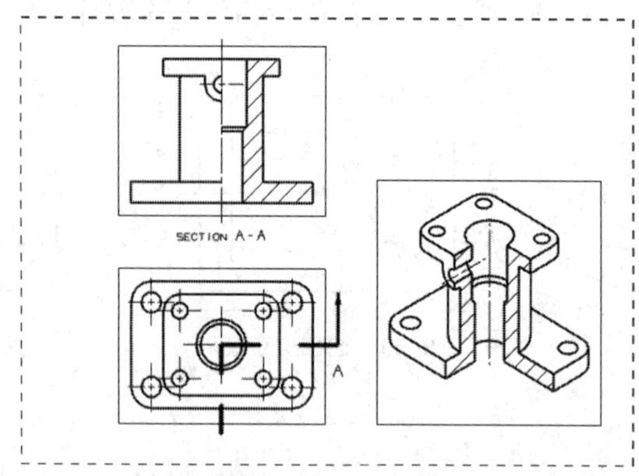

图 8-65　创建半剖视图

③ 在功能区【主页】选项卡的【视图】面板中单击【剖视图】按钮，系统弹出【剖视图】对话框，在【截面线】选项组中的【方法】下拉列表框选择“旋转”，选择父视图后进入【旋转剖视图】对话框。单击按钮使剖切线显示方向反向，以使剖切线符合国标。

④ 拾取中间圆心作为剖切旋转点，如图 8-66 所示。

⑤ 拾取左侧圆的圆心作为剖切位置 1，如图 8-67 所示。

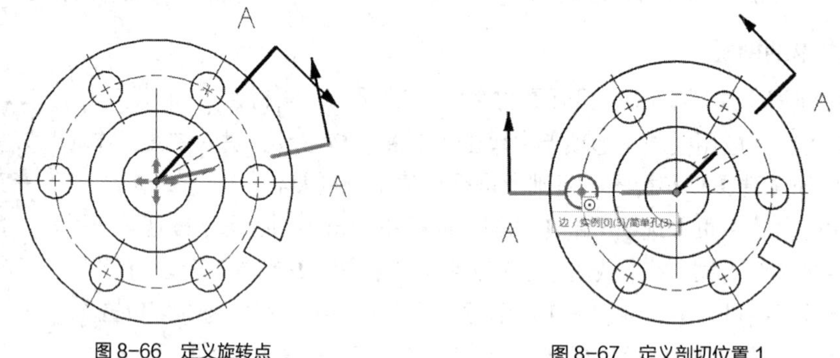

图 8-66　定义旋转点　　图 8-67　定义剖切位置 1

⑥ 拾取圆柱侧面圆孔的中心为剖切位置 2，如图 8-68 所示。

⑦ 移动鼠标光标到父视图上方适当位置，待出现对齐标记后，单击鼠标左键来放置旋转剖视图，创建的旋转剖视图如图 8-69 所示。

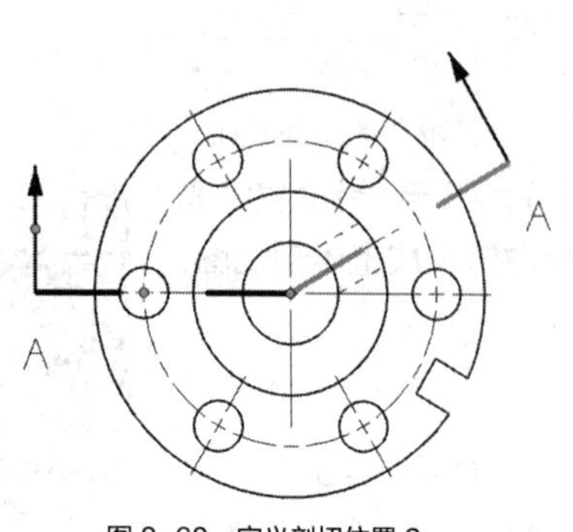

图 8-68　定义剖切位置 2

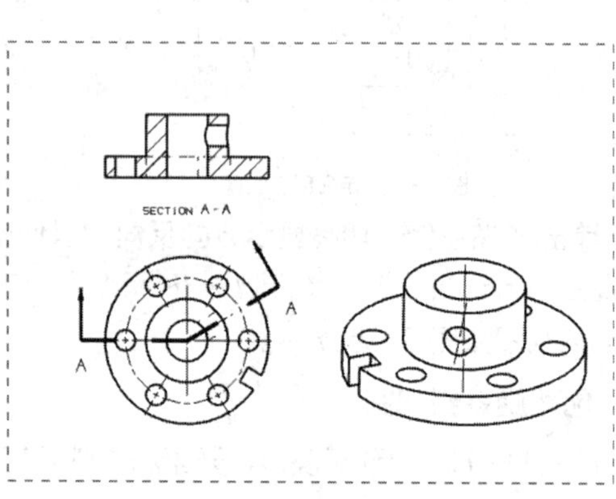

图 8-69　创建旋转剖视图

5. 创建局部剖视图

创建剖视图－局部剖视图

① 进入 UG NX 10.0 环境，打开素材文件：“第 8 章 / 素材 /8.3.5.prt”。

② 在功能区【应用模块】选项卡中单击【制图】按钮，进入制图工作环境。在文件中所创建图纸和视图的基础上创建局部剖视图。基本视图和投影视图如图 8–70 所示。

③ 单击基本视图的视图边界，在弹出的右键快捷菜单中选择【展开】选项，进入模型空间。

④ 通过【定制】命令将相关的曲线功能调用出来，如单击 菜单(M) 按钮，执行菜单命令【工具】/【定制】，系统弹出【定制】对话框，在【命令】选项卡的【类别】列表框中选择【菜单】下的【插入】子类别，接着从【项】命令列表中选择【曲线】项并将它拖至所需的位置处，如图 8–71 所示，关闭【定制】对话框。

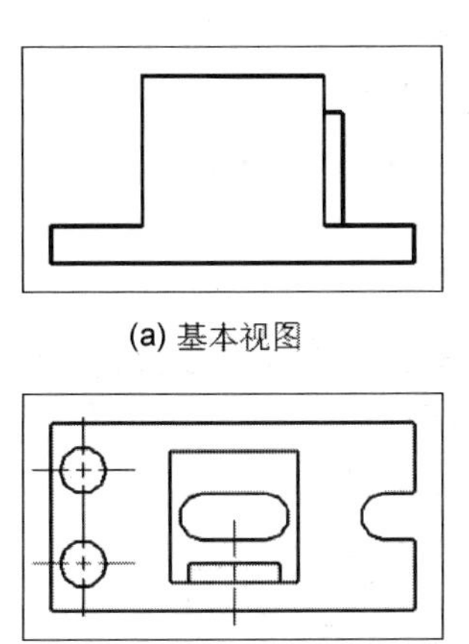

图 8–70　基本视图和投影视图

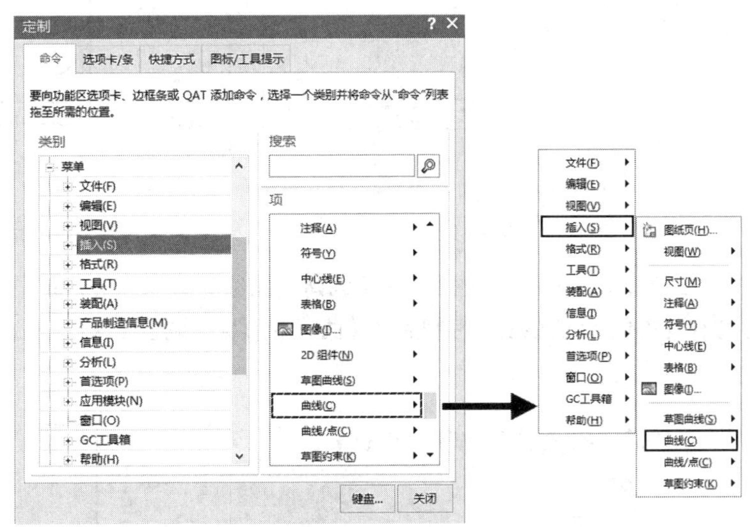

图 8–71　利用【定制】对话框添加【曲线】命令

⑤ 执行菜单命令【曲线】/【艺术样条】，在模型空间中创建图 8–72 所示边界曲线。再次单击基本视图的视图边界，在弹出的右键快捷菜单中选择【展开】选项，完成边界曲线的创建。

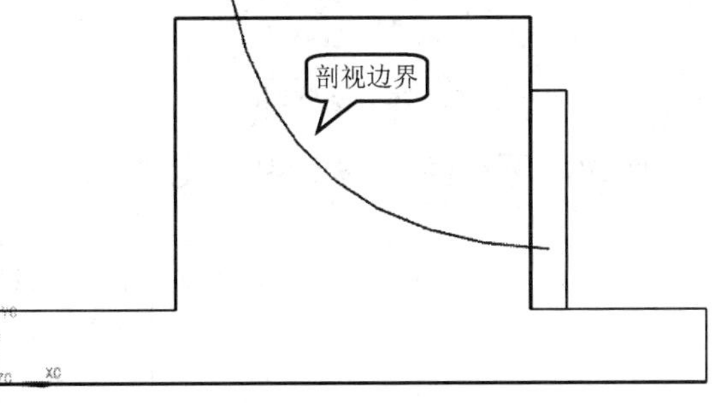

图 8–72　展开视图、创建边界曲线

⑥ 在功能区【主页】选项卡的【视图】面板中单击【局部剖视图】按钮，弹出【局部剖】对话框，如图 8–73 所示，选择基本视图为父视图，选择父视图后进入【指出基点】选项。

⑦ 在投影视图中，选择前后方向中心面上任意一点为拉伸开始的基准点，如选择顶面键槽半圆的圆心，如图 8–74 所示。

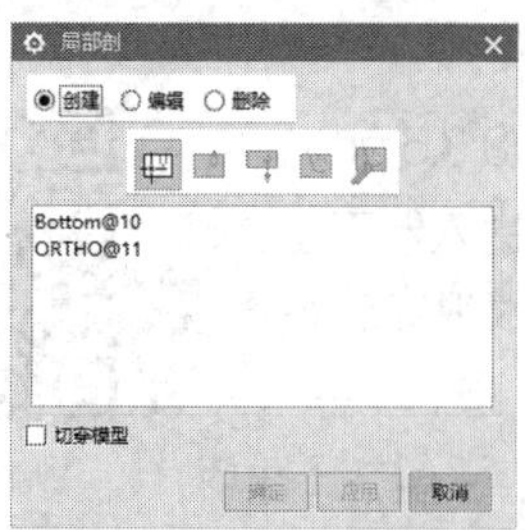

图 8-73　选择父视图

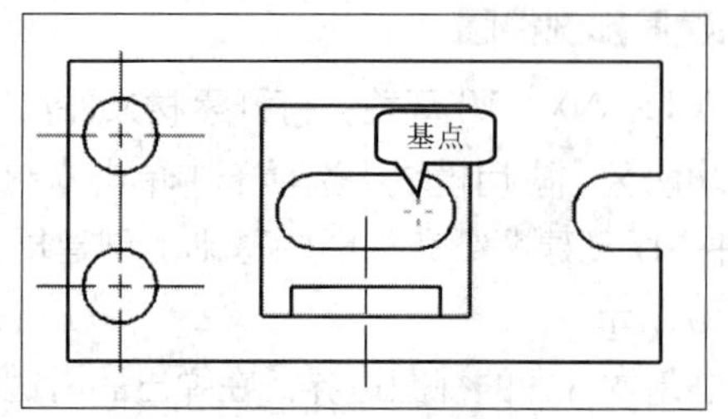

图 8-74　选择基点

⑧ 选择图 8-75 箭头所指的投影矢量 +zc，结果如图 8-76 所示。

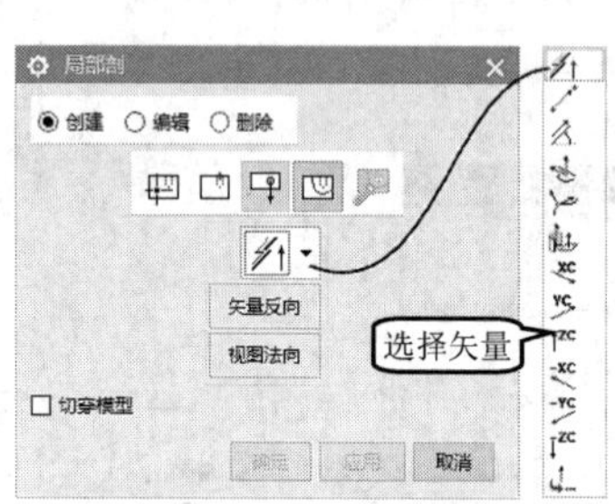

图 8-75　显示投影矢量

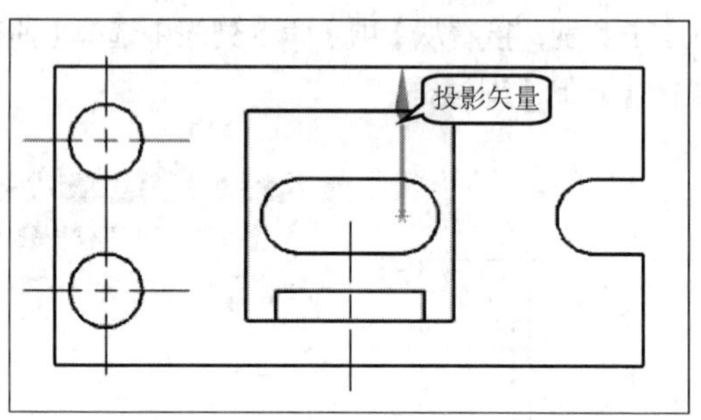

图 8-76　选择投影矢量

⑨ 在基本视图中，图 8-72 所创建的曲线为边界曲线，单击图 8-77 所示曲线工具，并使用鼠标左键拖动曲线上的控制点调整曲线的形状，调整结果如图 8-78 所示。

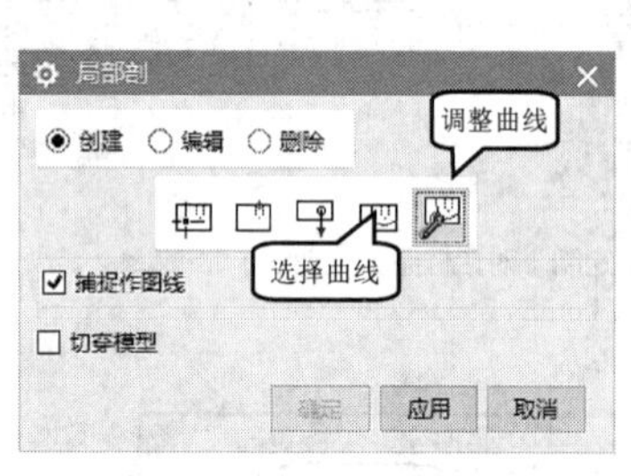

图 8-77　编辑剖视边界

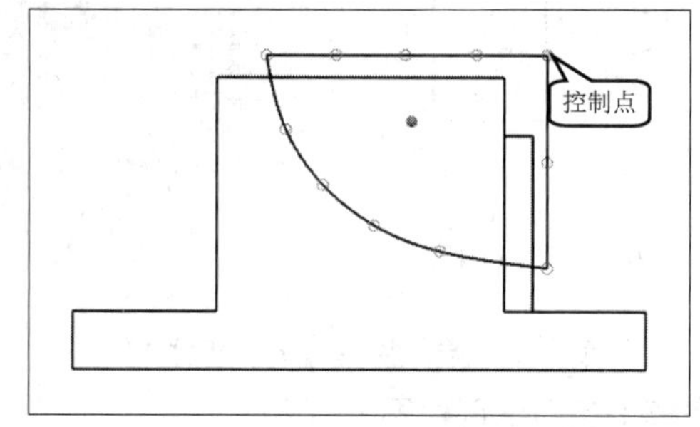

图 8-78　选择边界曲线并调整控制点

⑩ 单击 应用 按钮，创建图 8-79 所示的局部剖视图。

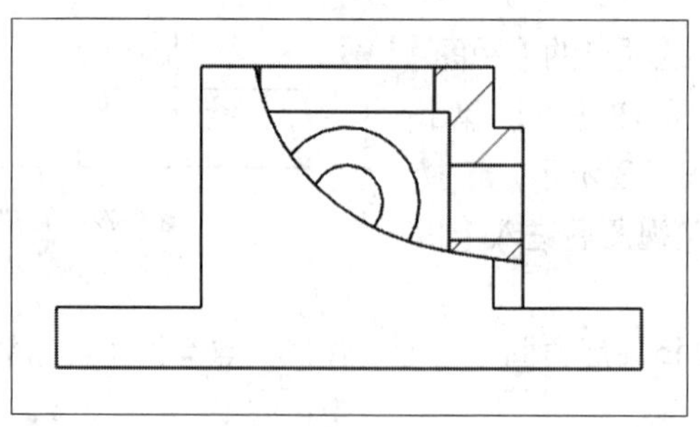

图 8-79　创建局部剖视图

6. 创建断开视图

创建剖视图 – 断开视图

① 进入 UG NX 10.0 环境，打开素材文件："第 8 章 / 素材 /8.3.6.prt"。

② 在功能区【应用模块】选项卡中单击【制图】按钮，进入制图工作环境，在文件中所创建图纸和视图的基础上进行创建断开视图。基本视图如图 8-80 所示。

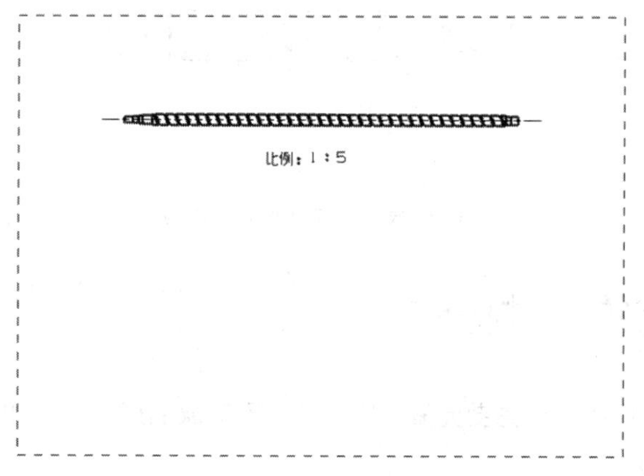

图 8-80 基本视图

③ 利用【复制 / 移动视图】命令来复制基本视图，并修改复制后的视图比例为"1 ： 1"，如图 8-81 所示。

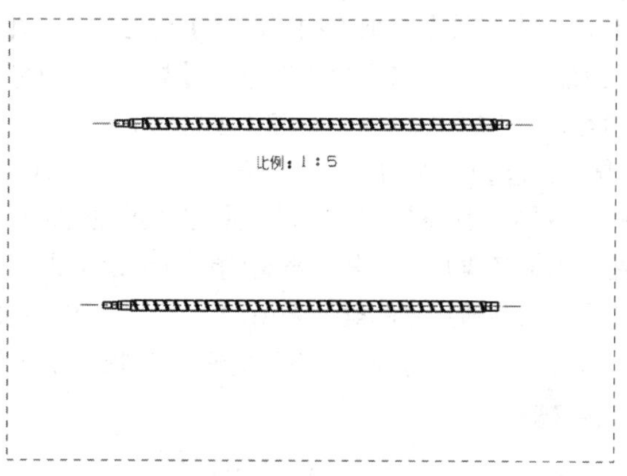

图 8-81 复制 / 移动视图

④ 单击【图纸布局】工具栏中的按钮，弹出【断开视图】对话框，选择步骤③中复制的视图为要断开的视图。

⑤ 添加断开区域，在【断开视图】对话框中的【设置】选项组中设置【间隙】为"10",【样式】为"实心杆断裂"，并拾取图 8-82 所示锚点。

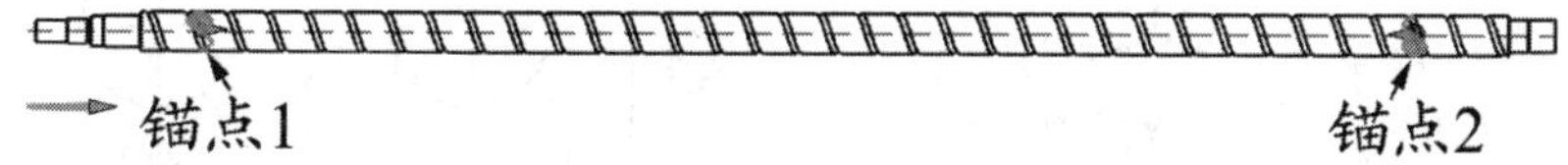

图 8-82 选择锚点

⑥ 设置完毕后，单击确定按钮完成断开视图的创建。双击断开视图的边界，在弹出的【设置】对话框中的【常规】选项卡中设置视图的比例为"1:1"，单击确定按钮完成设置，最终效果如图 8-83 所示。

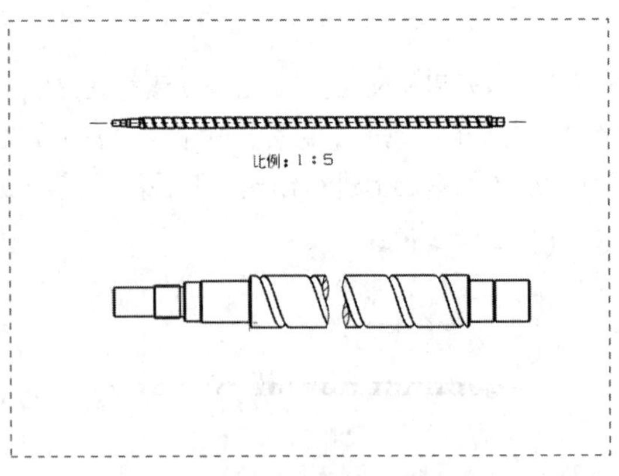

图 8-83　放大视图完成断开视图的创建

8.4 工程图上的尺寸标注

尺寸标注是工程制图的一个重要元素，它用于识别对象的形状大小和方位。

8.4.1　准备知识

工程图上的尺寸标注

在 UG NX 10.0【制图】应用模块的视图进行标注，其实就是引用对象关联的三维模型的真实尺寸。

在功能区【主页】选项卡的【尺寸】界面提供了【快速】按钮、【线性】按钮、【径向】按钮、【角度】按钮、【导斜角】按钮、【厚度】按钮、【弧长】按钮、【周长尺寸】按钮和【纵坐标】按钮。

单击【快速】按钮，弹出图 8-84 所示的【快速尺寸】对话框，通过此对话框可以以“自动判断”“水平”“竖直”“点到点”“垂直”“圆柱坐标系”“斜角”“径向”和“直径”这些测量方法来创建所需的各类尺寸，其通常将测量方法设置为“自动判断”，这样便可以根据选定对象和光标的位置自动判断尺寸的类型来创建尺寸。创建结果如图 8-85 所示。其他的标注方法大致与【快速】相同，所以我们将通过下面的例子来讲述它们的使用方法。

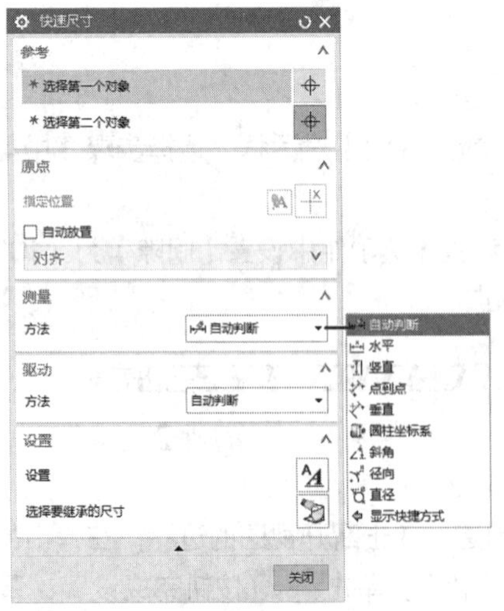

图 8-84 【快速尺寸】对话框

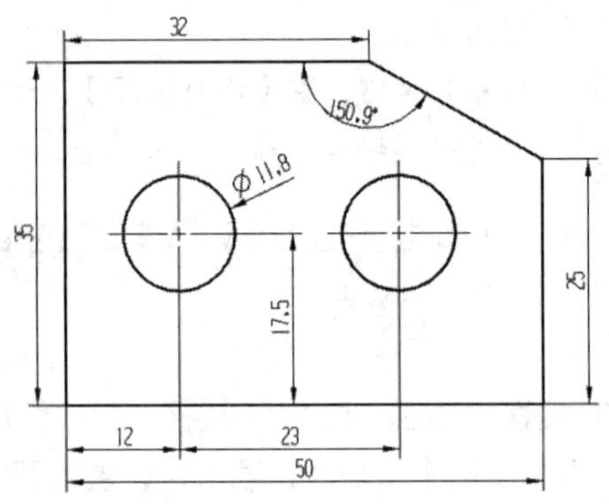

图 8-85 “自动判断”标注尺寸

8.4.2　操作过程

本例将对图 8-86 所示盘类零件进行尺寸标注，帮助读者掌握尺寸标注的操作要领。

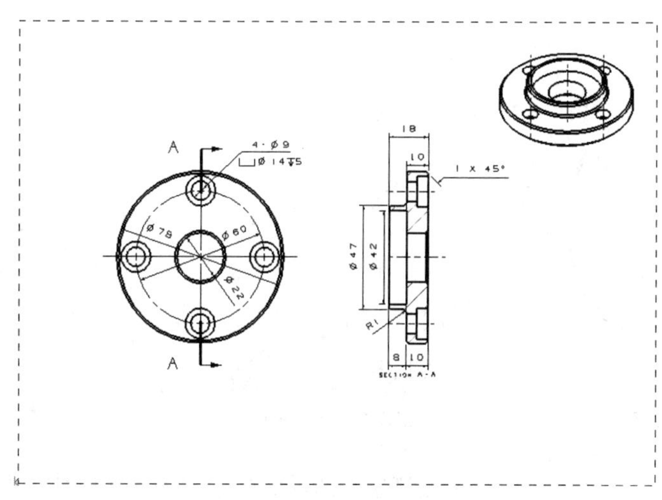

图 8-86　尺寸标注

① 进入 UG NX 10.0 环境，打开素材文件："第 8 章 / 素材 /8.4.1.prt"。

② 在功能区【应用模块】选项卡中单击按钮，进入制图工作环境，在所建立的图纸的基础上进行相关尺寸标注操作。原图纸中的视图如图 8-87 所示。

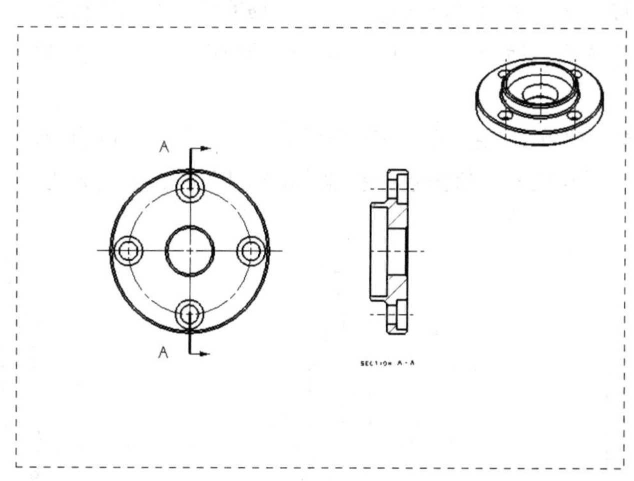

图 8-87　要进行尺寸标注的原视图

③ 单击按钮，在弹出的【快速尺寸】对话框中选择【测量】选项组中【方法】下拉列表中的"直径"选项，对法兰盖外径、均布沉头孔的阵列直径及中心孔直径进行尺寸标注：分别选择各个圆，移动鼠标光标到适当位置，单击鼠标左键放置标注尺寸，如图 8-88 所示。

④ 在【快速尺寸】对话框中选择【测量】选项组中【方法】下拉列表中的"直径"选项，对沉头孔内径进行标注：选择沉头孔内圆，移动鼠标光标到适当位置，单击鼠标左键放置标注尺寸。标注时，在弹出的【孔尺寸】对话框中，在设置选项组中单击按钮，系统弹出【设置】对话框，设置【文本】文本方向和位置分别为"水平文本"和"文本在短划线上"，单击确定完成

设置，双击标注好的孔直径，系统弹出图 8-89 所示浮动对话框，单击对话框中的A按钮，系统弹出【附加文本】对话框，在【文本输入】文本框中输入“4-”，来对孔径尺寸进行编辑，创建的沉头孔直径尺寸标注如图 8-90 所示。

图 8-88　创建直径尺寸　　图 8-89　尺寸编辑　　图 8-90　创建孔尺寸

⑤ 在【快速尺寸】对话框中选择【测量】选项组中【方法】下拉列表中的“圆柱坐标系”选项，在剖视图上对法兰盖突起内外径进行圆柱尺寸标注：先选择内圆柱的上下两个边缘，进行内圆柱直径尺寸标注；再选择外圆柱的上下两个边缘，进行外圆柱直径尺寸的标注，如图 8-91 所示。

⑥ 在【快速尺寸】对话框中选择【测量】选项组中【方法】下拉列表中的“水平”选项，在剖视图上对法兰盖厚度进行水平基线尺寸标注：选择法兰盖右边缘为基线，依次选取法兰盖左边缘、法兰盖突起左边缘为基线尺寸的其他对象，移动鼠标光标到适当位置，单击鼠标左键放置标注尺寸，如图 8-92 所示。

⑦ 在【尺寸】面板中单击按钮，在剖视图上对法兰盖上的倒斜角进行尺寸标注：选择倒斜角，移动鼠标光标到适当位置，单击鼠标左键放置标注尺寸，如图 8-93 所示。

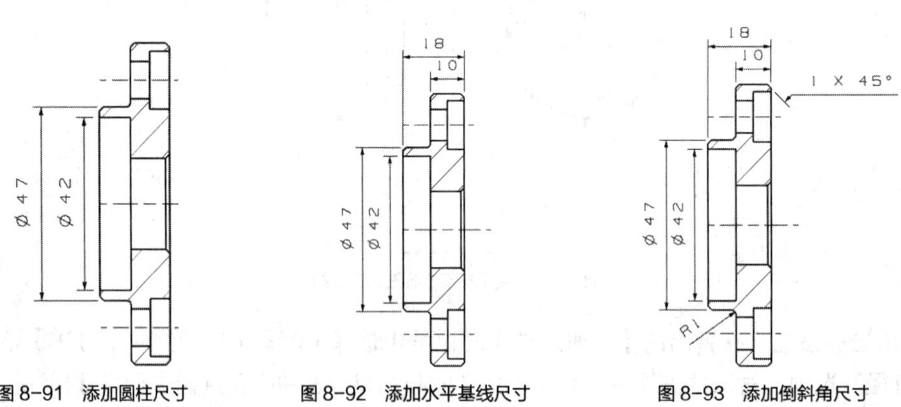

图 8-91　添加圆柱尺寸　　图 8-92　添加水平基线尺寸　　图 8-93　添加倒斜角尺寸

⑧ 在【快速尺寸】对话框中选择【测量】选项组中【方法】下拉列表中的“径向”选项，在剖视图上对法兰盖上的倒圆角进行半径标注：选择倒圆角圆弧，移动鼠标光标到适当位置，单击鼠标左键放置标注尺寸，如图 8-93 所示。

⑨ 添加尺寸标注后的工程图如图 8-94 所示。另存文件以备用。

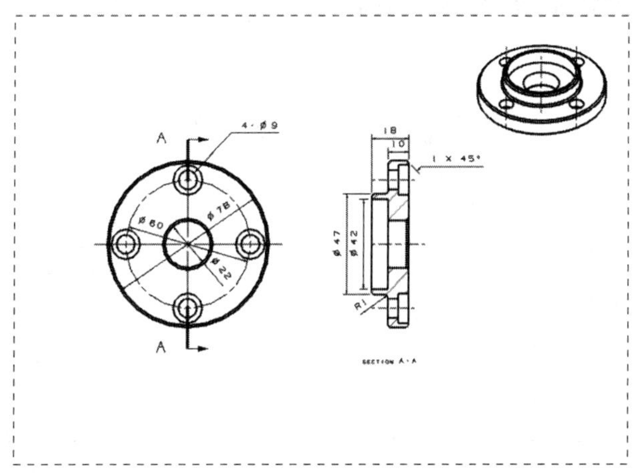

图 8-94　添加完尺寸标注后的图纸

8.4.3　知识拓展

1. 标注文本注释

文本注释是工程制图非常重要的内容，是构成图纸的重要组成部分。利用该命令可以创建和编辑文本、制图符号和几何公差符号等。

下面以一个简单的实例来介绍文本注释标注的应用。

① 打开素材文件：“第 8 章 / 素材 /8.4.2.prt”。

② 单击【注释】工具栏中的【注释】按钮A，弹出【注释】对话框，先单击⊔，再单击ø，利用键盘输入“14”，再单击↧，利用键盘输入“5”，如图 8-95 所示，移动鼠标光标将文本放置到孔尺寸标注下方适当位置，如图 8-96 所示。

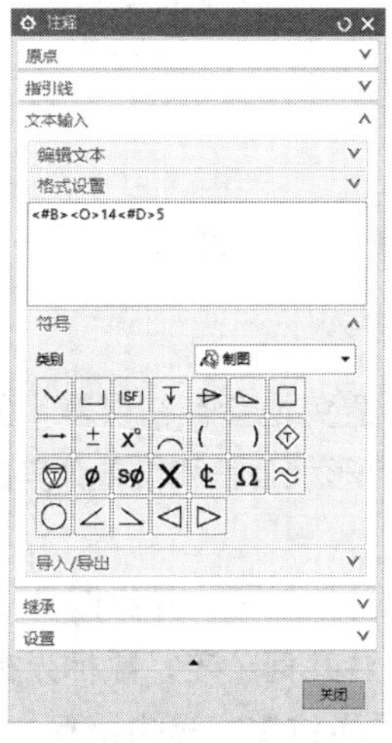

图 8-95 【注释】对话框

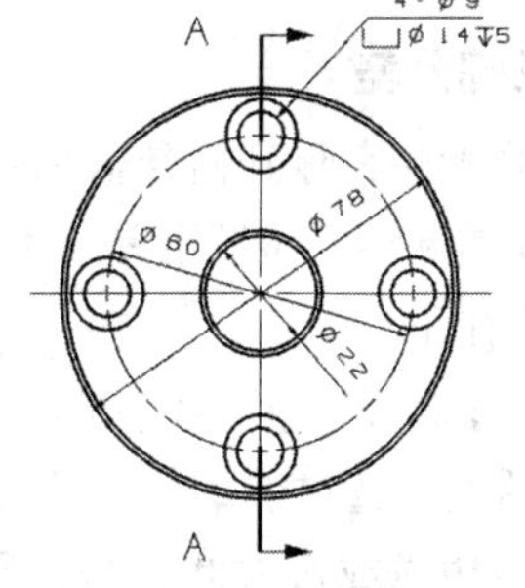

图 8-96　添加文本

③ 双击“ϕ47”尺寸，在弹出的【编辑尺寸】对话框中，单击按钮，系统弹出【设置】对话框。选择如图 8-97 所示命令，在【公差】下面两个文本框中分别输入“0”“-0.016”，如图 8-98 所示，单击 关闭 按钮完成创建尺寸公差，如图 8-99 所示。

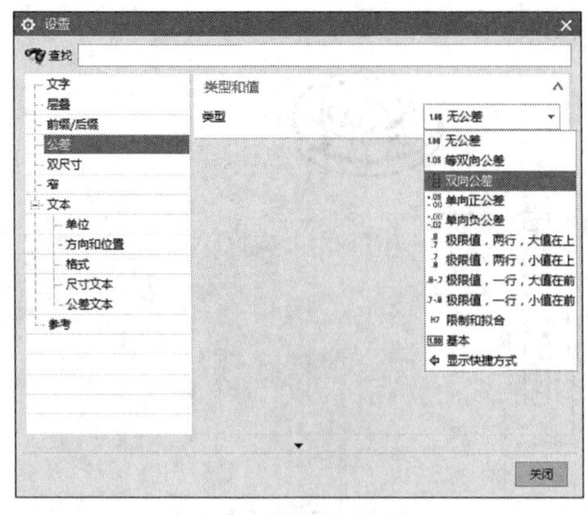

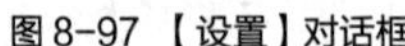
图 8-97 【设置】对话框

图 8-98 设置公差

④ 单击【注释】工具栏中的【注释】按钮A，在弹出的【注释】对话框中，输入“技术要求”等字样，移动鼠标光标将文本至制图区域适当位置，单击鼠标左键放置注释文本，如图 8-100 所示。

⑤ 另存文件以备用。

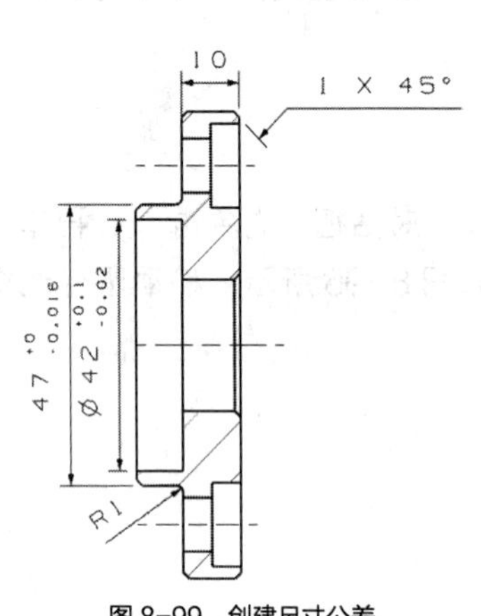

图 8-99 创建尺寸公差

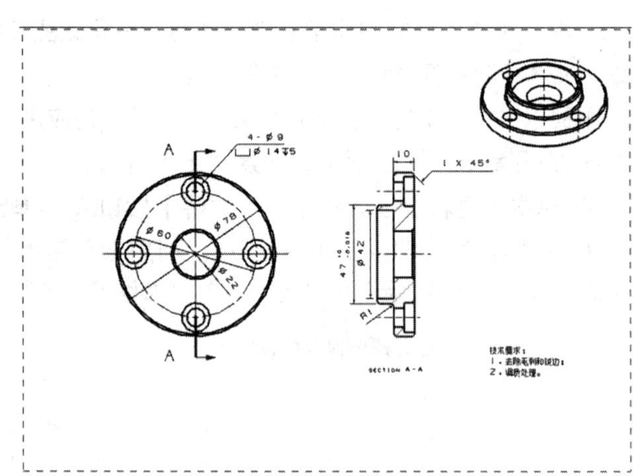

图 8-100 创建文本注释

2. 标注几何公差

加工完成的零件实际几何参数相对理想几何参数不可避免地会存在误差。误差包括尺寸误差、表面形状误差和相互位置误差。本小节将主要介绍几何形状公差和位置公差的标注知识，创建几何公差过程如下。

单击【主页】选项卡【注释】工具栏中的【特征控制框】按钮，弹出图 8-101 所示的【特征控制框】对话框，通过选取各个下拉列表中的选项来创建几何公差，鼠标光标变为图 8-102 所示，选择基准边缘或尺寸线，按住鼠标左键拖动移到适当位置，单击鼠标左键来放置公差，如图 8-103 所示。

3. 标注表面粗糙度

表面粗糙度是机械零件图纸上重要的参数指标，它对于加工工艺的指定、零件精度、加工成本等都起到非常重要的作用。本小节将介绍表面粗糙度的添加。

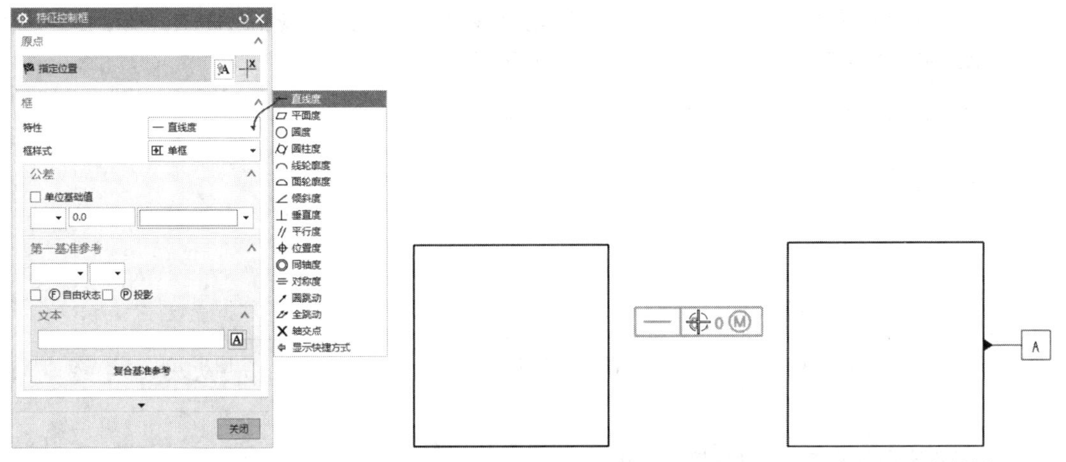

图 8-101 【特征控制框】对话框　　图 8-102　鼠标光标　　图 8-103　创建基准

表面粗糙度符号的创建步骤如下。

① 单击【主页】选项卡【注释】工具栏中的【表面粗糙度】按钮，系统弹出【表面粗糙度】对话框。

② 选择所需要的粗糙度符号类型，输入或选择符号文本参数，设置参数单位（微米或粗糙度等级）和符号文本大小（一般为 3.5）。

③ 如果在点上创建（非相关的），设置符号方向。如果创建有指引线的（非相关的），选择指引线类型。如果创建相关的，选择一个相关的符号创建方式。

④ 选择要相关的边缘或尺寸延伸线。

⑤ 指定粗糙度符号的位置，鼠标光标点决定了符号在边缘或尺寸延伸线的哪一端。粗糙度符号定位在鼠标光标点垂直于边缘或尺寸延长线的垂足上。

图 8-104 所示为在剖视图上添加粗糙度符号。

图 8-105 所示为对粗糙度符号的编辑：首先打开【表面粗糙度】对话框，接着选择要编辑的表面粗糙度符号，选择要更改的符号类型，最后单击 应用 按钮。

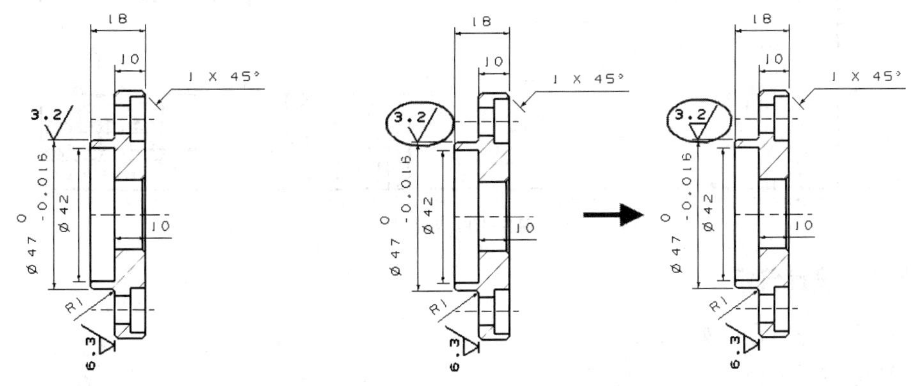

图 8-104　创建表面粗糙度符号　　图 8-105　编辑表面粗糙度符号

4. 标注基准特征符号

基准特征符号用来指定几何公差等的基准。单击【主页】选项卡【注释】工具栏中的按钮，系统弹出图 8-106 所示【基准特征符号】对话框，并出现【基准字母】文本框，用来输入基准字母文本。鼠标光标变为图 8-107 所示，选择基准边缘或尺寸线，按住鼠标左键拖动移到适当位置，单击鼠标左键来放置基准。结果如图 8-108 所示。

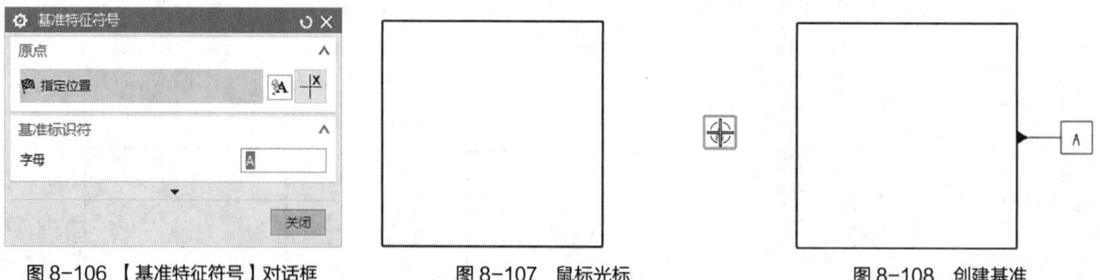

图 8-106 【基准特征符号】对话框　　图 8-107　鼠标光标　　图 8-108　创建基准

8.5 工程图综合训练

本节通过一个工程图案例来回顾一下前面所学的知识，介绍创建图 8-109 所示工程图的设计方法。

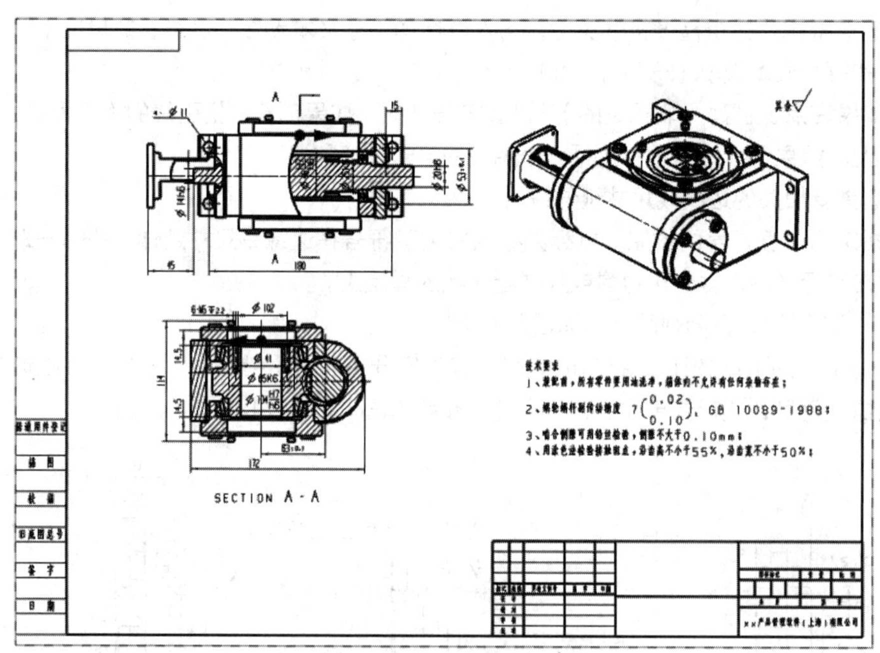

图 8-109　工程图

8.5.1 设计分析

本例的基本设计思路如下。

① 创建图样。

② 转换视图。

③ 创建各剖视图。

④ 尺寸标注。

⑤ 文本编辑及填写明细表。

8.5.2　操作过程

前面几节介绍了工程制图基本内容，下面以一个完整的实例，将以上各节内容综合起来，做一个总结和应用。

工程图综合训练 1

① 进入 UG NX 10.0 环境后，打开素材文件："第 8 章 / 素材 /8.5.2/ WLWGL.assembly.prt"。

② 在功能区【应用模块】选项卡中单击【制图】按钮，进入制图工作环境。

③ 单击按钮，在弹出的【图纸页】对话框中，设置图幅为"A3"，比例为"1 ∶ 2"，其他为默认设置，创建新的图纸页。

④ 在弹出的【视图创建向导】对话框中单击 取消 按钮，不添加任何模型作基础视图。

⑤ 在【制图工具 -GC 工具箱】中单击按钮替换模板，系统弹出图 8-110 所示【工程图模板替换】对话框，选择替换的模板为"A3 -"，最终效果如图 8-111 所示。

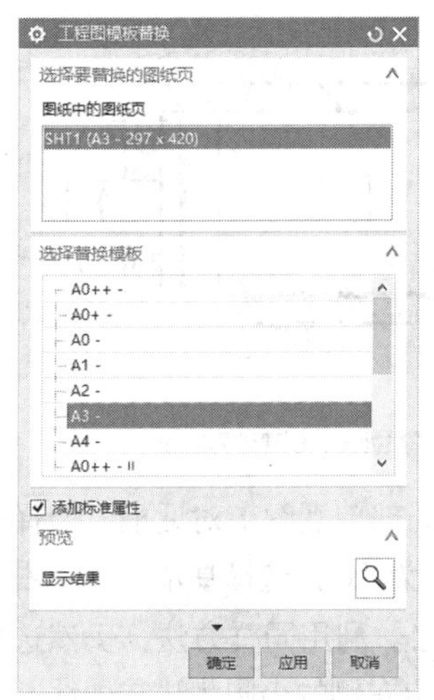

图 8-110　替换模板

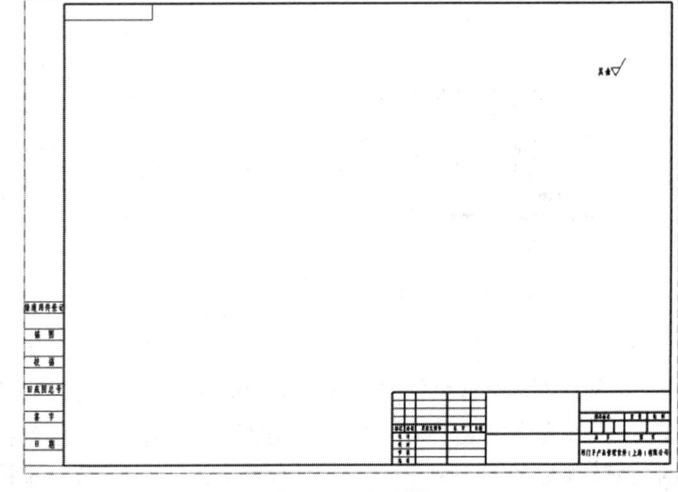

图 8-111　新的模板

⑥ 单击【图纸布局】工具栏中的按钮，在【视图】下拉列表中选择"前视图"，放置视图至制图区域适当位置，如图 8-112 所示。

⑦ 单击【图纸布局】工具栏中的按钮，弹出【剖视图】对话框，选择步骤⑥中创建的基本视图为父视图，进入【剖视图】对话框，拾取上端盖中点作为剖切位置，创建全剖视图，如图 8-113 所示。

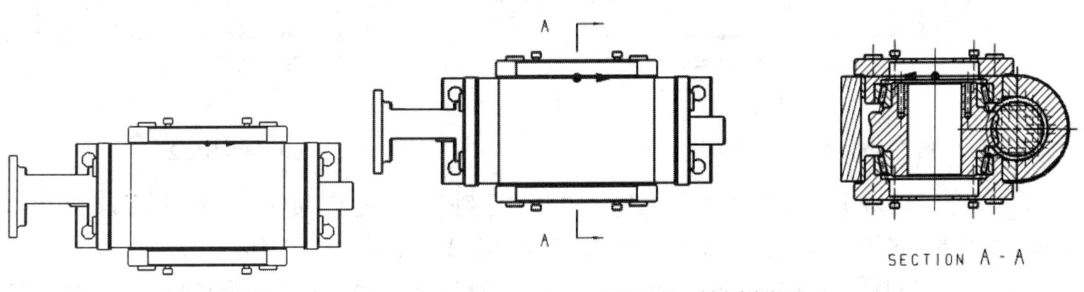

图 8-112　添加基本视图

图 8-113　创建全剖视图

⑧ 鼠标左键单击步骤⑦创建的全剖视图的视图边界不放，拖动全剖视图至基本视图下方，待出现对齐标记时，释放鼠标左键，将全剖视图移动到基本视图正下方，如图 8-114 所示。

⑨ 鼠标右键单击基本视图的视图边界，在弹出的快捷菜单中，选择【展开】选项，进入模型空间，利用【基本曲线】中的【圆】命令，在模型空间中创建图 8-115 所示两个圆（大致选取圆心位置和拾取半径）。再次鼠标右键单击基本视图的视图边界，选择【扩大】选项，完成边界曲线的创建。

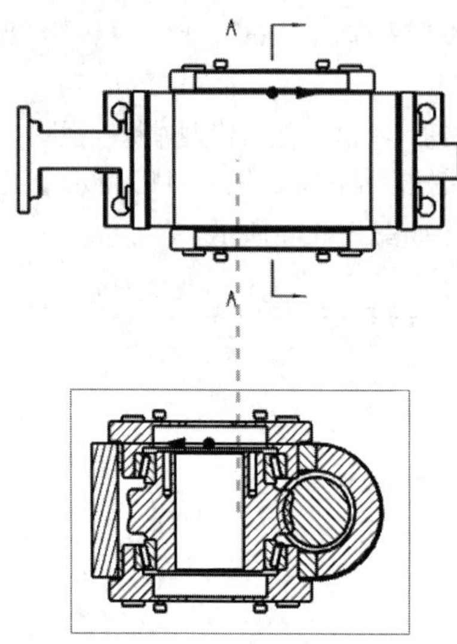

图 8-114　移动视图

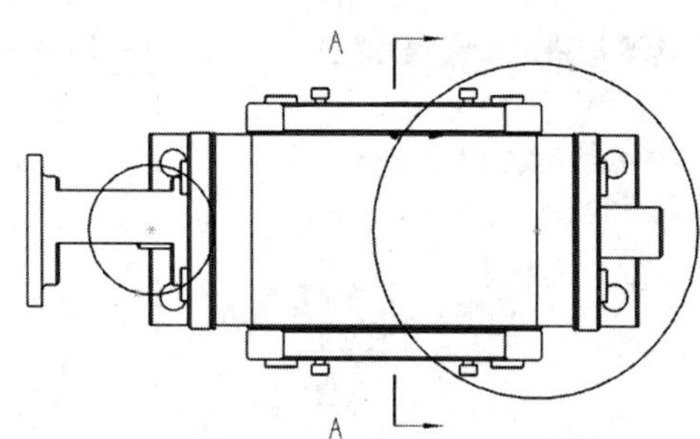

图 8-115　扩展成员视图、创建边界曲线

⑩ 单击【视图】工具栏中的【局部剖视图】按钮，弹出【局部剖视图】对话框，选择基本视图为父视图，选择全剖视图右侧圆的圆心为基点，【拉伸矢量】为 ZC，选择基本视图中右侧大圆为边界曲线，单击 应用 按钮，创建图 8-116 所示局部剖视图 1。利用同样方法，仍然选择全剖视图右侧圆的圆心为基点，【拉伸矢量】为 ZC，选择基本视图中左侧的小圆为边界曲线，单击 应用 按钮，创建图 8-117 所示的局部剖视图 2。

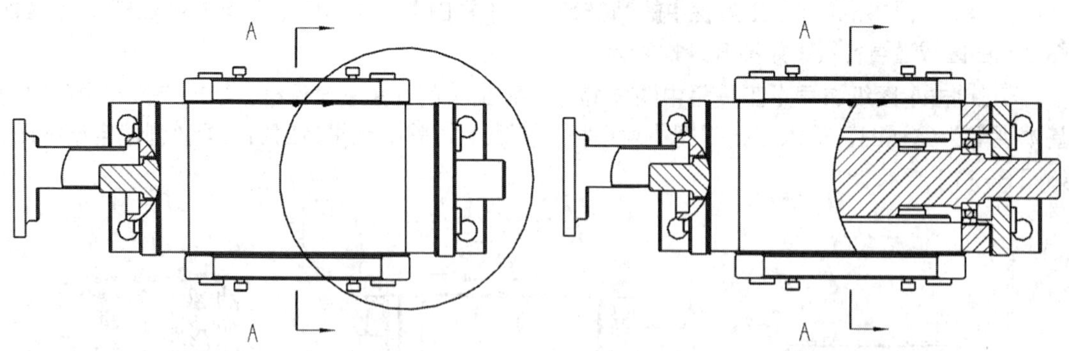

图 8-116　创建局部剖视图 1　　图 8-117　创建局部剖视图 2

⑪ 单击【注释】工具栏中的按钮，在其下拉列表中单击按钮，分别对基本视图中的中间轴和全剖视图中的中心孔、螺纹孔添加长方体中心线，如图 8-118 所示。

⑫ 单击该对话框中的按钮，分别对基本视图和全剖视图中的圆、圆弧创建中心线，如图 8-119 所示。

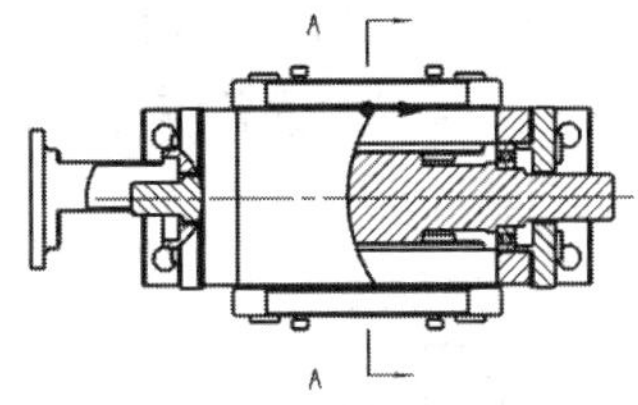
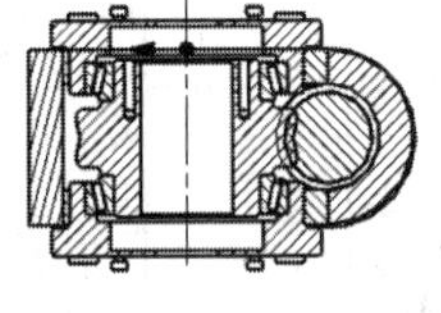

图 8-118　创建长方体中心线

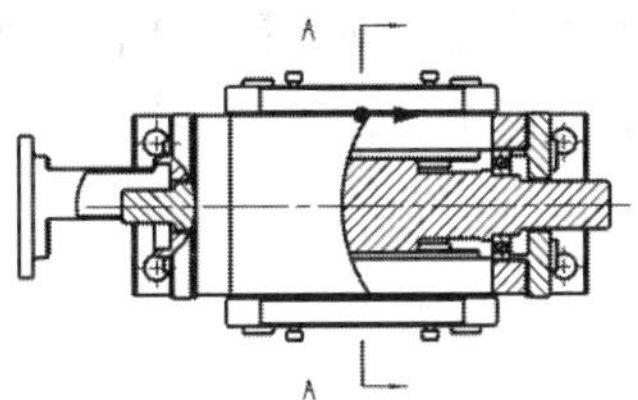
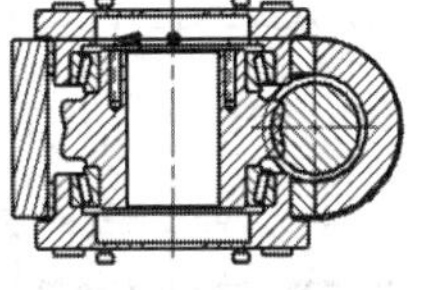

图 8-119　创建中心线

⑬ 单击【快速尺寸】工具栏中的 圆柱坐标系 按钮，对剖视图中的螺纹孔中心距和蜗轮中心孔直径进行圆柱尺寸标注，如图 8-120 所示。

⑭ 单击【快速尺寸】工具栏中的 圆柱坐标系 按钮，对蜗轮两端与轴承相配合的轴端直径进行圆柱尺寸标注，标注完成后，双击直径为 65 的圆柱尺寸，系统弹出【文本编辑】浮动对话框，在对话框中单击 按钮，在弹出的【设置】对话框中选择【公差】，在【类型】的下拉列表中选择“极限和拟合”,【类型】选择为“孔”,【偏差】选择为“k”,【等级】为“7”，创建带公差的圆柱尺寸，如图 8-121 所示。利用同样方法创建图 8-122 所示其他圆柱尺寸。

工程图综合训练 2

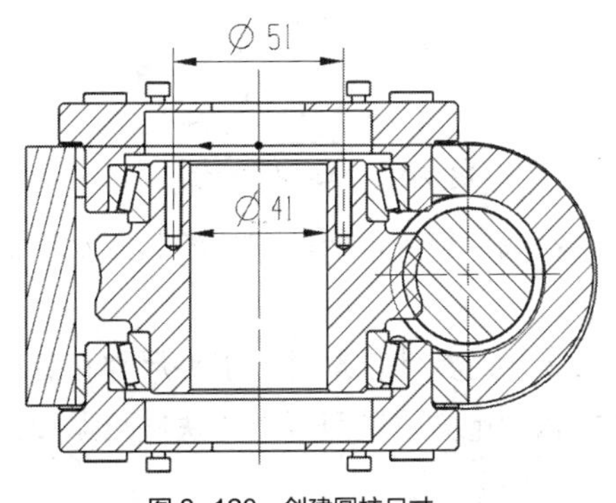

图 8-120　创建圆柱尺寸

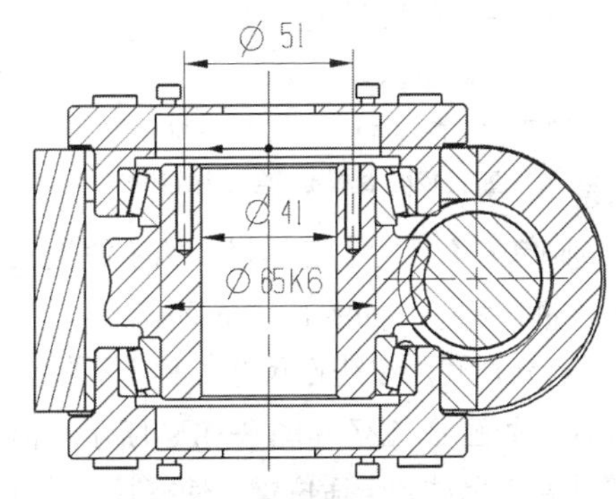

图 8-121　创建带公差的圆柱尺寸

⑮ 单击【快速尺寸】工具栏中的 圆柱坐标系 按钮，选择剖视图中的螺纹线为标注对象，单击【快速尺寸】对话框中的 按钮，在弹出的【设置】对话框中选择“前缀 / 后缀”选项，在【位置】的下拉列表中选择“之后”选项，单击【要使用的符号】后的 按钮系统弹出【文本】对话框，在【符号】选项组中单击 按钮，接着输入“22”；再次进入【设置】对话框在【前缀 / 后缀】的【位置】下拉列表中选择“之前”选项，在【直径符号】的下拉列表中，选择“定义”，在【要使用的符号】文本框中输入“6-M”单击 关闭 按钮，完成对螺纹孔的标注，如图 8-123 所示。

⑯ 单击【快速尺寸】工具栏中的 圆柱坐标系 按钮，选择基本视图右边的局部剖视图中的轴承配合面为标注对象，单击【快速尺寸】对话框中的 按钮，在弹出的【设置】对话框中选择“公差”，在【类型】的下拉列表中选择“极限和拟合”,【类型】选择为“拟合”，选择【孔】的【偏差】和【等

级】分别为“H”和“7”,【轴】的【偏差】和【等级】分别为“h”和“6”，输入完后，单击 关闭 按钮完成附加文本编辑，移动光标到适当位置来对轴承配合尺寸进行标注。如图 8-124 所示。

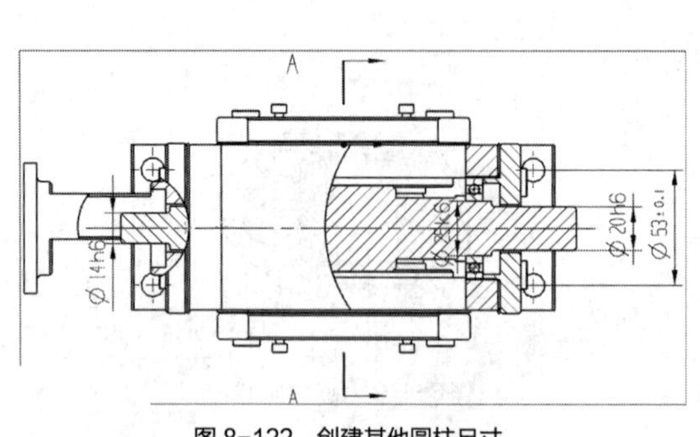

图 8-122 创建其他圆柱尺寸

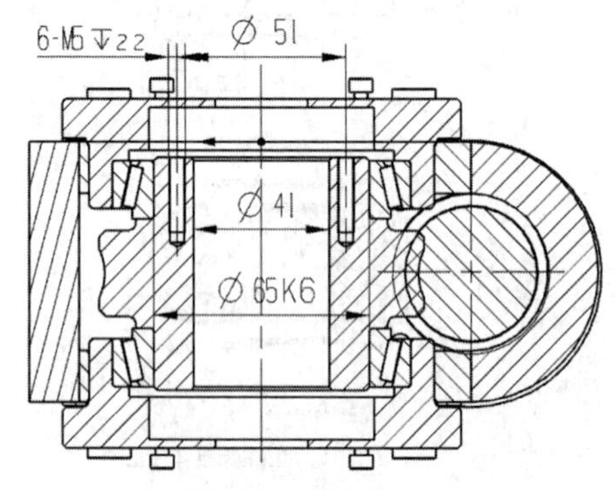

图 8-123 创建螺纹尺寸

⑰ 单击【尺寸】工具栏中的【径向尺寸】按钮，对基本视图中的孔进行直径标注，并添加附加文本，如图 8-125 所示。

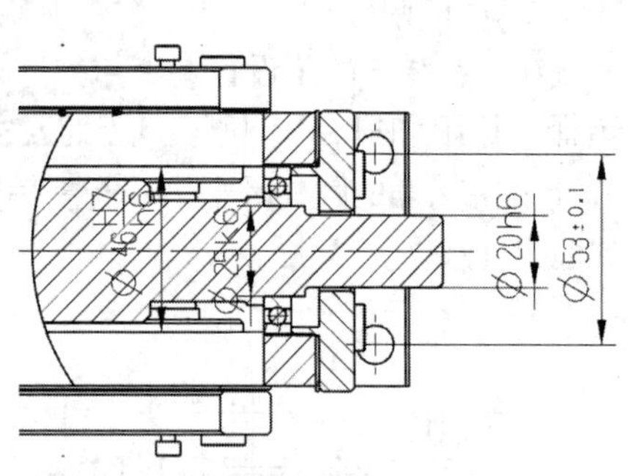

图 8-124 编辑带配合公差的直径尺寸

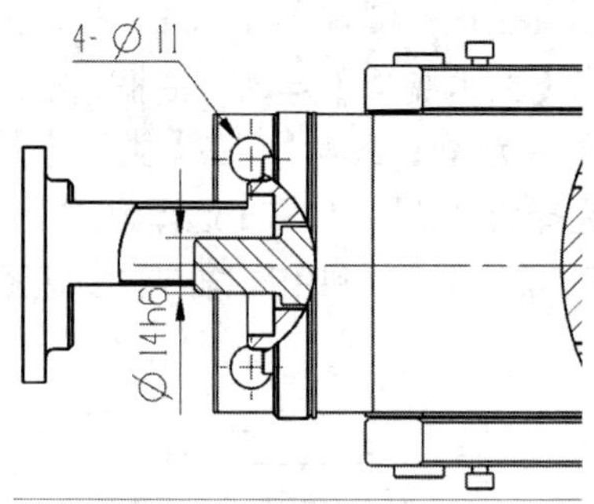

图 8-125 编辑直径尺寸

⑱ 单击【尺寸】工具栏中的【线性尺寸】按钮，在全剖视图中对装配体的总体水平与竖直尺寸进行标注，如图 8-126 所示。

⑲ 分别利用【线性尺寸】和【圆柱坐标系尺寸】命令，对其他位置进行水平尺寸和竖直尺寸标注，如图 8-127 ~ 图 8-129 所示。需要添加附加文本的地方，按照以上方法进行添加，同时移动各个尺寸到合适位置，使得尺寸位置布置合理。

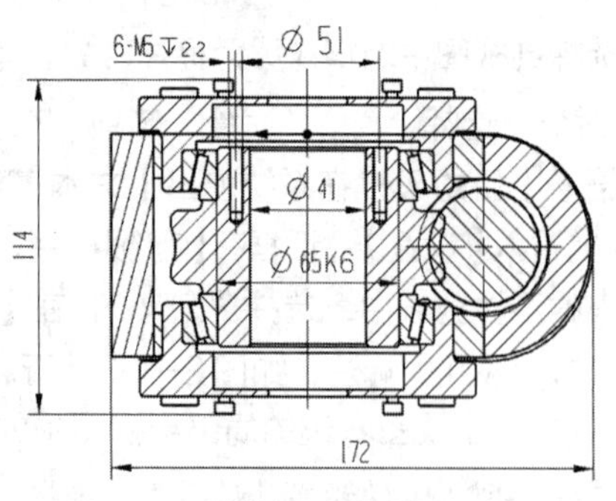

图 8-126 创建水平尺寸和竖直尺寸

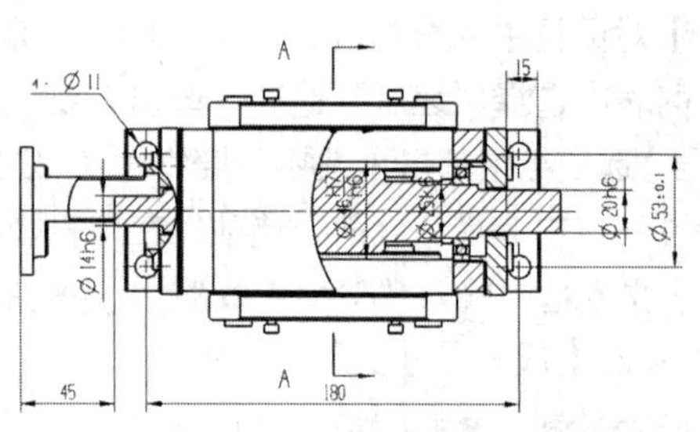

图 8-127 标注其他尺寸（1）

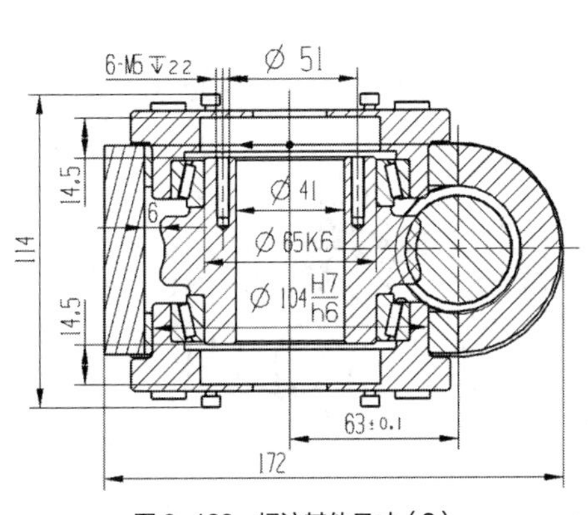

图 8-128　标注其他尺寸（2）

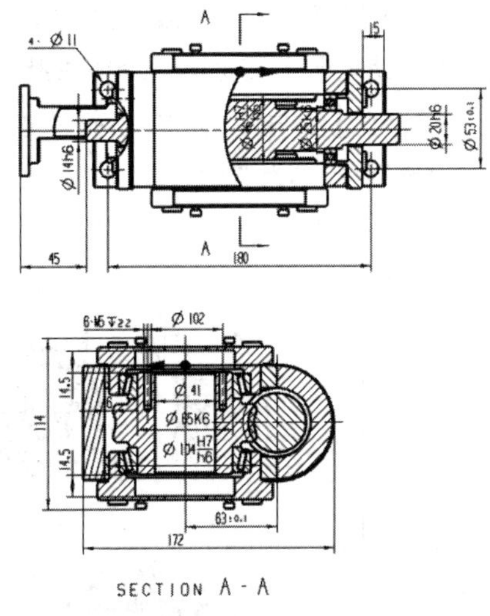

图 8-129　标注其他尺寸（3）

⑳ 单击【制图注释】工具栏中的【注释】按钮A，输入技术要求，并放置到合适位置，如图 8-130 所示。

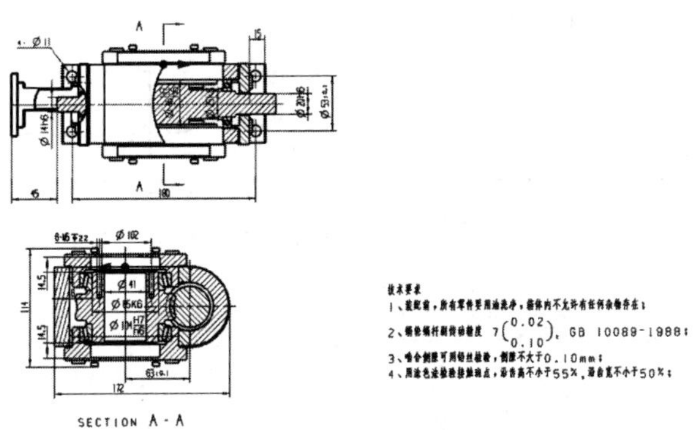

图 8-130　创建技术要求文本

㉑ 执行菜单命令【菜单】/【格式】/【图层设置】，系统弹出图 8-131 所示的【图层设置】对话框，在【类别过滤器】中的“仅可见”取消勾选，设置如图 8-132 所示。

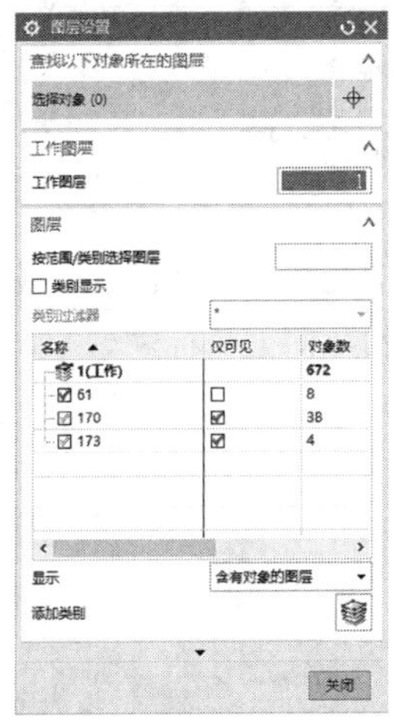

图 8-131 【图层设置】对话框

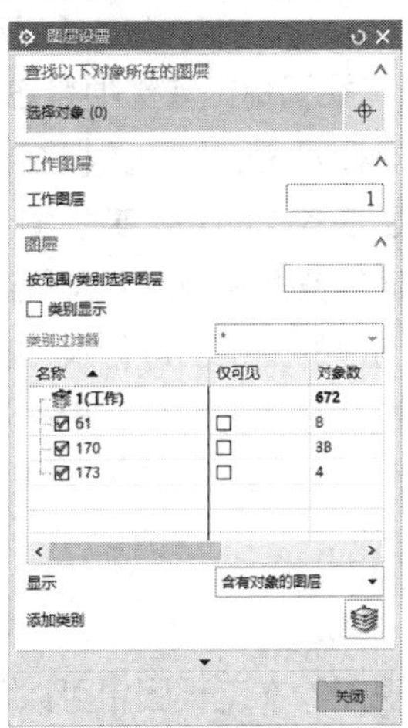

图 8-132　设置图层类别

㉒ 设置好图层类别后，就可以修改或添加标题框中的文字。

㉓ 为了使安装人员更清晰地明白装配图，在图纸中加入正等测视图。单击【视图】工具栏中的按钮，在【方向】选项中选择“正等测视图”，放置正等测视图到图纸的右上方，最后完成的工程图如图 8-133 所示。

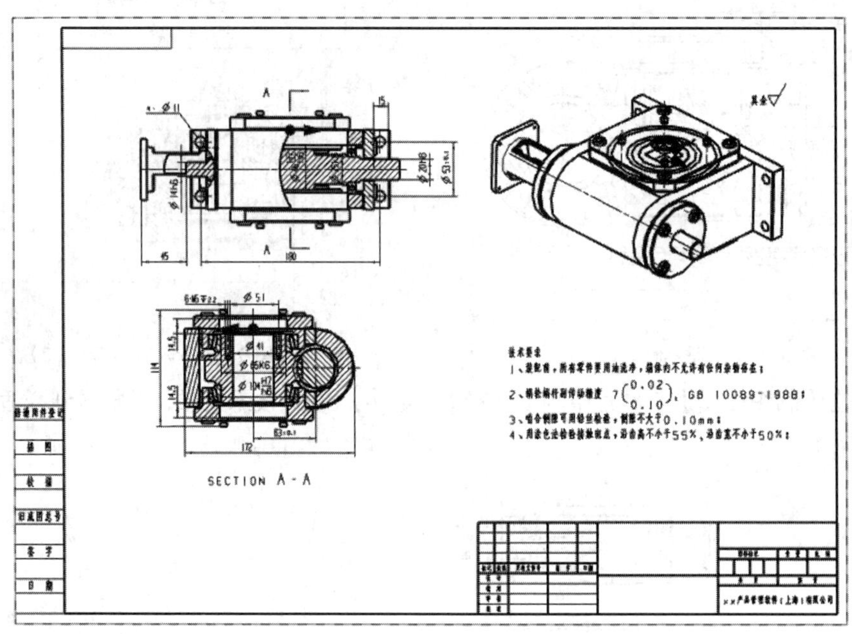

图 8-133 完成的工程图

小结

工程图以投影方式创建一组二维平面图形来表达三维零件，在机械加工的生产第一线用作指导生产的技术语言文件，具有重要的地位。本章主要介绍了以下内容。

① 如何创建图纸页，设置图纸页参数和对创建的图纸页进行编辑。

② 利用【首选项】菜单中的各选项对制图首选项、注释首选项、剖切线首选项、原点首选项、视图首选项和视图标签首选项等各项制图参数进行预设置。

③ 如何创建标题栏图样和图框图样，以及如何调用创建的图样。

④ 如何创建基本视图和投影视图，如何编辑视图。

⑤ 如何创建局部放大视图、剖视图、半剖视图、旋转剖视图、局部剖视图及断开视图等。

⑥ 如何对创建的工程图进行尺寸标注、文本注释标注和几何公差标注。

⑦ 如何创建基准特征符合和表格注释等。

习题

1. 什么是视图？在工程图中可以创建哪些视图？
2. 什么情况下需要使用剖视图表达零件？

3. 什么情况下需要使用局部视图表达零件?
4. 在工程图上通常需要标注哪些设计内容?
5. 分析图 8-134 所示工程图的组成及其创建步骤。

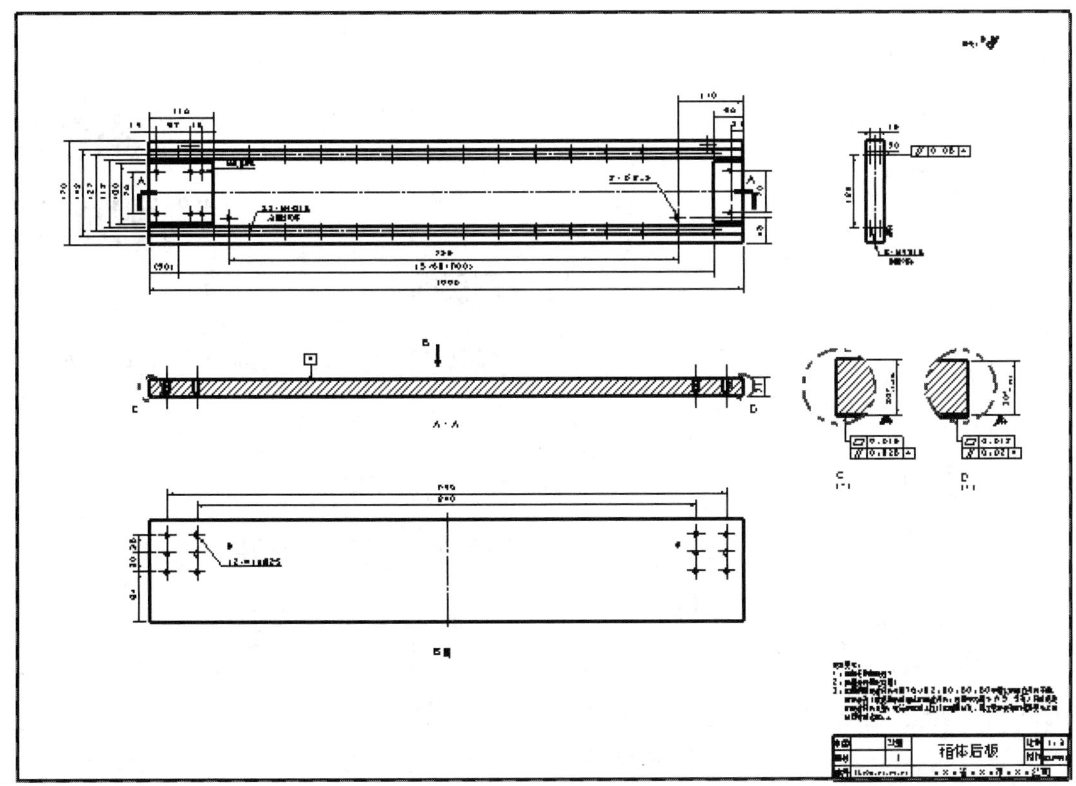

图 8-134 工程图

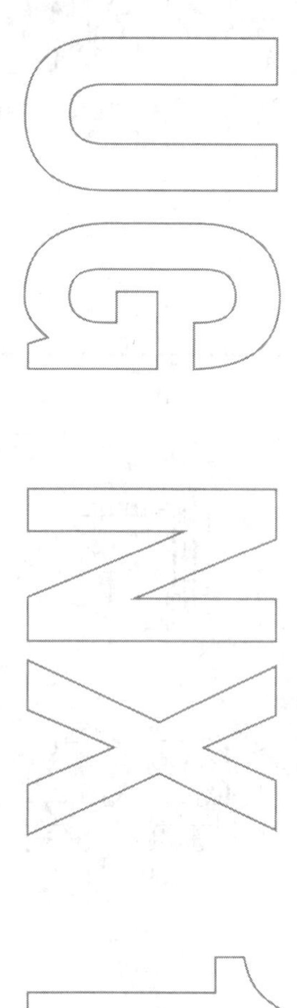

Chapter 9

第9章 铣削加工

【学习目标】

- 了解UG NX 10.0铣削加工应用基础。
- 掌握技工坐标系的概念。
- 掌握刀具的创建。
- 掌握加工工序的创建。

UG NX 10.0 提供了强大的 CAD/CAM/CAE 等功能，在汽车、航天、机械设计及制造等各种行业应用相当广泛，并且发展迅猛。本章讲解 UG NX 10.0 的 CAM（计算机辅助制造）模块，一般 CAM 模块中主要包括铣削加工编程、车削加工及电火花线切割等加工的编程，而本章主要讲解的是铣削加工编程，通过实例来介绍 UG NX 10.0 的 CAM 模块，帮助用户快速、有效地掌握 UG NX 10.0 铣削加工的整个过程，准确地了解 UG NX 10.0 CAM 的用户界面、加工装配、加工环境、加工操作及验证刀具路径、产生后处理程序等基本操作。

本章主要介绍加工环境的建立过程、各种几何加工体及加工操作的创建过程、刀具路径验证过程及部分后处理设置内容。

9.1 创建一个工程实例

创建工程实例是 UG NX 10.0 CAM 模块最基本的应用，用户可以通过进入加工环境设置来定义在加工过程中用到的基本参数。和其他章节一样，用户可以通过预设置来完成上述过程。UG NX 10.0 的 CAM 模块有别于其他模块，主要是围绕平面铣、曲面铣、型腔铣和钻孔等操作展开的，用户在设置操作的同时参照导航器，能够达到很好的学习效果。

9.1.1 知识准备

1. UG NX 10.0 CAM 加工环境设置和基本界面

UG NX 10.0 CAM 模块是一个独立的应用模块，可以通过进入加工环境设置来设置用户在加工过程中用到的基本参数。

（1）加工环境设置

打开 UG NX 10.0 软件，单击图 9-1 所示的 UG NX 10.0 界面中的【加工】按钮，系统将弹出图 9-2 所示的【加工环境】设置对话框。此对话框提供了用户常用的加工环境。

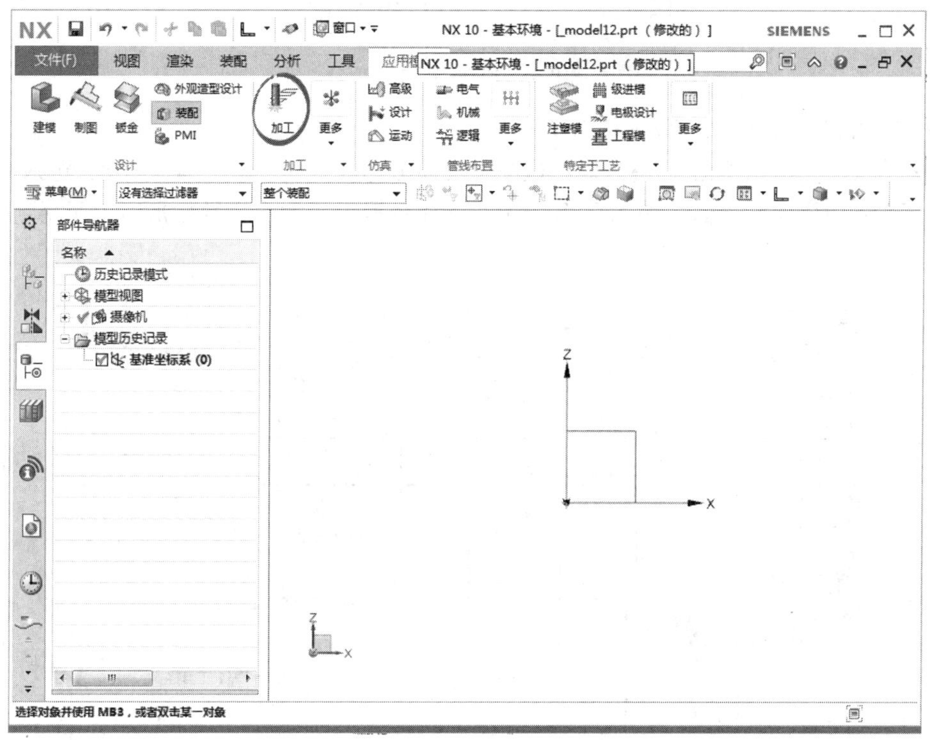

图 9-1 UG NX 10.0 界面

- 【mill_planar】：平面铣。
- 【mill_contour】：型腔铣。
- 【drill】：钻孔。
- 【turning】：车削。
- 【wire_edm】：电火花线切割。

图 9-2 【加工环境】对话框

（2）UG NX 10.0 CAM 模块的基本界面

在图 9-2 所示的【加工环境】对话框中设置加工环境方式，单击确定按钮，进入 UG NX 10.0 的 CAM 功能模块界面，如图 9-3 所示。界面中提供了用户在数控加工中所用到的基本命令。

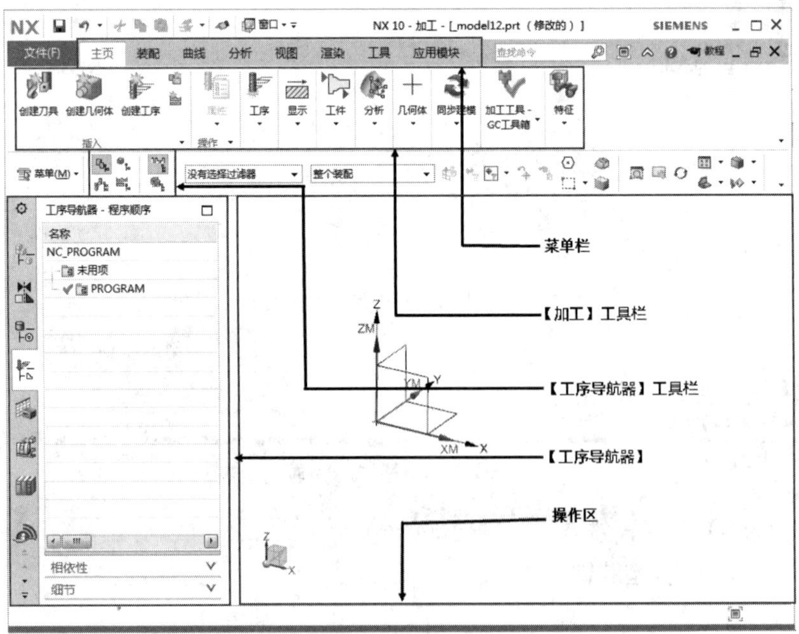

图 9-3 UG NX 10.0 CAM 功能模块界面

要点提示

如果用户打开上次保存的文件，则系统将默认为上次保存时的工作界面。

- 菜单栏：UG NX 10.0 中的各种菜单应用。
- 【加工】工具栏：创建各种操作。
- 【工序导航器】工具栏：查看用户创建的各种操作。
- 【工序导航器】：便于用户查找各种程序的关系。

2. 创建操作

加载产品后，单击图 9-3 所示【加工】工具栏中的按钮或者执行菜单命令【插入】/【程序】来进入创建操作界面，系统将弹出图 9-4 所示的【创建程序】对话框，用来完成加工程序的创建工作。

（1）类型

图 9-4 所示的【创建程序】对话框的【类型】下拉列表中的选项包含了图 9-2 所示的【加工环境】对话框中的选项，并且用户可以在此利用【浏览】选项选择更多的加工环境。

图 9-4 【创建程序】对话框

（2）位置和名称

图 9-5 所示为【位置】选项组中的【程序】下拉列表，其中的 3 个选项为用户提供了定义程序的父节点，通过选择不同的程序父节点，使得所建立的子程序显示在不同程序的目录下，具体实施结果要结合【工序导航器 - 程序顺序】树状图应用，如图 9-6 所示，其中【名称】选项用于定义程序名。

图 9-5 【程序】下拉列表

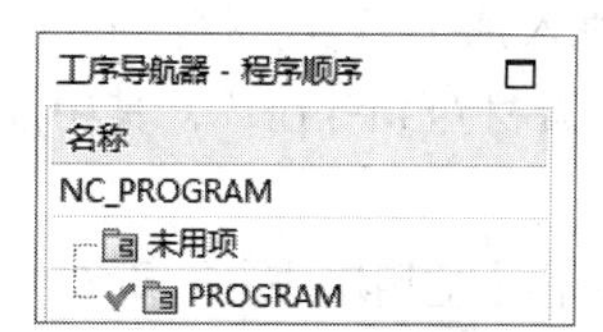

图 9-6 【工序导航器 - 程序顺序】树状图

3. 创建不同的刀具

单击【加工】工具栏中的按钮，或者执行菜单命令【插入】/【刀具】来进入刀具创建界面，系统将自动弹出图 9-7 所示的【创建刀具】对话框，用户可以利用此对话框完成对刀具的基本定义。其中【类型】选项与图 9–5 所示的【创建程序】对话框中的【类型】选项一样。

（1）刀具库

单击图 9–7 所示的【创建刀具】对话框中的按钮，系统将自动弹出 UG NX 10.0 内置的刀具库，具体刀具类型显示在【库类选择】对话框中，如图 9–8 所示，用户可以根据不同的加工环境与用途选择不同的刀具。刀具的标准化使得用户能够很方便地完成刀具的创建工作。

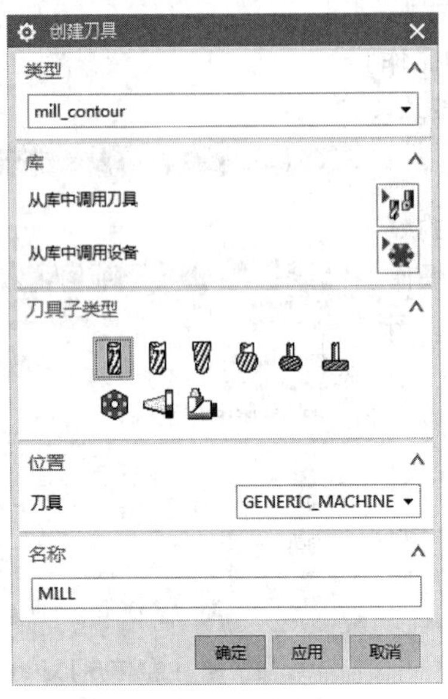

图 9–7 【创建刀具】对话框

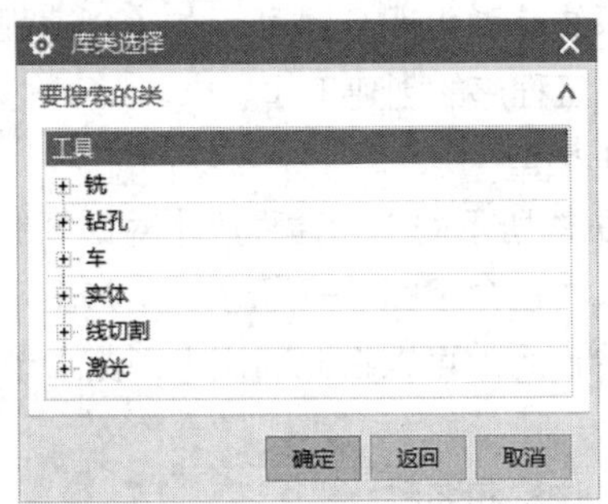

图 9–8 【库类选择】对话框

（2）刀具类型

图 9–7 所示的【创建刀具】对话框中的【刀具子类型】选项是为用户自定义刀具提供的，选中其中一种类型以后，用户可以根据提示进行下一步的刀具定义过程。

（3）位置和名称

用户可以通过图 9–7 所示的【创建刀具】对话框中的【位置】选项组的【刀具】下拉列表来定义刀具所在的目录，此功能需结合【工序导航器 – 机床】树状图来使用，如图 9–9 所示，其中【名称】选项用于定义刀具的名称。

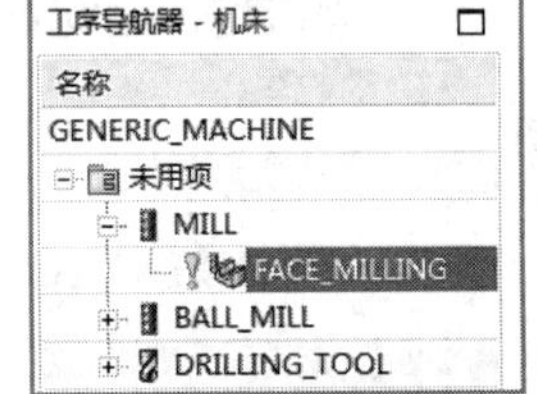

图 9–9 【工序导航器 – 机床】树状图

9.1.2 操作过程

下面以一个简单的工程实例来回顾复习一下本节内容。

① 进入加工环境。打开 UG NX 10.0，新建名为“jiagong”的文件，打开素材文件：“第 9 章 / 素材 /lianxi.prt”，其中浅色模型为毛坯模型，深色模型为被加工模型，如图 9–10 所示。

② 单击【应用模块】工具条中的【加工】按钮，系统将弹出图 9–11 所示的【加工环境】对话框，选择“mill_contour”。

③ 单击确定按钮，进入产品的加工环境，如图 9–12 所示。本界面为 UG NX 10.0 加工的主界面。

④ 加工命令主要集中在【加工】工具栏和【工序导航器】工具栏上，如图 9–13 所示。

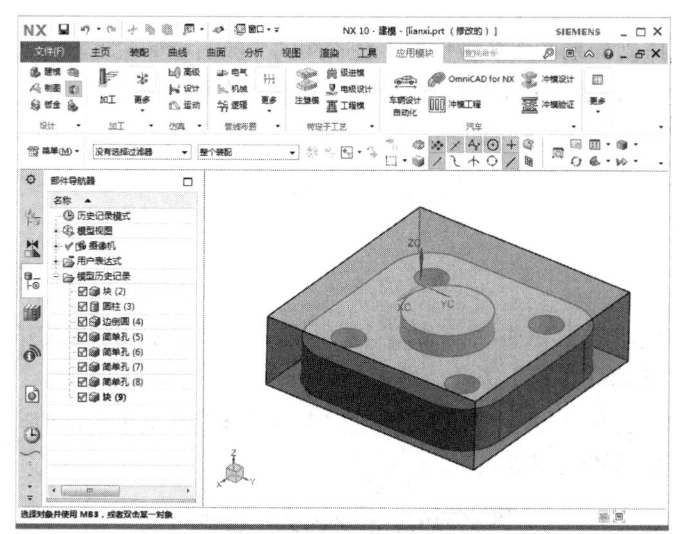

图 9-10　打开要加工的产品

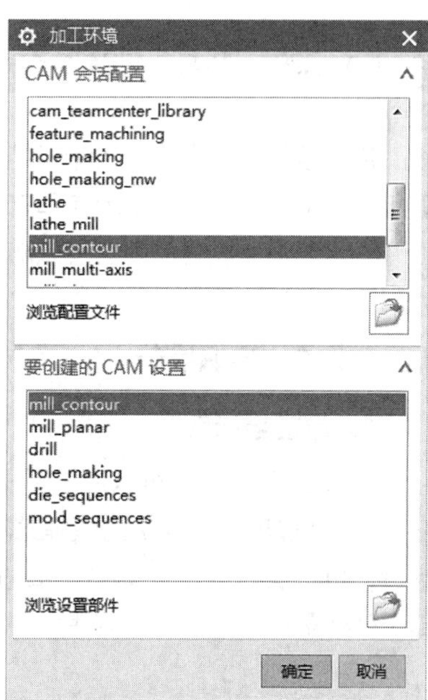

图 9-11 【加工环境】对话框

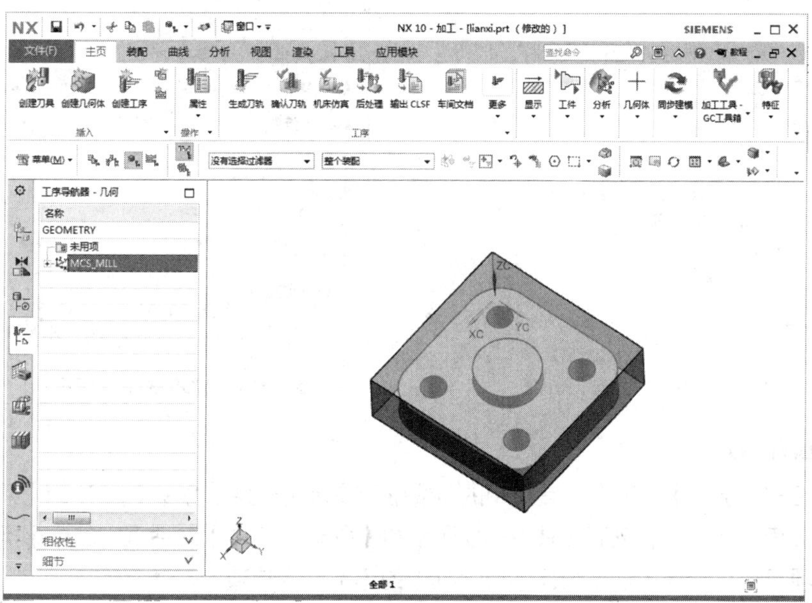

图 9-12　进入加工环境

图 9-13　工具栏

9.2 定义加工坐标系

用户设计产品的加工坐标系与机床坐标系在大多数情况下是不同的，加工坐标系是零件加工所有刀位轨迹输出的参考点和定位基准，加工坐标系的原点在机床坐标系中称为调整点，即为工件的加工零点。它原则上可以随意指定，但是为了加工方便，一般取毛坯上表面的几何中心作为加工坐标系的原点。

9.2.1 知识准备

1. 加工坐标系

定义加工坐标系可以通过鼠标右键单击图 9-14 所示的【工序导航器 - 几何】树状图中的 MCS_MILL选项，在弹出的快捷菜单中选择【编辑】选项，弹出图 9-15 所示的【MCS 铣削】对话框，也可直接双击 MCS_MILL选项。图 9-15 所示的【MCS 铣削】对话框中给出了多种选择加工坐标系原点的方法，其用法将在具体操作中讲解。

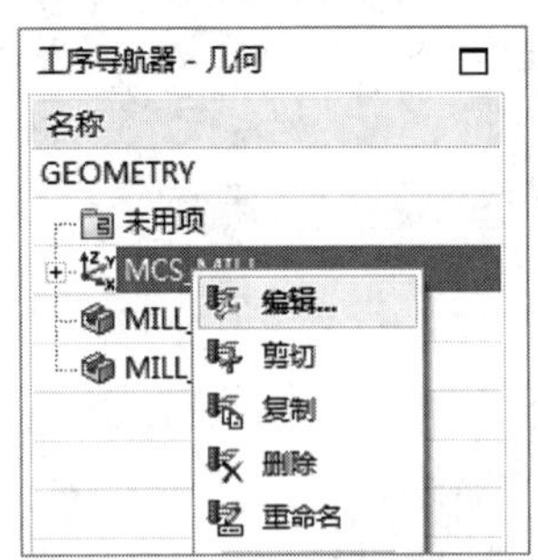

图 9-14 【工序导航器 - 几何】树状图

图 9-15 【MCS 铣削】对话框

2. 创建几何体

单击图 9-13 所示【加工】工具栏中的按钮，或者执行菜单命令【插入】/【几何体】进入创建几何体界面，系统将自动弹出图 9-16 所示的【创建几何体】对话框。其中【类型】选项所显示的可选项目，可参照【创建程序】对话框中的【类型】选项。

（1）几何体子类型

图 9-16 所示的【创建几何体】对话框中的【几何体子类型】选项，提供了多种类型供用户选择，如图 9-17 所示。应该注意的是不同几何体类型的子类型是不完全相同的，这里不再赘述。

（2）位置和名称

图 9-16 所示的【创建几何体】对话框中的【位置】和【名称】选项，用于用户指定该几何体在【工序导航器 - 几何】树状图中的位置，其应用也要结合工序导航器来运作。

现在以“mill_contour”类型中的子类型“GEOMETRY”为例说明其具体用法。默认系统参数设置如图 9-16 所示，单击 应用 按钮，弹出图 9-18 所示的【工件】对话框。

图 9-16 【创建几何体】对话框

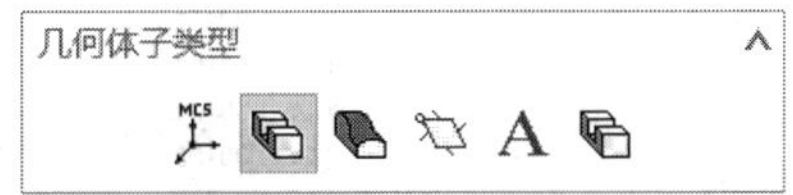

图 9-17 几何体子类型

① 几何体。【工件】对话框中【几何体】选项组的命令，是用来指定加工几何体的，如图 9-18 所示。单击按钮，系统将弹出【部件几何体】对话框，如图 9-19 所示；单击按钮，系统将弹出【毛坯几何体】对话框，如图 9-20 所示；单击按钮，系统将弹出【检查几何体】对话框，如图 9-21 所示。这些对话框的应用将在实例中体现，此处从略。完成几何体指定以后，按钮将自动变为激活状态，单击按钮，系统将显示用户刚才所定义的几何体。

图 9-18 【工件】对话框

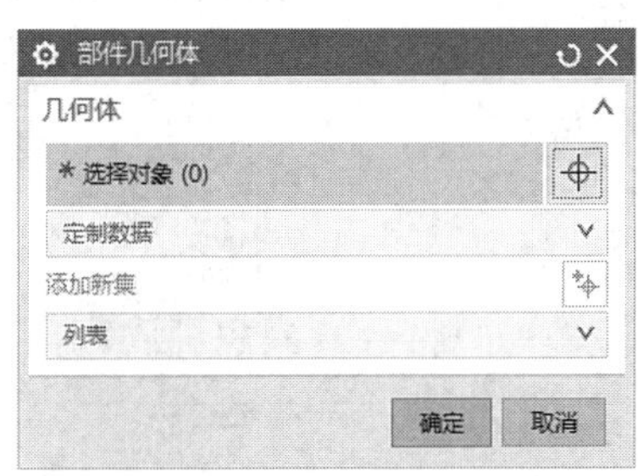

图 9-19 【部件几何体】对话框

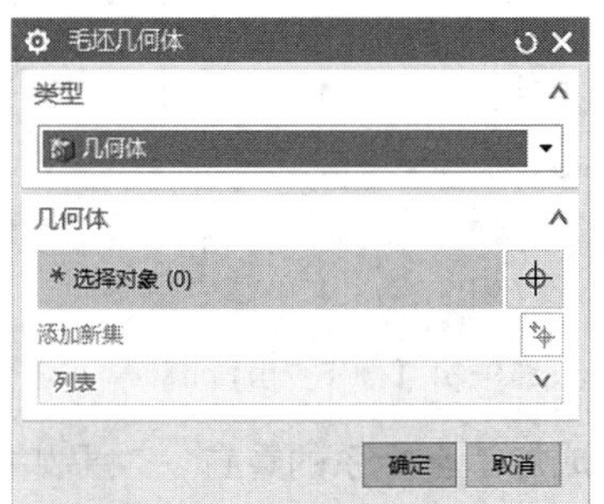

图 9-20 【毛坯几何体】对话框

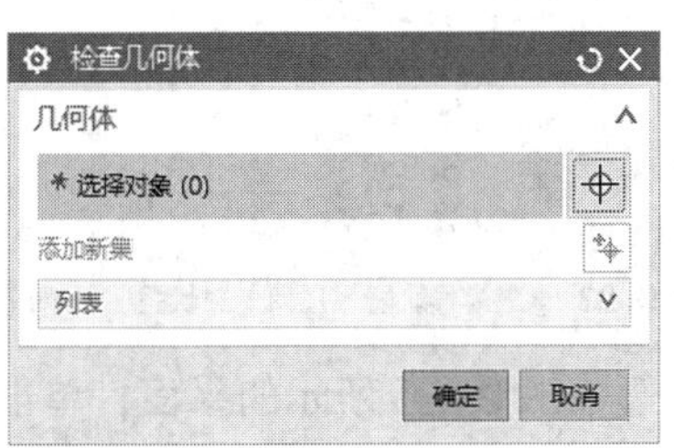

图 9-21 【检查几何体】对话框

② 描述。图 9-18 所示的【工件】对话框中的【描述】选项是用来指定加工几何体的材料和性能的，用户可以按照提示指定加工，这对于以后的加工速度和方法有着一定的影响。单击【工件】对话框中的按钮，系统将弹出【搜索结果】对话框供用户选择，如图 9-22 所示。

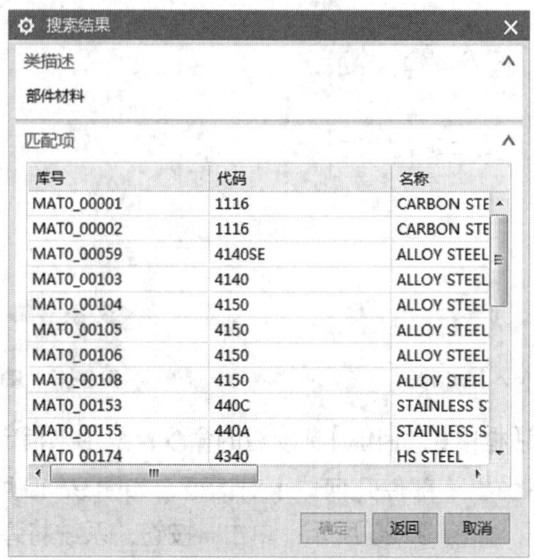

图 9-22 【搜索结果】对话框

9.2.2 操作过程

创建几何体

① 打开素材。执行菜单命令【文件】/【打开】，弹出【打开】对话框，找到素材文件："第 9 章 / 素材 /lianxi.prt"，单击 OK 按钮打开素材。

② 单击【工序导航器】工具栏中按钮，然后单击加工环境界面左边的按钮，系统将打开【工序导航器 - 几何】树状图，如图 9-23 所示。

③ 鼠标右键单击"MCS_MILL"选项，在弹出的快捷菜单中选择【编辑】命令，系统将弹出【MCS 铣削】对话框，如图 9-24 所示。

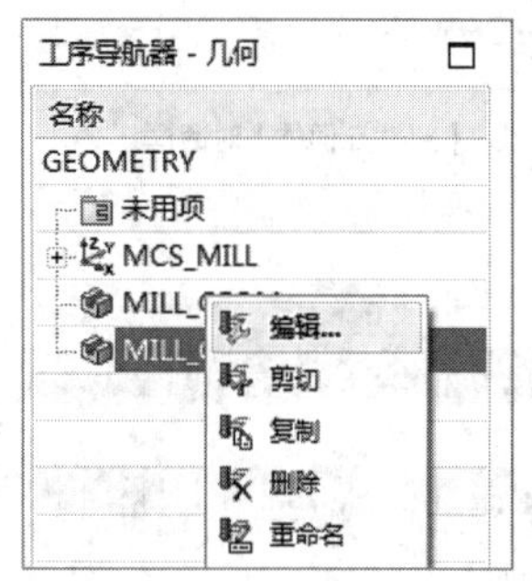

图 9-23 【工序导航器 - 几何】树状图

图 9-24 【MCS 铣削】对话框

④ 选中图 9-25 所示的平面，单击 确定 按钮，完成加工坐标系的重置，效果如图 9-26 所示。

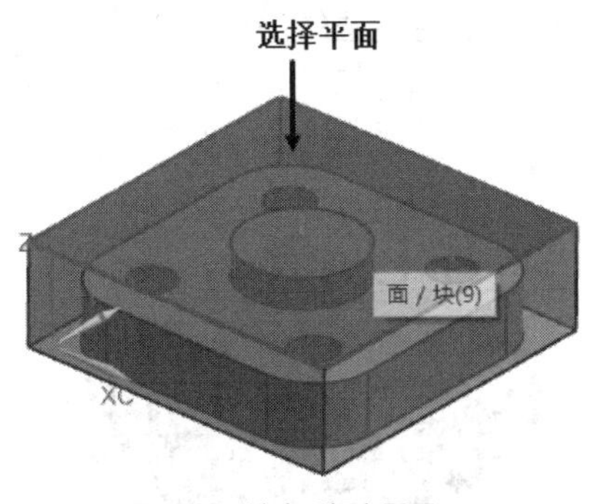

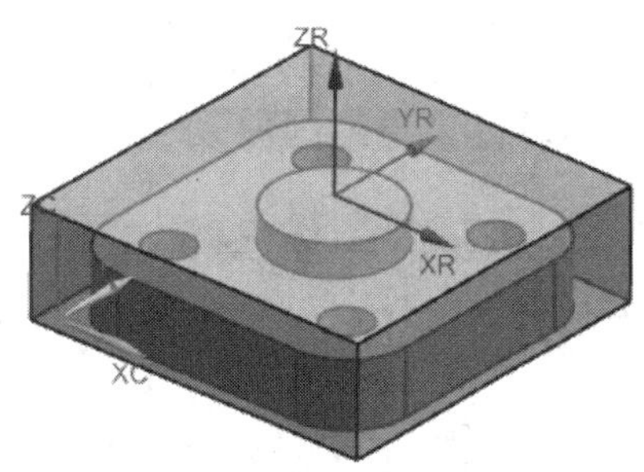

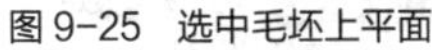
图 9-25 选中毛坯上平面

图 9-26 重置加工坐标系效果图

⑤ 单击【加工】工具栏中的按钮，系统将自动弹出【创建几何体】对话框，如图 9-27 所示。

⑥ 单击按钮，设置【创建几何体】对话框所示的参数，如图 9-27 所示。

⑦ 单击【创建几何体】对话框中的 应用 按钮，系统将弹出图 9-28 所示的【工件】对话框。

图 9-27 【创建几何体】对话框

图 9-28 【工件】对话框

⑧ 单击【工件】对话框中的按钮，弹出【部件几何体】对话框，如图 9-29 所示，选择图 9-30 所示的模型。

⑨ 单击【部件几何体】对话框中的 确定 按钮，完成加工部件的指定。

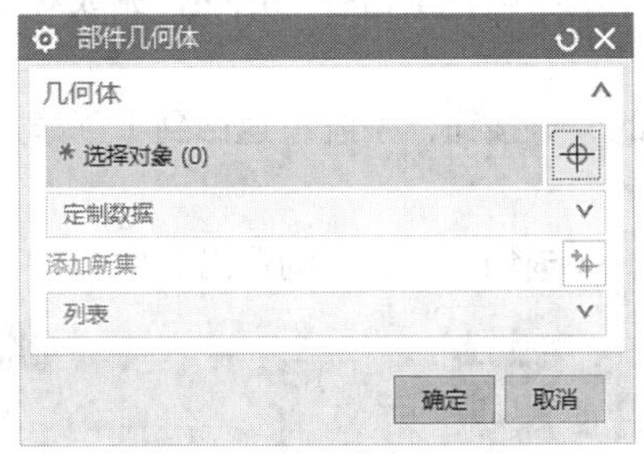

图 9-29 【部件几何体】对话框

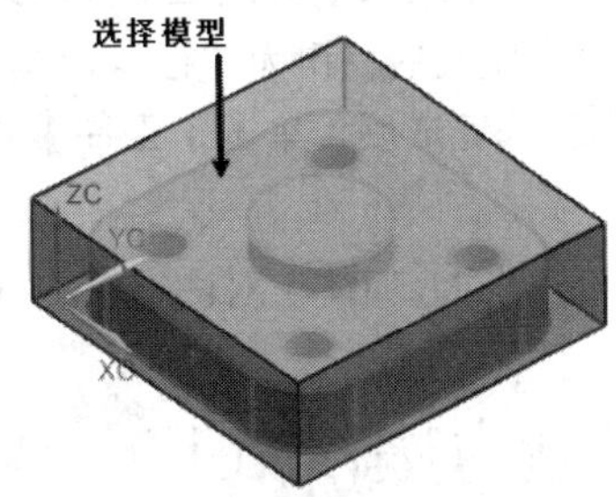

图 9-30 选中模型

⑩ 单击【工件】对话框中的按钮，系统弹出【毛坯几何体】对话框，如图 9-31 所示。

⑪ 选中图 9-32 所示的毛坯部件，单击【毛坯几何体】对话框的按钮，完成对毛坯的指定。

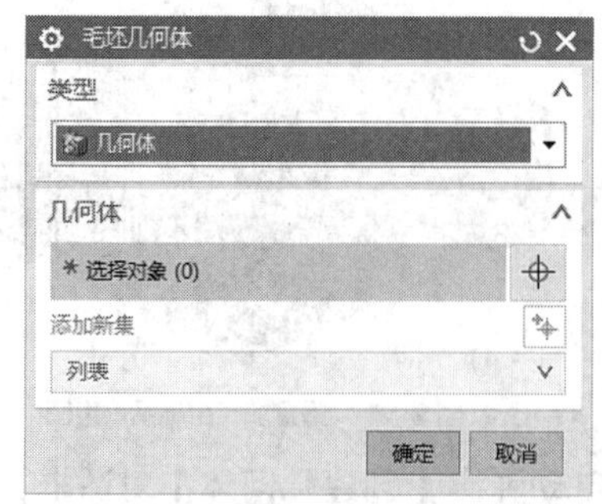

图 9-31 【毛坯几何体】对话框

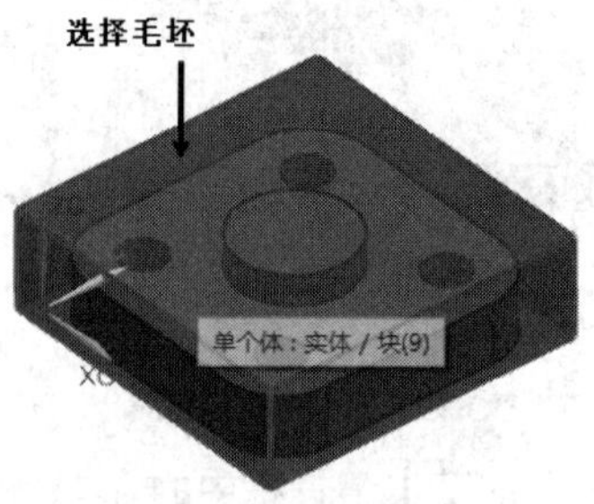

图 9-32 选中毛坯部件

⑫ 单击【工件】对话框中的按钮，系统将弹出部件材料的【搜索结果】对话框，如图 9-33 所示。

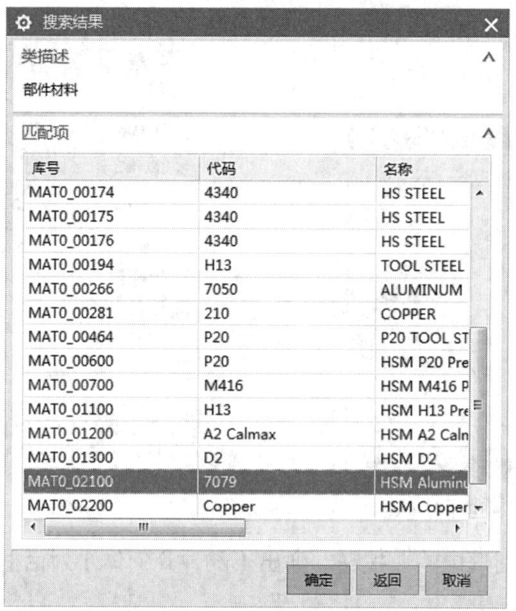

图 9-33 【搜索结果】对话框

⑬ 选中【搜索结果】对话框中代码为“7079”的材料，单击按钮，完成对加工材料的定义，本实体所定义的材料为“铝”。

⑭ 以上工作完成后，单击【工件】对话框中的按钮，系统将返回到【创建几何体】对话框。

⑮ 单击【创建几何体】对话框中的按钮，完成创建几何体的退出工作。

9.3 创建方法和加工

用户完成一个零件的加工通常需要经过粗加工、半精加工、精加工等几个步骤。这些步骤的不同之处在于加工的过程中，遗留在毛坯上面的余料量不同。用户可以通过创建加工方法和加工的过程来设置加工余量、几何体内外公差、切削步距和进给速度等基本参数，从而有效地控制整个加工的过程和产品的表面质量等。

创建方法和加工

9.3.1 知识准备

1. 创建方法

单击 UG NX 10.0 CAM 界面中的【创建方法】按钮，或者选择菜单命令【菜单】/【插入】/【方法】，弹出【创建方法】对话框，如图 9-34 所示。其【类型】、【方法子类型】、【位置】、【名称】等用法与上述同样选项的用法相同。

图 9-34 【创建方法】对话框

2. 创建加工

单击 UG NX 10.0 CAM 界面中的【创建工序】按钮，或者执行菜单命令【菜单】/【插入】/【创建工序】，系统将弹出【创建工序】对话框，如图 9-35 所示。其中【类型】选项供用户定义不同的铣削类型，【工序子类型】选项用于用户指定操作类型下的具体铣削方法，【位置】选项用来指定【程序】、【刀具】、【几何体】、【方法】等操作在【工序导航器】中的位置，【名称】选项用来指定用户所创建操作的名字。下面以“mill_contour”类型中的“CAVITY_MILL”子类型为例，介绍下级子菜单的应用。

默认【创建工序】对话框的系统参数，单击 应用 按钮，系统将弹出【型腔铣 -[CAVITY_MILL]】对话框，如图 9-36 所示，下面逐个说明各个选项的含义。

图 9-35 【创建工序】对话框

图 9-36 【型腔铣 -[CAVITY_MILL]】对话框

（1）几何体

【型腔铣 -[CAVITY_MILL]】对话框中的【几何体】选项组中，【指定部件】、【指定毛坯】、【指定检查】等选项的用法参考 9.2.1 节所讲的【工件】对话框【几何体】选项组中各命令的用法。

单击【型腔铣 -[CAVITY_MILL]】对话框中的按钮，系统将弹出【新建几何体】对话框，如图 9-37 所示，便于用户新建一个几何体。单击【型腔铣 -[CAVITY_MILL]】对话框中的按钮，用于编辑几何体。

（2）工具

展开【型腔铣 -[CAVITY_MILL]】对话框中的【工具】选项组后，【型腔铣 -[CAVITY_MILL]】对话框如图 9-38 所示，单击该对话框中的按钮，弹出【新建刀具】对话框，如图 9-39 所示。【输出】选项用于指定刀具的刀具号、补偿等参数，这些参数将反映到后处理程序中。

图 9-37 【新建几何体】对话框

图 9-38 展开【工具】选项组

（3）刀轨设置

展开【型腔铣 -[CAVITY_MILL]】对话框中的【刀轨设置】选项组后，【型腔铣 -[CAVITY_MILL]】对话框如图 9-40 所示。此对话框用于设置或编辑用户所定义的加工方法，单击对话框中的按钮，可以新建一个加工方法。

① 展开【切削模式】选项的下拉列表，如图 9-41 所示，下拉列表给用户提供了多种切削模式，用户可以根据产品和毛坯的不同选择不同的切削模式。【步距】选项给用户提供了“恒定”等 4 种步进方式。【平面直径百分比】选项主要是供用户定义每次步进的量为步进方式（本例为“刀具平直百分比”）的百分比，当【步距】选项选择不同步进方式时，【平面直径百分比】选项的名字会发生相应的改变。

② 单击【型腔铣 -[CAVITY_MILL]】对话框中的按钮，系统将自动弹出【切削参数】对话框，如图 9-42 所示。该对话框提供了【策略】、【余量】、【拐角】、【连接】、【空间范围】等选项卡，用户可以根据选项卡中的内容和选项卡右侧示意图来进行切削参数的设置。切削参数的设置直接影响着铣削质量的高低，用户应多关注参数和切削之间的关系。

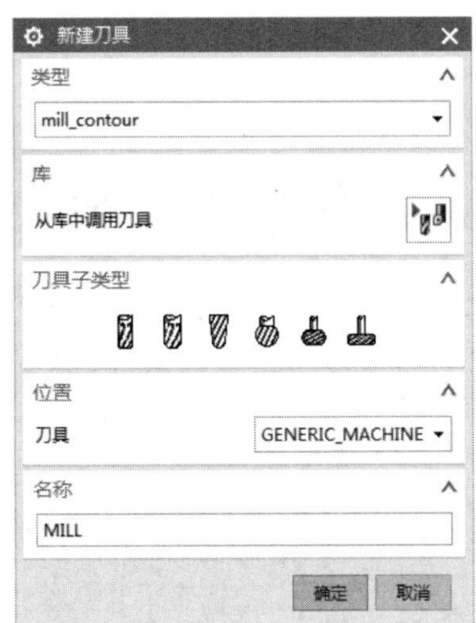

图 9-39 【新建刀具】对话框

图 9-40 展开【刀轨设置】选项组

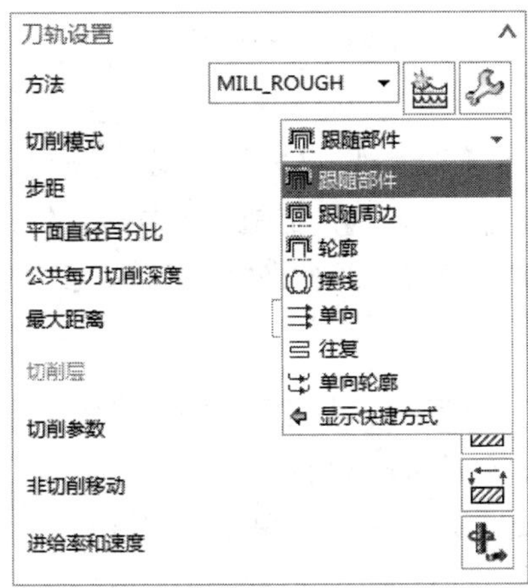

图 9-41 【切削模式】下拉列表

图 9-42 【切削参数】对话框

③ 单击【型腔铣 -[CAVITY_MILL]】对话框中所示的按钮，系统将弹出【非切削移动】对话框，如图 9-43 所示。非切削运动参数主要帮助用户设置系统在非切削状态下刀轨的走势，包括【进刀】、【退刀】、【起点 / 钻点】、【转移 / 快速】、【避让】等选项卡，这些选项卡直接影响着系统生成后处理程序在控制数控机床时刀具的各种走刀方式，用户应多加注意。

④ 单击【型腔铣 -[CAVITY_MILL]】对话框中的按钮，系统将弹出【进给率和速度】对话框，如图 9-44 所示。用户可以在此对话框中设置刀具在进给运动中的速度及机床的主轴转速等参数，主要是用于通过控制 NC 程序的生成，进而控制数控机床的运作。

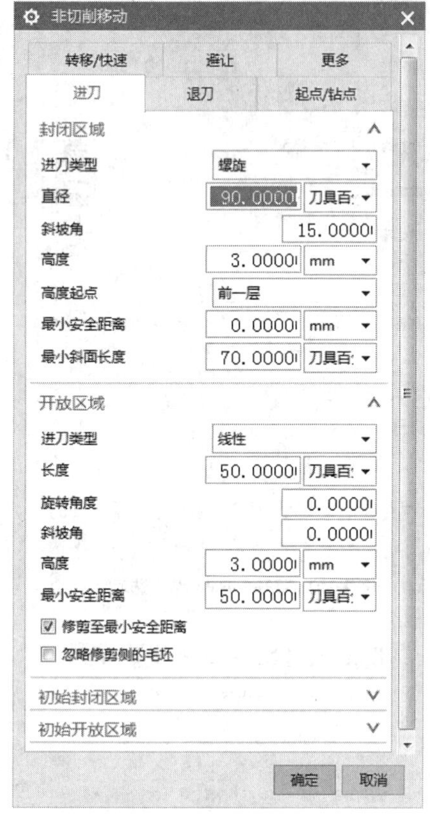

图 9-43 【非切削移动】对话框

图 9-44 【进给率和速度】对话框

（4）操作

当上述所有工作准备完毕后，单击图 9-40 所示的【型腔铣 -[CAVITY_MILL]】对话框中的按钮，系统将自动生成刀具路径。单击按钮，系统将再次列出刀轨。单击按钮，系统将弹出刀轨确认和模拟加工窗口，供用户确认刀轨。单击按钮，系统将列出刀轨信息。

9.3.2 操作过程

① 执行菜单命令【文件】/【打开】，弹出【打开】对话框。找到素材文件："第 9 章 / 素材 / yanhuigang.prt"，单击 OK 按钮，打开素材文件，如图 9-45 所示。

② 在弹出的【加工环境】对话框中设置参数，如图 9-46 所示，单击确定按钮。

③ 单击【加工】工具栏中的按钮，系统将自动弹出【创建刀具】对话框，如图 9-47 所示。

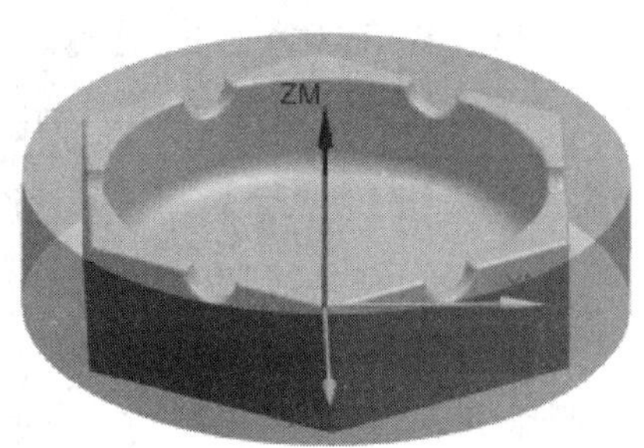

图 9-45　素材模型

图 9-46 【加工环境】对话框

④ 设置图 9-47 所示的【创建刀具】对话框中的参数，单击确定按钮，系统将弹出【铣刀 -5 参数】对话框，如图 9-48 所示。

⑤ 设置【铣刀 -5 参数】对话框的参数，如图 9-48 所示，单击确定按钮，完成第一把直径为 10 的平面铣刀的创建。

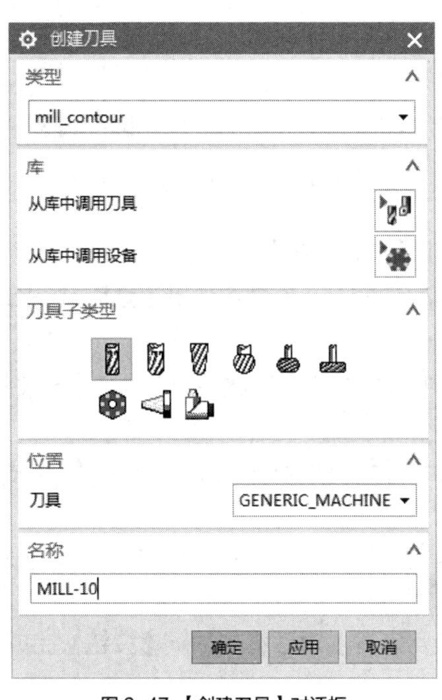

图 9-47 【创建刀具】对话框

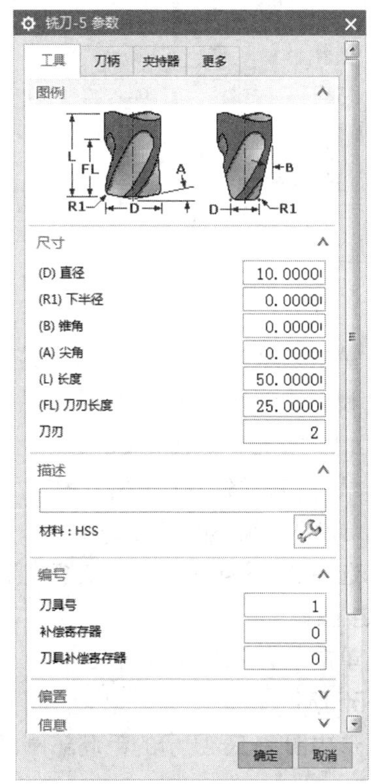

图 9-48 【铣刀 -5 参数】对话框

⑥ 再次单击【加工】工具栏中的按钮，在弹出的【创建刀具】对话框中设置图 9-49 所示的参数。

⑦ 单击【创建刀具】对话框中的确定按钮，在弹出的【铣刀 - 球头铣】对话框设置参数，如图 9-50 所示。

⑧ 单击【铣刀 - 球头铣】对话框中的确定按钮，完成第二把直径为 6 的球头铣刀的创建过程。

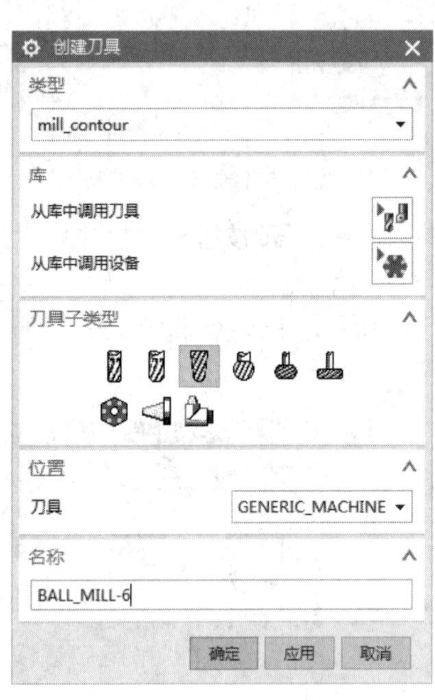

图 9-49　设置参数

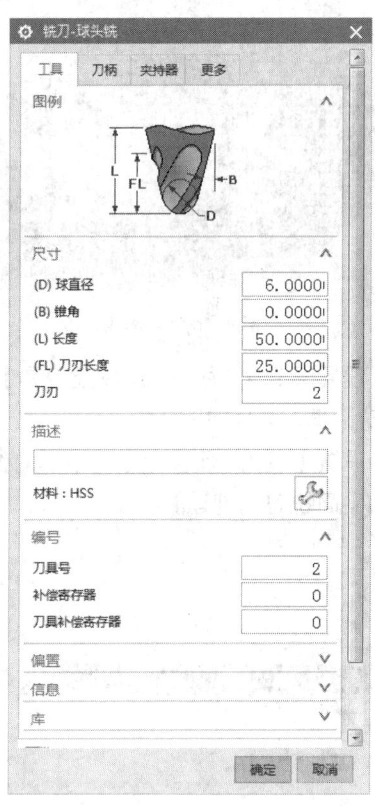

图 9-50　【铣刀 - 球头铣】对话框

⑨ 单击【加工】工具栏中的按钮，系统将弹出【创建工序】对话框，如图 9-51 所示。

⑩ 设置【创建工序】对话框中的参数，单击应用按钮，系统将弹出【型腔铣 -[CAVITY_MILL_10]】对话框，如图 9-52 所示。

⑪ 单击【型腔铣 -[CAVITY_MILL_10]】对话框中的按钮，系统将自动弹出【部件几何体】对话框，如图 9-53 所示。

⑫ 选中图 9-54 所示的烟灰缸模型，单击【部件几何体】对话框中的确定按钮，完成对部件的指定工作。

⑬ 单击【型腔铣 -[CAVITY_MILL_10]】对话框中按钮，系统弹出【毛坯几何体】对话框，如图 9-55 所示。

⑭ 选中图 9-56 所示的毛坯部件，单击【毛坯几何体】对话框中的确定按钮，完成对毛坯的指定。

图 9-51 【创建工序】对话框

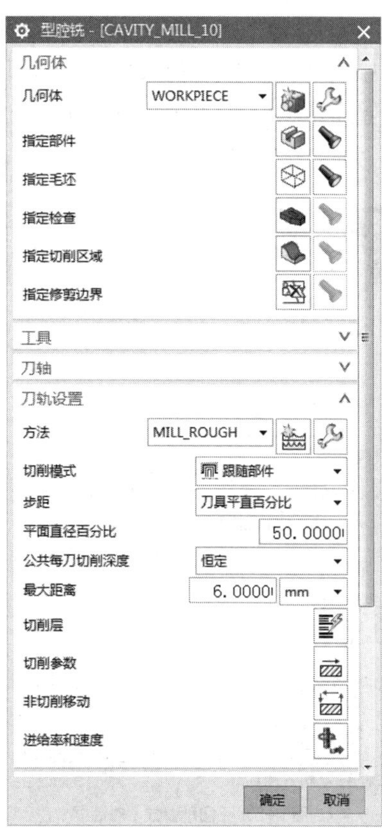

图 9-52 【型腔铣 -[CAVITY_MILL_10]】对话框

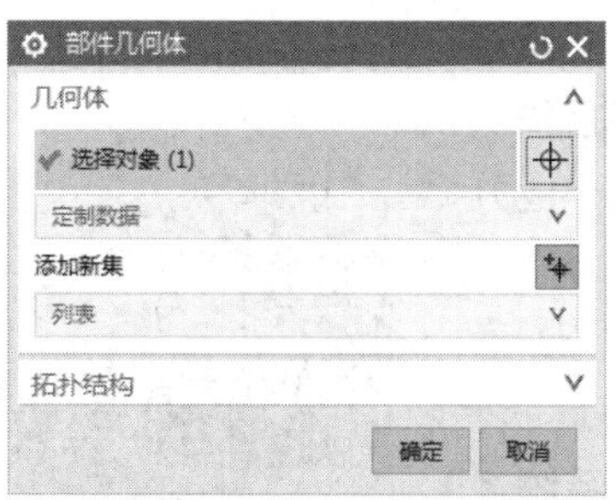

图 9-53 【部件几何体】对话框

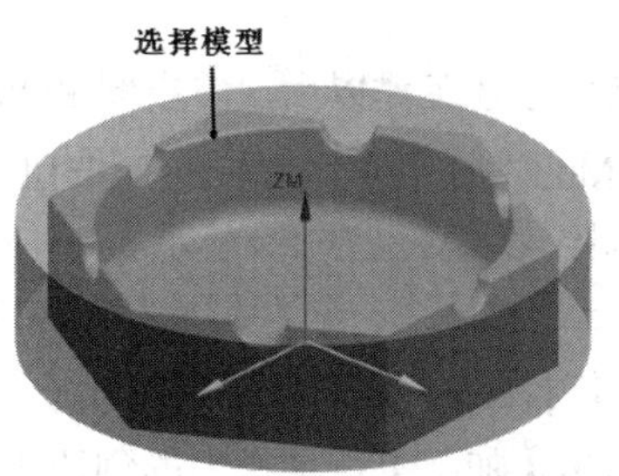

图 9-54　选择模型

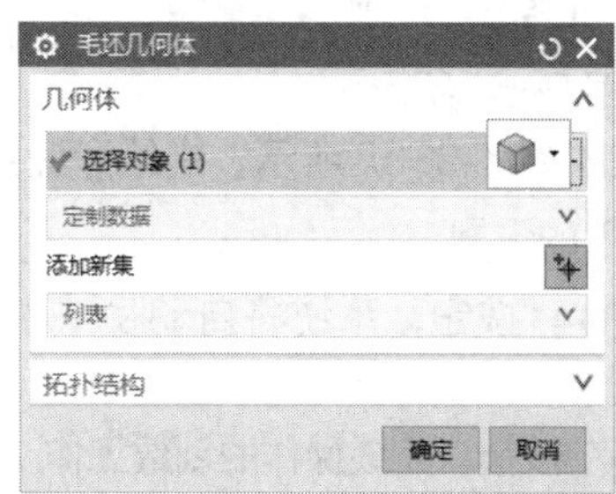

图 9-55 【毛坯几何体】对话框

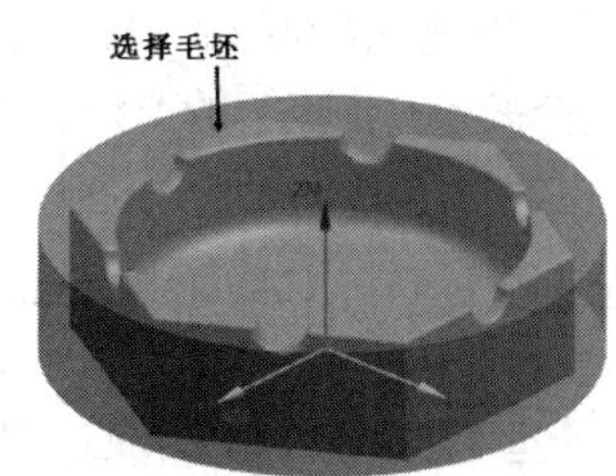

图 9-56　选择毛坯

⑮ 单击【型腔铣 -[CAVITY_MILL_10]】对话框【刀轨设置】选项组中的按钮，系统将自

动弹出【切削参数】对话框，如图 9-57 所示。

⑯ 按图示设置【切削参数】对话框中的参数，单击 确定 按钮，完成对切削参数的定义。

⑰ 单击【型腔铣 -[CAVITY_MILL_10]】对话框中的 按钮，系统将弹出【进给率和速度】对话框，如图 9-58 所示。

图 9-57 【切削参数】对话框

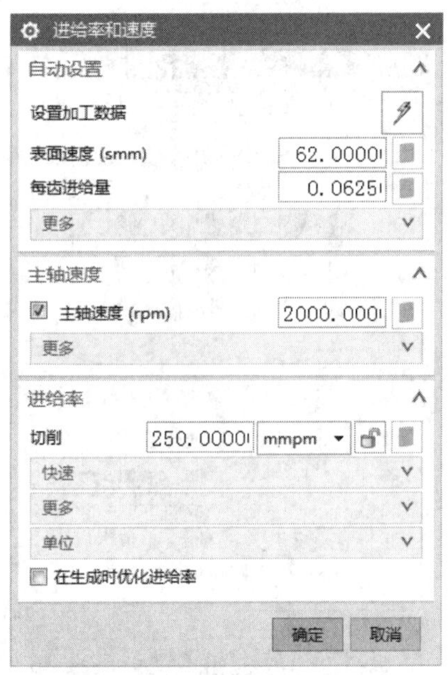

图 9-58 【进给率和速度】对话框

⑱ 按图示设置【进给率和速度】对话框中的参数，单击 确定 按钮，完成对进给率和速度的设置工作。

⑲ 完成上述工作以后，单击图 9-52 所示的【型腔铣 -[CAVITY-MILL_10]】对话框中的 按钮，系统将自动生成刀具路径，最终效果如图 9-59 所示。

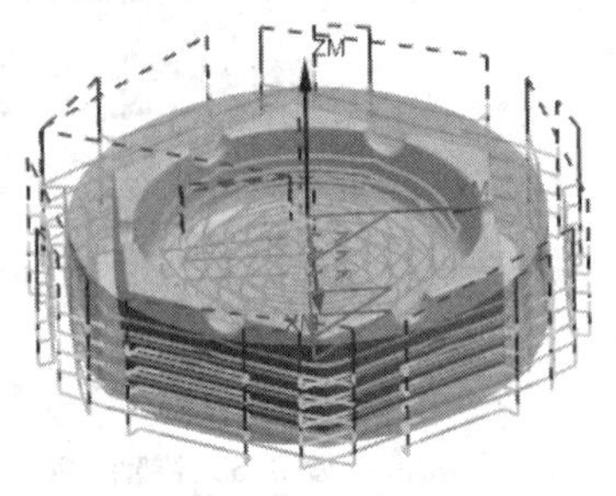

图 9-59 创建生成刀具路径

⑳ 单击【型腔铣 -[CAVITY_MILL_10]】对话框中的 确定 按钮，完成对粗加工操作的创建工作。

㉑ 单击【加工】工具栏中的创建工序 按钮，系统将弹出图 9-60 所示的【创建工序】对话框。

㉒ 按图示设置【创建工序】对话框参数，单击 应用 按钮，系统将弹出【型腔铣 -[CAVITY_MILL_1]】对话框，如图 9-61 所示。

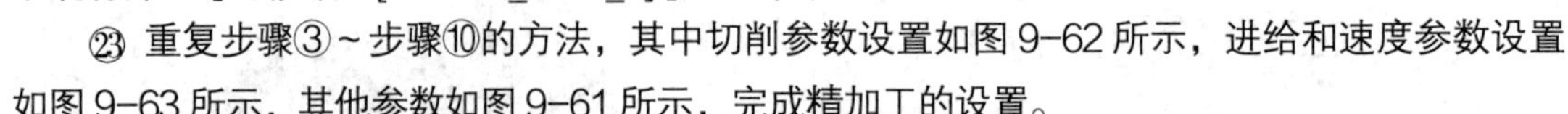

㉓ 重复步骤③~步骤⑩的方法，其中切削参数设置如图 9-62 所示，进给和速度参数设置如图 9-63 所示，其他参数如图 9-61 所示，完成精加工的设置。

㉔ 单击【型腔铣 -[CAVITY_MILL_1]】对话框中的 按钮，系统将自动生成刀具路径图，如图 9-64 所示。

㉕ 单击【型腔铣 -[CAVITY_MILL_1]】对话框中的 确定 按钮，完成操作的创建工作。

㉖ 完成整个操作后的【工序导航器 - 程序顺序】树状图，如图 9-65 所示，【工序导航器 - 几何】树状图此时如图 9-66 所示。

图 9-60 【创建工序】对话框

图 9-61 【型腔铣 -[CAVITY_MILL_1]】对话框

图 9-62 【切削参数】对话框

图 9-63 【进给率和速度】对话框

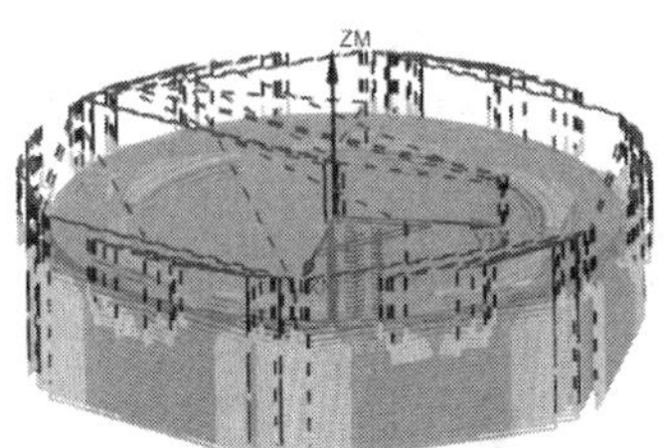

图 9-64 精加工刀具路线图

图 9-65 【工序导航器 - 程序顺序】树状图

㉗ 选中【工序导航器－程序顺序】树状图中的两个文件，单击加工环境界面上的按钮，进行刀具路径验证，弹出图 9-67 所示的【刀轨可视化】对话框。

㉘ 单击【刀轨可视化】对话框中的▶按钮，开始刀轨验证工作，最终效果如图 9-68 所示。

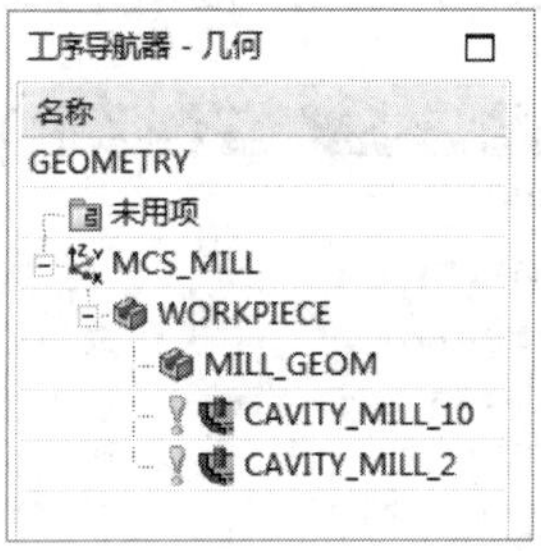

工序导航器 - 几何
名称
GEOMETRY
未用项
MCS_MILL
WORKPIECE
MILL_GEOM
CAVITY_MILL_10
CAVITY_MILL_2

图 9-66 【工序导航器－几何】树状图

图 9-67 【刀轨可视化】对话框

㉙ 选中【工序导航器－程序顺序】树状图中的两个文件，单击加工界面上的按钮，系统弹出【CLSF 输出】对话框，如图 9-69 所示，设置图示参数。

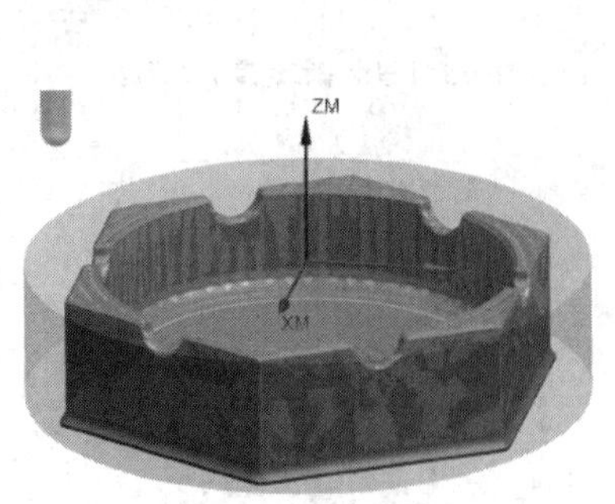

图 9-68 最终效果

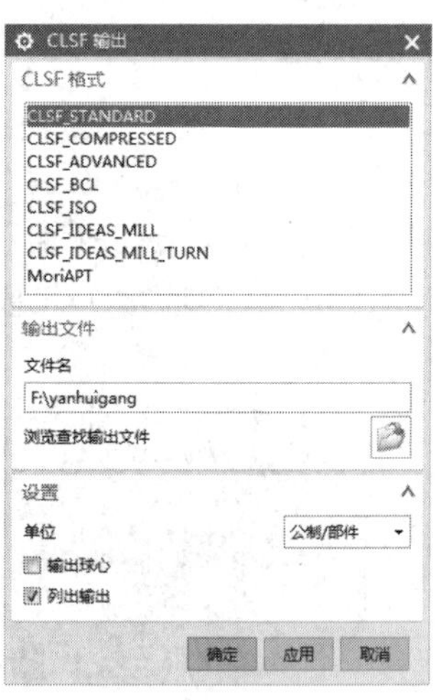

图 9-69 【CLSF 输出】对话框

㉚ 单击【CLSF 输出】对话框中的 确定 按钮，系统将弹出【多重选择警告】对话框，如图 9-70 所示。单击 确定 按钮，生成 CLSF（刀位源）文件，如图 9-71 所示。

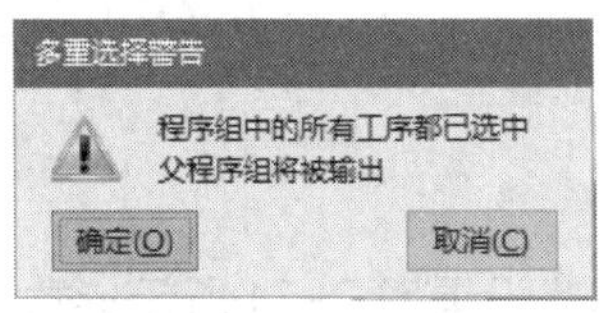

图 9-70 【多重选择警告】对话框

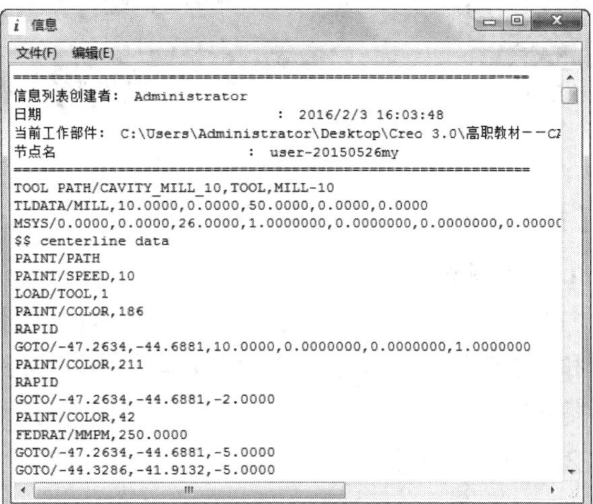

图 9-71　生成的 CLSF 文件

㉛ 选中【工序导航器－程序顺序】树状图中的两个文件，单击加工界面上的按钮，系统弹出【后处理】对话框。

㉜ 按图示设置【后处理】对话框所示的参数，单击 确定 按钮，系统将再次生成【多重选择警告】对话框。再次单击 确定 按钮，生成 NC 文件，如图 9-72 所示。

㉝ 单击加工界面上按钮，对操作进行保存，退出系统。

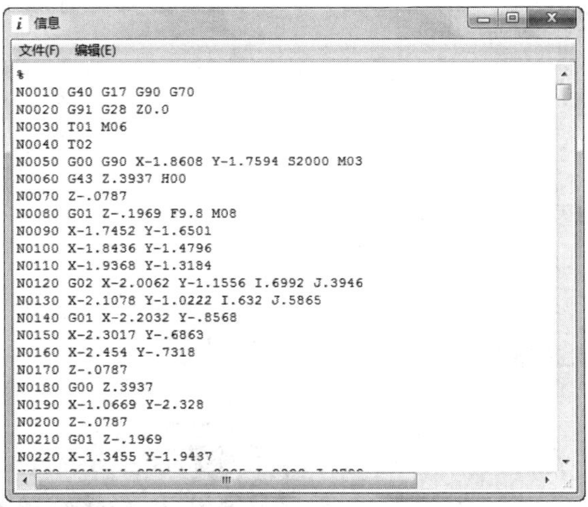

图 9-72　后处理 NC 程序

9.4 综合实例一

下面以一个具体的工程实例来复习一下本章内容，例图如图 9-73 所示。

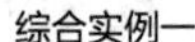
综合实例一

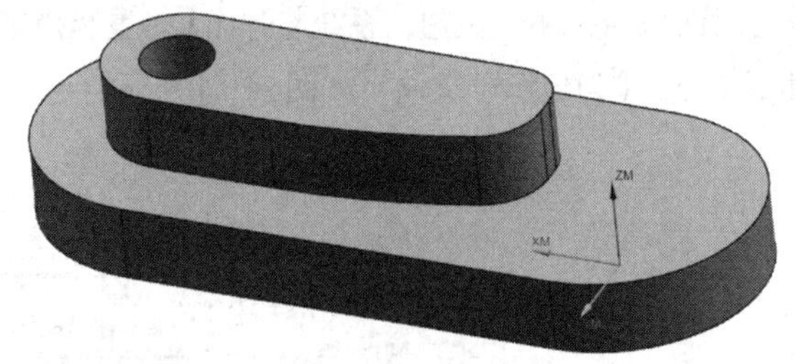

图 9-73　实例模型

【操作步骤】

1. 新建文件

打开 UG NX 10.0，执行菜单命令【文件】/【新建】，在弹出的【新建】对话框中选取【模型】类型和【建模】子类型，在【名称】文本框中输入文件名“pingmianxi”后，单击确定按钮，进入三维模型设计界面。

2. 设置加工环境

单击【加工】工具栏中的加工按钮，弹出【加工环境】对话框。设置图 9-74 所示参数，单击确定按钮进入平面铣加工环境，用户从而可以进行编程工作。

3. 打开模型进入加工环境

① 单击按钮，在弹出的列表中选择素材文件：“第 9 章 / 素材 /pmx_lingjian.prt”的部件文件，打开图 9-75 所示的零部件。

② 打开图 9-75 所示的零件图形以后，通过按住鼠标中键旋转，从不同的角度审视零件，确保零件的正确性。

图 9-74 【加工环境】对话框

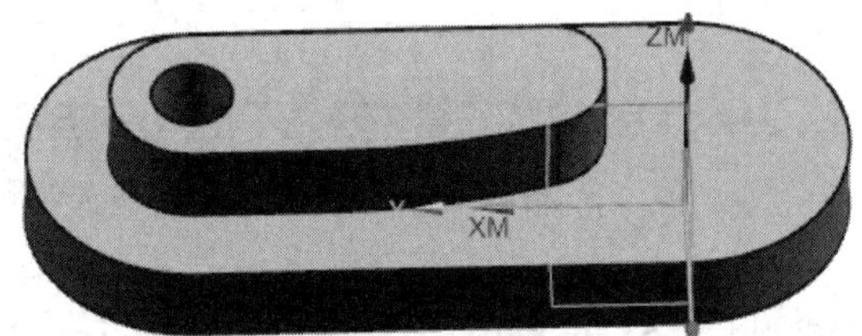

图 9-75　加载零件

4. 创建平面铣操作

① 进入平面铣加工界面以后，单击图9-76所示的【加工】工具栏中的按钮，进行操作的建立。

② 系统将弹出【创建工序】对话框，设置参数，如图 9-77 所示，创建一个平面铣操作。

③ 确认各项参数，单击 应用 按钮，进入下一步操作。

图 9-76 【加工】工具栏

图 9-77 【创建工序】对话框

要点提示

用户如果选择“mill_planar”选项，则系统将默认为平面铣操作“mill_planar。”

5. 建立刀具

① 完成以上步骤的操作以后，系统将弹出【平面铣 -[PLANAR_MILL_1]】对话框，如图 9-78 所示。

② 单击对话框中的 按钮，系统将弹出【新建刀具】对话框，设置参数，如图 9-79 所示。

图 9-78 【平面铣 -[PLANAR_MILL_1]】对话框

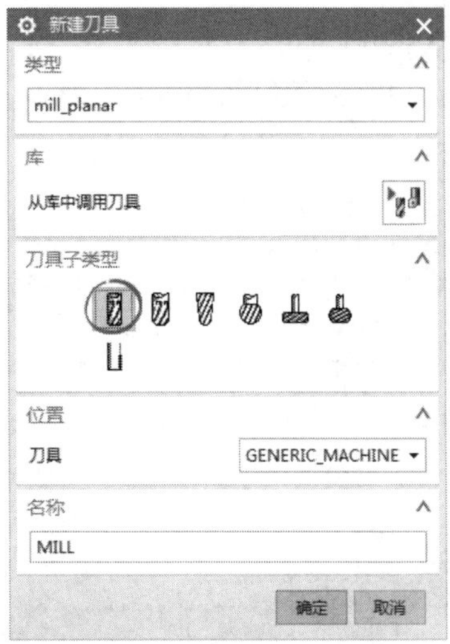

图 9-79 【新建刀具】对话框

③ 单击 确定 按钮，系统将弹出【铣刀 -5 参数】对话框，如图 9-80 所示，按照图示设置参数。

④ 单击 确定 按钮，完成一把直径为 10 的刀具的定义，如图 9-81 所示。

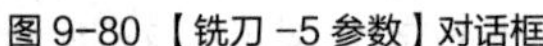

图 9-80 【铣刀 -5 参数】对话框

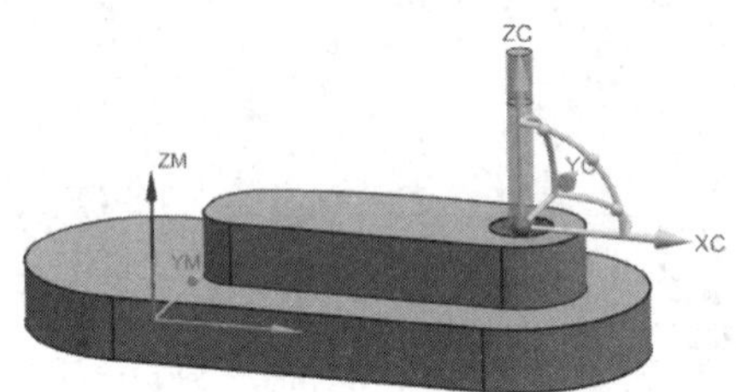

图 9-81 显示刀具

要点提示

用户在 UG NX 10.0 的应用过程中，一定要注意 确定 *按钮、* 应用 *按钮和* 取消 *按钮的不同用法，要慢慢体会。*

6. 指定部件

① 完成上述步骤后，系统将回到图 9-78 所示的【平面铣 -[PLANAR_MILL_1]】对话框。

② 展开【几何体】选项组，单击图 9-82 所示的按钮，系统将弹出【边界几何体】对话框，如图 9-83 所示。

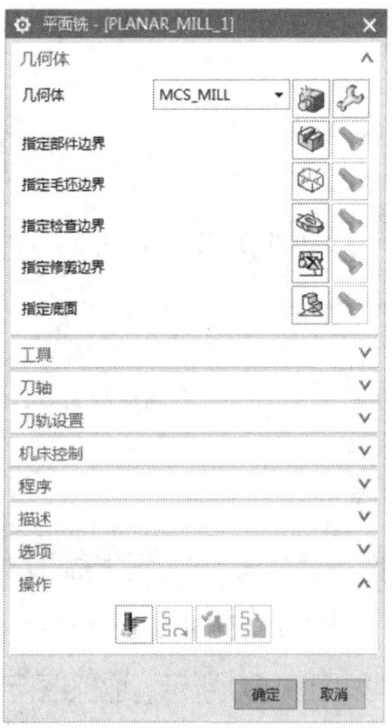

图 9-82 【平面铣 -[PLANAR_MILL_1]】对话框

图 9-83 【边界几何体】对话框

③ 在【模式】选项中选择“面”选项，选择图 9-84 所示的平面，单击图 9-83 中的 确定 按钮，弹出【编辑边界】对话框，如图 9-85 所示，再次单击 确定 完成对边界几何体的选择。

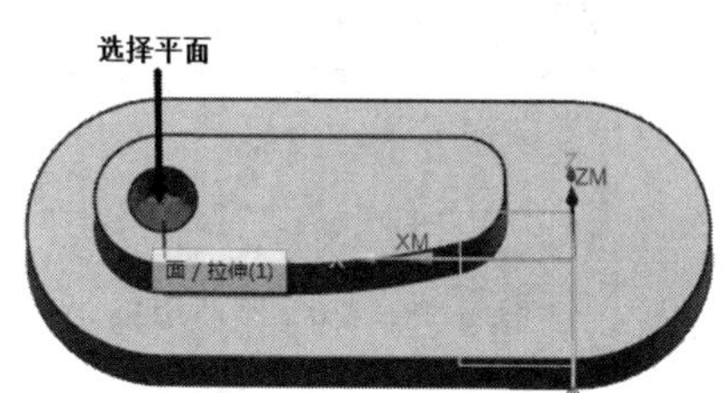

图 9-84　选择平面

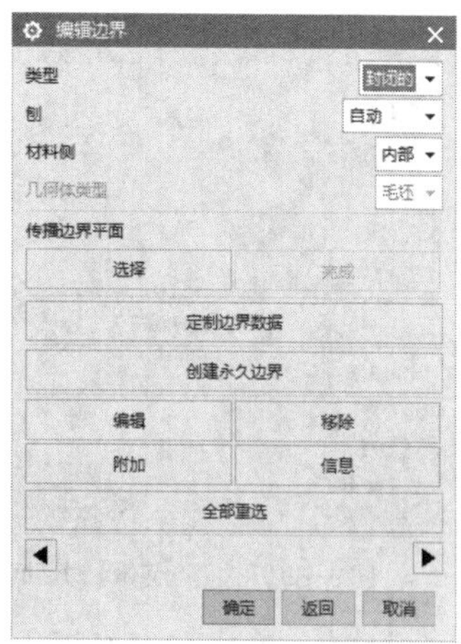

图 9-85 【编辑边界】对话框

要点提示

【类型】为“封闭的”，用户在进行区域加工的时候，边界一般不能设置为“开放”。【平面】为“自动”，选择轮廓线在当前轮廓所在的高度。【材料侧】为“外部”，表示保留边界外部的材料，内部为切削区域。

④ 单击图 9-82 所示的【指定底面】按钮，系统将弹出图 9-86 所示的【刨】对话框，拾取图 9-87 所示的平面。

图 9-86 【刨】对话框

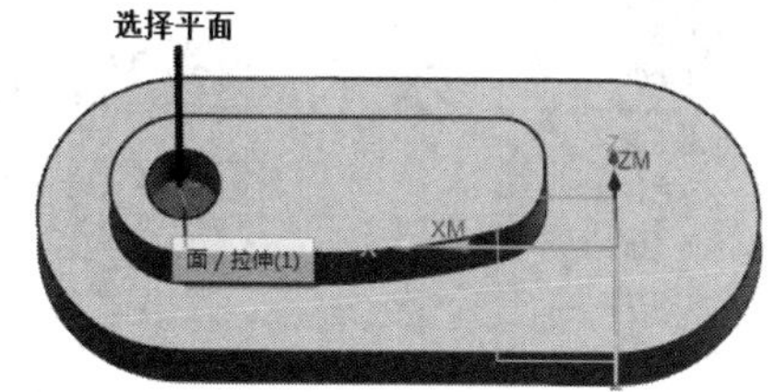

图 9-87　选择平面

⑤ 单击图 9-86 所示的 确定 按钮，完成对部件底平面的选择。

要点提示

每一个操作只能有一个底平面，如果用户选择第二个平面，则系统将自动将第一个平面替换为第二个平面。

⑥ 单击图 9-82 所示的按钮，系统将自动弹出【边界几何体】对话框，如图 9-88 所示。

⑦ 选择【模式】中的“曲线 / 边”选项，系统将自动弹出图 9-89 所示的【创建边界】对话框。

图 9-88 【边界几何体】对话框

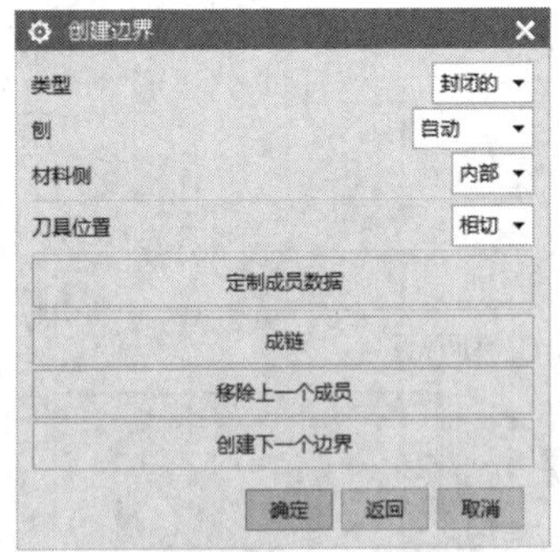

图 9-89 【创建边界】对话框

⑧ 选择图 9-90 中所示的曲线，连续两次单击确定按钮，完成对毛坯边界的定义。

7. 设置操作参数

① 完成上述操作后，系统将弹出图 9-91 所示的【平面铣 -[PLANAR_MILL_2]】对话框。展开【刀轨设置】选项组，如图 9-92 所示。

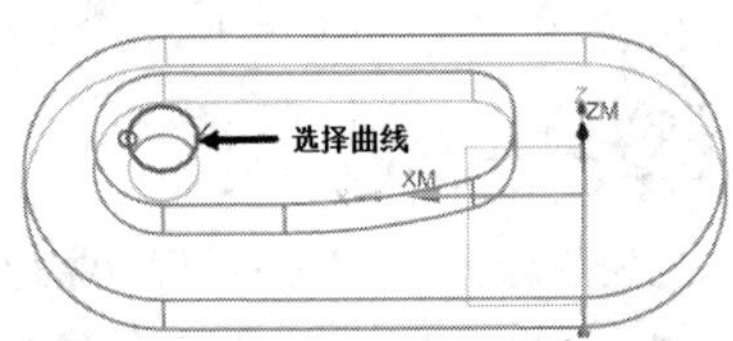

图 9-90 选择曲线

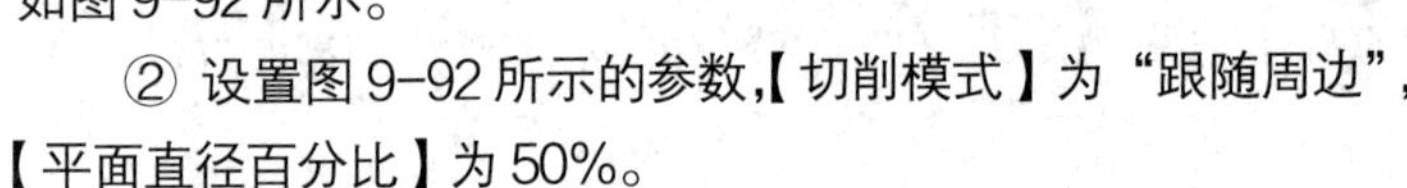

② 设置图 9-92 所示的参数，【切削模式】为“跟随周边”，【平面直径百分比】为 50%。

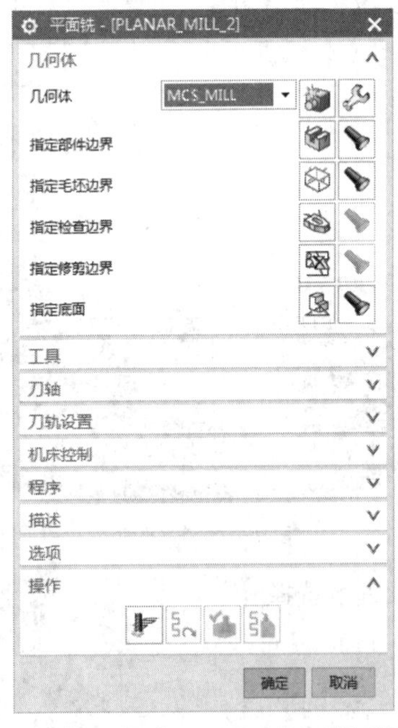

图 9-91 【平面铣 -[PLANAR_MILL_2]】对话框

图 9-92 展开【刀轨设置】选项组

要点提示

对于封闭的环形槽加工而言，使用周边方式可以产生相对较为规则的刀轨，并且使得周边没有大量的材料残余。

③ 单击图 9-92 所示按钮，系统将自动弹出【非切削移动】对话框，如图 9-93 所示。

④ 设置图 9-93 所示的参数，单击确定按钮，完成对非切削移动的设置。

⑤ 单击图 9-92 所示的按钮，系统将弹出【切削参数】对话框，如图 9-94 所示，按照图示参数设置好对话框，单击确定按钮，完成对切削参数的定义。

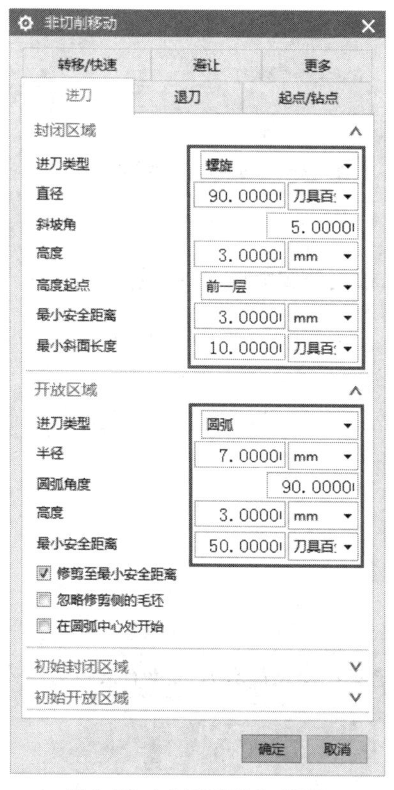

图 9-93 【非切削移动】对话框

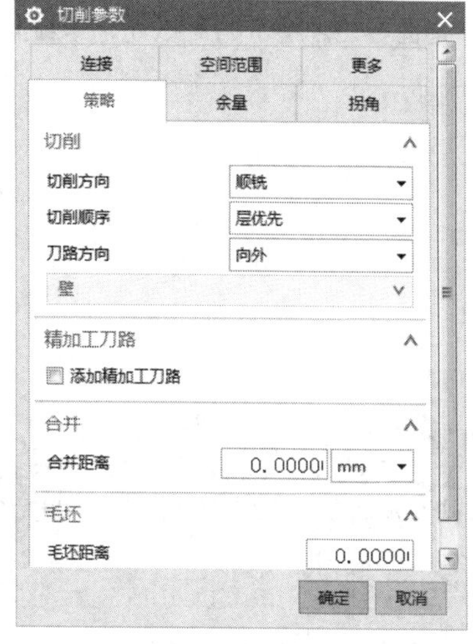

图 9-94 【切削参数】对话框

⑥ 单击图 9-92 所示的按钮，系统将弹出【切削层】对话框，如图 9-95 所示，设置图 9-95 所示的参数。输入数值后，单击数值框后面按钮计算完成效验。单击确定按钮，完成对切削深度参数的定义。

要点提示

用户在定义切削深度的时候，实际的切削深度介于最大切削深度和最小切削深度之间，系统将切削范围进行平均分配，并尽量接近最大值。

⑦ 单击图 9-92 所示的按钮，系统将弹出【进给率和速度】对话框，如图 9-96 所示，设置图 9-96 所示的参数，单击确定按钮，完成对进给率和速度参数的设置。

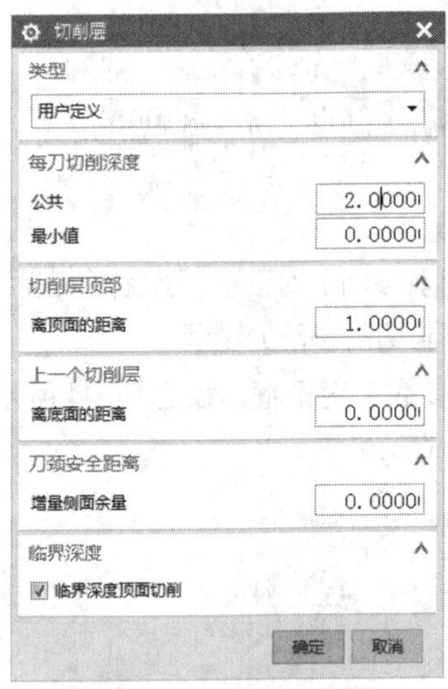

图 9-95 【切削层】对话框

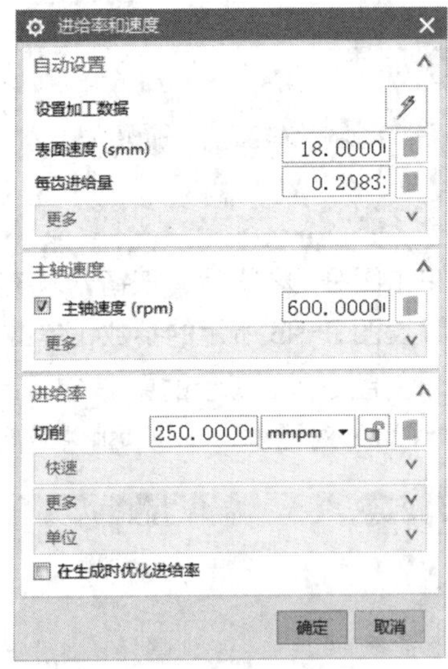

图 9-96 【进给率和速度】对话框

8. 刀轨生成和验证

单击图 9-92 所示的按钮，系统将自动生成刀轨，最后效果如图 9-97 所示。

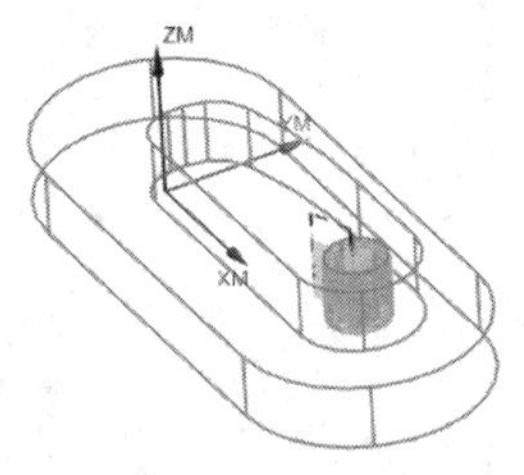

图 9-97 生成刀轨

要点提示

在生成的刀轨中，不同的颜色代表不同的运动方式，如红色代表刀具快速移动，黄色代表下刀，青色代表剪切等。

9. 其他平面铣削

重复上述步骤，用户可以自己定义其他平面的铣加工，根据不同的定义设置，将得到不同的结果，用户可以根据自己有关数控的知识来判断所得的刀轨是否合理。

9.5 综合实例二

下面通过一个加工实例来熟悉一下 UG NX 10.0 平面铣、型腔铣和钻孔等操作的用法与技巧，便于用户方便快捷地掌握 UG NX 10.0 铣加工方面的知识。图 9-98 所示为本实例即将加工的产品，由图形可知，此产品的加工过程包含平面铣、型腔铣和钻孔等操作。

综合实例二

【操作步骤】

① 打开 UG NX 10.0 系统，打开素材文件："第 9 章 / 素材 /xijiagong.prt"，单击用户界面中的按钮，系统将弹出图 9-99 所示的【加工环境】对话框。

图 9-98　所要加工的产品

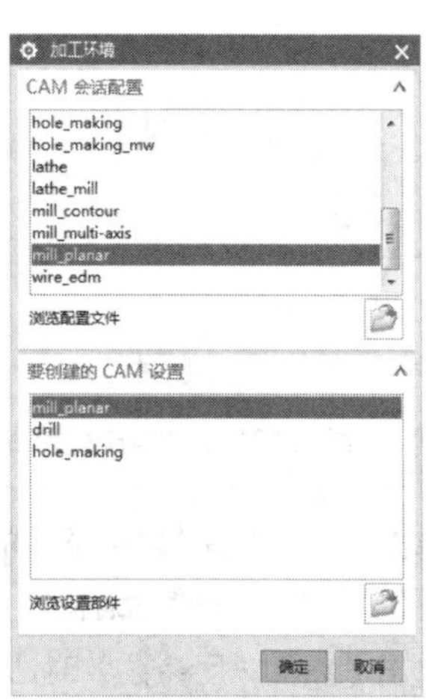

图 9-99 【加工环境】对话框

② 选择图中的 "mill_planar" 选项，单击确定按钮，进入 UG CAM 工作界面，如图 9-100 所示。

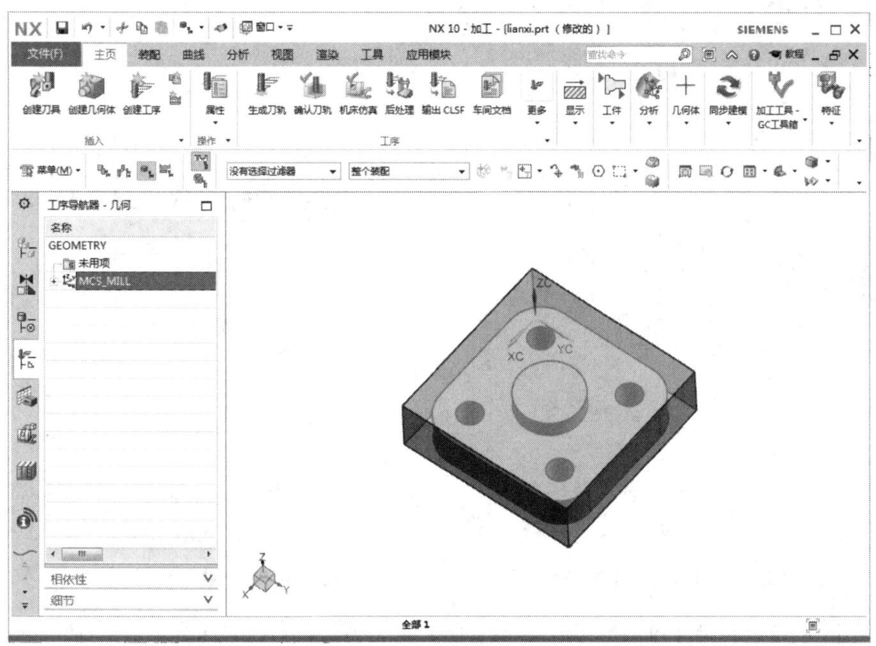

图 9-100　UG CAM 工作界面

③ 单击图 9-100 所示的 UG CAM 工作界面中的按钮，系统将弹出【创建程序】对话框，如图 9-101 所示，按照图中所示的参数进行设置对话框。

④ 连续单击两次确定按钮，完成对平面铣的程序创建。

⑤ 单击图 9-100 所示的 UG CAM 工作界面中的按钮，系统将弹出【创建刀具】对话框，如图 9-102 所示，按照图中所示参数设置对话框。

图 9-101 【创建程序】对话框

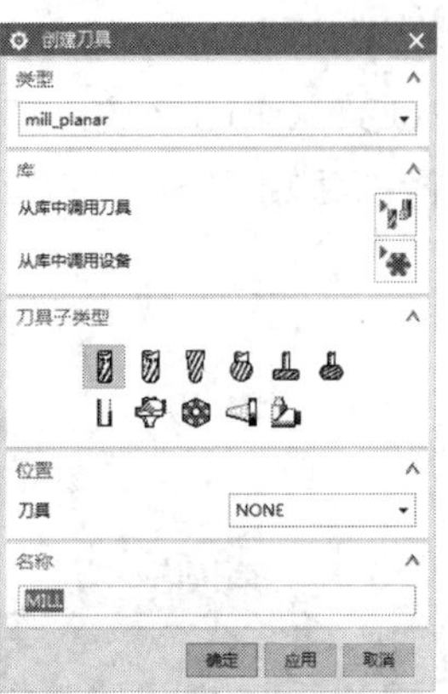

图 9-102 【创建刀具】对话框

⑥ 单击【创建刀具】对话框中的确定按钮，系统将弹出【铣刀 -5 参数】对话框，如图 9-103 所示，按照图示参数设置对话框。

⑦ 单击【铣刀 -5 参数】对话框中的确定按钮，完成一把直径为 20 平刀的创建。

⑧ 单击图 9-100 所示的 UG CAM 工作界面中的按钮，系统将弹出【创建几何体】对话框，如图 9-104 所示，按照图示参数设置对话框。

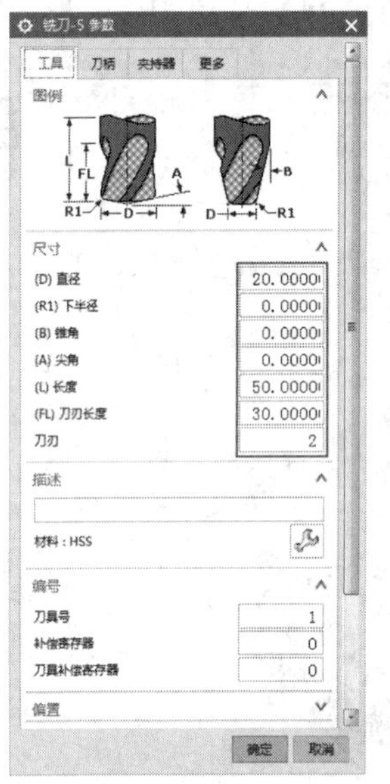

图 9-103 【铣刀 -5 参数】对话框

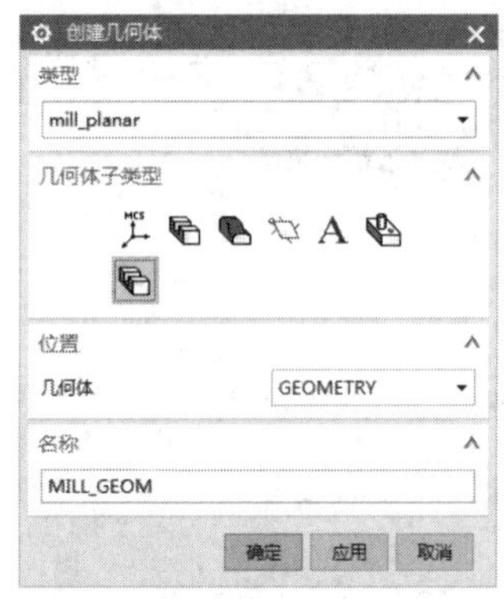

图 9-104 【创建几何体】对话框

⑨ 单击【创建几何体】对话框中的应用按钮，系统将弹出【铣削几何体】对话框，如图 9-105 所示。

⑩ 单击【铣削几何体】对话框中的按钮，系统将弹出【部件几何体】对话框，如图 9-106 所示。

⑪ 选择图 9-107 所示的几何体，单击【部件几何体】对话框中的确定按钮，完成对部件的指定。

⑫ 单击图 9-105 所示的【铣削几何体】对话框中的按钮，系统将弹出图 9-108 所示的

【毛坯几何体】对话框，选择图 9–109 所示的毛坯。

图 9–105 【铣削几何体】对话框

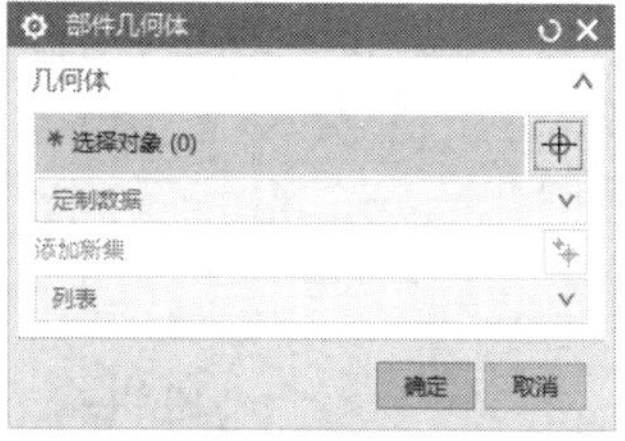
图 9–106 【部件几何体】对话框

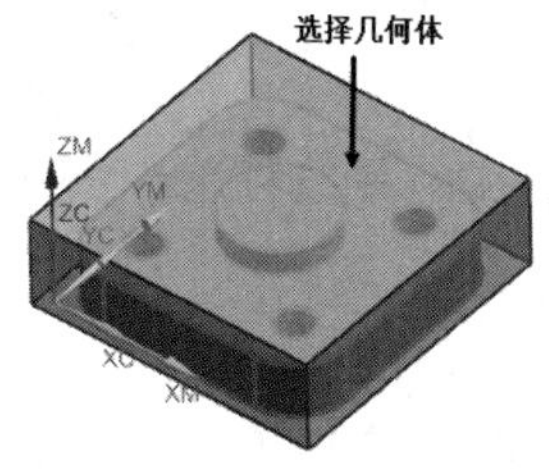

图 9–107　选择几何体

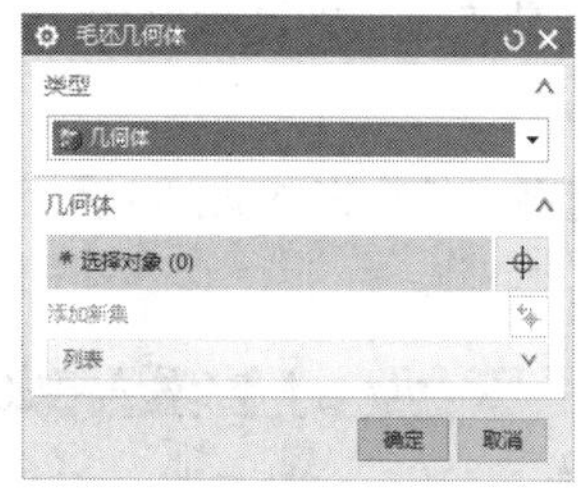
图 9–108 【毛坯几何体】对话框

⑬ 单击图 9–108 所示的【毛坯几何体】对话框中的 确定 按钮，完成对毛坯的指定。

⑭ 再次单击图 9–105 所示的【铣削几何体】对话框中的 确定 按钮，完成几何体的指定。

⑮ 单击 UG CAM 工作界面中的按钮，系统将弹出【创建方法】对话框，如图 9–110 所示。

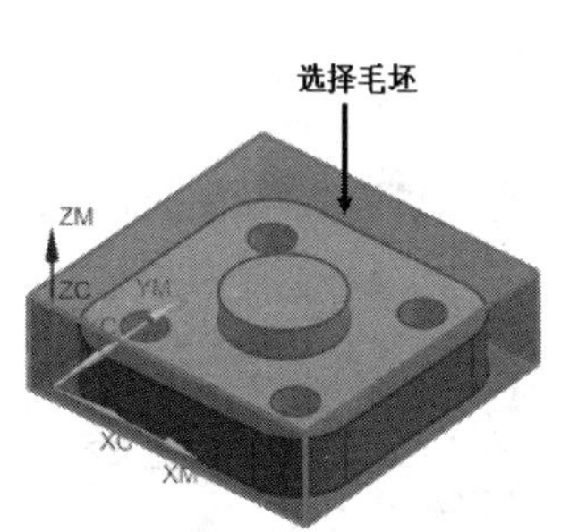

图 9–109　选择毛坯

图 9–110 【创建方法】对话框

⑯ 按照图中的参数设置对话框，单击 应用 按钮，系统将弹出图 9–111 所示的【铣削方法】对话框，默认系统设置。

⑰ 单击【铣削方法】对话框中的 确定 按钮，系统返回到图 9–110 所示的界面，单击 取消 按钮，完成对加工方法的创建。

⑱ 单击 UG CAM 工作界面中的按钮，系统将弹出图 9–112 所示的【创建工序】对话框，按照图中所示的参数设置对话框。

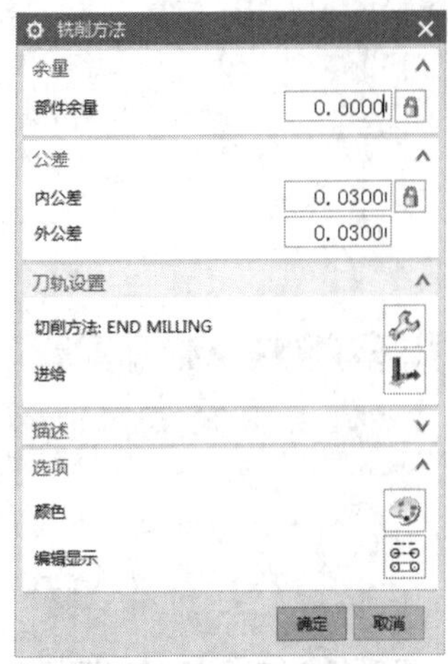

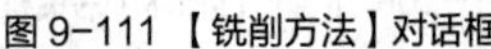

图 9-111 【铣削方法】对话框

图 9-112 【创建工序】对话框

⑲ 单击【创建工序】对话框中的 应用 按钮，系统将弹出图 9-113 所示的【面铣 -[FACE_MILLING]】对话框。

⑳ 单击【面铣 -[FACE_MILLING]】对话框中的按钮，系统将弹出图 9-114 所示的【毛坯边界】对话框。

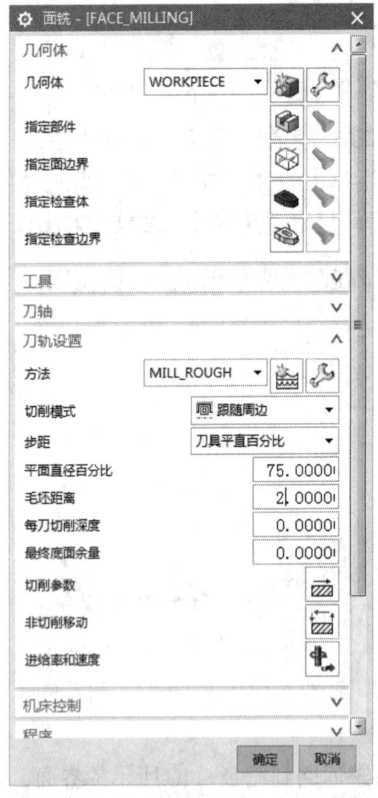

图 9-113 【面铣 -[FACE_MILLING]】对话框

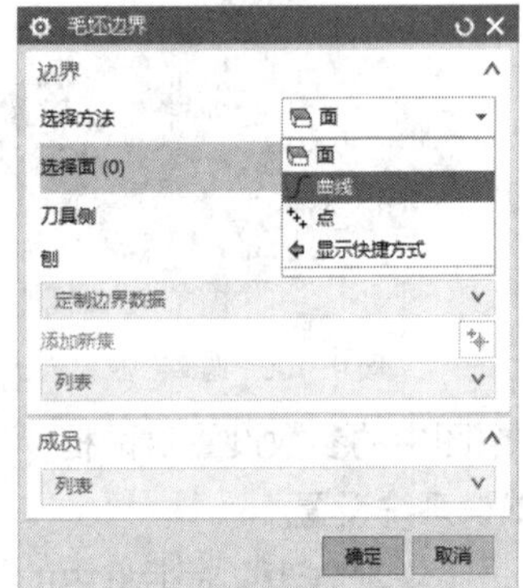

图 9-114 【毛坯边界】对话框

㉑ 在【毛坯边界】对话框中【选择方法】选项中单击 曲线，选择图 9-115 中所示的曲线。

㉒ 单击【毛坯边界】对话框中的确定按钮，完成对加工面边界的创建。展开图 9-113 所示【面铣 -[FACE_MILLING]】对话框中的【刀轴】选项组，在【轴】文本框中选择“+ZM 轴”，如图 9-116 所示。

㉓ 其他参数按照图 9-113 所示【面铣 -[FACE_MILLING]】对话框中所示设置，【切削参数】、【非切削移动】等参数默认系统设置。

㉔ 单击【面铣 -[FACE_MILLING]】对话框中的按钮，生成刀轨路径，如图 9-117 所示。再单击【面铣 -[FACE_MILLING]】中的确定按钮返回【创建工序】对话框。

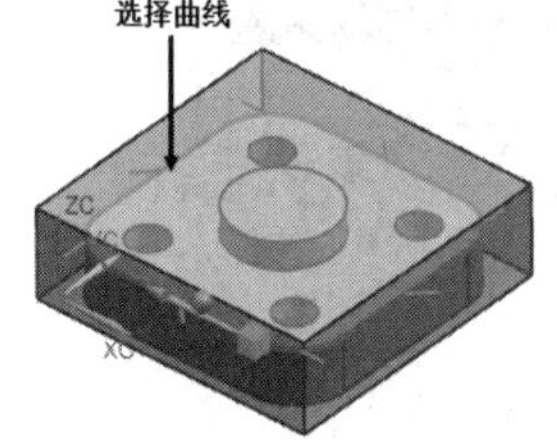

图 9-115　选择曲线

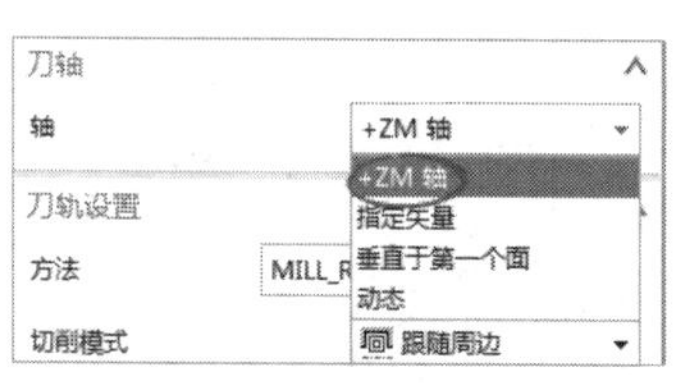

图 9-116 【刀轴】下拉列表

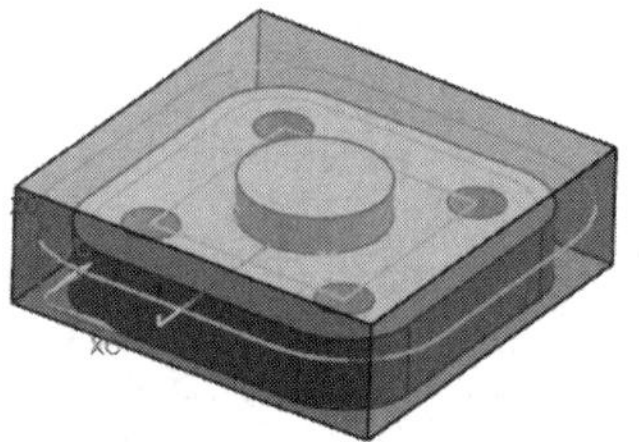

图 9-117　生成刀轨路径

要点提示

型腔铣的其他设置按照平面铣的设置过程来进行，用户可以自己重复上述工作。这里只对创建型腔铣刀具和操作的步骤进行详细说明。

㉕ 单击 UG CAM 工作界面中的按钮，系统将自动弹出图 9-118 所示的【创建刀具】对话框，按照图中参数设置对话框。

㉖ 单击【创建刀具】对话框中的应用按钮，系统将弹出图 9-119 所示的【铣刀 - 球头铣】对话框，按照图中所示参数设置对话框。

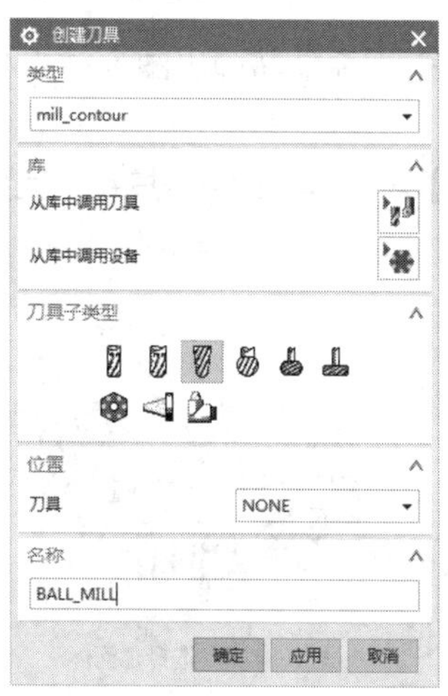

图 9-118 【创建刀具】对话框

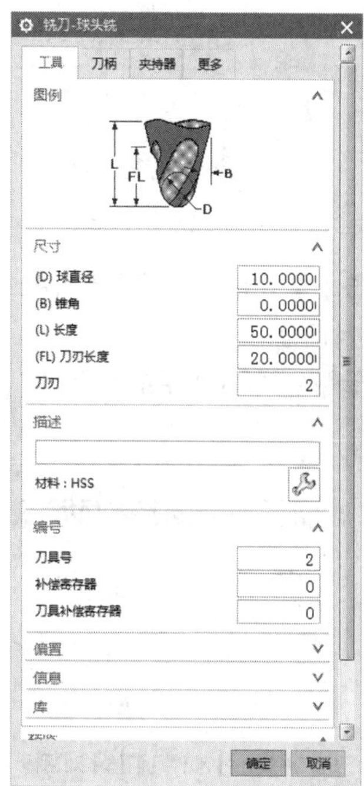

图 9-119 【铣刀 - 球头铣】对话框

㉗ 单击【铣刀 - 球头铣】对话框中的确定按钮，完成对直径为 10 的球头铣刀的创建过程。

㉘ 单击 UG CAM 工作界面中的创建工序按钮，系统将弹出图 9-120 所示的【创建工序】对话框，设置如图参数。

㉙ 单击【创建工序】对话框中的应用按钮，系统将弹出图 9-121 所示的【型腔铣 -[FLOOR_WALL]】对话框，按照图示参数设置对话框。

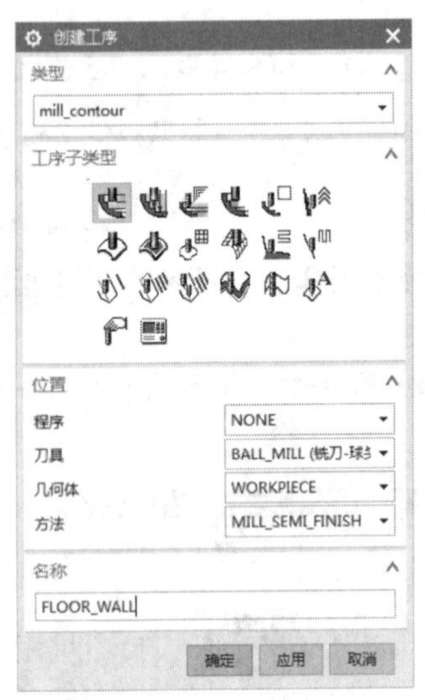

图 9-120 【创建工序】对话框

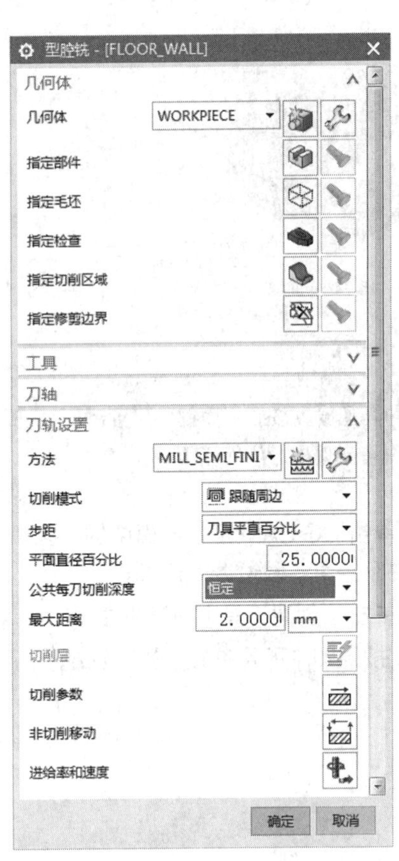

图 9-121 【型腔铣 -[FLOOR_WALL]】对话框

㉚ 单击【型腔铣 -[FLOOR_WALL]】对话框中的指定部件按钮，系统将弹出图 9-122 所示的【部件几何体】对话框。

㉛ 选择图 9-123 所示的几何体，单击【部件几何体】对话框中的确定按钮，完成对部件的指定。

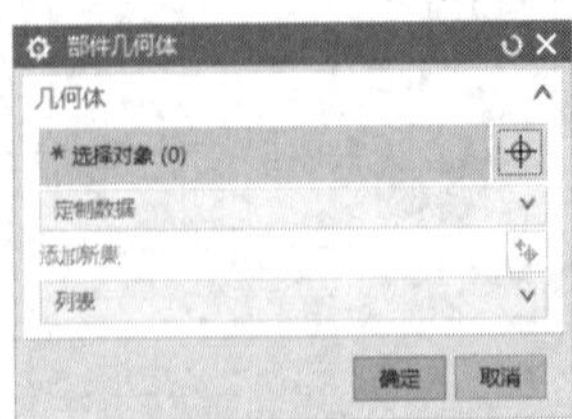

图 9-122 【部件几何体】对话框

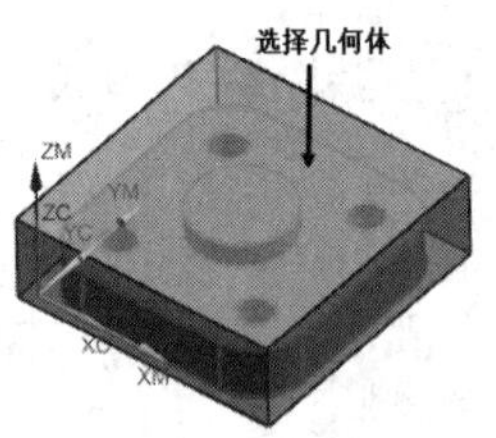

图 9-123 选择几何体

㉜ 单击图 9-121 所示的【型腔铣 -[FLOOR_WALL]】对话框中的按钮，系统将弹出图 9-124 所示的【毛坯几何体】对话框，选择图 9-125 所示的毛坯。

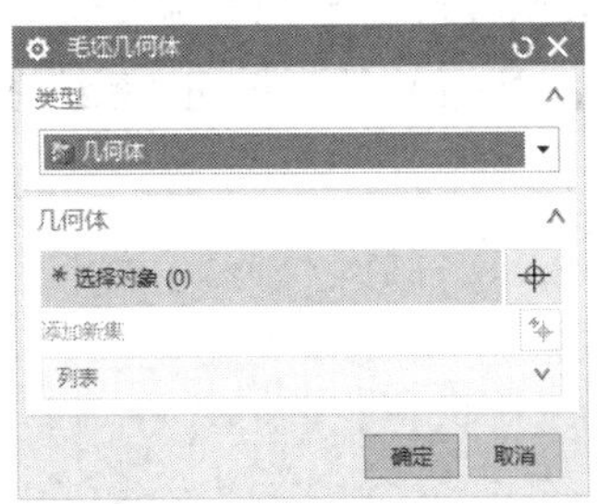

图 9-124 【毛坯几何体】对话框

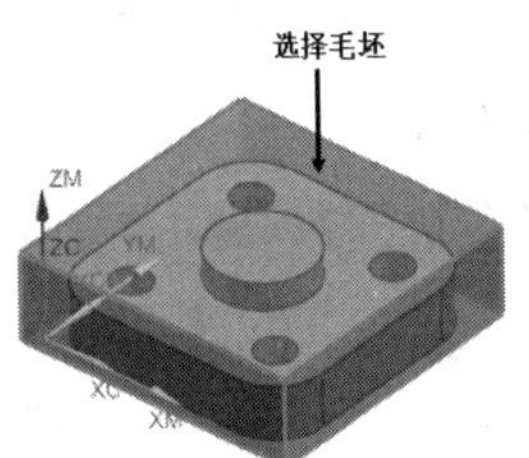

图 9-125 选择毛坯

㉝ 单击【毛坯几何体】对话框中的确定按钮，完成对毛坯的指定。

㉞ 单击图 9-121 所示的【型腔铣 -[FLOOR_WALL]】对话框中的按钮，系统将弹出图 9-126 所示的【切削参数】对话框，按照图示参数设置对话框内容，单击确定按钮，完成对切削参数的设定。

㉟ 单击图 9-121 所示的【型腔铣 -[FLOOR_WALL]】对话框中的按钮，系统将弹出图 9-127 所示的【非切削移动】对话框，按照图示参数设置对话框内容，单击确定按钮，完成对非切削移动的设置。

图 9-126 【切削参数】对话框

图 9-127 【非切削移动】对话框

㊱ 单击图 9-121 所示的【型腔铣 -[FLOOR_WALL]】对话框中的按钮，系统将自动弹出图 9-128 所示的【进给率和速度】对话框，按照图中所示参数设置对话框内容。

㊲ 单击【进给率和速度】对话框中的确定按钮，完成对进给和速度的设置。

㊳ 单击图 9-121 所示的【型腔铣 -[FLOOR_WALL]】对话框中的按钮，系统将生成图 9-129 所示的刀轨路径。

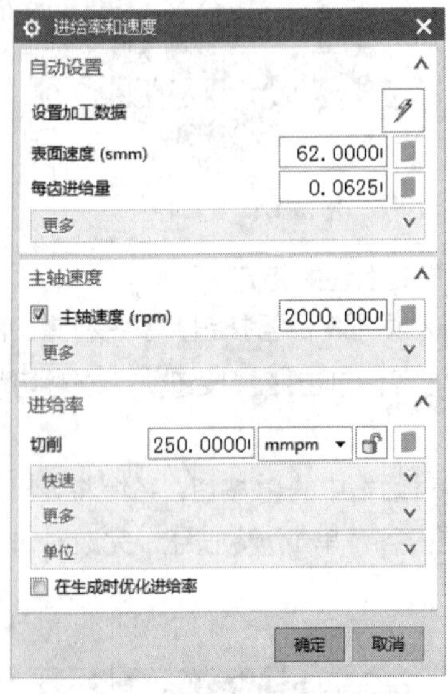

图 9-128 【进给率和速度】对话框

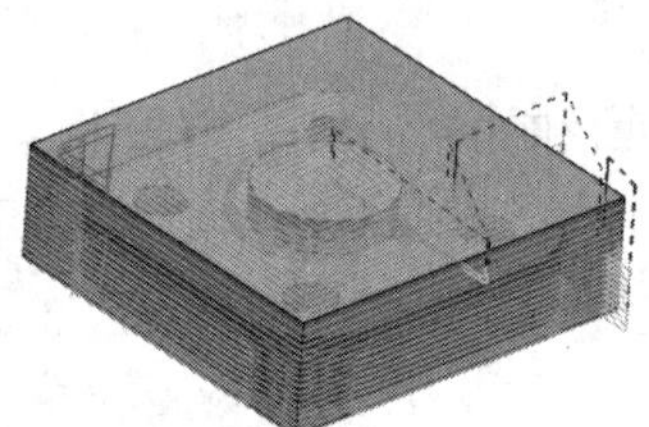

图 9-129 型腔铣刀轨路径

要点提示

钻孔的前期工作用户可以参考平面铣的前期工作，在此只介绍 UG CAM 的钻孔功能，主要介绍刀具的创建和钻孔操作的创建。

㊴ 单击 UG CAM 工作界面中的按钮，系统将自动弹出图 9-130 所示的【创建刀具】对话框，按照图中参数设置对话框。

㊵ 单击【创建刀具】对话框中的应用按钮，系统将弹出图 9-131 所示的【钻刀】对话框，按照图中所示参数设置对话框。

㊶ 单击图 9-131 所示的【钻刀】对话框中的确定按钮，完成对直径为 15 的钻刀的创建过程。

㊷ 单击 UG CAM 工作界面中的按钮，系统将弹出图 9-132 所示的【创建工序】对话框，设置如图参数。

㊸ 单击图 9-132 所示的【创建工序】对话框中的应用按钮，系统将弹出图 9-133 所示的【钻孔 -[DRILLING]】对话框，按照图示参数设置对话框。

㊹ 单击【钻孔 -[DRILLING]】对话框中的按钮，系统将自动弹出图 9-134 所示的【点到点几何体】对话框。

㊺ 单击【点到点几何体】对话框中的选择按钮，系统将弹出【选择】对话框，选择图 9-135 所示的 4 个孔。

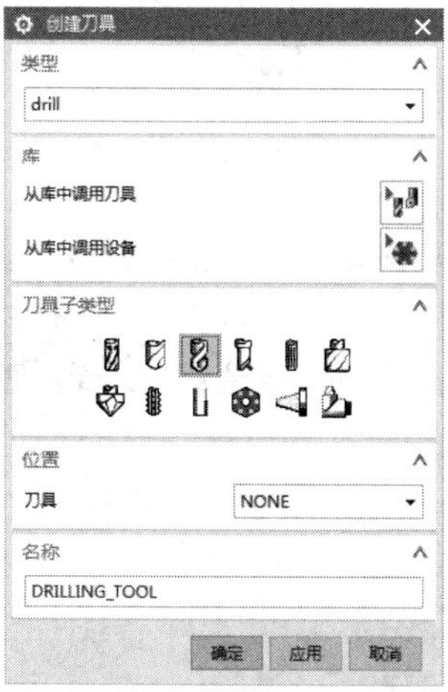

图 9-130 【创建刀具】对话框

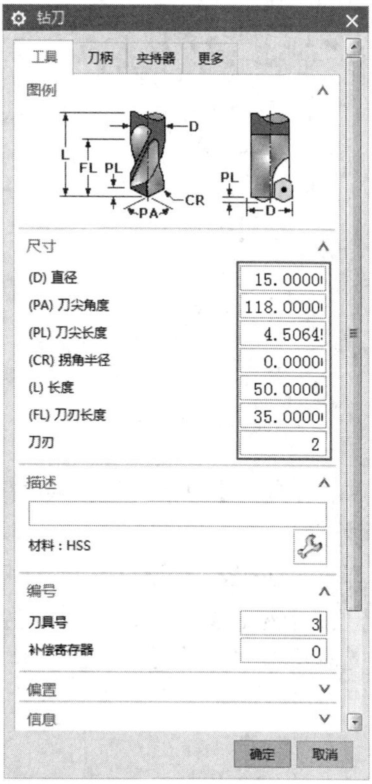

图 9-131 【钻刀】对话框

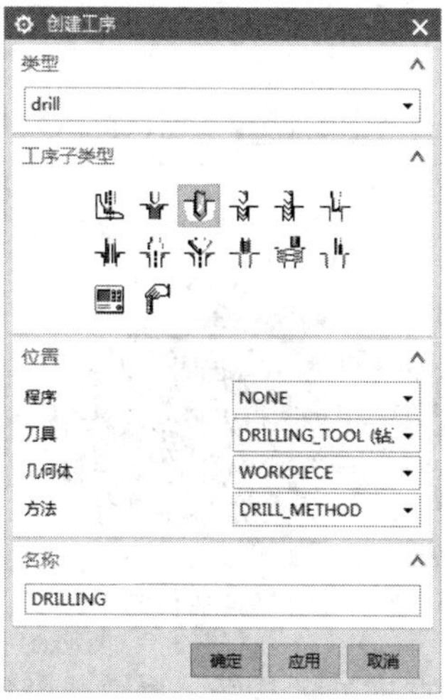

图 9-132 【创建工序】对话框

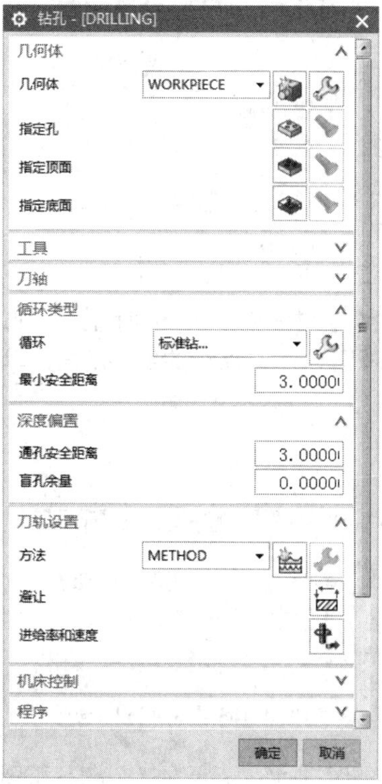

图 9-133 【钻孔 -[DRILLING]】对话框

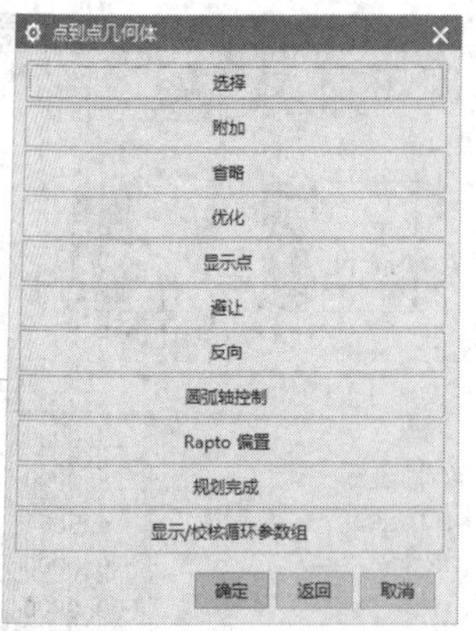

图 9-134 【点到点几何体】对话框

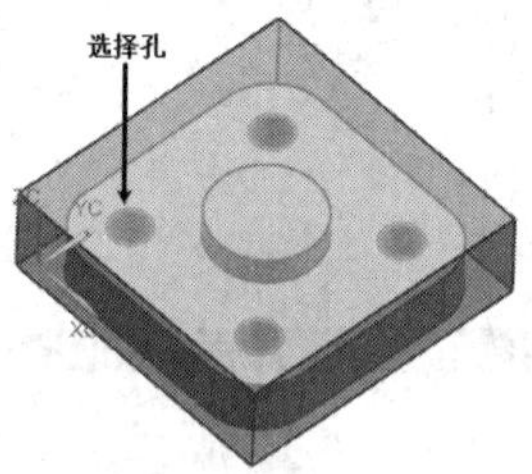

图 9-135 选择孔

㊻ 单击【选择】对话框中的确定按钮，再单击【点到点几何体】对话框中的确定按钮，完成对孔的指定。

㊼ 单击图 9-133 所示的【钻孔 -[DRILLING]】对话框中的按钮，系统将自动弹出图 9-136 所示的【顶面】对话框，按照图示进行设置。

㊽ 选择图 9-137 所示的表面，单击【顶面】对话框中的确定按钮，完成对部件表面的指定。

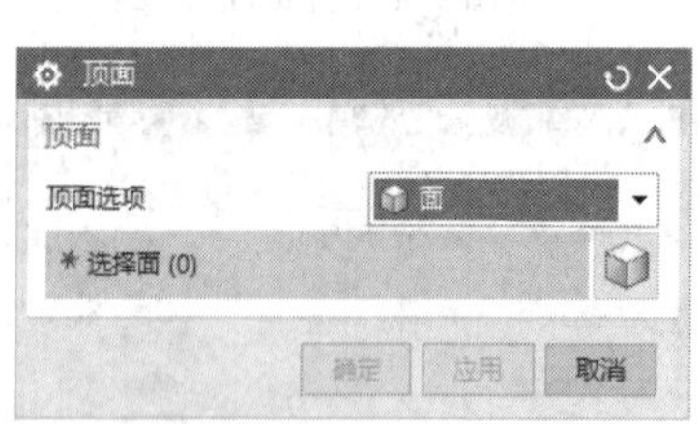

图 9-136 【顶面】对话框

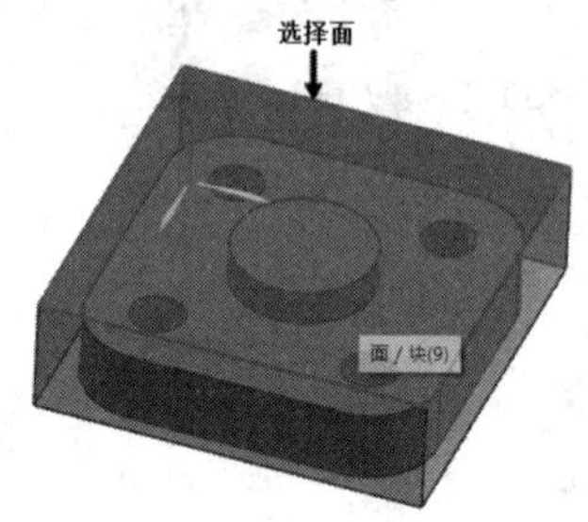

图 9-137 选择面

㊾ 单击图 9-133 所示的【钻孔 -[DRILLING]】对话框中的按钮，系统将弹出图 9-138 所示的【底面】对话框，按照图示进行设置。

㊿ 选择图 9-139 所示的部件底面，单击【底面】对话框中的确定按钮，完成对部件底面的设置。

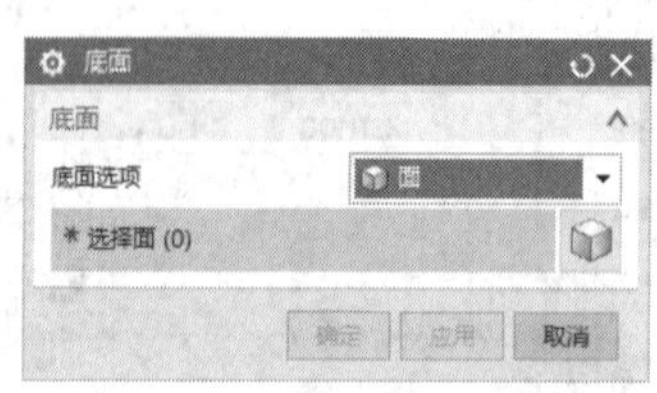

图 9-138 【底面】对话框

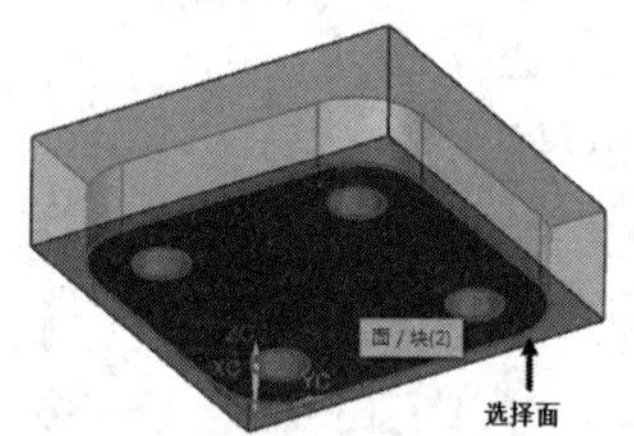

图 9-139 选择部件底面

(51) 单击图 9-133 所示的【钻孔 -[DRILLING]】对话框中的按钮，系统将弹出图 9-140

所示的【避让设置】对话框，根据该对话框用户可以自己定义刀具的“From 点”“Start Point”“Clearance Plane”等参数的设置，这里不再赘述。

⑫ 单击图 9-133 所示的【钻孔 -[DRILLING]】对话框中的按钮，系统将自动生成图 9-141 所示的刀轨路径。

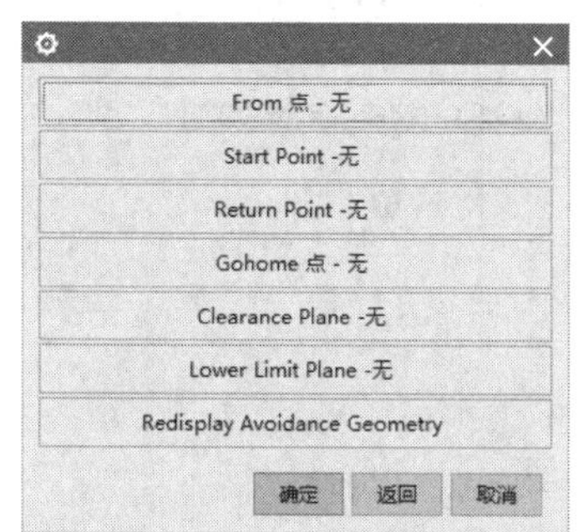

图 9-140 【避让设置】对话框

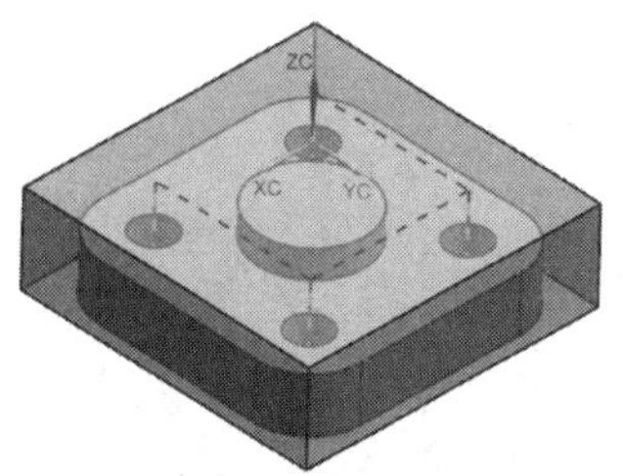

图 9-141　钻孔刀具路径

⑬ 生成刀轨路径以后，用户可以单击 UG CAM 工作界面中的按钮，进行刀轨确认。

⑭ 单击 UG CAM 工作界面中的按钮生成 CLSF 文件。

⑮ 单击 UG CAM 工作界面中的按钮生成机床 NC 程序代码。

⑯ 单击 UG CAM 工作界面中的按钮对文件进行保存。

小结

本章主要阐述了 UG NX 10.0 的数控铣加工的功能，主要了解以下内容。

① 了解 UG NX 10.0 型腔铣的一般步骤。

② 明确 UG CAM 常用功能的应用技巧和应用范围。

③ 掌握 UG CAM 中常见的平面铣、型腔铣、钻孔等操作的创建过程。

UG CAM 中的参数很多，这需要用户有扎实的数控方面的知识基础。掌握数控的原理和流程，有利于对本章的理解和对各个命令的熟练应用。

本章是在没有考虑刀具夹具、数控机床型号等实际情况下的纯理论系统，用户可以根据自身的条件进行必要的参数修改，以便能够直接生成可以控制数控机床的 NC 代码。

在系统生成程序的时候，系统有时会提示单位不一致，这需要用户自己修改安装目录下的单位，练习时用户可以忽略单位的差异。

习题

1. 简要说明铣削加工的一般步骤。
2. 简要说明定义加工坐标系的一般方法。
3. 简要说明刀轨设置的方法与技巧。
4. 试利用平面铣和钻孔功能加工图 9-142 所示的部件。

5. 试利用型腔铣加工图 9-143 所示的工件。

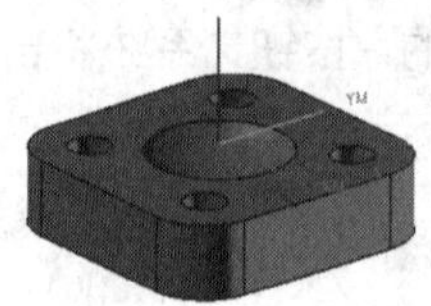

图 9-142　平面铣和钻孔图

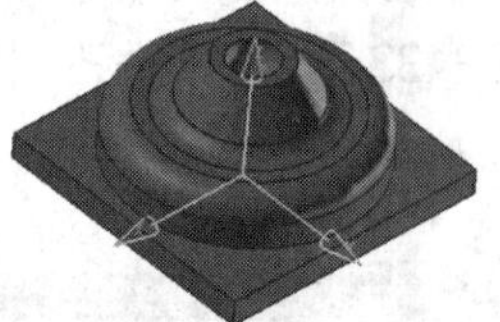

图 9-143　型腔铣加工图